KB087501

개정판

건축물 에너지 평가사

1차 필기대비

필기시리즈 3 **건축설비시스템**

▶ 1차 필기대비 완전학습을 위한 필독서
▶ 핵심이론과 필수예제, 예상문제 수록

1·2차 공통범위 2차실기 출제유형 수록

건축물에너지평가사 수험연구회 **www.inup.co.kr**

INUP
365 / 24
www.inup.co.kr

건축물에너지평가사 전용홈페이지를 통한
최신정보제공, 교재내용에 대한
질의응답이 가능합니다.

홈페이지 주요메뉴

❶ 커뮤니티
- 공지사항
- 학습 질의응답
- 쌤컬럼
- 출석체크

❷ 자료실
- 기출문제
- 모의고사
- 동영상 자료실

❸ 최신정보
- 개정법 정보
- 필기 정오표
- 실기 정오표

❹ 시험정보
- 시험일정
- 응시자격
- 출제기준

❺ 교재안내

❻ 동영상강좌

❼ 학원강좌

❽ 나의 강의실

한 솔 아 카 데 미 도 서 는 다 릅 니 다
인터넷 홈페이지 등록회원 학습 관리

본 도서를 구매하신 후 홈페이지에 회원등록을 하시면 아래와 같은 학습 관리시스템을 이용하실 수 있습니다.

01

학습 내용 질의 응답

본 도서 학습 시 궁금한 사항은 전용 홈페이지 학습게시판에 질문하실 수 있으며 함께 공부하시는 분들의 공통적인 질의응답을 통해 보다 효과적인 학습이 되도록 합니다.

전용 홈페이지(www.inup.co.kr) – 학습게시판

02

최신정보 및 개정사항

시험에 관한 최신정보를 가장 빠르게 확인할 수 있도록 제공해드리며, 시험과 관련된 법 개정내용은 개정 공포 즉시 신속히 인터넷 홈페이지에 올려드립니다.

전용 홈페이지(www.inup.co.kr) – 최신정보

03

전국 모의고사

인터넷 홈페이지를 통한 전국모의고사를 실시하여 학습에 대한 객관적인 평가 및 결과 분석을 알려드림으로써 시험 전 부족한 부분에 대해 충분히 보완할 수 있도록 합니다.

• 시행일시 : 시험 실시 (세부내용은 인터넷 공지 참조)

건축물에너지평가사 수험연구회 www.inup.co.kr

Electricity

꿈·은·이·루·어·진·다

건축물에너지평가사 자격시험은...

    건축물에너지평가사 시험은 2013년 민간자격(에너지관리공단 주관)으로 1회 시행된 이후 2015년부터는 녹색건축물조성지원법에 의해 국토교통부장관이 주관하는 국가전문자격시험으로 승격되었습니다.

    건축물에너지평가사는 녹색건축물 조성을 위한 건축, 기계, 전기 분야 등 종합지식을 갖춘 유일한 전문가로서 향후 국가온실가스 감축의 핵심역할을 할 것으로 예상되며 그 업무영역은 건축물에너지효율등급 인증 업무 및 건물에너지관련 전문가로서 건물에너지 제도운영 및 효율화 분야 활용 등 점차 확대되어 나갈 것으로 전망됩니다.

    향후 법제도의 정착을 위해서는 건축물에너지평가사 자격취득자가 일정 인원이상 배출되어야 하므로 시행초기가 건축물에너지평가사가 되기 위한 가장 좋은 기회가 될 것이며, 건축물에너지평가사의 업무는 기관에 소속되거나 또는 등록만 하고 개별적인 업무도 가능하도록 법제도가 추진되고 있어 자격증 취득자의 미래는 더욱 밝은 것으로 전망됩니다.

    그러나 건축물에너지평가사의 응시자격대상은 건설분야, 기계분야, 전기분야, 환경분야, 에너지분야 등 범위가 매우 포괄적이어서 향후 경쟁은 점점 높아 질 것으로 예상되오니 법제도의 시행초기에 보다 적극적인 학습준비로 건축물에너지평가사 국가전문자격을 취득하시어 건축물에너지분야의 유일한 전문가로서 중추적인 역할을 할 수 있기를 바랍니다.

    본 수험서는 각 분야 전문가 및 전문 강사진으로 구성된 수험연구회를 구성하여 시험에 도전하시는 분께 가장 **빠른** 합격의 길잡이가 되어 드리고자 체계적으로 차근차근 준비하여 왔으며 건축물에너지평가사 시험에 관한 **전문홈페이지(www.inup.co.kr)** 통해 향후 변동이 되는 부분이나 최신정보를 지속적으로 전해드릴 수 있도록 합니다.

    끝으로 여러분께서 최종합격하시는 그 날까지 교재연구진 일동은 혼신의 힘을 다 할 것을 약속드립니다.

건축물에너지평가사 수험연구회

건축물에너지평가사 제도 및 응시자격

❶ 개요 및 수행직무

건축물에너지평가사는 건물에너지 부문의 시공, 컨설팅, 인증업무 수행을 위한 고유한 전문자격입니다. 건축, 기계, 전기, 신재생에너지 등의 복합지식 전문가로서 현재는 건축물에너지효율등급의 인증업무가 건축물에너지평가사의 고유업무로 법제화되어 있으며 향후 건물에너지 부문에서 설계, 시공, 컨설팅, 인증업무 분야의 유일한 전문자격 소지자로서 확대·발전되어 나갈 것으로 예상됩니다.

❷ 건축물에너지평가사 도입배경

1. 건축물 분야 국가온실가스 감축 목표달성 요구
   2020년까지 건축물 부문의 국가 온실가스 배출량 26.9% 감축목표 설정
2. 건축물 분야의 건축, 기계, 전기, 신재생 분야 등 종합적인 지식을 갖춘 전문인력 양성

❸ 수행업무

1. 건축물에너지효율등급 인증기관에 소속되거나 등록되어 인증평가업무 수행(법 17조의 3항)
2. 그린리모델링 사업자 등록기준 중 인력기준에 해당(시행령 제18조의 4)

❹ 자격통계

구 분		민간시험 (`13~14년)	제1회 시험 (`15년)	제2회 시험 (`16년)	제3회 시험 (`17년)	제4회 시험 (`18년)	제5회 시험 (`19년)	제6회 시험 (`20년)	제7회 시험 (`21년)	제8회 시험 (`22년)	제9회 시험 (`23년)
1차 시험 (필기)	응시자(명)	6,495	2,885	1,595	1,035	755	574	382	372	302	369
	합격자(명)	1,172	477	176	207	58	186	116	89	74	155
	합격률(%)	18.0	16.5	11.0	20.0	7.7	32.4	30.4	23.9	24.5	42.0
2차 시험 (실기)	응시자(명)	1,084	880	426	304	170	191	240	154	107	178
	합격자(명)	108	98	61	82	79	23	27	50	20	21
	합격률(%)	10.0	11.1	14.3	27.0	46.5	12.0	11.3	32.5	18.7	11.8
최종합격자(명)		108	98	61	82	79	23	27	50	20	21

❺ 건축물에너지평가사 응시자격 기준

1. 「국가기술자격법 시행규칙」 별표 2의 직무 분야 중 건설, 기계, 전기·전자, 정보통신, 안전관리, 환경·에너지(이하 "관련 국가기술자격의 직무분야"라 한다)에 해당하는 기사 자격을 취득한 후 관련 직무분야에서 2년 이상 실무에 종사한 자
2. 관련 국가기술자격의 직무분야에 해당하는 산업기사 자격을 취득한 후 관련 직무분야에서 3년 이상 실무에 종사한 자
3. 관련 국가기술자격의 직무분야에 해당하는 기능사 자격을 취득한 후 관련 직무분야 에서 5년 이상 실무에 종사한 자
4. 고용노동부장관이 정하여 고시하는 국가기술자격의 종목별 관련 학과의 직무분야별 학과 중 건설, 기계, 전기·전자, 정보통신, 안전관리, 환경·에너지(이하 "관련학과"라 한다)에 해당하는 건축물 에너지 관련 분야 학과 4년제 이상 대학을 졸업한 후 관련 직무분야에서 4년 이상 실무에 종사한 자
5. 관련학과 3년제 대학을 졸업한 후 관련 직무분야에서 5년 이상 실무에 종사한 자
6. 관련학과 2년제 대학을 졸업한 후 관련 직무분야에서 6년 이상 실무에 종사한 자
7. 관련 직무분야에서 7년 이상 실무에 종사한 자
8. 관련 국가기술자격의 직무분야에 해당하는 기술사 자격을 취득한 자
9. 「건축사법」에 따른 건축사 자격을 취득한 자

건축물에너지평가사 시험정보

❶ 검정방법 및 면제과목

● 검정방법

구 분	시험과목	검정방법	문항수	시험 시간(분)	입실시간
1차 시험 (필기)	건물에너지 관계 법규	4지선다 선택형	20	120	시험 당일 09:30까지 입실
	건축환경계획		20		
	건축설비시스템		20		
	건물 에너지효율 설계·평가		20		
2차 시험 (실기)	건물 에너지효율 설계·평가	기입형 서술형 계산형	10 내외	150	

- 시험시간은 면제과목이 있는 경우 면제 1과목당 30분씩 감소 함
- 관련 법률, 기준 등을 적용하여 정답을 구하여야 하는 문제는 "시험시행 공고일" 현재 시행된 법률, 기준 등을 적용하여 그 정답을 구하여야 함

● 면제과목

구분		면제과목 (1차시험)	유의사항
건축사		건축환경계획	면제과목은 수험자 본인이 선택가능
기술사	건축전기설비기술사	건축설비시스템	
	발송배전기술사		
	건축기계설비기술사		
	공조냉동기계기술사		

- 면제과목에 해당하는 자격증 사본은 응시자격 증빙자료 제출기간에 반드시 제출하여야 하고 원서접수 내용과 다를 경우 해당시험 합격을 무효로 함
- 건축사와 해당 기술사 자격을 동시에 보유한 경우 2과목 동시면제 가능함
- 면제과목은 원서접수 이후 변경 불가함
- 제1차 시험 합격자에 한해 다음회 제1차 시험이 면제됨

❷ 합격결정기준

- **1차 필기시험** : 100점 만점기준으로 과목당 40점 이상, 전 과목 평균 60점 이상 득점한 자
  - 면제과목이 있는 경우 해당면제과목을 제외한 후 평균점수 산정
- **2차 실기시험** : 100점 만점기준 60점 이상 득점한 자

❸ 원서접수

- 원서접수처 : 한국에너지공단 건축물에너지평가사 누리집(http://min24.energy.or.kr/nbea)
- 검정수수료

구분	1차 시험	2차 시험
건축물에너지평가사	68,000원	89,000원

- 접수 시 유의사항
  - 면제과목 선택여부는 수험자 본인이 선택할 수 있으며, 제1차 시험 원서 접수시에만 가능하고 이후에는 선택이나 변경, 취소가 불가능함
  - 원서접수는 해당 접수기간 첫날 10:00부터 마지막 날 18:00까지 건축물에너지평가사 누리집 (http://min24.energy.or.kr/nbea)를 통하여 가능
  - 원서 접수 시에 입력한 개인정보가 시험당일 신분증과 상이할 경우 시험응시가 불가능함

❹ 시험장소

- 1차 시험 : 서울지역 1개소

- 2차 시험 : 서울지역 1개소
  - 구체적인 시험장소는 제1·2차 시험 접수 시 안내
  - 접수인원 증가 시 서울지역 예비시험장 마련

❺ 응시자격 제출서류(1차 합격 예정자)

- 대상 : 1차 필기시험 합격 예정자에 한해 접수 함
  증빙서류 : 졸업(학위)증명서 원본, 자격증사본, 경력(재직) 증명서 원본 중 해당 서류 제출
  - 기타 자세한 사항은 1차 필기시험 합격 예정자 발표시 공지
- 유의사항
- 1차 필기시험 합격 예정자는 해당 증빙서류를 기한 내(13일간)에 제출
- 지정된 기간 내에 증빙서류 미제출, 접수된 내용의 허위작성, 위조 등의 사실이 발견된 경우에는 불합격 또는 합격이 취소될 수 있음
- 응시자격, 면제과목 및 경력산정 기준일 : 1차 시험시행일

건축물에너지평가사 출제기준

[건축물의 에너지효율등급 평가 및 에너지절약계획서 검토 등을 위한 기술 및 관련지식]

❶ 건축물에너지평가사 1차 시험 출제기준(필기)

시험과목	주요항목	출제범위
건물에너지 관계 법규	1. 녹색건축물 조성 지원법	1. 녹색건축물 조성 지원법령
	2. 에너지이용 합리화법	1. 에너지이용 합리화법령 2. 고효율에너지기자재 보급촉진에 관한 규정 및 　효율관리기자재 운용규정 등 관련 하위규정
	3. 에너지법	1. 에너지법령
	4. 건축법	1. 건축법령(총칙, 건축물의 건축, 건축물의 유지와 　관리, 건축물의 구조 및 재료, 건축설비 보칙) 2. 건축물의 설비기준 등에 관한 규칙 3. 건축물의 설계도서 작성기준 등 관련 하위규정
	5. 그 밖에 건물에너지 관련 법규	1. 건축물 에너지 관련 법령 · 기준 등 　(예 : 건축 · 설비 설계기준 · 표준시방서 등)
건축 환경계획	1. 건축환경계획 개요	1. 건축환경계획 일반　　　2. Passive 건축계획 3. 건물에너지 해석
	2. 열환경계획	1. 건물 외피 계획　　2. 단열과 보온 계획 3. 부위별 단열설계　4. 건물의 냉·난방 부하 5. 습기와 결로　　　6. 일조와 일사
	3. 공기환경계획	1. 환기의 분석　　　2. 환기와 통풍 3. 필요환기량 산정
	4. 빛환경계획	1. 빛환경 개념　　　2. 자연채광
	5. 그 밖에 건축환경 관련 계획	
건축설비 시스템	1. 건축설비 관련 기초지식	1. 열역학　　　　　2. 유체역학 3. 열전달 기초　　4. 건축설비 기초
	2. 건축 기계설비의 이해 및 응용	1. 열원설비　　　　2. 냉난방·공조설비 3. 반송설비　　　　4. 급탕설비
	3. 건축 전기설비 이해 및 응용	1. 전기의 기본사항　2. 전원·동력·자동제어 설비 3. 조명·배선·콘센트설비
	4. 건축 신재생에너지설비 이해 　및 응용	1. 태양열·태양광시스템 2. 지열·풍력·연료전지시스템 등
	5. 그 밖에 건축 관련 설비시스템	

시험과목	주요항목	세부항목
건물 에너지효율 설계·평가	1. 건축물 에너지효율등급 평가	1. 건축물 에너지효율등급 인증 및 제로에너지건축물인증에 관한 규칙 2. 건축물 에너지효율등급 인증기준 3. 건축물에너지효율등급인증제도 운영규정
	2. 건물 에너지효율설계 이해 및 응용	1. 에너지절약설계기준 일반(기준, 용어정의) 2. 에너지절약설계기준 의무사항, 권장사항 3. 단열재의 등급 분류 및 이해 4. 지역별 열관류율 기준 5. 열관류율 계산 및 응용 6. 냉난방 용량 계산 7. 에너지데이터 및 건물에너지관리시스템(BEMS) (에너지관리시스템 설치확인 업무 운영규정 등)
	3. 건축, 기계, 전기, 신재생분야 도서 분석능력	1. 도면 등 설계도서 분석능력 2. 건축, 기계, 전기, 신재생 도면의 종류 및 이해
	4. 그 밖에 건물에너지 관련 설계·평가	

❷ 건축물에너지평가사 2차 시험 출제기준(실기)

시험과목	주요항목	출제범위
건물 에너지효율 설계·평가	1. 건물 에너지 효율 설계 및 평가 실무	1. 각종 건축물의 건축계획을 이해하고 실무에 적용할 수 있어야 한다. 2. 단열, 온도, 습도, 결로방지, 기밀, 일사조절 등 열환경계획에 대해 이해하고 실무에 적용할 수 있어야 한다. 3. 공기환경계획에 대해 이해하고 실무에 적용할 수 있어야 한다. 4. 냉난방 부하계산에 대해 이해하고 실무에 적용할 수 있어야 한다. 5. 열역학, 열전달, 유체역학에 대해 이해하고 실무에 적용할 수 있어야 한다. 6. 열원설비 및 냉난방설비에 대해 이해하고 실무에 적용할 수 있어야 한다. 7. 공조설비에 대해 이해하고 실무에 적용할 수 있어야 한다. 8. 전기의 기본 개념 및 변압기, 전동기, 조명설비 등에 대해 이해하고 실무에 적용할 수 있어야 한다. 9. 신재생에너지설비(태양열, 태양광, 지열, 풍력, 연료전지 등)에 대해 이해하고 실무에 적용할 수 있어야 한다. 10. 전기식, 전자식 자동제어 등 건물 에너지절약 시스템에 대해 이해하고 실무에 적용할 수 있어야 한다. 11. 건축, 기계, 전기 도면에 대해 이해하고 실무에 적용할 수 있어야 한다. 12. 난방, 냉방, 급탕, 조명, 환기 조닝에 대해 이해하고 실무에 적용할 수 있어야 한다. 13. 에너지절약설계기준에 대해 이해하고 실무에 적용할 수 있어야 한다. 14. 건축물에너지효율등급 인증 및 제로에너지빌딩 인증기준을 이해하고 실무에 적용할 수 있어야 한다. 15. 에너지데이터 및 BEMS의 개념, 설치확인기준을 이해하고 실무에 적용할 수 있어야 한다.
	2. 그 밖에 건물에너지 관련 설계·평가	

Contents

제3과목　건축설비시스템

Contents

Contents

Contents

제1편

건축 기계설비 이해 및 응용

building energy evaluator

제 1 장

열 역 학

CHAPTER 01 열역학

1 열역학

1. 열역학의 정의

이 단원은 에너지 평가사 시험을 위하여 고온에서 작동되는 각종 열기관(증가원동소나 내연기관) 등의 에너지 변화 관계나 냉난방 및 공기조화의 기초 개념을 터득하기 위한 분야로 단위 및 용어의 정의, 열과 일의 변화와 이들 사이의 물리적 성질을 충분히 이해해야 합니다. 잘 정리해야 다른 과목의 공부를 쉽게 할 수 있습니다.

열역학(thermodynamics)은 일과 열을 포함한 에너지의 변환과 에너지 변환에 관련되는 물질의 물리적 성질을 취급하는 학문이다.

(1) 공업열역학

공업열역학은 모든 종류의 열기관, 공기조화, 연소, 액체의 압축과 팽창, 그리고 이런 응용의 관련된 물질의 물리적 성질을 취급하는 과학의 한 분야이다.

(2) 계(系 : system)

열역학에서는 해석의 대상이 되는 물질의 일정량이나 범위를 명확하게 할 필요가 있는데, 이 물질량이나 범위를 계라 한다.
① 밀폐계(closed system) : 계의 경계를 통하여 물질의 이동이 없는 계이다.
② 개방계(open system) : 계의 경계를 통하여 물질의 이동이 있는 계이다.

2. 국제 단위(SI 단위)

열계산에 사용되는 단위는 상당히 많은데 SI단위를 기본으로 한다.
SI단위는 7개의 기본단위, 2개의 보조단위, 19개의 유도(조립)단위 및 20개의 접두어로 구성되어 있다.

(1) 기본단위

길이	미터 [m]
질량	킬로그램 [kg]
시간	초 [s]
전류	암페어 [A]
열역학적 온도	켈빈 [K]
광도	칸델라 [cd]
물질량	몰 [mol]

(2) 보조단위

평면각	라디안 [rad]
입체각	스테라디안 [Sr]

각 단위는 1차 및 2차 시험의 모든 계산 문제의 기본이 되기 때문에 반듯이 암기 및 숙지하여야 합니다.

(3) 유도단위

① 기본단위를 이용해서 표현된 SI유도 단위

면적	제곱미터 [m²]
속도	미터퍼초 [m/s]
밀도	킬로그램퍼미터3승 [kg/m³] 등

② 고유명칭을 갖는 SI유도단위

힘	뉴우톤 [N]
주파수	헬즈 [Hz]
전기저항	옴 [Ω]
압력	파스칼 [Fa]
동력(일률)	줄퍼초 [J/s]
전압	볼트 [V] 등

(4) SI 접두어

SI단위계의 단위와 결합하여 SI단위의 배량과 분량을 나타내는데 사용된다.

명칭	기호	곱할 인자	읽는 법
요타 (yotta)	Y	10^{24}	자
제타 (zetta)	Z	10^{21}	십해
엑사 (exa)	E	10^{18}	백경
페타 (peta)	P	10^{15}	천조
테라 (tera)	T	10^{12}	조
기가 (giga)	G	10^{9}	십억
메가 (mega)	M	10^{6}	백만
킬로 (kilo)	k	10^{3}	천
헥토 (hecto)	h	10^{2}	백
데카 (deka)	da	10^{1}	십

데시 (deci)	d	10^{-1}	십분의 일
센티 (centi)	c	10^{-2}	백분의 일
밀리 (milli)	m	10^{-3}	천분의 일
마이크로 (micro)	μ	10^{-6}	백만분의 일
나노 (nano)	n	10^{-9}	십억분의 일
피코 (pico)	p	10^{-12}	일조분의 일
펨토 (femto)	g	10^{-15}	천조분의 일
아토 (atto)	a	10^{-18}	백경분의 일
젭토 (zepto)	z	10^{-21}	십해분의 일
욕토 (yocto)	y	10^{-24}	자분의 일

예제문제 01

다음의 SI단위 중에서 기본단위에 속하지 않는 것은?

① m^2 (제곱미터 : 넓이) ② m(미터 : 길이)
③ S (초 : 시간) ④ K(켈빈 : 온도)

해설

m^2 : 유도단위

답 : ①

예제문제 02

다음 물리량의 차원을 질량[M], 길이[L] 시간[T]로 표시할 때 잘못 표시된 것은?

① 힘 : $[MLT^{-2}]$ ② 압력 : $[ML^{-2}T^{-2}]$
③ 에너지 : $[ML^2T^{-2}]$ ④ 밀도 : $[ML^{-3}]$

해설

압력$[Pa]=[N/m^2]=[kg/m \cdot sec^2]=[ML^{-1}T^{-2}]$

답 : ②

(5) 상태량

어느 물질이 어떤 상태에 있는 가를 나타낼 때에 열역학에서는 주로 압력과 온도를 사용하는데 이와 같이 어느 물질의 상태를 표현하기 위한 량을 상태량이라 한다. 상태량에는 다음의 2가지 숭요한 성질을 갖는다.

① 임의의 2가지 상태량이 정해지면 다른 상태량도 모두 정해진다.

② 그 상태로 대기까지는 경로에 관계없이 그 상태만에 의해서 결정된다.

┌ 강도성 상태량 : 물질의 양(量)에 관계 없는 상태량으로 온도, 압력, 비체적 등
└ 용량성 상태량 : 물질의 양에 관계 있는 상태량으로 중량, 체적, 내부에너지 등

3. 열역학에서의 여러 물리량

(1) 밀도(Density, ρ)

단위 체적당의 질량으로 정의

$$\rho = \frac{m}{V} \, [\mathrm{kg/m^3}]$$

여기서, m : 질량[kg]

V : 체적[m³]

물의 경우 1[atm] 4[℃]일 경우 1000[kg/m³] = 1[kg/l] 이다.

(2) 비체적(Specific volume, v)

단위 질량당의 체적으로 정의

$$v = \frac{V}{m} = \frac{1}{\rho} \, [\mathrm{m^3/kg}]$$

(3) 비중량(Specific weight, r)

단위 체적당의 중량으로 정의하며 즉, 비중량[r] = 중량[G] / 체적[V]으로 단위는 [N/m³]이고 밀도와의 관계는 다음과 같다.

$$r = \frac{G}{V} = \frac{m \cdot g}{V} = \rho \cdot g$$

여기서, G : 무게(중량) [N]

m : 질량 [kg]

ρ : 밀도 [kg/m³]

g : 중력가속도 [9.8m/sec²]

■ 실용상 공기의 평균 비체적과 밀도
· 비체적 : 0.83[m³/kg]
· 밀도 : 1.2[kg/m³]
  (액체의 밀도는 일정하다고 생각하면 좋으나 기체의 밀도는 온도나 압력에 따라 크게 변한다.)

(4) 비중(Specific gravity)

대기압하에서 어떤 물질의 밀도(또는 비중량)와 4[℃]에서 물의 밀도(또는 비중량)의 비로 정의하며 기호는 S로 표시한다. 비중은 무차원수이며 물의 비중 S = 1이다.

$$S = \frac{\rho}{\rho_w} = \frac{r}{r_w}$$

여기서, e_w = 물의 밀도
r_w = 물의 비중량

※ 임의의 물질 비중량은 그 비중에 물의 비중량을 곱해 주면 된다.

$r = s \times 1000\,[\mathrm{kg \cdot f/m^3}] = s \times 9800\,[\mathrm{N/m^3}]$

예제문제 03

체적 500[L]인 용기에 무게 1.5[N]의 가스가 들어있다. 이 가스의 밀도는 몇 [kg/m³]인가?

① 0.306 ② 0.206

③ 1.306 ④ 1.206

해설

비중량$[r] = \dfrac{1.5}{0.5} = 3\,[\mathrm{N/m^3}]$, $r = \rho g$ 에서

$\therefore \rho = \dfrac{r}{g} = \dfrac{3}{9.8} = 0.306\,[\mathrm{kg/m^3}]$

답 : ①

---

4. 열량과 비열

■ 열량 단위의 상호관계
1[kcal]
　= 3.968 [BTU]
　= 2.2052 [CHU]
　= 4.186 [kJ]

어느 물질을 가열하거나 냉각할 때 출입하는 열량은 그 물질의 질량 및 온도 변화에 비례한다. 예를 들어 질량 m[kg]의 물질의 온도를 ΔT[K]만큼 변화시켰을 때 필요한 열량 q[J]은

$$q = c \cdot m \cdot \Delta T$$

이다.

여기서 비례정수 c는 물질의 종류에 따라서 다른 값을 같고 비열이라 한다.

비열은 물질 1[kg]의 온도를 1K 변화 시키는데 필요한 열량[kJ]을 말하며 [kJ/kg·k]의 단위로 표시한다. 물의 비열은 4.186(=4.2)[kJ/kg]이다.

여기서 어느 물질의 온도를 1K 만큼 변화시키는데 필요한 열량을 그 물체의 열용량[kJ/k]이라 한다.

$$C = m \cdot c$$

C = 열용량[kJ/K]

m = 질량[kg]

c = 비열[kJ/kg·K]

┌ 정압비열[C_p] : 압력을 일정하게 유지하고 가열 할 때의 비열(개방계에 적용)
└ 정적비열[C_v] : 체적을 일정한 상태에서 가열 할 때의 비열(밀폐계에 적용)
　비열비 : 정압비열을 정적 비열로 나눈 값
　　$k = C_P / C_v$ ($C_P > C_v$으로 $k > 1$ 이다.)

$C_P - C_v = R$

$C_P > C_v$

$C_v = \dfrac{1}{k-1}R$

$C_P = \dfrac{k}{k-1}R$

예제문제 04

다음 중 C_v와 C_p의 관계식에서 맞는 것은?

① $C_p < C_v$ 　　　　② $C_P = R - C_v$

③ $C_p = C_v - R$ 　　④ $C_P = C_v + R$

답 : ④

■ **현열량 계산방법**
압력일정(등압변화)
$dq = m\,C_P\,d\,T$
체적일정(등적변화)
$dq = m\,C_v\,d\,T$

예제문제 05

다음 중 가스의 비열비($K = C_p/C_p$)의 값은?

① 0 이다.
② 언제나 1보다 작다.
③ 언제나 1보다 크다.
④ 1보다 크기도 하고 작기도 하다.

해설
$C_P > C_v$이므로 $K = C_p / C_v$
∴ $K > 1$

답 : ③

예제문제 06

실제 가스의 비열비(C_p / C_p)의 값은 일반적으로 온도가 올라가면 어떻게 되는가?
(단, C_p=정압비열 C_p=정적비열)

① 증가한다.
② 일정하다.
③ 감소한다.
④ 증가할 수도 있고 감소할 수도 있다.

해설
정압비열과 정적비열은 온도의 함수이다. 따라서 비열비도 온도의 함수 이다. 그러나 정압 비열과 정적 비열의 차는 항상 일정하다. 따라서 온도가 상승하여도 비열비는 일정하다.

답 : ②

5. 현열, 잠열, 반응열

(1) 현열(Sensible heat)

물질의 상태변화 없이 온도 변화에 이용되는 열량

$$q_s = c \cdot m \cdot \Delta T [\text{kJ}] \qquad - \text{ 현열식}$$

현열식, 잠열식은 냉동공학(냉동톤, 제빙톤, 냉각톤 등) 및 공기조화등의 각종계산에 기본이 되는 계산식이므로 잘 암기할 것

(2) 잠열(Latent heat)

물질의 온도변화 없이 상태를 변화시키는데 소요된 열량

$$q_L = m \cdot r [\text{kJ}] \qquad - \text{ 잠열식}$$

r
(잠열량)
① 0℃ 얼음의 융해 잠열 : 335[kJ/kg]
② 0℃ 물의 증발 잠열 : 2501[kJ/kg]
③ 100℃ 물의 증발 잠열 : 2256[kJ/kg]

(3) 총열량

가열로부터 증발 또는 융해에 이르기까지 필요한 총열량

$$q = q_s + q_L = c \cdot m \cdot \Delta T + m \cdot r [\text{kJ}]$$

(4) 물질의 3태

모든 물질은 3개의 상(고체, 액체, 기체)으로 존재한다.

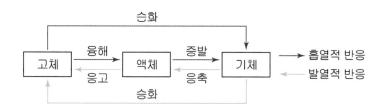

예제문제 **07**

어느 빙축열 시스템에서 20[℃]의 물을 사용하여 -5[℃]의 얼음 100[kg]을 만들어서 저장할 경우 제거해야할 열량을 구하시오. (단, 물의 비열 4.2[kJ/kg · k], 얼음의 비열 2.1[kJ/kg], 얼음의 융해잠열 335[kJ/kg]로 한다.)

① 45500[kJ]   ② 42950[kJ]

③ 55550[kJ]   ④ 65550[kJ]

해설

현열량 $q_1 = m\,c\,\Delta t = 100 \times 4.2 \times (20-0) = 8400\,[kJ]$

잠열량 $q_2 = m\,r = 100 \times 335 = 33500\,[kJ]$

현열량 $q_3 = m\,c\,\Delta t = 100 \times 2.1 \times \{0-(-5)\} = 1050\,[kJ]$

$q = q_1 + q_2 + q_3 = 42950\,[kJ]$

답 : ②

예제문제 **08**

출력 10[kW]의 전기히터를 사용하여 200[L]의 중유를 10[℃]에서 40[℃]로 가열할 때 시간은 몇 분이 걸리겠는가? (단, 외부로의 방열은 없고 가열한 열량은 모두 중유의 온도 상승에 사용되는 것으로 한다. 또한 중유의 비중은 0.90, 비열은 1.88[kJ/kg · k]로 한다.)

① 15분   ② 17분

③ 19분   ④ 21분

해설

가열에 필요한 열량 $q = m \cdot c \cdot \Delta t = 180 \times 1.88 \times (40-10) = 10152[kJ]$

중유의 질량 $m = \rho \cdot V = 0.90 \times 1000 \times 200 \times 10^{-3} = 180\,[kg]$

히터의 출력 $H[kw]$, 시간을 t 로 하면 $q = H \cdot t$

$\therefore\ t = \dfrac{q}{H} = \dfrac{10152}{10} = 1015.2[sec] = 16.92 분 ≒ 17분$

답 : ②

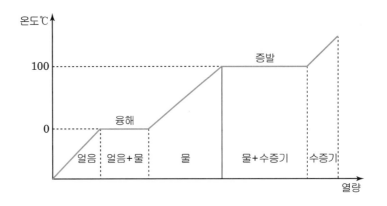

물에 대한 열량과 온도의 변화

6. 온도

물체의 온, 냉의 정도를 표시한 것으로 물체의 분자 운동에 의한 것이다.

(1) 섭씨온도(Celsius temperature)

표준대기압 하에서 순수한 물의 어는점을 $0°$ 끓는점을 $100°$ 라 하여 이 두 점 사이를 100 등분하여 그 1/100을 $1°$ 로 하며 단위는 [℃]로 표시한다.

(2) 화씨온도(Fahrenheit temperature)

표준대기압 하에서 물의 어는점을 $32°$ 끓는점을 $212°$ 로 하여 그 사이를 180 등분하여 1/180을 $1°$ 로 정한 온도로 단위는 [°F]로 한다.

$$℃ = \frac{5}{9}(°F - 32)$$

(3) 절대온도(absolute temperature)

이론적으로 도달 할 수 있는 최저온도를 기점으로 하여 측정된 온도로 이 온도를 절대온도라하고 섭씨온도 t 와 구별하기 위해 T로 표시하며 단위는 K(켈빈)을 사용한다.

$$T = t(℃) + 273.15[\text{K}]$$
$$T = t(°F) + 460[\text{R}]$$

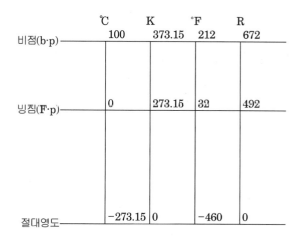

각 온도와의 관계

예제문제 09

섭씨 온도와 화씨 온도의 관계식을 옳게 나타낸 것은?

① $t_F = t_C + 32$

② $t_F = \dfrac{9}{5} t_C + 32$

③ $t_F = \dfrac{5}{9} t_C + 32$

④ $t_F = \dfrac{9}{5} t_C - 32$

해설

$℃ = \dfrac{5}{9}(℉ - 32) \rightarrow F = \dfrac{9}{5}℃ + 32$

답 : ②

예제문제 10

30[℃]의 물 9.8[kN]와 90[℃]의 물 4.9[kN]을 혼합하면 물은 몇 [K]가 되겠는가?

① 323

② 50

③ 30

④ 232

해설

잃은 열량 : $q_1 = 4.9 \times 4.2(90 - t)$

얻은 열량 : $q_2 = 9.8 \times 4.2(t - 30)$

$q_1 = q_2$에서

$t = \dfrac{9.8 \times 30 + 4.9 \times 90}{9.8 + 4.9} = 50℃$

$\therefore\ T = ℃ + 273 = 50 + 273 = 323[K]$

답 : ①

7. 압력(Pressure)

압력은 단위면적당 작용하는 힘으로 압력의 단위는[N/m^2]인데 이 유도(조립)단위는[Pa]로 표시하고 파스칼[Pascal]로 읽는다.

압력의 기본적인 단위는 [Pa]인데 비교적 낮은 압력을 표시하기 위해 수주나 수은주가 사용된다.

$$1[mH_2O] = 9.807 \times 10^3 [Pa] = 9.807[kPa] \risingdotseq 9.81[kPa]$$
$$1[mHg] = 133.3 \times 10^3 [Pa] = 133.3[kPa]$$

(1) 표준 대기압(atm)

대기압은 날마다 변화하는데 수은주 760mm때를 표준적인 대기압으로 할 것을 정하였다.

$$1[atm] = 760[mmHg] = 10.33[mmH_2O] = 1.0332[kg \cdot f/cm^2]$$
$$= 101325[Pa] = 101.325[kPa] = 0.101325[MPa] \risingdotseq 0.1[MPa]$$
$$= 1.01325[bar]$$
$$1[bar] = 10^5[Pa]$$

(2) 공압 기압(at)

공학단위 [$kg \cdot f/cm^2$]가 사용되는데 이를 공학기압이라고 하고[at]로 나타낸다.

$$1[at] = 1[kg \cdot f/cm^2] = 98000[Pa] = 98[kPa] = 10[mH_2O]$$

(3) 절대압력, 게이지 압력, 진공압

① 절대압력 : 완전진공을 기준으로 측정한 압력
② 게이지 압력 : 대기압을 기준으로 측정한 압력
③ 진공압력 : 대기압을 기준으로 대기압보다 낮은 압력

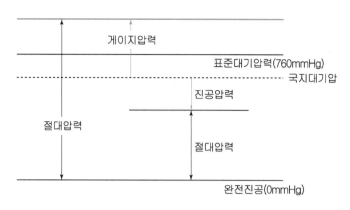

옆 그림의 압력관계는 기술사(건
축기계설비, 공기조화 냉동기계)
시험 문제에 단답형으로 그리고
관계를 설명하는 문제가 출제 되
었음.

|학습포인트|

절대압력[MPa] = 게이지압력[MPa] + 대기압[0.1MPa]

절대압력[MPa] = 대기압[MPa] − 진공압[MPa]

게이지 압력[MPa] = 절대압력[MPa] − 대기압[0.1MPa]

$$진공도 [\%] = \frac{진공압}{대기압} \times 100$$

예제문제 11

어느 용기의 압력이 450[mmHg]이다. 수주로는 몇 [m]인가? 또한 대기압이 750 [mmHg]일 경우 이용기의 절대압력은 몇 [kPa] 인가?

정답

수은의 비중은 13.6이므로

① $450[\mathrm{mmHg}] = 13.6 \times 450 = 6120[\mathrm{mmH_2O}] = 6.12[\mathrm{mH_2O}]$

② 절대압력＝게이지압력 + 대기압에서

$P_{abs} = 450 + 750 = 1200[\mathrm{mmHg}] = 1.2[\mathrm{mHg}]$

$P_{abs} = 1.2 \times 133.3 = 159.96[\mathrm{kPa}]$

<u>답 : 6.12[mH₂O], 159.96[kPa]</u>

예제문제 12

공조용 송풍기의 국소 대기압이 500mmHg이고 계기압력이 $0.5\mathrm{kgf/cm^2}$일 때, 절대 압력($\mathrm{kgf/cm^2}$)은 얼마인가?　　　　　　　　　　【17년 출제문제】

① 1.08　　　　　　　　　　② 1.18

③ 2.08　　　　　　　　　　④ 2.18

해설

절대압력＝게이지압력 + 대기압

$= 0.5 + \dfrac{500}{760} \times 1.0332 = 1.18 \mathrm{kgf/cm^2}$

<u>답 : ②</u>

예제문제 13

증발 농축설비의 증발관에 부착된 진공계가 60[mmHg] 진공을 표시하고 있다. 이때 대기압이 750[mmHg]이 라면 증발관의 절대압력은 몇 [kPa] 인가?

① 80   ② 82

③ 90   ④ 92

해설

절대압력＝(국소)대기압 － 진공압 ＝ 750 － 60 ＝ 690[mmHg] ＝ 0.69[mHg]

∴ 0.69 × 133.3 ＝ 91.977 ≒ 92[kPa]

답 : ④

예제문제 14

1[bar]는 몇 파스칼[Pa]인가?

① 10^2 ② 10^3

③ 10^4 ④ 10^5

답 : ④

예제문제 15

다음은 절대압력을 설명한 것이다. 틀린 것은?

① 완전진공을 기준(0)으로 하여 측정한 압력

② 국소대기압 ＋ 계기압력

③ 국소대기압 － 진공압력

④ 표준대기압 ＋ 계기압력

답 : ④

예제문제 16

1[mAq]는 몇 파스칼 [Pa] 인가?

① 980   ② 9800

③ 98000   ④ 980000

답 : ②

예제문제 17

다음은 대기압을 나타낸 것이다. 압력의 크기가 다른 것은?

① 10132.5 [Pa]
② 1013.25 [mbar]
③ 76 [cmHg]
④ 10.332 [mAq]

답 : ①

2 일과 열의 관계

1. 열역학의 제법칙

(1) 열역학 제0의 법칙(열평형의 법칙)

열은 온도가 높은 곳에서 낮은 곳으로 온도가 같아질 때까지 흐르고 열의 평형 상태에서는 더 이상 열의 이동은 없다.

(2) 열역학 제1의 법칙(에너지 보존의 법칙, 제1종 영구기관 제작 불가능 법칙)

① 열은 본질적으로 일과 동일한 에너지의 한 형태로 열을 일로 변화 시킬 수 있고 그 반대로도 가능하다. 그러나 그 비는 일정하다.
② 에너지는 결코 생성될 수 없고 그 존재가 완전히 없어 질 수도 없으며, 다만 한 형태로부터 다른 형태로 바뀌어질 뿐이다.
※ 제1종 영구기관 : 외부로부터 에너지를 공급하지 않고 영구히 운동을 계속하는 장치

> 열역학의 제법칙은 에너지 평가사, 에너지 진단사, 기술사시험의 기출문제로 자주 출제 되었으므로 확실하게 정리해야 함.

예제문제 01

다음 중 열역학 제1법칙은 어느 것인가?

① 열팽행에 관한 법칙이다.
② 이상 기체에만 적용되는 법칙이다.
③ 에너지 변환에서 에너지 보존 법칙을 설명한다.
④ 이론적으로 유도 가능한 법칙이며 엔트로피의 뜻을 설명한다.

답 : ③

예제문제 02

다음 중 열역학 제1법칙에 어긋나는 것은?

① 열량은 내부에너지와 절대일과의 합이다.
② 계가 한 참일은 계가 받는 참열량과 같다.
③ 열은 고온체에서 저온체로 흐른다.
④ 에너지 보존의 법칙이다.

해설
③은 열역학 제2법칙이다.

답 : ③

(3) 열역학 제2의 법칙(에너지의 방향성 법칙, 제2종 영구기관 제작 불가능 법칙)

① 자연계에 어떤 변화도 남기지 않고 어느 열원의 열을 계속하여 일로 변화시키는 것은 불가능하다. 열을 전부 일로 변화시킬 수는 없다. 즉, 열효율 100%의 열기관은 없다.(Kelvin Plank)

② 열은 고온 물체로 부터 저온 물체로 이동하는데 그 자체로 외부에서 어떤 일이나 열에너지를 가하지 않고 저온부에서 고온부로 열을 이동시킬 수 없다.(Clausius)

※ 제2종 영구기관 : 열효율 100%의 열기관 (외부에 어떤 변화도 남기지 않고 열의 전부를 일로 변화시킬 수 있는 기관)

(4) 열역학 제3의 법칙

한 계(系) 내에서 물체의 상태를 변화시키지 않고 절대온도, 즉, 0[K]로 도달 할 수 없다. 절대온도 0[K]에서는 모든 완전한 결정 물질의 절대 엔트로피는 0이다.

2. 내부에너지(Internal Energy)

내부에너지란 그 물체 내에 보유하고 있는 에너지를 말한다. 즉 물체에 저장된 전 에너지에서 역학적 에너지를 뺀 값으로 열역학 제1의 법칙의 내용을 식의 형태로 나태내기 위한 값이라 할 수 있다.

물체를 가열 하면 내부에너지는 증가하고 물체는 온도가 상승함과 더불어 팽창한다. 여기서 가열량 dq를 가하면 내부에너지 증가량은 dU, 압력 P하에서 체적을 dV 만큼 증가하게 된다. 이로 인하여 외부에 대해서 팽창에 의한 기계적 일량을 dW라 하면

열량 = 내부에너지 증가량 + 팽창에 의한 기계적 일량

$$dq = dU + dW\,[\text{J}] \rightarrow dq = dU + PdV\,[\text{J}] \rightarrow \text{열역학 제1기초식이 된다.}$$

기체가 이상기체인 경우 계의
내부에너지 변화 dU는
$$dU = CvdT$$
계가 밀폐계인 경우
외부 일량 dW는
$$dW = PdV$$

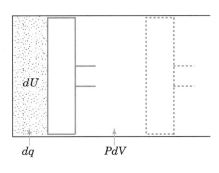

dU

dq   PdV

비유동과정

예제문제 03

다음 중 열역학 제1법칙을 나타내고 있는 식은 어느 것인가? (단, U는 내부에너지 [kJ], Q는 열량[kJ], W는 일[kJ]이다.)

① $Q = (U_2 - U_1) + W$ ② $Q = (U_2 - U_1) - W$

③ $Q = (U_1 - U_2) + W$ ④ $Q = (U_1 - U_2) + W$

<u>답 : ①</u>

예제문제 04

밀폐계에서 압력이 0.5[bar]로 유지되면서 체적이 1[m³]에서 5[m³]로 증가하였다. 이 과정 중 내부에너지가 5[kJ] 증가 하였다면 과정 중에 이동한 열량은 몇[kJ]인가?

① 205   ② 200

③ 305   ④ 405

해설
$$Q = \Delta U + W = \Delta U + P \cdot \Delta V$$
$$= 5 + 0.5 \times 10^5 \times (5-1) \times 10^{-3} = 205[\text{kJ}]$$

<u>답 : ①</u>

예제문제 05

어느 계에 30[kJ]의 열량을 공급했을 때 이 계가 외부에 대해 8000[N·m]의 일을 하였다면 내부에너지 변화량은 몇 [kJ]인가?

① 20　　　　　　　　　　　② 21

③ 22　　　　　　　　　　　④ 23

해설

$Q = \Delta U + W$ 에서

$\Delta U = Q - W = 30 - 8 = 22[\text{kJ}]$

답 : ③

3. 엔탈피(Enthalpy)

상태량을 m[kg]당의 량으로, 또한 1[kg]당의 량으로 구분하기 위해 대문자와 소문자로 사용한다. 또한 1[kg]당의 상태량을 부를 때에는 명칭 앞에 [비]를 붙여 부른다.
예) 비엔탈피
　　 비엔트로피
　　 비체적 등

개방계에서 압력 P 인 유체가 임의 단면을 통하여 체적 V로 흐를 때 유체는 하류의 유동에 대하여 PV 의 일을 하게 되는데 이를 유동일이라고 한다.

계를 유체가 통과할 때 세 가지 부분으로 나눌 수 있다. 즉, 유체 자체의 역학적 에너지(위치에너지, 운동에너지), 내부에너지, 그리고 유체 자체가 보유하지 않고 흐름에 의해서 생기는 유동에너지(유동일)로 나눌 수 있다.

공업상 응용에는 항상 내부에너지와 유동일이 결합하여 나오고 있어서

$U + PV$ 를 새로운 물리량 H 라 정의하고 엔탈피라 한다. 즉,

$H = U + PV\,[\text{kJ}]$

$h = u + pv\,[\text{kJ/kg}]$

$dh = du + d(p \cdot v) = du + pdv + vdp = dq + vdp$

$\therefore\ dq = dh - vdp\,[\text{kJ/kg}] \rightarrow$ 열역학 기초 2식이 된다.

H : 엔탈피[kJ]

U : 내부에너지[kJ]

P : 압력[kPa]

V : 체적[m³]

h : 비엔탈피[kJ/kg]

u : 비내부에너지[kJ/kg]

v : 비체적[m³/kg]

4. 정상류의 에너지 방정식

정상유동(steady flow)이란 동작 유체의 출입이 있는 개방계에서 유체의 유출입 등의 과정에서 시간에 따라 모든 성질들이 불변인 과정을 말한다.

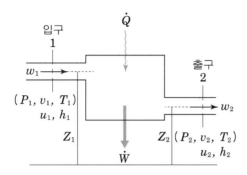

정상유동계

단면 1에서 유체의 에너지 : $u_1 + \dfrac{w_1^2}{2}$ [kJ/kg]

단면 2에서 유체의 에너지 : $u_2 + \dfrac{w_2^2}{2}$ [kJ/kg]

$$u_1 + p_1 v_1 + \frac{w_1^2}{2} + gz_1 + q = u_2 + p_2 v_2 + \frac{w_2^2}{2} + gz_2 + w \,[\text{kJ/kg}]$$

$$h_1 + \frac{w_1^2}{2} + gz_1 + q = h_2 + \frac{w_2^2}{2} + gz_2 + w$$

위 식은 정상 유동계의 에너지 방정식으로 불린다. 위식에서 내부에너지를 무시하면 베루누이(Bernoulli) 방정식이 된다. 또한 위식에서 역학적에너지를 무시하면 다음식으로 된다.

$$q = (h_2 - h_1) + w$$

5. 엔트로피(Entropy)

물체가 온도 T [K] 하에서 얻은 열량을 dq [kJ]이라 하면 그 온도 T로 나눈 것을 엔트로피 증가라 말한다. 이것을 ds로 표시하면
엔트로피 $ds = dq/T$ [kJ/K]라 한다.

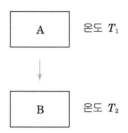

그림과 같이 A에서 B로 열이 이동할 때 A가 잃은 엔트로피를 $\Delta q / T_1$, B가 얻은 엔트로피는 $\Delta q / T_2$로 하면 열역학 제 2법칙은 T_1(고온) $>$ T_2(저온)로 되어

$$\frac{\Delta q}{T_2} - \frac{\Delta q}{T_1} > 0 , \quad \therefore \ ds_2 > ds_1 로 된다.$$

이 때문에 「자연계에서 물질의 엔트로피는 증대하는 방향으로 변화가 진행된다.」고 말하는 것이다.

$$엔트로피 \ 변화 \ S \quad S_2 - S_1 = \int_1^2 \frac{dq}{T} \ [kJ/k]$$

예제문제 06

열역학 제2법칙에 근거하여 에너지변환과 열전달에 관한 내용 설명 중 올바르지 못한 것은?(단 W : 일, Q : 열, T_1 : 고온체, T_2 : 저온체)

① 에너지변환 $W \to Q$: 용이하지 않음
② 에너지변환 $Q \to W$: 제한적임
③ 열전달 $T_1 \to T_2$: 자연적임
④ 열전달 $T_2 \to T_1$: 인공적임

해설
열역학 제 2법칙에 따르면, 열에너지로 일을 함에 있어서 열기관의 효율이 100%인 것은 불가능하다. (즉, 열에너지를 일로 모두 다 전환시키는 것은 제한적이다. $Q \to W$)

답 : ①

예제문제 07

엔탈피 변화(Δh)와 엔트로피 변화(ΔS)에 대한 설명이 잘못된 것은?

① 엔트로피는 상태량이다.
② 온도 0[K]에서 순수 물질(고체)의 엔트로피는 0이다.
③ 엔트로피는 일정 압력에서 물질의 총열량이다.
④ 증기가 밸브에 의하여 감압시 엔탈피는 변하지 않는다.

해설

엔트로피 공식 $ds = \dfrac{dQ}{T}$ (즉, 일정 온도에서 물질의 총 열량을 말한다.)

답 : ③

예제문제 08

다음 중 옳은 것은?

① 엔트로피는 경로함수이다.
② 열역학 제0법칙은 에너지소비를 의미한다.
③ 열역학 제1법칙은 열평형에 대한 법칙이다.
④ 열역학 제2법칙은 과정의 방향성에 관한 법칙이다.

해설

① 엔트로피는 점함수이다.
② 열역학 제0법칙은 열평형의 법칙이다.
③ 열역학 제1법칙은 에너지보전의 법칙이다.

답 : ④

6. 일, 동력(일률)

(1) 일(Work)

일(work)이란 어떤 물체에 힘이 작용하여 그 물체를 이동 시켰을 때
[힘 × 거리]로 나타내며 SI단위에서는 Joule [J]로 표시한다.
1[J]이란 1[N]의 힘으로 힘을 가하여 힘의 방향으로 1[m]만큼 이동 시켰을 때
일로 정의한다.

1[J] = 1[N] × 1[m] = 1[N · m]

$1[N] = 1[kg \cdot m/s^2]$
$1[J] = 1[N \cdot m]$
$\quad = 0.239\ cal$
$1[W] = 1[J/s]$
$\quad = 0.86\ [kcal/h]$

(2) 동력(Power)

단위 시간당의 일량(에너지)을 나타내는 것으로 동력과 그 작용한 시간과의 곱은 일량 즉, 전달된 에너지 양을 표시한다. SI단위에서는 w[watt]를 사용하며 1[w]는 1초 사이에 1[J] 일을 하는 경우의 동력이다.

1[kW] = 102kgf·m/s
    = 860kcal/h
1[PS] = 75kgf·m/s
    = 632.3kcal/h

$1[w] = 1[J/s] = 1[N \cdot m/s]$

한편 일은 동력×시간 이므로

$1[kwh] = 10^3 \times 3600[J]$

(3) 절대일, 공업일

① 절대일(Absolute Work)

밀폐계가 주위와 역학적 평형을 유지하면서 체적변화가 일어날 때의 일을 절대 일이라 한다.

$$dw = pdv$$
$$_1w_2 = \int_1^2 pdv \ [kJ]$$

② 공업일(Technical work)

동작물질이 개방계를 통과할 때 생기는 계의 외부일을 공업일이라 한다.

$$w_t = \int_2^1 vdp = -\int_1^2 vdp \ [kJ]$$

7. 이상기체(ideal gas)

이상기체란 분자가 존재하는 공간에 비하여 체적이 거의 무시될 수 있고 또, 분자 상호 간에 인력이 작용하지 않는다고 가정할 수 있는 가스로서 보일의 법칙, 샬의 법칙에 따르는 이상적인 가스를 말한다.

|학습포인트| 실제 기체를 이상기체로 간주할 수 있는 조건

① 분자량이 작을수록
② 압력이 낮을수록
③ 온도가 높을수록
④ 비체적이 클수록

(1) 보일(Boyle)의 법칙

일정한 온도에서 일정량의 기체의 부피(V)은 그 압력(P)에 반비례 한다. 즉,

$$PV = k \ \text{또는} \ P_1V_1 = P_2V_2$$

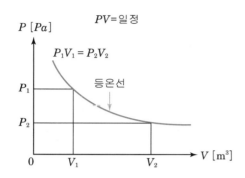

여기서 k 는 기체의 온도, 질량, 성질에 따라 다르며 동일한 기체의 동일한 양에 대해서는 온도에만 관계되는 상수이다.

(2) 샬(Charles 또는 Gay lussac)의 법칙

일정한 압력하에서 일정량의 기체의 부피(V)은 절대온도 (T)에 정비례한다. 즉,

$$V/T = 일정 = k \ 또는 \ V_1/T_1 = V_2/T_2$$

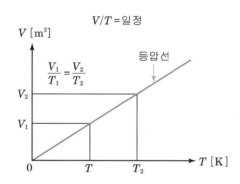

(3) 보일-샬의 법칙

일정량의 기체의 부피(V)는 압력(P)에 반비례하고 절대온도(T)에 비례한다. 즉,

$$\frac{PV}{T} = 일정 \ 또는 \ \frac{P_1 V_1}{T_1} = \frac{P_2 V_2}{T_2}$$

8. 기체의 상태 방정식

(1) Avogadro의 법칙

표준상태 (온도 0℃, 압력 760mmHg)의 기체 1[mol]이 갖는 체적은 22.4[L]로 그 속에 함유되어 있는 분자수 N_A를 아보가드로수라 말한다. 즉, Avogadro의 법칙은 「압력과 온도가 같을 때, 모든 기체는 같은 체적 속에 같은 수의 분자를 갖는다.」

$$\text{아보가드로수 } N_A = 6.023 \times 10^{23} \text{mol}^{-1}$$

(2) 이상기체의 상태방정식

보일·샬의 법칙에 아보가드로(Avogadro)의 법칙을 적용하면 동일한 온도 및 압력 하에서 기체가 차지하는 용적은 분자수가 같은 경우 기체의 종류와 관계없이 동일하다.

따라서 일정량의 기체의 부피(V), 압력(P), 절대온도(T) 사이에는 다음과 같은 관계가 있다.

$\dfrac{PV}{T} = R$ (일정)의 보일·샬의 법칙의 변형식으로 표현된다.

(3) 일반·기체상수

기체상수는 기체에 따라 서로 다른 값을 갖으나 Avogadro 법칙을 이용하면 하나의 대표값으로 표현할 수 있다. 표준상태(0℃, 760mmHg)에서 분자량 M 인 기체 1[kmol]의 체적을 22.4 [m³]이라 하면 가스의 질량은 M [kg]이라 할 수 있으므로, 이상기체 질량은 $PV = MRT$로 표현할 수 있다.

$MR = \overline{R}$ 라 하면

$$\overline{R} = \frac{PV}{T} = \frac{101.325[\text{kPa}] \times 22.4[\text{m}^3]}{273.15[\text{k}]} = 8.314[\text{kJ/kmol·K}]$$

가스정수 $R = \dfrac{\overline{R}}{M} = \dfrac{8.314}{M}[\text{kJ/kg·K}]$

9. 이상기체의 상태변화

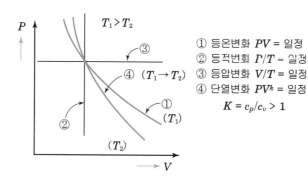

① 등온변화 PV = 일정
② 등적변화 P/T = 일정
③ 등압변화 V/T = 일정
④ 단열변화 PV^k = 일정
　　$K = c_p/c_v > 1$

변화	등적과정	등압과정	등온과정	단열과정	폴리트로프 과정
	$v = C$	$P = C$	$T = C$	$Pv^k = C$	$Pv^n = C$
P, v, T 관계	$\dfrac{P_1}{T_1} = \dfrac{P_2}{T_2}$	$\dfrac{v_1}{T_1} = \dfrac{v_2}{T_2}$	$P_1 v_1 = P_2 v_2$	$\dfrac{T_2}{T_1} = \left(\dfrac{v_1}{v_2}\right)^{k-1}$ $= \left(\dfrac{P_2}{P_1}\right)^{\frac{k-1}{k}}$	$\dfrac{T_2}{T_1} = \left(\dfrac{v_1}{v_2}\right)^{n-1}$ $= \left(\dfrac{P_2}{P_1}\right)^{\frac{n-1}{n}}$
폴리트로픽지수 n	∞	0	1	k	$-\infty \langle \mathrm{n} \langle \infty$
비열(C)	C_v	C_P	∞	0	$C_n = C_v \dfrac{n-k}{n-1}$
내부 에너지 변화 (Δu)	$C_v(T_2 - T_1)$ $= \dfrac{R}{k-1}(T_2 - T_1)$	$C_v(T_2 - T_1)$ $= \dfrac{1}{k-1}P(v_2 - v_1)$	0	$C_v(T_2 - T_1) = -W_{12}$	$C_v(T_2 - T_1)$ $= -\dfrac{n-1}{k-1}W_{12}$
엔탈피 변화 (Δh)	$C_P(T_2 - T_1)$ $= \dfrac{K}{k-1}R(T_2 - T_1)$	$C_p(T_2 - T_1)$	0	$C_P(T_2 - T_1) = -W_t$	$C_P(T_2 - T_1)$ $= -\dfrac{k}{k-1}(n-1)W_t$
엔트로피 변화 (Δs)	$C_v \ln \dfrac{T_2}{T_1}$ $= C_v \ln \dfrac{P_2}{P_1}$	$C_P \ln \dfrac{T_2}{T_1}$ $= C_P \ln \dfrac{v_2}{v_1}$	$R \ln \dfrac{v_2}{v_1}$ $= R \ln \dfrac{P_1}{P_2}$	0	$C_n \ln \dfrac{T_2}{T_1}$ $= C_v \dfrac{n-k}{n-1}(T_2 - T_1)$
절대일(팽창일) $W_{12} = \displaystyle\int P dv$	0	$P(v_2 - v_1)$ $= R(T_2 - T_1)$	$P_1 v_1 \ln \dfrac{v_2}{v_1}$ $= P_1 v_1 \ln \dfrac{P_1}{P_2}$	$\dfrac{1}{k-1}(P_1 v_1 - P_2 v_2)$	$\dfrac{1}{n-1}(P_1 v_1 - P_2 v_2)$
공업일(압축일) $W_t = -\displaystyle\int v dP$	$v(P_1 - P_2)$ $= R(T_1 - T_2)$	0	W_{12}	$k W_{12}$	$n W_{12}$
가열량 q	$\Delta u = u_2 - u_1$ $= C_v(T_2 - T_1)$	$\Delta h = h_2 - h_1$ $= C_P(T_2 - T_1)$	$W_{12} = W_t$	0	$C_n(T_2 - T_1)$

예제문제 09

「같은 압력, 같은 온도의 이상기체는 같은 체적 내에 같은 수의 분자를 갖는다.」는 어떠한 법칙인가?

① 줄의 법칙　　　　　　　　　　② 보일의 법칙

③ 아보가드로의 법칙　　　　　　④ 쿨롱의 법칙

답 : ③

예제문제 10

다음 중 실제기체가 이상기체의 상태방정식을 만족하기 위한 조건은?

① 저압, 고온　　　　　　　　　　② 고압, 저온

③ 저압, 저온　　　　　　　　　　④ 고압, 고온

답 : ①

예제문제 11

다음 중 보일 샬의 법칙을 옳게 표현 한 것은?

① $\dfrac{PV}{T} = 일정$　　　　　　　② $\dfrac{TP}{V} = 일정$

③ $\dfrac{TV}{P} = 일정$　　　　　　　④ $\dfrac{P}{TV} = 일정$

답 : ①

10. 카르노 사이클(Carot Cycle)

■ 사이클(cycle)
유체가 여러 가지 변화를 연속적으로 행하여 다시 처음상태로 되돌아 올 때 그 변화를 표시하면 폐쇄곡선이 나타나는데 이 궤적을 사이클이라 한다.

카르노 사이클은 고온열원과 저온열원 사이에서 작동하는 열기관의 이상적인 사이클로서 그림과 같이

| 단열압축 | → | 등온팽창 | → | 단열팽창 | → | 등온압축 |

의 행정을 가역적으로 시키면서 외부에 일을 하는 사이클이다.

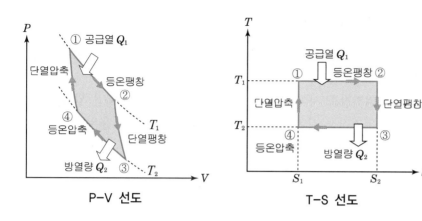

P-V 선도   T-S 선도

(1) 사이클 작동원리

① 1 → 2 과정 : 등온팽창(고온도 T_1 하에서 고열원으로부터 열량 Q_1을 흡수하는 과정)

$$Q_1 = mRT_1 l_n \frac{P_1}{P_2}$$

② 2 → 3 과정 : 단열팽창(동작유체가 갖고 있는 내부에 어지를 이용하여 저온도 T_2가 될 때까지 외부에 일을 하는 과정)

$$\frac{T_2}{T_1} = \left(\frac{P_3}{P_2}\right)^{\frac{K-1}{K}}$$

③ 3 → 4 과정 : 등온압축(저온도 T_2하에서 열량 Q_2를 방열하는 과정)

$$Q_2 = mRT_2 l_n \frac{P_4}{P_3}$$

④ 4 → 1 과정 : 단열압축(외부에서 계로 일을 하며 동작유체를 상태1로 되돌려 보내는 과정)

$$\frac{T_2}{T_1} = \left(\frac{P_4}{P_1}\right)^{\frac{K-1}{K}}$$

(2) 열효율(η_c)

열효율 $= \dfrac{\text{공급열} - \text{손실열}}{\text{공급열}} = \dfrac{Q_1 - Q_2}{Q_1} = 1 - \dfrac{Q_2}{Q_1} = 1 - \dfrac{T_2}{T_1} = \dfrac{\text{유효열}}{\text{공급열}} = \dfrac{W}{Q_1}$

공급열(Q_1) = 유효열량(W) + 손실열량(Q_2)

카르노 사이클의 열효율은 절대온도 T [K]로 표시된다.

카르노 사이클은 이상적인 열기관의 사이클로 효율은 열에너지를 일에너지로 변화시킨 값으로 최대치를 나타내며 열기관 중 효율이 가장 높다.

(3) 카르노 사이클의 원리

① 같은 두 열저장소에서 작동하는 기관은 외부적으로 가역기관보다 더 열효율이 좋을 수 없다.

② 같은 두 열저장소 사이에서 작동하는 가역기관의 열효율은 같다.

③ 같은 두 열저장소 사이에서 작동하는 가역기관의 열효율은 동작물질에 관계없이 단지 두 열저장소의 온도에만 관계된다.

예제문제 12

이상기체를 단열 팽창시켰을 때의 현상인 것은?

① 온도와 압력이 감소한다.

② 온도는 증가하고 압력은 감소한다.

③ 온도는 감소하고 압력은 증가한다.

④ 온도는 변화없고 압력만 감소한다.

답 : ①

예제문제 13

카르노 사이클로 작동하는 기관이 200[℃]와 400[℃] 사이에서 작용할 때와 600[℃]와 800[℃] 사이에서 작용할 때의 열효율을 비교하면 전자의 경우가 후자의 열효율에 몇 배가 되는가?

① 1.29 　　　　　　　② 1.39

③ 1.49 　　　　　　　④ 1.59

해설

$\eta = 1 - \dfrac{T_2}{T_1}$ 이므로

$\eta_1 = 1 - \dfrac{200 + 273}{400 + 273} = 0.297$, 　$\eta_2 = 1 - \dfrac{600 + 273}{800 + 273} = 0.186$ 이다.

$\therefore \dfrac{\eta_1}{\eta_2} = \dfrac{0.297}{0.186} = 1.59$

답 : ④

예제문제 14

두 열원 사이에서 작동하는 어떤 열기관의 매 사이클마다의 일 공급량이 30[kJ]이고 열효율이 30%이다. 이때 고열원으로부터 받는 열량 Q_1가 200[kJ]이라면 저온에서 Q_2는 몇 [kJ]인가?

① 140 [kJ]   　　　　　② 100 [kJ]

③ 60 [kJ]   　　　　　④ 40 [kJ]

해설

$$\eta = 1 - \frac{Q_2}{Q_1}, \quad Q_2 = (1-\eta) \times Q_1 = (1-0.3) \times 200 = 140[\text{kJ}]$$

답 : ①

3 가스 동력 사이클

1. 내연기관 사이클

(1) 오토 사이클(Otto cycle)

가솔린 기관이나 가스기관과 같이 전기점화 기관의 이상 사이클로서   2개의 단열 변화와   2개의 등적 변화 로 구성되어 있다.

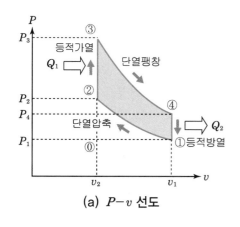

(a) $P-v$ 선도

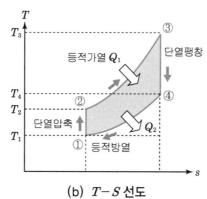

(b) $T-S$ 선도

0 → 1 과정 : 흡기

1 → 2 과정 : 단열압축

2 → 3 과정 : 등적 가열($Q_1 = C_v(T_3 - T_2)$)

3 → 4 과정 : 단열 팽창

4 → 1 과정 : 등적 방열($Q_2 = C_v(T_4 - T_1)$)

1 → 0 과정 : 배기

|학습포인트| 오토 사이클의 열효율(η_o)

$$\eta_o = 1 - \frac{Q_2}{Q_1} = 1 - \frac{T_4 - T_1}{T_3 - T_2} = 1 - (\frac{1}{\varepsilon})^{k-1}$$

여기서 ε : 압축비

(2) 디젤 사이클(Diesel cycle)

디젤 사이클은 저속 디젤기관의 기본 사이클로 그림과 같이 2개의 단열과정 과 1개의 등압과정 1개의 등적과정 인 4과정으로 이루어진 사이클이다.

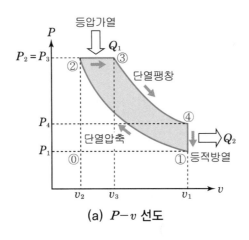

(a) $P-v$ 선도

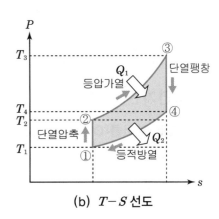

(b) $T-S$ 선도

$0 \rightarrow 1$ 과정 : 흡입 행정
$1 \rightarrow 2$ 과정 : 단열 압축 행정
$2 \rightarrow 3 \rightarrow 4$ 과정 : 정압연소 폭발 및 단열 팽창 행정
$4 \rightarrow 1 \rightarrow 0$ 과정 : 배기 행정

공급열 $Q_1 = C_p(T_3 - T_2)$
방열량 $Q_2 = C_v(T_4 - T_1)$
열효율 $\eta_D = 1 - (\frac{1}{\varepsilon})^{k-1} \cdot \frac{(\rho^k - 1)}{k(\rho - 1)}$

ρ : 분사 차단비 $= \dfrac{V_3}{V_2}$

(3) 사바테 사이클(Sabathe cycle)

이 사이클은 무기분사 디젤기관의 기본 사이클로 2중 (합성)연소사이클이다.

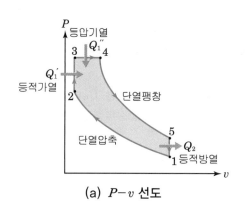

(a) $P-v$ 선도

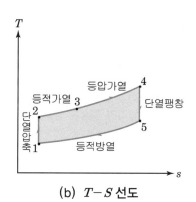

(b) $T-S$ 선도

1 → 2 과정 : 단열압축

2 → 3 과정 : 등적가열

3 → 4 과정 : 등압가열

4 → 5 과정 : 단열팽창

5 → 1 과정 : 등적방열

열효율 (η_s) $1 - \dfrac{Q_2}{Q_1} = \dfrac{C_v(T_5 - T_1)}{C_v(T_3 - T_2) + C_p(T_4 - T_3)}$

$$= 1 - \left(\frac{1}{\varepsilon}\right)^{k-1} \cdot \frac{(\beta\rho^k - 1)}{(\beta - 1) + k\beta(\rho - 1)}$$

|학습포인트| **각 cyde의 비교**

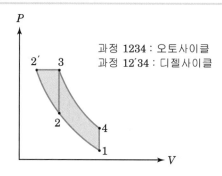

과정 1234 : 오토사이클
과정 12'34 : 디젤사이클

각 사이클에서 일을 생성하는 과정은 모두 단열 팽창 과정이며 열을 배출하는 과정은 정적과정이다.

① 열 효율이 가장 좋은 경우
  압축비 일정시 : 오토 사이클
  최고압력 일정시 : 디젤 사이클

② 결론
  압축비가 같을 때는 오토사이클의 열 효율이 디젤사이클의 열 효율보다 좋지만
  디젤사이클은 압축비를 더 높게하여 열효율을 증가 시킬 수 있다.

> ① 압축비가 일정한 경우 : 오토 사이클 〉 사바테 사이클 〉 디젤 사이클
> ② 최대압력이 일정한 경우 : 오토 사이클 〈 사바테 사이클 〈 디젤 사이클

4 가스 터빈 사이클

(1) 브레이톤 사이클(Brayton cycle)

브레이톤 사이클은 그림과 같이 흡기한 외기를 압축기로 압축하여 연소기에서
이 압축공기 중에 연료를 분사하여 연소기켜 연소 가스를 만든다. 이 연소가스
를 이용하여 가스터빈을 회전시킨 후 외부로 배기된다.

이 사이클은 ┃2개의 단열변화┃ 와 ┃2개의 등압변화┃ 로 구성된다.

■ **열 병합 발전시스템**(CGS : Co – Generation System)
코제너레이션 시스템이란 한 종류의 에너지 원으로부터 2 종류(열과 전기) 이상의 2차 에너지를 동시에 생산하는 시스템으로 연료를 연소시켜 가스터빈 등을 구동하여 발전을 행하고 이때 발생되는 배열을 난방이나 급탕 및 흡수식 냉동기의 구동 열원으로 이용하는 방식을 말한다.
이 방식은 발전과 배열을 합하면 종합 열효율이 70~80%가 된다.

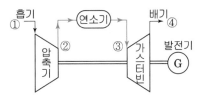

(2) 브레이톤 사이클의 상태변화

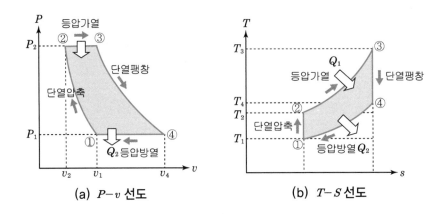

(a) $P-v$ 선도

(b) $T-S$ 선도

1 → 2 과정 : 단열압축

2 → 3 과정 : 등압가열

3 → 4 과정 : 단열팽창

4 , 1 과정 : 등압파열

공급열 $Q_1 = C_p(T_3 - T_2)$

방열량 $Q_2 = C_p(T_4 - T_1)$

열효율 $3_B = \dfrac{W}{Q_1} = \dfrac{Q_1 - Q_2}{Q_1} = 1 - \dfrac{Q_2}{Q_1} = 1 - \dfrac{T_4 - T_1}{T_3 - T_2}$

5 수증기의 성질

대기압(1기압 = 101.325[kPa]) 하에서 물(純水)을 가열하면 100[℃]까지 온도가 상승하여 비점에 이르러 온도 상승은 정지하고 가한 열량은 증발로 소비된다. 물의 비점은 압력에 따라 변하고 압력이 상승하면 비점도 상승한다.

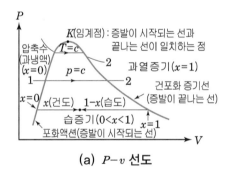
(a) $P{-}v$ 선도

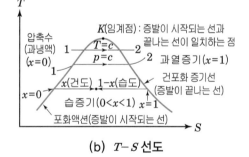
(b) $T{-}S$ 선도

이 온도를 그 압력에 대한 포화온도 라 하고 포화온도에 있는 물은 포화수 , 포화온 도에 대한 압력을 포화압력 이라고 한다. 또한 포화온도에 있는 습포화증기 와 건포화증기를 합하여 포화증기 라 한다.

① 습증기의 상태량

습증기란 발생증기 속에 수분이 섞여 있는 증기를 말한다.

┃학습포인트┃ 건도(건조도 : x)

습증기 1[kg]속에 x[kg]의 건증기가 포함되어 있고 나머지 $(1-x)$[kg]이 수분인 경우
x를 ⎡건도⎦, $(1-x)$를 ⎡습도⎦라 한다.

포화액의 건도 $x=0$, 건도포화 증기 건도 $x=1$

$$h_x = h' + (h'' - h')x = h' + rx$$
$$s_x = s' + (s'' - s')x$$
$$v_x = v' + (v'' - v')x$$

여기서
h_x, s_x, v_x : 건도 x일 때의 습증기 비엔탈피, 비엔트로피, 비체적
h', s', v' : 건도 x일 때의 포화수 비엔탈피, 비엔트로피, 비체적
h'', s'', v'' : 건도 x일 때의 건도포화증기 비엔탈피, 비엔트로피, 비체적

비엔탈피[kJ/kg], 비엔트로피[kJ/kgK] , 비체적[m^3/kg]

② 과열증기

건포화 증기를 더욱 가열하면 일정 압력 하에서 가열된 열량에 비례하여 증기의 온도가 더욱 상승하는데 포화온도 보다 높은 온도의 증기를 과열증기라 한다.

③ 임계상태

압력이 높아지면 잠열이 감소하여 0[kJ/kg]이 되는 상태를 임계상태라 한다. 이때의 압력을 임계압력(Critical pressure), 온도를 임계온도(CP : Critical point)라 한다.

예제문제 01

압력 1.6[MPa], 온도 200[℃]에서 포화수의 엔탈피가 854[kJ/kg], 포화중기의 엔탈피가 2,792[kJ/kg]이다. 같은 온도에서 건도가 0.9인 습증기의 엔탈피가 [kJ/kg]는 얼마인가?

① 1,047 [kJ/kg]　　　　② 1,821 [kJ/kg]
③ 2,294 [kJ/kg]　　　　④ 2,598 [kJ/kg]

해설
$$h_x = h_1 + x \cdot (h'' - h') = 854 + 0.9(2792 - 854) = 2598.2 ≒ 2598 \, [kJ/kg]$$

답 : ④

예제문제 02

동일한 온도, 압력의 포화수 1[kg]과 포화증기 4[kg]을 혼합하였을 때, 증기의 건도는 얼마인가?

① 60 [%]   ② 70 [%]

③ 80 [%]   ④ 90 [%]

───────────────────────────────

해설 증기건도

물질이 포화상태에 있을 때, 전체질량에 대한 증기질량의 비

$$x = \frac{m_s}{m_s + m_w} = \frac{4}{4+1} = \frac{4}{5} = 0.8 = 80\%$$

답 : ③

6 증기 동력 사이클

증기 동력 사이클은 작업 유체가 액상과 기상으로 상호 상변화되면서 동력을 얻는 것이 목적인 사이클로서, 외부 연소열로 작업 유체를 가열하고 고온, 고압의 과열 증기를 터빈에 팽창시킴으로써 유효일량을 얻는 외연 기관(external combustion engine)이다.

(1) 랭킨 사이클(Rankine Cycle)

증기 동력 사이클의 기본 사이클로서 │ 2개의 단열과정 │ 과 │ 2개의 정압과정 │ 으로 이루어져 있다.

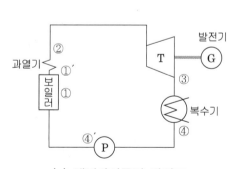

(a) 랭킨사이클의 장치도

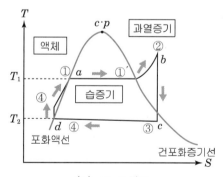

(b) $T-S$ 선도

구 간	과 정	과정의 설명
④ → ④′	단열압축	〈급수펌프〉 : 포화수를 가압(단열압축)하여 보일러에 급수
④′ → ① → ①′ → ②	등압가열	〈보일러+과열기〉 : 급수는 보일러 내에서 가열되어 포화증기로 되고 또한, 과열기에 의해서 과열증기로 되는 과정
② → ③	단열팽창	〈터빈〉 : 터빈 내에서 증기는 등엔트로피 변화하여 습증기 상태로 팽창하여 열에너지를 기계적 에너지로 변환
③ → ④	등온등압변화	〈복수기〉 : 터빈에서 일을 끝낸 습증기를 응축하여 포화수로 만든다.

※ 랭킨 사이클의 열효율은 초온, 초압(터빈 입구의 증기 압력 및 온도)이 높을수록 복수기의 온도 및 배압이 낮을 수록 좋다.

※ 랭킨사이클의 열효율 η_R

$$\eta = \frac{W}{Q_1} = \frac{Q_1 - Q_2}{Q_1} = \frac{h_2 - h_3}{h_2 - h_4}$$

예제문제 01

다음 중 랭킨사이클의 과정을 나타낸 것으로 옳은 것은?

① 단열팽창 → 정압가열 → 단열압축 → 응축
② 단열압축 → 단열팽창 → 정압가열 → 응축
③ 정압가열 → 단열압축 → 등온팽창 → 응축
④ 단열압축 → 정압가열 → 단열팽창 → 응축

답 : ④

예제문제 02

랭킨 사이클은 기본 사이클로서 사이클의 각 과정을 $T-S$ 및 $P-V$ 선도 상으로 해석할 경우 랭킨 사이클의 각 과정으로 볼 수 없는 것은?

① 단열압축과정　　　　　　　② 등적가열과정
③ 등압가열과정　　　　　　　④ 단열팽창과정

답 : ②

(2) 재열 사이클(Reheat Cycle)

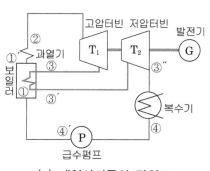

(a) 재열사이클의 장치도

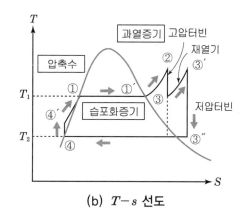

(b) $T-s$ 선도

재열 사이클은 터빈의 효율을 증가시키기 위해 터빈 중간단에서 작업 유체(건포화 증기)를 전량 추출하여 보일러에서 재가열시킴으로써, 터빈 말단의 건조도의 감소를 방지하거나 터빈 날개의 부식을 방지하고자 하는 사이클이다. 랭킨 사이클의 열효율과 비교해 보면, 터빈 입구의 과열 증가의 과열도가 동일하다는 전제 조건 아래서 재열 사이클의 열효율이 높다.

(3) 재생 사이클(Regenerative Cycle)

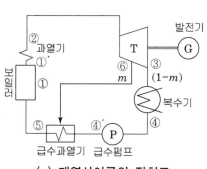

(a) 재열사이클의 장치도

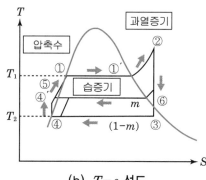

(b) $T-s$ 선도

재생 사이클은 열역학적 효율 증대를 위해 터빈 중간단에서 작업 유체를 일부 추출하고, 외부의 보조 가열기와 보조 펌프에서 가압, 가열함으로써 추출된 작업 유체와 동일한 압력 상태로 하여 보일러 본체에서 가열하는 열량(급수 가열열량)을 줄임으로써 열효율을 개선한 사이클이다. 일반적으로 2~3개소에서 추출하며 2~3단 추기 재생 사이클이라 한다.

memo

제 2 장

유 체 역 학

CHAPTER 02 유체역학

1 유체의 기본성질

1. 유체의 정의

물질의 상태는 고체, 액체, 기체의 3가지 상태로 분류된다. 이 중에서 액체와 기체는 일정한 형태가 없이 담겨진 용기의 모양에 따라 어떤 형태로든지 임의로 변화한다. 또 외부로부터 전단력을 받으면 연속적으로 변형하는데 우리는 이것을 흐름이라고 알고 있으며 이와 같은 물질을 유체라 한다.

2. 유체의 분류

(1) 압축성에 따른 분류

① 압축성 유체 : 압력이 가해지면 밀도의 변화를 일으키는 유체
② 비압축성 유체 : 압력이 가해져도 밀도의 변화를 일으키지 않은 유체

(2) 점성의 유무에 따른 분류

① 이상 유체 : 유동시 점성의 영향이 없고 비압축성인 유체
② 실제유체 : 유동시에 점성의 영향이 있고, 마찰손실이 있는 유체

(3) 점성 법칙의 유, 무에 따른 분류

① Newton유체 : (전달력 τ와 속도구배 du/dy의 관계가 직선적인 유체)
② 비 Newton유체 : Newton의 점성 법칙을 만족하지 않은 유체
   (전단력 τ와 속도구배 du/dy의 관계가 직선적이지 않은 유체)

예제문제 01

이상유체에 대한 다음 설명 중 올바른 것은?

① 압축성 유체로서 점성이 있다.
② 비압축성 유체로서 점성이 있다.
③ 압축성 유체로서 점성이 없다.
④ 비압축성 유체로서 점성이 없다.

답 : ④

예제문제 02

유체에 대한 설명 중 가장 옳은 것은?

① $pv = RT$ 의 관계식을 만족시키는 물질

② 아무리 작은 전단력에도 변형을 일으키는 물질

③ 용기의 모양에 따라 충만하는 물질

④ 높은 곳에서 낮은 곳으로 흐를 수 있는 물질

답 : ②

3. 유체의 성질

(1) 밀도(density, ρ)

단위체적이 갖는 질량으로 정의

$$\rho = \frac{m}{V} \ [\text{kg/m}^3]$$

여기서 m : 질량 [kg]

  V : 체적 [m³]

1 [atm] 하여서 4℃ 순수한 물의 밀도 1000 [kg/m³]

(2) 비중량(Specific weight, r)

단위체적이 갖는 무게(중량)으로 정의

$$r = \frac{W}{V} \ [\text{N/m}^3] = \frac{m \cdot g}{V} = \rho \cdot g$$

표준 대기압하에서 4℃ 순수한 물의 비중량 9800[N/m³]

(3) 비체적(Specific volume, v)

단위질량이 갖는 체적으로 정의

$$v = \frac{V}{m} = \frac{1}{\rho} \ [\text{m}^3/\text{kg}]$$

(4) 비중(Specific gravity, S)

같은 체적을 갖는 물의 질량(m_W) 또는 무게(W_W)에 대한 어떤 물질의 질량[m] 또는 무게[W]의 비로 정의

$$S = \frac{m}{m_W} = \frac{W}{W_W} = \frac{r}{r_W} = \frac{\rho}{\rho_w}$$

※ 임의의 물질의 비중량은 그 비중에 물의 비중량을 곱해 주면 된다.
$$r = S \times 1000 \ [\text{kg} \cdot \text{f/m}^3] = S \times 9800 \ [\text{N/m}^3]$$

(5) 점성(黏性 : Viscosity)

점성은 유체가 유동할 때 흐름에 저항을 주어서 전단 응력을 유발시키는 성질
① 액체의 점성 : 온도가 상승하면 감소 (온도에 반비례)
② 기체의 점성 : 온도가 상승하면 증가 (온도에 비례)

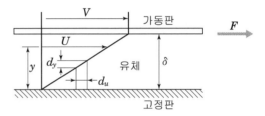

두 평판 사이의 흐름

그림과 같은 두 평판 사이에 점성유체가 있을 때 평판에 일정한 힘 F를 가하여 속도V로 평행 이동 시키고 있다. 이때 필요한 힘 F는 평판의 면적 A에 비례하고 두 평판의 수직거리에 반비례한다.

$$F \propto \frac{A \cdot V}{\delta}$$

유체의 단위 면적당의 힘 즉, 전단력 τ

$$\tau = \frac{F}{A} \propto \frac{u}{\delta} \ [\text{Pa}]$$

이 식에 비례상수 μ를 가하면

$$\tau = \mu \frac{u}{\delta} \ [\text{Pa}]$$

이러한 비례상수 μ을 점성계수라 한다. 임이의 점에 있어서의 전단응력 $\tau = \mu \dfrac{du}{dy}$[Pa]하고 Newton의 점성법칙에 따르면 유체 내에서 발생하는 전단응력은 그 유체의 속도구배(du/dy)에 비례한다.

(6) 동점성 계수

유체의 유동계는 점성계수 μ를 밀도 ρ로 나눈 값을 자주 쓰는데 $\dfrac{\mu}{\rho}$를 동점성 계수[ν]라 정의한다.

$$\nu = \frac{\mu}{\rho}\left[\frac{Pa \cdot s}{\frac{kg}{m^3}}\right] = \left[\frac{\frac{N}{m^2} \cdot S}{\frac{kg}{m^3}}\right] = \left[\frac{kg \cdot \frac{m}{S^2 \cdot m^2} \cdot S}{\frac{kg}{m^3}}\right] = \left[\frac{m^2}{s}\right]$$

예제문제 01

다음 용어에 대한 설명 중 틀린 것은? 【15년 출제문제】

① 밀도는 어떤 물질의 단위체적당 질량으로 정의하며 단위는 kg/m^3이다.
② 비중은 어떤 물질의 질량과 이것과 같은 부피를 가진 표준물질 질량과의 비이다.
③ 비중량은 어떤 물질의 단위중량당 체적으로 정의하며 단위는 m^3/N이다.
④ 중력가속도는 중력에 의해 물체에 가해지는 가속도이며 단위는 m/s^2이다

해설
• 비중량이란 어떤 물체의 단위체적당의 중량(무게)
• 중량(무게)을 단위체적(부피)으로 나누어 계산
• 비중량 $= \dfrac{중량}{부피}$
• 단위 : kgf/㎥, N/㎥

<u>답 : ③</u>

---

4. 표면장력과 모세관 현상

(1) 표면장력(Surface tension)

분자간의 응집력 때문에 액체의 표면이 수축하여 표면적을 최소화하려는 장력이 작용하는데 이때 단위 길이량의 장력을 표면장력 σ[N/m]라 한다.

(2) 모세관 현상(Capillarity in tube)

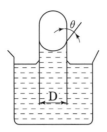 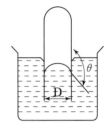

(a) 물(H_2O) : 응집력 〈 부착력   (b) 수은(Hg) : 응집력 〉 부착력

그림과 같이 액체 속에 가는 관을 세우면 액체는 관 벽을 따라 올라가거나 내려가는 현상을 말하며 액체의 응집력과 액체와 고체사이의 부착력에 의해 발생한다.

■ 응집력과 부착력
① 응집력 : 같은 종류의 분자끼리 끌어당기는 성질
② 부착력 : 다른 종류의 분자끼리 끌어당기는 성질

5. 사이펀(Siphon) 작용

사이펀 작용의 원리를 옆 그림을 주고 설명하라는 문제가 기술사 시험에 출제 된 적이 있습니다. 그 원리를 잘 정리해 두십시오. (2차실기)

대기압을 이용하여 굽은 관으로 높은 곳에 있는 액체를 낮은 곳으로 옮기는 장치를 사이펀(Siphon)이라 하고 그 작용을 사이펀 작용이라 한다. 그림과 같이 두 용기에 사이펀관을 설치하여 한쪽으로 액체를 유출하는 원리는 다음과 같다.

사이펀 작용

$$P_1 = P_o - \rho \cdot g \cdot H_1$$
$$P_2 = P_o - \rho \cdot g \cdot H_2$$

여기에서

P_1, P_2 =A점을 경계로 점①~②의 압력

P_o =대기압

위의 식에서 $H_1 < H_2$ 이므로 $P_1 > P_2$ 이다.

따라서 압력이 큰 쪽(P_1)에서 압력이 작은 쪽(P_2)으로 물이 흐르게 된다.

※ 건축설비에서 사이펀 작용은 오수가 역류하여 급수관을 오염시키는 크로스 커넥션(Cross Connection) 현상과 자기 사이펀 작용에 의한 S트랩 봉수 상실 원인이 된다.

6. 아르키메데스(Archimedes)의 원리

(1) 액체 속에 있는 물체는 그것과 같은 체적의 물의 중량과 같은 부력을 받는다.

(2) 액체 위에 떠 있는 부양체는 자체 무게와 같은 무게의 유체를 배제한다.

• 부력 : 정지된 유체에 잠겨있거나 떠있는 물체가 유체에 의해 수직 상방으로 받는 힘

$$F_B = r \cdot V$$

F_B : 부력[kN]

r : 비중량[kN/m³]

V : 물체가 잠긴 체적[m³]

7. 파스칼의 원리

밀봉된 용기 속에 정지하고 있는 액체의 일부에 가한 압력은 액체의 모든 부분에 그대로의 힘으로 전달된다.

파스칼의 원리 역시 에너지관련 분야. 건축설비 등에 자주 출제 되었던 만큼 2차실기 대비로 정의를 정리하십시오.

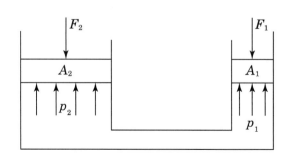

원리 $P_1 = P_2$ 에서, $\dfrac{F_1}{A_1} = \dfrac{F_2}{A_2}$

$$\therefore \ F_2 = F_1 \cdot \frac{A_2}{A_1} \ [\text{kN}]$$

즉, 적은 힘 F_1으로 물체에 큰 힘인 F_2를 발생시킬 수 있다.

예 유압기, 수압기 등에 이용

예제문제 03

수압기에서 피스톤의 지름이 각각 10[mm], 50[mm]이고 큰 피스톤에 1000[N]의 하중을 올려놓으면 작은쪽 피스톤에 몇 [N]의 힘이 작용하게 되는가?

① 40 　　　　　　　　　　　② 60

③ 80 　　　　　　　　　　　④ 100

해설

파스칼의 원리에 의해 $P_1 = P_2$ 에서

$$\frac{F_1}{A_1} = \frac{F_2}{A_2}$$

$$\therefore \ F_2 = F_1 \cdot \frac{A_2}{A_1} = F_1 \left(\frac{d_2}{d_1} \right)^2 = 1000 \times \left(\frac{1}{5} \right)^2 = 40 \,[\text{N}]$$

답 : ①

예제문제 04

다음 그림에서 피스톤 A_2의 면적이 피스톤 A_1의 4배일 때, F_1는 F_2의 몇 배인가?

① 1

② $\frac{1}{2}$

③ $\frac{1}{3}$

④ $\frac{1}{4}$

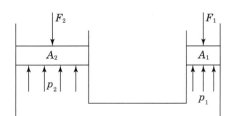

해설

파스칼의 원리에 의하여 $P_2 = P_1$ 즉, $P = \dfrac{F_1}{A_1} = \dfrac{F_2}{A_2}$ 따라서,

$$F_1 = F_2 \times \frac{A_1}{A_2} = F_2 \times \frac{1}{4}$$

답 : ④

2 유체의 정역학

1. 압력

임의의 단면에 수직으로 작용하는 단위 면적당의 힘을 압력이라 한다.

$$P = \frac{F}{A}$$

P : 압력 [Pa]

F : 작용하는 힘 [N]

A : 면적 [m²]

(1) 액주(Head)

비교적 낮은 압력을 나타내기 위해 수주[mmH₂O] 또는 수은주[mmHg]을 사용하고 있다. 어느 면에 가해진 압력에 의해 물 또는 수은을 얼마만큼 높이로 밀어 올릴 수 있는가를 나타낸다.

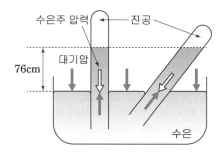

$$P = \rho \cdot g \cdot H \ [\text{Pa}]$$

ρ : 밀도

g : 중력 가속도 9.81 [m/sec²]

H : 깊이 [m]

$$1[\text{mmAq}] = \rho \cdot g \cdot H = 1000 \times 9.81 \times \frac{1}{1000} = 9.81[\text{Pa}]$$

$$1[\text{mmHg}] = 13.6 \ [\text{mmAq}] = 13.6 \times 9.81 = 133.3[\text{Pa}]$$

(2) 액체의 깊이와 압력과의 관계

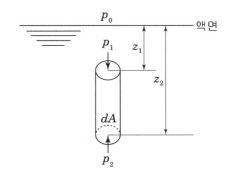

액체의 깊이와 압력

그림과 같이 액주를 고려하면 다음과 같이 나타낼 수 있다.

$$p_2 - p_1 = \rho \cdot g(z_2 - z_1) \ [\text{Pa}]$$

이 식을 사용하면 액의 자유표면에서 대기압 p_o가 작용할 경우 z 점의 압력

$$p = p_o + \rho \cdot g \cdot z \ [\text{Pa}]$$

이와 같이 유체속의 압력은 높이에 의해 변화하고 용기의 형상에 따라서 변화하지 않는다.

예제문제 01

용기내에 들어있는 밀도 850[kg/m³]의 액체속에서 높이차가 600[mm]인 그 점 사이의 압력차[kPa]는 얼마인가? (단, 중력가속도는 9.8[m/s²]로 한다.)

① 3 ② 4
③ 5 ④ 6

해설
압력차 $\Delta P = \rho \cdot g \cdot \Delta h = 850 \times 9.8 \times 0.6 = 4998 \, [\text{Pa}] = 4.998 [\text{kPa}] \fallingdotseq 5 [\text{kPa}]$

답 : ③

---

(3) 압력 측정계기(액주계)

① 피에조 미터(Piezometer)

탱크나 어떤 용기속의 압력을 측정하기 위해 수직으로 세운 투명한 관인 피에조 미터가 사용된다.

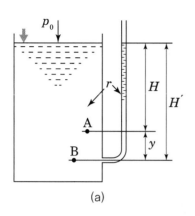 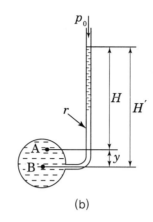

피에조미터

- A점의 절대압력 P_A

$$P_A = P_o + (H' - y) = P_o + rH$$

- B점의 절대 압력 P_B

$$P_B = P_o + rH'$$

② **마노메타(Manometer)**

어떤 용기의 압력이 어느 정도 높아 액주계의 액체가 측정유체와 다른 경우에 사용하는 압력계이다.

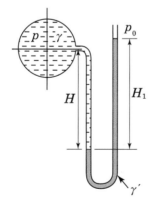

$$P + r \cdot h = P_o + r \cdot H'$$
$$\therefore \ P = P_o + r' \cdot H' - r \cdot H$$

3 유체 동역학

1. 연속방정식(질량 보존의 법칙)

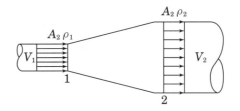

관속의 정상유동

그림과 같이 정상상태로 흐르는 유로에서 질량유량은 어느 단면에서나 일정하다 즉 유관 내의 임의의 두 단면을 잡아 그 속도, 단면적, 밀도를 각각 v_1, v_2, A_1, A_2, ρ_1, ρ_2라 할 때 각 단면을 통과하는 단위 시간당의 질량유량은 다음과 같다.

$$\rho_1 v_1 A_1 = \rho_2 v_2 A_2 = m, \quad r_1 v_1 A_1 = r_2 v_2 A_2 = G$$

비압축성 유체에서는 $\rho_1 = \rho_2$이므로

$$A_1 v_1 = A_2 v_2 = Q$$

m : 질량유량 [kg/sec]
G : 중량유량 [N/sec]
Q : 체적유량 [m³/sec]

예제문제 01

지름이 각각 40[cm]와 20[cm]인 관로가 연결되어 관 내에는 9800[N/s]의 물이 흐르고 있다. 각각의 단면에서의 평균 유속은?

① $v_1 = 3.26\,[\text{m/s}]$, $v_2 = 13.04\,[\text{m/s}]$ ② $v_1 = 5.8\,[\text{m/s}]$, $v_2 = 23.2\,[\text{m/s}]$

③ $v_1 = 7.96\,[\text{m/s}]$, $v_2 = 31.84\,[\text{m/s}]$ ④ $v_1 = 10\,[\text{m/s}]$, $v_2 = 40\,[\text{m/s}]$

해설

$v_1 = \dfrac{9800}{9800 \times \dfrac{\pi}{4}(0.4)^2} = 7.96\,[\text{m/s}]$, $v_2 = \dfrac{9800}{9800 \times \dfrac{\pi}{4}(0.2)^2} = 31.84\,[\text{m/s}]$

답 : ③

어떤 유체가 지름이 각각 20[mm]와 15[mm]인 관로로 연결되어 흐를 때 지름 20[mm]의 유속이 50[m/s]라면 15[mm]인 곳의 유속[m/s]은?(단, 유체의 밀도는 변함이 없는 것으로 한다.)

① 88.8

② 77.7

③ 66.6

④ 55.5

해설

$Q = A_1 v_1 = A_2 v_2$에서 $v_2 = v_1 \times \dfrac{A_1}{A_2} = 50 \times \dfrac{\dfrac{\pi \times 0.02^2}{4}}{\dfrac{\pi \times 0.015^2}{4}} = 88.8[\text{m/s}]$

답 : ①

2. 오일러(Euler)의 운동방정식

(1) 오일러의 운동방정식(Euler equation of motion)

어떤 한 지점을 지나는 입자를 분석하여 유도되는 방정식으로서, 에너지보존 법칙인 베르누이 방정식의 기초가 된다.

(2) 오일러의 운동방정식을 유도하는데 사용된 가정은 다음과 같다.

① 정상유동(정상류)일 경우

② 유체의 마찰이 없을 경우(점성마찰이 없을 경우)

③ 입자가 유선을 따라 운동할 경우

④ 유체에 의해 발생하는 전단응력은 없음

(3) 오일러 방정식

$$\frac{dp}{r} + \frac{vdv}{g} + dh = 0$$

3. 베르누이 방정식(Bernoulli equation)

(1) 비압축성의 유체가 정상류 상태로 유선운동을 한다고 가정하면 같은 유선상의 각 점에 있어서의 압력수두, 속도수두, 위치수두의 합은 항상 일정하다는 에너지 보존의 법칙을 기초로 정리한 방정식이다.

베르누이 정리는 유체역학에서 가장 중요한 분야다. 기술사, 기사 할 것 없이 가장 출제빈도가 높은 분야입니다.

$$전수두 = 위치수두 + 속도수두 + 압력수두 = 일정$$

$$전수두\ H = h + \frac{v^2}{2g} + \frac{p}{\rho \cdot g} = h + \frac{v^2}{2g} + \frac{P}{r} = 일정$$

h : 위치수두[m]

$\frac{v^2}{2g}$: 속도수두[m] (g : 중력가속도 m/s², v : 유속 m/s)

$\frac{p}{\rho \cdot g}$: 압력수두[m] (p : 압력[Pa], ρ : 밀도[kg/m³])

r : $\rho \cdot g$r : 비중량[N/m³]

(2) 유체에 점성이 없고 흐름이 정상류이면 $\boxed{전수두 \times \rho \cdot g}$ 로 전압으로 나타낼 수 있다.

$$전압 = 위치압 + 동압 + 정압 = 일정$$

$$전압 P_T = \rho \cdot g \cdot h + \frac{\rho \cdot v^2}{2} + P = 일정$$

P_T : 전압[Pa]

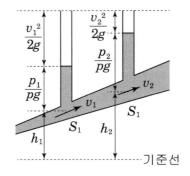

베르누이 정리

$$h_1 + \frac{v_1^2}{2g} + \frac{P_1}{r} = h_2 + \frac{v_2^2}{2g} + \frac{P_2}{r}$$

(3) 베르누이 정리의 가정조건

① 일정한 유선관에 연하여 생각한다.

② 비압축성 유체이다.

③ 비점성 유체이다.

④ 외력으로는 중력만이 작용한다.

⑤ 정상 유동이다.

예제문제 01

베르누이 방정식을 설명한 것 중 **틀린** 것은?　　　　【15년 출제문제】

① 비압축성 유체의 흐름에 적용되는 식이다.

② 점성유체의 흐름에 적용되는 식이다.

③ 정상상태의 흐름에 적용되는 식이다.

④ 압력수두, 위치수두, 속도수두의 합은 일정하다.

해설

베르누이정리를 하기 위한 가정조건

• 비점성인 유체일 것

답 : ②

예제문제 02

지면에 수직으로 설치된 분수 노즐이 있다. 노즐이 연결된 배관 내의 계기압력 (Gauge Pressure)은 200kPa이고 배관 내의 유속은 4m/s이다. 노즐에서 분출되는 물이 도달할 수 있는 최대 높이는? (단, 물의 밀도는 1,000 kg/m^3, g=9.8 m/s^2, 대기압은 100kPa 이며, 배관과 노즐에서의 압력손실과 분사된 물에 대한 공기의 저항은 무시한다.)　　　　【18년 출제문제】

① 11.0 m　　　　　　② 15.6 m

③ 21.2 m　　　　　　④ 24.4 m

해설

수직으로 설치된 분수 노즐의 아랫점과 윗점에 대해 베르누이 정리를 하면

$$Z_1 + \frac{P_1}{eg} + \frac{V_1^2}{2g} = Z_2 + \frac{P_2}{eg} + \frac{V_2^2}{2g}$$ 에서

$Z_1 = 0$, $V_2 = 0$ 이므로

$$Z_2 = \frac{P_1 - P_2}{eg} + \frac{V_1^2}{2g} = \frac{(300-100)\times 10^3}{1000 \times 9.8} + \frac{4^2}{2 \times 9.8} = 21.2 \text{ m}$$

답 : ③

4. 토리첼리 정리

수조에 구멍이 뚫려 물이 분출할 때의 속도는 정지하고 있는 물이 중력의 작용으로 일정높이에서 자유 낙하할 때의 속도와 같다.

옆 그림에서 점 ①점과 점 ②을 일정한 유선관에 의하여 생각하고 베루누이 정리를 작용하면 $P_1 = P_2$ (같은 대기와 접하므로)이고 $V_1 = 0$(액면의 변위를 무시 한다면)이다.

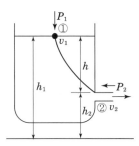

$$h_1 + \frac{v_1^2}{2g} + \frac{P_1}{r} = h_2 + \frac{v_2^2}{2g} + \frac{P_2}{r} \text{ 에서}$$

$$\frac{v_2^2}{2g} = h_1 - h_2 = h$$

$$v_2^2 = 2gh$$

$$\therefore \ v_2 = \sqrt{2gh} \quad \text{이다.}$$

예제문제 03

물의 깊이가 10[m]인 물탱크에 구멍을 뚫었을 때 분출되는 물의 속도는?

① 7[m/s]　　　　　　　　　　② 8[m/s]
③ 10[m/s]　　　　　　　　　④ 14[m/s]

해설

$v = \sqrt{2gh} = \sqrt{2 \times 9.8 \times 10} = 14 \, [\text{m/s}]$

답 : ④

예제문제 04

어떤 액체의 수면으로부터 15[m] 깊이에서 압력을 측정하였더니 2.0[bar]의 계기압력을 나타냈다. 이 액체의 비중량은?

① 1.333 [N/m³]　　　　　　② 13,333 [N/m³]
③ 13.33 [N/m³]　　　　　　④ 133 [N/m³]

해설

$r = \dfrac{p}{h} = \dfrac{2 \times 10^5}{15} = 13,333[\text{N/m}^3]$

답 : ②

5. 벤츄리관(Venturi tube)

차압식 유량계로 관로의 도중에 조리개 기구(벤츄리관)를 설치하여 압력변화를
일으킴으로서 유량을 측정한다.

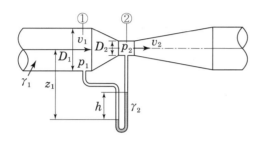

벤츄리관

$$\frac{p_1}{r} + \frac{v_1^2}{2g} = \frac{p_2}{r} + \frac{v_2^2}{2g}$$

단면적을 각각 A_1, A_2 라 하면 $A_1 v_1 = A_2 v_2$, 따라서 $v_1 = v_2 (A_2/A_1)$이고,
이 식을 윗 식에 대입하여 정리하면

$$\frac{p_1 - p_2}{r} = \frac{v_2^2}{2g} \left\{ 1 - \left(\frac{A_2}{A_1} \right)^2 \right\}$$

이것으로부터

$$v_2 = \frac{1}{\sqrt{1 - \left(\frac{A_2}{A_1} \right)^2}} \times \sqrt{\frac{2g}{r}(p_1 - p_2)}$$

$$Q = A_2 v_2 = \frac{C \cdot A_2}{\sqrt{1 - \left(\frac{A_2}{A_1} \right)^2}} \times \sqrt{\frac{2g}{r}(p_1 - p_2)}$$

그림에서와 같이 ①과 ② 사이의 압력차를 U자관 액주계로 측정할 경우

$$\frac{p_1}{r} + z_1 = \frac{r_s h}{r} + (z_1 - h) + \frac{p_2}{r}$$

즉, $\dfrac{p_1 - p_2}{r} = \dfrac{r_s h}{r} - h = \left(\dfrac{r_s}{r} - 1 \right) h$

따라서, $Q = C \cdot A_2 v_2 = \dfrac{A_2}{\sqrt{1 - \left(\dfrac{D_2}{D_1} \right)^4}} \times \sqrt{2gh \left(\dfrac{r_s}{r} - 1 \right)}$

예제문제 05

직관부의 직경이 100[mm], 교축부의 직경 50[mm]의 벤츄리관에서 물의 유량을 측정한 결과 차압이 수은주로 150[mm]였다. 속도 계수는 0.95로 할 때 물의 유량 [m³/s]은 얼마인가? (단, 물의 밀도는 1000[kg/m³], 수은의 비중은 13.6으로 한다.)

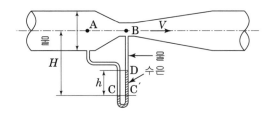

① 0.00117　　　　　　　　　② 0.0117
③ 0.117　　　　　　　　　　④ 1.7

───────────────────────────────

해설

$$Q = A_2 v_2 = \frac{C \cdot A_2}{\sqrt{1 - (\frac{D_2}{D_1})^4}} \times \sqrt{2gh\left(\frac{r_s}{r} - 1\right)}$$

$$= \frac{0.95 \times \frac{\pi}{4} \times 0.05^2}{\sqrt{1 - (\frac{0.05}{0.1})^4}} = \sqrt{2 \times 9.8 \times 0.15\left(\frac{13600}{1000} - 1\right)}$$

$$= 0.0117 \mathrm{m}^3/\mathrm{s}$$

답 : ②

6. 피토우관(Pitot tube)

유속을 측정하기 위해 프랑스사람 피토우가 고안한 관으로 베루누이정리를 이용한 것으로 측정원리는 다음과 같다.

점 ①을 통과하는 유속을 v_1 압력을 P_1 이라 할 때 점 ①의 압력 P_1 은 액류계에 의하여 유체의 정압이 나타나고 점 ②의 유속 v_2 , 압력 P_2 는 유체의 흐름 방향에 정대(正對) 하도록 설치하여 피토우관에 유체의 정압과 속도에 대한 동압과의 상당하는 압력(전압)이 나타난다.

점 ①과 점 ②에 베루누이 정리를 적용하면

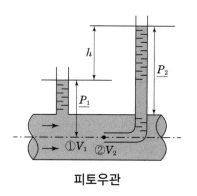

피토우관

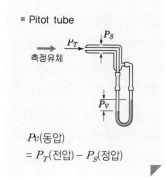

- Pitot tube

Pv(동압)
= P_T(전압) – P_S(정압)

$$h_1 + \frac{P_1}{r} + \frac{v_1^2}{2g} = h_2 + \frac{P_2}{r} + \frac{v_2^2}{2g} \text{ 에서}$$

피토우관 내에서의 유속은 0(즉 $v_2 = 0$)이고

$h_1 = h_2$ 이므로 $\dfrac{P_1}{r} + \dfrac{v_1^2}{2g} = \dfrac{P_2}{r}, \quad v_1^2 = 2g\left(\dfrac{P_2}{r} - \dfrac{P_1}{r}\right)$

$\therefore v_1 = \sqrt{2g\dfrac{P_2 - P_1}{r}}$ 그리고 $\dfrac{P_2}{r} - \dfrac{P_1}{r} = h$ 이므로 $v_1 = C\sqrt{2gh}\,[\text{m/sec}]$

7. 마찰손실

관내에 유체가 흐를 때 관내면에 닿는 유체의 분자는 유체 상호간 혹은 유체와 내벽과의 마찰로 인해 유체가 갖고 있는 에너지의 일부가 소모된다. 이를 마찰손실이라 하는데 그 주요원인은 다음과 같다.

① 관내에서 유체와 관내벽과의 마찰에 의한 것
② 유체의 점성에 의한 것
③ 유체의 난류에 의한 것
④ 관의 축소, 확대에 의한 것
⑤ 관의 굴곡에 의한 것
⑥ 배관 중의 밸브, 이음쇠류 등에 의한 것

이 가운데 ①~③에 의한 마찰 손실을 직관에 의한 마찰 손실이라 하며 ④~⑥은 국부 저항 손실이라 한다.

(1) 직관에서의 마찰손실(Δhr)

$$\Delta hr = \frac{\Delta P}{\rho} = f \cdot \frac{L}{D} \cdot \frac{v^2}{2} \, [\text{J/kg}]$$

ΔP : 압력손실

ρ : 유체의 밀도 $[\text{kg/m}^3]$

f : 마찰손실계수

D : 관의 내경$[\text{m}]$

L : 관의 길이$[\text{m}]$

v : 평균 유속$[\text{m/s}]$

$$\text{관마찰 계수 } f = \frac{64}{Re} \, (\text{층류})$$

※ 레이놀드 수(Re)

흐름이 층류인가 난류인가를 판단하는 지표이다.

$$Re = \frac{DV\rho}{\mu} = \frac{DV}{\nu}$$

여기서, Re : 레이놀드 수

D : 내경(또는 지름) $[\text{m}]$

V : 유속 $[\text{m/s}]$

ρ : 밀도 $[\text{kg/m}^3]$

μ : 점도 $[\text{Pa} \cdot \text{s}]$

ν : 동점성계수 $[\text{m}^2/\text{s}]$

· 층류 : 유체가 규칙적으로 유선상을 운동하는 흐름 (Re 〈 2100)
· 천이구역 : 층류와 난류의 경계 (2100 〈 Re 〈 4000)
· 난류 : 와류가 발생하여 유체가 불규칙적으로 운동하는 흐름 (RE 〉 4000)

---

① 상임계 레이놀즈 수 : 층류에서 난류로 변할 때의 레이놀즈 수(4000)
② 하임계 레이놀즈 수 : 난류에서 층류로 변할 때의 레이놀즈 수(2100)
③ 임계 유속　　　　　 : Re 수가 2100일 때의 유속

예제문제 06

내경 1[cm]의 배관 속을 유체가 평균 유속 23[cm/s]로 흐르고 있을 때, 유체의 동점성 계수가 15[mm²/s]라 하면, 레이놀드 수는 얼마인가? 그리고 층류인지 난류인지를 구분하시오.

① 153.3, 층류   ② 153.3, 난류

③ 157.8, 층류   ④ 157.8, 난류

해설

$$Re = \frac{VD}{\nu} = \frac{0.23 \times 0.01}{15 \times 10^{-6}} = 153.3$$

Re ⟨ 2100 이므로 층류이다.

답 : ①

※ 등가직경(Hydraulic radius)

단면이 원관 이외의 관이나 덕트 등의 경우에는 등가직경 De을 산출하여 원관의 내경 D대신에 대입하여 사용한다.

$$\text{마찰손실} \quad \Delta h_L = f \cdot \frac{L}{De} \cdot \frac{v^2}{2} \, [\text{J/kg}]$$

단면적을 $S[\text{m}^2]$ 접수길이(유체가 관로벽에 접하는 주위 길이) $L_P[\text{m}]$로 하면

$$\text{등가 직경} \quad De = \frac{4S}{L_P} \, [\text{m}]$$

(2) 관로 각 요소에서의 마찰손실(부차적 손실계수)

유체가 관로를 흐를 때, 직관부에서는 관벽과의 마찰에 따른 에너지 손실(마찰손실)이 있으나 이 외의 관로의 각 요소(급 확대, 급 축소, 관로의 입구, 벤드, 분기부, 밸브 등)에서는 단면적의 변화나 흐름의 방향 변화에 따라서도 에너지 손실이 발생한다.

관로 각 요소에서 발생하는 단위질량당의 에너지 손실 (국부저항) $\Delta P/\rho$는

$$\frac{\Delta P}{\rho} = \kappa \frac{v^2}{2} \, [\text{J/kg}]$$

$$\Delta P = \kappa \frac{\rho v^2}{2} \, [\text{Pa}]$$

여기서 κ : 각종 손실계수

v : 평균유속 [m/s]

ρ : 밀도 [kg/m³]

예제문제 07

내경 20[mm] 길이 50[m]인 관으로 매분 30[L]의 오일을 1.59[m/s]의 속도로 수송하고 있다. 관 마찰에 의한 압력 강하(kPa)는 얼마인가? (단, 오일의 밀도는 900 kg/m³, 레이놀드수 : 550 흐름은 층류이다.)

① 152　　　　　　　　　　　　　② 162

③ 321　　　　　　　　　　　　　④ 331

해설

$$f = \frac{64}{Re} = \frac{64}{550} = 0.1164$$

$$\Delta P = f \cdot \frac{L}{D} \cdot \frac{\rho v^2}{2}[\text{Pa}] = 0.1164 \times \frac{50}{0.02} \times \frac{900 \times 1.59^2}{2}$$

$$= 3.31 \times 10^5[\text{Pa}] = 331[\text{kPa}]$$

답 : ④

예제문제 08

내경이 20mm인 원형관에 10℃의 물 2.0L/min이 흐르고 있다. 관 길이 1m당 마찰손실수두는 약 얼마인가? (단, 10℃ 물의 동점성계수는 1.308×10^{-6} m²/s, 임계레이놀즈수는 2,320)　　　【15년 출제문제】

① 1.13×10^{-4}mAq

② 1.13×10^{-3}mAq

③ 1.13×10^{-2}mAq

④ 1.13×10^{-1}mAq

해설

$$V = \frac{Q}{A} = \frac{4Q}{\pi d^2} = \frac{4 \times 2.0 \times 10^{-3}/60}{\pi \times 0.02^2} = 0.106\text{m/s}$$

$$Re = \frac{VD}{\nu} = \frac{0.106 \times 0.02}{1.308 \times 10^{-6}} = 1620.8 < 2320$$

∴ 층류이다.

$$f = \frac{64}{Re} = \frac{64}{1620.8}$$

$$h_L = f \cdot \frac{L}{d} \cdot \frac{V^2}{2g} = \frac{64}{1620.8} \times \frac{1}{0.02} \times \frac{0.106^2}{2 \times 9.8}$$

$$= 1.13 \times 10^{-3}\text{mAq}$$

답 : ②

제 3 장

공기조화설비

CHAPTER 03 공기조화설비

01 공기에 관한 일반사항

1 공기조화의 의의와 목적

공기조화(air conditioning)란 주어진 실내의 온도(temperature), 습도(humidity), 환기(ventila-ting), 청정(cleanliness) 및 기류(distribution) 등을 함께 조절하여 실내의 사용 목적에 알맞는 상태를 유지시키는 것을 말한다.

※ 사용 목적에 따른 공기조화의 구분
① 안락용 공기조화(보건용 공기조화) : 실내에 있는 사람에게 쾌적한 공기를 공급함으로써 상쾌한 기분을 만들어 주는 것이며, 극장, 사무실 등의 공기조화를 말한다.
② 공장제품 조절용 공기조화(산업용 공기조화) : 방직공장에서 정전기 효과를 조절하고 섬유가 끊어지는 것을 방지하기 위하여 가습하는 것과 마찬가지로 생산공정이나 재료, 제품의 보관 등에 적합한 공기환경을 조성해 주는 것을 말한다.

2 열환경 평가와 쾌적지표

(1) 유효온도(체감온도, 감각온도, Effective Temperature : ET)

① 유효온도는 온도(또는 흑구온도), 기류, 습도를 조합한 감각 지표로서 감각온도, 실효온도 또는 체감온도라고도 한다.
② 1923년 미국에서 Hougton과 Yaglou에 의해 처음 창안되어 공기조화(덕트식 냉난방)시의 평가에 널리 사용되었다.
③ 기준실은 기온 θ, 상대습도 φ, 기류속도 v인 실내에서의 온감각과 같은 온감각을 주는 상대습도 100[%]이고, 풍속 v=0[m/sec]인 방의 실공기 온도이다.
④ 복사열이 고려되지 않음

■ **인체의 온열 감각에 영향을 주는 열적 요소**
① 물리적 변수
 • 기온 • 습도
 • 기류 • 복사열(MRT)
 ※ 열쾌적감에 가장 크게 영향을 미치는 요소는 기온이다.
② 개인적(주관적) 변수
주관적이며 정량화할 수 없는 요소
㉠ 착의 상태(clothing) : 인체에 단열 재료로 작용하고 쾌적한 온도 유지를 도와준다.
㉡ 활동량(activity) : 나이가 많을수록 감소하며 성인 여자는 남자에 비해 약 85[%] 정도이다.
㉢ 기타
 • 환경에 대한 적응도
 • 신체 형상 및 피하 지방량
 • 음식과 음료
 • 연령과 성별
 • 건강 상태
 • 재실 시간
 ※ 기온, 착의량, 습도는 그 수치가 증가함에 따라 체감열량의 상승을 가져오는 요소로 구성되어 있다.

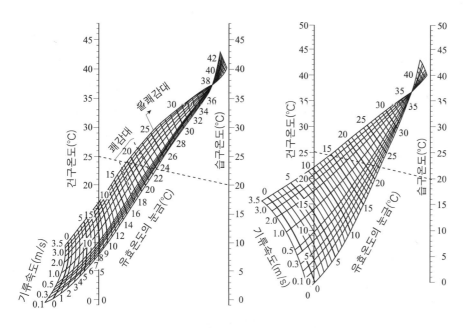

유효온도 선도

예제문제 **01**

열에 의하여 쾌적감이나 불쾌감을 느끼는 요소를 물리적 온열 4요소라고 하는데, 다음 중 이에 속하지 않는 것은?

① 습도   ② 기류

③ 강수량   ④ 복사열

해설 인체의 온열 감각에 영향을 주는 물리적 4대 요소

· 기온   · 습도   · 기류   · 복사열

※ 열쾌적감에 가장 크게 영향을 미치는 요소는 기온이다.

답 : ③

예제문제 **02**

Yaglow씨 등에 의해 제안된 온도, 습도 및 기류속도의 3가지 조합에 의한 온열환경의 평가지표는?

① 유효온도   ② 작용온도

③ 불쾌지수   ④ 신유효온도

해설

유효온도는 온도(또는 흑구온도), 기류, 습도를 조합한 감각 지표로서 1923년 미국에서 Hougton과 Yaglou에 의해 처음 창안되어 공기조화(덕트식 냉난방)시의 평가에 널리 사용되었다.

답 : ①

예제문제 03

유효온도(effective temperature)와 관련이 없는 것은?

① 온도 및 습도
② 전용의 유효온도계를 사용
③ 주위물체의 표면온도 및 실내 기류
④ 체감온도로서 인체의 쾌적도

────────────────────────

해설 유효온도(ET : effective temperature)
· 기온, 습도, 기류(풍속)의 3요소가 체감에 미치는 총합효과를 단일지표로 나타낸 것
· 복사열에 대한 영향은 고려 안됨

답 : ②

예제문제 04

유효온도(Effective Temperature)를 감소시키는 원인이 되는 것은?

① 습구온도의 상승
② 풍속의 상승
③ 상대습도의 상승
④ 건구온도의 상승

────────────────────────

해설
유효온도(ET)는 기온, 습도, 기류(풍속)의 3요소가 체감에 미치는 총합효과를 단일지표로 나타낸 것
※ 기류(풍속)의 상승은 유효온도를 감소시키는 원인이 된다.

답 : ②

(2) 수정유효온도(corrected effective temperature : CET)

① Bedford에 의한 것으로 유효온도(ET) 선도를 이용하여 건구온도 대신 글로브 온도계의 시도를 사용한 것으로 유효온도(ET)에 복사의 영향을 고려하기 위해 고안되었다.

② 온도, 습도, 기류, 복사열의 영향을 동시에 고려한 지표이다.

(3) 작용온도(OT : Operative Temperature)

① 체감에 대한 기온과 주벽의 복사열 및 기류의 영향을 조합시킨 지표

② 습도에 대하여 고려하지 않음

(4) 신유효온도(ET*)

유효온도의 습도에 대한 과대평가를 보완하여 상대습도 100[%] 대신에 50[%] 선과 건구온도의 교차로 표시한 쾌적지표

(5) 표준유효온도(SET : Standard Effective Temperature)

① 신유효온도를 발전시킨 최신 쾌적지표로서 ASHRAE에서 채택하여 세계적으로 널리 사용하고 있다.

② 상대습도 50[%], 풍속 0.125[m/s], 활동량 1[Met], 착의량 0.6[clo]의 동일한 표준환경에서 환경변수들을 조합한 쾌적지표

③ 활동량, 착의량 및 환경조건에 따라 달라지는 온열감, 불쾌적 및 생리적 영향을 비교할 때 매우 유용하다.

예제문제 05

인체의 열환경을 평가하기 위한 종합적인 지표로서 가장 바람직한 것은?

① 글로브 온도(Globe temperature)
② M.R.T(Mean radiant temperature)
③ A.S.T(Average surface temperature)
④ C.E.T(Corrected effective temperature)

[해설] 수정유효온도(corrected effective temperature : CET)
유효온도(ET) 선도를 이용하여 건구온도 대신 글로브 온도계의 시도를 사용한 것으로 유효온도(ET)에 복사의 영향을 고려하기 위해 고안되었다. 온도, 습도, 기류, 복사열의 영향을 동시에 고려한 지표이다.

답 : ④

예제문제 06

인체의 온열환경에 관한 다음 기술 중 가장 적당한 것은?

① [clo]는 의복의 단열력을 나타내는 단위로 나체상태를 0[clo]로 한다.
② [met]는 대사열량을 나타내는 단위로 취침시 1met, 착석시 0.5[met] 정도이다.
③ 건구온도와 상대습도만으로도 종합적인 열환경을 평가할 수 있다.
④ 인체의 온열환경을 좌우하는 주요요인은 기온, 습도, 압력이다.

[해설] 1[clo]의 조건
• 기온 21.2[℃], 상대습도 50[%], 기류 0.1[m/s]의 실내에서 착석, 휴식 상태의 쾌적 유지를 위한 의복의 열저항을 1[clo]로 하고 있다.
  1[clo] = 6.5[W/m²℃](5.6[Kcal/m²h℃])의 열관류율 값(또는 0.155[m²℃/W]의 열관류저항 값)에 해당하는 단열성능을 나타낸다.
• 실온이 약 6.8[℃] 내려갈 때마다 1[clo]의 의복을 겹쳐 입는다.

답 : ①

■ 1 clo의 조건
① 기온 21.2[℃], 상대습도 50[%], 기류 0.1[m/s]의 실내에서 착석, 휴식 상태의 쾌적 유지를 위한 의복의 열저항을 1[clo]로 하고 있다.
  ※ 1[clo] = 6.5[W/m²·K] 열관류율 값(또는 0.155[m²℃/W])의 열관류저항 값)에 해당하는 단열성능을 나타낸다.
② 실온이 약 6.8[℃] 내려갈 때마다 1[clo]의 의복을 겹쳐 입는다.

■ met
① 인체 대사의 양은 주로 met 단위로 측정
② 1met는 조용히 앉아서 휴식을 취하는 성인 남성의 신체 표면적 1[m²]에서 발생되는 평균 열량으로 58.2[W/m²] (50[kcal/m²h])에 해당한다.
③ 작업강도가 심할수록 met 값이 커진다.

④ 보건용 공기조화의 기준

중앙관리 방식의 공기조화설비의 기능

1. 부유 분진량	공기 1[m³]당 0.15[mg] 이하
2. CO 함유율	10[ppm] 이하
3. CO_2 함유율	1,000[ppm] 이하
4. 온도	17[℃] 이상 28[℃] 이하
5. 상대습도	40[%] 이상 70[%] 이하
6. 기류	0.5[m/s] 이하

예제문제 07

다중이용시설 등의 실내공기질 관리법에 규정된 실내 허용 환경기준 중 CO_2 함유량 허용 기준은?

① 1000[ppm] 이하   ② 10[ppm] 이하
③ 100[ppm] 이하   ④ 2000[ppm] 이하
⑤ 1500[ppm] 이하

해설
CO 함유량은 10[ppm] 이하이며, CO_2함유량은 1000[ppm] 이하이다.

답 : ①

---

(6) 실내 쾌적조건

재실자가 느끼는 쾌감의 척도로서 유효온도가 사용되며 유효온도란 실내의 건습구 온도와 인체에 미치는 기류의 영향을 종합적으로 나타낸 쾌감의 지표로서 포화공기온도를 말한다.

미국공기조화냉동학회(ASHRAE)가 사람에게 적합한 온습도를 구하기 위해 한 방에서 3시간 이상 의자에 앉아서 사무를 보는 것과 같은 경작업을 하는 사람들에 대한 방안 온습도의 변화체감을 물어서 다음과 같은 유효선도를 만들었다.

■ 에너지 절약 실내온습도 설계조건
• 냉방(여름) : 건구온도 28[℃]
상대습도 55[%]
• 난방(겨울) : 건구온도 18[℃]
상대습도 35[%]

쾌적공조의 온습도 조건

항 목	여 름		겨 울	
	DB	RH	DB	RH
외 기	32~33	60~70	-2~3	40 정도
실 내	25~27	50 정도	20~22	50 정도

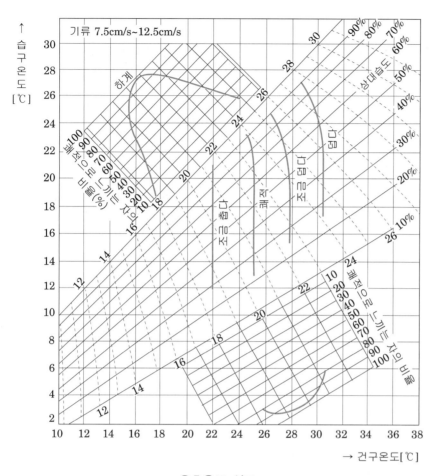

유효온도 선도

예제문제 08

다음은 에너지 절약을 위한 실내온습도 설계조건이다. 가장 적당한 것은?

① 난방용 실내온도를 26[℃]로 유지한다.
② 냉방용 실내온도를 24[℃]로 유지한다.
③ 난방용 실내 상대습도를 40[%]로 유지한다.
④ 냉방용 실내 상대습도를 45[%]로 유지한다.

해설

보건용 공기조화의 기준에 의하면 상대습도는 40[%] 이상 70[%] 이하 정도를 권장하고 있다.
난방의 경우 실내 상대습도를 40[%] 정도는 적당하나, 냉방의 경우 실내 상대습도를 45[%]
정도 유지는 에너지 소비가 다소 많은 편이다.

답 : ③

(7) 공기조화 계획

공기 조화 계획이란, 대상이 되는 건물에 대해 그 건물의 특성, 입지 조건, 경제 사정, 에너지 사정, 그 밖의 주변 사정 등을 고려하여 가장 알맞은 공조시스템을 결정하여 건물의 기능적 성능을 충분히 발휘할 수 있도록 하는 것을 말한다. 그리고 공조 계획은 건축 계획의 초기 단계에서부터 건축 의장, 구조 및 건축 설비 등도 계획에 포함시켜 균형잡힌 건축물이 될 수 있도록 계획되어야 한다.

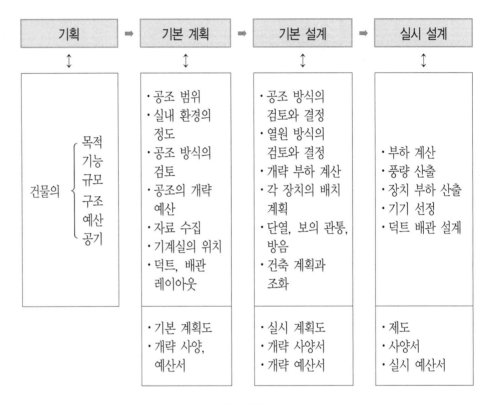

공기조화 계획의 순서

(8) 공기조화의 설비

① 공기조화기

공기여과기(에어필터), 공기가열기, 공기냉각기, 공기가습기, 공기감습기 등을 말한다.

② 열운반장치

팬, 덕트 등으로 기계실에서 실내까지 열을 운반하는 장치이다.

③ 열원장치

보일러, 냉동기, 냉각탑 등을 말한다.

④ 자동제어장치

재실자 요구에 맞는 실내 온습도 조건을 일정하게 유지하고 장치나 기기의 정상 작동 및 에너지 절감 운전을 하기 위한 각종 제어장치를 말한다. 각종 기기의 운전, 정지, 유량의 조절 등을 하는 밸브, 댐퍼, 각종 스위치 등이다.

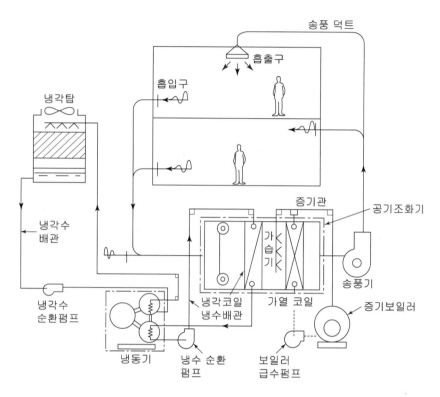

공기조화설비의 계통

예제문제 09

실내열환경을 조절할 수 있는 수단에는 건축적 방법과 설비적 방법이 있다. 건축적 방법을 강화한 건물이 아닌 것은?

① 생태건축   ② 그린빌딩

③ 인텔리전트 빌딩   ④ 자연형 태양열 주택

해설

인텔리전트빌딩(I.B)은 고도 정보화 사회의 오피스 업무에 적합한 쾌적하고 유연성이 있는 공간을 제공하는 곳으로 실내열환경조절에 설비적 방법에 의존하여 건축물의 쾌적성과 효율성을 높인 건축물의 대표적 예에 해당한다.

답 : ③

■ 공기
수증기를 포함하는 습공기를 말한다. 일반적으로 '공기'라고 하면 습공기(건공기+수증기)를 말한다. 습도의 높고 낮음은 기상 상태에 크게 영향을 주어 사람의 생활과 밀접한 관계를 갖는 기체이다.

■ 공기의 성분
① 질소(N₂)
대기의 최대 성분으로서 약 78%를 차지하고 있다. 무색, 무취, 무미의 독성이 없는 기체로서 액체나 고체일 때도 무색이다. 상온에서는 비활성이지만 고온에서는 반응한다. 산소와의 화합물인 질소산화물(NOₓ)은 환경문제의 원인이 되고 있다.
② 산소(O₂)
무색, 무취의 기체로서 액체, 고체에서는 담청색이 된다. 대기 체적의 약 21%, 해수의 약 86%를 차지한다. 인체의 약 60%가 산소 원소이다.
③ 아르곤(Aᵣ)
무색, 무취의 비활성 기체이다. 헬륨이나 네온 등과 함께 희가스라 불린다.
④ 이산화탄소(CO₂)
탄산가스라고도 하며 무색, 무취이며 대기 중의 체적비는 약 0.03%이지만 최근 증가되는 경향이어서 온실효과에 의한 지구 온난화 문제가 거론되고 있다.

■ 이상기체(완전가스)
분자 사이의 상호작용이 전혀없고, 그 상태를 나타내는 온도, 압력, 부피 사이의 보일-샤를의 법칙이 완전 성립될 수 있다고 가정된 기체

3 습공기

(1) 습공기의 성질

공기는 질소, 산소, 아르곤, 탄산가스, 수증기 등의 혼합물로서 지상 부근의 대기의 성분 비율은 수증기를 제외하면 거의 일정하며, 표와 같은 성분으로 이루어지고 있다.

공기의 성분(지상 부근의 대기의 기준치)

성 분	N₂	O₂	Ar	CO₂
용적 조성[%]	78.09	20.95	0.93	0.03
중량 조성[%]	75.53	23.14	1.28	0.05

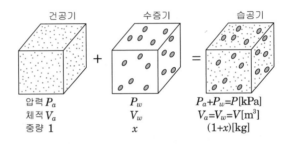

$$P_a + P_w = P \text{ (low of Do Hon's partial pressure)}$$

P_a : 건공기의 분압(partial pressure of dry air)

P_w : 수증기의 분압(partial pressure of wet air)

P : 습공기의 전압(total pressure of moist air)

예제문제 01

다음의 공기에 대한 설명 중 옳지 않은 것은?

① 지상 부근 공기의 성분 비율은 수증기를 제외하면 거의 일정하다.
② 여러 기체의 혼합물로 산소와 이산화탄소가 가장 많은 부분을 차지한다.
③ 수증기를 전혀 함유하지 않은 건조한 공기를 가상하여 건조공기라 부른다.
④ 건조공기는 이상기체에 가까운 성질을 갖고 있으므로 이상기체로 간주하여 계산될 수 있다.

해설
공기는 여러 기체의 혼합물로 질소와 산소가 가장 많은 부분을 차지한다.

답 : ②

(2) 습도의 표시방법

습도의 표시법

구 분	기 호	단 위	정 의
절대습도	x	kg/kg[DA]	건조공기 1kg을 포함하는 습공기 중의 수증기량[kg]
수증기분압	h p	mmHg kPa	습공기 중의 수증기 분압
상대습도	φ	%	수증기 분압 h(또는 p)와 동일한 온도의 포화공기의 수증기 분압 hs(또는 ps)와의 비를 백분율로 나타낸 것 $\varphi = 100\left(\dfrac{p}{p_s}\right) = 100\left(\dfrac{h}{h_s}\right)$
비교습도	φ_s	%	절대습도 x와 동일한 온도의 포화공기의 절대습도 xs와의 비를 백분율로 표시한 것 $\varphi_s = 100\left(\dfrac{x}{x_s}\right)$
습구온도	t'	℃	습구 온도계에 나타나는 온도
노점온도	t''	℃	습공기를 냉각하는 경우 포화상태로 되는 온도

① 절대습도(SH) : 공기 중에 포함된 수분의 량

 → 단위 : [kg/kg′] 또는 [kg/kg(DA)], 기상학 – [g/m³], [kg/m³]

② 상대습도(RH) : 공기의 습한 정도의 상태

(습공기가 함유하고 있는 습도의 정도를 나타내는 지표)

어느 온도에서 공기 1[m³]에 포함할 수 있는 최대 수증기 양과 현재 온도에서 포함하고 있는 수증기 양과의 비[%] → 단위 : [%]

$$상대습도 = \frac{현재수증기압(P_w)}{포화수증기압(P_s)} \times 100$$

■ 포화공기와 노점온도

① 포화공기(saturated air)
공기 속에 함유되는 수증기의 양에는 한도가 있으며 이것은 온도 또는 압력에 따라서 다르다. 이러한 한도에 이르기까지 수증기를 함유한 상태의 공기를 포화공기라고 한다.

② 노점온도
(dew point temperature)
습공기가 냉각될 때 어느 정도의 온도에 다다르면 공기 중에 포함되어 있던 수증기가 작은 물방울로 변화하는데, 이 때의 온도를 노점온도라 한다.

☞ 습공기 중에 포함된 수증기량은 습공기의 온도에 따라 포함될 수 있는 한도가 있으며, 최대한도의 수증기를 포함한 공기를 포화공기라고 하며, 포화공기의 온도를 습공기의 노점온도라고 한다.

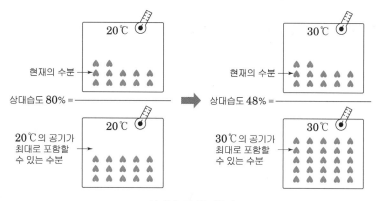

상대습도의 의미

예제문제 02

다음 중 정의에 대한 설명이 옳지 않은 것은?

① 절대습도란 습공기 중에 포함되어 있는 수증기량과 전체 공기량의 비를 말한다.
② 상대습도란 습공기 중의 수증기 분압과 그 온도에서의 포화증기의 수증기 분압과의 비를 [%]로 나타낸 것을 말한다.
③ 습공기를 노점온도 이하의 냉각면에 노출시키면 표면에 결로가 발생한다.
④ 공기 중 상대습도의 변화가 있더라도 절대습도는 변화하지 않을 수 있다.

해설 절대습도(SH)

·공기 중에 포함된 수분의 량
·건공기 1[kg]을 포함하는 습공기 중의 수증기량 x[kg]을 말한다.
·단위 : [kg/kg′] 또는 [kg/kg(DA)](기상학 : [g/m³], [kg/m³])

답 : ①

예제문제 03

절대습도의 단위로 올바른 것은?

① [%]　　　　　　　　　　　② [g] − 수분 / [kg] − 습공기
③ [l] − 수분 / [kg] − 건공기　　④ [g] − 수분 / [kg] − 건공기

해설

절대습도(SH)는 공기 중에 포함된 수분의 량, 즉 건공기 1[kg]을 포함하는 습공기 중의 수증기량 x[kg]을 말한다. 단위는 [kg/kg′] 또는 [kg/kg(DA)](기상학 : [g/m³], [kg/m³])로 표현한다.

답 : ④

예제문제 04

건구온도 30[℃], 수증기 분압 1.69[kPa]인 습공기의 상대습도는?(단, 30[℃] 포화공기의 수증기 분압은 4.23[kPa]이다.)

① 20[%]　　　　　　　　　　② 30[%]
③ 40[%]　　　　　　　　　　④ 50[%]

해설

$$상대습도 = \frac{현재수증기압(P_w)}{포화수증기압(P_s)} \times 100 = \frac{1.69}{4.23} \times 100 = 39.9 = 40[\%]$$

답 : ③

예제문제 05

다음 습공기 선도에서 A공기의 상대습도는?

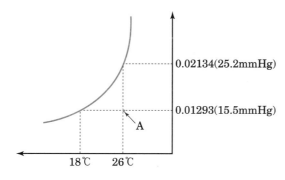

① 70.5[%]

② 65.5[%]

③ 63.5[%]

④ 61.5[%]

해설

$$상대습도 = \frac{현재수증기압(P_w)}{포화수증기압(P_s)} \times 100 = \frac{15.5}{25.2} \times 100 = 61.5[\%]$$

답 : ④

---

(3) 엔탈피

건조공기가 그 상태에서 가지고 있는 열량(현열)과 동일 온도에서 수증기가 갖고 있는 열량(잠열)과의 합

① 현열 : 온도의 변화에 따라 출입하는 열. 온도측정 가능

② 잠열 : 상태의 변화에 따라 출입하는 열. 온도는 일정

③ 엔탈피 : 0[℃]일 때 건공기의 엔탈피를 0으로 하여 습공기 1[kg]이 지니고 있는 열량으로 나타낸다.

$$i = C_{pa} \cdot t + (\gamma_0 + C_{pw} \cdot t) \cdot x = 1.01t + (2501 + 1.85t)x$$

i : 엔탈피[kcal/kg], [kJ/kg(DA)]

t : 온도[℃]

x : 절대습도[kg/kg']

C_{pa} : 건공기의 정압비열(1.01[kJ/kg·K])

C_{pw} : 수증기의 정압비열(1.85[kJ/kg·K])

γ_0 : 0[℃]에서 포화수의 증발잠열(2501[kJ/kg])

■ 비열

① 어떤 물질 1[kg(g)]을 1[℃] 높이는데 필요한 열량

② 단위 : [kJ/kg·K], [J/g·K] 또는 [kcal/kg·℃], [cal/g·℃]

③ 종류

・정압비열(C_p) : 공기의 경우 압력을 일정하게 하고 가열한 경우의 비열

・정적비열(C_v) : 공기의 경우 체적을 일정하게 하고 가열한 경우의 비열

※ 공기의 정압비열(C_p)

= 0.24[kcal/kg·K] × 4.2[kJ/kcal]

= 1.008[kJ/kg·K]

≒ 1.01[kJ/kg·K]

※ 공기의 단위체적당 정압 비열(C_p)

= 공기의 정압비열(C_p) ×공기의 비중(γ)

= 1.01[kJ/kg·K] × 1.2 [kg/m³]

≒ 1.21[kJ/m³·K]

※ 공기의 정적비열(C_v)

= 0.71[kJ/Kg·K]

■ 액체나 고체에서는 정압비열 (Cp)과 정적비열(Cv)의 차이가 거의 없으므로 보통 '비열' 이라 하고 쓰면 되고, 공기에서는 구분하여 공기의 정압비열(Cp)과 공기의 단위체적당 정압비열 (Cp)로 구분한다.

예제문제 06

습공기 엔탈피(i)에 대한 표현식으로 옳은 것은?(단, 온도(t), 절대습도(x))

① $i=1.01t+x(2501+1.85t)$ ② $i=2501+1.85t$

③ $i=1.01t+(2501+1.85t)$ ④ $i=1.01t \cdot x+(2501+1.85t)$

[해설] 습공기의 엔탈피(i)

엔탈피 : 0[℃]일 때 건공기의 엔탈피를 0으로 하여 습공기 1[kg]이 지니고 있는 열량으로 나타낸다.

$i = C_{pa} \cdot t+(\gamma_0 + C_{pw} \cdot t) \cdot x = 1.01t+(2501+1.85t)x$

  i : 엔탈피[kJ/kg(DA)]

  t : 온도[℃]

  x : 절대습도[kg/kg']

 C_{pa} : 건공기의 정압비열 1.01[kJ/kg·K]

 C_{pw} : 수증기의 정압비열 1.85[kJ/kg·K]

  γ_0 : 0℃에서 포화수의 증발잠열 2501[kJ/kg]

※ 습공기 엔탈피는 공기가 갖는 전열량으로
  현열($C_{pa} \cdot t$)과 잠열[$(\gamma_0 + C_{pw} \cdot t) \cdot x$]의 합이다.

답 : ①

예제문제 07

건구온도가 30℃인 건공기 1kg에 수증기 0.01kg이 포함된 습공기의 엔탈피는 약 몇 kJ/kg인가? (단, 건공기의 정압비열은 1.01kJ/kg·K, 수증기의 정압비열은 1.85kJ/kg·K, 0℃ 포화수의 증발잠열은 2,501kJ/kg) 【15년 출제문제】

① 45.87kJ/kg ② 50.87kJ/kg

③ 55.87kJ/kg ④ 60.87kJ/kg

[해설]

$i = C_{pa} \cdot t+(\gamma_0 + C_{pw} \cdot t) \cdot x = 1.01t+(2501+1.85t)x$

  i : 엔탈피[kJ/kg(DA)]

  t : 온도[℃]

  x : 절대습도[kg/kg']

 Cpa : 건공기의 정압비열(1.01kJ/kg·K)

 Cpw : 수증기의 정압비열(1.85kJ/kg·K)

  γ_o : 0℃ 포화수의 증발잠열(2501kJ/kg)

  $i = C_{pa} \cdot t+(\gamma_0 + C_{pw} \cdot t) \cdot x$

  $= 1.01t+(2501+1.85t)x$

  $= 1.01 \times 30+(2501+1.85 \times 30) \times 0.01 = 55.87kJ/kg$

답 : ③

예제문제 08

예제문제 08

건구온도 20[℃], 절대습도 0.015[kg/kg]인 습공기 6[kg]의 엔탈피는?(단, 공기 정압비열 1.01[kJ/kg·K], 수증기 정압비열 1.85[kJ/kg·K], 0[℃]에서 포화수의 증발잠열 2501[kJ/kg])

① 25.24[kJ]

② 120.67[kJ]

③ 228.77[kJ]

④ 349.62[kJ]

─────────────────────

해설 습공기의 엔탈피(i)

엔탈피 : 0[℃]일 때 건공기의 엔탈피를 0으로 하여 습공기 1[kg]이 지니고 있는 열량으로 나타낸다.

$i = C_{pa} \cdot t + (\gamma_0 + C_{pw} \cdot t) \cdot x$

$\quad = 1.01t + (2501 + 1.85t)x$

$\quad = 1.01 \times 20 + (2501 + 1.85 \times 20) \times 0.015$

$\quad = 58.27[kJ/kg]$

∴ 전체 엔탈피 $= 6kg \times 58.27[kJ/kg] = 349.62[kJ]$

답 : ④

(4) 비체적과 비중량

① 비체적

건조한 공기 1[kg(DA)] 속에 포함되어 있는 습공기의 용적. 단위는 [m³/kg(DA)]

② 비중량

습공기 1[m³] 속에 포함되어 있는 건조한 공기의 중량. 단위는 [kg(DA)/m³]

■ 비체적(v)
• 유체, 냉매 등의 물질 1kg이 차지하는 체적(m³)
• 단위 : m³/kg, cm³/g

■ 비중량(γ)
• 어떤 물체의 단위체적당의 중량(무게)
• 중량(무게)을 단위 체적(부피)으로 나누어 계산
• 비중량 $= \dfrac{중량}{부피}$
• 단위 : kg/m³, kgf/m³, N/m³

■ 밀도(ρ)
• 단위체적당의 질량 질량을 체적(부피)으로 나누어 계산
• 밀도 $= \dfrac{질량}{부피} = \dfrac{비중량}{중력가속도}$
• 단위 : kg/m³, kgf·s²/m⁴

예제문제 09

다음 용어에 대한 설명 중 **틀린** 것은? 【15년 출제문제】

① 밀도는 어떤 물질의 단위체적당 질량으로 정의하며 단위는 kg/m³이다.

② 비중은 어떤 물질의 질량과 이것과 같은 부피를 가진 표준물질 질량과의 비이다.

③ 비중량은 어떤 물질의 단위중량당 체적으로 정의하며 단위는 m³/N이다.

④ 중력가속도는 중력에 의해 물체에 가해지는 가속도이며 단위는 m/s²이다.

─────────────────────

해설

비중량이란 어떤 물체의 단위체적당의 중량(무게)을 말하며 중량(무게)을 단위체적(부피)으로 나누어 계산한다.

• 비중량 $= \dfrac{중량}{부피}$　　• 단위 : N/m³

답 : ③

4 습공기 선도

(1) 습공기 선도의 구성

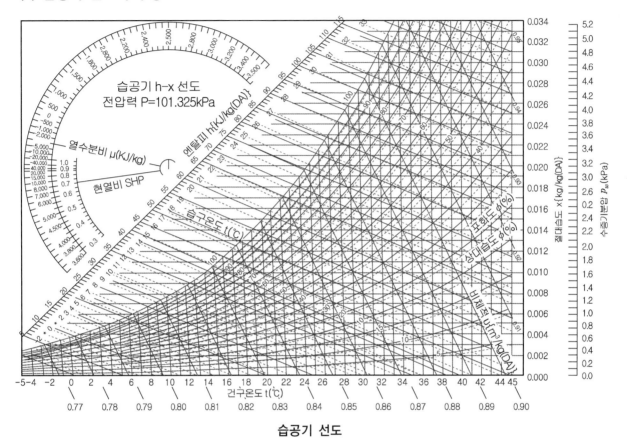

습공기 선도

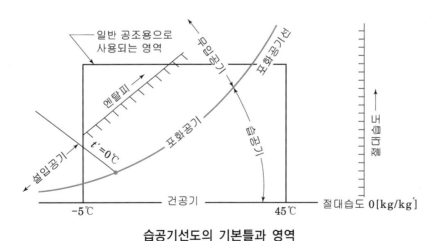

습공기선도의 기본틀과 영역

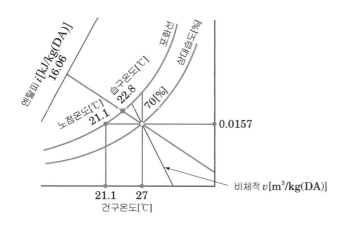

습공기 선도 보는 법

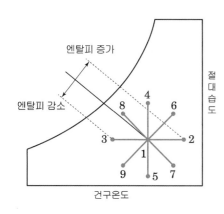

1→2 : 현열 가열(sensible heating)

1→3 : 현열 냉각(sensible cooling)

1→4 : 가습(humidification)

1→5 : 감습(dehumidification)

1→6 : 가열 가습(heating and humidifying)

1→7 : 가열 감습(heating and dehumidifying)

1→8 : 냉각 가습(cooling and humidifying)

1→9 : 냉각 감습(cooling and dehumidifying)

습공기 선도 보는 법

공기조화의 각 과정

① 습공기 선도를 구성하는 요소들 : 건구온도, 습구온도, 노점온도, 절대습도, 상대습도, 수증기 분압, 비체적, 엔탈피, 현열비 등

② 습공기 선도를 구성하는 있는 요소들 중 2가지만 알면 나머지 모든 요소들을 알아낼 수 있다.

③ 공기를 냉각 가열하여도 절대습도는 변하지 않는다.

④ 공기를 냉각하면 상대습도는 높아지고 공기를 가열하면 상대습도는 낮아진다. → 절대습도의 변화(×)

⑤ 습구온도와 건구온도가 같다는 것은 상대습도가 100[%]인 포화공기임을 뜻한다.

⑥ 습구온도가 건구온도보다 높을 수는 없다.

- $i-x$ 선도(Mollier선도)
  공조설비에서 이용되는 공기선도

- $p-i$ 선도(Mollier선도)
  냉동기에서 이용되는 선도

- $t-x$ 선도(Carrier선도)
  냉동기에서 이용되는 선도

예제문제 01

습공기선도에서 온도를 일정하게 유지한 상태에서 절대습도를 증가시킬 때 습공기 상태변화에 대한 설명으로 맞지 않는 것은?

① 비체적이 감소한다.　　　　　② 엔탈피가 증가한다.

③ 상대습도가 증가한다.　　　　④ 노점온도가 상승한다.

해설

온도를 일정하게 유지한 상태에서 절대습도를 증가시킬 때 비체적은 증가한다.

답 : ③

예제문제 02

습공기선도에서 온도를 일정하게 유지한 상태에서 절대습도를 증가시킬 때 습공기 상태변화에 대한 설명으로 맞지 않는 것은?　　　　　【20년 출제문제】

① 비체적이 감소한다.　　　　　② 엔탈피가 증가한다.

③ 상대습도가 증가한다.　　　　④ 노점온도가 상승한다.

해설

온도를 일정하게 유지한 상태에서 절대습도를 증가시킬 때 비체적은 증가한다.

답 : ①

예제문제 03

다음의 습공기에 관한 설명 중 옳은 것은?

① 습구온도는 대체로 건구온도보다 높다.

② 습공기를 가열하면 상대습도는 높아진다.

③ 건구온도와 습구온도의 차가 클수록 습도는 낮다.

④ 동일 건구온도에서 상대습도가 높을수록 비체적은 작아진다.

해설

습공기선도상에서 습구온도가 건구온도보다 높을 수는 없다. 건구온도가 일정할 경우 상대습도가 높을수록 절대습도는 높아지고, 비체적은 커진다.

※ 습공기를 냉각하면 상대습도는 높아지고, 습공기를 가열하면 상대습도는 낮아진다. → 절대습도의 변화는 없다.

답 : ③

예제문제 04

습구온도선을 이용하여 엔탈피의 값을 읽도록 되어 있는 공기선도는?

① $\lambda - Re$ 선도

② $t - x$ 선도

③ $t - p$ 선도

④ $p - i$ 선도

해설 $t - x$ 선도

· 엔탈피와 습구온도가 평행하게 습구온도선을 이용하여 엔탈피의 값을 읽도록 되어 있는 공기선도이다.

· $t - x$ 선도(Carrier 선도)는 주로 냉동기에서 이용되는 선도이다.

　※ 공조설비에서 주로 이용되는 습공기선도는 $i - x$ 선도(Mollier 선도)이다.

답 : ②

예제문제 05

다음 공기에 대한 설명 중 잘못된 것은?

① 공기를 가열하면 상대습도가 낮아진다.

② 공기를 가열하면 절대습도는 변하지 않는다.

③ 공기를 냉각하여 절대습도를 변화시킬 수 있다.

④ 상대습도가 동일할 때 온도가 높을수록 절대습도는 낮다.

해설

상대습도가 동일할 때 온도가 높을수록 절대습도는 높다.

답 : ④

예제문제 06

습공기선도에 대한 설명 중 틀린 것은?

① 횡축에 건구온도, 경사축에 엔탈피, 그리고 종축에 절대습도를 잡는다.

② 절대습도(습도비)와 노점온도를 알면 상태점을 찾아낼 수 있다.

③ 현열비와 열수분비는 두 점의 상태점이 결정되어야 구할 수 있다.

④ 상대습도 100[%]인 상태에서는 건구온도, 습구온도, 노점온도가 모두 같다.

해설

습공기선도상에서 절대습도와 노점온도는 서로 평행을 이루고 있으므로 상태점을 찾아낼 수 없다.

답 : ②

예제문제 07

다음 중 상대습도가 가장 높은 것은?

① 노점온도 15[℃], 건구온도 20[℃]
② 노점온도 15[℃], 건구온도 25[℃]
③ 노점온도 10[℃], 건구온도 20[℃]
④ 노점온도 10[℃], 건구온도 25[℃]

해설

건구온도와 그 때 공기의 노점온도와의 차이가 작을수록 상대습도는 높아진다.

상대습도(ϕ) $\propto \dfrac{t''}{t}$ (단, t : 건구온도, t'' : 노점온도)

상대습도는 노점온도가 높을수록, 건구온도가 낮을수록 높아진다.

답 : ①

예제문제 08

엔탈피가 낮은 외기를 도입하여 냉방에너지를 절약할 수 있다. 다음 중 엔탈피가 가장 낮은 습공기의 상태는? 【17년 출제문제】

① 건구온도 20℃, 노점온도 10℃
② 건구온도 20℃, 노점온도 15℃
③ 건구온도 25℃, 노점온도 10℃
④ 건구온도 25℃, 노점온도 15℃

해설

외기냉방을 할 때 보통 외기온도와 실내온도(실내에서 환기되는 온도)를 비교하여, 외기온도가 더 낮을 때 댐퍼를 개방하여 차가운 외기를 도입하여 실내에 공급하고 더운 실내공기를 배출하지만, 외기냉방에서 감안하여야 할 것은 습도이다. 외기습도가 높으면 외기온도가 낮아도 외기냉방의 효과를 얻을 수 없다. 그 이유는 공기의 엔탈피 때문이다.(엔탈피제어)

보기 중에서 온도가 낮으면서 습도가 낮은 ①의 경우가 엔탈피가 가장 낮은 습공기의 상태이다.

답 : ①

(2) 송풍량과 송풍온도 결정

① 송풍량과 실의 현열부하(A)

실기 예상문제

■ 송풍량 계산

$$q_s = GC(t_i - t_o)[\text{kJ/h}]$$

q_s : 실의 현열부하[kJ/h]

G : 송풍량[kg/h]

$C(C_P)$: 공기의 정압비열[1.01kJ/kg·K]

t_i : 실내 공기온도[℃]

t_o : 송풍 공기온도[℃]

② 송풍량과 실의 현열부하(B)

$$q_s = \rho QC(t_i - t_o)[\text{kJ/h}] = 0.34 Q(t_i - t_o)[\text{W}]$$

q_s : 실의 현열부하[kJ/h]

ρ : 공기의 밀도[1.2kg/m³]

Q : 송풍량[m³/h]

$C(C_P)$: 공기의 정압비열[1.01kJ/kg·K]

t_i : 실내 공기온도[℃]

t_o : 송풍 공기온도[℃]

[주] ※ $G[\text{kg/h}] = \rho(1.2[\text{kg/m}^3]) \cdot Q[\text{m}^3/\text{h}] = 1.2\,Q[\text{kg/h}]$

　　 ※ 1[W] = 1[J/s] = 3600[J/h] = 3.6[kJ/h]

　　 ※ 1[W] = 0.86[kcal/h]

　　　　 1[kcal/h] = 1.16[W]

③ 실내 온도를 일정하게 유지하기 위한 필요 송풍량

단위환산계수 0.34[W·h/m³·K]를 이용하면

$$Q = \frac{q_s}{0.34(t_i - t_o)}[\text{m}^3/\text{h}]$$

[주] 실내외 온도차(Δt) = ㉠ 난방시 : $(t_i - t_o)$

　　　　　　　　　　　　　　 ㉡ 냉방시 : $(t_o - t_i)$

■ 송풍량

G(kg/h)=γ(1.2kg/㎥) Q(㎥/h)

　　　=1.2 Q(kg/h)

G(kg/h)=ρ(1.2kg/㎥) Q(㎥/h)

　　　=1.2 Q(kg/h)

공기의 비중량은 γ로 표기하고, 공기의 밀도는 ρ로 표기한다. 그 값은 1.20이다.

■ 단위

0.34 = 공기의 비열×밀도

　　　×1,000 [J/KJ] ÷ 3,600

　　　[s/h]= 1.01[kJ/kg·K] ×

　　　1.2 [kg/m³] × 1,000[J/KJ]

　　　÷3,600[s/h]

　= 0.336[W·h/m³·K]

　≒ 0.34[W·h/m³·K]

예제문제 09

다음 조건에서 외기(外氣) 3000[CMH]가 실내로 인입될 때 외기에 의한 냉방현열 부하량[W]은?(조건 : 실내온도(t_i)=26[℃DB], 외기온도(t_o)=31[℃DB]. 단, 공기의 단위체적당 비열 값은 1.21[kJ/m³·K]이다.

① 3600[W]

② 4320[W]

③ 5100[W]

④ 75000[W]

해설

$q_s = 0.34\,Q(t_i - t_o)\,[\mathrm{W}] = 0.34 \times 3000 \times (31 - 26) = 5100\,[\mathrm{W}]$

답 : ③

예제문제 10

외기와 실내공기의 상태가 각각 다음 표와 같은 조건에서 어떤 실의 열부하 계산의 결과, 현열부하 = 14kW, 잠열부하 = 4.5kW, 외기량 = 1,000 m³/h를 얻었다. 실내로의 취출온도를 15℃로 할 때, 송풍공기량은 얼마인가? 【13년 2급 출제유형】

	건구온도(℃)	절대습도(kg/kg′)
외기	32.0	0.0207
실내공기	26.0	0.0105

(단, 건공기의 정압비열은 1.005 kJ/kg′·K, 밀도는 1.2kg/m³, 덕트에 의한 열취득은 무시한다.)

① 3,799m³/h

② 3,918m³/h

③ 4,582m³/h

④ 5,137m³/h

해설 $q_s = \rho QC(t_i - t_d)\,[\mathrm{kJ/h}]$

qs : 실의 현열부하[W] ρ : 공기의 밀도[1.2kg/m³]

Q : 송풍량[m³/h]   C : 공기의 정압비열[1.01kJ/kg·K]

t_i : 실내 공기온도[℃] t_d : 취출 공기온도[℃]

$Q = \dfrac{q_s}{\rho C(t_i - t_o)} = \dfrac{14 \times 3600}{1.2 \times 1.005 \times (26 - 15)} = 3799.18\,\mathrm{m^3/h}$

※ 1kW=3,600kJ/h

답 : ①

예제문제 11

송풍량이 8,000kg/h인 여름철 실내의 현열부하가 24kW, 잠열부하가 6kW이고, 실온을 26℃, 상대습도를 50%로 할 때 취출온도는 약 몇 ℃인가? (단, 공기의 정압비열을 1.01kJ/kg·K)

【15년 출제문제】

① 9.3℃

② 14.1℃

③ 15.3℃

④ 17.6℃

해설

송풍량과 실의 현열부하

$q_s = GC(t_i - t_d)$ [kJ/h]

q_s : 실의 현열부하[kJ/h]

G : 송풍량[kg/h]

C : 공기의 정압비열[1.01kJ/kg·K]

t_d : 취출공기온도[℃]

t_i : 실내공기온도[℃]

$\therefore t_d = t_i - \dfrac{q_s}{GC} = 26 - \dfrac{24 \times 3600}{8000 \times 1.01} = 15.3$ ℃

[주] ※ $G(\mathrm{kg/h}) = \rho(1.2\mathrm{kg/m^3}) \cdot Q(\mathrm{m^3/h}) = 1.2\,Q(\mathrm{kg/h})$

※ 1W=1J/s=3,600J/h=3.6kJ/h

답 : ③

예제문제 12

어느 건물에 대한 공조부하를 산정한 결과, 전체부하(T_h)는 210000[kJ/h], 잠열부하(L_h)는 42000[kJ/h]로 나타났다. 이때, 공기밀도는 1.2[kg/m³], 공기정압비열은 1.0[kJ/kg·K], 취출구 온도차(Δt_d)가 10[K]인 경우에 바람직한 공조 송풍량(Q)은 몇 [m³/h]인가?

① 13000[m³/h]

② 13500[m³/h]

③ 14000[m³/h]

④ 14500[m³/h]

해설 $q_s = \rho QC(t_i - t_o)$ [kJ/h] $= 0.34\,Q(t_i - t_o)$ [W]

q_s : 실의 현열부하[W] ρ : 공기의 밀도(1.2[kg/m³])

Q : 송풍량[m³/h] C : 공기의 정압비열(1.01[kJ/kg·K])

t_i : 실내 공기온도[℃] t_o : 송풍 공기온도[℃]

· 먼저, 전열부하=현열부하+잠열부하이므로 현열부하=전열부하−잠열부하

210000−42000=168000[kJ/h]

· $q_s = \rho QC(t_i - t_o)$ [kJ/h]

$Q = \dfrac{q_s}{\rho C(t_i - t_o)} = \dfrac{210000 - 42000}{1.2 \times 1.0 \times 10} = 14000$ [m³/h]

답 : ③

④ 송풍량 계산시 유의사항

㉠ 일반적인 경우

단일덕트방식에서는 실내 현열부하가 최대가 되는 피크부하를 구하고, 여기에 팬과 덕트부하를 고려하여 1.15배를 하여 q_s[kW]로 하고 송풍량을 구하는 식에 대입하여 풍량을 계산한다.

㉡ 계산된 풍량보다 많은 풍량을 사용하고 싶을 때

• 극장, 공연장 등 사람이 많이 모이는 곳이나 병원의 수술실 및 공장의 클린 룸과 같이 공기의 청정을 요구하는 곳

• 난방 시 사무소에 있어서 북쪽 존

• 빌딩 건축의 내부 존(interior zone)은 부하가 적어 실내 기류가 정체되어 있는 느낌을 받게 되므로 풍량을 증가시킨다.

㉢ 계산된 풍량보다 적은 풍량을 사용하고 싶을 때

극히 부하가 큰 존(zone)에 대하여 덕트 공간 때문에 풍량을 적게 취할 때가 있다. 이때는 실내공기의 습도를 낮게 설정하면 취출온도차가 증가하므로 송풍량을 줄일 수 있다.

예제문제 13

열부하 계산 결과, 계산된 송풍량이 너무 적어서 실내 기류가 정체될 가능성이 있기 때문에 보다 많은 송풍량을 고려하여야 하는 장소가 있다. 다음 중 이러한 장소에 해당되지 않는 곳은?

① 극장, 공연장 등 사람이 많이 모이는 곳
② 병원의 수술실 및 공장의 클린 룸
③ 난방 시 사무소에 있어서 북쪽 존
④ 빌딩 건축의 외부 존

해설
빌딩 건축의 페리미터존(perimeter zone, 외부존)은 벽체로 구성되어 있어 부하가 커지므로 송풍량이 많은 편이다.

답 : ④

(3) 열량 및 수분의 양 계산

공조장치에서 출입된 열량 및 물질(수분)의 양에 관한 계산식은 공조계산에 기초가 된다.

① 냉·난방장치에서 열평형식과 물질평형식

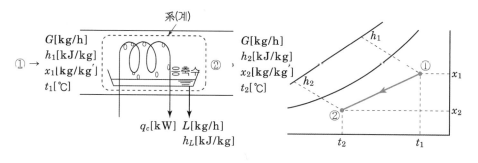

냉방장치의 습공기선도상에서의 상태 변화 과정

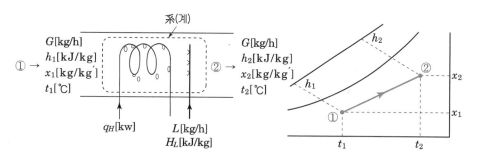

난방장치의 습공기선도상에서의 상태 변화 과정

G : 유체의 유량(공기량)　　h : 엔탈피　　　x : 절대습도　　t : 건구온도

q_H : 가열코일의 가열량　　L : 수분의 양　　h_L : 수분의 엔탈피

실기 예상문제

■ 열량 및 수분의 양 계산

■ 열 평형식과 물질 평형식

① 열 평형식
　장치로 들어오는 총 열량
　= 장치로부터 나가는 총 열량
　즉, $Gh_1 + q_H + L\,h_L = Gh_2$
　→ $G(h_2 - h_1) = q + L\,h_L$

② 물질 평형식
　장치로 들어오는 총 물질(수분)
　의 양
　= 장치로부터 나가는 총 물질
　　(수분)의 양
　즉, $G\,x_1 + L = G\,x_2$
　→ $L = G(x_2 - x_1)$

예제문제 14

절대습도 0.003[kg/kg′]인 공기 10000[kg/h]를 가습기로 절대습도 0.00475인 공기로 만들고자 할 때 필요한 분무량[kg/h]은 얼마인가?(단, 가습효율은 30[%]이다.)

① 17.5　　　　　　　　　　② 58.3

③ 175.2　　　　　　　　　　④ 212.7

[해설] **물질 평형식**

장치로 들어오는 총 물질(수분)의 양 = 장치로부터 나가는 총 물질(수분)의 양

즉, $G\,x_1 + L = G\,x_2 \rightarrow L = G(x_2 - x_1)$ 에서

수공기비 $\dfrac{L}{G} = x_2 - x_1$

∴ 가습수량 $L = \dfrac{G(x_2 - x_1)}{\eta} = \dfrac{10000 \times (0.00475 - 0.003)}{0.3} = 58.3[\text{kg/h}]$

답 : ②

■ 가열, 냉각

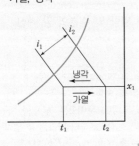

② 가열량(q_h)

$$가열량(q_h) = G \cdot C \cdot \Delta t = \rho \cdot Q \cdot C \cdot \Delta t \, [\text{kJ/h}]$$

여기서, q_h : 가열량[kJ/h] G : 공기량[kg/h]

Q : 체적량[m³/h] ρ : 공기의 밀도(1.2[kg/m³])

C : 공기의 정압비열(1.01[kJ/kg·K])

Δt : 가열 전후온도차

※ $G[\text{kg/h}] = \rho(1.2[\text{kg/m}^3]) \cdot Q[\text{m}^3/\text{h}] = 1.2\,Q[\text{kg/h}]$

예제문제 15

공기 2000[kg/h]를 증기코일로 가열하는 경우, 코일을 통과하는 공기의 온도차가 25.5[℃], 증기온도에서 물의 증발잠열이 2229.52[kJ/kg]일 때 가열에 필요한 증기량은?(단, 공기의 정압비열은 1.01[kJ/kg·K]이다.)

① 18.2[kg/h] ② 23.1[kg/h]

③ 40.2[kg/h] ④ 50.2[kg/h]

해설

가열량(q_h) $= G \cdot C \cdot \Delta t = \rho \cdot Q \cdot C \cdot \Delta t$

여기서, q_h : 가열량[kJ/h]

G : 공기량[kg/h]

Q : 체적량[m³/h]

ρ : 공기의 밀도(1.2[kg/m³])

C : 공기의 정압비열(1.01[kJ/kg·K])

Δt : 가열 전후온도차

· 가열량(q_h) $= G \cdot C \cdot \Delta t = 2000 \times 1.01 \times 25.5 = 51510[\text{kJ/h}]$

· 증기량(가습량) $L = \dfrac{가열량}{증발잠열} = \dfrac{51510[\text{kJ/h}]}{2229.52[\text{kJ/kg}]} = 23.1[\text{kg/h}]$

답 : ②

③ 냉각량(q_c)

$$냉각량(q_c) = G \cdot C \cdot \Delta t = \rho \cdot Q \cdot C \cdot \Delta t \, [\text{kJ/h}]$$

여기서, q_c : 냉각량[kJ/h] G : 공기량[kg/h]

Q : 체적량[m³/h] ρ : 공기의 밀도(1.2[kg/m³])

C : 공기의 정압비열(1.01[kJ/kg·K])

Δt : 냉각전후온도차

※ $G[\text{kg/h}] = \rho(1.2[\text{kg/m}^3]) \cdot Q[\text{m}^3/\text{h}] = 1.2\,Q[\text{kg/h}]$

예제문제 16

냉각코일과 가열코일이 설치된 공조기에서 외기(Outdoor Air) 80000$[m^3/h]$가 301K 에서 299$[K]$로 냉각될 때 냉각코일의 냉각부하는?(단, 공기의 평균밀도 1.2$[kg/m^3]$, 비열 1.008$[kJ/kg \cdot K]$이다.)

① 193284$[kJ/h]$ ② 193536$[kJ/h]$
③ 193788$[kJ/h]$ ④ 194040$[kJ/h]$

보기 해설

냉각량$(q_c) = G \cdot C \cdot \Delta t = \rho \cdot Q \cdot C \cdot \Delta t$

여기서, q_c : 냉각량$[kJ/h]$

       G : 공기량$[kg/h]$

       Q : 체적량$[m^3/h]$

       ρ : 공기의 밀도(1.2$[kg/m^3]$)

       C : 공기의 정압비열(1.01$[kJ/kg \cdot K]$)

       Δt : 냉각전후온도차

※ $G[kg/h] = \rho(1.2[kg/m^3]) \cdot Q[m^3/h] = 1.2Q[kg/h]$

∴ 냉각열량(냉각부하) $= \rho \cdot Q \cdot C \cdot \Delta t$

                 $= 1.2 \times 80000 \times 1.008 \times (301 - 299)[kJ/h]$

                 $= 193536[kJ/h]$

답 : ②

예제문제 17

건구온도 26$[℃]$인 습공기 1000$[m^3/h]$를 14$[℃]$로 냉각시키는데 필요한 열량은? (단, 현열만에 의한 냉각이며, 공기의 정압비열은 1.01$[kJ/kg \cdot K]$, 공기의 밀도는 1.2 $[kg/m^3]$이다.)

① 8642$[kJ/h]$ ② 12510$[kJ/h]$
③ 14544$[kJ/h]$ ④ 18862$[kJ/h]$

보기 해설

냉각량$(q_c) = G \cdot C \cdot \Delta t = \rho \cdot Q \cdot C \cdot \Delta t$

여기서, q_c : 냉각량$[kJ/h]$

       G : 공기량$[kg/h]$

       Q : 체적량$[m^3/h]$

       ρ : 공기의 밀도(1.2$[kg/m^3]$)

       C : 공기의 정압비열(1.01$[kJ/kg \cdot K]$)

       Δt : 냉각전후온도차

※ $G[kg/h] = \rho(1.2[kg/m^3]) \cdot Q[m^3/h] = 1.2Q[kg/h]$

∴ 냉각열량 $= \rho \cdot Q \cdot C \cdot \Delta t = 1.2 \times 1000 \times 1.01 \times (26 - 14) = 14544[kJ/h]$

답 : ③

④ 응축수량(L)

■ 가습, 감습

$$응축수량(L)= G(x_2 - x_1) = G \cdot \Delta x = \rho \cdot Q \cdot \Delta x [kg/h]$$

여기서, L : 응축수량[kg/h]

　　　　 G : 공기량[kg/h]

　　　　 Q : 체적량[m³/h]

　　　　 ρ : 공기의 밀도(1.2[kg/m³])

　　　　 Δx : 냉각전후 절대습도차($x_2,\ x_1$: 절대습도[kg/kg′])

※ $G[kg/h]= \rho(1.2[kg/m^3]) \cdot Q[m^3/h] = 1.2Q[kg/h]$

예제문제 18

건구온도 30℃, 절대습도 0.0134kg/kg′ 인 공기 6,000m³/h를 표면온도 10℃인 냉각코일을 이용해 냉각할 때 제습량으로 적정한 값은? (단, 공기의 밀도 = 1.2kg/m³, 10℃의 절대습도 = 0.0076kg/kg′, 냉각코일의 바이패스 팩터 = 0.1) 【19년 출제문제】

① 27.2[kg/h]　　　　　　　② 37.6[kg/h]

③ 41.8[kg/h]　　　　　　　④ 53.3[kg/h]

해설

제습량(L)$= G \cdot \Delta x = \rho \cdot Q \cdot \Delta x$

여기서, L : 제습량(kg/h)

　　　　 G : 공기량(kg/h)

　　　　 Q : 체적량(m³/h)

　　　　 ρ : 공기의 밀도(1.2kg/m³)

　　　　 Δx : 제습전후습도차

※ $G(kg/h)= \rho(1.2kg/m^3) \cdot Q(m^3/h) = 1.2Q(kg/h)$

∴ 제습량(L)$= \rho \cdot Q \cdot \Delta x = 1.2 \times 6000 \times (0.0134 - 0.0076) \times 0.9 = 37.6 kg/h$

(단, BF가 0.1이므로 제습량 90%를 적용한다.)

답 : ②

■ 현열비(SHF)

: 전열 변화량에 대한 현열 변화량의 비

공기에 주어진 전체열량 → 공조부하에 대한 SHF를 알면 공급공기의 성질을 판단

① 현열량이 없으면 : SHF=0
　→ (공기선도상) 수직선상의 변화

② 잠열량이 없으면 : SHF=1
　→ (공기선도상) 수평선상의 변화

⑤ 현열비(SHF)

전열변화량($q_s + q_L$)에 대한 현열변화량(q_s)의 비율이다. 현열비는 실내에 송풍되는 공기의 상태를 정하는 지표로서 실내 현열부하를 실내 전열부하(현열부하+잠열부하)로 나눈 개념이다.

$$SHF = \frac{q_s}{q_s + q_L}$$

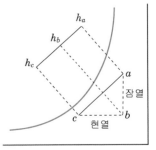

$$SHF = \frac{h_b - h_c}{h_a - h_c}$$

예제문제 19

어떤 실내의 취득열량 중 현열이 35000[W]이고, 잠열이 9000[W]였다. 실내의 공기조건을 25[℃], 50[%](*RH*)로 유지하기 위해서 취출온도 10[℃]로 송풍하고자 한다. 이 때 현열비는?

① 0.6

② 0.8

③ 1.9

④ 3.9

해설 현열비(*SHF*) : 전열 변화량에 대한 현열 변화량의 비

$$\therefore \; 현열비(SHF) = \frac{현열부하}{현열부하 + 잠열부하} = \frac{35000}{35000 + 9000} = 0.795 ≒ 0.8$$

답 : ②

예제문제 20

어느 공조공간에서 열손실이 현열 20kW와 잠열 5kW일 때, 현열비(Sensible Heat Factor : SHF)는 얼마인가? 【17년 출제문제】

① 0.80

② 0.40

③ 0.45

④ 0.25

해설 현열비(*SHF*) : 전열 변화량에 대한 현열 변화량의 비

$$\therefore \; 현열비(SHF) = \frac{현열부하}{현열부하 + 잠열부하} = \frac{20}{20 + 5} = 0.8$$

답 : ①

⑥ 열수분비(U)

열 평형식과 물질 평형식에서 장치에 출입된 공기의 엔탈피 변화량($h_2 - h_1$)과 절대습도의 변화량($x_2 - x_1$)의 비율을 열수분비(U) 또는 수분비라고 한다.

$$U = \frac{h_2 - h_1}{x_2 - x_1} = \frac{q}{L} + h_L$$

$$열수분비(U) = \gamma_o + C_{pw} \cdot t$$

γ_0 : 0℃에서 포화수의 증발잠열(2501[kJ/kg])

C_{pw} : 수증기의 비열(1.85[kJ/kg·K])

t : 온도[℃]

■ 어떤 상태변화 과정에서 열수분비를 알면 습공기선도상에서 변화되는 방향을 알 수 있고, 열수분비 값으로 가습 방향을 추적할 수 있다.

■ 열 평형식과 물질 평형식
① 열 평형식
장치로 들어오는 총 열량
= 장치로부터 나가는 총 열량
즉, $Gh_1 + q_H + L h_L = Gh_2$
$\rightarrow G(h_2 - h_1) = q + L h_L$
② 물질 평형식
장치로 들어오는 총 물질(수분)의 양 = 장치로부터 나가는 총 물질(수분)의 양
즉, $G x_1 + L = G x_2$
$\rightarrow L = G(x_2 - x_1)$

예제문제 21

습공기가 120[℃]의 수증기로 가습될 때 열수분비[kJ/kg]는?(단, 0[℃]에서 포화수의 증발잠열 = 2501[kJ/kg], 수증기의 정압비열=1.85[kJ/kg·K])

① 502

② 1620

③ 2478

④ 2723

해설 열수분비(U)=$\gamma_0 + C_{pw} \cdot t$

γ_0 : 0℃에서 포화수의 증발잠열(2501[kJ/kg])

C_{pw} : 수증기의 비열(1.85[kJ/kg·K])

t : 온도[℃]

∴ 열수분비(U)=$\gamma_0 + C_{pw} \cdot t = 2501 + 1.85 \times 120 = 2723$[kJ/kg]

답 : ④

예제문제 22

습공기의 상태변화량 중 수분의 변화량과 엔탈피 변화량의 비율을 의미하는 것은?

① 현열비

② 열수분비

③ 접촉계수

④ 바이패스계수

해설 열수분비(U)

습공기를 가습할 경우 상태변화 과정을 나타내는 요소로 엔탈피 변화량과 절대 습도의 변화량에 대한 비를 말한다.

답 : ②

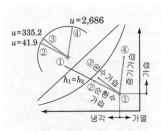

$u=335.2$
$u=41.9$
$u=2,686$

$h_1=h_2$

가습과정(순환수, 온수, 증기)

예제문제 23

다음 가습방법 중 열수분비가 가장 큰 경우는?

① 증기 가습

② 온수 가습

③ 순환수 가습

④ 단열 가습

해설 열수분비(U)

습공기를 가습할 경우 상태변화 과정을 나타내는 요소로 엔탈피 변화량과 절대습도의 변화량에 대한 비를 말하며, 열수분비(U) 크기는 증기〉온수〉순환수(단열) 순이다.

답 : ①

⑦ 단열혼합(외기와 실내공기와의 혼합)

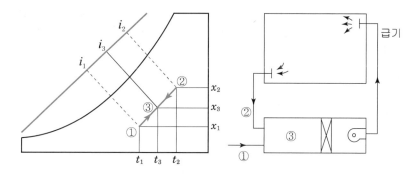

• 혼합공기 온도

$$t_m = \frac{G_1 t_1 + G_2 t_2}{G_1 + G_2}[℃]$$

• 혼합공기 절대습도

$$x_m = \frac{G_1 x_1 + G_2 x_2}{G_1 + G_2}[kg/kg']$$

• 혼합공기 엔탈피

$$i_m = \frac{G_1 i_1 + G_2 i_2}{G_1 + G_2}[kJ/kg]$$

단, G_1 : 외기공기량[kg/h] G_2 : 환기공기량[kg/h]

    t_1 : 외기온도[℃] t_2 : 환기온도[℃]

    x_1 : 외기절대습도[kg/kg'] x_2 : 환기절대습도[kg/kg']

예제문제 24

10[℃]의 공기 20[kg] 50[℃]의 공기 80[kg]을 혼합했을 때 혼합공기의 온도는?

① 15[℃]   ② 25[℃]

③ 42[℃]   ④ 46[℃]

해설

혼합공기 온도 $t_m = \dfrac{G_1 t_1 + G_2 t_2}{G_1 + G_2} = \dfrac{20 \times 10 + 80 \times 50}{20 + 80} = 42[℃]$

답 : ③

예제문제 25

건구온도 33[℃], 절대습도 0.021[kg/kg′]의 공기 20[kg]과 건구온도 25[℃], 절대습도 0.012[kg/kg′]의 공기 80[kg]을 단열혼합 하였을 때, 혼합공기의 건구온도와 절대습도는?

① 건구온도 : 26.6[℃], 절대습도 : 0.0138[kg/kg′]
② 건구온도 : 26.6[℃], 절대습도 : 0.0192[kg/kg′]
③ 건구온도 : 31.4[℃], 절대습도 : 0.0138[kg/kg′]
④ 건구온도 : 31.4[℃], 절대습도 : 0.0192[kg/kg′]

해설 단열혼합
• 혼합공기 온도
$$t_m = \frac{G_1 t_1 + G_2 t_2}{G_1 + G_2} = \frac{20 \times 33 + 80 \times 25}{20 + 80} = 26.6[℃]$$
• 혼합공기 절대습도
$$x_m = \frac{G_1 x_1 + G_2 x_2}{G_1 + G_2} = \frac{20 \times 0.021 + 80 \times 0.012}{20 + 80} = 0.0138[kg/kg′]$$

답 : ①

예제문제 26

건구온도 t=35[℃], 절대습도 x=0.02인 외기 30[%]와 t=27[℃], 절대습도 x=0.01인 실내공기 70[%]가 혼합했을 때의 건구온도(t)와 절대습도(x)값이 맞는 것은?

① t=29.4[℃], x=0.013[kg/kg′]   ② t=20.4[℃], x=0.011[kg/kg′]
③ t=32.4[℃], x=0.014[kg/kg′]   ④ t=24.4[℃], x=0.012[kg/kg′]

해설 단열혼합
• 혼합공기 온도
$$t_m = \frac{G_1 t_1 + G_2 t_2}{G_1 + G_2} = \frac{0.3 \times 35 + 0.7 \times 27}{0.3 + 0.7} = 29.4[℃]$$
• 혼합공기 절대습도
$$x_m = \frac{G_1 x_1 + G_2 x_2}{G_1 + G_2} = \frac{0.3 \times 0.02 + 0.7 \times 0.01}{0.3 + 0.7} = 0.013[kg/kg′]$$

답 : ①

⑧ By-pass Factor(BF)

냉각 또는 가열 코일과 접촉하지 않고 그대로 통과하는 공기의 비율을 말하며, 완전히 접촉하는 공기의 비율을 Contact Factor라고 한다.

$$BF = 1 - CF$$

냉각 또는 가열 코일을 통과한 공기는 포화상태로는 되지 않는다. 이상적으로 포화되었을 경우 s의 상태로 되나 실제로는 2의 상태로 된다.

$$BF = \frac{2-s}{1-s} = \frac{by-pass한\ 공기량}{코일을\ 통과한\ 공기량} = \frac{t_2 - t_s}{t_1 - ts} = \frac{h_2 - h_s}{h_1 - hs} = \frac{x_2 - x_s}{x_1 - x_s}$$

$$CF = \frac{1-2}{1-s}$$

$$\therefore t_2 \fallingdotseq t_1 \times BF + t_s \times (1 - BF)$$

■ 바이패스 팩터(BF)를 줄이는 방법
  (공조기의 성능을 좋게 하는 방법)
① 송풍량은 줄여 공기의 열교환기와의 접촉시간을 증대시킨다.
② 냉수량을 많이 한다.
③ 전열면적을 크게 한다.(코일의 간격은 좁게, 코일의 열수는 많이 한다.)
④ 실내의 장치노점온도를 높게 한다.
⑤ 콘택트 팩터(Contact Factor)를 크게 설정한다.

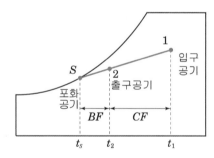

냉각코일에서의 냉각코일에서의 By-Pass

예제문제 27

30[℃]의 외기 40[%]와 23[℃]의 환기 60[%]를 혼합하여 냉각코일로 냉각감습하는 경우 바이패스 팩터가 0.20이면 코일의 출구 온도는?(단, 코일 표면온도는 10[℃]이다.)

① 12.16℃　　　　　　　　　　　② 13.16℃
③ 14.16℃　　　　　　　　　　　④ 15.16℃

해설

혼합공기 온도 $t_m = \dfrac{G_1 t_1 + G_2 t_2}{G_1 + G_2} = \dfrac{0.4 \times 30 + 0.6 \times 23}{0.4 + 0.6} = 25.8[℃]$

코일출구온도＝코일온도＋(입구온도－코일온도)×BF

∴ 코일출구온도＝10+(25.8-10)×0.2=13.16[℃]

<u>답 : ②</u>

예제문제 28

32[℃]의 외기와 24[℃]의 환기를 1 : 3의 비율로 혼합하여 코일로 냉각제습하는 경우 냉각코일의 출구온도는?(단, 냉각코일 표면온도는 10[℃], Bypass Factor는 0.3)

① 11.0[℃]
② 12.0[℃]
③ 14.8[℃]
④ 16.3[℃]

해설

· 혼합공기 온도 $t_m = \dfrac{G_1 t_1 + G_2 t_2}{G_1 + G_2} = \dfrac{1 \times 32 + 3 \times 24}{1 + 3} = 26[℃]$

· $BF = \dfrac{t_2 - t_s}{t_1 - t_s} = \dfrac{t_2 - 10}{26 - 10} = 0.3$

∴ 코일출구온도(t_2)=14.8[℃]

☞ 또는 코일출구온도=코일온도+(입구온도－코일온도)×BF

∴ 코일출구온도=10+(26－10)×0.3=14.8[℃]

답 : ③

예제문제 29

31.5℃의 외기와 26℃의 환기를 1:2의 비율로 혼합하고 냉각 감습할 때, 냉각코일 출구온도는 약 몇 ℃인가? (단, 바이패스 팩터(By-Pass Factor)는 0.2, 코일의 표면 온도는 12℃ 이다.) 【16년 출제문제】

① 8.8
② 15.1
③ 16.2
④ 17.3

해설

㉠ 혼합공기 온도 $t_m (t_1) = \dfrac{1 \times 31.5 + 2 \times 26}{1 + 2} = 27.83[℃]$

㉡ $BF = \dfrac{t_2 - t_s}{t_1 - t_s} = \dfrac{t_2 - 12}{27.83 - 12} = 0.2$

∴ 코일출구온도(t_2)=15.1[℃]

또는, 코일출구온도=코일온도+BF(입구온도－코일온도)

∴ 코일출구온도=12+0.2×(27.83－12)=15.1[℃]

답 : ②

(4) 냉·난방시의 공기상태 변화(예)

실기 예상문제

■ 습공기선도상의 각종 프로세스
■ 냉·난방 시스템의 공조부하
  계산

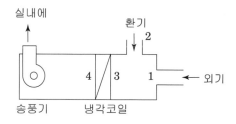 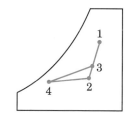

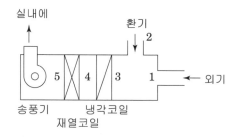 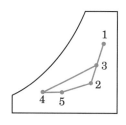

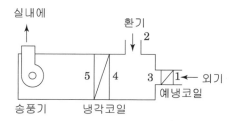 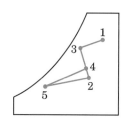

냉방시의 공기상태 변화

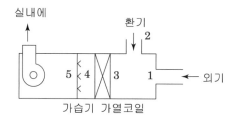 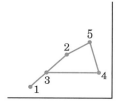

난방시의 공기상태 변화

예제문제 30

다음의 습공기선도에 나타낸 과정과 일치하는 장치도는?

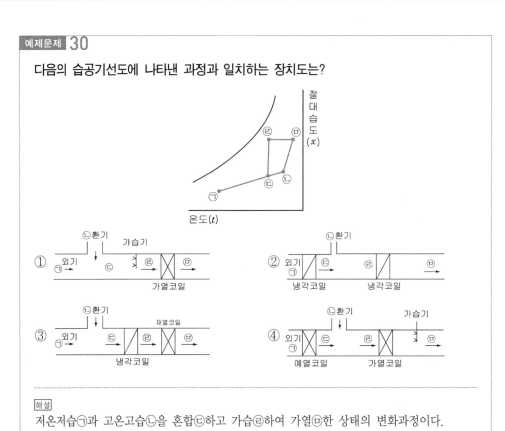

해설

저온저습㉠과 고온고습㉡을 혼합㉢하고 가습㉣하여 가열㉤한 상태의 변화과정이다.

답 : ①

예제문제 31

다음 그림은 공기조화기 내부에서 공기의 변화를 나타낸 것이다. 이 중 냉각코일을 지나는 과정은 어느 것인가?

① ㉠ - ㉡   ② ㉡ - ㉢

③ ㉣ - ㉠   ④ ㉣ - ㉤

해설

㉤ 외기   ㉢ 실내공기

㉣ 혼합공기(실내공기+외기)   ㉣-㉠ 냉각코일을 의한 냉각감습과정

㉠-㉡ 재열코일을 의한 가열과정   ㉡-㉢ 실내 취출

답 : ③

예제문제 32

공조기 내에서 습공기가 다음 그림과 같이 상태변화를 할 때 변화과정으로 옳은 것은?

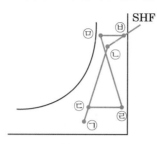

① 혼합 – 예열 – 가습 – 재열
② 혼합 – 가습 – 가열 – 취출
③ 혼합 – 냉각 – 가열 – 가습
④ 예열 – 혼합 – 가열 – 가습

해설
저온저습㉠과 고온고습㉡을 혼합㉢하여 예열㉣하고 가습㉤하여 재열㉥한 상태의 변화과정이다.

답 : ①

예제문제 33

외기와 실내공기를 단순 혼합하여 냉각한 후 취출하는 공조 시스템이 있다. 실내의 전열부하 20,000W, 현열비 0.75, 도입외기량이 송풍량의 30% 일 때 냉각코일의 냉각열량(W)은 약 얼마인가?　【16년 출제문제】

구분	외기	실내공기	취출공기
건구온도[℃]	32	26	15
상대습도[℃]	70	50	85
엔탈피[kJ/kg]	83.7	52.8	37.7

• 공기의 정압비열 : 1.01kJ/kg · ℃
• 공기의 밀도 : 1.2kg/m3

① 3,650
② 5,130
③ 32,940
④ 75,820

해설
㉠ 먼저, 송풍량 계산

송풍량 $Q = \dfrac{q_s}{\rho c \Delta t}[\mathrm{m^3/h}]$

$= \dfrac{20,000 \times 0.75 \times 3.6}{1.2 \times 1.01 \times (26-15)} = 4050.4\,[\mathrm{m^3/h}]$

㉡ 혼합공기 엔탈피(h)

$h = 83.7 \times 0.3 + 52.8 \times 0.7 = 62.07[\mathrm{kJ/kg}]$

㉢ 냉각코일의 냉각열량(q_c)

∴ $q_c = \rho Q \Delta h = 1.2 \times 4050.4 \times (62.07 - 37.7) = 118,450[KJ/h] = 32902.8[\mathrm{W}]$

답 : ③

예제문제 34

외기와 환기를 혼합-냉각-취출하는 냉방 공조설비에 대하여 다음 조건과 같을 때 실내에 공급하는 취출공기량 $Q[\text{m}^3/\text{h}]$과 냉각코일 감습량[kg/h]은 얼마인가?

- 실내 냉방부하는 현열량 8,000[W], 잠열량 800[W] 이다.
- 외기량과 환기량(실내공기)의 혼합비는 1:4로 한다.
- 실내 취출온도는 16℃ 이다.
- 공기의 정압비열은 1.0[kJ/kg·K], 공기의 밀도는 1.2[kg/m³]
- 각 공기 상태값은 다음과 같다.

	건구온도[℃]	상대습도[%]	절대습도 [kg/kg']	엔탈피 [kJ/kg]
외기	32	70	0.0210	86
실내공기	26	50	0.0105	52
취출공기	16	-	0.0100	40

① 666.7[m³/h], 6.24[kg/h]
② 2400[m³/h], 7.49[kg/h]
③ 2400[m³/h], 8.74[kg/h]
④ 2880[m³/h], 9.56[kg/h]

해설

㉠ 실내에 공급하는 취출공기량 $Q[\text{m}^3/\text{h}]$

$$Q = \frac{q_s}{\rho c \triangle t} = \frac{8,000 \times 3.6}{1.2 \times 1.0 \times (26-16)} = 2,400[\text{m}^3/\text{h}]$$

㉡ 냉각코일 감습량[kg/h]
- 먼저, 혼합 절대습도를 구한다.

$$x_m = \frac{G_1 x_1 + G_2 x_2}{G_1 + G_2} = \frac{1 \times 0.0210 + 4 \times 0.0105}{1+4} = 0.0126[\text{kg/kg}']$$

- 냉각코일 감습량[kg/h]

$$L = G \triangle x = \rho Q \triangle x$$
$$L = 1.2 \times 2,400 \times (0.0126 - 0.0100) = 7.49[\text{kg/h}]$$

답 : ②

예제문제 35

다음 그림은 냉각과정을 습공기선도에 도시한 것이다. 외기 도입이 전체 급기의 70 [%]일 경우 냉동기의 냉각열량은 얼마인가?(단, 건조공기의 풍량은 50000$[m^3/h]$, 공기밀도는 1.2$[kg/m^3]$이며, ㉠ 실내, ㉡ 외기, ㉢ 혼합, ㉣ 급기를 의미한다.)

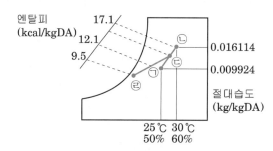

① 346000[kcal/h] ② 356000[kcal/h]
③ 366000[kcal/h] ④ 372000[kcal/h]

해설

저온저습㉠과 고온고습㉡을 혼합(실내공기+외기)㉢하여 냉각·감습한 상태㉣의 변화과정이다.

• 혼합공기 엔탈피 $i_m = \dfrac{G_1 i_1 + G_2 i_2}{G_1 + G_2} = \dfrac{0.7 \times 17.1 + 0.3 \times 12.1}{0.7 + 0.3} = 15.6$[kcal/h]

• 냉동기 냉각열량 계산

   냉각열량(q_c) $= G \cdot \Delta h = \rho \cdot Q \cdot \Delta h$

   여기서, q_c : 냉각량[kJ/h] 또는 [kcal/h]

   G : 공기량[kg/h]

   Q : 체적량[m³/h]

   ρ : 공기의 밀도(1.2[kg/m³])

   Δh : 냉각전후엔탈피차

   ※ G[kg/h] $= \rho(1.2[kg/m^3]) \cdot Q$[m³/h] $= 1.2 Q$[kg/h]

∴ 냉각열량 $= \rho \cdot Q \cdot \Delta h = 1.2 \times 50000 \times (15.6 - 9.5) = 366000$[kcal/h]

답 : ③

예제문제 36

그림과 같은 냉방과정에서 실내 설계조건 ①의 건구온도 $t_1 = 25℃$, 외기온도 ②의 건구온도 $t_2 = 32℃$이다. 외기량과 순환공기량을 1 : 3 비율로 단열혼합한 후 장치노점온도 $t_5 = 12℃$인 냉각코일을 풍량 5000m³/h가 통과한다. 이 때 코일의 바이패스 팩터가 0.1이라고 할 때 냉각과정 중의 감습량은? (단, 공기의 밀도는 1.2kg/m³이다.)

【13년 1급 출제유형】

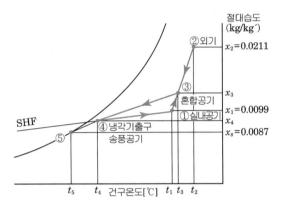

① 16.8kg/h
② 18.6kg/h
③ 21.6kg/h
④ 27.8kg/h

해설

냉각과정 중의 감습량을 구해야 하므로 먼저 절대습도 값을 구한다.

① 혼합공기 절대습도(x_3)=0.0127

$$x_3 = \frac{G_1 x_1 + G_2 x_2}{G_1 + G_2} = \frac{1 \times 0.0211 + 3 \times 0.0099}{1+3} = 0.0127$$

② 코일출구 절대습도(x_4)=0.0091

$$BF = \frac{x_4 - x_5}{x_3 - x_5}$$

$$x_4 = x_5 + BF(x_3 - x_5)$$
$$= 0.0087 + 0.1(0.0127 - 0.0087)$$
$$= 0.0091$$

∴ 감습량(L) = $G\Delta x$
$$= \rho Q \Delta x \ldots 적용(풍량 \ m^3/h로 \ 주어졌으므로)$$
$$= 1.2 \times 5000 \times (0.0127 - 0.0091)$$
$$= 21.6kg/h$$

답 : ③

02 공기조화 부하계산

1 공기조화의 부하 요소

공기조화부하란 실내에서 온도, 습도를 유지하기 위하여 공기의 상태에 따라 냉각, 가열, 감습, 가습 등을 하는 데 필요한 열량을 총칭하는 것으로, 이 중에서 가열하여야 할 부하를 난방부하(heating load), 냉각하여야 할 부하를 냉방부하(cooling load)라고 한다. 공기조화를 하는 건물에서는 1년간을 통해 대체로 두 부하 중 하나가 존재하고 경우에 따라서는 두 부하가 동시에 같은 건물 내에 생기는 경우도 있다.

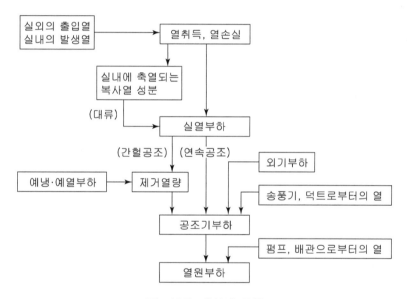

공조부하 계산의 흐름

① 냉방부하

　냉방시에 냉각·감습하는 열 및 수분의 량 → 현열(온도) : 냉각, 잠열(습도) : 감습

② 난방부하

　난방시에 가열·가습하는 열 및 수분의 량 → 현열(온도) : 가열, 잠열(습도) : 가습

2 냉방부하

(1) 냉방부하의 종류

여름에 실내의 온·습도를 설계치로 유지하려면 밖에서 침입해 들어오는 열량과 실내에서 발생하는 열량을 제거해야 하는데, 이 열량을 현열부하라 한다. 또 설계치 이상의 수분을 제거해야 하는데 이때 수분의 잠열부하를 합쳐 냉방부하로 한다. 냉방부하는 다음과 같이 분류한다.

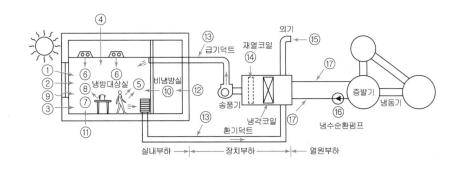

냉방부하의 종류와 발생 요인

구 분	부하의 발생 요인		현 열	잠 열	그림의 기호
실내취득열량	벽체로부터의 취득열량		○		③④⑩⑪
	유리로부터의 취득열량	직달일사에 의한 것	○		①
		전도대류에 의한 것	○		②
	극간풍에 의한 취득열량		○	○	⑨
	인체의 발생열량		○	○	⑤
	기구로부터의 발생열량		○	○	⑥⑦⑧
장치로부터의 취득 열량	송풍기에 의한 취득열량		○		⑫
	덕트로부터의 취득열량		○		⑬
재열 부하	재열기의 가열량(취득열량)		○		⑭
외기 부하	외기의 도입으로 인한 취득열량		○	○	⑮

■ 냉방부하를 계산할 때 현열과 잠열을 동시에 계산해 주어야 할 부하 요소

① 극간풍에 의한 취득열량

② 인체의 발생열량

③ 기구로부터의 발생열량

④ 외기의 도입으로 인한 취득열량

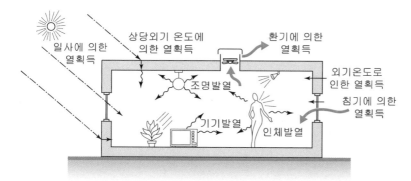

건물의 열획득

예제문제 01

공기조화부하 계산에 있어서 인체 발생열에 대한 설명으로 옳은 것은?

① 인체 발생열은 잠열만이 발생한다.

② 인체 발생열은 난방부하에서만 계산한다.

③ 실내온도가 높아질수록 잠열 발생열량이 증가한다.

④ 인체 발생열은 재실자의 작업상태에 관계없이 항상 일정하다.

해설

인체부하는 냉방부하의 계산에서 현열과 잠열을 동시에 고려한다. 인체와 실내공기의 온도차에 의한 현열과 호흡 또는 땀에 의한 잠열이 발생하여 실내의 온도·습도를 높이는 원인이 되지만 일반적으로 난방부하에서는 무시한다.

답 : ③

예제문제 02

냉방시 열의 종류와 설명으로 틀린 것은?

① 구조체로부터 열량 : 현열

② 극간풍으로부터 열량 : 현열, 잠열

③ 인체로부터 열량 : 현열, 잠열

④ 조명기구 부하 : 현열, 잠열

해설

조명기구 부하는 현열만 발생한다.

답 : ④

예제문제 03

냉·난방 부하 계산시 유의할 사항에 대한 설명 중 옳지 않은 것은?

① 난방시의 틈새바람에 의한 부하는 보통 현열부하만을 산정한다.
② 난방부하일 때는 내부발생열은 난방부하를 경감시키는 요소이므로 일반적으로 계산하지 않는다.
③ 부하계산의 결과 열손실이 너무 큰 경우 그것을 건축적인 수법으로 해결하지 말고 공조장치로 처리하도록 한다.
④ 건물의 종류 및 용도에 따라 부하의 요소는 차이가 많이 난다.

해설

부하계산의 결과 열손실이 너무 큰 경우에는 단열, 건물의 형태, 개구부의 크기, 건축재료의 선정 등 건축적인 수법을 통하여 계획하는 것이 바람직하다.

답 : ③

예제문제 04

건물의 냉방부하의 종류 중 현열과 잠열 성분을 모두 갖는 것은?

① 벽체로부터의 취득열량   ② 유리로부터의 취득열량
③ 인체의 발생열량   ④ 덕트로부터의 취득열량

해설

냉방부하를 계산할 때 현열과 잠열을 동시에 계산해 주어야 할 부하 요소
• 극간풍에 의한 취득열량   • 인체의 발생열량
• 기구로부터의 발생열량   • 외기의 도입으로 인한 취득열량

답 : ③

(2) 냉방부하의 기기 용량

실내 취득열량은 송풍기의 용량 및 송풍량을 산출하는 요인이 된다. 여기서 장치부하와 재열부하 및 외기부하를 합하면 냉각코일의 용량을 결정할 수 있다. 또한 냉동기의 증발기와 공조기의 냉각코일에 접속되는 냉수 배관도 주위로부터 현열을 얻게 되는데 이 부하를 배관부하라고 하며, 냉각코일 용량에 배관까지 합하면 냉동기 용량이 된다.

■ 재열부하 : 장치의 결로와 습도 상승에 대비하여 공조기 내에서 냉각된 공기를 공조기내 또는 덕트 내에서 가열하여 실내로 취출하는 경우가 있는데, 이때 부하를 재열부하라 한다.

• 실내취득열량 ┐
• 기기로부터의 취득열량 ┘ 송풍량 결정 ┐
• 재열부하 ┐ 냉각코일의 용량 결정 ┐
• 외기부하 ┘ 냉동기의 용량 결정
• 냉수펌프 및 배관부하

냉방부하와 기기용량과의 관계

예제문제 05

다음 중에서 공기조화기 냉각코일 부하로 작용하지 않는 것은? 【13년 1급 출제유형】

① 기기로부터의 취득열량   ② 실내취득 열량

③ 배관부하   ④ 재열부하

해설 **냉방부하의 기기 용량**

- 실내취득열량
- 기기로부터의   ┐ 송풍량 결정
  취득 열량
- 재열부하   ┐ .... ┐ 냉각코일의 용량 결정
- 외기부하   ┘   ┐ 냉동기의 용량 결정
- 냉수펌프 및
  배관 부하 .... ┘

답 : ③

---

(3) 냉방부하 계산법

냉방부하계산법에는 CLTD법, CLF법, SCL법 등이 있으며, 이 3가지 요소를 종합적으로 이용하여 냉방부하계산을 하며 수계산으로도 가능하다.

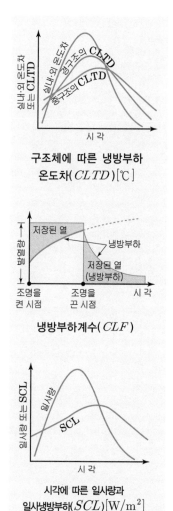

**구조체에 따른 냉방부하
온도차($CLTD$)[℃]**

냉방부하계수(CLF)

**시각에 따른 일사량과
일사냉방부하(SCL)[W/m²]**

① CLTD(Cooling Load Temperature Differential) : 냉방부하 온도차

- 벽체나 지붕 및 유리의 관류부하를 계산하는데 사용
- 실내·외 온도차로서 외기온도, 일사의 영향, 건물구조체, 내장재 등에 따라 축열된 후 실내로 열발산을 하므로 시각에 따라 다르게 나타난다.
- 실내·외 온도차에 비하여 구조체가 중후하면 축열되어 냉방부하 온도차는 낮아지고 시간이 지연된다.

② CLF(Cooling Load Factor) : 냉방부하계수

- 인체, 조명기구, 실내에 있는 각종 발열기기로부터 취득된 열량이 건물 구조체, 내장재 등에 축열된 후 시간의 경과에 따라 서서히 냉방부하로 나타나는 비율
- 조명등을 켰을 때 발열량은 모두 냉방부하가 되지 않고 일부는 실내에 저장되며, 조명등을 끈 경우에도 저장되었던 열이 냉방부하로 출현되는 현상이다.

③ SCL(Solar Cooling Load) : 일사냉방부하

유리를 통해 들어오는 일사열량이 시각, 방위별, 건물 구조체의 종류, 내부 차폐, 벽체 수, 바닥마감 유형 등을 감안하여 냉방부하로 나타나는 양을 뜻한다.

(4) 냉방부하 계산의 설계 조건

① 실내 조건

냉방부하 계산에 있어서 실내 온습도는 매우 중요한 설계 조건의 하나이다. 왜냐하면 실의 사용 목적에 따라 그 조건이 각기 다르며, 또한 사람의 경우에 있어서도 쾌적온도의 범위가 서로 다르기 때문이다.

건물의 종류에 의한 표준부하

계 절 조 건	여 름	겨 울
온 도	25~27[℃]	20~22[℃]
습 도	50~55[%]	50~55[%]

② 외기 조건

최대 냉방부하는 가장 불리한 상태일 때의 조건으로 구한 부하로, 냉방장치 용량을 결정하는데 도움을 주지만, 부하가 최대일 때를 위한 장치 용량이므로 매우 비경제적이 되기 쉽다. 그래서 ASHRAE의 TAC(Technical Advisory Committee)에서는 위험률 2.5~10[%] 범위 내에서 설계 조건을 삼을 것을 추천하고 있다. 위험률 2.5[%]의 의미는 어느 지역의 냉방시간이 2000시간이라면, 이 기간 중 2.5[%]에 해당하는 50시간은 냉방 설계 외기 조건을 초과할 수 있다는 것을 의미한다.

예제문제 06

서울지방의 냉방설계 외기온도가 위험율 2.5[%]일 때 33.5[℃]이다. 다음 중 바르게 설명한 것은 어느 것인가?

① 외기온도가 33.5[℃]보다 낮을 확률이 냉방기간의 2.5[%]에 해당한다.
② 외기온도가 33.5[℃]와 같을 확률이 냉방기간의 2.5[%]에 해당한다.
③ 외기온도가 33.5[℃]보다 높을 확률이 냉방기간의 2.5[%]에 해당한다.
④ 외기온도가 33.5[℃]보다 높을 확률이 냉방기간의 97.5[%]에 해당한다.

⎯⎯⎯⎯⎯⎯⎯⎯⎯⎯⎯⎯⎯⎯⎯⎯⎯⎯⎯⎯⎯⎯⎯⎯⎯⎯⎯

해설
ASHRAE의 TAC(Technical Advisory Committee)에서는 위험률 2.5~10[%] 범위 내에서 설계 조건을 삼을 것을 추천하고 있다.
위험률 2.5[%]의 의미는 어느 지역의 냉방기간이 4개월이라면, 이 기간 중 2.5[%]에 해당하는 72시간은 냉방설계 외기 조건을 초과할 수 있다는 것을 의미한다.

답 : ③

(5) 냉방부하의 계산식

① 벽체로부터의 취득열량 q_w[W]

- 일사의 영향을 무시할 때

$$q_w = K A \Delta t$$

Δt : 실내·외 온도차[℃]

- 일사의 영향을 고려할 때

$$q_w = K A \; ETD = KA \, \Delta t_e$$

K : 구조체의 열관류율[W/m²·K]

A : 구조체의 면적[m²]

ETD : 상당 온도차[℃]

※ ETD : Equivalent Temperature Difference

상당 외기 온도차 $\Delta t_e = t_e - t_r$ 일사를 받는 외벽이나 지붕과 같이 열용량을 갖는 구조체를 통과하는 열량을 산출하기 위해 외기 온도나 일사량을 고려하여 정한 근사적인 외기 온도이다.

■ 실기 예상문제

■ 냉방부하 계산
  (도면 첨부 제시형)

■ $CLTD$ 에 의한 방법
$CLTD$ 란 일사에 의해 구조체가 축열된 후 축열의 효과가 시간차를 두고 서서히 나타나는 현상을 고려한 방법이다.
$q_w = K A \; ETD$ 에서 ETD (Equivalent Temperature Difference : 상당 외기 온도차)를 $CLTD$ (Cooling Load Temperature Difference)로 대체하는 방법이다.

예제문제 07

외벽의 온도는 일사에 의한 복사열의 흡수로 외기온도보다 높게 되는데, 냉방부하 계산시에 사용되는 이 온도를 무엇이라 하는가?

① 유효온도   ② 상당외기온도
③ 습구온도   ④ 효과온도

──────────────────────────────
답 : ②

예제문제 08

다음의 상당외기온도차(ETD Equivalent Temperature Difference)에 대한 설명 중 옳은 것은?

① 난방부하의 계산에 있어서 벽체를 통한 손실열량을 계산할 때 사용한다.
② 냉방부하의 계산에 있어서 벽체를 통한 취득열량을 계산할 때 사용한다.
③ 벽체 외부에 흐르는 공기의 속도에 따른 열전달량을 고려한 온도차이다.
④ 주로 외기에 접하고 있지 않은 간막이벽, 천장, 바닥 등으로부터 열전달량을 구하는데 사용한다.

──────────────────────────────
해설 ETD(Equivalent Temperature Difference : 상당외기온도)
일사를 받는 외벽이나 지붕과 같이 열용량을 갖는 구조체를 통과하는 열량을 산출하기 위해 외기 온도나 일사량을 고려하여 정한 근사적인 외기 온도이다.

답 : ②

유리창을 통한 열취득

② 유리로부터의 일사에 의한 취득열량 q_G[W]
  • 유리로부터의 관류에 의한 취득열량

$$q_{GT} = K A_g \Delta t$$

A_g : 유리창의 면적(새시 포함)[m²]

Δt : 실내외 온도차[℃]

  • 유리로부터의 일사취득열량

$$q_{GR} = I_{gr} A_g k_s$$

I_{gr} : 유리를 통해 투과 및 흡수의 형식으로 취득되는 표준 일사취득열량
  [W/m² · K]

A_g : 유리창의 면적(새시 포함)[m²]

k_s : 전차폐 계수

예제문제 09

다음 중 유리창에 의한 일사 냉방부하 산정과 가장 관계가 먼 것은?

① 위도   ② 창의 유리 면적
③ 차폐의 종류   ④ 열관류율

해설

유리로부터의 일사에 의한 취득열량은 유리로부터의 관류에 의한 취득열량과 유리로부터의 일사취득열량이 있다.

답 : ④

예제문제 10

냉방시 유리창을 통한 취득열량을 줄이기 위한 방법으로 옳지 않은 것은?

① 블라인드를 설치한다.
② 반사율이 큰 유리를 사용한다.
③ 열관류율이 큰 유리를 사용한다.
④ 차폐계수가 작은 유리를 사용한다.

해설

열관류율이 작고 반사율이 큰 유리를 사용한다. 열관류율이 높다는 것은 열의 흐름이 크다는 것이므로 단열성능이 나쁘다는 것을 의미한다.

답 : ③

예제문제 11

유리창을 통한 취득열량을 계산하고자 할 경우 축열계수법을 이용할 수 있다. 다음의 축열계수법의 관한 설명 중 옳지 않은 것은?

① 축열계수는 건물 구조체의 중량과 관계가 있다.

② 방위가 동쪽일 경우 방위별 표준일사열량의 1일 최고치를 계산하여 이용한다.

③ 축열부하계수는 동일한 시각이어도 내측에 블라인드의 유무에 따라 다르다.

④ 축열부하계수는 이용할 경우에는 차폐계수는 고려하지 않는다.

──────────────────────

[해설]

축열부하계수는 유리창을 통한 일사취득열량을 계산하므로 차폐계수를 고려하여야 한다.

· 유리로부터 일사취득열량은 유리창의 차폐계수에 비례한다.

　(차폐계수 : 일사를 차단하는 정도)

· 유리의 일사부하계산 시 두께 3[mm] 보통유리를 차폐계수 기준값 1로 본다.

답 : ④

③ 극간풍(틈새바람)에 의한 취득열량 q_I[W]

　• 현열량

$$q_{IS} = GC(t_0 - t_i)[\text{kJ/h}] = \rho QC(t_0 - t_i)[\text{kJ/h}] = 0.34Q(t_0 - t_i)[\text{W}]$$

　• 잠열량

$$q_{IL} = GL(x_0 - x_i)[\text{kJ/h}] = \rho QL(x_0 - x_i)[\text{kJ/h}] = 834Q(x_0 - x_i)[\text{W}]$$

q_{IS} : 틈새바람에 의한 현열취득량[W]

q_{IL} : 틈새바람에 의한 잠열취득량[W]

C : 공기의 정압비열[1.01kJ/kg·K]

ρ : 공기의 밀도[1.2kg/m³]

G_I, Q_I : 틈새바람의 양[kg/h], [m³/h]

t_0, t_i : 외기 및 실내 온도[℃]

x_0, x_i : 외기 및 실내의 절대습도[kg/kg′]

L : 0℃에서 물의 증발잠열(2,501[kJ/kg])

[주] ※ $G[\text{kg/h}] = \rho(1.2[\text{kg/m}^3]) \cdot Q[\text{m}^3/\text{h}] = 1.2Q[\text{kg/h}]$

　　※ 1[W]=1[J/s]=3600[J/h]=3.6[kJ/h]

■ 단위환산계수

· 0.34 : 단위환산계수
　= 공기의 비열×밀도
　　×1000[J/KJ]÷3600[s/h]
　= 1.01[kJ/kg·K] × 1.2 [kg/m³]
　　×1000[J/KJ]÷3600[s/h]
　= 0.336[W·h/m³·K]
　≒ 0.34[W·h/m³·K]

· 834 : 단위환산계수(0[℃]에서
　물의 증발잠열 γ_0 = 2501[kJ/kg]
　적용)
　= 1.2[kg/m³]×2501[kJ/kg]
　　×1000[J/KJ]÷ 3600[s/h]
　≒ 834[W·h/m³]

■ 열량의 단위 환산

· 1[kw] = 1000[w] = 860[kcal/h]

· 1[w] = 0.86[kcal/h]

· 1[w] = 1[J/s] = 3600[J/h] = 3.6[kJ/h]

· 1[kJ] = 0.24[kcal] = 240[cal]

예제문제 12

다음과 같은 조건에서 바닥면적이 $600[\text{m}^2]$인 사무소 공간의 환기에 의한 외기부하는?

- 환기량 = $3000[\text{m}^3/\text{h}]$
- 실내공기의 설계온도 = [26℃]
- 실내공기의 절대습도 = $0.0105[\text{kg/kg}']$
- 외기의 온도 = $32[℃]$
- 외기의 절대습도 = $0.0212[\text{kg/kg}']$
- 공기의 밀도 = $1.2[\text{kg/m}^3]$
- 공기의 정압비열 = $1.01[\text{kJ/kg}\cdot\text{K}]$
- $0[℃]$에서 물의 증발잠열 = $2501[\text{kJ/kg}]$

① $6.06[\text{kW}]$ ② $26.76[\text{kW}]$
③ $32.82[\text{kW}]$ ④ $59.58[\text{kW}]$

해설

- 현열부하$(q_s) = \rho Q C \Delta t [\text{kJ/h}]$
  $= 1.2 \times 3000 \times 1.01 \times (32-26)$
  $= 21816[\text{kJ/h}] = 6.06[\text{kW}]$
- 잠열부하$(q_L) = \rho Q L \Delta x [\text{kJ/h}]$ (※ L : $0[℃]$에서의 물의 증발잠열 $2501[\text{kJ/kg}]$)
  $= 1.2 \times 3000 \times 2501 \times (0.0212-0.0105)$
  $= 96339[\text{kJ/h}] = 26.76[\text{kW}]$
- ∴ 외기부하 = 현열부하+잠열부하 = $6.06+26.76 = 32.82[\text{kW}]$
- ※ $1[\text{kW}] = 1000[\text{W}] = 860[\text{kcal/h}] = 1[\text{kJ}]/\text{s} = 3600[\text{kJ/h}]$

답 : ③

예제문제 13

다음과 같은 조건에서 틈새바람에 의한 냉방부하는?

- 틈새공기량 : $50[\text{kg/h}]$
- 외기의 상태 : $t_0 = 30[℃]$, $x_0 = 0.016[\text{kg/kg}]$
- 실내공기의 상태 : $t_i = 25[℃]$, $x_i = 0.010[\text{kg/kg}]$
- 공기의 정압비열 : $1.01[\text{kJ/kg}\cdot\text{K}]$
- $0[℃]$에서 물의 증발잠열 : $2501[\text{kJ/kg}]$

① $502.8[\text{kJ/h}]$ ② $670.4[\text{kJ/h}]$
③ $1002.8[\text{kJ/h}]$ ④ $1131.3[\text{kJ/h}]$

해설

- 현열부하$(q_s) = GC\Delta t[\text{kJ/h}] = 50 \times 1.01 \times (30-25) = 252.5[\text{kJ/h}]$
- 잠열부하$(q_L) = GL\Delta x[\text{kJ/h}] = 50 \times 2501 \times (0.016-0.010) = 750.3[\text{kJ/h}]$
- ∴ 외기부하 = 현열부하 + 잠열부하 = $252.5+750.3=1002.8[\text{kJ/h}]$

답 : ③

예제문제 14

환기회수가 2[회/h], 실의 체적 2000[m³]인 경우 환기에 의한 현열부하는?(단 외기 상태 0[℃], 절대습도 0.002[kg/kg′], 실내 상태 24[℃], 절대습도 0.010[kg/kg′])

① 16320[W]
② 2668[W]
③ 32320[W]
④ 5932[W]

해설

· 환기량 $Q = nV = 2 \times 2000 = 4000[\text{m}^3/\text{h}]$
· 현열부하

$$q_S = 1.01[\text{kJ/kg·K}] \times 1.2[\text{kg/m}^3] \times Q \times (t_o - t_i) \times 1000[\text{J/kJ}] \div 3600[\text{s/h}]$$

$$= \frac{1.01 \times 1.2 \times Q \times (t_o - t_i) \times 1000[\text{J/kJ}]}{3600[\text{s/h}]}$$

$$= \frac{1.01 \times 1.2 \times 4000 \times (24 - 0) \times 1000[\text{J/kJ}]}{3600[\text{s/h}]}$$

$$= 32320[\text{W}]$$

참고

$1[\text{kW}] = 1000[\text{W}] = 860[\text{kcal/h}] = 1[\text{kJ/s}] = 3600[\text{kJ/h}]$
$1[\text{W}] = 1[\text{J/s}] = 3600[\text{J/h}] = 3.6[\text{kJ/h}]$
$0.24[\text{kcal}] = 1.01[\text{kJ}] \fallingdotseq 1[\text{kJ}]$

답 : ③

④ 인체로부터의 취득열량 $q_H[\text{W}]$

$$q_H = q_{HS} + q_{HL}$$

· 현열량

$$q_{HS} = nH_s$$

· 잠열량

$$q_{HL} = nH_L$$

n : 재실 인원수[명]
H_s : 1인당 인체 발생현열량[W·인]
H_L : 1인당 인체 발생잠열량[W·인]

> ■ 재열부하는 가열되는 열량만큼 냉각코일에서 더 냉각시켜야 하므로 냉방부하에 속한다.

⑤ **조명 및 기기로부터 취득열량** q_E[W]

㉮ 조명기구의 발생열량

　㉠ 백열등 : $q_E = W \cdot f$ [W]

　㉡ 형광등 : $q_E = W \cdot f \times 1.2$ [W]

　　　여기서, q_E : 조명기구로부터의 취득열량

　　　　　　W : 조명기구의 소비전력[W]

　　　　　　f : 조명기구의 사용률(점등률)

　　　　　　1.2 : 형광등인 경우 안정기 발열량 20% 할증

㉯ 동력에 의한 부하(전동기는 실내에 있고, 기계는 실외에 있는 경우)

$$q_E = P \cdot f_e \cdot f_o \cdot f_k = P \cdot f_e \cdot f_o \cdot \frac{1-\eta}{\eta}$$

　　여기서, P : 전동기의 정격출력[kW]

　　　　　f_e : 전동기에 대한 부하율(모터출력/정격출력)

　　　　　f_o : 전동기 사용률

　　　　　f_k : 전동기와 기계의 사용상태 $\left[f_k = \dfrac{1-\eta}{\eta} \right]$

⑥ **재열부하** q_R

$$q_R = 0.34\,Q(t_2 - t_1)$$

t_2, t_1 : 재열기 출구 및 입구 공기의 온도[℃]

⑦ **외기 부하** q_F[W]

$$q_F = q_{FS} + q_{FL} = G_F(h_0 - h_r)$$
$$q_{FS} = 0.34(t_0 - t_r)$$
$$q_{FL} = 834\,Q_F(x_0 - x_r)$$

h_0, h_r : 실외, 실내의 엔탈피[kJ/kg]

t_0, t_r : 실외, 실내 온도[℃]

x_0, x_r : 실외, 실내의 절대습도[kg/kg′]

G_F, Q_F : 외기량[kg/h, m³/h]

⑧ **송풍기와 덕트로부터의 취득열량** q_B[W]

기기 내 열취득

송풍기에서의 열취득	실내 취득열량의 5~13[%]
덕트에서의 열량	실내 취득열량의 3~7[%]
합 계	8~20[%]

3 난방부하

(1) 난방부하의 종류

난방부하의 요소들은 표와 같으며, 냉방부하의 발생 요인보다는 아주 간단하게 취급된다. 그 원인은 냉방부하 때에 고려한 일사(日射)의 영향이나 조명기구를 포함한 실내 기구, 재실(在室) 인원 등으로부터의 발생열량은 난방부하를 경감시키는 요인들이며, 일반적인 경우에는 부하 계산에 포함시키지 않기 때문이다.

난방부하의 종류와 발생 요인

종 류	부하의 발생 요인	현 열	잠 열
실내손실열량	외벽, 창유리, 지붕, 내벽, 바닥	○	
	극간풍	○	○
기기손실열량	덕트	○	
외기부하	환기극간풍	○	○

[주] • 현열 : 온도의 변화에 따라 발생하는 열. 온도 측정 가능

　→ 현열량 : 온도의 상승이나 강하의 요인이 되는 열량

• 잠열 : 상태의 변화에 따라 발생하는 열. 온도 일정

　→ 잠열량 : 습도의 변화를 주는 열량

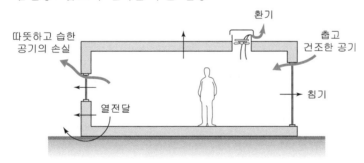

건물의 열손실

예제문제 01

다음 중 냉·난방부하의 계산에서 난방의 경우는 일반적으로 고려하지 않으나 냉방의 경우는 반드시 계산해야 하는 항목은?

① 외벽, 유리창을 통한 관류부하　　② 도입외기에 의한 외기부하

③ 인체부하　　④ 바닥을 통한 관류부하

─────────────────────────────

해설

인체부하는 인체와 실내공기의 온도차에 의한 현열과 호흡 또는 땀에 의한 잠열이 발생하여 실내의 온도·습도를 높이는 원인이 되지만 일반적으로 난방부하에서는 무시한다. 인체부하는 냉방부하의 계산에서는 현열과 잠열을 동시에 고려한다.

답 : ③

실기 예상문제

■ 냉방부하 계산
  (도면 첨부 제시형)

(2) 난방부하의 계산식

① 벽체로부터의 손실열량 q_w[W]

$$q_w = K \cdot A(t_i - t_0)k$$

q_w : 구조체를 관류하는 열량[W]

K : 구조체를 통한 열관류율[W/m² · K]

A : 구조체 면적[m²]

t_i : 실내 온도[℃]

t_0 : 실외 온도[℃]

k : 방위 계수

※ 방위계수(k : 보정계수)
- 일사와 바람의 영향을 고려 구조체의 방위와 위치에 따라 다르게 적용한다.
- 구조체를 통한 열손실 계산시 곱해 주는 값

	남	북	동·서	남동·남서	지붕	바람이 센곳
방위계수	1.0	1.2	1.1	1.05	1.2	1.2

예제문제 02

난방부하 계산시 각 외벽을 통한 손실열량은 방위에 따른 방향계수에 의해 값을 보정하는데, 계수의 값이 큰 것부터 차례로 된 것은?

① 북 > 동, 서 > 남   ② 북 > 남 > 동, 서
③ 동 > 남, 북 > 서   ④ 남 > 북 > 동, 서

해설
북(1.2) > 동, 서(1.1) > 남(1.0)

답 : ①

② 틈새바람(극간풍)에 의한 손실열량 q_I[W]

$$q_I = q_{IS} + q_{IL}$$

• 현열부하

$$q_{IS} = GC(t_i - t_0)[\text{kJ/h}] = \rho QC(t_i - t_0)[\text{kJ/h}] = 0.34Q(t_i - t_0)[\text{W}]$$

• 잠열부하

$$q_{IL} = GL(x_i - x_0)[\text{kJ/h}] = \rho QL(x_i - x_0)[\text{kJ/h}] = 834Q(x_i - x_0)[\text{W}]$$

C : 공기의 정압비열[1.01kJ/kg·K]

ρ : 공기의 밀도[1.2kg/m³]

$G_I,\ Q_I$: 극간풍량[kg/h, m³/h]

$t_i,\ t_0$: 실내 및 실외 공기의 온도[℃]

$x_i,\ x_0$: 실내 및 실외 공기의 절대습도[kg/kg']

L : 0[℃]에서 물의 증발잠열(2501kJ/kg)

③ 외기부하에 의한 손실열량 q_F[W]

$$q_F = q_{FS} + q_{FL}$$

• 현열부하

$$q_{FS} = GC(t_i - t_0)[\text{kJ/h}] \doteq \rho QC(t_i - t_0)[\text{kJ/h}] = 0.34Q(t_i - t_0)[\text{W}]$$

• 잠열부하

$$q_{FL} = GL(t_i - t_0)[\text{kJ/h}] = \rho QL(x_i - x_0)[\text{kJ/h}] = 834Q(x_i - x_0)[\text{W}]$$

④ 기기에서의 손실열량 q_B[W]

공조기의 체임버나 덕트의 외면 등으로부터의 손실부하와 여유 등을 총괄해서 계산한다.

예제문제 03

다음과 같은 조건에서 북측에 위치한 면적 12[m²]인 콘크리트 외벽체를 통한 관류에 의한 손실 열량은?

- 외기온도 = -1[℃], 실내온도 = 18[℃]
- 벽체의 열관류율 = 1.71[W/m²·K]
- 벽체의 방위계수 = 1.2

---

① 383.7[W]　　　　　　　　　　② 411.0[W]

③ 429.0[W]　　　　　　　　　　④ 468.0[W]

해설 관류에 의한 열손실 계산[구조체를 통한 열관류열량(Q)]

$Q = K \cdot A \cdot (t_i - t_o) \cdot k$

여기서　　K : 열관류율[W/m²·K]

　　　　　A : 표면적[m²]

　　　$t_i - t_o$: 실내외 온도차[℃]

　　　　　k : 방위계수(보정계수)

∴ $Q = K \cdot A \cdot (t_i - t_o) \cdot k = 1.71 \times 12 \times \{18 - (-1)\} \times 1 \times 1.2 = 467.9 ≒ 468[W]$

답 : ④

예제문제 04

난방시에 극간풍량이 1200[m³/h]에 대한 현열손실량 q_{IS}[W] 및 잠열손실량 q_{IL}[W]를 구하면?(단, 외기의 온도 및 습도는 t_0 : -2[℃], x_0 : 0.002[kg/kg′], 실내공기의 온도 및 습도는 t_i : 24[℃], x_i=0.010[kg/kg′]이다.)

정답

- 현열부하 : $q_{IS} = 0.34 Q(t_i - t_o) = 0.34 \times 1200 \times (24 - (-2)) = 10608[W]$
- 잠열부하 : $q_{IL} = 834 Q(x_i - x_o) = 834 \times 1200 \times (0.010 - 0.002) = 8006.4[W]$

답 : 현열손실량 10608[W], 잠열손실량 8006.4[W]

예제문제 05

다음과 같은 조건에서 난방시에 도입 외기량이 500[kg/h]일 때 도입외기에 의한 외기부하는?

- 외기 : 건구온도 5℃, 절대습도 0.002[kg/kg′]
- 실내공기 : 건구온도 24℃, 절대습도 0.009[kg/kg′]
- 공기의 정압 비열 : 1.01[kJ/kg·K]
- 물의 증발잠열 : 2501[kJ/kg]

① 5097[W]　　　　　　　　② 6088W
③ 7418[W]　　　　　　　　④ 9936W

해설

- 현열부하(q_s) = $GC\Delta t$[kJ/h] = 500×1.01×(24−5)=9595[kJ/h]
- 잠열부하(q_L) = $GL\Delta x$[kJ/h] = 500×2501×(0.009−0.002) = 8754[kJ/h]
- ∴ 외기부하 = 현열부하 + 잠열부하
  　　　= 9595+8754 = 18349[kJ/h] = 5096.9[W] = 5097[W]
- ※ G[kg/h] = ρ(1.2[kg/m³])·Q[m³/h] = 1.2Q[kg/h]
- ※ 1[W] = 1[J/s] = 3600[J/h] = 3.6[kJ/h]

답 : ①

4 공기조화부하 계산방법

(1) 최대부하 계산방법

어떤 건물의 실에 대하여 최대 냉방부하 또는 최대 난방부하를 계산하는 방법이다.

① 송풍량이나 장치 용량 산출(공조설비 용량 추정)

② 설계 외기 조건을 일정 기간 동안을 정상 주기로 가정하므로 겨울철 열용량이 있는 벽을 관류하는 열량으로 계산하는데 정상 상태에서만 성립하는 식을 쓸 수 있으며, 여름철에 대해서는 상당 외기 온도차를 도입하여 같은 식으로 계산이 가능하다.

(2) 기간부하 계산방법

비정상 상태(unsteady state)의 부하 계산 방법의 하나로, 1년간 또는 어떤 일정 기간에 걸쳐 시시각각으로 변하는 외기 및 실내 조건 등에 대응하여 정확한 부하 계산이 가능한 방법이다.

① 난방 도일법(heating degree day method)

주로 건물의 난방 기간 동안의 부하를 구하는 데 이용된다.

$$H_{SH} = t \cdot k \cdot HD[\text{kJ}/\text{기간}]$$

H_{SH} : 기간 난방부하[kJ/기간]

t : 1일 평균 난방시간[h/d]

k : 열관류율[W/m² · K] × 면적m²[W/K]

H_D : 난방 도일[℃ · day/기간]

② 확장 도일법(extended degree day method)

- 난방 도일법이 내외의 온도차만을 고려하여 계산한 데 비하여, 일사 및 내부 발생열 등을 고려하고 냉방을 포함한 연간 열부하 계산 방법이다.

- 연간 열부하 H_r[kJ/년]는 기간난방부하 H_{SH}와 기간냉방부하 H_{SC}의 합으로 표시된다.

$$H_{SH} = 24 \cdot k_H \cdot k \cdot HD[\text{kJ}/\text{기간}] \qquad H_{SC} = 24 \cdot k_c \cdot k \cdot CD[\text{kJ}/\text{기간}]$$

k_H, k_C : 지역별 보정 계수(사무실 건물 k_H=0.5~0.8, k_C=1.0)

C_D : 냉방 도일[℃ · day/기간]

- 연간 총 공조부하는 연간 열부하에 내부 발열부하와 기타 도입 외기부하 등을 합하면 된다.

■ 공조설비의 평가지표

① PAL(Perimeter Annual Load : 연간 열부하 계수) : 건물의 외피 구조의 단열성능 평가의 지표

② CEC(Coefficient of Energy Consump-tion : 공조에너지 소비 계수) : 공조설비의 에너지 이용효율 평가의 지표

예제문제 01

공기조화의 기간 열부하 계산에서 사용하는 용어의 설명 중 옳지 않은 것은?

① 난방도일(heating degree day)은 실내의 표준온도를 설정하고 1일 평균 외기온도와의 차를 난방기간 동안 합산한 것이다.

② 1일 평균 난방시간이 일정할 때, 난방도일이 클수록 난방 소요열량이 크다.

③ 1일 평균 냉방시간이 일정할 때, 냉방도일이 클수록 냉방 소요에너지는 작다.

④ 확장도일법은 실내외 온도차와 일사, 복사, 내부발열 등을 계산에 포함시킨 방법이다.

해설

1일 평균 냉방시간이 일정할 때, 냉방도일이 클수록 냉방 소요에너지는 크다.

답 : ③

03 환기설비

1 환기

(1) 환기의 필요성

인체에 유익하지 않은 각종 유해물질이 실내에서 발생하여 산소 등을 공급하기 위하여 신선한 외기와 교환이 필요하다.

① 호흡에 필요한 산소의 부족

② CO_2 가스의 증가

③ 실내에서 열이 발생

④ 실내에서 수증기 발생

⑤ 분진 및 유해가스의 발생

⑥ 인체 및 실내에서 발생되는 각종 냄새(배기, 끽연 등) 발생

⑦ 쾌적한 환경조성에 필요한 적절한 기류

⑧ CO, 라돈가스 등의 발생

(2) 실내에서 발생하는 오염물질

① 호흡에 필요한 산소의 부족

② CO_2 가스의 증가

③ 실내에서 열이 발생

④ 실내에서 수증기 발생

⑤ 분진 및 유해가스의 발생

⑥ 인체 및 실내에서 발생되는 각종 냄새(배기, 끽연 등) 발생

⑦ 쾌적한 환경조성에 필요한 적절한 기류

⑧ CO, 라돈가스 등의 발생

> ■ 실내공기 중의 유해오염물질과 발생 근원
> ① 일산화탄소(CO) – 가스레인지
> ② 라돈 – 콘크리트
> ③ 포름알데히드(HCHO) – 접착제
> ④ 벤젠, 나프탈렌–방충제, 살충제
> ※ 이산화탄소(CO_2)의 함유량에 비례해서 다른 오염원의 정도가 변화되므로 실내 공기의 오염 정도를 판단하는 척도로 이산화탄소[탄산가스(CO_2)] 농도를 사용한다.

예제문제 01

다음 중 실내공기 중의 유해오염물질과 발생 근원의 연결이 옳지 않은 것은?

① 벤젠 – 석고보드　　　　② 라돈 – 콘크리트

③ 포름알데히드 – 접착제　　④ 일산화탄소 – 가스레인지

해설

벤젠, 나프탈렌 – 방충제, 살충제

답 : ①

예제문제 | **02**

다음 중 사람이 거주하는 실내 공기오염의 척도로서 이산화탄소 농도가 사용되는 가장 주된 이유는?

① 농도에 따라 악취가 발생하기 때문에

② 농도에 따라 호흡이 곤란해지므로

③ 농도에 따라 실내 공기오염과 비례하므로

④ 농도에 따라 실내온도가 상승하므로

해설

이산화탄소(CO_2)의 함유량에 비례해서 다른 오염원의 정도가 변화되므로 실내 공기의 오염정도를 판단하는 척도로 이산화탄소[탄산가스(CO_2)] 농도를 사용한다.

답 : ③

---

2 자연 환기

바람 및 실내외 온도차에 의한 실내외의 압력차로 환기하는 방식으로 환기량이 일정하지 않다. 중성대(neutral zone)는 실내외의 압력차가 0이 되어 공기의 유출입이 없는 면, 대개는 실이 중앙부에 위치하나 개구나 틈새가 많은 면으로 이동한다. 중성대 상방에서의 압력은 실내에서 실외로 향한다.

$$P_1 = P + hD_1 \qquad\qquad P_2 = P + hD_2$$

여기서 $t_1 > t_2$, $D_1 < D_2$이므로 $P_2 > P_1$ 따라서

$$P_2 - P_1 = h(D_2 - D_1)$$

t_1 : 실내 평균 기온[℃]

t_2 : 외기 온도[℃]

D_1 : 실내 공기의 밀도[kg/m³]

D_2 : 외기의 밀도[kg/m³]

P : 중성대의 평형 압력[kg/m²]

P_1 : 실내측의 압력[kg/m²]

P_2 : 실외측의 압력[kg/m²]

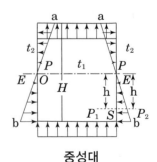

중성대

예제문제 01

건물의 지상높이가 100[m]라 할 때 1층 출입구에서의 연돌효과에 의한 작용압은 얼마인가?(단, 중성대는 건물높이의 중앙부분에 위치하고, 실내와 외기공기의 밀도는 각각 1.16[kg/m³]와 1.32[kg/m³]이다.)

① 8[mmAq]　　　　　　　② 10[mmAq]

③ 12[mmAq]　　　　　　　④ 16[mmAq]

해설

1층 출입구에서의 중성대까지의 연돌효과에 의한 작용압 계산(ΔP)

$\Delta P = h(D_2 - D_1) = 50(1.32 - 1.16) = 8[\text{mmAq}]$

답 : ①

(1) 풍압차에 의한 환기 : 바람에 의한 환기(베르누이 효과)

풍압차에 의한 환기량은

$$Q = \alpha \cdot A \sqrt{\frac{2g}{\rho} \Delta P} \, [\text{m}^3/\text{s}]$$

　α : 통기율

　A : 개구 면적[m²]

　ρ : 공기의 밀도[kg/m³]

　g : 중력 가속도[9.8m/sec²]

ΔP : 압력차[kg/m²]

환기량은 풍속에 비례하므로 풍속에 의한 환기량은 다음과 같다.

$$Q = E \cdot A \cdot v$$

　Q : 환기량[m³/h]

　A : 유입구 면적[m²]

　v : 풍속[m/s]

　E : 개구부의 효율, 개구부에 직각으로 바람이 부는 경우 : 0.5~0.6[%]

　　　개구부에 45° 경사져서 부는 경우 : 위 값의 50[%]

(2) 온도차에 의한 환기(중력환기) : 공기의 온도차에 의한 환기(연돌효과)

실내 기온이 외기온보다 높으면 실내 공기 밀도가 외기 밀도보다 작게 된다. 또 실내에서는 천장 부분의 공기 밀도가 바닥 부분의 공기 밀도보다 작다. 이와 같이 온도차에 의한 압력차로 환기하는 것을 말한다.

$$Q = KA \sqrt{h \cdot \Delta t} \, [\mathrm{m^3/min/m^2}]$$

K : 개구부에 의한 저항에 관련된 상수(ASHRAE에서의 표준값 = 7.0)

A : 유입 개구부 면적[m²]

h : 두 개구부간의 수직거리[m]

Δt : 실내외의 온도차[℃]

Q : 개구부 단위 면적당 환기량(ventilation rate)

※ 연돌효과(stack effect : 굴뚝효과)

실 외벽에 개구부가 있으면 실내 공기는 위쪽으로 나가고 실외 공기는 아래로 유입되는 현상으로 굴뚝효과라고도 한다. 굴뚝효과는 실내 공기의 유동이 거의 없을 때에도 환기를 일으킨다. 고층 건물의 엘리베이터실과 계단실에는 천정이 높아 큰 압력차가 생겨 강한 바람이 불게 된다.

예제문제 02

건물 또는 실내의 환기에 대한 설명 중 옳지 않은 것은?

① 바람이 강할수록 환기량은 많아진다.

② 실내외의 온도차가 클수록 환기량은 적어진다.

③ 배기용 송풍기만을 설치하여 실내 공기를 강제적으로 배출시키는 기계환기법은 화장실, 욕실에 적합하다.

④ 중력환기는 항상 일정한 환기량을 얻을 수 없고 또 일정량 이상의 환기량을 기대할 수 없다.

해설 온도차에 의한 환기(중력환기)

건물의 실내외부에 온도차에 있으면 공기밀도의 차이로 압력차가 발생하고 이에 따라 자연배기가 발생한다.

· 상부 : 실내공기 배출　　　　· 하부 : 외기 유입

· 중성대 : 실내외 압력차가 0(공기의 유출입이 없는 면)

답 : ②

예제문제 03

굴뚝효과(stack effect)는 어떠한 현상에 의하여 발생 되는가?

① 온도차　　　　　　　　② 풍압차

③ 습도차　　　　　　　　④ 열저항차

해설 굴뚝효과(stack effect : 연돌효과)

실 외벽에 개구부가 있으면 실내 공기는 위쪽으로 나가고 실외 공기는 아래로 유입되는 현상으로 연돌효과라고도 한다. 굴뚝효과는 공기의 온도차에 의한 환기로 실내 공기의 유동이 거의 없을 때에도 환기를 일으킨다. 고층 건물의 엘리베이터실과 계단실에는 천정이 높아 큰 압력차가 생겨 강한 바람이 불게 된다.

답 : ①

3 기계 환기

구 분	설치방법	용 도
제 1종 환기(병용식)	강제송풍+강제배풍	병원 수술실, 거실, 지하극장, 변전실
제 2종 환기(압입식)	강제송풍+자연배풍	클린룸, 무균실, 반도체공장, 식당, 창고
제 3종 환기(흡출식)	자연송풍+강제배풍	화장실, 욕실, 주방, 흡연실, 자동차차고

(1) 제 1종 환기

① 설비비, 운전비가 비싸다.
② 실내외의 압력차가 없어서 가장 양호한 환기법

(2) 제 2종 환기

① 실내의 압력이 정압(+)
② 다른 실에서의 공기 침입이 없다
③ 가장 많이 사용한다.
④ 일반실에 적합하다.

(3) 제 3종 환기

① 실내의 압력이 부압(−)
② 실내의 냄새나 유해 물질을 다른 실로 흘려보내지 않는다.
③ 주방, 화장실, 유해가스 발생장소에 사용한다.

■ 환기 영역에 따른 분류
① 희석 환기(전체 환기) : 어떤 특정한 실내의 공기를 환기하여 전체 공기를 신선한 공기로 대체하는 환기 방법
② 국소 환기 : 오염이 생긴 장소에서 오염이 실 전반에 확산되기 전 배기하는 방법으로 가장 효율이 좋은 오염 제거 방법이다.
예) 후드(hood), 퓸 후드(fume hood), 공장, 드래프트 챔버(실험실) 등

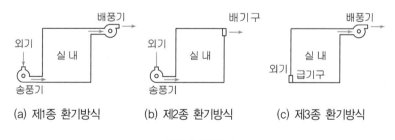

(a) 제1종 환기방식   (b) 제2종 환기방식   (c) 제3종 환기방식

기계환기방식

예제문제 01

다음 중 환기효과가 가장 큰 환기법은?

① 압입·흡출병용방식　　　　　　　　② 압입방식
③ 흡출방식　　　　　　　　　　　　④ 자연환기방식

해설

제1종 환기(압입·흡출병용방식)은 설비비, 운전비가 비싸나 실내외의 압력차가 없어서 가장 양호한 환기법이다.

답 : ①

예제문제 02

다음과 같은 특징을 갖는 환기방식은?

- 실내공기를 강제적으로 배출시키는 방법으로서 실내는 부압이 된다.
- 화장실, 욕실 등의 환기에 적합하다.

① 압입흡출병용방식(급기팬+배기팬)　　② 압입방식(급기팬+자연배기)
③ 흡출방식(자연급기+배기팬)　　　　④ 자연환기방식(자연급기+자연배기)

해설

흡출방식(제3종 환기법=자연송풍+강제배풍)은 실내의 압력이 부압(−), 실내의 냄새나 유해 물질을 다른 실로 흘려보내지 않는다. 주방, 화장실, 유해가스 발생장소에 사용한다.

답 : ③

예제문제 03

다음 중 주방, 공장, 실험실에서와 같이 오염물질의 확산 및 방산을 가능한 한 극소화시키려고 할 때 적용되는 환기방식은?

① 희석환기　　　　　　　　　　　② 국소환기
③ 전체환기　　　　　　　　　　　④ 자연환기

해설

국소 환기 : 오염이 생긴 장소에서 오염이 실 전반에 확산되기 전 배기하는 방법으로 가장 효율이 좋은 오염 제거 방법이다.
예) 후드(hood), 퓸 후드(fume hood), 공장, 드래프트 챔버(실험실) 등

답 : ②

4 환기량 산출 방법

실기 예상문제

■ 환기량 계산

환기량 계산법

점검사항	점검내용	산출방법 (Q_f : 필요 환기량[m³/h])	비 고
발열량	• 인체로부터의 발열량 • 실내 열원으로부터의 발열량	$Q_f = \dfrac{H_s}{C_p \cdot \rho(t_i - t_o)}$ $= \dfrac{H_s}{0.34(t_i - t_o)}$	H_s : 발열량(현열)[W] C_p : 건공기의 비열(1.01[kJ/kg·K]) ρ : 공기의 밀도(1.2[kg/m³]) t_i : 허용 실내 온도[℃] t_0 : 신선공기온도[℃] 0.34 : 단위환산계수
CO_2농도	• 인체의 호흡으로 배출되는 CO_2 발생량 • 실내 연소물에 의한 CO_2 발생량	$Q_f = \dfrac{K}{P_i - P_o}$ (정상시)	K : 실내에서의 CO_2 발생량[m³/h] P_i : CO_2 허용 농도[m³/m³] 　사람뿐일 때 0.0015[m³/m³] 　실내 연소 기구가 있을 때 　0.005[m³/m³] P_o : 외기 CO_2 농도(0.0003[m³/m³])
수증기량	• 인체로부터의 수증기 발생량 • 실내 연소물로부터의 수증기 발생량 • 기타 취사 등에 의한 발생량	$Q_f = \dfrac{W}{\rho(G_i - G_0)}$ $= \dfrac{W}{1.2(G_i - G_0)}$	W : 수증기 발생량[kg/h] ρ : 공기의 밀도(1.2[kg/m³]) G_i : 허용 실내 절대습도 　[kg/kg 건공기] G_0 : 신선공기 절대습도 　[kg/kg 건공기]

예제문제 01

체적이 3000[m³]인 실의 환기회수가 3[회/h]인 경우 환기량은?(단, 공기의 밀도는 1.2[kg/m³]이다.)

① 3000[kg/h]　　　　　　　　② 3600[kg/h]

③ 9000[kg/h]　　　　　　　　④ 10800[kg/h]

해설

환기량 $Q = nV$

Q : 환기량[m³/h]　　　　　　n : 환기회수[회/h]

V : 실용적[m³]　　　　　　　$Q = 3$[회/h]$\times 3000$[m³] $= 9000$[m³/h]

∴ 9000[m³/h]$\times 1.2$[kg/m³] $= 10800$[kg/h]

답 : ④

예제문제 02

실용적 3000[m³], 재실자 350인의 집회실이 있다. 다음과 같은 조건에서 실내온도 $t_i=19[℃]$로 하기 위한 필요 환기량은?

- 외기온도 $t_0=15[℃]$
- 재실자 1일당의 발열량 = 80[W]
- 실의 손실열량 = 4000[W]
- 공기의 밀도 = 1.2[kg/m³]
- 공기의 정압비열 = 1.01[kJ/kg·K]
---

① 2400[m³/h]　　　　　　　　② 4950.50[m³/h]

③ 17821.8[m³/h]　　　　　　　④ 21600[m³/h]

해설 발열량에 의한 환기량 계산

$Q=\dfrac{H_s}{C_P\times\rho\times(t_i-t_0)}$ 에서

먼저, 발열량(H_s) = $(350\times80-4000)\times3.6[kJ/h]=86400[kJ/h]$

※ 1[W] = 1[J/s] = 3600[J/h] = 3.6[kJ/h]

$\therefore Q=\dfrac{H_s}{C_P\times\rho\times(t_i-t_0)}$

$=\dfrac{86400[kJ/h]}{1.01[kJ/kg\cdot K]\times1.2kg/m^3\times(19-15)K}=17821.8m^3/h$

답 : ③

예제문제 03

20인이 재실하는 어떤 실내공간의 CO_2 농도를 외기(外氣)로 환기시켜 700[ppm] 이하로 유지하고자 한다. CO_2 발생원인은 인체 이외에도 없으며 1인당 CO_2 발생량은 0.022[m³/h]라 할 때 필요한 환기량은?(단, 외기의 CO_2 농도는 300[ppm])

① 400[m³/h]　　　　　　　　② 700[m³/h]

③ 900[m³/h]　　　　　　　　④ 1100[m³/h]

해설 환기량 $Q=\dfrac{K}{P_i-P_o}$

Q : 필요환기량[m³/h]　　　　　　K : 실내에서의 CO_2 발생량[m³/h]

P_i : CO_2 허용 농도[m³/m³]　　　　P_o : 신선공기 CO_2 농도[m³/m³]

$\therefore Q=\dfrac{K}{P_i-P_o}=\dfrac{0.022\times20}{(700-300)\times10^{-6}}=\dfrac{0.022\times20\times10^6}{400}=1100[m^3/h\cdot 인]$

※ 1[ppm] = 10^{-6}[m³/m³]

답 : ④

예제문제 04

150인이 있는 사무실에서 실내 CO_2 농도를 1000[ppm]이라고 할 때, 신선공기 도입량은?(단, 재실자 1인당의 CO_2 발생량을 0.02[m^3/h], 외기중의 CO_2 농도를 0.03[%]로 한다.

정답

$$Q = \frac{K}{p_i - p_o} = \frac{0.02 \times 150}{(1000 - 300) \times 10^{-6}} = \frac{0.02 \times 150 \times 10^6}{700} = 4285[m^3/h]$$

답 : 4285[m^3/h]

예제문제 05

1인당 이산화탄소 발생량이 18[L/h]인 실내에 외기를 도입하여 환기를 할 때 필요 환기량은?(단, 실내 허용 이산화탄소 농도 1000[ppm], 외기의 이산화탄소 농도 300[ppm])

① 20.7[m^3/인·h] ② 23.7[m^3/인·h]
③ 24.7[m^3/인·h] ④ 25.7[m^3/인·h]

해설 필요 환기량 $Q = nV$

Q : 환기량[m^3/h]
n : 환기회수[회/h]
V : 실용적[m^3]

또한 $Q = \dfrac{K}{P_i - P_o}$

K : 실내에서의 CO_2 발생량[m^3/h]
P_i : CO_2 허용 농도[m^3/m^3]
P_o : 신선공기 CO_2 농도[m^3/m^3]

$$\therefore Q = \frac{K}{P_i - P_o} = \frac{0.018}{(1000 - 300) \times 10^{-6}} = \frac{0.018 \times 10^6}{700} = \frac{18000}{700} = 25.7[m^3/\text{인} \cdot h]$$

※ 1[ppm] = 10^{-6}[m^3/m^3]

답 : ④

예제문제 06

1000명을 수용하는 연회장에서 이산화탄소 농도를 1000[ppm]으로 유지하고자 한다. 외기의 이산화탄소 농도가 500[ppm]이고 1인당 이산화탄소 토출량이 0.017[m³/h]일 때 필요한 환기량은 얼마인가?

① 1700[m³/h]　　　　　　　　　　② 3400[m³/h]
③ 17000[m³/h]　　　　　　　　　④ 34000[m³/h]

─────────────────────────────

해설 $Q = \dfrac{K}{P_i - P_o}$

Q : 필요환기량[m³/h]　　　　　　　K : 실내에서의 CO_2 발생량[m³/h]
P_i : CO_2 허용 농도[m³/m³]　　　　P_o : 신선공기 CO_2 농도[m³/m³]

$\therefore Q = \dfrac{K}{P_i - P_o} = \dfrac{0.017 \times 1000}{(1000 - 500) \times 10^{-6}}$

$\qquad = \dfrac{0.017 \times 1000 \times 10^6}{500} = \dfrac{17000000}{500} = 34000 [\text{m}^3/\text{h}]$

※ 1[ppm] = 10^{-6}[m³/m³]

답 : ④

─────────────────────────────

예제문제 07

실의 크기가 7[m]×8[m]×3[m]인 회의실에 84명이 있다. 1인당 수증기 발생량이 50[g/h]이고 실내의 절대습도가 0.0081[kg/kg], 외기의 절대습도가 0.0046[kg/kg]일 때 수증기 배출에 요구되는 환기회수는? (단, 공기의 밀도는 1.2[kg/m³]이다.)

① 3[회/h]　　　　　　　　　　　② 4[회/h]
③ 5[회/h]　　　　　　　　　　　④ 6[회/h]

─────────────────────────────

해설 $Q_f = \dfrac{W}{\rho(G_i - G_0)} = \dfrac{W}{1.2(G_i - G_0)}$

W : 수증기 발생량[kg/h]　　　　　　　ρ : 공기의 밀도
G_i : 허용 실내 절대습도[kg/kg 건공기]　　G_0 : 신선공기 절대습도[kg/kg 건공기]

$Q_f = \dfrac{W}{\rho(G_i - G_0)} = \dfrac{W}{1.2(G_i - G_0)} = \dfrac{0.05 \times 84}{1.2(0.0081 - 0.0046)} = 1,000$

$Q = nV$에서
$1000 = n \times (7 \times 8 \times 3)$
$\therefore n = 5.95 \fallingdotseq 6[회]$

답 : ④

5 실내공기질(IAQ : Indoor Air Quality)

실내의 부유분진 뿐만 아니라 실내온도, 습도, 냄새, 유해가스 및 기류 분포에 이르기까지 사람들이 실내의 공기에서 느끼는 모든 것을 말한다.

(1) 신축 공동주택의 실내공기질 권고 기준

① 신축 공동주택(100세대 이상인 경우)의 실내공기질 측정 주요 항목은 미세먼지, 이산화탄소, 포름알데히드, 총부유세균, 일산화탄소, 휘발성유기화합물(벤젠, 에틸벤젠, 톨루엔, 자일렌, 스틸렌, 라돈) 등이 있다.

② 신축공동주택의 시공자가 실내공기질을 측정하는 경우에는 환경오염공정시험기준에 따라 100세대의 경우 3개의 측정 장소에서 실내공기질 측정을 실시하여야 하며, 100세대를 초과하는 경우 3개의 측정 장소에 초과하는 100세대마다 1개의 측정 장소를 추가하여 실내공기질 측정을 실시하여야 한다.

③ 신축 공동주택의 실내공기질 측정항목
  • 포름알데히드
  • 벤젠
  • 톨루엔
  • 에틸벤젠
  • 자일렌
  • 스틸렌
  • 라돈

④ 공동주택의 실내공기질 권고기준(30분 이상 환기, 5시간 밀폐 후 측정)
  • 포름알데히드 210$[\mu g/m^3]$ 이하
  • 벤젠 30$[\mu g/m^3]$ 이하
  • 톨루엔 1000$[\mu g/m^3]$ 이하
  • 에틸벤젠 360$[\mu g/m^3]$ 이하
  • 자일렌 700$[\mu g/m^3]$ 이하
  • 스틸렌 300$[\mu g/m^3]$ 이하
  • 라돈 200$[\mu g/m^3]$ 이하

(2) 새집 증후군(SHS : Sick House Syndrome)

① 새로 지은 주택이나 건물에 입주하였을 때, 실내오염물질을 배출하면서 인체에 각종 자극을 일으키고 혹은 두통을 유발하거나 아토피성 피부염이나 급성폐렴등을 유발하는 현상을 통칭하며 즉, 집안의 공기 오염에 의한 반응 중 화학물질에 의한 반응을 말한다.

② 새집 증후군의 원인
- 건물의 기밀성 증대로 인한 환기부족 현상
- 건자재, 시공재의 화학물질사용 증가
- 생활용품으로 화학제품 사용의 증가

③ 새집 증후군의 방지책
- 강화된 기준치를 법령화한다
- 화학물질의 접촉 최소화한다.
- 물리적 방법 : 식물 기르기, 환기, 공기강제배출기, 공기청정기, 난방(Baking Out)
- 화학적 방법 : 광촉매 도포, 숯 사용, 제올라이트 사용

예제문제 01

지하역사의 경우 미세먼지(PM10)의 실내 공기질 유지 기준은?

① $100[\mu g/m^3]$ 이하
② $150[\mu g/m^3]$ 이하
③ $200[\mu g/m^3]$ 이하
④ $250[\mu g/m^3]$ 이하

해설
다중이용시설 등의 실내공기질(IAQ)관리법 기준에 의하면 지하철 역사인 경우 미세먼지(PM10)는 $150[\mu g/m^3]$ 이하, HCHO는 $100[\mu g/m^3]$ 이하, CO_2 함유율은 $1000[ppm]$ 이하로 규정하고 있다.

답 : ②

예제문제 02

신축 공동주택의 실내공기질 측정항목 및 권고기준이 맞는 것은?

① 에틸벤젠 $210[\mu g/m^3]$ 이하
② 벤젠 $50[\mu g/m^3]$ 이하
③ 톨루엔 $1000[\mu g/m^3]$ 이하
④ 포름알데히드 $360[\mu g/m^3]$ 이하

해설 공동주택의 실내공기질 권고기준(30분 이상 환기, 5시간 밀폐 후 측정)
- 포름알데히드 $210[\mu g/m^3]$ 이하
- 벤젠 $30[\mu g/m^3]$ 이하
- 톨루엔 $1000[\mu g/m^3]$ 이하
- 에틸벤젠 $360[\mu g/m^3]$ 이하
- 자일렌 $700[\mu g/m^3]$ 이하
- 스틸렌 $300[\mu g/m^3]$ 이하
- 라돈 $200[\mu g/m^3]$ 이하

답 : ③

예제문제 03

다중이용시설 등의 실내공기질관리법의 실내공기질 유지기준에서 신축된 100세대 이상의 아파트는 오염물질이 CO_2인 경우 얼마 이하로 규정하고 있는가?

① 10[ppm] 이하

② 100[ppm] 이하

③ 1000[ppm] 이하

④ 1500[ppm] 이하

해설 공동주택의 실내공기질 권고기준(30분 이상 환기, 5시간 밀폐 후 측정)

다중이용시설 등의 실내공기질관리법의 실내공기질 유지기준(제3조 관련[별표2])에서 신축된 100세대 이상의 아파트는 오염물질이 CO_2인 경우 1000[ppm] 이하로 규정하고 있다.

답 : ③

예제문제 04

다음 중 건물증후군(Sick Building Syndrome)과 가장 밀접한 관계가 있는 것은?

① VOCs

② 기온

③ 습도

④ 일사량

해설

휘발성 유기화합물(VOCs)은 주로 실내에 영향을 미치는 오염물질로서 건물증후군(SBS, Sick Building Syndrome)의 주원이이 된다. 각종 건자재에서 배출되는 휘발성유기화합물(VOCs), 포름알데히드(HCHO) 등 각종 오염물질들이 아토피성 피부염, 두통 등 각종 질환의 원인이 되고 있다. VOCs 배출량에 의한 인체에 대한 영향으로는 염증·불쾌감, 심할 경우 눈·코·목 등에서 염증·두통·신경마비 등이 우려된다. 포름알데히드는 가구·단열재·페인트·벽지·타일 등에서 검출되고 있다.

답 : ①

■ 환기설비의 에너지 절감대책

6 에너지 절감 대책

(1) 환기에 수반되는 반송동력의 절감 대책

① 과잉 환기의 억제
② 불필요시 환기 정지
③ 저부하시 환기량 제어
④ 국소배기법 채용
⑤ 공기조화에 의한 다량 환기 대책
⑥ 자연환기의 이용

(2) 환기에 기인하는 공기조화부하의 절감 대책

① 예냉, 예열시에 외기도입 차단
② 외기량 제어
③ 외기냉방 채용
④ 야간 외기냉방의 채용(야간 정화)
⑤ 전열교환기의 채용
⑥ 국소배기의 채용

(3) 배기의 열회수 대책

① 배기의 이용
② 히트펌프를 열원으로 이용
③ 전열교환기의 이용

예제문제 01

환기설비의 에너지 절감 대책 중 배기의 열회수 대책에 해당되지 않는 것은?

① 배기의 이용　　　　　　　② 외기량 제어
③ 히트펌프를 열원으로 이용　④ 전열교환기의 이용

해설

외기량 제어는 재실인원, 실내 CO_2 농도 검지에 의해 외기 도입량을 제어하는 것으로 환기에 기인하는 공기조화부하의 절감 대책에 해당된다.

답 : ②

04 난방설비

1 난방일반

(1) 전열 이론

열은 고온측에서 저온측으로 이동하며 전도, 대류, 복사에 의해 전달되며, 건물 내에서의 전열 과정은 전달, 전도, 관류로 나타난다.

① 열전달(heat transfer)

유체(공기)와 벽체와의 전열 상황(전도, 대류, 복사가 조합된 상태)이다.(고체와 유체사이의 열교환)

$$Q = \alpha \cdot A(t_i - t_0) = \alpha \cdot A \cdot \Delta t \ [\text{W}]$$

A : 벽면적[m^2]

t_i : 유체 온도[℃]

t_0 : 고체 표면온도[℃]

α : 열전달률[$\text{W/m}^2 \cdot \text{K}$]

※ 열전달률 α[$\text{W/m}^2 \cdot \text{K}$]

- 벽 표면과 유체 간의 열의 이동 정도를 표시
- 벽 표면적 1[m^2], 벽과 공기의 온도차 1[℃]일 때 단위 시간 동안에 흐르는 열량

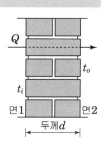

② 열전도(heat conduction)

열전도에 있어서 온도차를 $\theta_1 > \theta_2$로 하면 정상 상태의 경우 평행한 등질의 평면벽에 직각으로 흐르는 경우의 열량이다.(고체 자체 내에서의 열이동)

$$Q = \lambda \cdot \frac{t_i - t_0}{d} \cdot A = \frac{\lambda}{d} \cdot A \cdot \Delta t \ [\text{W}]$$

$\theta_1, \ \theta_2$: 재료의 표면온도[℃]

λ : 열전도율[$\text{W/m} \cdot \text{K}$]

d : 재료의 두께[m]

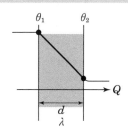

■ 전열의 형식

① 전도 : 물체에 온도가 있을 때 온도가 높은 곳에서 낮은 곳으로 그 물체를 통하여 이동되는 현상으로 온도차가 있으면 반드시 생긴다.

② 대류 : 유체의 흐름에 의해서 열이 이동되는 것을 총칭한다. 유체의 흐름은 펌프나 송풍기 등에 의하여 강제적으로 일으키는 경우(강제대류)와 온도차에 의해서 생기는 밀도차로 인하여 자연적으로 일어나는 경우(자연대류)가 있다. 유체(기체와 액체)가 고체와 접촉하고 있을 때 온도가 있으면 열이동이 일어나게 되는데, 이것은 대류만에 의한 것이 아니고 열전도를 동반하면서 일어나는 현상으로 이를 열전달이라 한다.

③ 복사 : 열복사는 열에너지가 전자파의 형태로 물체로부터 방출되며, 이것이 다른 물체에 도달하여 흡수되면 열로 변하게 되는 현상으로 중간 물질을 필요로 하지 않는다. 이 열복사에너지가 물체에 도달하면 그 일부는 표면에서 반사되며, 일부는 흡수되고 나머지가 투과된다.

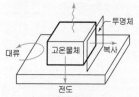

전열의 형식

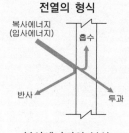

복사에너지의 분산

■ 열전달률(α)
두께 1[m], 표면적 1[m^2]인 재료를 사이에 두고 온도차가 1℃일 때 재료를 통한 열의 흐름을 와트[W]로 측정한 것으로 단위는 [W/m^2·K]이다. [kcal/m^2·h]로 표시할 경우
1[W/m^2]=0.86[kcal/m^2·h]이다. 즉, [kcal/h] 대신 [W]를 쓰면 된다.

■ 열전도율(λ)
두께 1[m]의 물체 두 표면에 단위 온도차가 1[℃]일 때 재료를 통한 열의 흐름을 와트[W]로 측정한 것으로 단위는 [W/m·K]이다. [kcal/m·h]로 표시할 경우 1[W/m] = 0.86[kcal/m·h] 이다. 즉, [kcal/h] 대신 [W]를 쓰면 된다.

■ 열관류률(K)
고체 벽을 사이에 둔 양 유체 사이의 열 이동으로, 즉 전달+전도+전달의 과정이다. 단위는 [W/m^2·K]

※ 열전도율 λ[W/m·K]
• 물체의 고유 성질로서 전도에 의한 열의 이동 정도를 표시
• 두께 1[m]의 재료 양쪽 온도차가 1[℃]일 때 단위 시간 동안에 흐르는 열량

③ 열관류(heat transmission)
전달+전도+전달이 동시에 복합적으로 일어나는 현상

$$Q = K \cdot A(t_i - t_0) = K \cdot A \cdot \Delta t \ [W]$$

K : 열관류율[W/m^2·K]

$$열관류\ 저항 : \frac{1}{K} = \frac{1}{\alpha_1} + \frac{d}{\lambda} + \frac{1}{\alpha_2}$$

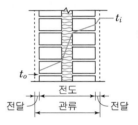

벽체의 열관류

※ 열관류율 K[W/m^2·K]
• 전달+전도+전달이 동시에 복합적으로 일어나는 열의 이동 정도를 표시
• 벽 표면적 1[m^2], 단위 시간당 1[℃]의 온도차가 있을 때 흐르는 열량

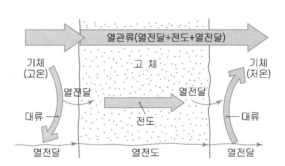

|학습포인트| 열 단위의 의미

① 열전달(α) : 고체 벽에서 이에 접촉하는 공기층으로의 이동[W/m^2·K]
② 열전도율(λ) : 고체 내부에서 고온측으로부터 저온측으로의 이동[W/m·K]
③ 열관류율(K) : 고체 벽을 사이에 둔 양 유체 사이의 열 이동
　　　　　　　　　 즉 전달+전도+전달의 과정[W/m^2·K]
④ 열관류저항 : 열관류율의 역수값[m^2·K/W]

$\begin{cases} \lambda_1,\ \lambda_2,\ \lambda_3 : \text{재료의 열전도율[W/m·K]} \\ d_1,\ d_2,\ d_3 : \text{재료의 두께[m]} \\ \alpha_o,\ \alpha_i : \text{외, 내표면의 열전달율[W/m}^2\text{·K]} \end{cases}$

$$열관류율(K) = \frac{1}{\dfrac{1}{\alpha_o} + \Sigma\dfrac{d}{\lambda} + \dfrac{1}{\alpha_i}}$$

|학습포인트| 용어와 단위

① 열전달률(α) : [W/m^2·K] 또는 [kcal/m^2 h℃]

② 열전도율(λ) : [W/m·K] 또는 [kcal/mh℃]

③ 열관류율(K) : [W/m^2·K] 또는 [kcal/m^2 h℃]

④ 난방도일 : [℃ day]

⑤ 비   열 : [kJ/kg·K] 또는 [kcal/kg℃]

⑥ 절대습도 : [kg/kg'] 또는 [kg/kg(DA)]

⑦ 상대습도 : [%]

⑧ 비교습도 : [%]

⑨ 엔 탈 피 : [kJ/kg] 또는 [kcal/kg]

⑩ 수증기압 : [mmHg]

[주] 열량에 대한 SI기본단위는 [K](켈빈온도, 절대온도)이며, [℃](섭씨온도)와 눈금크기는 동일하다.

예제문제 01

다음 중 용어와 단위의 연결이 옳지 않은 것은?

① 상대습도 : [%]

② 엔탈피 : [kJ/kg]

③ 열전도율 : [W/m^2·K]

④ 수증기분압 : [kPa]

해설

열전도율(λ) : [W/m·K]

답 : ③

예제문제 02

다음의 대류 열전달의 설명에서 틀린 것은?

① 물질의 성질이 아니며, 유동의 형태에 따라 변한다.

② 단위는 [W/m^2·K] 혹은 [kcal/h·m^2·K]가 사용된다.

③ 열전달면의 기하학적 형상과 흐름 단면적 등에 따라서는 변하지 않는다.

④ 유체의 열역학적 성질(열전도도, 점성계수)에 영향을 받는다.

해설 대류

유체의 흐름에 의해서 열이 이동되는 것을 말하며, 유체의 흐름은 펌프나 송풍기 등에 의하여 강제적으로 일으키는 경우(강제대류)와 온도차에 의해서 생기는 밀도차로 인하여 자연적으로 일어나는 경우(자연대류)가 있다.

유체(기체와 액체)가 고체와 접촉하고 있을 때 온도차가 있으면 열이동이 일어나게 되는데, 이것은 대류만에 의한 것이 아니고 열전도를 동반하면서 일어나는 현상으로 열전달이라 하며, 열전달 표면의 기하학적 형상, 유체의 특성, 유체의 속도, 유체의 유동 등의 영향을 받는다.

답 : ③

■ 점성 : 유체의 변형을 저해하려는 성질
점성계수 : 유체의 변형을 저해하려는 성질의 크기를 나타내는 척도

예제문제 03

벽체를 중심으로 실내외 공기의 온도차가 있을 때, 고온의 공기로부터 저온의 고체 표면으로 열이 전달되고, 벽체 내부의 전도를 거쳐 다시 고체 표면에서 저온의 공기로 열이 전달되는 과정을 의미하는 것은?

① 열대류   ② 열관류

③ 열흡수   ④ 열복사

해설

열관류율(K) : 고체 벽을 사이에 둔 양 유체 사이의 열 이동
→ 즉, 전달＋전도＋전달의 과정[$W/m^2 \cdot K$]

답 : ②

예제문제 04

상온에서 열전도율이 높은 순서로 옳은 것은?

① 알루미늄 – 구리 – 철 – 공기 – 목재

② 알루미늄 – 구리 – 철 – 물 – 목재

③ 구리 – 철 – 알루미늄 – 공기 – 물

④ 구리 – 알루미늄 – 철 – 물 – 공기

해설

열전도율(λ)이란 두께 1[m]의 물체 두 표면에 단위 온도차가 1[℃]일 때 재료를 통한 열의 흐름을 와트(W)로 측정한 것으로 단위는 [$W/m \cdot K$]이다.

※ 열전도율 크기 순서
  구리(386) – 알루미늄(164) – 철(43) – 콘크리트(1.4) – 외부벽돌(0.84) – 내부
  벽돌(0.62) – 물(0.6) – 목재(0.14) – 공기(0.025)

답 : ④

예제문제 05

일반적으로 온도가 상승하면 보온재의 열전도도는 어떻게 되는가?

① 낮아진다.   ② 높아진다.

③ 일정하다.   ④ 어느 온도까지는 높아졌다 감소한다.

해설

일반적으로 온도가 상승하면 보온재의 열전도도는 높아진다.

답 : ②

예제문제 06

크기가 2[m]×0.8[m], 두께 40[mm], 열전도율이 0.14[W/m℃]인 목재문의 내측표면온도가 15[℃], 외측표면 온도가 5[℃]일 때 문을 통하여 1시간 동안에 흐르는 열량은?

① 20.16[KJ] ② 201.6[KJ]

③ 2016[KJ] ④ 20160[KJ]

해설 열전도열량(Q) 계산

$Q = \dfrac{\lambda}{d} \cdot A \cdot \Delta t$ 에서

λ : 열전도율[W/m·K], d : 두께[m], A : 표면적[m²], Δt : 두 지점간의 온도차

$\therefore\ Q = \dfrac{\lambda}{d} \cdot A \cdot \Delta t = \dfrac{0.14}{0.04} \times (2 \times 0.8) \times (15-5) = 56[W]$

※ 1[W]=3.6[kJ]이므로, 56[W]×3.6[kJ]=201.6[kJ]

답 : ②

예제문제 07

다음 표와 같은 벽체의 열관류율은 약 얼마인가?(단, 내표면 열전달율은 8.5[W/m²·K], 외표면 열전달율은 33[W/m²·K])

번호	재료명	두께[m]	열전도율[W/m·K]
①	콘크리트	0.12	1.6
②	단열재	0.05	0.035
③	시멘트벽돌	0.09	0.78
④	시멘트몰탈	0.03	1.5

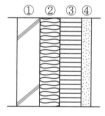

① 0.35[W/m²·K] ② 0.56[W/m²·K]

③ 0.60[W/m²·K] ④ 0.82[W/m²·K]

해설 열관류율(K)$= \dfrac{1}{\dfrac{1}{\alpha_1} + \Sigma\dfrac{d}{\lambda} + \dfrac{1}{\alpha_2}}$ [W/m²·K]

α : 열전달률[W/m²·K], λ : 열전도율[W/m·K], d : 두께[m]

$\therefore$ 열관류율(K)$= \dfrac{1}{\dfrac{1}{\alpha_1} + \Sigma\dfrac{d}{\lambda} + \dfrac{1}{\alpha_2}}$

$= \dfrac{1}{\dfrac{1}{8.5} + \dfrac{0.12}{1.6} + \dfrac{0.05}{0.035} + \dfrac{0.09}{0.78} + \dfrac{0.03}{1.5} + \dfrac{1}{33}}$

$= \dfrac{1}{1.787} = 0.56[W/m^2 \cdot K]$

답 : ②

예제문제 08

열전도율이 0.5[kcal/mh℃]인 벽의 안쪽과 바깥쪽의 온도가 각각 30[℃], 10[℃]이다. 매시간 1[m²]당의 열손실량을 200[kcal/h] 이하로 하려 할 때 필요한 최소한의 벽 두께는 몇 [cm]가 되겠는가?

① 4cm

② 5cm

③ 6cm

④ 7cm

해설

먼저, 열전도열량 $Q = \dfrac{\lambda}{d} \cdot A \cdot \Delta t$ 에서

λ : 열전도율[W/m·K 또는 Kcal/mh°C], d : 두께[m]

A : 표면적[m²], Δt : 두 지점간의 온도차

경계면의 벽두께 $d = \lambda \cdot A \cdot \dfrac{t_i - t_0}{Q}$ 이다.

$\therefore d = \lambda \cdot A \cdot \dfrac{t_i - t_0}{Q} = 0.5 \times 1 \times \dfrac{30 - 10}{200} = 0.05[m] = 5[cm]$

답 : ②

예제문제 09

두께 15[cm], 열전도도 1.4[W/m·K]인 철근 콘크리트 외벽체의 열관류율은?
(단, 실내·외측 열전달계수는 각각 8[W/m·K], 20[W/m·K])

① 0.1[W/m²·K]

② 3.5[W/m²·K]

③ 3.9[W/m²·K]

④ 4.6[W/m²·K]

해설

$$\text{열관류율}(K) = \dfrac{1}{\dfrac{1}{\alpha_1} + \sum \dfrac{d}{\lambda} + \dfrac{1}{\alpha_2}} [W/m^2 \cdot K]$$

α : 열전달률[W/m²·K], λ : 열전도율[W/m·K], d : 두께[m]

$$\therefore \text{열관류율}(K) = \dfrac{1}{\dfrac{1}{\alpha_1} + \sum \dfrac{d}{\lambda} + \dfrac{1}{\alpha_2}} = \dfrac{1}{\dfrac{1}{8} + \dfrac{0.15}{1.4} + \dfrac{1}{20}} = \dfrac{1}{0.282} = 3.5[W/m^2 \cdot K]$$

답 : ②

(2) 결로(condensation)

결로는 공기 중의 수증기에 의해서 발생하는 습윤상태를 말한다.

① 결로의 원인

다음의 여러 가지 원인이 복합적으로 작용하여 발생한다.

- 실내외 온도차 : 실내외 온도차가 클수록 많이 생긴다.
- 실내 습기의 과다발생 : 가정에서 호흡, 조리, 세탁 등으로 하루 약 12kg의 습기 발생
- 생활 습관에 의한 환기부족 : 대부분의 주거활동이 창문을 닫은 상태인 야간에 이루어짐
- 구조체의 열적 특성 : 단열이 어려운 보, 기둥, 수평지붕
- 시공불량 : 단열시공의 불완전
- 시공직후의 미건조 상태에 따른 결로 : 콘크리트, 모르타르, 벽돌

※ 열전달률, 열전도율, 열관류율이 클수록 결로현상은 심하다.

② 결로방지 대책

ⓐ 실내 습기 방지책 : 실내 공기의 수증기압이 포화 수증기압보다 적도록 계획한다.
- 환기 계획을 잘 할 것
- 난방에 의한 수증기 발생을 제한할 것
- 부엌 및 욕실에서 발생하는 수증기를 외부로 배출시킬 것

ⓑ 벽체의 열관류 저항을 크게 할 것
ⓒ 열교 현상이 일어나지 않도록 단열 계획 및 시공을 완벽히 할 것
ⓓ 실내측 벽의 표면온도를 실내 공기의 노점온도보다 높게 설계할 것
ⓔ 벽에 방습층을 둘 것(방습층을 설치할 경우 고온측인 실내측에 가깝게 시공)

> **■ 결로**
> 공기가 노점온도 이하인 물체 표면에 접촉하여 냉각되고 공기 중의 수증기가 응축되어 발생한다.

예제문제 10

겨울철 주택의 단열, 보온, 방로에 관한 설명 중 옳지 않은 것은?

① 벽체의 열전달저항은 근처의 풍속이 클수록 작게 된다.
② 단열재가 결로 등에 의해 습기를 함유하면 그 열관류저항은 크게 된다.
③ 외벽의 모서리 부분은 다른 부분에 비해 손실열량이 크고, 그 실내측은 결로되기 쉽다.
④ 주택의 열손실을 저감시키기 위해서는 벽체 등의 단열성을 높이는 것만 아니라 틈새바람에 대한 대책도 필요하다.

해설

열관류 저항이 크다는 것은 재료를 통과하는 열의 흐름을 흐르지 못하도록 저항하는 힘이 크다는 의미이므로 열의 차단이 잘되고 단열성능이 우수하다.

답 : ②

실내의 결로현상에 관한 설명 중 틀린 것은?

① 외벽의 열관류율이 높을수록 심하다.
② 외벽의 열전도율이 낮을수록 심하다.
③ 실내와 실외의 온도차가 클수록 심하다.
④ 실내의 상대습도가 높을수록 심하다.

해설
열전달률, 열전도율, 열관류율이 클수록 결로현상은 심하다.

답 : ②

2 난방부하

(1) 관류에 의한 열손실

$$H = K \cdot A(t_i - t_0) \ [\text{W}]$$

K : 열관류율[$\text{W/m}^2 \cdot \text{K}$] A : 구조체의 면적[m^2]

t_i : 실온[℃] t_0 : 외기온[℃]

(2) 환기(틈새바람)에 의한 열손실

$$H = \rho QC(t_i - t_0) = \rho n VC(t_i - t_0) \ [\text{kJ/h}]$$
$$= 0.34 \cdot Q \cdot (t_i - t_0) = 0.34 \cdot n \cdot V \cdot (t_i - t_0) \ [\text{W}]$$

ρ : 공기의 밀도(1.2[kg/m^3]) Q : 환기량[m^3/h]

n : 환기횟수[회/h] V : 실용적[m^3]

C : 공기의 정압비열(1.01[$\text{kJ/kg} \cdot \text{K}$])

0.34 : 공기의 단위체적당 비열[$\text{W} \cdot \text{h/m}^3 \cdot \text{K}$]

$t_i - t_0$: 실내외 온도차[℃]

■ 단위
※ 0.34 = 공기의 비열×밀도
×1000[J/KJ]÷3600[s/h]
= 1.01[kJ/kg·K]×1.2[kg/m³]
×1000[J/KJ]÷3600[s/h]
= 0.336[W·h/m³·K]
≒ 0.34[W·h/m³·K]
※ 열량의 단위 환산
1[kW] = 1000[W] = 860[kcal/h]
1[W] = 0.86[kcal/h]
1[W] = 1[J/s] = 3600[J/h]
= 3.6[kJ/h]
1[kJ] = 0.24[kcal] = 240[cal]

(3) 실내 발생열량

재실자, 전기기구 등에서 많은 열이 발생하는데 극장, 영화관 등은 실내 발열량을 난방부하에 고려하고, 보통의 경우는 실내 발열량을 무시하여 계산한다.

(4) 전 손실열량

방의 전(全) 손실열량은 다음과 같다.

$$H = H_1 + H_2 + H_3 \ [\text{W}]$$

H_1 : 관류에 의한 손실열량

H_2 : 환기에 의한 손실열량

H_3 : 실내 발생열량

예제문제 01

벽면적이 10[m^2], 열관류율 3[W/m^2·K], 실내 온도 18[℃], 외기 온도 -12[℃]일 때 관류에 의한 열손실은?

① 360[W]　　　　　　　　② 540[W]

③ 780[W]　　　　　　　　④ 900[W]

해설

$Q = KA(t_i - t_0)[\text{W}]$

∴ $Q = 3 \times 10 \times [18 - (-12)] = 900[\text{W}]$

답 : ④

예제문제 02

다음과 같은 조건에서 환기에 의한 현열부하로 적절한 것은? (단, 폐열회수는 없다.)

【18년 출제문제】

〈조 건〉

• 외기온도 : 0 ˚C　　　　　• 공기의 밀도 : 1.2 kg/m^3

• 천장고 : 2.6 m　　　　　　• 환기횟수 : 2 회/h

• 실내온도 : 24 ˚C　　　　　• 공기의 비열 : 1.01 kJ/kg · K

• 바닥면적 : 150 m^2

① 3.15 kW　　　　　　　② 6.30 kW

③ 12.60 kW　　　　　　④ 5.20 kW

해설

qs = $\rho QC(t_i - t_0) = \rho n VC(t_i - t_0)$

　= 1.2 × (2 × 150 × 2.6) × 1.01 × (24-0) = 22688.64[kJ/h] = 6.30kW

※ 환기량 $Q = n \cdot V$

답 : ②

예제문제 03

실내공기온도 20[℃], 외기온도 0[℃], 1시간당 침입공기량 500[m³]일 때 침입외기에 의한 손실열량은?(단, 공기의 밀도 1.2[kg/m³], 공기의 정압비열 1.01[kJ/kg·K])

① 약 1686[W]　　　　　　　② 약 3367[W]

③ 약 5060[W]　　　　　　　④ 약 6745[W]

─────────────────────────────

해설 환기에 의한 손실열량[W]

$H = 0.34 \cdot Q(t_i - t_0)[\text{W}] = 0.34 \cdot n \cdot V(t_i - t_0)[\text{W}]$

　0.34 : 공기의 단위체적당 비열[W·h/m³·K]

　　Q : 환기량[m³/h]

$t_i - t_0$: 실내외 온도차[℃]

∴ $H = 0.34 \cdot Q(t_i - t_0) = 0.34 \times 500 \times (20-0) = 3400[\text{W}]$

답 : ②

실기 예상문제

■ 구조체 조건에 따른
　실내표면온도(t_s)계산, 결로발생
　여부와 이유, 결로의 발생 방지

예제문제 04

다음과 같은 조건에 있는 벽체의 실내표면온도는?

> • 외기온도 : −10[℃]
> • 실내온도 : 20[℃]
> • 실내표면전달율 : 9.3[W/m²·K]
> • 벽체의 열관류율 : 2.73[W/m²·K]

① 16.5℃　　　　　　　　② 11.2℃

③ 12.2℃　　　　　　　　④ 13.5℃

─────────────────────────────

해설 벽체의 열관류열량과 실내측 표면 열전달량은 같다.

열통과량과 벽체 표면 열전달량은 같으므로 다음과 같은 열평형식을 세울 수 있다.

· 구조체를 통한 열손실량 즉, 열관류량 $Q = K \cdot A \cdot (t_i - t_0)$

· 열전달량 $Q = \alpha \cdot A \cdot (t_i - t_s)$

　여기서, Q : 열관류량[W]

　　　　　　K : 열관류율[W/m²·K]

　　　　　　α : 열전달율[W/m·K]

　　　　　　A : 전열면적[m²]

　　　　　　t_i : 실내 온도[℃]

　　　　　　t_0 : 외기온도[℃]

　　　　　　t_s : 벽체의 실내표면온도[℃]

$Q = 2.73 \times 1 \times \{20-(-10)\} = 9.3 \times 1 \times (20-t_s)$

∴ $t_s = 11.2[℃]$

답 : ②

(5) 난방부하 계산의 설계 조건

① 외기 온도 조건

난방부하 계산에서 가장 중요한 요소는 시시각각으로 변하는 외기 온도 기준을 어떻게 삼을 것이냐 하는 것이다. 물론 가장 불리한 조건을 설계 기준으로 삼는 것이 가장 안전하다고 할 수 있겠으나, 이것을 실제 설계용으로 취할 경우에는 필요 이상의 난방설비 용량의 증대를 가져오게 될 것이다.

난방장치 용량을 계산하기 위한 외기 설계 조건은 전 난방기간(12월~3월)에 위험률[1] 2.5%(TAC[2]의 추천)을 기준으로 적용한다.

[1] 위험률 : 실제 외기는 가장 추운 달의 외기 평균 온도보다 더 추워지는 정도가 2.5% 더 강하할 수 있다는 뜻이다.

[2] TAC : ASHRAE(미국공기조화냉동공학회)의 기술지도위원회(Technical Advisory Committee)

예제문제 05

서울지방의 TAC 위험율 2.5[%]에 상당하는 난방설계용 외기온도는 -11[℃]이다. 실제 외기온도가 이 온도 이하로 내려갈 수 있는 총 시간은?(단, 난방시기는 12월부터 3월까지 121일이다.)

① 72.6시간   ② 102.4시간

③ 204.8시간   ④ 365.7시간

해설

ASHRAE의 TAC(Technical Advisory Committee)에서는 위험률 2.5~10% 범위 내에서 설계 조건을 삼을 것을 추천하고 있다. 위험률 2.5%의 의미는 어느 지역의 난방기간이 4개월이라면, 이 기간 중 2.5%에 해당하는 72.6시간은 난방 설계 외기 조건을 초과할(낮을) 수 있다는 것을 의미한다.(추울 수 있다.)

※ (121일×24시간)×0.025=72.6시간

답 : ①

3 급탕 및 급탕설계

(1) 기초사항

① 물의 팽창과 수축

물은 온도 변화에 따라 그 부피가 팽창 또는 수축한다. 순수한 물은 0[℃]에서 얼게 되며, 이때 약 9[%]의 체적팽창을 한다. 그리고 4[℃]의 물을 100[℃] 까지 높였을 때 체적팽창의 비율이 약 4.3[%]에 이른다. 또한 100[℃]의 물이 증기로 변할 때 그 체적이 1700배로 팽창한다. 이 팽창의 원리를 이용한 것이 중력 환수식 증기난방 또는 중력 순환식 온수난방 방식이다.

$$\Delta v = \left(\frac{1}{\rho_2} - \frac{1}{\rho_1}\right)V\,[\ell]$$

Δv : 온수의 팽창량[ℓ]

ρ_1 : 온도 변화 전의 물의 밀도[kg/ℓ]

ρ_2 : 온도 변화 후의 물의 밀도[kg/ℓ]

V : 장치 내의 전수량[ℓ]

예제문제 01

개방형 팽창탱크가 설치된 급탕설비에서 급탕시스템 내의 전수량이 4100L 일 경우 팽창탱크 용량계산 시 사용되는 급탕시스템 내의 팽창량은?
(단 공급되는 물의 밀도는 $1000 \mathrm{kg/m^3}$ 탕의 밀도는 $983 \mathrm{kg/m^3}$이다)

① 41L 　　　　　　　② 55L
③ 69L 　　　　　　　④ 71L

해설 팽창수량(Δ_v)

$$\Delta_\mathrm{v} = \left(\frac{1}{\rho_2} - \frac{1}{\rho_1}\right)\mathrm{V}$$

Δ_v 　　: 온수의 팽창량[ℓ]

ρ_1 　　: 온도 변화 전의 물의 밀도[kg/ℓ]

ρ_2 　　: 온도 변화 후의 물의 밀도[kg/ℓ]

v 　　: 장치 내의 전수량[ℓ]

$$\therefore \Delta_\mathrm{v} = \left(\frac{1}{0.983} - \frac{1}{1}\right) \times 4100 = 71\,[\mathrm{L}]$$

답 : ④

| 학습포인트 | 물의 상태 변화

물은 응고하면 얼음으로, 기화하면 수증기로 변화한다.
100[℃]의 물 1[kg]을 100[℃]의 수증기로 만들려면 2257[kJ]의 증발열이 흡수되며
100[℃]의 수증기 1[kg]이 100[℃]의 물로 변하려면 2257[kJ]의 응축열을 방출해야 한다.
그러므로 물 1[kg]의 보유열량은 419[kJ]이고, 100[℃]의 수증기 1[kg]의 보유열량은
2676(419+2257)[kJ]이다.

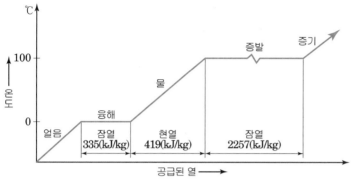

순수한 물의 상태변화도

■ 현열과 잠열
① 현열 : 온도 변화에 따라 출입하는 열
  – 온도 측정가능, 온도의 상승이나 강하의 요인이 되는 열량(현열량), 온수난방에 이용
② 잠열 : 상태 변화에 따라 출입하는 열
  – 습도의 변화를 주는 열량(잠열량), 온도는 일정, 증기난방에 이용
※ SI 단위계에서 열량의 단위는 [J] 또는 [kJ]이며 1[kJ] ≒ 0.24[kcal], 1[kcal]≒4.19[kJ] ≒4.2[kJ]이다. 순수한 물의 비열은 약 4.2[kJ/kg·K]이다.

예제문제 02

80[℃]의 물 50[kg]을 100[℃]의 증기로 만들려면 필요한 열량은? (단, 표준기압)

정답
① 80[℃]의 물을 100[℃]의 물로 만드는 데 필요한 열량
  $Q = 50[kg] \times (100-80) \times 4.19[kJ/kg] = 4190[kJ]$
② 100[℃]의 물을 100[℃]의 수증기로 만드는 데 필요한 열량
  $Q = 50[kg] \times 2257[kJ/kg] = 112850[kJ]$
∴ ①+② = 4190+112850 = 117040[kJ]

답 : 117040[kJ]

② **열용량과 열량**

■ 비열
① 얼음 : 0.5[kcal/kg·℃]
      = 2.1[kJ/kg·K]
② 물 : 1[kcal/kg·℃]
      = 4.2[kJ/kg·K]
③ 공기 : 0.24[kcal/kg·℃]
      =1[kJ/kg·K]
※ 열량에 대한 SI단위는 [kJ]로 나타내며, [kcal]와의 관계는 다음과 같다.
  1[kJ] = 0.24[kcal]=240[cal]
  이므로 1[cal/h] = 4.2[J/h]
  1[kcal/h] = 4.2[kJ/h]
  1[kW] = 1[kJ/s]
  ≒ 860[kcal/h]
[주] 열량에 대한 SI기본단위는 [K] (켈빈온도, 절대온도)이며, [℃](섭씨온도)와 눈금크기는 동일하다.

$$열용량(C) \geqq 질량[kg] \times 비열[kJ/kg℃] = m \cdot c[kJ/℃]$$

$$열량(Q) = 열용량[kJ/℃] \times 온도차[℃]$$
$$\rightarrow 열량(Q) = 질량[kg] \times 비열[kcal/kg \cdot ℃] \times 온도차[℃]$$
$$= m \cdot c \cdot \Delta t[kcal]$$
$$= 질량[kg] \times 비열[kJ/kg \cdot K] \times 온도차[K] = m \cdot c \cdot \Delta t[kJ]$$

Q : 열량[kJ]

m : 질량[kg]

c : 비열[kJ/kg℃]

Δt : 온도차([℃] 또는 [K])

③ 급탕부하

급탕부하는 시간당 필요한 온수를 얻기 위해 소요되는 열량을 말한다.

급탕온도의 온도차(Δt)는 보통 60[℃]를 기준으로 하며, [kJ/h] 또는 [kW(kJ/s)]로 나타낸다.

$$급탕부하 = 급탕량m(kg/h) \times 비열c(kJ/kg \cdot K) \times 온도차\Delta t(K)\ [kJ/h]$$
$$= \frac{급탕량m(kg/h) \times 비열c(kJ/kg \cdot K) \times 온도차\Delta t(K)}{3600(s/h)}[kW]$$

예제문제 03

물 10[kg]을 10[℃]에서 60[℃]로 가열하는데 필요한 열량은?

① 840[kJ]   ② 1260[kJ]

③ 1680[kJ]   ④ 2100[kJ]

해설

$Q = m \cdot c \cdot \Delta t$

여기서, Q : 열량[kJ] m : 질량[kg]

        c : 비열[kJ/kg℃] Δt : 온도차[℃]

∴ $Q = m \cdot c \cdot \Delta t = 10[kg] \times 4.2[kJ/kg \cdot K] \times (60-10) = 2100[kJ]$

답 : ④

예제문제 04

용량 1[kW]의 커피포트로 1[L]의 물을 10[℃]에서 100[℃]까지 가열하는데 걸리는 시간은?(단, 열손실은 없으며, 물의 비열은 4.19[kJ/kg · K], 밀도는 1[kg/L]이다.)

① 약 3.6분   ② 약 4.8분

③ 약 6.3분   ④ 약 12.2분

해설

질량(m) = 밀도×부피 = 1[kg/L]×1[L] = 1[kg]

가열량(Q) = 질량[kg]×비열[kJ/kg·K]×온도차[K] = $m \cdot c \cdot \Delta t$[kJ]

가열량(Q) = $m \cdot c \cdot \Delta t$ = 1[kg/h]×4.19[kJ/kg·K]×(100-10) = 378[kJ]

용량 1[kW(1kJ/s)]의 커피포트는 1초[s]에 1[kJ]의 열량을 생산하므로

∴ 가열하는데 걸리는 시간(분) = 378÷60 = 6.3[분]

답 : ③

예제문제 05

1000[ℓ/h]의 급탕을 전기온수기를 사용하여 공급할 때 시간당 전력사용량[kWh]은?
(단, 급탕온도 70[℃], 급수온도는 10[℃], 전기온수기의 전열효율은 95[%]로 한다.)

① 63

② 66

③ 70

④ 73

해설

• Q = 급탕량 m[kg/h]×비열 c[kJ/kg·K]×온도차 Δt[K][kJ/h]

$$= \frac{급탕량\ m[\text{kg/h}]×비열\ c[\text{kJ/kg·K}]×온도차\ \Delta t[\text{K}]}{3600[\text{s/h}]}[\text{kW}]$$

$$= \frac{1000[\text{kg/h}]×4.19[\text{kJ/kg·K}]×(70-10)[\text{K}]}{3600[\text{s/h}]}[\text{kW}]$$

$$= 69.8[\text{kW}]$$

• 온수기 용량 = $\dfrac{가열량}{효율}$ = $\dfrac{69.8}{0.95}$ = 73.5[kW]

답 : ④

예제문제 06

2[kW]의 전열기로 30[℃]의 물 10kg을 90[℃]까지 가열하는 데 소요되는 시간은
얼마인가?(단, 가열효율은 100[%]이다.)

① 약 25분

② 약 30분

③ 약 21분

④ 약 11분

해설

• 물의 가열량 $Q = m·c·\Delta t$ = 10[kg]×4.2[kJ/kg·K]×(90-30)[K] = 2520[kJ]

• 전열기의 열량[kJ] = 2×3600[kJ/h] = 7200[kJ/h]

※ 1[kW] = 1[kJ/s] = 3600[kJ/h]

∴ 가열시간 = $\dfrac{물가열량}{전열기\ 열량}$ = $\dfrac{2520[\text{kJ}]}{7200[\text{kJ/h}]}$ = 0.35[h] = 21[min]

답 : ③

예제문제 07

소비전력 3kW의 전기온수기로 온도 20℃의 물 20L를 60℃로 가열하는데 필요한
시간(분)은? (단, 전기온수기의 효율은 95%이며, 물의 비열은 4.19kJ/kg·℃ 이다.)

【16년 출제문제】

① 약 10

② 약 20

③ 약 37

④ 약 74

해설

㉠ 물의 가열량 Q = m·c·△t = 20kg×4.19kJ/kg·℃×(60-20)℃ = 3,352[kJ]

㉡ 전열기의 열량[kJ] = 3×3600kJ/h = 10,800[kJ/h]

※ 1kW = 1kJ/s = 3,600kJ/h

∴ 가열시간 = $\dfrac{물가열량}{전열기열량×효율}$ = $\dfrac{3,352kJ}{10,800kJ/h×0.95}$ = 0.3267[시간] = 19.6[분] ≒ 20[분]

답 : ②

(2) 급탕 방법

① 개별식 급탕법

- 배관설비 거리가 짧고, 배관 중의 열손실이 적다.
- 수시로 더운 물을 사용할 수 있으며, 고온의 물을 필요시 쉽게 얻을 수 있다.
- 급탕 개소가 적을 경우 시설비가 싸게 든다.
- 주택 등에서는 난방 겸용의 온수보일러를 이용할 수 있다.
- 급탕 개소마다 가열기의 설치공간이 필요하다.
- 주택, 중소 여관, 작은 사무실 등 급탕 개소가 적은 건축물에 적합하다.

ⓐ 순간온수기(즉시탕비기)

가스나 전기로 가열시켜 직접 온수를 얻는 방법

ⓑ 저탕형 탕비기

특정 시간에 다량의 온수를 필요로 하는 곳에 적합하며, 비교적 열손실이 많다.

ⓒ 기수혼합식

보일러에서 발생한 증기를 저탕조에 직접 불어넣어 온수를 만드는 방법으로, 소음이 생기는 결점이 있다. 열효율은 100[%]이지만 소음을 줄이기 위해 증기압 0.1~0.4[MPa]의 스팀 사일런서(steam silencer)를 사용한다.

② 중앙식 급탕법

- 열원으로 값싼 중유, 석탄 등이 사용되므로 연료비가 싸다.
- 급탕설비가 대규모이므로 열효율이 좋다.
- 급탕설비의 기계류가 동일 장소에 설치되어 관리상 유리하다.
- 최초의 설비비와 건설비는 비싸지만 경상비가 적게 들므로 대규모 급탕설비에는 중앙식이 경제적이다.
- 급탕 공급의 배관길이가 길어 열손실이 많다.
- 순환이 느리기 때문에 순환펌프를 사용해야 한다.

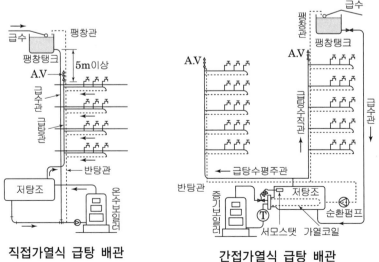

직접가열식 급탕 배관   간접가열식 급탕 배관

중앙식 급탕법의 비교

구 분	직접가열식	간접가열식
보 일 러	급탕용 보일러 ┐ 각각 설치 난방용 보일러 ┘	난방용 보일러로 급탕까지 가능
보일러 내의 스케일(물때)	많이 낀다.	거의 끼지 않는다.
보일러 내의 압력	고압	저압
저탕조 내의 가열코일	불필요	필요
건물 규모	소규모 건물	대규모 건물

예제문제 08

간접가열식 급탕방식에 대한 설명으로 옳지 않은 것은?

① 가열보일러는 난방용 보일러와 겸용할 수 있다.

② 가열보일러의 열효율이 직접가열식에 비해 높다.

③ 저탕조는 가열코일을 내장하는 등 구조가 약간 복잡하다.

④ 고온의 탕을 얻기 위해서는 증기보일러 또는 고온수 보일러를 써야 한다.

해설

직접가열식은 온수보일러에서 직접 가열한 물을 저탕조에 저장해 두었다가 필요 개소에 공급하는 방식이기 때문에 열효율은 높은 편이어서 열효율 면에서는 경제적이다. 그러나, 간접가열식은 열교환기를 거치는 과정이 있으므로 열효율은 직접가열식에 비해 낮은 편이다.

답 : ②

예제문제 09

중앙식 급탕방식 중 간접가열식에 관한 설명으로 옳지 않은 것은?

① 가열코일이 필요하다.

② 대규모 급탕설비에 부적절하다.

③ 저압보일러를 써도 되는 경우가 많다.

④ 가열보일러는 난방용 보일러와 겸용할 수 있다.

해설

간접가열식은 대규모 급탕설비에 적당하다.

답 : ②

(3) 급탕 설계

① 급탕량의 산정방법

급탕량을 산정하는 데는 사용인원에 의한 방법과 기구의 종류와 개수에 의한 방법이 있으나, 일반적으로 인원을 기초로 한 산정방법이 정확한 값을 얻을 수 있다.

- 1일 최대 급탕량(Q_d)

$$Q_d = 급탕\ 대상\ 인원[인] \times 1일\ 1인\ 급탕량[\ell/d\cdot c,\ \ell\ /d]$$

- 1시간 최대 급탕량(Q_h)

$$Q_h = 1일\ 최대\ 급탕량 \times \frac{1}{소비\ 시간}[\ell/h]$$

- 가열기 능력(H)

$$H = Q_d \cdot r(t_h - t_c)$$

r : 1일 사용량에 대한 가열 능력 비율
t_h : 탕의 온도[℃]
t_c : 물의 온도[℃]

예제문제 10

1가구에 4인 기준으로 500가구가 살고 있는 아파트의 보일러 산정에 필요한 급탕부하는?(단, 급탕온도 : 80[℃], 급수온도 : 10[℃], 1일 사용량에 대한 가열능력비율 : 1/7, 1인 1일당 급탕량 : 0.075[m³], 1일 사용량에 대한 저탕비율 : 1/5, 1[kcal/h]= 1.163[W])

① 1744500[W] ③ 348900[W]

② 348900[W] ④ 3052875[W]

해설

1일 급탕량=500×4×0.075=150m³/d
시간최대급탕량=1일 급탕량×가열능력비율
　　　　　　=150×1/7=21.429m³/h=21429kg/h → 5.95kg/s
∴ 급탕부하=mc△t=5.95×4.19×(80−10)=1,745kJ/s=1,745,000J/s=1,745,000W

답 : ①

예제문제 11

급탕인원이 150명인 아파트의 1일당 예상급탕량은 얼마인가?(단, 1인 1일당 급탕량은 120$[\ell/c/d]$로 한다)

① 12000$[\ell/d]$ ② 15000$[\ell/d]$

③ 18000$[\ell/d]$ ④ 20000$[\ell/d]$

해설

$Q = N \cdot q_d = 150 \times 120[\ell/d] = 18000[\ell/d]$

답 : ③

예제문제 12

아파트 1동 90세대의 급탕설비를 중앙공급식으로 할 경우, 시간당 최대 급탕량$[\ell/h]$과 저탕량이 가장 알맞게 짝지어진 것은?(단, 1세대당의 샤워 110$[\ell/h]$, 싱크 40$[\ell/h]$, 세탁기 70$[\ell/h]$를 기준으로 하고, 동시사용률은 30[%]를 저탕계수는 1.25를 각각 적용한다.)

① 시간당 최대 급탕량 25740$[\ell/h]$, 저탕량 32175$[\ell]$

② 시간당 최대 급탕량 5940$[\ell/h]$, 저탕량 7425$[\ell]$

③ 시간당 최대 급탕량 25740$[\ell/h]$, 저탕량 7425$[\ell]$

④ 시간당 최대 급탕량 7425$[\ell/h]$, 저탕량 5940$[\ell]$

해설

・시간당 최대 급탕량＝총급탕량×동시사용률＝(110+40+70)×90×0.3＝5940$[\ell/h]$

・저탕량＝시간당 최대 급탕량×저탕계수＝5940$[\ell/h]$×1.25＝7425$[\ell]$

답 : ②

예제문제 13

탕의 사용상태가 간헐적이며 일시적으로 사용량이 많은 건물에서 급탕설비의 설계 방법으로 가장 알맞은 것은?(단, 중앙식 급탕방식이며 증기를 열원으로 하는 열교환기 사용)

① 저탕용량을 크게 하고 가열능력도 크게 한다.

② 저탕용량은 크게 하고 가열능력은 작게 한다.

③ 저탕용량을 작게 하고 가열능력은 크게 한다.

④ 저탕용량을 작게 하고 가열능력도 작게 한다.

해설

탕의 사용상태가 간헐적이며 일시적으로 사용량이 많은 건물의 중앙식 급탕방식의 급탕설비는 저탕용량은 크게 하고 가열능력은 작게 하는 것이 바람직하다.

답 : ②

② 온수순환펌프

• 전양정

급탕 주관 및 제일 먼 곳의 급탕 분기관을 거쳐 반탕관에서 저탕조로 돌아오는 가장 먼 순환의 전 관로의 관 지름과 순환탕량에서 전 손실수두를 구해서 정한다.

$$H = 0.01\left(\frac{L}{2} + \ell\right)[\text{m}]$$

  L : 급탕관의 전연장[m]

  ℓ : 복귀관의 전연장[m]

• 온수순환펌프의 수량

$$W = \frac{Q}{60\,C\Delta t},\quad Q = \frac{60\,W\rho\,C\Delta t}{1,000}$$

  Q : 배관과 펌프 및 기타 손실열량[kJ/h]

  W : 순환수량[ℓ/min]

  C : 탕의 비열[4.19kJ/kg·K]

  ρ : 탕의 밀도[kg/m³]

  Δt : 급탕·반탕의 온도차[℃](Δt는 강제순환식일 때 5~10℃ 정도임)

예제문제 14

다음 중 급탕설비의 순환수량을 계산하는데 있어서 직접적인 관련이 없는 것은?

① 탕의 비열 ② 급탕관과 반탕관의 온도차
③ 배관에서의 열손실 ④ 순환펌프의 양정

[해설] $W = \dfrac{Q}{60\,C\Delta t}$ [ℓ/min]

  Q : 배관과 펌프 및 기타 손실열량[kJ/h]
  W : 순환수량[ℓ/min]
  C : 탕의 비열[4.19kJ/kg·K]
  ρ : 탕의 밀도[kg/m³]
  Δt : 급탕·반탕의 온도차[℃](Δt는 강제순환식일 때 5~10℃ 정도임)

답 : ④

급탕관 200[m], 환수관 100[m]일 때 온수순환펌프의 전양정은?

① 1[m]   ② 2[m]

③ 3[m]   ④ 4[m]

해설

$$H = 0.01\left(\frac{L}{2} + \ell\right)[m] = 0.01 \times \left(\frac{200}{2} + 100\right) = 2[m]$$

답 : ②

---

③ 팽창관과 팽창탱크

㉠ 팽창관

• 온수순환 배관 도중에 이상 압력이 생겼을 때 그 압력을 흡수하는 도피구로서 증기나 공기를 배출한다.

• 팽창관의 설치높이 : 팽창관은 급탕관에서 수직으로 연장시켜 고가탱크 또는 팽창탱크에 개방시킨다. 고가탱크(팽창탱크)의 최고 수위면으로부터의 팽창관의 수직높이 H는 다음과 같이 구한다.

$$H > h\left(\frac{\rho}{\rho'} - 1\right)[m]$$

h : 고가탱크에서의 정수두[m]

ρ : 물의 밀도[kg/ℓ]

ρ' : 탕의 밀도[kg/ℓ]

급탕설비에서 사용되는 팽창관에 대한 설명 중 옳지 않은 것은?

① 안전밸브와 같은 역할을 한다.

② 물의 온도상승에 따른 체적 팽창을 흡수한다.

③ 가열장치로부터 배관을 입상하여 고가수조나 팽창탱크에 개방한다.

④ 급탕장치 내 압력이 초과되면 자동으로 밸브가 열린다.

해설 안전밸브

장치 내의 압력이 일정 한도를 초과하면 내부 에너지를 자동적으로 외부로 방출하여 용기 안의 압력을 항상 안전한 수준으로 유지하는 밸브

답 : ④

예제문제 17

탕의 비중량이 $983[\text{kg/m}^3]$이고 장치(저탕조)의 최저 위치에서 팽창수조의 최고 수위까지의 수직높이가 $10[\text{m}]$일 때 팽창수조의 최고 수위면으로부터 팽창관의 수직높이는?

정답

$$H \geqq h\left(\frac{\rho}{\rho'} - 1\right) = 10\left(\frac{1000}{983} - 1\right) = 0.173[\text{m}]$$

답 : 0.173[m]

ⓛ 팽창탱크

• 급탕장치 내 물의 팽창에 의해 팽창관으로 유출하는 수량을 저장하는 탱크로서, 고가수조를 팽창탱크의 겸용으로 사용하는 경우도 있으나, 별도로 설치하는 것이 바람직하다.
• 설치높이 : 탱크의 저면이 최고층의 급탕전보다 5m 이상 높은 곳에 설치하며 탱크 급수는 볼탭에 의해 자동 급수한다.
• 팽창탱크 용량(V_e)

$$V_e = 1000\left(\frac{1}{\rho_2} - \frac{1}{\rho_1}\right)V\,[\text{m}^3]$$

V : 배관 및 기기내 급탕량$[\text{m}^3]$

ρ_1 : 물의 밀도$[\text{kg/}\ell]$

ρ_2 : 급탕의 밀도$[\text{kg/}\ell]$

예제문제 18

저탕조의 용량이 $2[\text{m}^3]$이고 급탕배관내의 전체 수량이 $1[\text{m}^3]$일 때 개방형 팽창탱크의 용량은 얼마인가?(단, 급수의 밀도는 $1.000[\text{g/cm}^3]$이고, 탕의 밀도는 $0.983[\text{g/cm}^3]$이다.)

① $0.01[\text{m}^3]$

② $0.03[\text{m}^3]$

③ $0.05[\text{m}^3]$

④ $0.07[\text{m}^3]$

해설 팽창탱크 용량

$$V_e = \left(\frac{1}{\rho_2} - \frac{1}{\rho_1}\right) \cdot V = \left(\frac{1}{0.983} - \frac{1}{1}\right) \times 3 = 0.052 = 0.05[\text{m}^3]$$

답 : ③

④ 관의 신축과 팽창량(L)

$$L = 1000 \cdot \ell \cdot C \cdot \Delta t\,[\text{mm}]$$

여기서, ℓ : 온도변화전의 관의 길이(m)

C : 관의 선팽창계수

Δt : 온도 변화(℃)

예제문제 19

온도 10[℃], 길이 200[m]인 동관에 탕이 흘러 60[℃]가 되었을 때, 동관의 팽창량은?(단, 동관의 선팽창계수는 0.171×10^{-4}[℃]이다.)

① 0.31[m] ② 0.171[m]
③ 0.251[m] ④ 0.311[m]

─────────────────────────────

해설 관의 신축과 팽창량(L)

∴ $L = 1000 \cdot \ell \cdot C \cdot \Delta t\,[\text{mm}]$
  $= 1000 \times 200 \times 0.171 \times 10^{-4} \times (60-10) = 171[\text{mm}] = 0.171[\text{m}]$

답 : ②

(4) 급탕 배관 방식

① 단관식

탕비기에서 수전에 이르기까지 공급관(supply pipe)뿐인 배관 방식으로서, 개별식 급탕 방법에 이용되는 방식이다.

② 순환식

저탕조를 중심으로 하여 회로 배관을 형성하고 탕물은 항상 순환하고 있으므로 2관식이라고도 하며, 급탕전을 열면 곧 뜨거운 물이 나오며 온수보일러나 또는 저탕조에서 15m 이상 떨어져서 급탕전을 설치하는 순환식을 채용하는 것이 좋다.

③ 급탕관의 관경 결정

• 급탕관의 관경은 급수설비의 관경 계산 방법과 동일한 방법으로 구한다.
• 급탕관은 금속의 부식을 고려하여 내식성 재료를 사용하는 것이 좋다.

급탕관과 반탕관의 관경

급탕관경[mm]	25	32	40	50	65	75	100
반탕관경[mm]	20	20	25	32	40	40	50

■ 리버스리턴(Reverse Return) 배관(역환수방식)
① 설치 : 급탕설비 – 하향식
        난방설비 – 온수난방
② 방법 : 각 방열기마다의 배관회로 길이를 같게 한 배관방식 보일러에서 방열기까지(온수관)의 길이 = 방열기에서 보일러까지(환수관)의 길이
③ 목적 : 온수의 유량분배 균일화(온수의 순환을 평균화)하기 위해
④ 단점 : 배관수가 많아져서 설비비가 높다.

(5) 급탕 배관 시공시 주의사항

① 배관의 구배
- 배관의 구배는 온수의 순환을 원활하게 하기 위해 될 수 있는 한 급구배로 한다.
- 상향 공급 방식 { 급탕관 : 선상향(앞올림) 구배
  반탕관 : 선하향(앞내림) 구배
- 하향 공급 방식 : 급탕관, 반탕관 모두 하향 구배로 한다.
- 배관의 구배 { 중력 순환식 : 1/150
  강제 순환식 : 1/200

예제문제 20

급탕배관의 설계 및 시공상의 주의점으로 옳지 않은 것은?

① 급탕관의 최상부에는 공기빼기 장치를 설치한다.
② 중앙식 급탕설비는 원칙적으로 강제순환방식으로 한다.
③ 하향배관의 경우, 급탕관은 상향구배, 반탕관은 하향구배로 한다.
④ 온도강하 및 급탕수전에서의 온도 불균형이 없고 수시로 원하는 온도의 탕을 얻을 수 있도록 원칙적으로 복관식으로 한다.

해설
하향 공급 방식 : 급탕관, 반탕관 모두 하향 구배로 한다.

답 : ③

---

② 배관의 신축(expansion joint)
- 목적 : 온도에 의한 관의 신축을 흡수하기 위하여
- 설치위치 : 동관 – 20m마다, 강관 – 30m마다
- 종류

종 류	특 징	용 도
스위블 조인트 (swivel joint)	· 2개 이상의 elbows를 사용하여 나사회전을 이용해서 신축을 흡수 · 너무 큰 신축에는 파손되어 누수의 원인이 되는 결점	방열기 주위 배관용
신축곡관 (expansion loop)	· 신축곡관은 고장이 적고 고압 옥외 배관에 적합 · 신축을 흡수하는 1개의 길이가 긴 것이 결점이다.	대구경, 고압배관
슬리브형 (sleeve type)	· 온도의 변화에 따라 생기는 관의 신축을 슬리브의 미끄럼에 의해서 흡수 · 저압 증기배관 및 온수배관의 신축이음쇠로서 널리 사용	소구경용
벨로우즈형 (bellows type)	· 온도의 변화에 따른 관의 신축을 벨로스의 변형에 의해 흡수	소구경용

신축곡관이라고 하며, 구부림을 이용하여 배관의 신축을 흡수하는 신축이음쇠는?

① 루프형   ② 벨로즈형
③ 슬리브형   ④ 스위블형

해설
신축곡관은 고장이 적고 고압 옥외배관에 적합하나 신축을 흡수하는 1개의 길이가 긴 것이 결점이다.

답 : ①

③ 보온
  ㉠ 급탕설비의 저탕조와 배관은 열손실을 최소화하기 위해서 보온을 한다.
  ㉡ 적당한 보온재로는 우모 펠트, 석면, 규조토, 마그네시아, 암면 등이 있으며,
      보온 피복 두께는 3~5cm 정도로 한다.
  ㉢ 보온재 선택의 요건
   • 안전 사용 온도 범위
   • 열전도율
   • 물리적·화학적 강도
   • 내용년수
   • 단위 중량당 가격
   • 구입의 난이성
   • 공사 현장에서의 적용성
   • 불연성

보온 시공법

④ 관의 부식에 대한 고려
     부식되기 쉽고 수명이 짧으므로 수리,
     교환이 용이하도록 노출 배관으로 한다.

⑤ 팽창관과 팽창탱크
   • 팽창관의 연결은 급탕 수직주관의 끝을
     연장하여 중력(팽창)탱크에 자유 개방한다.
   • 팽창탱크 설치높이는 탱크의 저면이 최고층
     급탕전보다 5[m] 이상의 높은 곳에 설치한다.

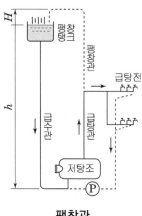

팽창관

예제문제 22

급탕설비의 안전장치에 관한 설명으로 옳지 않은 것은?

① 팽창관의 배수는 간접배수로 한다.

② 팽창관은 보일러, 저탕조 등 밀폐 가열장치 내의 압력상승을 도피시키는 역할을 한다.

③ 팽창관의 도중에는 반드시 역지밸브(check valve)를 설치하여 온수의 역류를 방지한다.

④ 안전밸브는 가열장치 내의 압력이 설정압력을 넘는 경우에 압력을 도피시키기 위해 탕을 방출하는 밸브이다.

해설

팽창관은 온수순환 배관 도중에 이상 압력이 생겼을 때 그 압력을 흡수하는 도피구로서 증기나 공기를 배출한다. 팽창관의 도중에는 절대로 밸브류를 달아서는 안 된다.

답 : ③

4 난방 방식

(1) 난방 방식의 분류

난방 방식의 분류

각종 난방 방식의 비교

구 분	증기 난방	온수 난방	복사 난방	온풍 난방
열매·사용온도	증기 100~110℃	온수 70~90℃	온수 40~60℃	공기 30~50℃
열원	보일러	보일러 또는 열교환기		온풍기
방열제	방열기	방열기	패널	없음
순환동력기계	진공급수펌프	온수 순환 펌프		송풍기

구 분		증기 난방	온수 난방	복사 난방	온풍 난방
설비비 {	대규모	소	중	대	중
	중소 규모	소	중	대	소
연료비		대	중	소	소
유지관리의 난이		약간 곤란	용이	용이	약간 곤란
자동제어의 난이		곤란	용이	약간 곤란	용이
많이 적용되는 건물		대규모의 사무소, 공장	주택, 아파트, 병원, 중규모의 사무소	주택, 은행의 영업실, 교회	사무소, 공장

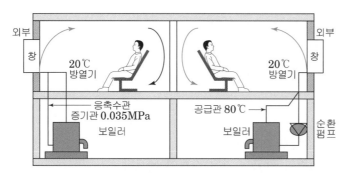

증기난방과 온수난방

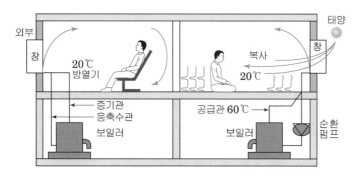

대류난방과 복사난방

■ 현열과 잠열

① 현열
  – 온도 변화에 따라 출입하는 열
  – 온도 측정가능, 온도의 상승이나 강하의 요인이 되는 열량(현열량), 온수난방에 이용

② 잠열
  – 상태 변화에 따라 출입하는 열
  – 습도의 변화를 주는 열량(잠열량), 온도는 일정, 증기난방에 이용

예제문제 01

난방방식 중 중앙난방 방식의 일반적인 장점이 아닌 것은?

① 난방장치가 대규모이므로 열효율이 좋다.
② 개별난방에 비해 연료비가 적게 든다.
③ 다른 설비 기계류와 동일한 장소에 설치되므로 관리상 유리하다.
④ 설비규모가 크기 때문에 처음에 설치하는 설비비가 많이 든다.
⑤ 배관에 의해 공급이 쉽다.

해설
중앙난방 방식은 건물의 일정 장소에 열원매체를 기계실에 집중배치해서 배관을 통해 사용처로 공급하는 방식으로 유지관리 및 보수가 용이하며 공기청정도가 양호하여 대형 건물에 적합하다. 각실, 각층제어가 곤란(유닛병용은 가능)하며 대형 공조실과 덕트 공간이 크다.

답 : ④

(2) 증기난방(steam heating)

- 잠열을 이용한 난방방식
- 사무소, 백화점, 학교, 극장, 일반공장

① 장단점

㉠ 장점
- 증발 잠열을 이용하므로 열의 운반능력이 크다.
- 예열시간이 짧고 증기의 순환이 빠르다.
- 방열면적과 관경이 작아도 된다.
- 설비비, 유지비가 싸다.

㉡ 단점
- 난방의 쾌감도가 나쁘다.
- 소음(steam hammering)이 많이 난다.
- 방열량 조절이 어렵고 화상의 우려(102[℃]의 증기 사용)가 있다.
- 보일러 취급에 기술을 요한다.

예제문제 02

다음의 증기난방에 대한 설명 중 옳은 것은?

① 온수난방에 비하여 열용량이 커 예열시간이 길게 소요된다.
② 온수난방에 비하여 부하변동에 따른 방열량 조절이 곤란하다.
③ 온수난방에 비하여 소요방열면적과 배관경이 크게 되므로 설비비가 높다.
④ 온수난방에 비하여 한랭지에서 운전정지 중에 동결의 위험이 크다.

해설
증기난방은 난방부하의 변동에 따라 방열량 조절이 곤란하다.

답 : ②

예제문제 03

온수난방과 비교한 증기난방의 특징으로 옳은 것은?

① 예열시간이 짧다.

② 소요방열면적과 배관경이 크므로 설비비가 높다.

③ 부하변동에 따른 실내방열량의 제어가 용이하다.

④ 한랭지에서 동결의 우려가 크다.

해설

증발 잠열을 이용하므로 열의 운반능력이 크고, 예열시간이 온수 난방에 비해 짧고 증기의 순환이 빠르다. 또한 방열온도가 높아서 방열면적 및 배관경이 작으므로 설비비, 유지비가 싸다.

답 : ①

② 증기난방의 응축수 환수방식

구 분	특 징
중력 환수식	방열기 설치 위치에 제한(방열기를 보일러보다 높게)
진공 환수식	진공펌프를 쓰는 방식으로 응축수 및 증기의 순환이 가장 빠른 방식
기계 환수식	환수관 보일러와 사이에 순환펌프 설치(보일러 바로 전에 설치)

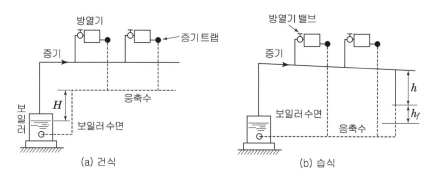

(a) 건식   (b) 습식

중력 환수식

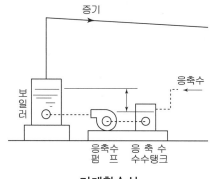

기계환수식

예제문제 **04**

진공환수식 증기난방에 관한 설명 중 틀린 것은?

① 방열기 설치 위치가 제한된다.

② 환수관의 관경을 줄일 수 있다.

③ 환수배관의 구배를 줄일 수 있다.

④ 환수도중 입상부분이 있어도 문제되지 않는다.

해설
진공환수식 증기난방은 증기의 순환이 가장 빠르며 방열기 및 보일러의 설치 위치에 제한을
받지 않는다.

답 : ①

(3) 온수난방

• 현열을 이용한 난방방식
• 병원, 주택, 아파트

① 장단점

㉠ 장점

• 난방부하의 변동에 따라 온수온도와 온수의 순환량 조절이 쉽다.
• 현열을 이용한 난방이므로 증기난방에 비해 쾌감도가 높다.
• 방열기 표면 온도가 낮으므로 표면에 붙은 먼지의 연소에 의한 불쾌감이
없다.
• 난방을 정지하여도 난방효과가 지속된다.
• 보일러 취급이 용이하고 안전하다.

㉡ 단점

• 예열시간이 길다.
• 증기난방에 비해 방열면적과 배관경이 커야 하므로 설비비가 많다.
• 열용량이 크므로 온수 순환 시간이 길다.
• 한랭시, 난방 정지시 동결이 우려된다.

■ **열량과 열용량**

열량 : 온수 〈 증기
　　　 80℃　102℃

열용량 : 온수 〉 증기
　　　　 4.2　1.85

☞ 온수난방은 열용량이 크므로 난
방이 오래 지속된다.

예제문제 05

온수난방에 관한 설명으로 옳지 않은 것은?

① 증기난방에 비하여 간헐운전에 적합하다.

② 온수의 현열을 이용하여 난방하는 방식이다.

③ 한랭지에서는 운전정지 중에 동결의 위험이 있다.

④ 증기난방에 비하여 난방부하 변동에 따른 온도조절이 용이하다.

해설 증기난방

예열시간이 온수 난방에 비해 짧고 증기의 순환이 빠르므로 온수난방에 비하여 간헐운전에 더 유리하다.

※ 간헐난방

　일시적으로 하는 난방으로서 간헐적으로 열을 공급하는 증기, 온풍 등의 난방방식에 적당하다. 복사난방은 구조체를 덥히게 되므로 예열시간이 길어져 일시적으로 쓰는 방에는 부적당하다.

답 : ①

예제문제 06

온수난방의 특징이 아닌 것은?

① 연료소비량이 다른 난방설비에 비해 많다.

② 예열하는 데 시간이 많이 걸린다.

③ 물은 유동성이 있어 열매로서 관 수송에 편리하다.

④ 난방부하의 변동에 따라 온도조절이 용이하다.

해설 온수난방

㉠ 장점
　• 난방부하의 변동에 따라 온수온도와 온수의 순환량 조절이 쉽다.
　• 현열을 이용한 난방이므로 증기난방에 비해 쾌감도가 높다.
　• 방열기 표면 온도가 낮으므로 표면에 붙은 먼지의 연소에 의한 불쾌감이 없다.
　• 난방을 정지하여도 난방효과가 지속된다.
　• 보일러 취급이 용이하고 안전하다.

㉡ 단점
　• 예열시간이 길다.
　• 증기난방에 비해 방열면적과 배관경이 커야 하므로 설비비가 많다.
　• 열용량이 크므로 온수 순환 시간이 길다.
　• 한랭시, 난방 정지시 동결이 우려된다.

답 : ①

② 온수 온도에 따른 분류

　　㉠ 저온수식(보통온수식)

　　　100[℃] 미만(65~85[℃]), 주철제 보일러, 개방식 ET, 건축의 일반 난방용

　　㉡ 고온수식

　　　• 100[℃] 이상(보통100~150[℃]), 강판제 보일러, 밀폐식 ET, 지역난방에 적합

　　　• 여러 종류의 고압기기 필요, 취급관리가 곤란

　　　• 고압으로 인하여 생기는 결점(water hammer현상), 별로 사용안함

예제문제 07

온수난방에 사용되는 팽창 탱크의 기능에 대한 설명 중 옳지 않은 것은?

① 밀폐식 팽창 탱크에 있어서는 장치내의 주된 공기배출구로 이용되고, 온수 보일러의 통기관으로도 이용된다.

② 운전 중 장치내의 온도상승으로 생기는 물의 체적팽창과 그의 압력을 흡수한다.

③ 운전 중 장치 내를 소정의 압력으로 유지하고, 온수온도를 유지한다.

④ 팽창된 물의 배출을 방지하여 장치의 열손실을 방지한다.

해설 **팽창탱크**
• 운전 중 장치내의 온도상승으로 생기는 물의 체적팽창과 그 압력을 흡수하기 위해 설치
• 온수의 팽창에 대비한 여유 공간을 제공하는 역할
• 배관 최고부에서 1m 이상 높은 곳에 설치

답 : ①

실기 예상문제 ☞

■ 증기난방과 온수난방의 특징

■ 난방 방식 비교
① 방열량조절 : 온풍(쉽다) 〉 온수 〉 증기 〉 복사(어렵다)
② 예열 시간 : 복사(길다) 〉 온수 〉 증기 〉 온풍(짧다)
③ 쾌감도 : 복사(가장 우수) 〉 온수 〉 증기 〉 온풍
④ 설치비 : 복사(많다) 〉 온수 〉 증기 〉 온풍(작다)

증기난방과 온수난방의 비교

구 분	증 기	온 수
표준방열량	$0.756[kW/m^2]$	$0.523[kW/m^2]$
방열기면적	작다	크다
이용열	잠열	현열
예열시간	짧다	길다
관경	작다	크다
설치유지비	싸다	비싸다
쾌감도	작다	크다
온도조절(방열량조절)	어렵다	쉽다
열매온도	102[℃] 증기	65~85[℃](보통온수) 100~150[℃](고온수)
고유설비	증기 트랩 (방열기트랩, 버킷트랩, 플로트트랩, 벨로우즈트랩)	팽창탱크 보통온수 : 주로 개방식 고 온 수 : 밀폐식
공통설비	공기빼기 밸브, 방열기 밸브	

(4) 복사난방

- 주로 건축 일부의 천장 높이가 높은 경우
- 주택, 학교, 은행 영업실
- MRT(Mean Radiant Temperature : 평균복사온도) : 인체에 대한 쾌감상태를 나타내는 기준이 되는 온도

① 장점

- 방을 개방하여도 난방효과가 있다.
- 천장이 높아도 난방 가능하다.
- 실온이 낮아도 난방 효과가 있다.
- 평균온도가 낮기 때문에 동일 방열량에 대해 손실 열량이 작다.
- 바닥의 이용도가 높다.
- 실내의 온도분포가 균등하여 쾌감도가 높다.

② 단점

- 외기 급변에 따른 방열량 조절이 어렵다.
- 구조체를 덥히게 되므로 예열시간이 길어져 일시적으로 쓰는 방에는 부적당하다.
- 시공이 어렵고 수리비, 설비비가 비싸다.
- 매입 배관이므로 고장요소 발견이 어렵다.

예제문제 08

어떤 실내의 공기온도 분포를 측정한 결과 다음의 그림과 같다고 할 때 예상되는 난방방식은?

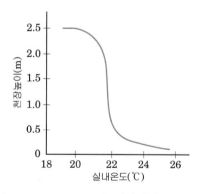

① 공기조화에 의한 난방
② 바닥복사 난방
③ 대류방열기에 의한 난방
④ 온풍로 난방

해설 **팽창탱크**

그림에서 실내온도분포는 바닥면의 온도가 높고 수직적으로는 온도가 거의 일정한 형태를 보이고 있으므로 바닥복사난방 형식에 해당한다.

답 : ②

예제문제 09

주거공간의 바닥난방시 난방부하로 10kW의 외피부하와 현열 환기부하만 고려할 때 아래 ㉠, ㉡ 두 경우의 바닥난방 공급열량으로 가장 적합한 것은? (단, 침기 및 기타 열손실은 없는 것으로 가정한다. 바닥난방 공급열량은 바닥난방 상부방 열량과 바닥난방 하부손실열량으로 구성되며, 바닥난방 하부손실열량은 바닥난방 상부방열량의 10%로 가정한다.)　　　　　　　　　　　　　　　　　　　　[18년 출제문제]

> ㉠ 현열 환기부하 2kW일 경우 바닥난방 공급열량(kW)
>
> ㉡ 80% 효율 현열회수 환기장치를 ㉠ 경우에 적용할 경우 바닥난방 공급열량(kW)

① ㉠ 13.2 kW, ㉡ 11.4 kW　　　　② ㉠ 12.0 kW, ㉡ 10.8 kW

③ ㉠ 13.2 kW, ㉡ 12.7 kW　　　　④ ㉠ 12.0 kW, ㉡ 10.2 kW

해설 바닥난방 공급열량

㉠ 외피손실+환기손실=10+2=12에 하부 열손실 10%를 가하므로

　　$(10+2) \times 1.1 = 13.2\text{kW}$

㉡ 난방+환기

　　㉠의 조건에 현열회수 환기장치(효율 80%)설치한 경우이므로

　　난방 (10×1.1)에 환기 $2 \times (1-0.8)$이므로

　　∴ 난방+환기 $= (10 \times 1.1) + (2 \times 0.2) = 11.4\text{kW}$

답 : ①

(5) 온풍난방

① 극장, 강당, 공장

② 특징

- 예열 시간이 짧고 누수, 동결 우려 적다.
- 설비비가 저렴하다.
- 온습도 조정이 쉽다.
- 쾌감도가 나쁘다.
- 소음이 많다.

(6) 지역난방

 실기 예상문제

■ 지역난방의 개요와 특징

대규모 열원 플랜트(plant)를 설치하여 중앙식 보일러실에서 지역별 또는 지구별 내의 여러 건물에 집단적으로 열(증기 또는 고온수)을 생산·공급하는 시스템이다. 그 규모는 일정한 주택 단지에서 시가지 전역으로 공급하는 것도 있다. 지역난방의 배관은 사용하는 열매에 따라, 증기의 경우에는 보통 0.1~1.5[MPa]이며, 온수인 경우에는 100[℃] 이상의 고온수를 열매로 사용한다.

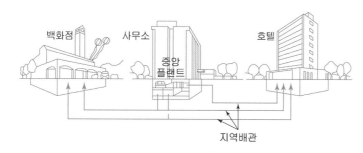

지역냉난방 개념도

① 특징
㉠ 장점
- 대규모 설비이므로 관리가 용이하고 열효율면에서 유리하다.
- 연료비와 인건비가 절감된다.
- 각 건물에서는 위험물을 취급하지 않으므로 화재의 위험이 적다.
- 건물 내의 유효 면적이 증대된다.
- 설비의 고도화에 따라 도시의 대기오염 방지에 도움이 된다.

㉡ 단점
- 초기 시설 투자비가 많아진다.
- 열원기기의 용량 제어가 힘들다.
- 배관에서의 열손실이 많다.
- 고도의 숙련된 기술자가 필요하다.
- 요금의 분배가 어렵다.
- 저부하시 조절이 곤란하다
- 지역 배관을 위한 도시계획상의 사전계획이 필요하다.

② 배관 방식
- 단관식 : 열원 플랜트(plant)에서 수용가까지 1개의 공급관만 설치하는 방식
- 복관식 : 열원 플랜트(plant)에서 수용가까지 공급관과 환수관을 분리하여 시공하는 가장 일반적인 방식이다.
- 3관식 : 공급관을 2개의 대구경과 소구경으로 분리하여 부하율에 따라 공급을 하고, 1개의 환수관은 공통으로 사용하는 방식으로 개별제어가 가능하고 부하변동에 따른 응답이 빠르다. 환수관이 1개이므로 냉수와 온수의 혼합열손실이 발생하며 배관공사가 복잡하다.
- 4관식 : 공급관(냉수관, 온수관) 2개, 환수관(냉수관, 온수관) 2개로 구성된 방식으로 확실한 개별제어가 가능하고 응답이 빠르다.

③ 배관망의 구조
- 격자형(망목형) : 가장 이상적인 구조로 어떤 고장시에도 공급이 가능하나 공사비가 크다.
- 분기형 : 간단하고 공사비가 저렴하다.
- 환상형 : 가장 많이 사용하는 형으로 일부 고장시에도 공급이 가능하다.
- 방사형 : 소규모 공사에 많이 사용하며 열손실이 작은 편이다.

■ 지역난방의 열원 방식(system)
① 전용 열원 방식(열전용 plant 방식)
② 병용 열원 방식
  - 열병합 발전소(열발전 병용 plant 방식) : 화력발전소
  - 소각열 이용방식
  - 공업용 보일러(터보 냉동기, 히트 펌프 등)
  - 원자력 이용방식 : 원자력 발전소

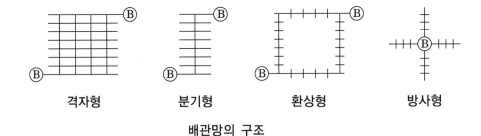

| 격자형 | 분기형 | 환상형 | 방사형 |

배관망의 구조

예제문제 11

지역난방에 관한 설명으로 옳지 않은 것은?

① 초기 투자비용이 크다.
② 배관에서의 열손실이 거의 없다.
③ 각 건물의 설비면적을 줄이고 유효면적을 넓힐 수 있다.
④ 설비의 고도화에 따라 도시의 매연을 경감시킬 수 있다.

해설
지역난방은 중앙식 보일러실에서 어떤 지역 내의 여러 건물에 증기 또는 고온수를 보내서 난방하는 방식으로 초기 시설 투자비가 많아지고, 열원기기의 용량 제어가 힘들며, 배관에서의 열손실이 많고, 고도의 숙련된 기술자가 필요한 것이 단점이다.

<u>답 : ②</u>

(7) 열병합발전설비(Co-generation system)

일반 화력발전소에서 발전에 사용되고 버려지는 열을 회수하여 냉·난방, 급탕용으로 재이용하는 방식으로 지역난방의 일종이다. 국내산업용, 대규모 아파트단지의 지역난방용으로 사용되고 있다.

실기 예상문제

■ 열병합 발전설비의 종류와 효과
■ 열병합 발전설비의 개요와 특징

① 열병합발전 계통도

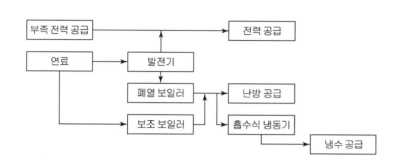

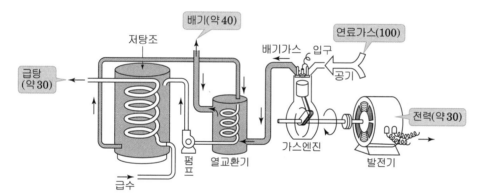

( ) 안의 숫자는 연료가스를 100%로 했을 경우에 얻어지는 비율[%]

코제너레이션의 원리도

② 열병합발전방식 system의 종류

㉠ Total Energy System(TES) : 열 회수를 위주로 하고 부수적으로 발전을 해서 사용하는 방식

㉡ Co-generation System : 발전설비를 위주로 하고 부수적으로 열을 회수하여 이용하는 방식으로 국내산업용, 대규모 아파트 단지에 적용된다.

㉢ On site Energy System(OES) : 매전을 하지 않고 건물 내 또는 지역 내 자가발전이나 난방 및 냉동기를 운전하는 방식

③ 열병합발전설비의 시스템 방식

㉠ 증기터빈 시스템

· 증기 터빈 시스템은 보일러에서 고압증기를 발생시키고, 배기를 냉난방 및 급탕용 열원으로 이용하거나 추기 복수 터빈의 추기(抽氣)를 이용한다.

· 우리나라에서도 목동 지역난방 열병합 발전 설비 및 공업 단지 열병합 발전 설비 또는 산업체 자가용 열병합 발전설비 등에서 많이 채용되고 있는 방식이다.

㉡ 가스터빈 시스템

· 가스 터빈 시스템은 가스, 석유류 등의 연료로써 가스 터빈을 구동하여 발전하고 배기를 폐열 회수 보일러에 유도하여 저압증기 또는 온수의 형태로 열을 회수하여 냉난방 또는 급탕 수요에 충당한다.

· 가스 터빈은 발전 효율이 낮고 정격출력의 90[%] 이하의 부분 부하시에는 회수되는 열이 극단적으로 감소하기 때문에 전력수요의 변동이 심한 일반 건축물용에는 적합하지 않다.

㉢ 디젤엔진 시스템

· 디젤 엔진에서의 배기가스는 폐열 회수 보일러에서 증기 또는 온수를 회수하고 실린더 재킷의 냉각수는 열교환기를 거쳐서 온수로 회수하여 냉난방 및 급탕용으로 이용된다.

· 터빈 발전기에 비하여 발전 효율이 높고 부하 추종성도 좋기 때문에 co-generation system의 발전 설비로서 널리 사용되고 있다.

㉣ 가스엔진 시스템

· 시스템 구성은 디젤 엔진 시스템과 거의 비슷하며 발전 효율은 30[%] 정도이지만 열수지는 디젤 엔진과 달라서 냉각수에서의 방열이 많다.

· 배기가스량은 디젤 엔진보다 적지만 온도 수준이 높아서 160[℃] 정도까지 회수되므로 이용 가능 열량은 디젤 엔진과 거의 같다.

㉤ 연료전지 시스템

· 수소를 연료로 사용하는 연료전지 시스템에서는 전기생산과 동시에 폐열이 발생하므로 열병합발전이 가능하다.

· 도시가스를 직접 전력으로 변환하며, 보조보일러를 이용하여 온수와 냉수를 생산하는 시스템으로 발전 종합효율(80[%] 이상)이 높고, 진동 및 소음이 없으며 현재 연구개발 단계에 있다.

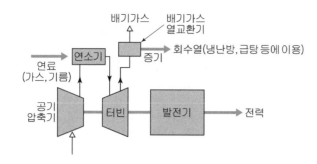

가스터빈 cogeneration 시스템의 예

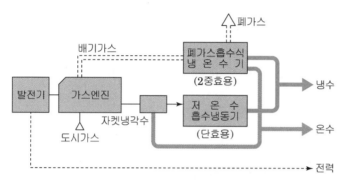

가스엔진 co-generation 시스템 예

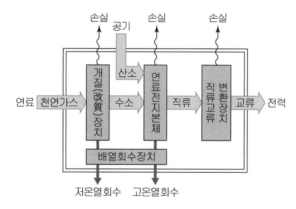

연료전지 cogeneration 시스템의 예

④ 종합 열효율의 비교
- 화력발전소의 경우 : 약 35[%]
- 열병합발전 system의 경우 : 배기가스와 냉각수에서 폐열을 회수하여 약 70~80[%]로 화력발전의 약 2배 정도

⑤ 특징
- 발전시의 폐열 이용에 따른 energy를 절감할 수 있다.(에너지 절약적인 방법)
- 사장되었던 설비의 활용으로 투자비를 절감할 수 있다.
- 에너지 소비량 감소에 따른 환경오염 물질의 발생이 감소된다.(환경오염 방지)
- 전력 수요의 peak 해소의 요인으로서는, 주사용 시간에 별도의 냉난방까지 겹쳐 전력의 수요의 peak를 이루는데 반해 동시 해결이 가능하므로 전력 수요의 절감으로 인한 화력 발전 건설비의 절감을 가져오게 된다.
- 연료의 다원화에 따른 에너지 수급 계획의 합리화와 에너지 가격의 절감 효과가 있다.
- 화재 등의 위험이 없다.
- 24시간 가동하므로 실내 온도에 변화가 없다.
- 각 건물에 기계실 면적 감소 및 기기소음을 줄일 수 있다.

예제문제 12

열병합발전에 대하여 잘못 나타낸 것은?

① 발전방식은 증기터빈, 가스터빈, 디젤터빈, 가스엔진, 연료전지방식이 있다.
② 화력발전소의 경우 효율이 38[%] 정도에 불과하나, 열병합발전을 통해 70~80[%]까지 효율향상이 가능하다.
③ 발전과 배출연료의 열이용에 의해 에너지 비용 절감, 전력비의 Peak 요금 회피와 기본요금 삭감이 가능한 장점이 있다.
④ total energy system은 매전을 하지 않고 건물 내 또는 지역 내 자가발전이나 냉동운전을 하는 방식이다.

해설
On site Energy System(OES) : 매전을 하지 않고 건물 내 또는 지역 내 자가발전이나 난방 및 냉동기를 운전하는 방식

답 : ④

예제문제 13

다음 열병합발전에 대한 설명 중 틀린 것은? 【13년 1급 출제유형】

① 에너지이용 효율이 높아 CO_2 배출량을 감소 시킬 수 있다.

② 재난시에는 긴급전원시설로 이용이 가능하다.

③ 복합화력발전에 비하여 에너지 효율이 높다.

④ 열병합발전 효율은 열부하 비율과 관계가 없다.

해설
화력발전소의 경우 효율이 38% 정도에 불과하나, 열병합발전을 통해 70~80%까지 효율향상이 가능하며, 계절에 따라 변하는 전력과 냉난방수요에 대응하여 공급에너지의 비율을 조절하여 에너지 이용 효율을 높일 수 있다.

답 : ④

예제문제 14

소형 열병합발전시스템에 대한 설명으로 틀린 것은? 【15년 출제문제】

① 소형 열병합발전시스템은 열을 생산한 후의 에너지를 이용하여 전력을 생산하는 시스템이므로 고효율이다.

② 소형 열병합발전시스템은 전기요금 누진제가 적용되는 아파트단지에서 전력 첨두부하 삭감(Peak-Cut)의 역할을 함으로써 전기요금을 절감시킬 수 있다.

③ 소형 열병합발전시스템을 설치하게 되면 송전망의 건설을 줄일 수 있다.

④ 소형 열병합발전시스템은 수용가 근방에 위치하여 전력계통의 전력손실을 감소시키는 데 기여한다.

해설 소형 열병합발전
하나의 에너지원으로 전력과 열을 동시에 생산하고 이용하는 종합에너지 시스템으로 주로 청정연료인 가스(LNG)를 이용하고 발전용량이 10MW 이하의 가스엔진이나 터빈을 이용한다.
1) 장점
 ㉠ 종합효율이 75~90%인 고효율에너지 시스템이다.
 ㉡ 천연가스를 이용하여 CO_2, NO_x, SO_x의 발생량이 적은 환경친화적 시스템이다.
 ㉢ 분산형 전원으로 송전손실을 감소시킨다.
 ㉣ 수용가 근처에 위치하여 전력계통의 전력손실을 감소시킬 수 있다.
 ㉤ 기존 대형발전소 및 송전망의 건설을 줄일 수 있다.
2) 단점
 ㉠ 초기 투자비가 크다.
 ㉡ 열전비 및 열전수요 부적절시 투자비 회수에 대한 위험이 크다.
 ㉢ 국내 기술부족 및 해외 생산자재 확보의 어려움으로 비용이 크고 장기간 소요된다.
 ㉣ 숙련된 인력이 필요하다.

답 : ①

05 공기조화계획

1 공기조화 방식

(1) 공기조화 방식의 분류

구분	열운반방식	공기조화 방식		대상 건축물
중앙식	공기식	단일 덕트 방식	정풍량 방식(CAV)	저속 : 일반 건축물 고속 : 고층 건축물
			변풍량 방식(VAV)	
		이중 덕트 방식		고층 건축물(고급 사무소)
		멀티존 유닛 방식		중규모 건축물
		각층 유닛 방식		중고층의 건축물
	공기·물식	유인 유닛 방식		중간 규모 이상의 방이 많은 건물 (사무실, 호텔, 아파트, 병원)
		팬 코일 유닛 방식(외기 덕트 병용)		사무소, 호텔, 병원 등
		복사 냉난방 방식 (외기 덕트 병용 패널제어 방식)		고층 건축물(고급 사무소 등)
	물식	팬 코일 유닛 방식		호텔의 객실, 병실, 아파트, 주택, 사무실
		복사 냉난방 방식		고층 사무소(고급 사무소 등)
개별식	냉매식	패키지형 공조 방식		연면적 3000m^2 이하의 중소 건축물(레스토랑, 다방, 점포)
		세퍼레이트형 공조 방식		소건축물(주택 등)

(2) 열운반 방식(열매)에 따른 분류와 특징

열운반방식	공기조화방식	장 점	단 점
전공기 방식 (all air system)	·단일덕트방식 ·이중덕트방식 ·멀티존유닛방식 ·각층유닛방식	·실내공기오염이 적다. ·외기냉방이 가능하다. ·실내유효면적 증가 ·실내에 배관으로 인한 누수의 염려가 없다.	·큰 덕트 스페이스가 필요 ·팬의 동력(반송동력)이 크다. ·공조실이 넓어야 한다.
공기-수 방식 (air-water system)	·유인유닛방식 ·팬코일유닛방식(외기덕트병용) ·복사냉난방방식(외기덕트병용)	·덕트 스페이스가 작다. ·존의 구성이 용이하다. ·수동으로 각 실의 온도제어를 쉽게 할 수 있다. ·열운반 동력이 전공기 방식에 비해 작다.	·실내공기 오염 (전공기 방식에 비하여) ·실내배관의 누수 염려 ·유닛의 방음 방진에 유의 ·유닛의 실내 설치로 인한 건축계획상의 지장
전수방식 (all water system)	·FCU(Fan Coil Unit) 방식 ·복사냉난방방식	·덕트 스페이스가 필요 없다. ·열운반 동력이 작다. ·개별제어가 쉽다.	·실내공기의 오염 (실내 공기의 재순환) ·실내 배관에 의한 누수 염려 ·유닛의 방음, 방진에 유의 ·유닛의 실내설치로 인한 건축계획상 지장

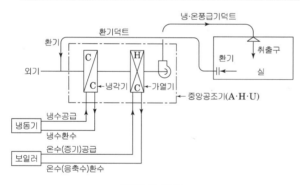

전공기 방식

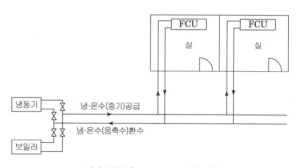

전수방식(FCU : 코일유닛)

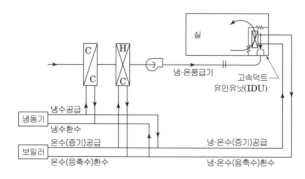

공기·수방식(IDU : 유인 유닛)

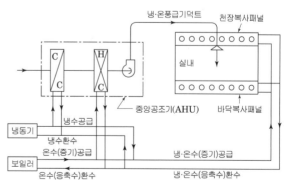

공기·수방식(덕트병용 복사냉난방)

■ 열운반 방식(열매)에 따른
  각 방식의 종류와 특징
  • 전공기방식의 특징
  • 공기·수식의 특징
  • 전수식의 특징

예제문제 01

다음 중 개별공조방식으로 가장 적합한 것은? 【17년 출제문제】

① 정풍량 단일덕트방식　　　② 이중덕트방식

③ 팬코일유닛방식　　　　　④ 룸 에어컨방식

해설 열매의 종류에 의한 공기조화 방식의 분류

(1) 중앙식
  • 전공기식(공기) : 단일덕트방식(정풍량방식, 변풍량방식), 이중덕트방식, 멀티존유닛방식,
    각층유닛방식
  • 공기수식(공기+물) : 유인유닛방식, 팬코일유닛방식(외기덕트병용), 복사냉난방방식(외기
    덕트병용)
  • 전수식(물) : 팬코일유닛방식, 복사냉난방방식
(2) 개별식
  • 냉매식 : 룸 에어컨방식, 패키지형방식, 세퍼레이트형방식

답 : ④

예제문제 02

공기조화방식을 열전달 매체에 의해 분류한 것이다. 공기-수 방식이 아닌 것은?

【16년 출제문제】

① 패키지형방식　　　　　　② 유인유닛방식

③ 덕트병용 팬코일유닛방식　④ 덕트병용 복사냉난방방식

해설
패키지형 방식, 세퍼레이트형 방식은 전냉매 방식으로 분류된다.

답 : ①

예제문제 03

공기조화방식의 특징 중 전공기방식의 장점이 아닌 것은?

① 열용량이 작으므로 부하변동에 대한 실온제어의 감도가 빠르다.

② 환기팬(Return Fan)을 설치하면 겨울철과 봄, 가을에 외기냉방이 가능하다.

③ 외기도입 등 충분한 환기량을 확보할 수 있어 오염이 줄일 수 있다.

④ 열운반 능력이 커서 원거리 열수송에 적합하다.

해설
전공기방식은 열운반 능력이 작아 원거리 열수송에 부적합하다.

답 : ④

예제문제 04

공기조화 방식에서 전공기 방식이 <u>아닌</u> 것은?

【15년 출제문제】

① 단일덕트 변풍량 방식

② 유인유닛 방식

③ 멀티존유닛 방식

④ 이중덕트 방식

해설

공기·수식(공기+물) : 유인유닛방식, 팬코일유닛방식(외기덕트병용), 복사냉난방방식(외기덕트병용)

답 : ②

예제문제 05

공기조화방식 중 전공기 방식의 특징이 아닌 것은?

① 실내 기류 분포 양호

② 폐열 회수 이용

③ 운전 및 보수관리 집중화 가능

④ 반송 동력 저감 가능

해설 **전공기 방식(all air system)**

송풍량이 많아 실내공기오염이 적어 청정도 유지가 용이하며 중간기에 외기냉방이 가능하다. 실내 유효면적이 증가되며, 폐열회수장치를 사용하기 쉽고, 실내에 배관으로 인한 누수의 염려가 없고, 또한 운전 및 보수관리 집중화가 가능한 장점이 있다.

그러나 큰 덕트 스페이스가 필요하며, 팬의 소요동력(반송동력)이 크고, 공조실이 넓어야 한다. 또한 열운반 능력이 작아 원거리 열수송에 부적합한 단점이 있다.

답 : ④

예제문제 06

다음은 공조방식에 대한 설명이다. 이 중 옳지 못한 것은?

① 전공기 방식은 환기성능이 우수하나, 덕트설치 공간이 필요하다.

② 전수방식의 한 예는 FCU에 의한 공조방식이 있다.

③ 현대적 대단위 건물의 경우 공기 – 수방식의 공조방식이 많이 적용된다.

④ 전공기 방식은 CAV 방식에서는 적용이 곤란하나, VAV 방식에서는 적용이 유용하다.

해설

전공기식에는 단일덕트방식[정풍량방식(CAV 방식), 변풍량방식(VAV 방식)], 이중덕트방식, 멀티존유닛방식 등이 있다.

전공기 방식(all air system)은 송풍량이 많아서 실내 공기의 오염이 적으므로 환기를 중요시 하는 식당, 극장, 공장 등과 병원의 수술실, 공장의 크린룸과 같이 청정을 필요로 하는 곳에 적용이 가능하다.

답 : ④

실기 예상문제

■ 공기조화설비의 조닝(Zoning)
계획 시 조닝방법과 특징

(3) 공기조화설비의 조닝(zoning)

① 대략 같은 조건의 구역(zone)마다 건물을 구획하고 공기조화를 하는 것
② 부하별 조닝, 용도별 조닝, 시간별 조닝, 방위별 조닝이 있다.
③ 공기조화방식, 열원방식, 열원공급방식을 결정하는데 중요 요인
④ 특징
  • 에너지 절약에 유리
  • 효율적인 운전관리
  • 부하변동에 쉽게 대응
  • 실내 열환경조절에 유리
  • 구역의 세분화로 설비비 증가

실기 예상문제

■ 공기조화설비의 에너지 절약
방안

(4) 공기조화설비의 에너지 절약방안

① 건물의 zoning : 각 존별로 온도제어
② 공기조화방식 : VAV 방식
③ 열회수장치 : 전열교환기, Heat Pipe, Heat Pump System
④ 외기냉방(economizer cycle) : 중간기에 환기만으로 냉방
⑤ 외기부하 감소(극간풍 방지, 유리창을 통한 열손실 방지)
⑥ 실내온습도조건 완화 적용
⑦ 열원기기 등은 고효율 운전이 가능한 것으로 선정
⑧ 심야전력 활용

예제문제 07

공조설비의 에너지 절약방안에 대한 설명 중 틀린 것은?

① 공조장치는 가능한 한 재열 및 혼합공기를 공급한다.
② 전열교환기 등에 의하여 배열을 회수한다.
③ 외기부하는 가능한 한 감소시킨다.
④ 불필요한 조명은 소등한다.

해설

냉풍, 온풍의 2개의 덕트를 만들어, 말단에 혼합 유닛(unit)에서 열부하에 알맞은 비율로 혼합하여 송풍함으로써 실온을 조절하는 이중덕트방식(double duct system)은 전공기식의 조절방식으로 냉·온풍의 혼합으로 인한 혼합손실이 있어서 에너지 다소비형이다.
※ 에너지 절약형 공조방식
  변풍량(VAV)방식, 외기냉방방식, 전열교환기 설치, 히트펌프 시스템

답 : ①

2 공기조화 방식의 특징

(1) 단일 덕트 방식(single duct system)

건물 전체의 공조를 1대의 공기조화기와 1계통의 덕트를 써서 냉풍 또는 온풍을 송풍하는 방식으로, 풍속에 따라 고속(16~25[m/sec])과 저속(15[m/sec] 이하)으로 분류한다. 항상 일정량의 풍량을 보내는 정풍량 방식(CAV 방식)과 열부하에 따라 송풍량을 변화시킴으로써 실내의 온·습도를 조절하는 변풍량 방식(VAV 방식)이 있으며, 바닥면적이 크고 천장이 높은 곳에 적합하다.

① 정풍량 방식(constant air volume system)

공조기에서 1개의 주덕트를 통하여 냉·온풍을 각 실로 보낼 때 송풍량은 항상 일정하며, 열부하에 따라서 송풍 온습도만을 변화시켜 실내의 온습도를 조절하는 가장 기본적인 공조 방식이다.

　㉠ 특징

　　• 장점

　　　− 실내에 송풍량이 가장 많이 취해져 외기의 취입이나 중간기의 환기에 적합하다.

　　　− 설치비가 싸고 보수 관리도 용이하다.

　　　− 운전 관리가 용이하고 효율이 좋은 필터를 설치하여 쾌적한 실내 환경을 만들 수 있다.

　　• 단점

　　　− 큰 덕트가 필요해 천장 속에 충분한 덕트 공간이 요구된다.

　　　− 각 실에서의 온도 조절이 곤란하다.

　㉡ 용도

바닥면적이 크고 천장이 높은 곳에 적합하다.(중·소규모 건물, 극장, 공장 등)

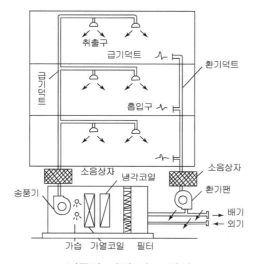

정풍량 단일 덕트 방식

예제문제 01

다음 중 강당에서 가장 적합한 공기조화 방식은?

① 단일덕트 방식
② 팬코일유니트 방식
③ 복사냉난방 방식
④ 유인유니트 방식

해설
대공간(극장, 영화관, 강당, 체육관, 백화점의 판매장)의 공조에는 단일덕트방식이 적합하다.

답 : ①

예제문제 02

단일덕트 정풍량방식에 대한 설명으로 옳은 것은?

① 변풍량방식에 비해 설비비가 많이 든다.
② 송풍온도를 바꾸어 실온을 제어하는 방식이다.
③ 2중덕트방식에 비해 냉·온풍의 혼합손실이 많다.
④ 부하변동에 대한 제어응답이 변풍량방식에 비해 빠르다.

해설
정풍량 방식(CAV)은 공조기에서 1개의 주덕트를 통하여 냉·온풍을 각 실로 보낼 때 송풍량은 항상 일정하며, 열부하에 따라서 송풍 온·습도만을 변화시켜 실내의 온습도를 조절하는 가장 기본적인 공조 방식으로 전공기방식에 속한다. 바닥면적이 크고 천장이 높은 곳에 적합하다. (중·소규모 건물, 극장, 공장 등)

답 : ②

예제문제 03

중앙제어공조방식에서 에너지절약을 위한 개선방법 중 단일덕트 정풍량 공조방식에 해당되지 않는 것은?

① 외기냉방을 가능하도록 할 것
② VAV 방식 채택
③ 공조 조닝의 재검토
④ 혼합박스의 냉·온풍 누기 방지

해설
이중덕트방식(double duct system)은 냉풍, 온풍의 2개의 덕트를 만들어, 말단에 혼합 유닛(unit)에서 열부하에 알맞은 비율로 혼합하여 송풍함으로써 실온을 조절하는 전공기식의 조절 방식이다. 냉·온풍의 혼합으로 인한 혼합손실이 있어서 에너지 다소비형 방식이다. 따라서 냉·온풍의 혼합으로 인한 에너지 손실을 방지하기 위해 혼합박스의 냉·온풍의 누기를 방지하여야 한다.

답 : ④

② **가변 풍량 방식(variable air volume system)**

단일 덕트로 공조를 하는 경우에 덕트의 관말에 가깝게 터미널 유닛을 삽입하여 송입 공기온도를 일정하게 하고, 송풍량을 실내 부하의 변동에 따라서 변화시키는 방식으로, 에너지 절약형이다.

㉠ 장점

- 부하 변동을 정확히 파악하여 실온을 유지하기 때문에 에너지 손실이 적다.
- 저부하시 풍량이 감소되어 송풍기를 제어함으로써 동력을 절약할 수 있다.
- 전폐형 유닛을 사용함으로써 사용하지 않는 실의 송풍을 정지할 수 있다.
- 개별 제어가 가능하다.

㉡ 단점

- 환기량 확보 문제와 송풍량을 변화시키기 위한 기계적인 문제점이 있다.
- 가변 풍량 유닛의 단말장치, 덕트 압력 조정을 위한 설비비가 고가이다.

■ 실기 예상문제

■ 가변풍량방식의 장·단점

■ VAV 방식(variable air volume system)
부하에 따라 송풍량을 변화시키는 시스템으로 팬동력의 절약을 기할 수 있다. 풍량 감소는 환기효과를 저하시키므로 최저 환기량 이하로는 하지 않는다.

■ VAV 유닛
서모스탯의 신호를 받아 풍량을 제어하는 기기로서 정압의 변동을 흡수하는 정풍량 기능을 가진다. 사람이 없는 방의 풍량을 0으로 할 수 있는 전폐기구도 흔히 이용된다.

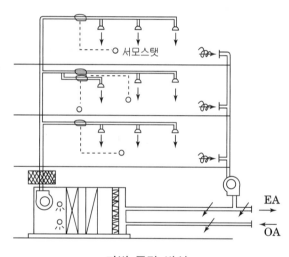

가변 풍량 방식

■ **변풍량 유닛(VAV unit)의 종류**

(1) 교축형(슬롯형)

부하가 감소하면 내부의 콘(cone)이라 불리는 부분이 좌우로 이동하면서 기류가 통과하는 통로를 넓혔다 좁혔다 하는 작용으로 풍량을 조절하는 형식이다.

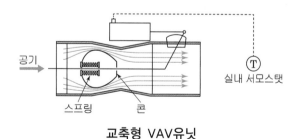

교축형 VAV유닛

① 풍량이 감소하게 되면 그와 연동되어 송풍기의 풍량도 감소되어 송풍기 동력도 절감된다.

② 정풍량 기능을 가지므로 덕트계의 설계와 운전조절이 용이하다.

③ 덕트의 정압변화에 대응할 수 있는 정압제어가 필요하다.

(2) 바이패스형

송풍공기 중 취출구를 통해 실내에 취출되고 남은 공기는 천장 속 또는 환기덕트로 바이패스 시키는 방식으로 급기팬은 항상 정풍량 운전을 한다.

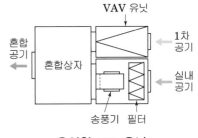

바이패스형 VAV유닛

① 유닛의 소음발생이 적다.

② 송풍덕트 내의 정압제어가 불필요하다.(송풍기 용량 제어를 위한 부속기기류의 설치가 불필요)

③ 덕트 계통의 증설이나 개설에 대한 적응성이 적다.

④ 천장 내의 조명으로 인한 발생열을 제거할 수 있다.

⑤ 전체 풍량은 동일하므로 부하변동에 따른 동력용 에너지 절약을 별로 기대할 수 없다.

(3) 유인형

저온의 고압 1차 공기 또는 팬으로 고온의 실내 또는 천장내 공기를 유인하여 부하에 따른 혼합비로 변화시켜 공급하는 방식이다.

유인형 VAV유닛

① 다른 방식에 비하여 덕트 치수가 작아지고, 난방시에는 실내발생열을 열원으로 이용할 수 있다.

② 고압의 송풍기가 필요하고, 적용범위가 제한되며, 실내의 오염물 제거 성능이 낮다.

예제문제 04

다음 중 변풍량 방식에 대한 설명으로 틀린 것은? 【13년 1급 출제유형】

① 부하변동 시 풍량제어를 통하여 실온을 유지하므로 에너지 절약에 기여할 수 있다.

② 실내부하가 감소하면 실내공기 오염도가 낮아지는 장점이 있다.

③ 동시사용률을 고려하여 기기용량을 결정할 수 있으므로 설비용량을 적게 할 수 있다.

④ 전폐형 유닛(whole closed type)을 사용하면 빈방의 급기를 정지 할 수 있어 운전비를 줄일 수 있다.

해설

실내부하가 극히 감소되면 실내공기의 오염이 심해져 청정도가 떨어진다.

답 : ②

예제문제 05

다음 중 공조시스템에서 덕트 내에 변풍량(VAV) 유니트를 채용하는 가장 주된 이유는?

① 소음제거

② 냉온풍의 혼합

③ 취출공기의 온도제어

④ 부하변동에 대한 대응

해설 변풍량(VAV)방식

토출공기 온도는 일정하게 하며 송풍량을 실내 부하의 변동에 따라 변화시키는 것으로 운전비는 감소하고 개별제어가 용이하며 에너지 절약형 공조방식이다.

※ 에너지 절약형 공조방식

변풍량(VAV)방식, 외기냉방방식, 전열교환기 설치, 히트펌프 시스템

답 : ④

예제문제 06

공조방식 중 변풍량방식에 사용되는 변풍량유닛에 관한 설명으로 옳지 않은 것은?

① 바이패스형은 덕트 내 정압변동이 없다.

② 유인유닛형은 실내의 2차 공기를 유인하므로 집진효과가 크다.

③ 교축형은 덕트 내의 정압변동이 크므로 정압제어방식이 필요하다.

④ 교축형은 부하변동에 따라 송풍량을 변화시키고 송풍기를 제어하므로 동력이 절약된다.

해설 변풍량 유닛(VAV unit)에는 교축형(슬롯형), 바이패스형, 유인형이 있다.

1) 교축형(슬롯형)

부하의 감소에 따라 급기량을 조절하는 방식으로 부하변동에 따라 송풍량을 변화시키고 송풍기를 제어하므로 동력이 절약된다. 덕트 내의 정압변동이 크므로 정압제어방식이 필요하다.

2) 바이패스형

부하가 감소하면 여분의 공기를 천장 속이나 환기덕트로 바이패스 시키는 방식으로 급기팬은 항상 정풍량 운전을 한다.

3) 유인형

저온의 고압 1차 공기 또는 팬으로 고온의 실내 또는 천장내 공기를 유인하여 부하에 따른 혼합비로 변화시켜 공급하는 방식이다. 난방시에는 실내발생열을 열원으로 이용할 수 있으나 실내의 오염물 제거 성능이 낮다.

답 : ②

예제문제 07

가변풍량(VAV) 터미널 유닛 방식에 따른 특징으로 적절하지 않은 것은?

【16년 출제문제】

① 유닛 입구의 압력 변동에 비례하여 온도 조절기 신호에 따라 풍량을 조절하는 유닛방식은 압력독립형이다.

② 부하가 변하여도 덕트내 정압의 변동이 없고 발생소음이 적은 유닛방식은 바이패스형이다.

③ 덕트내 정압변동이 크고 정압제어가 필요한 유닛방식은 교축형이다.

④ 1차공기를 고속으로 취출하기 위한 고압의 송풍기를 필요로 하는 유닛방식은 유인형이다.

해설

유닛 입구의 압력 변동에 비례하여 온도 조절기 신호에 따라 풍량을 조절하는 유닛방식은 압력종속형(압력연계형)이다.

답 : ①

예제문제 08

변풍량(VAV) 공조방식의 특징이 <u>아닌</u> 것은?   【15년 출제문제】

① 토출 공기 온도 제어가 용이
② 부분부하 시 송풍기 동력절감 가능
③ 실별 온도 제어가 용이
④ 실별 토출 공기의 풍량조절이 용이

해설

변풍량 공조방식(VAV, variable air volume system)

단일덕트로 공조를 하는 경우에 덕트의 관말에 가깝게 터미널 유닛을 삽입하여 토출 공기온도를 일정하게 하고, 송풍량을 실내 부하의 변동에 따라서 변화시키는 방식으로, 에너지 절약형이다.

1) 장 점
　㉠ 부하 변동을 정확히 파악하여 실온을 유지하기 때문에 에너지 손실이 적다.
　㉡ 부분부하 시 풍량이 감소되어 송풍기를 제어함으로써 동력을 절약할 수 있다.
　㉢ 전폐형 유닛을 사용함으로써 사용하지 않는 실의 송풍을 정지할 수 있다.
　㉣ 실별온도 제어가 용이하다.(개별 제어가 가능)
　㉤ 동시사용률을 고려하여 기기용량을 결정할 수 있으므로 설비용량을 적게 할 수 있다.

2) 단 점
　㉠ 환기량 확보 문제와 송풍량을 변화시키기 위한 기계적인 문제점이 있다.
　㉡ 가변 풍량 유닛의 단말장치, 덕트 압력 조정을 위한 설비비가 고가이다.
　㉢ 실내부하가 극히 감소되면 실내공기오염이 심해진다.

답 : ①

실기 예상문제

■ 2중 덕트방식의 장·단점

(2) 이중 덕트 방식(double duct system)

냉·온풍 2개의 덕트를 설비하여 말단에 혼합 유닛으로 실온을 조절하는 방식이다.

① 장점

- 개별 조절이 가능하다.
- 냉·난방을 동시에 할 수 있으므로 계절마다 냉·난방의 전환이 불필요하다.
- 전공기 방식이므로 냉·온수관이나 전기 배선을 실내에 설치하지 않아도 된다.
- 공조기가 중앙에 설치되므로 운전 보수가 용이하다.
- 칸막이나 공사 계획의 증감에 따라 환기 계획의 융통성이 있다.
- 중간기나 겨울철에도 외기에 따라 조절이 가능하다.

② 단점

- 설비비, 운전비가 많이 든다.
- 덕트가 이중이므로 덕트의 차지 면적이 넓다.
- 습도의 완전한 조절이 어렵다.
- 혼합 상자가 고가이다.

③ 용도

- 개별 제어가 필요한 건물
- 냉·난방 부하 분포가 복잡한 건물
- 전풍량 환기가 필요한 곳
- 장래 대폭적인 변경 가능성이 많은 건물

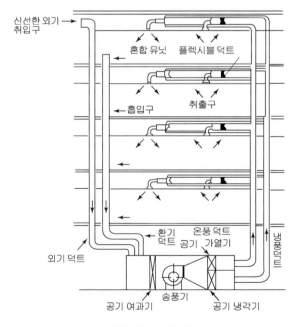

2중 덕트 방식

예제문제 09

다음 중 에너지절약적인 측면에서 가장 불리한 공기조화방식은? 【13년 2급 출제유형】

① 이중덕트방식
② 바닥취출 공조방식
③ 변풍량방식
④ 팬코일 유닛방식

해설

이중덕트방식(double duct system)은 냉풍, 온풍의 2개의 덕트를 만들어, 말단에 혼합 유닛 (unit)에서 열부하에 알맞은 비율로 혼합하여 송풍함으로써 실온을 조절하는 전공기식의 조절 방식이다. 냉·온풍의 혼합으로 인한 혼합손실이 있어서 에너지 다소비형 방식이다.

※ 에너지 多소비형 공조방식 : 2중덕트방식, 멀티존유닛방식, 터미널 리히팅방식(관말제어방식, 1대의 공조기로 냉난방을 동시에 할 수 있는 공조방식)

답 : ①

예제문제 10

다음 중 2중 덕트 공기조화 방식의 특징이 아닌 것은?

① 전공기 방식이다.
② 열손실이 거의 없다.
③ 실별 개별제어가 가능하다.
④ 냉풍과 온풍을 혼합하여 사용한다.

해설

이중덕트방식(double duct system)은 냉풍, 온풍의 2개의 덕트를 만들어, 말단에 혼합 유닛 (unit)에서 열부하에 알맞은 비율로 혼합하여 송풍함으로써 실온을 조절하는 전공기식의 조절 방식이다. 냉·온풍의 혼합으로 인한 혼합손실이 있어서 에너지 다소비형 방식이다. 따라서 냉 ·온풍의 혼합으로 인한 에너지 손실을 방지하기 위해 혼합박스의 냉·온풍의 누기를 방지하여 야 한다.

답 : ②

(3) 멀티존 유닛 방식(multi zone unit system)

공조기 내에 가열 코일과 냉각 코일을 병렬로 설치하고, 이들이 만든 별도의 온풍과 냉풍을 출구의 혼합 댐퍼로 혼합시킨 후, 이것과 각기 접촉하는 여러 덕트를 통해 각 구역으로 혼합공기를 공급하는 방식이다.

① 특징
　㉠ 장점
　　여름, 겨울의 냉·난방시 에너지 혼합 손실이 적다.
　㉡ 단점
　　• 중간기에 혼합 손실이 생겨 에너지 손실이 크다.
　　• 풍향의 밸런스가 깨어지는 결점이 있다.

② 용도
비교적 작은 규모(2,000$[m^2]$ 이하)의 공조 면적을 더욱 작은 존으로 나누는 장소

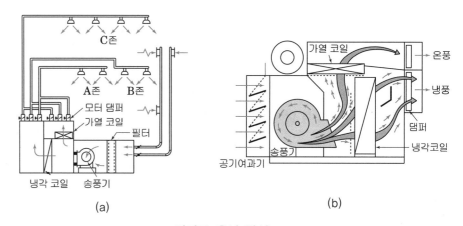

멀티존 유닛 방식

(4) 각층 유닛 방식(zone unit방식)

각층에 1대 혹은 여러 대의 공조기를 배치하는 방법으로, 1, 2차 공조기를 별도로 설치하여 1차 조화기(중앙 유닛)를 건물의 옥상, 지하 등의 기계실에 설비하고, 실내의 소요 신선 공기(1차 공기)만을 취입시켜 온습도를 조정한 후, 고속 또는 저속 덕트에 의해 건물의 존마다 마련된 2차 조화기(각층 유닛)로 보낸다. 2차 조화기에서는 각 존마다 재순환 공기를 1차 공기와 혼합 분출한다.

① 각 층마다 부하 및 운전 시간이 다른 경우 적합하며, 층별 존 제어가 가능하다.
② 큰 덕트를 설치할 필요가 없다.
③ 공조기가 분산 배치되므로 보수 관리가 복잡하다.
④ 공조기 수가 많이 들며 설비비가 크다.
⑤ 용도 : 방송국, 신문사, 백화점 등의 대형 건물

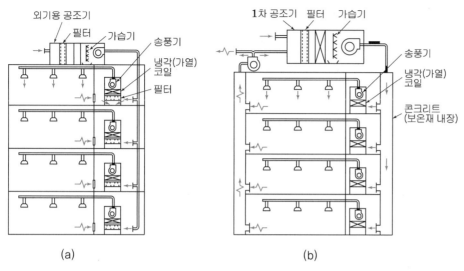

(a)   (b)

각층 유닛 방식

예제문제 **11**

다음 중 대형 백화점의 공기조화 방식으로 가장 적합한 것은?

① 각층유닛트방식   ② 유인유닛트방식
③ 팬코일유닛트방식   ④ 이중덕트방식

해설

각층유닛방식은 각층마다 조건이 다른 건물에 적합하며, 각층 또는 각 구역마다 공기조화유닛을 설치하는 방식으로 방송국, 신문사, 백화점 등의 대형 건물에 적당하다.

답 : ①

예제문제 **12**

공기조화방식 중 각층 유니트 방식에 대한 설명으로 옳지 않은 것은?

① 각층의 공조기로부터 소음 및 진동이 있다.
② 각층마다 부하변동에 대응할 수 있다.
③ 환기덕트가 필요 없거나 작아도 된다.
④ 공조기의 관리는 용이하나 각 층마다 부분운전이 불가능하다.

해설

각층유닛방식은 각층마다 부하 및 운전 시간이 다른 경우 적합하며, 층별 존 제어가 가능하며, 큰 덕트를 설치할 필요가 없다. 그러나, 공조기가 분산 배치되므로 보수 관리가 복잡하고, 공조기 수가 많이 들며 설비비가 크다.

답 : ④

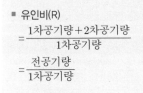

■ 유인비(R)
$$= \frac{1차공기량 + 2차공기량}{1차공기량}$$
$$= \frac{전공기량}{1차공기량}$$

1차 공기와 2차 공기

(5) 유인 유닛 방식(induction unit system, duct 및 unit 병용식)

1차 공기는 중앙 유닛(1차 공기조화기)에서 냉각 감습되고, 고속 덕트에 의하여 각 실에 마련된 유인 유닛에 보내고, 여기서 유닛으로부터 분출되는 기류에 의하여 실내 공기를 유인하고 유닛의 코일을 통과시키는 방식이다.

① 특징 : 덕트 면적을 절감할 수 있다.
② 용도 : 중간 규모 이상의 방이 많은 사무실, 호텔, 아파트, 병원 등 고층 건물에 적합하다.

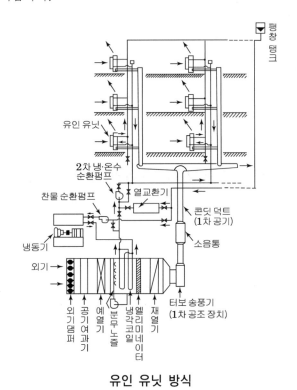

유인 유닛 방식

예제문제 13

유인 유닛 방식에 대한 설명 중 옳지 않은 것은?

① 각 유닛마다 조절할 수 있으므로 각 실의 온도조절이 가능하다.
② 각 유닛마다 수배관을 해야 하므로 누수의 염려가 있다.
③ 중앙공조기는 1차, 2차 공기를 처리해야 하므로 규모가 커야 한다.
④ 고속덕트를 사용하므로 덕트 스페이스를 작게 할 수 있다.

해설
유인 유닛 방식은 1차 공기는 중앙 유닛(1차 공기조화기)에서 냉각 감습되고, 고속덕트에 의하여 각 실에 마련된 유인 유닛에 보내고, 여기서 유닛으로부터 분출되는 기류에 의하여 실내 공기를 유인하고 유닛의 코일을 통과시키는 방식이므로 중앙공조기의 크기는 작아진다.

답 : ③

예제문제 14

취출공기의 이동과 관련된 유인비를 옳게 나타낸 것은?

① $\dfrac{1차공기량}{전공기량}$

② $\dfrac{전공기량}{1차공기량}$

③ $\dfrac{1차공기량}{2차공기량}$

④ $\dfrac{2차공기량}{1차공기량}$

해설

유인비$(K) = \dfrac{1차\ 공기량 + 2차공기량}{1차\ 공기량} = \dfrac{전공기량}{1차\ 공기량}$

답 : ②

(6) 팬코일 유닛 방식(fan coil unit system)

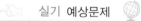

실기 예상문제

■ 팬코일 유닛 방식의 장·단점

팬코일이라고 불리는 소형 공조기를 각 실내에 여러 개 설치하고, 냉온수 배관을 접속시킨 다음, 여름에는 냉수, 겨울에는 온수를 공급하여 실내에 대류시킴으로써 냉·난방하는 방식이다.

① 장점
 • 실별 조절이 가능하다.
 • 덕트 면적이 작다.
 • 장래의 부하 증가에 대처할 수 있다.
 • 동력비가 적게 들고 기계실 덕트 공간도 적게 소요된다.

② 단점
 • 외기 공급의 장치를 별도로 설비한다.
 • 계획적인 면에서 실내 유닛에 대한 고려가 필요하다.
 • 보수 관리가 어렵다.
 • 중간기나 겨울철의 외기 냉방이 힘들다.
 • 송풍 능력이 적으므로 고도의 공기 처리는 불가능하다.

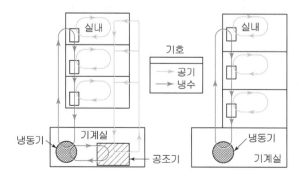

팬코일 유닛 덕트 병용 방식   팬코일 유닛방식

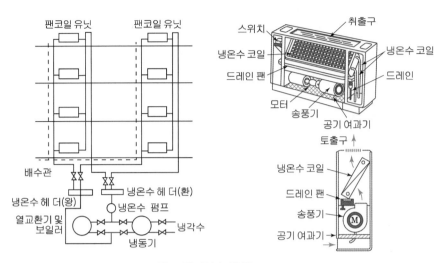

팬코일 유닛 방식

예제문제 15

공기조화방식 중 팬코일 유닛방식에 대한 설명으로 옳지 않은 것은?

① 각 유닛의 수동제어가 불가능하다.
② 덕트 방식에 비해 유닛의 위치 변경이 쉽다.
③ 각 실에 수배관으로 인한 누수의 우려가 있다.
④ 유닛을 창문 밑에 설치하면 콜드 드래프트를 줄일 수 있다.

[해설]
팬코일유닛방식(fan-coil unit system)은 전동기 직결의 소형 송풍기, 냉·온수 코일 및 필터(filter) 등을 갖춘 실내형 소형 공조기(fan-coil unit)를 각 실에 설치하여, 중앙 기계실로부터 냉수 또는 온수를 받아서 공기조화를 하는 방식으로 실내 각 유닛마다 개별제어가 가능하다.

답 : ①

예제문제 16

공기조화방식 중 전수방식으로 덕트 샤프트나 스페이스가 필요 없거나 작아도 되나 외기량이 부족하여 실내공기의 오염이 심할 수 있는 방식은?

① 단일덕트방식   ② 각층유닛방식
③ 멀티존 유닛방식   ④ 팬코일유닛방식

[해설]
외주부에 설치하여 콜드 드래프트를 방지하며, 개별제어가 가능하다. 외기공급 및 가습, 제습 장치가 별도로 필요로 하며 누수의 염려가 있고, 보수 및 점검 개소가 증가한다.

답 : ④

(7) 복사 패널 방식(panel air system)

바닥 또는 천장 안에 설치한 파이프 코일 속으로 온수 또는 냉수를 보내는 넓은 면의 복사로서, 냉·난방하는 방식으로 외기 도입을 위한 덕트 방식과 병용시키는 것이 일반적이다.

① 특징
  ㉠ 장점
   • 여름과 겨울 구별 없이 모두 쾌감도가 높다.
   • 유닛을 배치할 필요가 없으므로 바닥의 이용도가 높다.
   • 전기 발열과 같은 현열부하가 많은 경우에 유리하다.
  ㉡ 단점
   • 설비비가 많이 든다.
   • 중간기의 냉동기 운전을 필요로 한다.
   • 가동시간이 길고 물 배관 설비가 많기 때문에 누수의 위험과 수리가 곤란하다.

② 용도
  고층 건축물의 고급 사무실

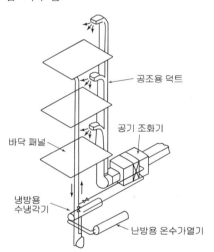

복사 패널 덕트 병용 방식

예제문제 17

다음의 공기조화방식에 대한 설명 중 옳은 것은?

① 각층 유닛방식은 단일 덕트방식 보다 유지관리가 쉽다.
② 팬코일 유닛방식에서 유닛을 창문 밑에 설치하면 콜드 드래프트를 줄일 수 있다.
③ 이중 덕트방식은 에너지 절약형 공기조화 방식이다.
④ 유인유닛방식은 전공기(全空氣)방식의 일종이다.

해설
① 각층 유닛방식은 단일 덕트방식 보다 유지관리가 어렵다.
③ 이중 덕트방식은 에너지가 소비가 많은 공기조화 방식이다.
④ 유인유닛방식은 수공기(水空氣)방식의 일종이다.

답 : ②

■ 에너지 절약형 공조방식
· 변풍량(VAV)방식
· 외기냉방방식
· 전열교환기 설치
· 히트펌프 시스템

■ 에너지 多소비형 공조방식
· 2중덕트방식
· 멀티존유닛방식
· 터미널 리히팅방식(관말제어방식, 1대의 공조기로 냉난방을 동시에 할 수 있는 공조방식)

■ 개별제어가 가능한 공조방식
· 변풍량(VAV)방식
· 이중덕트방식
· 각층유닛방식
· 팬코일유닛방식

(8) 패키지 방식(packaged unit system)

냉동기를 내장한 공기조화기를 패키지형 공조기라 하며, 이것을 실내에 설치한 방식이다.

① 장점
· 시공과 취급이 간단하고 대량 생산으로 원가가 절감된다.
· 현장 설치가 간단하고 공사기간도 짧아 설비비가 저렴하다.
· 국부 냉방에 유리하다.
· 자동 조작으로 간편하다.

② 단점
· 대용량에는 부적당하다.
· 소음이 크다.

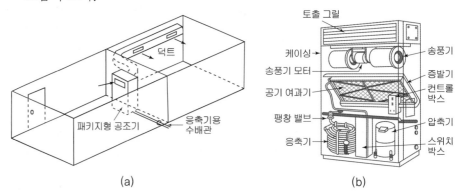

(a)   (b)

패키지형 공기조화 방식

예제문제 18

에너지 절약대책으로서 공조방식 선정시 고려해야 할 사항 중 틀린 것은?

① 대공간의 공장이나 환기량이 많은 주방 등에는 국소 공조를 행한다.

② 이중덕트 방식은 혼합에 따른 열손실이 작아 에너지 절약에 유효하다.

③ 우물물을 이용해서 히트펌프를 운전한다.

④ 중형 사무소 빌딩의 큰 실로서 안길이가 작은 경우, 조닝을 행하면 열손실을 일으킨다.

해설

이중덕트방식(double duct system)은 냉풍, 온풍의 2개의 덕트를 만들어, 말단에 혼합 유닛 (unit)에서 열부하에 알맞은 비율로 혼합하여 송풍함으로써 실온을 조절하는 전공기식의 조절방식이다. 냉·온풍의 혼합으로 인한 혼합손실이 있어서 에너지 다소비형 방식이다.

답 : ②

memo

제 4 장

열 원 설 비

CHAPTER 04 열원설비

01 보일러

1 보일러의 종류

구 분		특 징	사용 압력	용 도
주철제 보일러		· 내식성이 우수, 수명이 길다. · 취급이 간편, 분할반입 용이 · 주철제 부재를 조합	증기 : 0.1[MPa] 이하 온수 : 0.3[MPa] 이하	주 택
강판제 보일러	입형 보일러	· 수직형 보일러라고도 함 · 협소한 장소에 설치 가능 · 소용량용	증기 : 0.05[MPa] 이하 온수 : 0.03[MPa] 이하	주 택

	노통연관식	· 고압, 고효율 보일러
		· 공장 제품 그대로 운반 설치
		· 수명이 짧고, 고가이며,
		  예열시간이 길다
		· 보유수량이 많아 부하변동에도
		  안전
			0.4~0.7[MPa]	학 교
				사무소
				아파트
				백화점

	수관식 보일러	· 드럼과 여러개의 수관으로 구성 · 열효율이 좋고 보유수량이 적다. · 증기발생이 빠르고 대용량	1.0[MPa] 이상	산업용 대규모 건 물

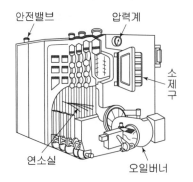

주철제 보일러

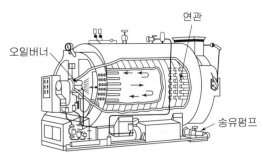

노통연관식 보일러

(1) 보일러 급수용 펌프

워싱턴형 펌프 또는 터빈펌프 사용

(2) 보일러실 조건

① 내화구조
② 천장 높이 : 보일러 상부에서 1.2[m] 이상
③ 보일러의 벽에서 벽까지 0.45[m] 이상
④ 난방부하의 중심에 둔다.

(3) 보일러실 관리

① 매년 1회 이상 성능검사
② 수면계·압력계·안전밸브 등 수시점검
※ 보일러 점화 전 주의사항(보일러 가동 중 가장 주의할 부분)
• 급수는 규정된 높이까지 – 수면계 확인(상용수위인지 확인)
• 보일러 가동 중 안전저수면 이하로 내려가면 위험(폭발할 우려)

예제문제 01

보일러에 대한 설명 중 옳지 않은 것은?

① 주철제 보일러는 규모가 비교적 작은 건물의 난방용으로 사용된다.
② 노통 연관보일러는 부하변동의 적응성이 낮으나 예열시간은 짧다.
③ 수관보일러는 대형건물 또는 병원이나 호텔 등과 같이 고압증기를 다량 사용하는
  곳에 사용된다.
④ 입형보일러는 설치 면적이 작고 취급은 용이하나 사용압력이 낮다.

해설
노통연관식 보일러는 부하의 변동에 대해 안정성이 있으나, 예열시간이 길고 주철제에
비해 가격이 비싸다.

답 : ②

2 보일러의 효율과 능력

(1) 보일러마력

1시간에 100[℃]의 물 15.65[kg]을 전부 증기로 증발시키는 증발 능력을 1보일러마력이라 한다.

① 1마력의 상당 증발량 : 15.65[kg/h]

② 15.65[kg/h]×539[kcal/kg] ≒ 8,434[kcal/h]

   15.65[kg/h]×2,257[kJ/kg] = 35,322[kJ/h] = 9.8[kW]

③ 전열면적 : 0.929[m²]

④ 방열면적 : 13[m²](≒ 8,434[kcal/h]÷650[kcal/m²·h]

   또는 9.8[kW]÷0.756[kW/m²])

예제문제 01

보일러의 출력표시에 관한 설명 중 옳지 않은 것은?

① 1시간에 9.8[kW]의 열량을 발산하는 보일러는 1마력이다.

② 전열면적 0.929[m²]의 보일러는 1마력이다.

③ 증기난방의 경우 상당 방열면적 1[m²]의 보일러(Boiler)는 1시간에 0.756[kW]의 열량을 발산한다.

④ 1시간에 100[℃]의 물 0.4[t]을 전부 증기로 증발시킨 보일러는 15마력이다.

해설 **보일러마력**

1시간에 100[℃]의 물 15.65[kg]을 전부 증기로 증발시키는 증발 능력을 1보일러 마력이라 한다.

400kg/h÷15.65kg/h=25.56=25.6마력

답 : ④

---

(2) 난방 도일(度日 : heating degree days : H.D)

추운 날의 정도를 나타내는 것으로서, 연료 소비량을 추정 평가하는 데 사용된다. 실내의 평균 온도와 외기의 평균 기온과의 차(差)에 일(日 : days)을 곱한 것이다.

$$H.D = \Sigma (t_i - t_0) \times \text{days} \, [℃ \cdot \text{days}]$$

t_i : 실내 평균 온도[℃]

t_0 : 실외 평균 온도[℃]

days : 난방 기간

• 특징
   ① 추운 정도의 지표가 된다.
   ② 값이 크면 난방 연료소비량이 많다.
   ③ 각 지역마다 값이 다르다.

예제문제 02

다음의 난방도일(heating degree day)에 관한 설명 중 옳지 않은 것은?

① 일반적으로 난방도일이 큰 지역일수록 연료소비량은 증가한다.
② 난방도일의 계산에 있어서 일사량은 고려하지 않는다.
③ 난방도일은 난방용 장치부하를 결정하기 위한 것이다.
④ 추운 날이 많은 지역일수록 난방도일은 커진다.

[해설]
난방도일(heating degree day)은 추운 날의 정도를 나타내는 것으로서, 연료 소비량을 추정 평가하는 데 사용된다.

답 : ③

3 급수장치

(1) 저압용 보일러

응축수 펌프, 환수용 진공펌프

(2) 고압용 보일러

① 전동 급수펌프 : 모터를 동력으로 한 펌프
② 워싱턴 펌프 : 보일러의 증기를 동력으로 한 펌프
③ 인젝터(injector) : 보일러의 증기관과 급수관을 연결하여 증기압을 동력으로 하여 급수하는 장치

(3) return tank : 보일러의 급수장치에 사용

보일러에는 경도가 높은 물을 사용해서는 안되며, 급수펌프로는 보통 워싱턴 펌프와 터빈 펌프가 주로 사용된다. 난방장치의 특수 펌프로는 컨덴세이션 펌프 등이 사용된다.

① 펌프 급수량

$$Q = 2\,W[\text{m}^3/\text{h}]$$

② 펌프 양정

$$H = (H_p + H_w + H_f) \times 1.2$$

W : 보일러 증발량[kg/h]

H_p : 보일러 압력에 해당하는 수두[m]

H_w : 펌프에서 보일러 수면까지 높이[m]

H_f : 배관의 마찰손실수두[m]

4 보일러실의 조건과 관리

(1) 구조는 내화구조로 하고 천장높이가 보일러 최상부에서 1.2m 이상 되게 하며, 보일러 외벽까지의 거리는 45cm 이상 되도록 해야 한다.
(2) 보일러실의 위치는 건물 중앙부, 즉 난방부하의 중심에 있도록 하는 것이 좋다.
(3) 보일러는 매년 1회 이상 성능 검사를 받도록 하고, 수면계·압력계·안전밸브 등을 수시로 점검하여야 한다.

5 보일러의 부하

(1) 보일러의 출력

보일러의 능력표시는 일반적으로 정격출력을 사용한다.

출 력	표 시 방 법
과부하출력	운전 초기나 과부하가 발생했을 때는 정격출력의 10~20% 정도 증가하여 운전할 때의 출력으로 한다.
정격 출력	연속해서 운전할 수 있는 보일러의 능력으로서 난방부하, 급탕부하, 배관부하, 예열부하의 합이며, 보통 보일러 선정시에는 정격출력에 기준을 둔다.
상용 출력	정격출력에서 예열부하를 뺀 값으로 정미출력에 5~10%를 가산한다.
정미 출력	난방부하와 급탕부하를 합한 용량으로 표시한다.

|학습포인트| 보일러 능력 표시법[보일러부하(H)]

📍 실기 예상문제 🌐

- 보일러 부하계산
- 보일러 출력계산
- 보일러의 발생열량, 환산증발량 계산

$$H = H_R + H_W + H_P + H_E$$

H : 보일러의 부하[kW]

H_R : 난방부하[kW] – 실의 손실열량

H_W : 급탕, 급기 부하[kW] – 주방, 욕실 등의 급탕에 필요한 열량[kJ/ℓ·h]

H_P : 배관부하[kW] – 배관에서의 손실열량. $H_R + H_W$에 대한 값

H_E : 예열부하[kW] – 보일러에 여력을 준 값. H_R, H_W, H_P에 대한 값

① 정격 출력

   = 난방부하(H_R) + 급탕부하(H_W) + 배관손실(H_P) + 예열부하(H_E)

   = 상용출력×1.25 = 방열기용량×1.35

② 상용 출력

   = 난방부하(H_R) + 급탕부하(H_W) + 배관손실(H_P)

   = 방열기용량×1.1

③ 방열기용량(정미출력) = 난방부하(H_R) + 급탕부하(H_W)

④ 난방부하

예제문제 01

공조바닥면적이 5,000m^2인 사무소 건물의 난방을 위한 보일러의 정미출력(Net Capacity, kW)으로 적합한 것은?(단, 면적당 난방부하는 0.2$\mathrm{kW/m}^2$이며, 급탕부하 100kW, 배관부하 20kW, 예열부하는 난방부하의 70%이다.) 【17년 출제문제】

① 1,020   ② 1,100

③ 1,120   ④ 1,820

해설

정미출력(방열기용량) = 난방부하(HR) + 급탕부하(HW)

   = 5000㎡×0.2kW/㎡ + 100kW = 1,100kW

답 : ②

예제문제 02

보일러의 출력에 관한 설명 중 옳은 것은?

① 정격출력은 일반적으로 보일러 선정시에 기준이 된다.

② 상용출력은 정격출력에서 급탕부하를 뺀 값으로, 정미출력의 1/4 정도이다.

③ 정격출력은 난방부하와 급탕부하를 합한 용량으로 표시되며, 일반적으로 정미출력의 1/2 정도이다.

④ 정미출력은 연속해서 운전할 수 있는 보일러의 능력으로서 난방부하, 급탕부하, 배관부하, 예열부하의 합이다.

해설

② 상용출력은 정격출력에서 예열부하를 뺀 값으로 정미출력에 5~10[%]를 가산한다.

③ 정격출력은 연속해서 운전할 수 있는 보일러의 능력으로서 난방부하, 급탕부하, 배관부하, 예열부하의 합이며, 보통 보일러 선정시에는 정격출력에 기준을 둔다.

④ 정미출력은 난방부하와 급탕부하를 합한 용량으로 표시한다.

답 : ①

예제문제 03

보일러 출력을 잘못 나타낸 것은?

① 상용출력은 정격출력에서 예열부하를 뺀 것이며 또는 정미출력의 1.05~ 1.1배로 구할 수 있다.

② 과부하출력은 운전초기나 과부하 발생시의 출력으로 보통 정격출력의 1.1~ 1.2배로 구할 수 있다.

③ 정격출력은 연속운전할 수 있는 보일러 능력이며 보일러 선정기준이 된다.

④ 정격출력은 난방부하 + 급탕부하 + 배관부하로 나타낼 수 있으며 정미출력의 1.35배로 구할 수 있다.

해설 보일러부하(H)

$H = H_R + H_W + H_P + H_E$

• 정격 출력 = 난방부하(H_R) + 급탕부하(H_W) + 배관손실(H_P) + 예열부하(H_E)

     = 상용출력×1.25 = 방열기용량×1.35

• 상용 출력 = 난방부하(H_R) + 급탕부하(H_W) + 배관손실(H_P)

     = 방열기용량×1.1

• 방열기용량(정미출력) = 난방부하(H_R) + 급탕부하(H_W)

• 난방부하

답 : ④

예제문제 | 04

온수난방에서 상당방열면적이 $400[\text{m}^2]$이고, 한시간의 최대급탕량이 $700[\ell/\text{h}]$일 때 보일러의 방열기용량은?(단, 급탕온도차는 $60[°C]$를 기준으로 함)

① $49[\text{kW}]$ ② $150[\text{kW}]$

③ $209[\text{kW}]$ ③ $258[\text{kW}]$

해설 방열기용량 = 난방부하(H_R) + 급탕부하(H_W)

㉠ 난방부하 $= 400[\text{m}^2] \times 0.523[\text{kW}] \fallingdotseq 209[\text{kW}]$

㉡ 급탕부하 $= \dfrac{700[\text{kg/h}] \times 4.2[\text{kJ/kg} \cdot \text{K}] \times 60[°C]}{3600[\text{s/h}]}$

∴ 방열기용량 = ㉠ + ㉡이므로 $209 + 49 = 258[\text{kW}]$

※ $1[\ell] = 1[\text{kg}]$, 물의 비열 $= 4.2[\text{kJ/kg} \cdot \text{K}]$

※ 급탕부하 $= \dfrac{\text{급탕량} m[\text{kg/h}] \times \text{비열} c[\text{kJ/kg} \cdot \text{K}] \times \text{온도차} \Delta t[\text{K}]}{3,600[\text{s/h}]}[\text{kW}]$

답 : ④

① 발생열량 $Q\,[\text{kJ/h}],\ [\text{kW}]$

발생열량이란 보일러를 출입하는 물 또는 수증기가 받아들인 열량으로 보일러의 출력을 말한다.

• 증기보일러

$$Q = G_s(h_2 - h_1)[\text{kJ/h}] = \frac{G_s(h_2 - h_1)}{3600}[\text{kW}]$$

여기서, G_s : 발생 수증기량$[\text{kg/h}]$

           h_2 : 발생 증기의 엔탈피$[\text{kJ/kg}]$

           h_1 : 보일러 입구에서 물의 엔탈피$[\text{kJ/kg}]$

       3600 : 환산계수($1\text{kJ/h} = \dfrac{1}{3600}[\text{kW}]$이므로)

• 온수보일러

$$Q = G_w(h_2 - h_1) = G_w \cdot C(t_2 - t_1)[\text{kJ/h}]$$
$$= \frac{G_w(h_2 - h_1)}{3600} = \frac{G_w C(t_2 - t_1)}{3600}[\text{kW}]$$

여기서, G_w : 순환수량[kg/h]

h_2, h_1 : 보일러 출구·입구에서 물의 엔탈피[kJ/kg](h=물의 비열×수온)

t_2, t_1 : 보일러 출구·입구에서 물의 온도[℃]

C : 물의 비열(4.19[kJ/kg·K])

3600 : 환산계수(1kJ/h=$\frac{1}{3600}$[kW]이므로)

예제문제 05

온수보일러의 순환수량이 1000[kg/h]이고 공급 수주관의 온수온도가 75[℃], 환수 수주관의 온수온도가 50[℃]라고 할 때 보일러의 출력은?

① 62.5[MJ/h] ② 73.3[MJ/h]

③ 104.7[MJ/h] ④ 115.1[MJ/h]

해설 온수보일러의 출력

$$Q = G_w(h_2 - h_1) = G_w \cdot C(t_2 - t_1)[\text{kJ/h}]$$

여기서,

G_w : 순환수량[kg/h]

h_2, h_1 : 보일러 출구·입구에서 물의 엔탈피[kJ/kg](h=물의 비열×수온)

t_2, t_1 : 보일러 출구·입구에서 물의 온도[℃]

C : 물의 비열(4.19[kJ/kg·K])

∴ $Q = G_w \cdot C(t_2 - t_1) = 1000 \times 4.19 \times (75-50) = 104750[\text{kJ/h}] ≒ 104.7[\text{MJ/h}]$

답 : ③

② 환산증발량(상당증발량) G_e[kg/h]

환산증발량이란 발생열량, 즉 보일러에서 1시간당 받아들인 열량을 100[℃]의 수증기량 G_e[kg/h]로 환산한 것을 말한다.

$$G_e = \frac{Q}{\gamma} = \frac{G_s(h_2 - h_1)}{2257}[\text{kg/h}]$$

여기서, Q : 발생열량[kJ/h]

  G_s : 발생 수증기량[kg/h]

  h_2 : 발생 증기의 엔탈피[kJ/kg]

  h_1 : 보일러 입구에서 물의 엔탈피(급수의 엔탈피)[kJ/kg]

  γ : 100[℃]에서 물의 증발잠열(2257[kJ/kg])

예제문제 06

보일러의 상당증발량(equivalent evaporation)에 대한 올바른 설명은?

① 보일러 발생증기가 흡수한 시간당 열량을 연료의 저위 발열량으로 나눈 값
② 보일러에 공급한 시간당 열량을 연료의 저위 발열량으로 나눈 값
③ 보일러 발생증기가 흡수한 시간당 열량을 100[℃]의 물의 증발잠열로 나눈 값
④ 보일러에 공급한 시간당 열량을 100[℃]의 물의 증발잠열로 나눈 값

해설 상당증발량(환산증발량, equivalent evaporation) G_e[kg/h]

상당증발량이란 발생열량, 즉 보일러에서 1시간당 받아들인 열량을 100[℃]의 수증기량 G_e[kg/h]로 환산한 것을 말한다.

$$G_e = \frac{Q}{\gamma} = \frac{G_s(h_2 - h_1)}{2257}[\text{kg/h}]$$

여기서, Q : 발생열량[kJ/h]

  G_s : 발생 수증기량[kg/h]

  h_2 : 발생 증기의 엔탈피[kJ/kg]

  h_1 : 보일러 입구에서 물의 엔탈피(급수의 엔탈피)[kJ/kg]

  γ : 100[℃]에서 물의 증발잠열(2257[kJ/kg])

답 : ③

예제문제 07

증기보일러의 발생증기량 23690[kg/h], 급수엔탈피 218[kJ/kg], 발생증기의 엔탈피 2680[kJ/kg], 외기온도 20[℃]일 때 매시 환산증발량[kg/h]은 얼마인가?

① 25842　　　　　　　　　　　② 27250

③ 29643　　　　　　　　　　　④ 31234

해설 환산증발량(상당증발량, equivalent evaporation) G_e[kg/h]

환산증발량이란 발생열량, 즉 보일러에서 1시간당 받아들인 열량을 100[℃]의 수증기량 G_e[kg/h]로 환산한 것을 말한다.

$$G_e = \frac{G_s(h_2 - h_1)}{2257}[\text{kg/h}]$$

여기서, G_s : 발생 수증기량[kg/h]

　　　　h_2 : 발생 증기의 엔탈피[kJ/kg]

　　　　h_1 : 보일러 입구에서 물의 엔탈피(급수의 엔탈피)[kJ/kg]

　　　　γ : 100[℃]에서 물의 증발잠열(2257[kJ/kg])

$$\therefore \ G_e = \frac{G_s(h_2 - h_1)}{2257} = \frac{23690(2680 - 218)}{2257} = 25842[\text{kg/h}]$$

답 : ①

예제문제 08

어느 보일러의 증발량이 3시간 동안에 4800[kg]이고, 그때의 증기압이 9기압(0.9[MPa])이고 급수온도는 75[℃]이며, 발생 증기의 엔탈피는 2848[kJ/kg]이라면 상당증발량은 몇 [kg/h]인가?(단, 소수 1자리 반올림)

① 1796　　　　　　　　　　　② 2019

③ 4271　　　　　　　　　　　④ 5388

해설 환산증발량(상당증발량, equivalent evaporation) G_e[kg/h]

환산증발량이란 발생열량, 즉 보일러에서 1시간당 받아들인 열량을 100[℃]의 수증기량 G_e[kg/h]로 환산한 것을 말한다.

$$G_e = \frac{G_s(h_2 - h_1)}{2257}[\text{kg/h}]$$

여기서, G_s : 발생 수증기량[kg/h]

　　　　h_2 : 발생 증기의 엔탈피[kJ/kg]

　　　　h_1 : 보일러 입구에서 물의 엔탈피(급수의 엔탈피)[kJ/kg]

　　　　γ : 100[℃]에서 물의 증발잠열(2257[kJ/kg])

$$\therefore \ G_e = \frac{G_s(h_2 - h_1)}{2257} = \frac{\frac{4800}{3}(2848 - 75 \times 4.19)}{2257} = 1796[\text{kg/h}]$$

답 : ①

③ 상당방열면적(표준방열면적, E.D.R)

보일러의 용량을 상당방열면적(E.D.R : Equivalent Direct Radiation)으로 나타내는 것으로 방열기의 면적 $1m^2$으로 시간당 방열하는 열량을 표준방열량 $[kW/m^2]$이라 하고, 보일러의 발생열량을 표준방열량으로 나누면 방열면적이 되며, 이를 상당방열면적 E.D.R$[m^2]$이라 한다.

• 증기난방

$$E.D.R = \frac{방열기의 \ 전 \ 방열량[kW]}{0.756[kW/m^2]}$$

• 온수난방

$$E.D.R = \frac{방열기의 \ 전 \ 방열량[kW]}{0.523[kW/m^2]}$$

표준 방열량

열매의 종류	표준 방열량 [kW/m²]	표준 상태에 있어서의 온도	
		열매의 온도	실 온
증 기	$0.756[kW/m^2]$	$102[℃]$	$18.5[℃]$
온 수	$0.523[kW/m^2]$	$80[℃]$	$18.5[℃]$

■ 표준방열량
 증기 : $0.756[kW/m^2]$
 온수 : $0.523[kW/m^2]$

■ 열량의 단위 환산
 1[kW] = 1000[W]
   = 860[kcal/h]
   = 1[kJ/s]
   = 3600[kJ/h]
 1[W] = 0.86[kcal/h]

④ 소요 방열기(section 수) 계산

• 증기난방

$$N_s = \frac{손실열량(H_L)[kW]}{0.756[kW/m^2] \times 방열기의 \ 방열면적(a_0)}$$

• 온수난방

$$N_W = \frac{손실열량(H_L)[kW]}{0.523[kW/m^2] \times 방열기의 \ 방열면적(a_0)}$$

■ 방열기

외기에 의한 열손실이 가장 큰 곳인 창문 아래에 설치하고, 벽과는 5~6cm 정도 띄운다.

① 대류 방열기
(컨벡터, convector) : 공기가 밑에서 유입되며, 가열되면 상부 개구부로 유출되어 자연 대류작용에 의해 실내 공기의 온도를 상승시키는 방열기
② 길드 방열기 : 방열면적을 증가시키기 위해 열전도율이 좋은 금속 핀을 여러 개 끼운 방열기
③ 관 방열기 : 고압용으로 관 표면적이 방열면적이 되는 방열기
④ 주형 방열기 : 기둥 모양의 방열기 조각(절)이 조립된 흔히 볼 수 있는 방열기 2주형, 3주형, 3세주형, 5세주형이 같다.

예제문제 09

증기난방을 하는 어떤 방의 난방부하가 7560[W]일 때 상당방열면적 및 필요한 방열기의 섹션(절)수는?(단, 1[W] = 0.860[kcal/h], 섹션 1개의 방열면적은 0.15[m²]로 한다.)

① 상당방열면적 : 10[m²], 섹션수 : 67
② 상당방열면적 : 10[m²], 섹션수 : 97
③ 상당방열면적 : 15[m²], 섹션수 : 67
④ 상당방열면적 : 15[m²], 섹션수 : 97

해설
· 상당방열면적(EDR)

$$EDR = \frac{손실부하(난방부하)}{표준방열량}$$

$$\therefore EDR = \frac{7.56[kW]}{0.756[kW/m^2]} = 10m^2$$

· 방열기의 절수(section) 산정

$$N_S = \frac{손실열량(H_L)[kW]}{0.756[kW/m^2] \times 방열기의\ 방열면적(a_0)}$$

$$\therefore N_S = \frac{7.56[kW]}{0.756[kW/m^2] \times 0.15} = 66.6 ≒ 67절$$

답 : ①

예제문제 10

실의 난방부하가 10[kW]인 사무실에 설치할 온수난방용 방열기의 필요 섹션수는? (단, 방열기 섹션 1개의 방열면적은 0.20[m²]로 한다.)

① 74섹션　　　　　　② 85섹션
③ 90섹션　　　　　　④ 96섹션

해설 온수난방의 쪽수

$$N_w = \frac{H_L}{0.523a_0} = \frac{10}{0.523 \times 0.2} = 95.6 = 96 섹션$$

여기서, H_L : 손실열량[kW]
　　　　a_0 : 1절당 방열면적[m²]

답 : ④

(2) 보일러의 효율(η_B)과 연료소비량(G_f) [kg/h, Nm^3/h]

 실기 예상문제

- 보일러의 효율 계산
- 보일러의 연료소비량 계산

보일러의 효율은 연료소비량에 대한 보일러 출력의 비율을 말한다.

$$\eta_B = \frac{G(h_2 - h_1)}{G_f \cdot H_f} \times 100[\%]$$

$$= \frac{증기량(발생\ 증기의\ 엔탈피 - 급수\ 엔탈피)}{연료\ 소비량 \times 연료의\ 저위발열량} \times 100[\%]$$

$$= \frac{환산\ 증발량 \times 2257}{연료\ 소비량 \times 연료의\ 저위발열량} \times 100[\%]$$

$$G_f = \frac{G(h_2 - h_1)}{\eta_B \cdot H_f} = \frac{증기량(발생\ 증기의\ 엔탈피 - 급수\ 엔탈피)}{보일러\ 효율 \times 연료의\ 저위발열량}$$

여기서, η_B : 보일러의 효율[%]

G : 증기량 또는 온수량[kg/h]

h_2, h_1 : 발생 증기 또는 온수의 엔탈피, 입구 물의 엔탈피

(급수 엔탈피)[kJ/kg]

G_f : 연료소비량 [kg/h], [Nm^3/h]

H_f : 연료의 저위발열량(액체연료 : [kJ/kg], 가스연료 : [kJ/Nm^3])

| 학습포인트 |

- **고위 발열량과 저위 발열량**

  고위발열량은 수증기의 잠열을 포함한 것이고, 저위발열량은 수증기의 잠열을 포함하지 않는다.

  이때 증발잠열의 포함 여부에 따라 고위발열량과 저위발열량으로 구분된다.

  천연가스의 열량은 통상 고위발열량으로 표시한다.

- **연료의 저위 발열량과 고위 발열량의 차이가 생기는 이유는 수소 성분 때문이다.**

  연료의 고위 발열량과 저위 발열량의 차이는 수증기의 증발잠열의 차이인데 대부분의 연료는 수소 성분으로 구성되어 있으므로 생성물 중에 존재하고 있다. 이 물의 상태에 따라 발열량의 값이 달라지게 되는 것이다.

예제문제 11

매시간 1000[kg]의 포화증기를 발생시키는 보일러가 있다. 보일러 내의 압력은 2기압이고, 매시간 75[kg]의 연료가 공급된다. 보일러의 효율[%]은 얼마인가?(단, 보일러에 공급되는 물의 온도는 20[℃]이고 포화증기의 엔탈피는 2705[kJ/kg]이며, 연료의 발열량은 41868[kJ/kg]이다.)

① 73% ② 83%
③ 86% ④ 93%

해설 보일러의 효율(η_B)[kg/h], [Nm³/h]

보일러의 효율은 연료소비량에 대한 보일러 출력의 비율을 말한다.

$$\eta_B = \frac{G(h_2 - h_1)}{G_f \cdot H_f} \times 100[\%]$$

$$= \frac{\text{증기량}(\text{발생증기의 엔탈피} - \text{급수 엔탈피})}{\text{연료소비량} \times \text{연료의 저위발열량}} \times 100[\%]$$

여기서,

η_B : 보일러의 효율[%]

G : 증기량 또는 온수량[kg/h]

h_2, h_1 : 발생 증기 또는 온수의 엔탈피, 입구 물의 엔탈피(급수 엔탈피)[kJ/kg]

G_f : 연료소비량[kg/h], [Nm³/h]

H_f : 연료의 저위발열량(액체연료 : [kJ/kg], 가스연료 : [kJ/Nm³])

$$\therefore \eta_B = \frac{G(h_2 - h_1)}{G_f \cdot H_f} \times 100[\%] = \frac{1000(2705 - 20 \times 4.19)}{75 \times 41868} \times 100[\%] = 83.4\%$$

답 : ②

예제문제 12

증기보일러에 30℃의 물을 공급하여 150℃의 포화증기를 220kg/h 비율로 생산한다. 연료의 저위발열량은 5000kJ/N·m³인 도시가스이며 연료소비율이 128N·m³/h라고 할 때, 이 보일러의 효율은? (단, 물의 비열은 4.2kJ/kg·K, 150℃의 포화증기의 엔탈피는 2,750kJ/kg으로 한다.) 【13년 1급 출제유형】

① 88.1% ② 90.2%
③ 92.7% ④ 94.4%

해설 보일러의 효율(η_B) [kg/h, Nm³/h]

보일러의 효율은 연료소비량에 대한 보일러 출력의 비율을 말한다.

$$\eta_B = \frac{G(h_2 - h_1)}{G_f \cdot H_f} \times 100\%$$

$$= \frac{\text{증기량}(\text{발생증기의 엔탈피} - \text{급수 엔탈피})}{\text{연료 소비량} \times \text{연료의 저위발열량}} \times 100\%$$

$$\therefore \eta_B = \frac{G(h_2 - h_1)}{G_f \cdot H_f} \times 100\% = \frac{220(2750 - 30 \times 4.2)}{128 \times 5000} \times 100\% = 90.2\%$$

답 : ②

예제문제 13

증기엔탈피가 750[W/kg], 건도가 100[%]인 증기 1000[kg/h]를 발생하는 증기 보일러의 연료소비량은?

- 응축수 엔탈피 : 50[W/kg]
- 1일 가동시간 : 10시간
- 보일러 효율 : 80[%]
- 연료 저위발열량 : 10000[W/Nm³]

① 775[Nm³/day]
② 825[Nm³/day]
③ 875[Nm³/day]
④ 895[Nm³/day]

해설

$$보일러의\ 효율 = \frac{환산\ 증발량 \times 2257}{연료\ 소비량 \times 연료의\ 저발열량} \times 100[\%]$$

$$= \frac{실제\ 발열량(발생증기의\ 엔탈피 - 급수\ 엔탈피)}{연료\ 소비량 \times 연료의\ 저발열량} \times 100[\%]$$

$$80 = \frac{1000 \times (750 - 50)}{G_f \times 10000} \times 100[\%]$$

$$\therefore\ G_f = 87.5[Nm^3/h] = 87.5 \times 10시간 = 875[Nm^3/d]$$

답 : ③

---

6 열교환기(heat exchanger)

열교환기는 냉각코일과 가열코일 및 냉동기의 응축기와 증발기 등에도 사용된다.

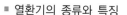

실기 예상문제

■ 열환기의 종류와 특징

(1) 교환기의 구조에 따른 분류

교환기의 구조에 따라 원통다관형, 플레이트형, 스파이럴형 등이 있다.

① 원통다관형(Shell & Tube형)

- 동체 내에 여러 개의 관으로 조립한 교환기
- 동체에는 증기나 고온수를 통하게 하여 관내에 흐르는 물을 가열하게 되는데 관내의 유속은 대체로 1.2[m/s] 이하로 설정한다.

② 판형(플레이트형)

㉠ 스테인레스 강판에 리브(rib)형의 골을 만든 여러 장을 나열하여 조합한 교환기

㉡ 플레이트(plate)를 경계로 서로 다른 유체를 통과시켜 열교환 하는 구조

㉢ 특징

- 원통다관형(Shell & Tube형)에 비해 열관류율 $K[\text{W/m}^2 \cdot \text{K}]$가 3~5배이므로 규모는 작아도 열교환 능력이 매우 좋다.
- 고온, 고압, 유지 관리성이 뛰어나며 부식 및 오염도가 낮아 고효율운전이 가능하다.
- 제조과정의 자동화가 가능하여 가격이 저렴하다.
- 용이하게 제작이 가능하며 설치공간이 적게 소요된다.
- 열교환기의 면적을 쉽게 변화시킬 수 있다.
- 체류시간이 짧아 열에 민감한 물질에 적합하다.
- 초고층 건물 등의 공조용 외에 다른 산업 분야에서도 널리 적용되고 있다.

③ 스파이럴(spiral)형

- 2장의 금속판(스테인리스 강판)을 나선형으로 감고 양쪽 통로에 유체를 통과시켜 열교환하는 방식으로 가스켓을 사용하지 않고도 수밀이 되는 구조로 되어 있다.
- 열팽창에 대한 염려가 적으며, 내부 청소 및 수리가 편리하다.
- 용도는 화학공업을 비롯하여 설치장소를 많이 차지하지 않으므로 고층건물의 공조용으로도 사용된다.

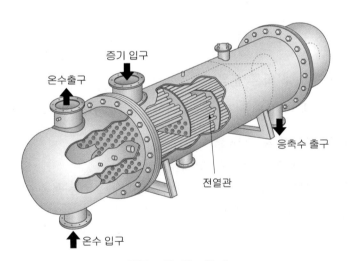

셀튜브형 열교환기

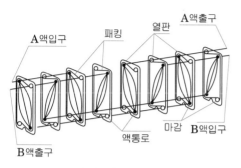

플레이트형 열교환기　　　　스파이럴형 열교환기(수평단면도)

│학습포인트│ 히트파이프 열교환기(Heat Pipe Type heat Exchanger)

밀봉된 파이프 내에 작동유체를 넣고 진공으로 하여 고온폐열의 열을 주면 작동 유체가 증발하고 응축부로 이동하여 저온 유체에 열을 전달하는 원리를 이용한 열회수 기기이다.

[특징]
① 열교환기에 비해 작동부분이 없으며, 소형 경량화가 가능하다.
② 낮은 온도차에도 회수효율이 높아 저온 열회수에 적당하다.
③ 경량이며,·구조가 간단하고 수평·수직·경사구조로 설치가 가능하다.
④ 전열면적 증대를 위해 핀튜브, 침상 튜브 등을 사용한다.
⑤ 유지관리 및 제작이 용이하다.
⑥ 간접 열교환 방식으로 직접 열교환 방식에 비해 오염의 우려가 적다.
⑦ 별도의 동력이 불필요하다.
⑧ 고성능화나 대량화는 곤란하다.
⑨ 길이가 길어지면 저항의 증가로 효율이 떨어진다.
⑩ 극저온이나 항공, 원자로 등 공조용 폐열회수와 열원장치 폐열회수에 사용된다.

히트파이프 열교환기

예제문제 01

다음 중 액체용 판형 열교환기 특징에 대한 설명이 아닌 것은?

① 높은 열전달계수로 인해 Shell & Tube 열교환기보다 열교환기 면적이 적게 소요된다.
② 온도 변화가 큰 유체인 경우에는 사용이 제한되지만 유체의 압력과는 상관없이 적용할 수 있다.
③ 용이하게 제작이 가능하며 설치공간이 적게 소요된다.
④ 열교환기의 면적을 쉽게 변화시킬 수 있다.

해설
판형(플레이트형)은 원통다관형(Shell & Tube형)에 비해 열관류율 $K[\text{W/m}^2\cdot\text{K}]$가 3~5배이므로 규모는 작아도 열교환 능력이 매우 좋으며, 고온, 고압, 유지 관리성이 뛰어나며 부식 및 오염도가 낮아 고효율운전이 가능하다.

답 : ②

예제문제 02

다음 중 히트 파이프(Heat pipe)와 관계없는 것은?

① 증발부, 단열부, 응축부로 구성된다.
② 폐열회수, 태양열 집열장치 등에 이용된다.
③ 전열(全熱) 교환이 가능하다.
④ 밀봉된 용기, 위크구조체, 작동유체가 필요하다.

해설

현열교환만 가능하다.

답 : ③

예제문제 03

다음 중 히트파이프형 열교환기의 특징이 아닌 것은?

① 낮은 온도차에도 회수효율이 높다.
② 유지관리 및 제작이 용이하다.
③ 경량이며 구조가 간단하다.
④ 직접 열교환 방식이고 오염의 우려가 크다.

해설

히트파이프형 열교환기는 밀봉된 파이프 내에 작동유체를 넣고 진공으로 하여 고온폐열의 열을 주면 작동 유체가 증발하고 응축부로 이동하여 저온 유체에 열을 전달하는 원리를 이용한 열회수 기기이다. 간접 열교환 방식이므로 직접 열교환 방식에 비해 오염의 우려가 적다.

답 : ④

실기 예상문제

■ 열교환기의 대수평균온도차
　와 전열량 계산

(2) 열교환기의 대수평균온도차(MTD : Mean Temperature Difference, Δt_m)와 전열량[W]

① 열교환기에서 고온의 유체와 저온의 유체가 이동하는 형식은 흐름 방향이 동일한 평행류형과 흐름 방향이 서로 반대인 대향류형(역류형)이 있다.

② 열교환량 Q [W]는 고온 유체와 저온 유체의 온도차가 비례하는데 각 위치마다 온도가 다르므로 이것을 평균치로 한 대수평균온도차(Δt)를 이용한다.

③ 대수평균온도차를 서로 비교해보면 대향류형(역류형)인 경우가 평행류보다 더 크므로 전열량도 많다.

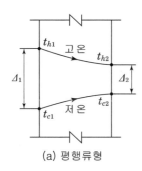 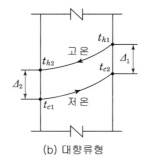

|(a) 평행류형|(b) 대향류형|

열교환기의 온도변화

$$Q = K \cdot A \cdot \Delta t_m$$

여기서, K : 열관류율$[\mathrm{W/m^2 \cdot K}]$

  A : 열교환기의 전열면적$[\mathrm{m^2}]$

  Δt_m : 대수평균온도차$[\mathrm{K}]$

$$\text{상관관계식} \quad \Delta t_m = \frac{\Delta_1 - \Delta_2}{l_n \dfrac{\Delta_1}{\Delta_2}}$$

평행류일 때 : $\Delta_1 = t_{h1} - t_{c1}$, $\Delta_2 = t_{h2} - t_{c2}$

대향류일 때 : $\Delta_1 = t_{h1} - t_{c2}$, $\Delta_2 = t_{h2} - t_{c1}$

l_n은 자연로그 e를 말한다. 즉, $\log_e = l_n$이다.

$\log_e$에서 e는 아래첨자 e로서 그 값은 $2.718 \cdots$이다.

실제 계산으로는 풀기가 곤란하므로 공학용계산기를 활용한다.

예제문제 04

대향류 물-물 열교환기가 정상상태에서 작동 중이다. 이때 더운 물의 입·출구 온도
는 90[℃]와 70[℃]이고, 찬 물의 입·출구 온도는 각각 30[℃]와 65[℃]이다. 이
열교환기의 대수평균온도차(LMTD)는 얼마인가?

① 30.5[℃] ② 31.9[℃]

③ 32.3[℃] ④ 33.5[℃]

해설 대수평균온도차(대향류일 때)

$$\mathrm{MTD} = \frac{\Delta_1 - \Delta_2}{l_n \dfrac{\Delta_1}{\Delta_2}} \qquad \therefore \ \mathrm{MTD} = \frac{(90-65)-(70-30)}{l_n \dfrac{(90-65)}{(70-30)}} = 31.9[℃]$$

답 : ②

예제문제 05

고온의 폐가스를 이용하여 급수를 예열하기 위한 대향류 열교환기를 설계하고자 한다. 설계조건이 다음 표와 같을 때 대수평균온도차는?

구분	폐가스온도(℃)	급수온도(℃)
열교환기 입구	300	100
열교환기 출구	200	150

① 142.5[℃]

② 135.4[℃]

③ 123.3[℃]

④ 108.3[℃]

해설 대수평균온도차(대향류일 때)

$$MTD = \frac{\Delta_1 - \Delta_2}{l_n \dfrac{\Delta_1}{\Delta_2}}$$

$$\therefore MTD = \frac{(300-150)-(200-100)}{l_n \dfrac{(300-150)}{(200-100)}} = 123.3[℃]$$

답 : ③

(3) 열교환기의 효율을 향상시키기 위한 방법

① 열교환 면적을 가급적 크게 한다.

② 대수평균온도차를 크게 한다.(열교환기 입구와 출구의 온도차를 크게 한다.)

③ 열전도율이 높은 재료을 사용한다.

④ 열통과율을 증가시킨다.

⑤ 유체의 유속을 증가시킨다.(작동유체의 흐름을 빠르게 한다.)

⑥ 유체의 이동길이를 짧게 한다.

⑦ 열용량이 높은 유체를 사용한다.

⑧ 유체의 흐름 방향을 대향류로 한다.

예제문제 06

열교환기의 능률을 향상시키기 위한 방법이 아닌 것은?

① 유체의 유속을 감소시킨다.

② 유체의 흐르는 방향을 대향류로 한다.

③ 열교환기 입구와 출구의 온도차를 크게 한다.

④ 열전도율이 높은 재료를 사용한다.

해설

유체의 유속을 증가시켜 작동유체의 흐름을 빠르게 한다.

답 : ①

일반적으로 열교환기에서 열교환 성능과 능력을 향상시키기 위한 방법 중 잘못된 것은?

① 대수평균온도차를 크게 한다.
② 열교환면적을 가급적 작게 한다.
③ 유체의 이동길이를 짧게 한다.
④ 열전도율이 큰 재료를 사용한다.

해설

열교환기의 효율을 향상시키기 위해 열교환 면적을 가급적 크게 한다.

답 : ②

7 보일러 이상 현상

(1) 캐리오버(carry over) 현상

① 보일러 물 속의 용해 또는 부유한 고형물이나 물방울이 보일러에서 발생한 증기에 혼입되어 보일러 밖으로 튀어 나가는 현상이다.

② 프라이밍(priming)이나 포밍(foaming, 거품작용) 등의 이상 증발이 발생하면, 결과적으로 캐리오버가 일어난다. 이때 증기뿐만 아니라 보일러 관수 중에 용해 또는 현탁되어 있는 고형물까지 동반하여 같이 증기 사용처로 넘어갈 수 있다.

③ 증기시스템에 고형물이 부착되면 전열효율이 떨어지며, 증기관에 물이 고여 과열기에서 증기과열이 불충분하게 된다.

④ 원인
• 증기의 부하가 클 때
• 보일러 피크부하 운전일 때
• 주증기밸브를 갑자기 개방할 때
• 보일러 고수위 운전일 때
• 보일러 과부하 운전일 때
• 보일러 관수가 과다하게 농축될 때
• 전기 전도도가 상승될 때
• 수질이 산성일 때(관수의 pH가 낮을 때)
• 실리카 농도가 높을 때
• 용존 기름류, 고형물 다량 함유시 운전일 때

실기 예상문제

■ 캐리오버(cerry over)현상
■ 프라이밍(priming)현상
■ 포밍(foaming)현상

예제문제 01

캐리오버 현상과 관계없는 것은?

① 거품의 발생   ② 관 내부의 수위가 높다.

③ 용존 기름류, 고형물 다량 함유시   ④ 관수의 pH가 높다.

해설

캐리오버(carry over) 현상은 증기가 수분을 동반하면서 증발하는 현상으로 관수의 pH가 낮을 경우 생긴다.

답 : ④

(2) 프라이밍(priming)

① 보일러수가 매우 심하게 비등하여 수면으로부터 증기가 수분을 동반하면서 끊임없이 비산하고 기실에 충만하여 수위가 불안정하게 되는 현상
② 원인 : 보일러가 과부하로 사용될 때, 수위가 너무 높을 때, 압력이 저하되었을 때, 물에 불순물이 많이 포함되어 있을 때, 드럼 내부에 설치된 부품에 기계적인 결함이 있을 때
③ 결과 : 수처리제가 관벽에 고형물 형태로 부착되어 스케일(scale)을 형성하고 전열불량 등을 초래한다.
④ 방지 : 기수분리기 등을 설치

(3) 포밍(foaming, 거품작용)

① 보일러수에 불순물, 유지분 등이 많이 섞인 경우나 알칼리성이 과한 경우 비등과 더불어 수면 부근에 거품층이 형성되어 수위가 불안정하게 되는 현상
② 원인 물질은 주로 나트륨(Na), 칼륨(K), 마그네슘(Mg) 등이다.

8 폐열회수장치

실기 예상문제

- 폐열회수장치의 설치 순서와 장치의 역할

폐열회수장치는 배기가스의 여열을 이용하여 열효율을 높이기 위한 장치이다.

- 열교환기(폐열회수장치)의 설치 순서[보일러 부속장치와 연소가스 접촉과정]

> 과열기 → 재열기 → 절탄기 → 공기예열기

(1) 과열기

보일러에서 발생한 포화증기의 수분을 제거하여 과열도가 높은 증기를 얻기 위한 장치이다.

(2) 재열기

고압 증기터빈을 돌리고 난 증기를 다시 재가열하여 적당한 온도의 과열증기로 만든 후 저압 증기터빈을 돌리는 장치로 과열기의 중간 또는 뒤쪽에 위치하며 과열기와 동일 구조이다.

(3) 절탄기

보일러 배기가스의 여열을 이용하여 급수를 가열하는 장치로 보일러 열교환 성능 향상과 연료의 절약 효과가 있다.(굴뚝으로 배출되는 열량의 20~30% 회수)

(4) 공기예열기

보일러 배기가스의 여열을 이용하여 연소용 공기를 예열시키는 장치로 연료의 연소를 양호하게 하며 노내의 온도가 높아져 열전달이 좋아지며 보일러의 효율을 향상시킨다.

- 절탄기(economizer)
  ① 열 이용률의 증가로 인한 연료소비량의 감소
  ② 증발량의 증가
  ③ 보일러 몸체에 일어나는 열응력(熱應力)의 경감
  ④ 스케일의 감소

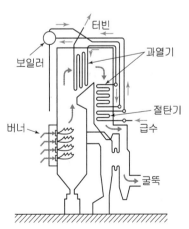

예제문제 01

보일러의 부속설비로서 연소실에서 연도까지 배치된 배치순서를 바르게 나타낸 것은?

① 절탄기 – 과열기 – 공기예열기　　② 과열기 – 절탄기 – 공기예열기

③ 공기예열기 – 과열기 – 절탄기　　④ 절탄기 – 공기예열기 – 과열기

해설 보일러의 부속설비의 연소실에서 연도까지의 배치순서

과열기 – 재열기– 절탄기(급수예열기) – 공기예열기

답 : ②

🌐 **실기 예상문제** 👉

■ 보일러 에너지절약 방안

■ 인버터 제어
전압과 주파수를 가변시켜 모터에 공급하므로 모터 속도를 고효율로 제어하는 시스템

■ 블로우 다운 밸브
 (blow down valve)
보일러, 화학설비 등의 기기에 이상사태가 되었을 때 수동 및 자동에 의해서 그 압력을 기기 밖으로 방출하여 안전장치로 사용되는 밸브이다. 형식에 따라 자압(自壓)형, 솔리노이드형, 다이아프램형이 있다.

9 보일러 에너지 절약방안

(1) 고효율 기기 선정 : 고성능 버너 및 급수펌프 설치하고 부분부하 효율을 고려한다.

(2) 대수 분할 운전(저부하시의 에너지 소모 절감) : 큰 보일러 한 대보다 여러 대의 보일러로 분할 운전한다.

(3) 인버터 제어를 도입 : 부분부하 운전의 비율이 매우 많을 경우 인버터 제어를 도입하여 연간 에너지 효율을 향상한다.

(4) 적정 공기비 관리 : 공기비가 높으면 배기가스 보유 열손실이 커지므로 적정 공기비를 유지한다.

(5) 응축수 및 배열 회수 : 보일러에서 배출되는 배기의 열을 회수(절탄기 이용)하여 여러 용도로 재활용한다.

(6) 급수 수질관리 및 보전관리

(7) 증기트랩 관리 철저 : 불량한 증기트랩을 정비하여 증기배출을 방지한다.

(8) 증기와 물 누설 방지

(9) 드레인(drain)과 블로운 다운(blow down) 밸브를 불필요하게 열지 않는다.
 : 블로운 다운량을 적절히 유지하여 열손실을 줄인다.

(10) 슈트 블로어를 채택

예제문제 01

보일러의 에너지절약 방안에 해당하지 않는 것은?

① 공기비가 높으면 배기가스 보유 열손실이 커지므로 적정 공기비를 유지한다.

② 보일러에서 배출되는 배기의 열을 회수하여 이용한다.

③ 소형 보일러 여러 대보다 성능 좋은 큰 보일러 한 대로 운전한다.

④ 블로우 다운(blow down) 밸브를 불필요하게 열지 않는다.

해설
큰 보일러 한 대보다 여러 대의 보일러로 분할 운전하여 저부하시의 에너지 소모를 절감한다.

답 : ③

---

02 냉동기

1 냉동 원리

구 분	구성 요소
압축식 냉동기	압축기 – 응축기 – 팽창밸브 – 증발기
흡수식 냉동기	증발기 – 흡수기 – 재생기(발생기) – 응축기

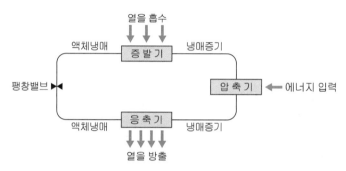

압축식 냉동기와 히트펌프의 사이클

(1) 냉동 사이클(냉동기의 순환 원리)

압축식(왕복식, 회전식, 터보식) 냉동기 → $p-i$ 선도(Mollier 선도)

- 압축기(compressor) : 증발기에서 넘어온 저온·저압의 냉매 가스를 응축 액화하기 쉽도록 압축하여 응축기로 보낸다.
- 응축기(condenser) : 고온·고압의 냉매액을 공기나 물과 접촉시켜 응축 액화시키는 역할을 한다.
- 팽창 밸브(expansion valve) : 고온·고압의 냉매액을 증발기에서 증발하기 쉽도록 하기 위해 저온·저압으로 팽창시키는 역할을 한다.
- 증발기(evaporator) : 팽창 밸브를 지난 저온·저압의 냉매가 실내 공기로부터 열을 흡수하여 증발함으로 냉동이 이루어진다.

(2) Mollier 선도(P-i 선도)

- 과정 ④ - ①

  냉동 효과를 나타내는 과정. 주위의 냉각 물체에서 열량 q를 흡수하며, 저온 체에서 흡수한 열량

$$q = i_1 - i_4 = i_1 - i_3$$

- 과정 ① - ②

  ①의 증기를 압축기에서 압축하는 과정. 압축일, 즉 선도상의 A_L에 해당

$$A_L = i_2 - i_1$$

- 과정 ② - ③

  저온 열원에서 흡수한 열량과 외부로부터 받은 일을 방출하는 과정

$$q + A_L = i_2 - i_3$$

- 과정 ③ - ④

  ③의 고압 액체가 팽창밸브를 통과하는 동안 단열팽창을 하여 ④의 낮은 온도 및 압력 상태로 변화하는 과정

$$Q = q + A_L$$

냉동의 성적을 표시하는 척도로 쓰여지는 성적계수 또는 동작계수
(COP : Coefficient of Performance)

ㄱ 냉동기의 성적계수

$$\epsilon_r = \frac{저온체로부터의\ 흡수열량(냉동효과)}{압축일} = \frac{q}{A_L}$$

ㄴ 열펌프의 성적계수

$$\epsilon_h = \frac{응축기의\ 방출열량}{압축일} = \frac{q + A_L}{A_L} = \frac{q}{A_L} + 1$$

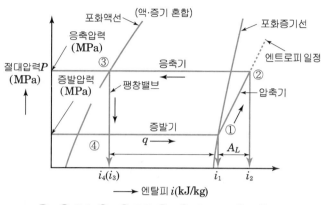

①→②:압축, ②→③:응축, ③→④:팽창밸브, ④→①:증발

몰리에르 선도상의 냉동사이클(R-12)

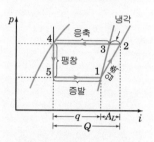

(a) 냉동사이클

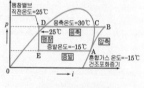

(b) $p-i$ 선도상의 사이클

표준 냉동사이클

| 학습포인트 | **성적계수(COP)**

$$Q = q + A_L \ : \ 냉동기의 \ 특징$$

→ 저온 쪽에서 흡수되는 열량(q)보다 고온 쪽에서 방출하는 열량(Q)이 더 크다.

• 냉동기의 성적계수(COP) = $\dfrac{냉동효과(q)}{압축일(A_L)}$ = $\dfrac{냉동능력}{소요능력}$

• 열펌프의 성적계수(COP_h) = $\dfrac{응축기의 \ 방출열량}{압축일}$ = $\dfrac{q+A_L}{A_L}$ = $\dfrac{q}{A_L} + 1$

∴ 열펌프를 이용한 성적계수(COP_h)가 냉동기로 이용한 성적계수(COP)보다 1만큼 크다.

| 학습포인트 | **성적계수(COP)**

• 성적계수(COP)
① 이상적 성적계수

$$COP = \dfrac{T_L}{T_H - T_L}$$

T_H : 응축 절대온도

T_L : 증발 절대온도

② 이론적 성적계수(COP)

$$COP = \frac{냉동효과(q)}{압축일(A_L)}$$

※ 성적계수(COP)를 향상시키는 방안

· 냉동효과(q)를 크게 한다.(증발기의 증발온도를 높게 한다. 증발기에서 피냉각 물질의 온도를 높게 한다.)
· 압축일(A_L)을 작게 한다.
· 냉각수의 온도를 낮게 한다.
· 냉매의 과냉각도를 크게 한다.
· 배관에서의 플래시 가스 발생을 최소화한다.

· 증발온도(압력)가 높을 때와 낮을 때의 영향

	증발온도(압력)가 높을 때	증발온도(압력)가 낮을 때
압축비	감소	증대(실린더 과열)
토출가스 온도	강하	상승
냉동효과	증대	감소
성적계수(COP)	증가	감소
냉매순환량	증가(비체적 감소)	감소(비체적 증대)

예제문제 01

증기압축 냉동사이클이 그림과 같을 때 압축일(kJ/kg)은 얼마인가?

【16년 출제문제】

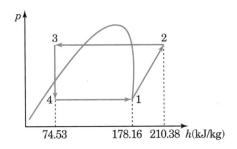

① 3.21　　　　　　　　　　　② 32.22
③ 103.63　　　　　　　　　　④ 135.85

정답

압축일(A_L) $= h_2 - h_1 = 210.38 - 178.16 = 32.22[kJ/kg]$

답 : ②

그림은 냉동 사이클의 각 위치에서의 엔탈피를 나타낸 것이다. 이 냉동 사이클의 성적계수(COP)는 얼마인가?(소수점 셋째 자리에서 반올림)

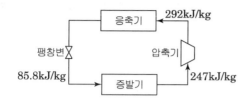

① 3.58 ② 3.45
③ 3.31 ④ 3.13

해설

$$COP = \frac{저온체로부터의\ 흡수열량(냉동효과)}{압축일} = \frac{냉동\ 효과(q)}{압축일(A_L)} 이므로$$

$$\frac{h_1 - h_4}{h_2 - h_1} 이다.$$

$$\therefore\ COP = \frac{h_1 - h_4}{h_2 - h_1} = \frac{247 - 85.8}{292 - 247} = 3.58$$

답 : ①

암모니아 냉동기의 응축기 입구 엔탈피가 1890[kJ/kg], 압축기 입구 엔탈피가 1680[kJ/kg], 증발기 입구 엔탈피가 400[kJ/kg]이다. 이 냉동기의 성적계수는 얼마인가?

① 5.2 ② 5.6
③ 6.1 ④ 6.4

해설

$$COP = \frac{저온체로부터의\ 흡수열량(냉동효과)}{압\ 축\ 일} = \frac{냉동\ 효과(q)}{압축일(A_L)} 이므로\ \frac{h_1 - h_4}{h_2 - h_1} 이다.$$

$$\therefore\ COP = = \frac{h_1 - h_4}{h_2 - h_1} = \frac{1680 - 400}{1890 - 1680} = 6.1$$

답 : ③

예제문제 04

압축식 냉동기에서 냉매 순환유량이 0.2kg/s, 증발기 입구 냉매의 비엔탈피가 100kJ/kg, 증발기 출구 냉매의 비엔탈피가 300 kJ/kg 이다. 외부와 열교환을 무시할 수 있는 압축기의 소요 동력이 15kW일 때 응축기에서 방출되는 열전달률은?

【18년 출제문제】

① 25kW

② 35kW

③ 45kW

④ 55kW

해설

Q = q + AL에서

q = (300−100) × 0.2 = 40kW

AL = 15kW

∴ Q = 40 + 15 = 55kW

답 : ④

예제문제 05

어느 냉동공장에서 50RT의 냉동부하에 대한 냉동기를 설계하려고 한다. 냉매는 등엔트로피 압축을 한다고 가정할 때, 다음 그림에서 냉매의 순환량($\mathrm{kgf/h}$)은 얼마인가? (단, 1 RT[냉동톤] = 3,320kcal/h)

【17년 출제문제】

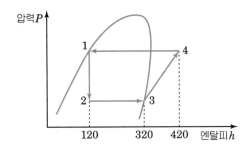

① 800

② 810

③ 830

④ 840

정답

$$냉매순환량 = \frac{냉동능력}{냉동효과} = \frac{3320 \times 50}{320 - 120} = 830\mathrm{kgf/h}$$

답 : ③

예제문제 06

사이클로 운전되던 냉동기에 냉매를 충전하여 B사이클로 운전되도록 개선하였다. 냉매 충전에 따른 COP 및 냉방용량 증가량으로 적절한 것은?
(A사이클 냉매유량 = 1.0kg/s, B사이클 냉매유량 = 1.2kg/s)   【20년 출제문제】

A사이클	
상태점	h(kJ/kg)
a1	240
a2	420
a3	470

B사이클	
상태점	h(kJ/kg)
b1	250
b2	410
b3	450

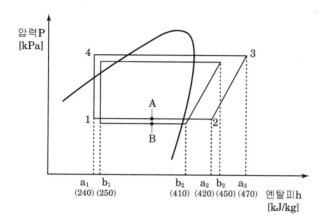

	COP 증가량	냉방용량 증가량
①	0.4	20kW
②	0.33	12kW
③	0.33	20kW
④	0.4	12kW

해설

1) COP 증가량

$$\text{COP}_A = \frac{1 \times (420 - 240)}{1 \times (470 - 420)} = 3.6$$

$$\text{COP}_B = \frac{1.2 \times (410 - 250)}{1.2 \times (450 - 410)} = 4$$

∴ 4 - 3.6 = 0.4 증가

2) 냉방용량 증가량

냉방용량 = 냉매유량 × 냉동효과

$q_{eA} = 1.0 \times (420 - 240) = 180$

$q_{eB} = 1.2 \times (410 - 250) = 192$

∴ $Q_{eB} - Q_{eA} = 192 - 180 = 12\text{kW}$ 증가

답 : ④

예제문제 07

냉각탑의 냉각수 출구온도를 낮추어 다음 P-h 선도와 같이 사이클이 변화하였을 경우 압축기 동력절감량은? (냉동기 냉매유량 1.32kg/s) 【20년 출제문제】

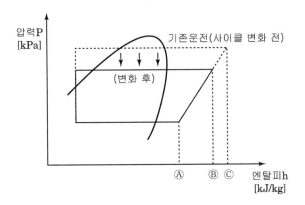

엔탈피 h(kJ/kg)	Ⓐ	Ⓑ	Ⓒ
	370	410	425

① 72.6kW

② 55.2kW

③ 16.4kW

④ 19.8kW

해설

$Ls = G(h_2 - h_1)$

$Ls_1 = 1.32(425-370) = 72.6$

$Ls_2 = 1.32(410-370) = 52.8$

$\therefore Ls_2 - Ls_1 = 72.6 - 52.8 = 19.8kW$

답 : ④

예제문제 08

냉동기의 COP 개선을 위한 사항이 아닌 것은?

① 냉각수의 온도를 낮게 한다.

② 증발기에서 피냉각물질의 온도를 높게 한다.

③ 압축기에서 압축비를 크게 한다.

④ 냉매의 과냉각도를 크게 한다.

해설

압축기에서 압축비를 작게 한다.

답 : ③

예제문제 09

증기압축 냉동사이클에 대한 설명으로 **틀린** 것은?   【15년 출제문제】

① 증발압력이 상승하면 COP는 증가한다.

② 응축압력이 상승하면 COP는 감소한다.

③ 응축기의 과냉도가 증가하면 COP는 증가한다.

④ 압축기의 압축비를 높이면 COP는 증가한다.

해설

압축기의 압축일 · 압축비가 크면 COP는 감소한다.

답 : ④

예제문제 10

증기압축식 냉동 사이클에서 응축온도를 일정하게 하고 증발온도를 상승시킬 경우 다음 중 옳은 것은?

① 압축비가 증가한다.   ② 성적계수(COP)가 증가한다.

③ 압축일량이 증가한다.   ④ 토출가스의 온도가 상승한다.

해설

증기압축식 냉동 사이클에서 응축온도를 일정하게 하고 증발온도를 상승시킬 경우 압축비는 감소하며, 토출가스의 온도는 강하한다. 냉동효과는 증대되며 성적계수(COP)가 증가한다.

답 : ②

■ 냉동능력

■ 우리나라에서도 냉동능력의 단
위로 보통 [kW] 또는 [USRT]를
사용한다.
1[USRT] = 3,516[W]

(3) 냉동 능력

냉동기의 능력을 냉동톤으로 표시하며, 1냉동톤은 0[℃]의 물 1톤을 24시간 동안
0[℃]의 얼음으로 만드는 능력을 말한다. 미터제 냉동톤[RT]과 미국냉동톤[USRT]
이 있다.

① 1냉동톤(1[RT], 일본식)

$$= \frac{1000[kg] \times 79.7[kcal/kg]}{24[h]} = 3320[kcal/h] = 3860[W] = 3.86[kW]$$

- 미국식인 경우 : 3,516W(3,024kcal/h)
- 일본식인 경우 : 3,860W(3,320kcal/h)

② $1[USRT] = \frac{2000[lb] \times 144[BTU/lb]}{24[h]} = 12000[BTU/h]$

$$1[USRT] = \frac{12000[BTU/h] \times 1.055[kJ/BTU]}{3,600[s/h]} = 3516[W] = 3.516[kW]$$

예제문제 **11**

냉동톤의 설명이 올바르게 기술된 것은?

① 표준기압에서 순수 1톤을 24시간 동안에 0[℃]의 물을 0[℃]의 얼음으로 만드는
냉동열량이다.
② 미터제 냉동톤[RT]은 3516[W]이다.
③ 물의 융해잠열은 409[kJ/kg]이다.
④ 냉동톤[RT]은 냉동기 중량을 나타낸다.

해설 냉동 능력

냉동기의 능력을 냉동톤으로 표시하며, 1냉동톤은 0[℃]의 물 1톤을 24시간 동안 0[℃]의
얼음으로 만드는 능력을 말한다. 미터제 냉동톤[RT]과 미국냉동톤[USRT]이 있다.

㉠ 1냉동톤(1[RT], 일본식)

$$= \frac{1000[kg] \times 79.7[kcal/kg]}{24[h]} = 3320[kcal/h] = 3860[W] = 3.86[kW]$$

- 미국식 : 3516W(3024kcal/h)
- 일본식 : 3860W(3320kcal/h)

㉡ $1[USRT] = \frac{12000[BTU/h] \times 1.055[kJ/BTU]}{3,600[s/h]} = 3516[W] = 3.516[kW]$

답 : ①

2 냉동기의 종류

냉동기의 종류

방 식	종 류		냉 매	용 량	용 도
증기압축식	왕복동식 냉동기 (reciprocating 냉동기)		R-12, R-22 R-500, R-502	1~400[kW]	룸 에어컨(소용량) 냉동용
	원심식 냉동기 (turbo 냉동기)		R-11, R-12, R-113	밀폐형 : 80~1600[USRT]	일반 공조용
				개방형 : 600~10000[USRT]	지역 냉방용
	회전식	로터리식 냉동기	R-12, R-22 R-21, R-114	0.4~150[kW]	룸 에어컨(소용량) 선박용
		스크류식 냉동기	R-12, R-22	5~1500[kW]	냉동용 히트 펌프용
	증기 분사식 냉동기		H_2O	25~100[USRT]	냉수 제조용
흡수식	흡수식 냉동기		H_2O LiBr(흡수액)	50~2000[USRT]	일반 공조용 폐열, 태양열 이용

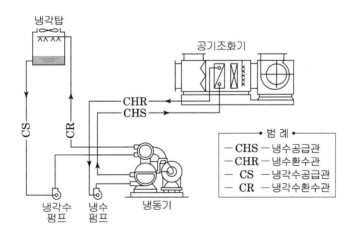

냉동장치 계통도

실기 예상문제

■ 압축식 냉동기의 순환원리
  (냉동사이클) 및 특징

(1) 압축식 냉동기

① 냉동사이클

압축기 → 응축기 → 팽창밸브 → 증발기

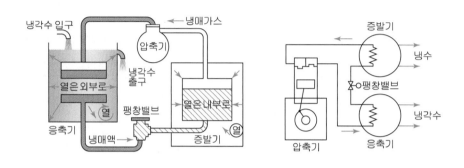

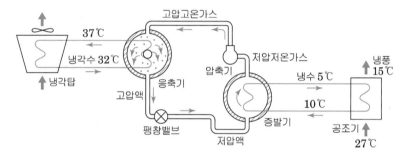

압축식 냉동기 계통도

② 특징

- 운전이 용이하다.
- 초기 설비비가 적게 든다.
- 기계적 동작에 의하여 진동·소음이 크다.
- 구동에너지가 전기이므로 전력소비가 많다.

③ 압축식 냉동기의 종류

ㄱ 왕복동식 냉동기

- 피스톤의 왕복운동에 의해 냉매증기를 압축하는 형식
- 특징
  - 회전수가 크므로 냉동능력에 비해 기계가 적고 가격이 싸다.
  - 높은 압축비를 필요로 하는 경우에 적합하다.
  - 냉동용량을 조절할 수 있다.
  - 피스톤의 왕복운동에 의한 진동 및 소음이 크다.
- 용도 : 냉동 및 중소규모의 공조, 히트펌프

ⓛ 터보식 냉동기
- 임펠러의 원심력에 의해 냉매가스를 압축하는 형식
- 특징
  - 효율이 좋고 가격도 싸다.
  - 냉매는 고압가스가 아니므로 취급이 용이하다.
  - 부하가 30% 이하일 때는 운전이 불가능하여 겨울에는 주의를 요한다.
    [서징(surging)현상]
- 용도 : 대규모 공조 및 냉동에 적합하며 일반적으로 많이 사용

ⓒ 회전식(스크류식) 냉동기
- 회전식 압축방법으로 냉매증기를 압축하는 형식
- 특징
  - 고가이므로 냉방 전용으로 부적합하다.
  - 압축비가 높은 경우에 적합하다.
  - 용량 제어성이 좋다
  - 왕복운동 부분이 없어 소음 및 진동이 적다.
- 용도 : 공기 열원 히트 펌프

(2) 흡수식 냉동기

 실기 예상문제

■ 흡수식 냉동기의 순환원리
  (냉동사이클) 및 특징

① 원리

냉매를 흡수하는 형식으로 압축냉동기의 압축기가 하는 압축을 흡수제를 이용하여 화학적으로 치환해서 냉동사이클을 형성하는 냉동기이다.

② 특징
- 증기나 고온수를 구동력으로 한다.
- 냉매는 물(H_2O), 흡수액은 브롬화리튬(LiBr)을 사용한다.
- 전력소비가 적다. (압축식의 1/3 정도)
- 진동, 소음이 적다.
- 증기 보일러가 필요하다.

③ 냉동 사이클

증발기 → 흡수기 → 발생기(재생기) → 응축기

- 증발기 내에서 냉수로부터 열을 흡수, 물은 증발하여 수증기가 되어 흡수기로 들어간다.
- 흡수기 내에서 수증기는 염수 용액에 흡수되며, 희석 용액은 발열 때문에 냉각수에 의해 냉각되어 발생기에 보내진다.

- 발생기 내에서 고온수나 고압 증기에 의해 가열되어 희석 용액 중 수증기는 응축기로 보내어지고 진한 용액은 흡수기로 되돌아간다.
- 발생기로부터 유입된 수증기는 저압의 응축기에서 응축되어 물이 되며 다시 증발기로 들어간다.

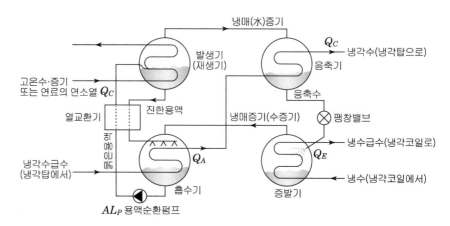

흡수식 냉동기의 원리도(1중 효용 : 단효용)

④ 2중효용 흡수식 냉동기

- 흡수식 냉동기는 발생기의 형식에 따라 1종효용(단효용)식과 2중효용 흡수냉동사이클식이 있다. 2중효용식 흡수냉동사이클은 고온발생기와 저온발생기를 갖추고 있다.
- 저온발생기는 고온발생기보다 압력이 낮다. 따라서 고온발생기보다 낮은 온도에서 다시 한번 증기가 발생한다.
- 고온발생기와 저온발생기가 있어 단효용 흡수식에 비해 효율이 높다.
- 냉매증기는 수증기이고 증기보일러와 연동하여 구동한다.
- 단효용 흡수식 냉동기보다 에너지 절약적이고 냉각탑 용량을 줄일 수 있다.

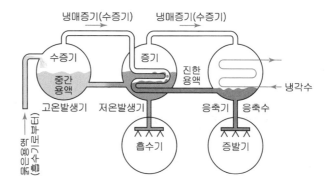

2중 효용 흡수식 냉동기의 원리

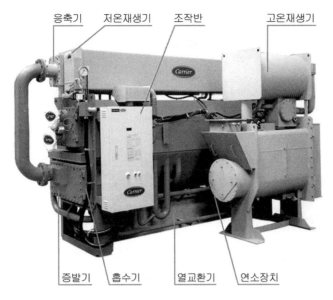

응축기　저온재생기　조작반　고온재생기

증발기　흡수기　열교환기　연소장치

흡수식 냉동기

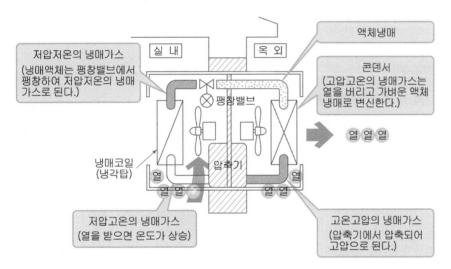

액체냉매

저압저온의 냉매가스
(냉매액체는 팽창밸브에서
팽창하여 저압저온의 냉매
가스로 된다.)

실 내　　옥 외

콘덴서
(고압고온의 냉매가스는
열을 버리고 가벼운 액체
냉매로 변신한다.)

팽창밸브

열 열 열

냉매코일
(냉각탑)

압축기

저압고온의 냉매가스
(열을 받으면 온도가 상승)

고온고압의 냉매가스
(압축기에서 압축되어
고압으로 된다.)

냉동기는 냉매를 사용해서 "열"을 실내에서 옥외로 운반한다.

예제문제 01

흡수식 냉동기와 압축식 냉동기의 냉매 순환경로가 맞는 것은?　　　【13년 1급 출제유형】

① 흡수식 : 흡수기 → 증발기 → 응축기 → 재생기

　　압축식 : 압축기 → 증발기 → 팽창밸브 → 응축기

② 흡수식 : 증발기 → 흡수기 → 재생기 → 응축기

　　압축식 : 증발기 → 압축기 → 응축기 → 팽창밸브

③ 흡수식 : 재생기 → 증발기 → 흡수기 → 응축기

　　압축식 : 증발기 → 압축기 → 응축기 → 팽창밸브

④ 흡수식 : 증발기 → 흡수기 → 재생기 → 응축기

　　압축식 : 응축기 → 압축기 → 팽창밸브 → 증발기

[해설] 냉동기 냉동사이클

㉠ 압축식 냉동사이클 : 압축기 → 응축기 → 팽창밸브 → 증발기

㉡ 흡수식 냉동사이클 : 증발기 → 흡수기 → 재생기(발생기) → 응축기

답 : ②

예제문제 02

다음의 냉동기에 관한 설명 중 옳지 않은 것은?

① 왕복동식 냉동기는 피스톤의 왕복운동에 의해 냉매증기를 압축하는 방식이다.

② 터보 냉동기는 재생기, 응축기, 증발기, 흡수기로 구성된다.

③ 스크류식 냉동기는 왕복운동 부분이 없어서 소음 및 진동이 적다.

④ 원심식 냉동기는 임펠러의 회전에 의한 원심력으로 냉매가스를 압축하는 형식이다.

[해설]

압축식(왕복동식, 터보식, 회전식) : 압축기 – 응축기 – 팽창밸브 – 증발기

답 : ②

예제문제 03

다음 중 LiBr 용액을 사용하는 흡수식 냉온수기의 냉방 사이클에 대한 설명이 아닌 것은?

① 냉매는 증발기 → 응축기 → 재생기 → 흡수기로 순환된다.

② 증발기에서는 냉매가 실내기 순환수와 열교환하여 수증기가 된다.

③ 흡수기에서는 냉매증기가 LiBr 수용액으로 흡수된다.

④ 재생기에서는 LiBr 희용액을 가열시킨다.

해설

냉동기의 종류와 냉매 순환 사이클

구분	종류	구성 요소
압축식	왕복동식, 터보식, 회전식	압축기 – 응축기 – 팽창밸브 – 증발기
흡수식	흡수식	증발기 – 흡수기 – 재생기 – 응축기

※ 흡수식 냉동기의 특징
· 증기나 고온수를 구동력으로 한다.
· 냉매는 물(H_2O), 흡수액은 브롬화리튬(LiBr) 사용
· 전력소비가 적다.(압축식의 1/3)
· 진동, 소음이 적다.
· 증기 보일러가 필요하다.

답 : ①

예제문제 04

냉동기에 관한 설명 중 옳지 않은 것은?

① 냉동기의 능력표시 단위로 냉동톤이 이용되고 있다.

② 압축식 냉동기의 냉동 사이클은 압축 → 응축 → 팽창 → 증발의 순이다.

③ 흡수식 냉동기는 압축식 냉동기에 비해 많은 전력을 소비한다.

④ 흡수식 냉동기의 설치면적은 압축식 냉동기에 비해 크다.

해설

흡수식 냉동기는 전력소비가 압축식의 1/3 정도로 적으며, 특별고압수전이 불필요하다.

답 : ③

예제문제 05

다음 중 흡수식 냉동기의 효율 향상을 위하여 사용하는 열교환기의 설치 위치로 가장 알맞은 것은?

① 발생기와 흡수기 사이
② 응축기와 증발기 사이
③ 증발기와 흡수기 사이
④ 압축기와 응축기 사이

해설

흡수식 냉동기는 효율 향상을 위하여 열교환기를 설치하는데 발생기(가장 온도가 높은 곳)와 흡수기(가장 온도가 낮은 곳) 사이에 설치한다.

답 : ①

예제문제 06

HVAC 시스템에서 냉방 시 냉수 온도를 낮춰 공조기 급기온도를 낮출 경우에 대한 설명으로 적절하지 않은 것은? [18년 출제문제]

① 동일 습도조건에서는 디퓨저와 덕트의 결로 가능성이 커진다.
② 공조기 공급풍량을 줄일 수 있어 팬동력 감소가 가능하며, 덕트 크기를 줄일 수 있다.
③ 냉동기 COP가 향상되어 냉동기 에너지 소비를 감소시킬 수 있다.
④ 냉수배관에서 대온도차를 이용한 설계를 할 경우 냉수 순환 유량을 감소시켜 냉수 펌프의 동력절감이 가능하다.

해설

저온공조시스템에서 저온의 냉수를 얻고자 하면 냉동기의 증발온도가 낮아야 하므로 냉동기의 성적계수(COP)는 감소되어 냉동기 에너지 소비를 증가시킬 수 있다.

답 : ③

(3) 냉매와 브라인(brine)

① 냉매

냉매란 냉각해야 할 물체에서 열을 빼앗아 소요온도로 강하시키는 화학적 약품으로서, 열의 매개물을 말한다. 그러므로 냉매는 냉동장치에 있어서 물질을 냉각하기 위하여 열을 일정한 장소에서 다른 장소로 운반하는 액체이다.

㉠ 냉매의 일반적인 조건

• 물리적 조건
  – 저온에서도 증발압력이 높고, 상온에서는 저압에서 응축액화가 용이할 것
  – 임계온도가 높고 상온에서 반드시 액화할 것

■ 임계온도(임계점)

물질에 적용된 압력에 관계없이 물질이 액화되는 최대온도를 말한다.(냉매 응축온도는 임계온도 이하이어야 한다.) 임계온도 이상에서는 증기를 냉각시켜도 액화되지 않으며, 임계온도 이상에서는 액체와 증기가 서로 평행으로 존재할 수 없는 상태이다.

– 응고점이 낮을 것

– 증발잠열이 크고, 액체의 비열은 작을 것

– 증기의 비체적이 작을 것

– 같은 냉동능력에 대하여 소요 능력이 적을 것

– 점도 및 표면장력이 작고, 열전도계수가 클 것

– 비열비가 작을 것

• 화학적 조건

– 금속을 부식하는 성질이 없을 것

– 안전성이 있을 것

– 인체에 해가 없고 독성이 없을 것

– 인화나 폭발의 위험성이 없을 것

– 증기 액체의 점성이 작을 것

– 냉동기 구성체를 부식하지 않을 것

– 가능한 한 윤활유에 녹지 않을 것

• 기타

– 값이 저렴하고 구입이 용이할 것

– 누설되기 어렵고 누설을 발견하기가 용이할 것

– 성적계수가 클 것

ⓒ 냉매의 종류

현재 사용되는 주요 냉매의 종류 및 용도

명 칭	화학기호	사용 온도 범위	냉동기의 종류	용 도
R−11	CCl_3F	고	터보식	냉방용
R−12	CCl_2F_2	고·중·저	왕복식·터보식	냉방·냉장·화학공업용, 기타
R−22	$CHClF_2$	고·중·저·초저	왕복식	일반냉방·냉장·화학공업용, 기타
R−113	$C_2Cl_3F_3$	고	터보식	일반 냉방용
R−114	$C_3Cl_3F_4$	고·중	터보식·왕복식	냉방·화학공업용
R−500	CCl_2F_2 (73.8%)	고·중	왕복식	냉방·냉장용
	CH_3CHF_2 (26.2%)			
암모니아	NH_3	중·저	왕복식·흡수식	제빙·냉장·화학공업용
물	H_2O	고	흡수식·증기분사식	냉방·화학공업용

[주] 고 : 0[℃] 이상, 중 : 0~−20[℃], 저 : −20~−60[℃], 극저 : −60[℃] 이하 번호가
　　작을수록 특성이 크다.

실기 **예상문제**

▪ 대체 냉매의 요건과 종류

▪ ODP
(Ozone Depletion Potential) : CFC-11을 1.0으로 한 오존층 파괴력의 질량당 추정치

▪ GWP
(Global Warming Potential) : CFC-11을 1.0으로 한 온실효과의 질량당 추정치

▪ 교토의정서 6대 온실가스(기후변화협약에서 규정한 지구온난화를 일으키는 온실가스)
• 이산화탄소(CO_2)
• 메탄(CH_4)
• 아산화질소(N_2O)
• 수소불화탄소(HFC_S)
• 과불화탄소(PFC_S)
• 육불화황(SF_6)

ⓒ 대체냉매

오존층(O_3)층을 파괴하는 CFC계의 냉매를 대체하는 물질

• 대체 프레온의 요건
 – 오존파괴지수(ODP)가 낮을 것
 – 지구온난화지수(GWP)가 낮을 것
 – 무미, 무취, 무독(저독성), 불연성일 것
 – 단열성, 전기절연성이 우수할 것
 – 수분을 함유하지 말 것
 – 기존 장치의 큰 변경없이 적용 가능할 것
 – 혼합 냉매의 경우 가능한 한 단일 냉매와 유사한 특성일 것

• 각종 대체 프레온
 – HCFC-22 : 오존파괴능력이 CFC-11의 1/20로 무공해 프레온의 하나로 빌딩의 에어콘 등에 사용되고 있다.
 – HCFC-123 : CFC-11의 대체품으로 개발된 대체냉매로 주용도는 경질 우레탄폼의 발포제이나 발포성 기계강도의 저하가 보이고 있기 때문에 HCFC-141b와 혼합 등을 포함해 개발이 기대되고 있다.
 – HFC-134a : 현재 가장 최적의 대체 프레온으로 주목받고 있다.
  오존파괴지수(ODP)는 0, 비점 -26[℃]이다.

▪ 비열비(k) = $\dfrac{정압비열(C_p)}{정적비열(C_v)}$

• 비열 : 어떤 물질의 단위중량당 열용량으로서 1[g](1[kg])인 물체를 1[℃] 올리는데 필요한 열량
• 비열은 물질에 열이 가해지는 조건 및 그때의 상태에 따라 값이 달라지는데 고체나 액체보다 기체에서 그 영향이 크다.

예제문제 07

다음 중 압축식 냉동기에서 사용되는 냉매의 구비조건으로 잘못된 것은?

① 증발잠열이 클 것
② 비등점(비점)에 낮을 것
③ 임계온도가 높을 것
④ 비열비가 클 것

해설 냉매 구비조건
• 저온에서도 증발압력이 높고, 상온에서는 저압에서 응축액화가 용이할 것
• 임계온도가 높고 상온에서 반드시 액화할 것
• 응고점이 낮을 것
• 증발잠열이 크고, 액체의 비열은 작을 것
• 증기의 비체적이 작을 것
• 같은 냉동능력에 대하여 소요 능력이 적을 것
• 점도 및 표면장력이 작고, 열전도계수가 클 것
• 비열비가 작을 것

답 : ④

예제문제 08

건물용으로 사용되는 흡수식 냉동기의 냉매는?

① LiBr 수용액
② 공기
③ 암모니아
④ 물(H_2O)

해설 냉동기의 냉매
· 왕복동식 냉동기 : freon gas R_{11}, R_{12}
· 터보식 냉동기 : freon gas R_{11}, R_{113}, R_{114}
· 흡수식 냉동기 : 물(공조용), NH_3(공업용)
· 스크루식 냉동기 : freon gas R_{22}, R_{12}
※ 공조용 흡수식 냉동기는 냉매는 물, 흡수액으로 취화리듐(LiBr)을 대부분 사용한다.

답 : ④

예제문제 09

CF_3Cl 냉매의 호칭으로 맞는 것은?

① R-11
② R-12
③ R-13
④ R-21

해설
① R-11 (CCl_3F)   ② R-12 (CCl_2F_2)
③ R-13 (CF_3Cl)   ④ R-21 ($CHCL_2F$)

답 : ③

예제문제 10

지구온난화를 일으키는 온실가스로 기후변화협약에서 규정하지 않는 것은?

① 오존(O_3)
② 메탄(CH_4)
③ 이산화탄소(CO_2)
④ 수소불화탄소(HFC_S)

해설 교토의정서 6대 온실가스
이산화탄소(CO_2), 메탄(CH_4), 아산화질소(N_2O), 수소불화탄소(HFC_S), 과불화탄소(PFC_S), 육불화황(SF_6)

답 : ①

■ 브라인(brine)
원래 염수라는 뜻이지만 공조
분야에서는 부동액으로서 0℃
이하에서 사용하는 열매체액을
말한다.

② 브라인(brine)

냉동기의 증발기에서 생긴 저온을 냉장품 등의 피냉각물(被冷却物)에 전하는 2차
냉매인 부동액을 브라인이라 한다.

㉠ 브라인의 필요 조건
- 동결점(凍結點)이 낮은 액체일 것
- 열용량이 클 것
- 응고점이 낮을 것
- 점도 및 표면장력이 작을 것
- 열전도가 좋을 것
- 접촉 재료를 잘 부식시키지 않으며, 불연성·무독성일 것

㉡ 브라인의 종류와 성질

브라인은 식염 브라인, 염화칼슘 브라인, 염화마그네슘 브라인, 염화나트륨
브라인, 메틸렌 클로라이드, 알콜, 에틸렌클리콜, 글리세린 용액 등이 있으
며, 보통은 염화칼슘($CaCl_2$)을 물에 용해시킨 브라인이 사용되고, 최저 응고
점은 농도 29.9%일 때 −55℃로 극히 낮으므로 냉장용이나 제빙용 등 저온
공업용에 널리 사용되고 있다.

03 냉각탑

응축기에서 발생한 응축잠열은 냉각수에 흡수된다. 응축잠열로 고온이 된 냉각수는 대기 중에 버려야 하는 데 이때 냉각수에 공기를 직접 접촉시켜 방열하는 장치를 냉각탑이라 한다. 즉, 응축기에서 냉각수가 빼앗은 열량을 냉각시켜 주는 역할을 하는 장치이다.

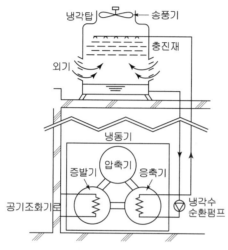

냉동기와 냉각탑 연결도

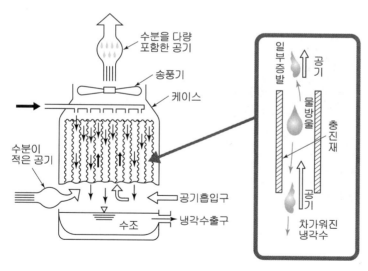

냉각탑의 역할

1 냉각탑의 종류

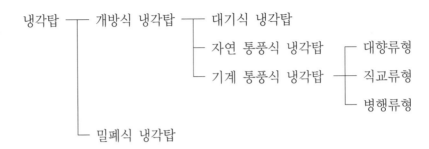

냉각탑 ┬ 개방식 냉각탑 ┬ 대기식 냉각탑
│ ├ 자연 통풍식 냉각탑 ┬ 대향류형
│ └ 기계 통풍식 냉각탑 ┼ 직교류형
│ └ 병행류형
└ 밀폐식 냉각탑

(1) 개방식

각수가 냉각탑 내에서 대기에 노출되는 개방 회로 방식으로, 공기조화에서는 대부분 이 방식이 사용된다.

(2) 밀폐식

냉각수 배관이 밀폐된 것으로서, 폐회로 수열원 열펌프 방식과 같이 냉각수 배관의 길이가 길고, 건축 내에 널리 분포되어 있는 경우에 사용된다. 대기오염이 아주 심하거나 외부에 노출시켜 설치할 수 없을 때 주로 사용한다.

개방형(Open Circuit Type)

밀폐형(Closed Circuit Type)

② 물의 흐름방향에 따른 분류

(1) 대향류식

공기를 아래에서 위로 흐르게 함

(2) 직교류식

공기를 수류와 직각으로 흐르게 함

대향류형

직교류형

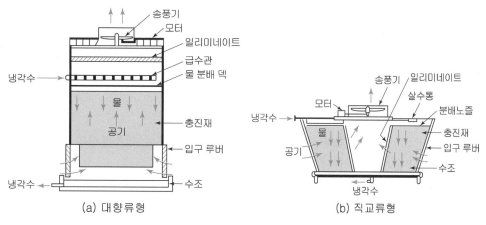

(a) 대향류형   (b) 직교류형

냉각탑

- **열효율**
  열효율이 높은 순으로 대향류형,
  직교류형, 병행류형이다.

3 냉각탑의 설치 장소

(1) 충분한 통풍이 확보될 수 있는 장소로 냉각탑의 급기와 배기가 혼합되지 않도록 계획한다.

(2) 연돌의 배기, 주방의 배기 등으로 냉각수가 오염되지 않는 장소에 계획한다.

(3) 기계 통풍 냉각탑은 소음이 발생하므로 주변의 영향을 고려한다.

(4) 냉각탑으로부터 흩어지는 물방울이 주위에 낙하하므로 사람이 모이는 곳으로부터 거리와 풍향을 고려한다.

(5) 주위의 조형물과의 관계를 고려하여 결정한다.

4 냉각탑의 용량

실기 예상문제

- 냉각탑의 용량계산
- 냉각탑의 순환수량, 보급수량 계산

(1) 냉각 열량 H_{CT}[W]

① 증기 압축식 냉동기의 경우

$$H_{CT} = H_E + H_C + H_P \fallingdotseq H_E + H_C[\text{W}]$$

H_E : 냉동열량[W]
H_C : 압축 동력의 열당량[W]
H_P : 펌프 동력의 열당량[W]

② 흡수식 냉동기의 경우

$$H_{CT} = H_E + H_R + H_P \fallingdotseq H_E + H_R[\text{W}]$$

H_R : 재생기 가열용량[W]

일반적으로 증기 압축식 냉동기에 대한 냉각탑 용량은 냉동열량의 1.2~1.3배, 흡수식 냉동기에 대한 냉각탑 용량은 냉동열량의 2.5배이다.

냉각탑의 용량은 냉각톤으로 나타내며 1냉각톤은 4535W(3900kcal/h)이다.

※ 어프로치(approach)

냉각탑에 의해 냉각되는 물의 출구 온도는 외기 입구의 습구(濕球) 온도에 따라 바뀌는데, 이때의 물 온도와 외기의 습구 온도차를 말하며, 냉각탑의 설계에 따라 크게 영향을 받는 값으로, 너무 작게 잡으면 냉각탑이 크게 되어 건설비, 운전비 등이 늘어나 비경제적이므로 보통 4~6[℃](5[℃]) 부근으로 한다.

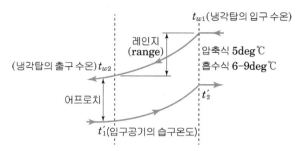

냉각탑 내의 온도 변화(수온과 습공기온도의 변화)

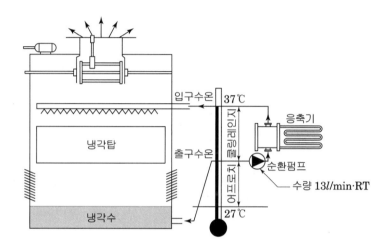

예제문제 01

냉각탑 주위의 배관에 대한 설명 중 옳지 않은 것은?

① 냉각수 배관은 일반적으로 개방회로이다.

② 펌프의 위치는 응축기의 흡입측에 설치한다.

③ 냉각탑 입구측 배관에 스트레이너를 설치한다.

④ 냉각탑 주위의 세균 감염에 유의하여야 한다.

해설 **냉각탑**

· 응축기에서 냉각수가 빼앗은 열량을 냉각 순환시켜 대기 중으로 방출하기 위한 장치이다.

· 냉각수 배관은 일반적으로 개방회로이다.

· 펌프의 위치는 응축기 흡입 측에 설치한다.

· 개방된 냉각탑의 출구 측에는 배관에 스트레이너(strainer)를 설치하여 이물질의 유입을 막는다.

답 : ③

예제문제 02

냉각탑에서 어프로치(approach)에 관한 설명으로 가장 적절한 것은?　【19년 출제문제】

① 냉각탑 출구수온과 입구공기 습구온도의 차
② 냉각탑 출구수온과 냉각탑 입구수온의 차
③ 냉각탑 입구수온과 출구공기 습구온도의 차
④ 냉각탑 입구공기 습구온도와 출구공기 습구온도의 차

해설 **쿨링 어프로치(Cooling Approach)**
냉각탑에 의해 냉각되는 물의 출구 온도는 외기 입구의 습구(濕球) 온도에 따라 바뀌는데, 이때의 물 온도와 외기의 습구 온도차를 말하며, 냉각탑의 설계에 따라 크게 영향을 받는 값으로, 너무 작게 잡으면 냉각탑이 크게 되어 건설비, 운전비 등이 늘어나 비경제적이므로 보통 4~6[℃](5[℃]) 부근으로 한다.

답 : ①

예제문제 03

냉각탑 입구(Return), 수온이 40[℃]이고 출구(Supply) 수온이 25[℃]인 경우 Cooling Range와 Cooling Approach는 얼마인가?(단, 대기의 습구온도는 18[℃]이다.)

① Cooling Range : 5[℃], Cooling Approach : 15[℃]
② Cooling Range : 7[℃], Cooling Approach : 22[℃]
③ Cooling Range : 7[℃], Cooling Approach : 15[℃]
④ Cooling Range : 15[℃], Cooling Approach : 7[℃]

해설

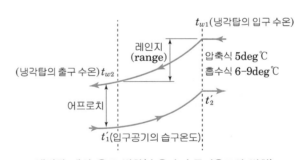

냉각탑 내의 온도 변화(수온과 습공기온도의 변화)

· Cooling Range = 냉각탑의 출구수온 – 냉각탑의 입구수온
　　　　　　　　= 40 - 25 = 15[℃]
· Cooling Approach = 냉각탑의 출구수온 – 입구공기의 습구온도
　　　　　　　　= 25 - 18 = 7[℃]

답 : ④

(2) 순환수량(Q_w)[ℓ/min]

$$Q_w = \frac{H_{CT}}{60\,C\Delta t}[\ell/\min]$$

H_{CT} : 냉각탑용량(냉동기용량)[kJ/h]

C : 비열(4.19[kJ/kg·K])

Δt : 냉각수의 냉각탑의 출입구 온도차[℃]

(3) 보급수량

순환수량의 2~3[%] 정도

예제문제 04

높이 30[m]에 설치된 냉각탑의 냉각수량은 3[m³/min]이다. 냉각수 이송펌프의 소요동력은?(단, 펌프효율 65[%], 물의 밀도 1,000[kg/m³])

① 18.6[kW]　　　　　　② 19.6[kW]

③ 20.6[kW]　　　　　　④ 22.6[kW]

해설

펌프 축동력(L)= $\dfrac{WQH}{KE}$[kW]

Q : 냉각수량[m³/min] → 3[m³/min]

H : 전양정[m] → 30[m]

W : 액체 1[m³]의 중량[kg/m³] → 물은 1000[kg/m³]

E : 효율[%] → 65[%]

K : 정수[kW] → 6120

∴ 펌프의 축동력 = $\dfrac{1,000 \times 3 \times 30}{6120 \times 0.65}$ = 22.6[kW]

답 : ④

예제문제 05

다음과 같은 냉각수 배관계통에서 냉각수 펌프의 전양정([mAq])은?(단, 냉각수 배관 전길이는 200[m], 마찰저항은 40[mmAq/m], 배관계 국부저항은 배관저항의 30[%]로 하고 냉동기 응축기 저항 8[mAq], 냉각탑 살수압력은 40[kPa], 1[kPa]은 0.1[mAq]로 한다.)

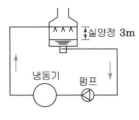

① 19.1
② 21.7
③ 25.4
④ 28.3

[해설] 펌프의 전양정(H)

= 실양정 + 배관마찰손실수두 + 기기저항수두 + 살수압력수두

= 3 + (200×0.04×1.3) + 8 + (40×0.1)

= 25.4[mAq]

※ 40[mmAq]=0.04[mAq]

답 : ③

예제문제 06

용량이 386[kW]인 터보 냉동기에 순환되는 냉수량은?(단 냉각기 입구의 냉수온도 12[℃], 출구의 냉수온도 6[℃], 물의 비열 4.19[kJ/kg·K])

① 50.5[m³/h]
② 55.3[m³/h]
③ 58.9[m³/h]
④ 64.9[m³/h]

[해설]

순환수량(Q_w)[ℓ/min]

$$Q_w = \frac{H_{CT}}{60C\Delta t}[\ell/min]$$

H_{CT} : 냉동기용량[kJ/h]

C : 비열(4.19[kJ/kg·K])

Δt : 냉각수의 냉각탑의 출입구 온도차[℃]

먼저, 1[kW] = 1000[W] = 860[kcal/h] = 1[kJ/s] = 3600[kJ/h]이므로

386[kW] = 386×3600[kJ/h] = 1389600[kJ/h]

$$Q_w = \frac{1389600}{60 \times 4.19 \times (12-6)} = 921[\ell/min] = 0.921[m^3/min] = 55.3[m^3/h]$$

답 : ②

예제문제 07

냉각탑의 냉각능력이 42[kW]이고 냉각수 입·출구 온도차이가 5[℃]일 때 냉각수 순환량은?(단, 물의 밀도는 1[kg/ℓ], 비열은 4.2[kJ/kg·K]이다.)

① 100[ℓ/min] 　　　　② 110[ℓ/min]

③ 120[ℓ/min] 　　　　④ 130[ℓ/min]

─────────────────

해설

순환수량(Q_w)[ℓ/min]

$$Q_w = \frac{H_{CT}}{60C\Delta t}[\ell/\min]$$

H_{CT} : 냉각탑용량(냉동기용량)[kJ/h]

C : 비열(4.19[kJ/kg·K])

Δt : 냉각수의 냉각탑의 출입구 온도차[℃]

※ 1kW=1,000W=860kcal/h=1kJ/s=3600kJ/h

　42kW=42×3600kJ/h=151200kJ/h

$$Q_w = \frac{H_{CT}}{60C\Delta t} = \frac{151200}{60 \times 4.2 \times 5} = 120[\ell/\min]$$

답 : ③

5 백연현상

겨울철이나 중간기(봄, 가을)에 냉각탑에서 나가는 공기에 포함되어 있던 수증기 중 일부가 차가운 외기와 섞여 냉각탑에서 하얀 연기가 나오는 현상이 있는데 이를 백연현상이라 한다.

(1) 원인

냉각탑으로 유입된 대기 ①은 냉각수로부터 현열과 잠열을 취득하면 포화공기선에 근접된 ②의 상태가 되어 냉각탑 출구로 배출된다.

백연현상은 출구공기 ②가 대기에 확산되어 ③의 상태로 혼합(①+②)되는데 이때 혼합된 공기가 포화공기 상태선을 벗어나면 백연현상이 일어난다.

백연현상과 원인

(2) 방지대책

① 토출공기의 가열

냉각탑 내부의 충전재(습식 열교환기)를 거쳐 나온 포화상태에 가까운 공기를 냉각수를 이용한 건식 열교환기로 가열한 후 배출한다.

② 대기를 가열하여 혼합

냉각탑 하부에서는 충전재로 습식 열교환을 하고, 상부에서는 냉각수를 이용한 건식 열교환을 한 후 혼합·배출한다.

(3) 백연방지 방식

① 일반적으로 전산실, 클린룸 등 겨울철을 포함해 연중 운전되는 냉각탑에 주로 채용된다.

② 전산실, 클린룸 등 용도의 건물에서도 중간기나 동기에는 부하가 감소되므로 모든 냉각탑이 가동하지는 않는다. 부하변동을 고려하여 전체 냉각탑 중 일부에 대하여 백연방지용을 채용하는 것이 일반적이다.

04 열펌프(Heat Pump)

1 열펌프의 원리

(1) 열펌프(heat pump)

냉동사이클에서 응축기의 방열량을 이용하기 위한 것으로 공기조화에서는 난방용으로 응용된다. 냉동기의 압축기에서 토출된 고온고압의 냉매증기는 응축기에서 방열하고 액화된다. 이때 방열되는 응축열로 물이나 공기를 가열하여 난방에 이용하는 장치를 열펌프(heat pump)라 한다.

(2) 원리

저온의 물질과 고온의 물질 사이에 열펌프가 있어서 냉동사이클에 의해 저온물질측에 증발기를, 고온물질측에 응축기가 위치되도록 하여 저온물질로부터 열을 얻어 공조용이나 공업용 및 급탕용으로 이용된다.

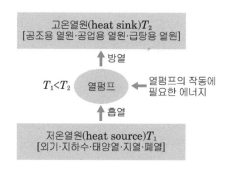

열펌프의 원리

(3) 냉동기 구동형식에 따른 분류

① EHP(Electric Heat Pump)
전기로 냉동기의 압축기를 구동하여 냉·난방을 하는 방식

② GHP(Gas Heat Pump)
LNG나 LPG 등의 가스 연료로 엔진을 구동하여 냉동기의 압축기를 작동시켜 냉·난방을 하는 방식이다. 이때 연소가스와 엔진 냉각수의 열도 회수하여 난방용 열로 사용한다.

■ 실기 예상문제

■ 열펌프(heat pump)의 원리 및 구동형식에 따른 분류와 특징

■ 낮은 온도의 열원으로부터 높은 온도의 열로 펌프하듯 끌어올려 이용할 수 있기 때문에 히트펌프라고 한다.

■ 압축기를 동력원으로 압축 → 응축 → 팽창 → 증발의 사이클로 순환

■ EHP(Electric Heat Pump)는 최대수요전력의 저감이 어려운 것이 단점이다.
GHP(Gas Heat Pump)는 전기 대신 가스를 사용한다는 점(가스엔진의 축동력을 압축기의 회전력으로 사용)과 엔진의 폐열을 회수하여 난방시 증발압력을 보상하는 것이 특징이다.

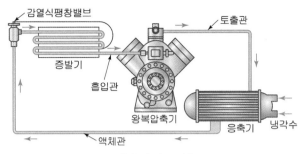

냉동기의 구성

실기 예상문제 🖙

■ 열펌프(heat pump)의 기본
  사이클
■ 열펌프의 COP계산, 열량 계산

2 기본 사이클

열펌프의 기본적인 구성요소는 저온부의 열교환기인 증발기, 고온부의 열교환기인 응축기, 압축기, 팽창밸브 등이다. 작동매체인 냉매는 증발 → 압축 → 응축 → 팽창 → 증발의 변화를 반복하면서 장치 내를 순환하게 된다.

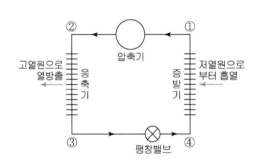

압축식 열펌프의 기본 구성

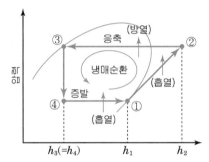

압축식 열펌프의 기본 사이클

(1) $Q = q + A_L$

저온 쪽에서 흡수되는 열량(q)보다 고온 쪽에서 방출하는 열량(Q)이 더 크다.

(2) 성적계수

냉동의 성적을 표시하는 척도로 쓰여지는 성적계수(COP : Coefficient of Performance) 라고 하며 입력에 대한 출력의 비율은 다음과 같다.

① 냉동기를 냉각 목적으로 할 경우 냉동기의 성적계수(COP)

$$\epsilon_r = \frac{저온체로부터의\ 흡수열량(냉동효과)}{압\ 축\ 일} = \frac{q}{A_L}$$

② 열펌프(heat pump)로 사용될 경우의 성적계수(COP_h)

$$\epsilon_h = \frac{응축기의\ 방출열량}{압\ 축\ 일} = \frac{q+A_L}{A_L} = \frac{q}{A_L} + 1$$

∴ 열펌프를 이용한 성적계수(COP_h)가 냉동기로 이용한 성적계수(COP)보다 1만큼 크다.

예제문제 01

냉동기를 냉각 목적으로 할 경우의 성적계수를 COP_C, 가열목적 즉 히트펌프로 사용될 경우의 성적계수를 COP_H 라 할 때 두 성적계수의 관계를 바르게 나타낸 것은?

① $COP_H + COP_C = 1$ 　　② $COP_H + 1 = COP_C$

③ $COP_H - COP_C = 1$ 　　④ $COP_C / COP_H = 1$

해설 열펌프(heat pump)로 사용될 경우의 성적계수(COP_h)

$$\epsilon_h = \frac{응축기의\ 방출열량}{압\ 축\ 일} = \frac{q+A_L}{A_L} = \frac{q}{A_L} + 1$$

∴ 열펌프를 이용한 성적계수(COP_h)가 냉동기로 이용한 성적계수(COP)보다 1만큼 크다.

답 : ③

예제문제 02

열펌프에서 압축기 이론 축동력이 $3[\mathrm{kW}]$이고, 저온부에서 얻은 열량이 $7[\mathrm{kW}]$일 때 이론 성적계수는?

① 1.43 　　② 1.75

③ 2.33 　　④ 3.33

해설

열펌프(heat pump)로 사용될 경우의 성적계수(COP_h)

$$COP_h = \frac{응축기의\ 방출열량}{압\ 축\ 일} = \frac{q+A_L}{A_L} = \frac{q}{A_L} + 1$$

q : 냉동효과$[\mathrm{kW}]$ 　　　　　A_L : 압축일$[\mathrm{kW}]$

∴ $COP_h = \dfrac{7+3}{3} = 3.33$

답 : ④

예제문제 03

열효율이 30%인 열기관을 가역적으로 냉동기나 열펌프로 이용할 수 있다면 냉동기 성적계수(ϵ_r)와 열펌프의 성적계수(ϵ_h)는 얼마가 되겠는가?

① $\epsilon_r = 2.13$, $\epsilon_h = 3.13$ ② $\epsilon_r = 2.23$, $\epsilon_h = 3.23$

③ $\epsilon_r = 2.33$, $\epsilon_h = 3.33$ ④ $\epsilon_r = 2.43$, $\epsilon_h = 3.43$

해설 성적계수(COP) : $Q = q + A_L$

· 냉동기의 특징 : 저온 쪽에서 흡수되는 열량(q)보다 고온 쪽에서 방출하는 열량(Q)이 더 크다.

· 냉동기의 성적계수(COP) = $\dfrac{\text{냉동효과}(q)}{\text{압축일}(A_L)}$ = $\dfrac{\text{냉동능력}}{\text{소요능력}}$

· 열펌프의 성적계수(COP_h) = $\dfrac{\text{응축기의방출열량}}{\text{압축일}}$ = $\dfrac{q + A_L}{A_L}$ = $\dfrac{q}{A_L} + 1$

→ 열펌프를 이용한 성적계수(COP$_h$)가 냉동기로 이용한 성적계수(COP)보다 1만큼 크다.

$COP = \dfrac{100 - 30}{30} = 2.33$ $COP_h = 2.33 + 1 = 3.33$

☞ 가역적(可逆的) : 물질의 상태가 한번 바뀐 다음에 다시 원래의 상태로 돌아갈 수 있는 것

답 : ③

예제문제 04

증기압축식 히트펌프에 대한 설명 중 적절하지 않은 것은? 【18년 출제문제】

① 저온부에서 열을 흡수하고 고온부에서 열을 방출한다.

② 외부로 열손실이 없는 경우 난방성적계수(COP_H)는 1보다 크다.

③ 물−공기 방식(수열원) 히트펌프에서는 제상장치가 필요없다.

④ 응축온도가 높을수록 난방성적계수(COP_H)가 증가한다.

해설 이상적 성적계수(히트펌프)

$$COP_H = \dfrac{T_H}{T_H - T_L}$$

T_H : 응축 절대온도

T_L : 증발 절대온도

응축온도가 높으면 난방성적계수(COP_H)가 감소한다.

답 : ④

예제문제 05

다음과 같은 증기압축식 냉동(히트펌프) 사이클에 대한 설명으로 가장 적절하지 <u>않은</u> 것은?

【19년 출제문제】

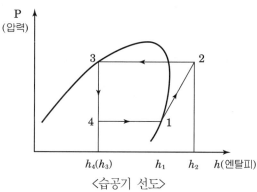

<습공기 선도>

① 히트펌프 냉방 COP는 $\dfrac{h_1 - h_4}{h_2 - h_1}$ 이다.

② 히트펌프 난방 COP는 $\dfrac{h_2 - h_3}{h_2 - h_1}$ 이다.

③ 히트펌프 냉방 COP는 증발온도가 낮을수록 커진다.

④ 히트펌프 난방 COP는 응축온도가 낮을수록 커진다.

해설

히트펌프 냉방 COP는 증발온도가 낮을수록 작아진다.

답 : ③

---

3 열펌프(Heat Pump) 시스템

(1) 열펌프의 특징

① 원래 높은 성적계수(COP)로 에너지를 효율적으로 이용하는 방법의 일환으로 연구되어 왔다.

② 열펌프(Heat Pump)는 하계 냉방시에는 보통의 냉동기와 같지만, 동계 난방 시에는 냉동사이클을 이용하여 응축기에서 버리는 열을 난방용으로 사용하고 양열원을 겸하므로 보일러실이나 굴뚝 등 공간절약이 가능하다.

→ 4방 밸브를 이용하여 여름엔 냉방용으로 운전, 겨울철에는 냉매의 흐름 방향을 바꾸어 난방용으로 운전

 실기 예상문제

■ 열펌프(Heat pump)시스템 특징과 종류

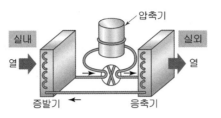

(a) 여름 : 냉동기로써 사용

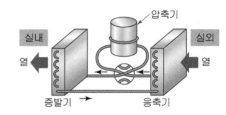

(b) 동기 : 히트펌프로써 사용

냉동기와 히트펌프

③ 냉매의 흐름이 바뀌면, 증발기는 응축기로, 응축기는 증발기로 그 기능이 변환한다.

(2) 열원의 종류

　지하수, 하천수, 해수, 공기(대기), 태양열, 지열, 온배수, 건축의 폐열 등 온도가 적당히 높고 시간적 변화가 적은 열원일수록 좋다.

(3) 시스템의 종류

• 공기 – 공기방식(냉매회로 변환방식)
• 공기 – 공기방식(공기회로 변환방식)
• 공기 – 물방식(냉매회로 변환방식)
• 공기 – 물방식(물회로 변환방식)
• 물 – 공기방식(냉매회로 변환방식)
• 물 – 물방식(물회로 변환방식)
• 물 – 물방식(냉매회로 변환방식)
• 흡수식 열펌프

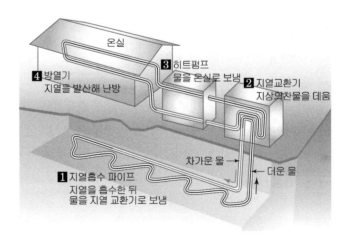

지열 온실 난방 과정

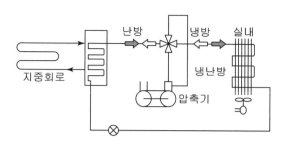

지열 이용 열펌프의 개략도

예제문제 01

열펌프(heat pump)에 관한 설명으로 옳은 것은?

① 공기조화에서 주로 냉방용으로 응용된다.

② 냉동사이클에서 응축기의 발열량을 이용하기 위한 것이다.

③ EHP(Electric Heat Pump)는 흡수식 냉동기의 원리를 이용한 열펌프이다.

④ 냉동기를 냉각 목적으로 할 경우의 성적계수보다 열펌프로 사용될 경우의 성적계수
　가 작다.

해설

① 열펌프는 냉동기의 압축기에서 토출된 고온고압의 냉매증기는 응축기에서 방열하고 액
　화된다. 이때 방열되는 응축열로 물이나 공기를 가열하여 난방에 이용하는 장치이다.

③ EHP(Electric Heat Pump)는 압축식 냉동기의 원리를 이용한 열펌프이다.

④ 열펌프를 이용한 성적계수(COP_h)가 냉동기로 이용한 성적계수(COP)보다 1만큼 크다.

답 : ②

예제문제 02

다음의 열원설비 특징 중 적절하지 못한 것은?　　　　　　　　　【20년 출제문제】

① 냉각탑은 대용량 냉동기의 응축열을 건물 외부로 방열시키는 장치이다.

② 수관식 보일러는 수관을 직관 또는 곡관으로 연결하고 관내 물을 가열하여 증기 및
　온수를 발생시키는 기기이다.

③ 흡수식 냉동기는 증발기, 흡수기, 재생기, 응축기 등으로 구성된다.

④ 히트펌프는 증기압축 냉동사이클 원리를 이용하여 건물 내의 열을 외부로 방출하는
　냉방 전용 기기이다.

해설

히트펌프는 증기압축 냉동사이클 원리를 이용하여 응축기에서 버리는 열을 회수하여 난
방용으로 이용하는 난방 전용 기기이다.

답 : ①

4 MVR 시스템(Mechanical Vapor Recompressor System : 기계적 증기재압축시스템)

(1) MVR(Mechanical Vapor Recompressor System : 기계적 증기재압축기)

① 저온저압의 증기를 압축기에 의해 기계적으로 압축하여 고온고압증기로 전환하여 재이용하는 장치로 일종의 자기증기 압축식 히트펌프의 일종이다.

② 농축기의 증발수분이 열량은 많으나 온도가 낮아 농축기 가열기(Heater)에 재사용이 곤란할 경우 증발수분을 전량 압축하여 압력과 온도를 높여 재사용하는 에너지 절약설비이다.

③ 에너지 이용 효율이 매우 높은 고성능 설비이다.

(2) MVR 시스템(Mechanical Vapor Recompressor System : 기계적 증기재압축시스템)

① 석유화학 증류분리공정에서 사용되고 버려지는 에너지를 증기의 압축과정을 통하여 열원(熱源)으로 다시 이용하는 에너지 재활용시스템이다.

② MVR 시스템은 산업체의 에너지 소비량을 획기적으로 절감할 수 있는 기술이다.

③ 주로 식품, 섬유, 석유화학산업의 증발, 증류, 농축공정에 많이 적용되고 있다.

④ 국내 진단기술력 및 설계역량 부족으로 해외기술에 의존하고 있으며, 설계 도입 비용이 과다하고 부문별 적용사례가 한정되어 있다.

■ 기계적 증기재압축기(MVR, Mechanical Vapor Recompressor)의 기능 저하로 나타나는 현상
① 구동 전력의 증가
② 생산 능력의 저하
③ 증발 농축관의 농축도 저하
④ 가열관(heater)의 열교환능력 감소

예제문제 01

저온저압의 증기를 압축기에 의해 기계적으로 압축하여 고온고압증기로 전환, 재이용하는 장치는?

① 히트파이프   ② 증기터빈
③ 열병합발전   ④ MVR

해설 MVR(Mechanical Vapor Recompressor System : 기계적 증기재압축기)

· 저온저압의 증기를 압축기에 의해 기계적으로 압축하여 고온고압증기로 전환하여 재이용하는 장치로 일종의 자기증기 압축식 히트펌프의 일종이다.

· 농축기의 증발수분이 열량은 많으나 온도가 낮아 농축기 가열기(Heater)에 재사용이 곤란할 경우 증발수분을 전량 압축하여 압력과 온도를 높여 재사용하는 에너지 절약설비이다.

· 에너지 이용 효율이 매우 높은 고성능 설비이다.

답 : ④

05 축열시스템

1 개요

실기 예상문제

- 축열시스템의 개념과 종류 및 특징
- 수축열시스템과 빙축열시스템의 비교

대형 건축물의 건설로 인하여 냉방용 기기의 증가에 따른 전기사용량은 급격한 증가 추세에 있다. 또한 산업용 전기까지 감안한다면 낮 시간에는 최대부하가 걸리고 밤 시간에는 많은 양의 전기가 남게 된다.

야간의 값싼 심야전력(23시~9시)을 이용하여 냉동기를 가동하여 전기에너지를 얼음 형태의 열에너지로 축열조에 저장했다가 주간의 냉방용으로 사용하는 시스템으로, 주로 얼음의 융해열(335kJ/kg)을 이용한 것이다.

주야간의 전력 불균형을 해소하고 적은 비용으로 쾌적한 환경을 조성할 수 있다.

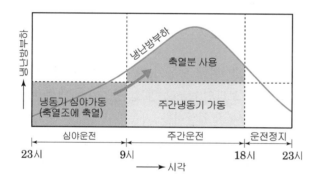

2 축열시스템의 종류

(1) 수축열시스템

① 냉동기, 축열을 위한 수축열조, 냉동기측 냉수 순환펌프, 공조기측 냉수순환펌프로 구성되어 있다.

② 심야에 냉동기와 냉동기측 냉수순환펌프를 가동하여 수축열조에 현열 축열재인 물을 냉각시켜 냉수로 저장하고, 주간에는 공조기측 냉수순환펌프를 작동시켜 이 냉수를 이용하여 냉방을 한다.

③ 냉동기를 열펌프(Heat Pump)로 작동하면 온수를 축열조에 저장하여 난방 및 급탕용으로도 사용할 수 있다.

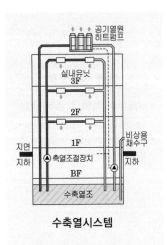

수축열시스템

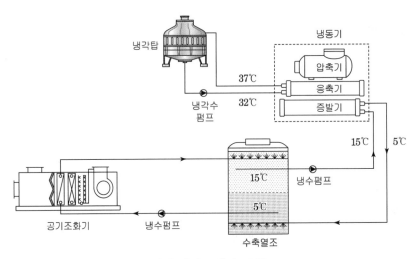

수축열시스템의 구성

■ **축열조**
① 냉동기에서 생성된 냉열을 얼음의 형태로 저장하는 탱크이다.
② 축열조는 축냉운전과 방냉운전을 반복적으로 수행하는데 적합한 재질의 축냉재를 사용해야 하며, 내부 청소가 용이하고 부식이 안되는 재질을 사용하여야 한다.

■ **축열률**
① 1일 냉방부하량에 대한 축열조에 축열된 얼음의 냉방부하 담당비율

② 축열률 = $\dfrac{\text{이용 가능한 냉열량}}{\text{심야시간 이외의 시간에 필요한 냉방열량}}$

(2) 빙축열시스템

① 빙축열시스템은 냉각을 위한 냉동기, 축열을 위한 빙축열조, 외부와의 열교환을 위한 열교환기, 브라인(bline) 펌프, 공조기측 냉수순환펌프로 구성된다.
② 냉방부하가 적을 때는 열원설비를 가동하지 않고 축열조에 저장되어 있는 부하만으로도 부하에 대응할 수 있다. 급격하게 냉방부하가 증가되면 냉동기의 운전과 병행하면서 부하에 대응할 수 있다. 따라서, 공조 계통의 시간대가 다양한 곳이나 부하변동이 심한 곳에는 축열시스템이 적당하다.
③ 운전시간 및 공조부하량에 따른 분류
• 제빙운전 : 심야시간의 제빙운전으로 빙축열조 안의 물을 얼려(잠열) 제빙
• 해빙 단독운전 : 초여름이나 초가을과 같이 냉방부하가 비교적 적을 때 이용
• 동시운전 : 빙축열조와 냉동기를 동시에 가동하는 방식으로 냉방부하가 가장 큰 한 여름철 낮에 주로 이용
• 냉동기 단독운전 : 축열조의 해빙을 지연 또는 보류시키거나 해빙이 완료되었을 때의 운전방식으로 여름철 오전 이른 시간 또는 오후 늦은 시간에 주로 이용

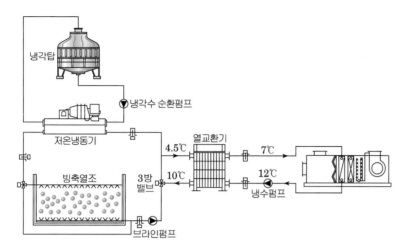

빙축열시스템 구성도

3 특징

(1) 냉동기 및 열원설비 용량을 줄일 수 있다.

(2) 수전설비 용량 축소 및 계약 전력이 감소된다.

(3) 심야전력 이용으로 전력 운전비가 감소된다.

(4) 전력 부하 균형에 기여한다.

(5) 축열을 이용하므로 열공급이 안정적이다.

(6) 열원기기(냉동기)를 고효율로 운전할 수 있다.

예제문제 01

빙축열 등을 이용하는 축열시스템에 관한 설명으로 옳지 않은 것은?

① 열손실이 줄어든다.

② 심야전력을 이용할 수 있다.

③ 열원기기의 고효율운전이 가능하다.

④ 주간 피크 시간대에 전력부하를 절감할 수 있다.

해설 빙축열 시스템

야간의 값싼 심야전력을 이용하여 전기에너지를 얼음 형태의 열에너지로 저장했다가 주간의 냉방용으로 사용하는 시스템으로, 주로 얼음의 융해열(335[kJ/kg])을 이용한 것이다. 주야간의 전력 불균형을 해소하고 적은 비용으로 쾌적한 환경을 조성할 수 있다.

※ 특징

· 냉동기 및 열원설비 용량을 줄일 수 있다.

· 수전설비 용량 축소 및 계약 전력이 감소된다.

· 심야전력 이용으로 전력 운전비가 감소된다.

· 전력 부하 균형에 기여한다.

· 축열로 열공급이 안정적이다.

· 열원기기(냉동기)를 고효율로 운전할 수 있다.

<u>답 : ①</u>

예제문제 02

축열시스템에 대한 설명으로 옳지 않은 것은?

① 냉동기의 용량을 감소시킬 수 있다.

② 값이 저렴한 심야전력의 이용이 가능하다.

③ 호텔의 공공부분과 같이 간헐운전이 심한 경우에는 적용할 수 없다.

④ 빙축열 시스템은 냉각을 위한 냉동기, 축열을 위한 빙축열조, 외부와의 열교환을 위한 열교환기 등으로 구성된다.

해설
축열 시스템은 간헐운전을 해야 하는 용도의 건축물에 적합하다.

답 : ③

예제문제 03

수축열방식은 15℃의 물을 5℃의 물로 냉각하여 저장한다. 빙축열방식은 같은 온도(15℃)의 물을 0℃의 얼음으로 만들어 저장하며 IPF(빙충전율)는 25%로 한다. 각 방식에 대하여 1,000MJ의 축열을 위해서 필요한 축열조의 부피(m^3)는 약 얼마인가? (단, 축열조의 온도는 균일하고, 물의 비열은 4.2kJ/kg · K, 얼음의 잠열은 340 kJ/kg, 물과 얼음의 밀도는 1,000kg/m^3으로 동일한 것으로 가정한다.)

【17년 출제문제】

① 수축열 : 24
　빙축열 : 7

② 수축열 : 24
　빙축열 : 14

③ 수축열 : 48
　빙축열 : 7

④ 수축열 : 48
　빙축열 : 14

해설 수축열은 현열저장방식, 빙축열은 현열과 잠열저장방식이다.

㉠ 수축열

$q = \rho Q C \Delta t [kJ]$에서

$$Q = \frac{q}{\rho C \Delta t} = \frac{1,000,000}{1,000 \times 4.2 \times (15-5)} = 23.8 \rightarrow 24\,m^3$$

㉡ 빙축열

$$Q = \frac{q}{\rho C \Delta t} = \frac{1,000,000}{1,000 \times 4.2 \times (15-0) \times (1-0.25) + 1,000 \times (340 + 4.2 \times (15-0)) \times 0.25}$$

$$= 6.76 \rightarrow 7\,m^3$$

※ 물의 밀도는 1,000kg/㎥, 얼음의 밀도는 920kg/㎥ 이지만 문제조건에서 동일한 것으로 가정함

답 : ①

제 5 장

배관·반송설비

05 배관 · 반송설비

01 공기조화용기기

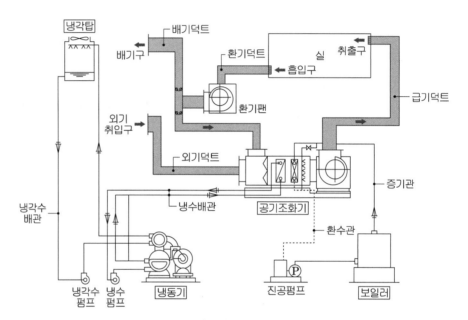

공조시스템의 기본구성

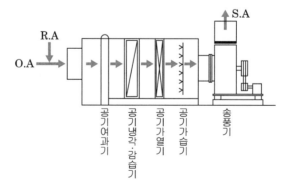

공기조화기의 기본구성

1 공기 여과기(air filter)

(1) 충돌 점착식

(1) 비교적 거친 여과재이다.

(2) 유지성 먼지의 제거에 효과적이고, 통과 풍속은 1~2[m/s]이다.

(3) 식품 관계 공조용으로는 부적당하다.

(2) 건식 여과식

(1) 섬유질의 먼지를 제거하는 데 효과적이고, 통과 풍속은 1[m/s] 이하이다.

(2) 점착식에 비해 작으므로 통과 면적이 큰 것이 필요하다.

(3) 활성탄 흡착식

활성탄을 사용하여 유해가스나 냄새를 제거한다.

(4) 전기식

(1) 먼지를 대전시켜 양극판에 집진하는 방식으로 가장 우수한 집진 효과가 있다.

(2) 먼지의 제거 효율이 높고 미세한 먼지·세균 제거도 가능하다.

(3) 병원의 수술실, 정밀 기계 공장, 고급 빌딩에 이용된다.

  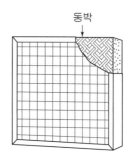

(a) 건식 공기여과기(여재교환형)　(b) 건식 공기여과기(정기세정형)　(c) 점착식 공기여과기(유닛형)

유닛형 여과기

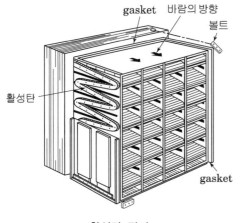

활성탄 필터

세정식 전기집진기(정기세정형)

■ 클린 룸(Clean room)의
  종류와 고성능 필터의 특징

• 클린 룸(Clean room)
공기청정실(Clean room)은 부유먼지, 유해가스, 미생물 등과 같은 오염물질을 규제하여 기준이하로 제어하는 청정 공간으로, 실내의 기류, 속도 압력, 온습도를 어떤 범위 내로 제어하는 특수건축물

① 종류 및 필요분야
 ㉠ ICR(industrial clean room)
  먼지미립자가 규제 대상(부유분진을 제어 대상)
   – 정밀기기, 전자기기의 제작, 방적공업, 전기공업, 우주공학, 사진공업, 정밀공업
 ㉡ BCR(bio clean room)
  세균, 곰팡이 등의 미생물 입자가 규제 대상
   – 무균수술실, 제약공장, 식품가공, 동물실험, 양조공업

② 평가기준
 ㉠ 입경 0.5[μm] 이상의 부유미립자 농도가 기준
 ㉡ super clean room에서는 0.3[μm], 0.1[μm]의 미립자를 기준

③ 고성능 필터의 종류
 ㉠ HEPA 필터(high efficiency particle air filter) 0.3[μm]의 입자 포집률이
  99.97[%] 이상
   → 클린룸, 병원의 수술실, 방사성물질 취급시설, 바이오 클린룸 등에 사용
 ㉡ ULPA 필터(ultra low penetration air filter) 0.1[μm]의 부유 미립자를
  99.99[%] 제거할 수 있는 것
   → 최근 반도체 공장의 초청정 클린룸에서 사용

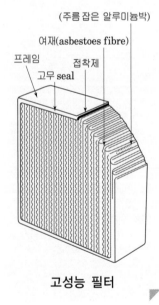

(주름 잡은 알루미늄박)

여재(asbestoes fibre)

프레임
고무 seal
접착제

고성능 필터

• 여과기(에어 필터) 효율 측정방법

구 분	측 정 방 법
중량법	• 비교적 큰 입자를 대상으로 측정하는 방법 • 필터에서 집진되는 먼지의 양으로 측정
비색법(변색도법)	• 비교적 작은 입자를 대상으로 측정하는 방법 • 필터에서 포집한 여과지를 통과시켜 광전관으로 오염도를 측정
계수법(Dop법)	• 고성능 필터를 측정하는 방법 • 0.3[μm] 입자를 사용하여 먼지의 수를 측정

• 여과효율(η) = $\dfrac{\text{통과전의 오염농도}(C_1) - \text{통과후의 오염농도}(C_2)}{\text{통과전의 오염농도}(C_1)} \times 100[\%]$

예제문제 01

공기여과기의 종류 중 일명 전자식 공기청정기라고도 하며, 먼지의 제거효율이 높고, 미세한 먼지라든지 세균도 제거되므로 병원, 정밀기계공장 등에서 사용이 가능한 것은?

① 충돌점착식
② 활성탄 흡착식
③ 건성여과식
④ 전기식

해설

전기식은 먼지를 대전시켜 양극판에 집진하는 방식으로 가장 우수한 집진 효과가 있다. 먼지의 제거 효율이 높고 미세한 먼지·세균 제거도 가능하다. 병원의 수술실, 정밀 기계 공장, 고급 빌딩에 이용된다.

답 : ④

예제문제 02

다음의 에어 필터에 대한 설명 중 옳지 않은 것은?

① 공조기내 에어필터는 냉수코일 출구 측에 설치한다.
② 예냉코일이 있을 때는 예냉코일과 냉각코일 사이에 설치한다.
③ 고성능의 HEPA 필터의 경우 송풍기의 출구 측에 설치한다.
④ 기계식의 에어필터 장치에는 필터를 청소 또는 교환 시기를 지시하거나 고장을 경고하기 위한 풍속계 또는 차압계를 장치한다.

해설

공조기내 에어필터는 냉수코일 입구 측에 설치한다.

답 : ①

예제문제 03

공기여과기를 통과하기 전의 오염농도 $C_1 = 0.45 [\text{mg/m}^3]$, 통과한 후의 오염농도 $C_2 = 0.12 [\text{mg/m}^3]$이다. 이 여과기의 여과효율은?

① 약 27[%]
② 약 42[%]
③ 약 58[%]
④ 약 73[%]

해설

여과효율$(\eta) = \dfrac{\text{통과전의 오염농도}(C_1) - \text{통과후의 오염농도}(C_2)}{\text{통과전의 오염농도}(C_1)} \times 100 [\%]$

$\therefore \eta = \dfrac{0.45 - 0.12}{0.45} \times 100 = 73 [\%]$

답 : ④

건축설비시스템

예제문제 **04**

다음 중 에어 필터의 효율 측정법이 아닌 것은?

① 중량법
② 비색법
③ 체적법
④ DOP법

답 : ③

예제문제 **05**

공기정화장치에서 포집효율 70[%]의 필터를 통과한 공기의 먼지농도는 포집효율 90[%]의 필터를 통과한 공기의 먼지 농도의 몇 배인가?(단, 각각의 필터 상류의 먼지 농도는 같다.)

① 0.8배
② 1.3배
③ 2.0배
④ 3.0배

해설 필터 상류의 먼지 농도(100)가 같을 때
· 상류 먼지 포집효율 70[%] 통과한 공기의 먼지농도는 30
· 통과 먼지 포집농도 90[%] 통과한 공기의 먼지농도는 10

∴ 먼지농도 $= \dfrac{30}{10} = 3$배

답 : ④

---

2 공기 세정기(air washer)

(1) 아주 작은 물방울과 공기를 직접 접촉시킴으로써 공기를 냉각하거나 또는 감습가습을 하기 위해 사용된다.

(2) 구조는 일리미네이터(eliminator), 스프레이 헤더(spray header), 스프레이 노즐(spray nozzle), 플러싱 노즐(flushing nozzle) 등으로 구성되어 있다.

(3) 유속은 2.5~3.5[m/s]이다.

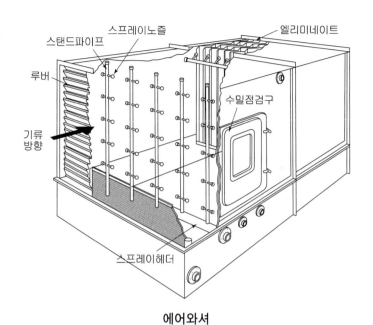

에어와셔

3 냉각코일, 가열코일

(1) 공기와 물의 흐름을 대향류로 하고, 가능한 한 대수평균온도차(MTD)는 크게 한다.

(2) 코일을 통과하는 공기 풍속은 2~3[m/s]가 가장 경제적이다.

(3) 코일내 물의 유속은 1[m/s] 전후로 한다.

(4) 코일 입출구 물의 온도상승은 5[℃] 전후로 한다.(온도차가 크면 수량, 펌프 동력이 감소하나 열수가 증가한다.)

(5) 냉각용 코일 열수는 보통 4~8열이 사용되나 MTD가 아주 작은 경우 8열 이상이 될 수도 있다.

(6) 효율이 가장 좋은 정방형으로 코일형태를 취한다.

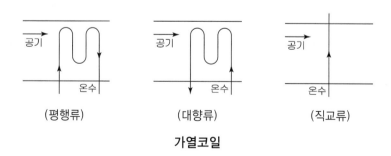

가열코일

| 학습포인트 | **대수평균 온도차(MTD, Mean Temperature Difference)**

① 공기와 냉온수와의 대수평균온도차
② 냉온수도 공기도 코일 입구로부터 출구까지 코일을 통과하는 과정에서 온도가 일정하지 않고 변하게 되므로 냉온수와 공기와의 평균적인 온도차를 구하기 위한 계산식이다.

③ $MTD = \dfrac{\Delta_1 - \Delta_2}{l_n \dfrac{\Delta_1}{\Delta_2}}$

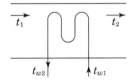

대수평균온도차(MTD)

Δ_1 : 공기 입구측에서의 공기와 물의 온도차[℃]
= 출구 물의 온도 − 입구 공기 온도 = $t_{w2} - t_1$

Δ_2 : 공기 출구측에서의 공기와 물의 온도차[℃]
= 입구 물의 온도 − 출구 공기 온도 = $t_{w1} - t_2$

예제문제 01

중앙식 공기조화기에 사용되는 공조용 코일 선정시 유의사항으로 옳지 않은 것은?

① 냉수코일의 정면 풍속은 2.5[m/s]가 바람직하다.
② 냉수코일과 온수코일을 겸용으로 사용하는 경우, 선정은 냉수코일을 기준으로 한다.
③ 튜브 내의 유속은 1.0[m/s] 전후로 하는 것이 배관이나 펌프의 설비비 및 효율상 적당하다.
④ 공기의 흐름방향과 코일 내에 있는 냉·온수의 흐름 방향이 동일한 평행류로 하는 것이 대향류로 하는 것보다 전열효과가 좋다.

해설

공기의 흐름방향과 코일 내에 있는 냉온수의 흐름 방향이 동일한 대향류로 하는 것이 평행류로 하는 것보다 전열효과가 좋다. 대향류일 때 대수평균온도차가 클수록 코일열수가 작아도 되므로 효율면에서 대향류가 더 바람직한 흐름의 형태가 된다.

답 : ④

예제문제 **02**

대향류 냉수코일에서 냉수 입구온도는 7[℃]이고 공기 입구온도는 28[℃]이다. 냉수의 출구온도가 12[℃]이고 공기의 출구온도가 18[℃]라면 대수평균 온도차는 얼마인가?

① 10.2[℃] 　　　　　　② 13.3[℃]

③ 14.3[℃] 　　　　　　④ 15.1[℃]

[해설] 대수평균온도차(대향류일 때)

$$MTD = \frac{\Delta_1 - \Delta_2}{l_n \dfrac{\Delta_1}{\Delta_2}}$$

$$\therefore \ MTD = \frac{(28-12)-(18-7)}{l_n \dfrac{(28-12)}{(18-7)}} = 13.3[℃]$$

답 : ②

예제문제 **03**

다음 그림은 공기조화기의 냉각코일을 나타낸 것이다. 코일의 열통과율이 0.9kW/m²·K, 전열면적이 5m²인 경우, 냉각열량은 약 몇 kW인가?　　　　　【15년 출제문제】

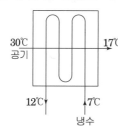
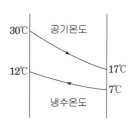

① 53kW 　　　　　　② 58kW

③ 61kW 　　　　　　④ 66kW

[해설]

㉠ 먼저, 대수평균온도차(대향류일 때)

$$\Delta t_m = \frac{\Delta_1 - \Delta_2}{l_n \dfrac{\Delta_1}{\Delta_2}}$$

$$\therefore \ \Delta t_m = \frac{(30-12)-(17-7)}{l_n \dfrac{(30-12)}{(17-7)}} = 13.6℃$$

㉡ 냉각열량(Q)

Q = K·A·Δt_m = 0.9×5×13.6 = 61.02≒61kW

답 : ③

4 가습기, 감습기

(1) 가습기

겨울철 난방시 실내 공기의 절대습도를 높이기 위해 사용된다. 건조한 실내에 습도를 높이기 위한 방법으로 크게 증기식, 물분무식, 기화식으로 구분한다.

① 증기식 : 분무식, 전열식, 전극식, 적외선식
② 수분무식 : 분무식, 원심식, 초음파식
③ 기화식(증발식) : 적하식, 회전식, 모세관식

(2) 감습기

여름철 냉방시 잠열 부하를 제거하기 위한 감습장치로 사용되는 기기이다.

예제문제 01

중앙식 공기조화기에서 가습기의 형식 선정시 유의사항으로 옳지 않은 것은?

① 공기조화기(AHU)에 가습기를 배치할 때 코일의 전·후 위치를 검토한다.
② 가습과정의 열수분비를 확인하여 저온의 공기도 가습효과가 큰지 확인한다.
③ 분무노즐을 사용하는 경우는 분출압력이 높으면 가습효율은 증가되지만 소음이 증가 되므로 소음대책도 검토한다.
④ 수분무의 경우 가습효율이 높으므로 엘리미네이터의 설치에 대한 고려를 하지 않는다.

해설

수분무의 경우 물을 직접 공기 중에 분무하여 가습하므로 대용량에 적합하지 않고 정밀한 가습이 어려우므로 가습량이 많지 않고 제어범위가 비교적 넓어도 무방한 곳에 사용한다.
※ 수분무의 경우 가습효율이 낮고 물방울이 비산하기 때문에 엘리미네이터를 설치하여 사용한다.

답 : ④

---

5 전열교환기

(1) 전열교환기는 배기되는 공기와 도입 외기 사이에 공기의 교환을 통하여 배기가 지닌 열량을 회수하거나 도입외기가 지닌 열량을 제거하여 도입외기를 실내 또는 공기조화기로 공급하는 전열교환장치이다.

(2) 공기 대 공기의 열교환기로서 현열은 물론 잠열까지도 교환되는 엔탈피 교환하는 장치로서 공조시스템에서 배기와 도입되는 외기와의 전열교환으로 공조기는 물론 보일러나 냉동기의 용량을 줄일 수 있다.

(3) 연료비를 절약할 수 있는 에너지절약 기기로 공기방식의 중앙공조시스템이나 공장 등에서 환기에서의 에너지 회수방식으로 많이 사용된다.

(4) 전열교환기를 사용한 공조시스템에서 중간기(봄, 가을)를 제외한 냉방기와 난방기의 열회수량은 실내·외의 온도차가 클수록 많다.

(5) 전열교환기의 효율

• 외기와 환기의 최대 엔탈피차($X_3 - X_1$)에 대한 실제 전열 엔탈피차($X_2 - X_1$)의 비

• 전열교환기 효율

$$\eta = \frac{X_2 - X_1}{X_3 - X_1}$$

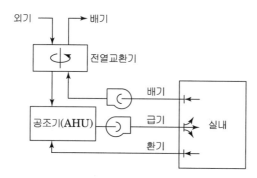

전열교환기를 설치한 공조시스템

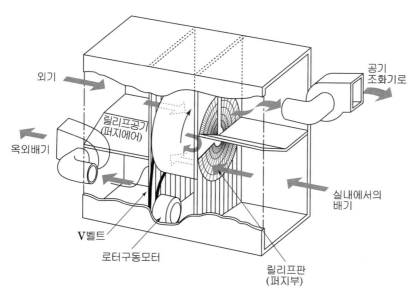

전열교환기

예제문제 01

다음의 열회수방식 중 공조설비의 에너지 절약 기법으로 가장 많이 이용되고 있으며 외기도입량이 많고 운전시간이 긴 시설에서 효과가 큰 것은?

① 잠열교환기방식　　　　　　　　② 현열교환기방식
③ 비열교환기방식　　　　　　　　④ 전열교환기방식

───────────────────────────────

해설

전열교환기는 배기되는 공기와 도입 외기 사이에 공기의 교환을 통하여 배기가 지닌 열량을 회수하거나 도입외기가 지닌 열량을 제거하여 도입외기를 실내 또는 공기조화기로 공급하는 전열교환장치이다. 연료비를 절약할 수 있는 에너지절약 기기로 공기방식의 중앙공조시스템이나 공장 등에서 환기에서의 에너지 회수방식으로 많이 사용된다.

답 : ④

예제문제 02

다음의 전열교환기에 대한 설명 중 옳지 않은 것은?

① 공기 대 공기의 열교환기로, 습도차에 의한 잠열은 교환 대상이 아니다.
② 공조시스템에서 배기와 도입되는 외기의 전열교환으로 공조기의 용량을 줄일 수 있다.
③ 공기방식의 중앙공조 시스템이나 공장 등에서 환기에서의 에너지 회수방식으로 사용된다.
④ 전열교환기를 사용한 공조시스템에서 중간기(봄, 가을)를 제외한 냉방기와 난방기의 열회수량은 실내·외의 온도차가 클수록 많다.

───────────────────────────────

해설

전열교환기는 공기 대 공기의 열교환기로서 현열 및 잠열의 교환이 가능하다.

답 : ①

02 펌프

1 펌프(pump)의 종류

구 분	특 성	종 류
원심(와권) 펌프	·고속도 운전에 적합 ·양수량 조절이 용이하다. ·양수량이 많으며, 고양정에 쓰인다. ·진동이 적고, 장치가 간단	·볼류트 펌프 : 급탕 및 공조용, 양정 20[m] 이하 ·터빈 펌프 : 양정 20[m] 이상 ·보어홀 펌프 : 100[m] 이상이 되는 깊은 우물물 수직 양수용
왕복펌프	·구조가 간단하고 취급이 용이 ·수량조절이 어렵다. ·양수량이 적고, 저양정에 쓰인다.	·플런저 펌프 : 고압용 ·워싱턴 펌프 : 보일러 급수용 (1.0[MPa] 이하) ·피스톤 펌프 : 공장 급수용
특수펌프		·기어 펌프 : 점성이 강한 기름, 윤활유 반송용 ·제트 펌프 : 가정용, 소화용 펌프 ·넌클러그 펌프 : 고형물을 배제하는 배수펌프

|학습포인트|

· 작동원리에 따른 펌프의 종류

형식	종류	소분류
터보형	원심식 펌프 사류식 펌프 축류식 펌프	볼류트 펌프 터빈 펌프
용적형	회전식 펌프 왕복식 펌프	기어펌프
특수형	와류펌프, 수봉식 진공펌프	

※ 원심(와권) 펌프 : 급수, 급탕, 배수 등에 주로 사용되며 볼류트 펌프, 터빈 펌프, 보어홀 펌프 등이 있다.
※ 왕복식 펌프 : 플런저 펌프, 워싱턴 펌프, 피스톤 펌프

· 터보형 펌프
케이싱 내에서 회전차(Impeller)가 회전하므로 에너지의 교환이 이루어지는 펌프이다.
회전차(Impeller)의 형상에 따라 원심식 펌프, 사류식 펌프, 축류식 펌프로 분류한다.
① 원심식 펌프 : 급수, 급탕, 배수 등에 주로 사용(볼류트 펌프, 터빈 펌프)
② 사류식 펌프 : 상하수도용, 냉각수순환용, 공업용수용
③ 축류식 펌프 : 양정이 낮고(10[m] 이하) 송출량이 많은 경우
※ 왕복식 펌프 : 플런저 펌프, 워싱턴 펌프, 피스톤 펌프

2 펌프의 설계

(1) 흡입양정

① 펌프의 흡입높이

펌프의 흡입양정은 진공에 의한 것으로 표준기압하에서 이론적으로 10.33[m] 이나 실제의 흡입양정은 흡입관의 마찰손실과 수온에 의한 포화증기압으로 인해 6~7[m] 정도에 불과하다. 즉, 흡입양정은 대기의 압력, 유체의 온도에 따라 달라진다.

고도와 기압에 따른 이론상 흡입양정(단위 : [m])

고도(해발)	0	100	200	300	400	500	1000	5000
기압(H_g)	0.76	0.751	0.742	0.733	0.724	0.716	0.674	0.634
이론상 흡상높이(H_s)	10.33	10.20	10.08	9.97	9.83	9.70	9.00	8.66

물의 온도에 따른 흡입양정(단위 : [m])

수온[℃]	0	10	20	30	40	50	60	70	80	90	100
이론상 흡상높이(H_s)	10.3	–	9.7	–	–	9.0	7.9	7.2	5.6	2.9	0
실제상 흡상높이($H_s{}^*$)	7.5	7.0	6.3	5.0	3.8	2.5	1.4	0	−1.1	−2.3	−3.5

＊이 수치는 펌프의 수평관이 짧은 경우이며, 펌프의 NPSH(Net Positive Suction Head :유효흡입양정)가 특히 큰 경우는 수치가 저하됨

② 전양정

$$H = 흡입실양정(H_S) + 토출실양정(H_d) + 관내마찰손실수두(H_f)\,[\mathrm{m}]$$

③ 실양정

$$H_a = 흡입실양정(H_S) + 토출실양정(H_d)[\mathrm{m}]$$

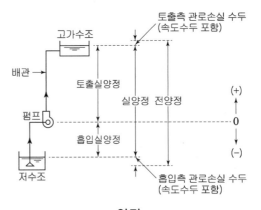

양정

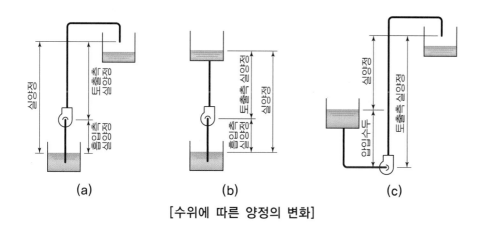

(a)   (b)   (c)

[수위에 따른 양정의 변화]

예제문제 01

펌프의 흡입양정이 10[m]이고 20[m] 높이에 있는 옥상탱크에 양수할 때 전양정은 얼마인가?(단 관로의 전손실수두는 0.1[MPa]이다.)

① 20[m]   ② 30[m]

③ 40[m]   ④ 50[m]

해설

전양정(H) = 흡입실양정(H_S) + 토출실양정(H_d) + 관내마찰손실수두(H_f) [m](속도수두를 무시할 때)

∴ 전양정(H) = 10+20+10 = 40[m]

답 : ③

예제문제 02

양수펌프의 크기 결정에 있어서 실양정(actual head)을 바르게 나타낸 것으로 맞는 것은?

① 흡입실양정 + 토출실양정   ② 흡입실양정 + 마찰양정

③ 흡입실양정 + 속도수두   ④ 토출실양정 + 마찰양정

해설

실양정(H_a) = 흡입실양정(H_S)+토출실양정(H_d) [m]

답 : ①

예제문제 03

다음과 같은 조건에 있는 양수펌프의 전양정은?

- 흡입 실양정 : 3[m]
- 배관의 마찰손실수두 : 1.6[m]
- 토출 실양정 : 5[m]
- 토출구의 속도 : 1.0[m/s]

① 16.63[m]
② 14.63[m]
③ 9.65[m]
④ 8[m]

해설

전양정(H) = 흡입실양정(H_S)+토출실양정(H_d)+관내마찰손실수두(H_f) [m](속도수두를 무시할 때)

= 흡입실양정(H_S)+토출실양정(H_d)+관내마찰손실수두(H_f)+속도수두(H_w) [m]

$\therefore$ 전양정(H) = $H_S + H_d + H_f + H_w = H_S + H_d + H_f + \dfrac{v^2}{2g}$

※ g : 중력 가속도(9.8[m/sec^2])

= $3+5+1.6+\dfrac{1^2}{2 \times 9.8}$ = 9.65[m]

답 : ③

■ 실기 예상문제

■ 펌프의 구경, 축동력, 축마력
  계산

(2) 펌프의 구경, 축동력, 축마력

① 펌프 구경

$$d = \sqrt{\frac{4Q}{v\pi}} = 1.13\sqrt{\frac{Q}{v}}$$

Q : 양수량[m^3/s]
v : 유속[m/s]

② 펌프축동력

$$펌프축동력 = \frac{WQH}{6120E} [kW]$$

③ 펌프축마력

$$펌프축마력 = \frac{WQH}{4500E} [PS]$$

Q : 양수량[m^3/min]
H : 전양정[m]
E : 효율[%]
W : 물의 단위중량[1000kgf/m^3]

■ 단위 환산
- 1[W] = 1[J/s] = 3600[J/h]
  = 3.6[kJ/h]
  = 1[N·m/s]
  = 1[kg·m^2/s^3]
  ([J] = [N·m],
  [N] = [kg·m/s^2])
- 1[kW] = 1[kJ/s]
  = 3600[kJ/h]
  = 102[kgf·m/s]
  = 6120[kg·m/min]
- 1[HP] = 0.7457[kW]
  ≒ 0.75[kW]
  = 76.04[kgf·m/s]

예제문제 04

펌프를 수직높이 50[m]의 고가수조와 5[m] 아래의 지하수까지 50[mm] 파이프로
접속하여 매초 2[m]의 속도로써 양수할 때 펌프의 축동력은 몇 마력이 필요한가?
(단, 파이프의 총 연장길이는 100[m], 파이프 1[m]당의 저항은 50[mmAq]이고,
기타 저항은 무시하며, 펌프의 효율은 75[%]로 한다.)

① 2.203[HP]　　　　　　　　② 3.45[HP]
③ 4.03[HP]　　　　　　　　④ 4.19[HP]

해설

· 먼저, 마찰손실수두(H_f) = 50[mmAq]×100[m] = 5000[mmAq] = 5[mAq]

　펌프의 전양정 = 흡입실양정+토출실양정+마찰손실수두 = 5+50+5 = 60[m]

· $Q = Av$

　단면적 : $A[m^2]$, 유속 : $v[m/s]$, 유량 : $Q[m^3/s]$

　$A = \dfrac{\pi d^2}{4}$ 이므로

　$\therefore Q = Av = \dfrac{\pi d^2}{4} \times v = \dfrac{3.14 \times 0.05^2}{4} \times 2 = 0.00393[m^3/s]$

· 펌프 축마력[PS] = $\dfrac{WQH}{KE}$ 에서

　Q : 양수량$[m^3/min]$ → $0.00393[m^3/s] = 0.2358[m^3/min] = 0.24[m^3/min]$

　H : 전양정[m] → 60[m]

　W : 액체 $1[m^3]$의 중량$[kg/m^3]$ → 물은 $1000[kg/m^3]$

　E : 효율[%] → 75[%]

　K : 정수[PS] → 4500

　$\therefore$ 펌프의 축마력 = $\dfrac{1000 \times 0.24 \times 60}{4500 \times 0.75} = 4.26[HP]$ → 4.19[HP]

　(단위환산과정에서 약간의 오차가 있음)

답 : ④

예제문제 05

다음과 같은 장비사양을 가진 펌프의 효율로 가장 근접한 값은? 【20년 출제문제】

양 정	405kPa
유 량	0.02m³/s
소비전력	11.1kW

① 66% ② 73%

③ 80% ④ 82%

해설

펌프 축동력$(Ls) = \dfrac{WQH}{KE}$[kW]에서

Q : 양수량(m³/min) → 0.02×60

H : 전양정(m) → 405kPa=40.5m

W : 액체 1m³의 중량(kg/m³) → 물은 1000kg/m³

E : 효율(%) → ?

k : 정수(kW) → 6120

$11.1\text{kW} = \dfrac{1000 \times 0.02 \times 60 \times 40.5}{6120 \times E}$

$\therefore$ E = 73%

※ 1.0MPa=1000kPa=100m

답 : ②

예제문제 06

35[m] 높이에 있는 옥상탱크에 매 시간마다 20000[L]의 물을 양수하는 경우, 양수 펌프의 전동기 필요 동력은?(단, 펌프의 흡입높이는 2[m], 관로의 전마찰손실수두는 13[m], 펌프의 효율은 60[%]이고 전동기 직결식(여유율 15[%])으로 한다.)

① 4.54[kW] ② 5.22[kW]

③ 6.17[kW] ④ 7.10[kW]

해설

펌프 축동력 $= \dfrac{WQH}{KE}$[kW]에서

Q : 양수량[m³/min] → $20[\text{m}^3/\text{h}] = \dfrac{20}{60}[\text{m}^3/\text{min}]$

H : 전양정[m] → 2 + 35 + 13 = 50[m]

W : 액체 1[m³]의 중량[kg/m³] → 물은 1000[kg/m³]

E : 효율[%] → 60[%]

k : 정수[kW] → 6120

$\therefore$ 펌프의 축동력 $= \left(\dfrac{1000 \times 20/60 \times 50}{6120 \times 0.6} \right) \times 1.15 = 5.22[\text{kW}]$

답 : ③

예제문제 07

높이 40m의 고가수조에 분당 $1m^3$의 물을 송수할 때 펌프의 동력은? (단, 마찰손실 수두 6m, 흡입양정 1.5m, 펌프효율 50%)　　　　　【19년 출제문제】

① 10.5kW　　　　　　　　　　② 15.5kW

③ 16.5kW　　　　　　　　　　④ 18.5kW

해설

펌프의 축동력(Ls)=$\dfrac{WQH}{KE}$[kW]에서

Q : 양수량(m^3/min) → $1m^3$/min

H : 전양정(m) → 1.5+40+6=47.5m

W : 액체 $1m^3$의 중량(kg/m^3) → 물은 1,000kg/m^3

E : 효율(%) → 50%

K : 정수(kW) → 6,120

∴ 펌프의 축동력(Ls)=$\dfrac{1,000 \times 1 \times (1.5+40+6)}{6,120 \times 0.5}$=15.52kW

답 : ②

예제문제 08

펌프로 액면이 지하 4m에 있는 수조의 물을 액면 높이가 지상 6m인 압력탱크까지 유량 2,000L/min으로 양수하려고 한다. 압력탱크의 압력수두는 게이지압으로 20m, 관로의 손실수두가 5m인 경우에 펌프의 축동력값(근사값)은? (단, 펌프효율은 100%로 한다.)　　　　　【13년 2급 출제유형】

① 10kW　　　　　　　　　　② 11.4kW

③ 13.5kW　　　　　　　　　　④ 15kW

해설

① 먼저, 펌프의 전양정(H)

　　　= 흡입실양정+토출실양정+마찰손실수두

　　　= 4+6+20+5=35m

② 펌프 축동력=$\dfrac{WQH}{KE}$[kW]에서

　　Q : 양수량(㎥/min) → 2,000L/min = $2m^3$/min

　　H : 전양정(m) → 35m

　　W : 액체 $1m^3$의 중량(kg/m^3) → 물은 1,000kg/m^3

　　E : 효율(%) → 100%

　　K : 정수(kW) → 6,120

　　∴ 펌프의 축동력 = $\dfrac{1,000 \times 2 \times 35}{6,120 \times 1}$ = 11.4kW

답 : ②

실기 예상문제

- 펌프의 특성곡선과 상사의 법칙
- 펌프의 유량, 양정, 동력 계산

3 펌프의 특성 곡선

(1) 펌프의 특성 곡선

펌프가 어느 일정한 속도로 물을 양수할 때 토출량의 변화에 따라 양정[m], 축동력([PS], [kW]), 효율[%]의 변화를 선도로 표시한 것을 말한다.

이와 같은 특성 곡선의 보양은 펌프의 종류에 따라 다르게 나타나며, 이 곡선에 의해 운전 조건에 따른 성능을 예측할 수 있다.

(2) 회전수의 변화에 따른 유량(Q), 양정(H), 축동력(L)의 변화

펌프의 특성 곡선은 회전수를 일정하게 한 상태에서 얻어진 것이다. 회전수를 변화시키면 양수량은 회전수에 비례하고, 양정은 회전수의 제곱에 비례하며, 축동력은 회전수의 3승에 비례한다.

토출량[m³/min]	양 정[m]	축동력[kW]
$Q_2 = Q_1 \dfrac{N_2}{N_1}$	$H_2 = H_1 \left(\dfrac{N_2}{N_1} \right)^2$	$L_2 = L_1 \left(\dfrac{N_2}{N_1} \right)^3$

Q_1, H_1, L_1 : 회전수 N_1[rpm]일 때의 토출량[m³/min], 양정[m], 축동력[kW]

Q_2, H_2, L_2 : 회전수 N_2[rpm]일 때의 토출량[m³/min], 양정[m], 축동력[kW]

※ 펌프의 양수량은 임펠러의 회전수에 비례하고, 양정은 회전수의 제곱에 비례하며, 축동력은 회전수의 세제곱에 비례한다.

- 토출량 = 유량 = 양수량

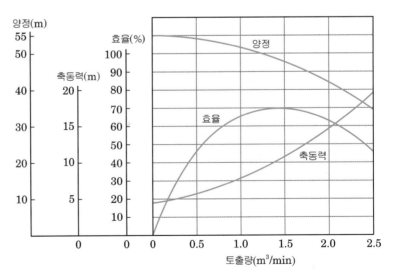

펌프의 특성 곡선

|학습포인트|

■ 펌프의 법칙(상사의 법칙)

① 펌프의 회전수($N_1 \rightarrow N_2$)

· 유량(Q) : 회전수비에 비례하여 변화한다.

· 양정(H) : 회전수비의 2제곱에 비례하여 변화한다.

· 동력(L) : 회전수비에 3제곱에 비례하여 변화한다.

② 임펠러의 직경($D_1 \rightarrow D_2$)

· 유량(Q) : 펌프 크기비의 3제곱에 비례하여 변화한다.

· 양정(H) : 펌프 크기비의 2제곱에 비례하여 변화한다.

· 동력(L) : 펌프 크기비의 5제곱에 비례하여 변화한다.

☞ 펌프의 회전수($N_1 \rightarrow N_2$)로 변할 때 또는 임펠러의 직경($D_1 \rightarrow D_2$)로 변할 때

㉠ 유량(Q) : $Q_2 = Q_1 \dfrac{N_2}{N_1} = Q_1 \left(\dfrac{D_2}{D_1}\right)^3$

㉡ 양정(H) : $H_2 = H_1 \left(\dfrac{N_2}{N_1}\right)^2 = H_1 \left(\dfrac{D_2}{D_1}\right)^2$

㉢ 동력(L) : $L_2 = L_1 \left(\dfrac{N_2}{N_1}\right)^3 = L_1 \left(\dfrac{D_2}{D_1}\right)^5$

여기서, 회전수 : N[rpm], 임펠러 직경 : D

■ 펌프의 비속도

① 펌프의 형식을 결정하는 척도, 즉 회전차의 형상을 나타내는 척도로 사용된다. 펌프의 성능을 나타내거나 적합한 회전수를 결정하는 데 이용되는 값이다.

② $\eta_s = N \cdot \dfrac{Q^{1/2}}{H^{3/4}}$

여기서, η_s : 비속도, N : 회전수[rpm], Q : 토출량[m³/min], H : 양정

η_s(비속도)는 회전수(N)와 $Q^{1/2}$에 비례하고 $H^{3/4}$에 반비례한다.

③ 형태가 완전히 같은 펌프는 크기와 관계없이 비속도가 일정하다.

④ 대유량·저양정일수록 비속도가 크고, 소유량·고양정일수록 비속도는 작아진다.

⑤ 비속도 크기 순서

축류펌프(1100[rpm] 이상) 〉 사류펌프(500~1200[rpm]) 〉

볼류트펌프(300~700[rpm]) 〉 터빈펌프(300[rpm] 이하)

예제문제 01

펌프의 특성 곡선에 표시하지 않는 것은?

① 양정
② 축동력
③ 효율
④ 엔탈피

───────────────

해설 **펌프의 특성 곡선**

펌프가 어느 일정한 속도로 물을 양수할 때 토출량의 변화에 따라 양정[m], 축동력([PS], [kW]), 효율[%]의 변화를 선도로 표시한 것을 말한다.

※ 회전수의 변화에 따른 유량(Q), 양정(H), 축동력(L)의 변화

  펌프의 특성 곡선은 회전수를 일정하게 한 상태에서 얻어진 것이다. 회전수를 변화시키면 양수량은 회전수에 비례하고, 양정은 회전수의 제곱에 비례하며, 축동력은 회전수의 3승에 비례한다.

답 : ④

예제문제 02

그림은 회전수와 흡입양정이 일정할 때 원심펌프의 특성곡선이다. 각 특성을 맞게 나타낸 것은?

① 가 – 축동력곡선
② 나 – 효율곡선
③ 다 – 저항곡선
④ 라 – 양정곡선

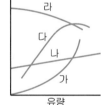

───────────────

해설

㉠ 저항곡선, ㉡ 축동력곡선, ㉢ 효율곡선, ㉣ 양정곡선

※ 펌프의 특성 곡선

  펌프가 어느 일정한 속도로 물을 양수할 때 토출량의 변화에 따라 양정[m], 축동력([PS], [kW]), 효율[%]의 변화를 선도로 표시한 것을 말한다.

  ☞ 회전수의 변화에 따른 유량(Q), 양정(H), 축동력(L)의 변화

    펌프의 특성 곡선은 회전수를 일정하게 한 상태에서 얻어진 것이다. 회전수를 변화시키면 양수량은 회전수에 비례하고, 양정은 회전수의 제곱에 비례하며, 축동력은 회전수의 3승에 비례한다.

답 : ④

예제문제 03

원심펌프의 회전수가 1450[rpm]일 때, 양정 25[m], 유량 2[m³/min]이다. 회전수를 850[rpm]으로 할 때 양정은 얼마인가?

① 14.66[m]

② 8.59[m]

③ 5.04[m]

④ 7.33[m]

해설

펌프의 상사법칙에서 펌프의 회전수($N_1 \rightarrow N_2$)로 변할 때
또는 임펠러의 직경($D_1 \rightarrow D_2$)로 변할 때

· 유량(Q) : $Q_2 = Q_1 \dfrac{N_2}{N_1} = Q_1 (\dfrac{D_2}{D_1})^3$

· 양정(H) : $H_2 = H_1 \left(\dfrac{N_2}{N_1}\right)^2 = H_1 \left(\dfrac{D_2}{D_1}\right)^2$

· 동력(L) : $L_2 = L_1 \left(\dfrac{N_2}{N_1}\right)^3 = L_1 \left(\dfrac{D_2}{D_1}\right)^5$

여기서, 회전수 : N[rpm], 임펠러 직경 : D

∴ $H_2 = H_1 \left(\dfrac{N_2}{N_1}\right)^2 = 25 \times \left(\dfrac{850}{1450}\right)^2 = 8.59$[m]

답 : ②

예제문제 04

유량 2[m³/min], 양정 25[m], 축동력 8.6[kW]인 원심펌프의 회전수를 25[%] 증가시킬 경우 유량(Q), 양정(H), 축동력(L)은?

① Q=4.88[m³/min], H=31.3[m], L=21.0[kW]

② Q=2.50[m³/min], H=39.1[m], L=16.8[kW]

③ Q=3.13[m³/min], H=48.8[m], L=13.4[kW]

④ Q=3.90[m³/min], H=61.0[m], L=13.4[kW]

해설 펌프의 상사법칙에서 펌프의 회전수($N_1 \rightarrow N_2$)로 변할 때

· 유량(Q) : $Q_2 = Q_1 \dfrac{N_2}{N_1} = 2 \times (\dfrac{1.25}{1}) = 2.50$[m³/min]

· 양정(H) : $H_2 = H_1 \left(\dfrac{N_2}{N_1}\right)^2 = 25 \times \left(\dfrac{1.25}{1}\right)^2 = 39.1$[m]

· 동력(L) : $L_2 = L_1 \left(\dfrac{N_2}{N_1}\right)^3 = 8.6 \times \left(\dfrac{1.25}{1}\right)^3 = 16.8$[kW]

여기서, 회전수 : N[rpm]

답 : ②

예제문제 05

회전수가 1000rpm일 때, 토출량은 1.5m³/min, 소요동력이 12kW인 펌프가 있다. 회전수를 가변하여 펌프의 토출량을 1.2m³/min으로 감소시키면 동력은 얼마인가?

【13년 1급 출제유형】

① 6.14kW

② 7.68kW

③ 9.61kW

④ 10.85kW

해설
펌프의 양수량은 회전수에 비례, 양정은 회전수의 제곱에 비례, 축동력은 회전수의 세제곱에 비례한다.

$$\therefore \ 동력(L) : \ L_2 = L_1 \left(\frac{N_2}{N_1} \right)^3 = L_1 \left(\frac{Q_2}{Q_1} \right)^3 = 12 \times \left(\frac{1.2}{1.5} \right)^3$$
$$= 6.144\text{kW}$$

답 : ①

예제문제 06

터보형 펌프 중에서 비속도가 가장 작은 펌프는?

① 사류펌프

② 축류펌프

③ 터빈펌프

④ 벌류트펌프

해설 **펌프의 비속도**
· 펌프의 형식을 결정하는 척도, 즉 회전차의 형상을 나타내는 척도로 사용된다. 펌프의 성능을 나타내거나 적합한 회전수를 결정하는 데 이용되는 값이다.
· 대유량·저양정일수록 비속도가 크고, 소유량·고양정일수록 비속도는 작아진다.
· 비속도 크기 순서
  축류펌프 〉 사류펌프 〉 볼류트펌프 〉 터빈펌프

답 : ③

예제문제 07

펌프의 비교회전수의 크기를 비교한 것 중 옳은 것은?

① 터빈펌프 〈 볼류트펌프 〈 사류펌프 〈 축류펌프

② 축류펌프 〈 볼류트펌프 〈 사류펌프 〈 터빈펌프

③ 축류펌프 〈 사류펌프 〈 볼류트펌프 〈 터빈펌프

④ 터빈펌프 〈 축류펌프 〈 볼류트펌프 〈 사류펌프

해설 **펌프의 비교회전수의 크기**
축류펌프(1100[rpm] 이상) 〉 사류펌프(500~1200[rpm]) 〉 볼류트펌프(300~700[rpm]) 〉 터빈펌프(300[rpm] 이하)

답 : ①

4 캐비테이션과 NPSH

(1) 캐비테이션(cavitation)

① 펌프의 흡입구로 들어온 물 중에 함유되었던 증기의 기포는 임펠러(펌프의 날개)를 거쳐 토출구로 넘어가면 갑자기 압력이 상승되므로 기포는 물속으로 다시 소멸된다. 이때 소멸 순간에 격심한 소음과 진동을 수반하면서 일어나는 현상으로서, 흡입양정에서 발생한다.

② 소음, 진동, 관 부식, 심하면 흡상 불능(펌프의 공회전)의 원인이 된다.

③ 펌프 흡입구의 압력은 항상 흡입구에서의 포화증기 압력 이상으로 유지되어야 캐비테이션이 일어나지 않는다.

(2) NPSH(Net Positive Suction Head : 유효 흡입양정)

① 캐비테이션이 일어나지 않는 유효 흡입양정을 수주로 표시한 것이다.

② 펌프의 설치 상태 및 유체의 온도 등에 따라 다르다.

③ 설치에서 얻어지는 NPSH는 펌프 자체가 필요로 하는 NPSH보다 커야 캐비테이션이 일어나지 않는다.

따라서 캐비테이션이 발생하지 않을 경우는

$$H_{sv} \geqq h_{sv}$$

여기에 여유율 a(일반적으로는 30[%]를 취함)를 고려하면, 펌프의 설치조건은

$$H_{sv} \geqq (1+a) \cdot h_{sv} = 1.3 \cdot h_{sv}$$

그림에서 보면 유량증가와 함께 펌프의 필요 NPSH는 증가하지만, 시스템에 의하여 결정되는 유효 NPSH는 유량에 따라 감소하게 된다. 또 어느 유량에서 2개의 NPSH곡선이 교차하게 되고, 교점의 좌측이 사용가능한 범위, 우측이 캐비테이션 발생영역으로 사용이 불가능하게 되는 범위가 된다.

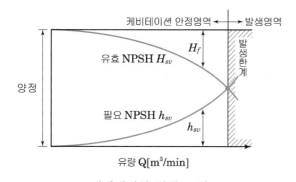

캐비테이션 발생 조건

실기 예상문제

■ 캐비테이션과 NPSH

■ 공동현상(cavitation)을 방지하려면 펌프의 유효 흡입양정(NPSH)을 낮추어 흡입구의 압력이 항상 흡입구의 포화증기압력 이상으로 유지되도록 하는 것이 바람직하다.

■ 캐비테이션의 발생조건
· 흡입양정이 클 경우
· 유체의 온도가 높을 경우
· 날개차의 원주속도가 클 경우
· 날개차의 모양이 적당하지 않는 경우

■ 캐비테이션 방지책
· 흡입양정을 줄이고 흡입관 손실을 줄인다.
· 필요 이상의 양정을 두지 않는다.
· 규정회전수 내에서 운전한다.
· 2대 이상의 펌프를 사용한다.
· 스트레이너 통수면적을 여유있게 잡고 청소를 한다.

예제문제 01

펌프관로의 공동현상(cavitation)에 대한 설명으로 적절하지 <u>않은</u> 것은? 【19년 출제문제】

① 펌프 흡입측의 압력은 항상 흡입구에서의 포화증기압력 이상으로 유지되어야 공동현상 발생 가능성이 줄어든다.

② 펌프관로 내 유체의 온도가 높을수록 공동현상 발생 가능성이 줄어든다.

③ 펌프 흡입 관로측에서 얻어지는 유효흡입수두($NPSH_{av}$)는 펌프 자체에서 필요로 하는 필요흡입수두($NPSH_{re}$)보다 커야 공동현상 발생 가능성이 줄어든다.

④ 펌프의 흡입양정을 줄이고 흡입배관의 마찰 손실을 줄일수록 공동현상 발생 가능성은 줄어든다.

해설
펌프관로 내 유체의 온도가 높을수록, 마찰손실수두가 클수록 공동현상 발생 가능성이 증가된다.

<u>**답 : ②**</u>

예제문제 02

펌프의 NPSH(유효흡입양정)에 관한 설명 중 옳지 <u>않은</u> 것은?

① 펌프설비에서 얻어지는 NPSH는 기압의 영향을 받는다.

② 펌프설비에서 얻어지는 NPSH는 흡입양정, 수온, 마찰손실 등에 의해 결정된다.

③ 토오마의 캐비테이션계수는 비교회전수의 함수이다.

④ 펌프설비에서 얻어지는 NPSH를 펌프가 필요로 하는 NPSH보다 작게 한다.

해설
설치에서 얻어지는 NPSH는 펌프 자체가 필요로 하는 NPSH보다 커야 캐비테이션이 일어나지 않는다.

<u>**답 : ④**</u>

03 배관설비

1 배관 재료

(1) 배관의 종류

① 주철관(cast iron pipe)

㉠ 특징

- 재질은 값이 싸며 부식성이 적고 강도 및 내구성이 특히 우수하다.
- 내압성·내식성은 강하나 충격·인장강도는 약하다.

㉡ 용도

내경 75[mm] 이상의 상수도용 급수관, 오수배수관, 가스 공급관, 통신용 케이블 매설관, 화학 공업용 배관 등으로 널리 이용된다.

㉢ 접합 방법

소켓 접합, 플랜지 접합, 메커니컬 접합(mechanical joint), 빅토릭 접합(victoric joint)

② 강관(鋼管, steel pipe)

㉠ 특징

배관 공사에서 가장 많이 사용하는 관으로, 연관이나 주철관에 비하여 가볍고 인장강도가 가장 크며, 주철관에 비하여 부식되기 쉽다.

㉡ 관의 두께

강관의 두께는 스케줄 번호(schedule number)로 나타내며 스케줄 번호에는 SCH10, 20, 30, 40, 60, 80 등이 있고 번호가 클수록 관의 두께가 두꺼워진다.

- 스케줄 번호(SCH)

$$SCH = \frac{P(\text{사용압력MPa})}{S(\text{허용압력MPa})} \times 10$$

- 관 두께(t)

$$t = \left(100 \times \frac{P}{S} \times \frac{P}{1,750}\right) + 25.4$$

㉢ 관의 접합

나사 접합, 플랜지 접합, 용접 접합

예제문제 **01**

다음과 같은 조건을 갖는 경우 배관용 탄소 강관의 스케줄 번호(sch)를 사용해야 안전한가?

> [조 건] 1. 최고의 사용 응력 : 5[MPa]
>   2. 인장강도 : 6[MPa]
>   3. 안전율은 5이다.
>   4. 스케줄은 10, 30, 40, 50, 60을 사용한다.

정답

스케줄 번호(No.)$=10 \times \dfrac{최고사용응력}{허용응력}$ 이고, 허용응력$=\dfrac{강도}{안전율}$ 이다.

∴ 스케줄 번호(No.)$=10 \times \dfrac{최고사용응력 \times 안전율}{강도}$

그런데 최고 사용응력 : 5[MPa], 안전율 : 5, 인장강도 : 6[MPa]이므로

스케줄 번호(No.)$=10 \times \dfrac{5 \times 5}{6}=\dfrac{250}{6}=41.67$

∴ 스케줄 번호(No.)는 50을 택해야 안전하다.

답 : No.50

③ 연관(lead pipe)

㉠ 특징

- 관이 유연하여 시공이 용이하다.
- 내식성이 뛰어난 성질이 있으나 가격이 비싸고 외력에 파손되기 쉽다.

㉡ 용도

가장 오래 전부터 사용되고 있는 급수관이며, 굴곡이 많은 수도 인입관, 기구 배수관, 가스 배관, 화학 공업 배관 등

㉢ 접합

플라스턴 접합, 땜납 접합

④ 동관(copper pipe)

㉠ 특징

- 배관 시공이 용이하다.
- 염류, 산, 알칼리 등의 수용액이나 유기화합물에 대한 내식성이 높아 부식이 적다.

㉡ 용도

전기 및 열전도율이 좋아 전기 재료, 열교환기, 급수급탕관, 급유관, 기름가열기, 냉매배관 등에 이용되고 있다.

ⓒ 접합 방법

납땜 접합, 플레어 접합, 용접 접합, 경납땜

⑤ **경질 비닐관(PVC pipe)**

㉠ 특징

• 내면이 평활해 마찰손실이 적으나, 열팽창률이 크다.

• 가볍고 부식성이 적다.

㉡ 용도

급탕관·증기관으로는 부적당하다.

ⓒ 접합 방법

냉간 공법, 열간 공법

⑥ **콘크리트관(concrete pipe)**

㉠ 특징 및 용도

• 내식성이 강해서 해수수송관, 배수관, 모래운반관에 이용된다.

• 콘크리트 제품으로 가격이 싸며 배수관에 사용하기도 한다.

㉡ 종류

• 원심력 철근 콘크리트관(흄관) : 상하수도 수리 배수용

• 석면 시멘트관(eternit pipe) : 아스베스토스(석면 섬유)와 포틀랜드 시멘트를 1 : 5의 비율로 혼합

• 철근콘크리트관 : 옥외 배수관

ⓒ 접합 방법

칼라 조인트, 기볼트 조인트, 심플렉스 조인트, 모르타르 조인트

예제문제 02

배관용 탄소강관의 배관 내에 120[℃]의 증기를 통과시키면 직관 60[m] 배관 팽창량[cm]은?(단, 선팽창계수=11.9×10^{-6}, 배관 주위온도 20[℃])

① 7.1   ② 8.6

③ 17.2   ④ 35.5

해설

관의 신축과 팽창량(L)

$L = 1000 \cdot \ell \cdot C \cdot \Delta t$ [mm]

여기서, ℓ : 온도변화전의 관의 길이[m]

C : 관의 선팽창계수

Δt : 온도 변화[℃]

$\therefore L = 1000 \cdot \ell \cdot C \cdot \Delta t = 1000 \times 60 \times 11.9 \times 10^{-6} \times (120 - 20)$

$= 71[mm] = 7.1[cm]$

답 : ①

예제문제 03

배관재료의 일반적인 용도가 옳게 연결된 것은?

① 경질염화비닐관 – 냉매 배관

② 동관 – 증기 배관

③ 스테인레스 강관 – 급수 배관

④ 폴리에틸렌관 – 가스 배관

─────────────────────

해설 배관재료의 일반적 용도
- 급수 배관 : 동관, 스테인레스강관
- 증기 배관 : 강관(도금을 하지 않은 강관 = 흑관)
- 가스 배관 : 강관
- 냉매 배관 : 동관

답 : ③

예제문제 04

다음 중 증기난방에 가장 많이 사용되는 배관재료는?

① 동관

② 염화비닐관

③ 스테인리스관

④ 아연도금을 하지 않은 흑관

─────────────────────

해설

증기난방에 가장 많이 사용하는 배관재료는 아연도금을 하지 않은 흑관이다.

답 : ④

(2) 밸브의 종류

① 슬루스 밸브(sluice valve)

- 일명 게이트 밸브(gate valve)라고도 하며 펌프의 앞·뒤, 또는 배수관의 처음이나 끝, 관의 필요한 요소에 설치해 이를 여닫음으로써 관을 흐르는 물의 양을 조절한다.
- 밸브의 통로에 변화가 없어 유체의 저항 손실이 적다.
- 소형의 급수, 급탕, 기름, 가스 등의 배관에 이용한다.

② 글로브 밸브(glove valve)

- 스톱 밸브(stop valve)라고도 하며 유로를 폐쇄하는 경우나 유량을 조절할 때 사용한다.
- 기구 내에서 물이 S자 모양으로 흘러서 내압성은 크나 유체의 저항 손실이 크다.

③ 체크 밸브(check valve)

- 유체의 흐름을 한 방향으로만 흐르게 하고, 반대 방향으로는 흐르지 못하게 하는 밸브

- 작동방식에 따라 수평·수직배관에 모두 사용되는 스윙형(swing type)과 수평배관에만 사용되는 리프트형(lift type)이 있다.

④ 플러시 밸브(flush valve)

급수관에 직결하여 한 번 플러시 밸브를 누르면 급수의 압력으로 일정량의 물이 나온 다음 자동적으로 잠겨지도록 되어 있는 것으로, 대·소변기에 사용된다.

⑤ 앵글 밸브(angle valve)

유체의 흐름을 직각으로 바꾸는 경우에 사용하는 밸브

⑥ 콕(cock)

원뿔에 구멍을 뚫은 것으로 원뿔을 90°(1/4) 회전함에 따라 구멍이 개폐되어 유체의 흐름을 차단 조절하는 밸브

⑦ 조정 밸브

- 감압 밸브 : 고압 배관과 저압 배관의 사이에 감압 밸브를 달고 압력을 제어하여 일정하게 유지할 때 사용되는 밸브
- 안전 밸브 : 보일러 등 압력 용기와 그밖의 고압 유체를 취급하는 배관에 설치하여 관 또는 용기 내의 압력이 규정 한도에 달하면 내부 에너지를 자동적으로 외부로 방출하여 용기 안의 압력을 항상 안전한 수준으로 유지하는 밸브
- 온도 조절 밸브 : 온도의 변화에 따라 벨로스의 예민한 작용으로 개폐되며, 유량을 자동으로 조절하는 자동 조절 밸브
- 볼탭 : 탱크의 급액구에 정착하여 액면의 상승과 하강에 따라 상승, 하강하는 볼탭의 부력에 의하여 밸브가 자동적으로 개폐하는 자동 밸브
- 스트레이너 : 관 속의 유체에 혼입된 불순물을 제거하여 기기의 성능을 보호하는 여과기

예제문제 05

밸브를 완전히 열면 유체 흐름이 단면적 변화가 없기 때문에 마찰저항이 적어서 흐름의 단속용으로 사용되는 밸브로, 게이트 밸브(gate valve)라고도 불리우는 것은?

① 슬루스 밸브　　　　② 체크 밸브
③ 글로브 밸브　　　　④ 앵글 밸브

해설 슬루스 밸브(sluice valve)
- 일명 게이트 밸브(gate valve)라고도 하며 펌프의 앞·뒤, 또는 배수관의 처음이나 끝, 관의 필요한 요소에 설치해 이를 여닫음으로써 관을 흐르는 물의 양을 조절한다.
- 밸브의 통로에 변화가 없어 유체의 저항 손실이 가장 적다.

답 : ①

예제문제 06

체크밸브에 관한 설명으로 옳지 않은 것은?

① 수직배관에만 사용된다.

② 유체의 역류를 방지하기 위한 것이다.

③ 스윙형 체크밸브는 유수에 대한 마찰저항이 리프트형보다 적다.

④ 리프트형 체크밸브는 글로브 밸브와 같은 밸브 시트의 구조로써 유체의 압력에 밸브가 수직으로 올라가게 되어 있다.

해설 체크밸브(check valve : 역지밸브)
- 유체의 흐름을 한쪽 방향으로만 흐르게 할 때 쓰인다.
- 리프트형(수평배관), 스윙형(수평, 수직배관)이 있다.

답 : ①

 실기 예상문제 ☞

- 배관의 유량과 유속, 마찰손실 수두 계산

2 배관의 설계

(1) 유량과 유속

단면적을 $A\,[\mathrm{m}^2]$, 유속을 $v\,[\mathrm{m/s}]$, 유량을 $Q\,[\mathrm{m}^3/\mathrm{s}]$라면

$$Q = Av$$

또 관경을 $d\,[\mathrm{m}]$라 하면 단면적 $A = \dfrac{\pi d^2}{4}$ 이므로 $\dfrac{Q}{v} = \dfrac{\pi d^2}{4}$

$$\therefore\ d = \sqrt{\frac{4Q}{v\pi}}\,[\mathrm{m}]$$

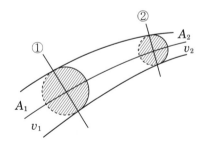

유량과 유속

(2) 마찰손실수두(H_f)와 마찰손실압력(P_f)

$$H_f = \lambda \cdot \frac{\ell}{d} \cdot \frac{v^2}{2g} [\text{mAq}]$$

$$P_f = \lambda \cdot \frac{\ell}{d} \cdot \frac{v^2}{2} \cdot \rho [\text{Pa}]$$

여기서, H_f : 길이 1m의 직관에 있어서의 마찰손실수두[mAq]

P_f : 길이 1m의 직관에 있어서의 마찰손실압력[Pa]

λ : 관마찰계수(강관 0.02)

g : 중력가속도(9.8[m/sec^2])

d : 관의 내경[m]

ℓ : 직관의 길이[m]

v : 관내 평균 유속[m/s]

ρ : 물의 밀도(1000[kg/m^3])

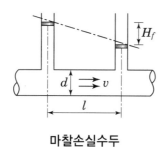

마찰손실수두

(3) 관의 직관부 마찰저항(ΔP_f)

$$\Delta H_f = \lambda \cdot \frac{\ell}{d} \cdot \frac{v^2}{2g} [\text{mAq}]$$

$$\Delta P_f = \lambda \cdot \frac{\ell}{d} \cdot \frac{v^2}{2} \cdot \rho [\text{Pa}]$$

- 공기

$$\Delta P_f = \lambda \cdot \frac{\ell}{d} \cdot \frac{v^2}{2} \cdot \rho [P_a]$$

ρ : 공기의 밀도(1.2kg/m^2)

ΔH_f : 길이 1[m]의 직관에 있어서의 마찰손실수두[mAq]

ΔP_f : 길이 1[m]의 직관에 있어서의 마찰손실수두[Pa]

λ : 관마찰계수

g : 중력가속도(9.8[m/sec^2])

d : 관의 내경[m]

ℓ : 직관의 길이[m]

v : 관내 평균 유속[m/s]

ρ : 물의 밀도(1,000[kg/m^3])

(4) 전수두(全水頭)

$$전수두 = 위치압력수두 + 관내압력수두 + 속도수두 \left(\frac{v^2}{2g}\right)[\text{mA}_q]$$

※ 단위 환산

- 1[m] 수두(1[mAq]) = 0.01[MPa] = 10[kPa]
- 1[kgf/cm^2] = 0.1[MPa] = 10[mAq]
  10[kgf/cm^2] = 1[MPa] = 100[mAq]

예제문제 01

증기배관에서의 증기유속으로 가장 적합한 것은?

① 저압 증기관 : 최소 10[m/s], 고압 증기관 : 최소 70[m/s]
② 저압 증기관 : 최소 18[m/s], 고압 증기관 : 최대 60[m/s]
③ 저압 증기관 : 최대 25[m/s], 고압 증기관 : 최소 55[m/s]
④ 저압 증기관 : 최대 35[m/s], 고압 증기관 : 최대 45[m/s]

해설 증기배관에서의 증기유속
· 저압 증기관 최대 유속 : 35[m/s]
· 고압 증기관 최대 유속 : 45[m/s]

답 : ④

예제문제 02

펌프의 흡입관 직경이 20[cm], 토출관 직경이 25[cm]이다. 흡입관의 물의 평균속도가 3[m/s]라면 토출관의 물의 평균 속도는 얼마인가?

① 4.7[m/s]   ② 3.75[m/s]
③ 2.4[m/s]   ④ 1.92[m/s]

해설 유량과 유속(연속방정식)
단면적을 $A[\text{m}^2]$, 유속을 $v[\text{m/s}]$, 유량을 $Q[\text{m}^3/\text{s}]$라면
$Q = A_1 v_1 = A_2 v_2$ …… 일정
또 관경을 $d[\text{m}]$라 하면 단면적 $A = \frac{\pi d^2}{4}$ 이다.

$$Q = Av = \frac{\pi d^2}{4} \times v \text{에서} \quad d = \sqrt{\frac{4Q}{V\pi}}$$

그러므로 $\frac{\pi d^2}{4} \times v$에서 $\frac{3.14 \times 0.2^2}{4} \times 3 = \frac{3.14 \times 0.25^2}{4} \times v_2$

∴ $v_2 = 1.92[\text{m/s}]$

답 : ④

예제문제 03

직경 50[cm]의 파이프 속을 어떤 유체가 2[m/sec]의 속도로 20[km] 떨어진 곳까지 이송한다고 할 때, 이 파이프에서 손실수두는 얼마인가?(단, 관과 유체와의 마찰계수는 0.03, 중력가속도(g)는 9.8[m/s^2], 소수점 이하 반올림)

① 245[m]   ② 264[m]

③ 298[m]   ④ 432[m]

해설

$$H_f = \lambda \cdot \frac{\ell}{d} \cdot \frac{v^2}{2g} \,[\text{mAq}]$$

여기서, H_f : 길이 1[m]의 직관에 있어서의 마찰손실수두[mAq]

　　　　λ : 관마찰계수(강관 0.02)

　　　　g : 중력가속도(9.8[m/sec^2])

　　　　d : 관의 내경[m]

　　　　ℓ : 직관의 길이[m]

　　　　v : 관내 평균 유속[m/s]

$$H_f = \lambda \cdot \frac{\ell}{d} \cdot \frac{v^2}{2g} \,[\text{mAq}] = 0.03 \times \frac{20 \times 10^3}{0.5} \times \frac{2^2}{2 \times 9.8} = 244.9[\text{mAq}] \fallingdotseq 245[\text{m}]$$

답 : ①

예제문제 04

내경 20[cm], 길이 800[m]인 원관 속에 물이 0.15[m^3/s]로 흐르고 있다. 관마찰계수가 0.03일 때 마찰손실수두는 얼마인가?(단, 중력가속도는 9.8[m/s^2]이다.)(소수점 둘째 자리에서 반올림)

① 68.8[m]   ② 81.3[m]

③ 102.5[m]   ④ 139.3[m]

해설 마찰손실수두(H_f) 계산

· 먼저, $Q = Av$ 에서 $v = \dfrac{Q}{A}$

　　$A = \dfrac{\pi d^2}{4}$ 이므로

　　$v = \dfrac{Q}{\dfrac{\pi d^2}{4}} = \dfrac{0.15}{\dfrac{3.14 \times 0.2^2}{4}} = 4.77[\text{m/s}]$

· $H_f = \lambda \cdot \dfrac{\ell}{d} \cdot \dfrac{v^2}{2g} = 0.03 \times \dfrac{800}{0.2} \times \dfrac{4.77^2}{2 \times 9.8} = 139.3[\text{mAq}] = 139[\text{m}]$

답 : ④

예제문제 **05**

위치수두 10[mAq], 압력수두 30[mAq], 속도 2[m/s]로 관 속을 흐르는 물의 전수두는?

① 13.0[m]   ② 13.2[m]

③ 40.2[m]   ④ 42.0[m]

해설

전수두 = 위치압력수두 + 관내압력수두 + 속도수두($\frac{v^2}{2g}$)

$= 10+30+\frac{2^2}{2\times9.8} = 40.2[m]$

※ 단위 환산
 · 1[m] 수두(1[mAq]) = 0.01[MPa] = 10[kPa]
 · 1[kgf/cm²] = 0.1[MPa] = 10[mAq]
  10[kgf/cm²] = 1[MPa] = 100[mAq]

답 : ③

  실기 예상문제

■ 난방장치의 배관 부속기기
 용어 설명

3 난방방식 분류 및 기기주변의 배관

(1) 증기난방방식의 분류

① 응축수의 환수 방식에 따른 분류

㉠ 중력 환수식 증기난방법

열을 방산한 후 증기는 응축수로 바뀌는데 이 응축수를 중력 작용에 의해 보일러로 유입시키는 난방 방식이다.

• 저압보일러에 사용한다.

• 방열기 설치 위치에 제한을 받는다.

• 단관식일 경우 방열기 밸브는 반드시 하부 태핑에 달아야 한다. 응축수와 증기가 역류하므로 관경을 크게 할 필요가 있다.

• 각 방열기마다 공기 빼기 밸브를 부착한다.(방열기 높이의 2/3 정도)

㉡ 진공 환수식 증기난방법

환수 주관 말단의 보일러 바로 앞에 진공펌프를 접속시켜 환수관 중의 응축수와 공기를 흡인하는 방식이다.

• 증기의 순환이 가장 빠른 방식이다.

• 배관 도중의 공기 빼기 밸브는 필요없다.

• 방열기 설치 위치에 제한을 받지 않는다.

• 환수관 내가 진공이 되므로 증기압이 배관 저항보다 더 커서 순환이 빨라지고 균일한 난방을 행할 수 있다.

• 환수관의 관경이 작아도 된다.

ⓒ 기계 환수식 증기난방법

ⓒ 기계 환수식 증기난방법

환수관 말단의 수수탱크에 응축수를 모아 왕복펌프를 통하여 보일러에 환수 시키는 방식이다.

• 보일러의 위치는 방열기와 동일한 바닥면 또는 높은 위치가 되어도 지장이 없다.
• 방열기의 설치를 보일러의 높이와 동일한 위치까지 설치할 수 있다.
• 방열기 개폐도를 조정하여 방열량을 조절할 수 있다.
• 각 방열기마다 공기 빼기 밸브를 부착할 필요가 없다.

② 증기압력에 의한 분류
• 저압 증기난방 : 0.1[MPa] 이하(0.015~0.035[MPa])
• 고압 증기난방 : 0.1[MPa] 이상

③ 증기 배관 방식에 의한 분류
• 상향식 : 단관식, 복관식
• 하향식 : 단관식, 복관식
• 상하 혼용식 : 대규모 건물의 불합리한 온도차를 줄인다.

④ 환수 배관 방식에 의한 분류
• 습식 : 보일러의 수면보다 환수 주관이 낮은 위치에 있을 때
• 건식 : 보일러의 수면보다 환수 주관이 높은 위치에 있을 때

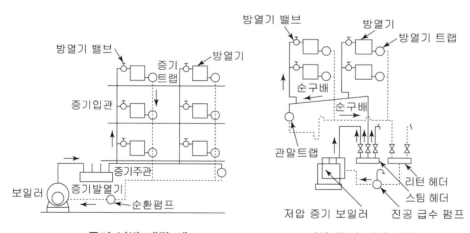

증기 난방 배관 예   저압 증기 난방 방식

(2) 증기난방 배관·부속기기

① 감압밸브

고압배관과 저압배관 사이에 설치하여 증기를 갑압 공급, 1.0[MPa] 이하에서 사용

② 증기 트랩(steam trap)

방열기의 환수구(하부 태핑) 또는 증기 배관의 최말단 등에 부착하여 증기관 내에 생긴 응축수만을 보일러 등에 환수시키기 위해 사용하는 장치이다.

• 방열기 트랩(radiator trap : 열동 트랩, 실로폰 트랩)
• 버킷 트랩(burcket trap) : 주로 고압증기의 관말 트랩이나 증기 사용 세탁기, 증기 탕비기 등에 많이 쓰인다.
• 플로트 트랩(float trap) : 저압증기용 기기 부속 트랩으로 다량의 응축수를 처리하기 위해 사용하며 열교환기 등에 많이 쓰인다.
• 벨로우즈 트랩(bellows trap) : 증기와 응축수 사이의 온도차를 이용하는 온도조절식 증기트랩의 일종으로 관내에 발생하는 응축수를 배출하기 위하여 사용한다.

③ 리프트 이음(lift fitting, lift joint) : 진공 환수식 난방장치에서

㉠ 방열기보다 높은 곳에 환수관을 배관하지 않으면 안될 때
㉡ 환수주관보다 높은 위치에 진공펌프를 설치할 때 lift joint를 설치하여 환수관의 응축수를 끌어올릴 수 있다.
• 저압인 경우 : 1단에 1.5[m] 이내
• 고압인 경우 : 증기관과 환수관의 압력차 0.1[MPa(1[kg/cm^2])]에 대해 5[m] 정도 끌어올린다.

■ 플래시 탱크
(Flash Tank, 증발탱크)
증기난방에서 고압환수관과 저압환수관 사이에 설치하는 탱크이다. 고압 증기의 드레인을 모아 감압하여 저압의 증기(재증발 증기)를 발생시키는 탱크이다.(고압 응축수로 저압의 증기를 만드는 탱크)

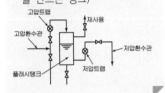

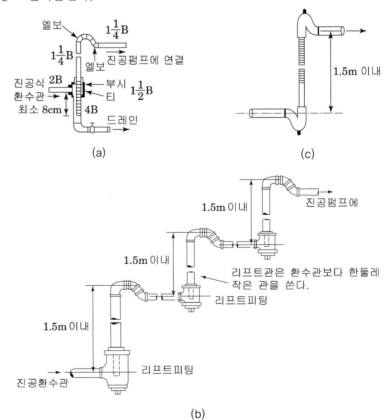

(a)　　　　　　　　　　(c)

(b)

리프트 이음 배관

④ 하트포드 접속법(hartford connection)

보일러 내의 안전수위를 유지하고, 빈불때기를 방지하기 위해, 밸런스관을 부
착하여 응축수를 보일러의 안전수위면 이상에서 공급하는 접속법

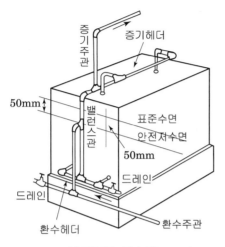

하트포드 접속법

⑤ 냉각다리(cooling leg)

• 완전한 응축수를 트랩에 보내는 역할

• 보온 피복을 할 필요가 없다.

• 길이는 1.5[m] 이상

• 관경은 증기주관보다 한 치수 작게 한다.

⑥ 인젝터(injector)

증기 보일러의 급수 장치

⑦ 스팀헤더(steam header)

• 증기를 각 계통별로 송기하기 위한 장치
(스팀의 관리를 합리적으로 하기 위한 장치)

• 보일러에서 발생한 증기를 모은 다음 각 계통별로 분배

• 관경 : 접속하는 관내 단면적 합계의 2배 이상

예제문제 01

증기난방설비에서 증기트랩을 사용하는 가장 주된 목적은?

① 응축수를 배출하기 위하여
② 공기를 배출하기 위하여
③ 압력을 조절하기 위하여
④ 온도를 조절하기 위하여

[해설] 증기 트랩(steam trap)
방열기의 환수부(하부 태핑) 또는 증기 배관의 최말단 등에 부착하여 증기관 내에 생긴 응축수만을 보일러 등에 환수시키기 위해 사용하는 장치이다.
※ 증기 트랩의 설치 목적
　·배관내의 응축수 제거　·배관내의 공기 제거　·배관내의 불응축성 기체 제거
※ 증기 트랩의 종류
　방열기트랩(열동트랩, 실로폰트랩) 버킷트랩, 플로트트랩, 벨로즈트랩 등

답 : ①

예제문제 02

진공환수식 증기난방에서 리프트 피팅(lift fitting)을 해야 하는 경우는?

① 방열기보다 환수주관이 높을 때
② 방열기보다 환수주관이 낮을 때
③ 방열기보다 응축수 온도가 너무 높을 때
④ 방열기보다 응축수 온도가 너무 낮을 때

[해설] 리프트 이음(lift fitting)
진공환수식 증기난방에서 부득이 방열기보다 높은 곳에 환수관을 배관할 경우 필요한 이음

답 : ①

예제문제 03

증기보일러 주변 배관방식에서 하트포드 접속방식을 채택하는 이유는?
① 보일러내의 수위를 안전하게 확보하기 위하여
② 보일러의 열효율을 향상시키기 위하여
③ 보일러내의 스케일 발생을 줄이기 위하여
④ 소음을 줄이기 위하여

[해설]
하트포드 접속법(hartford connection)은 보일러 내의 안전수위를 유지하고, 빈불때기를 방지하기 위해, 밸런스관을 부착하여 응축수를 보일러의 안전수위면 이상에서 공급하는 접속법이다.

답 : ①

예제문제 04

증기난방의 보일러 주변배관에서 증기헤더(Steam header)를 거쳐서 증기주관을 배관하는 이유는?

① 보일러내의 빈불때기를 막기 위하여

② 고압의 증기를 공급하기 위하여

③ 배관의 각 계통별로 증기를 고르게 급송하기 위하여

④ 열손실에 따라서 생기는 배관 중의 응축수량을 줄이기 위하여

해설

스팀헤더(steam header)는 증기를 각 계통별로 송기하기 위한 장치(스팀의 관리를 합리적으로 하기 위한 장치)로 보일러에서 발생한 증기를 모은 다음 각 계통별로 분배한다. 관경은 접속하는 관내 단면적 합계의 2배 이상으로 한다.

답 : ③

예제문제 05

수격현상 방지책에 대한 설명 중 틀린 것은?　　　　　　　　　　【17년 출제문제】

① 관성력을 크게 하기 위하여 관내 유속을 높게 한다.

② 펌프에 플라이휠을 설치하여 펌프가 정지되어도 급격히 중지되지 않도록 한다.

③ 서어징탱크 또는 공기실을 설치하여 압력의 완충작용을 할 수 있도록 한다.

④ 자동 수압조절밸브를 설치하여 압력을 조절한다.

해설 **수격 현상(water hammering)**

관내 유속이 빠르거나 혹은 밸브, 수전 등의 관내 흐름을 순간적으로 폐쇄하면, 관내에 압력이 상승하면서 생기는 배관 내의 마찰음 현상이다.

① 원 인

　㉠ 유속이 빠를 때　　　㉡ 관경이 적을 때　　　㉢ 밸브 수전을 급히 잠글 때

　㉣ 굴곡 개소가 많을 때　㉤ 감압 밸브를 사용하지 않을 때

② 방지책

　㉠ 관내 유속을 될 수 있는 대로 느리게 하고 관경을 크게 한다.

　㉡ 폐수전을 폐쇄하는 시간을 느리게 한다.

　㉢ 기구류 가까이에 air chamber를 설치하여 chamber 내의 공기를 압축시킨다.

　㉣ water hammer 방지기를 water hammer의 발생 원인이 되는 밸브 근처에 부착시킨다.

　㉤ 굴곡 배관을 억제하고 될 수 있는 대로 직선배관으로 한다.

　㉥ 펌프의 토출측에 릴리프밸브나 스모렌스키 체크밸브를 설치한다.(압력상승 방지)

　㉦ 자동수압 조절밸브를 설치한다.

답 : ①

(3) 온수난방방식의 분류

분류	명칭	개요
공급 방식	상향식	·보일러에서 나온 온수 주관을 최하층 천장에 배관하고, 여기에서 상층에 있는 방열기에 입관을 배관하는 방식
	하향식	·온수주관을 최상층까지 끌어올려 여기에서 하향으로 각 방열기에 배관하는 방식
순환 방식	중력식	·밀도차를 이용해서 순환시키는 방식 ·항상 보일러보다 높은 장소에 설치 ·주택 등 소규모 건물에 적합
	강제식	·순환펌프를 이용해서 온수를 순환시키는 것 ·최근에는 펌프의 가격이 싸져서 전체의 설비비는 중력식보다 싸게 되고, 난방 효과가 좋기 때문에 주로 이 방식이 널리 사용되고 있다.(대규모 건축)
배관 방식	단관식	·온수 공급관과 환수관을 공용으로 배관
	복관식	·온수 공급관과 환수관을 각각 계통별로 배관
	역환수식	·보일러에서 방열기까지의 온수 공급관과 방열기에서 보일러까지의 환수관의 길이를 같게 하는 방법으로, 냉온수가 평균적으로 흐름
팽창 수조형	개방식	·옥상에 둔다. ·최상층 방열기보다 순환압력 이상의 높은 곳에 위치
	밀폐식	·보일러실 내에 둔다. ·개방식보다 용량이 2~3배 크다.
온수 온도	저온수식 (보통온수식)	·100[℃] 미만(보통 80[℃] 전후)의 온수를 사용하는 것 ·건축의 난방용으로 가장 널리 사용되고 있다.
	고온수식	·온수온도가 100[℃] 이상(보통 100~150[℃])을 쓰며 온도차를 20~60[℃]로 높여 온수유량을 크게 줄임으로써 관경을 작게 한다. ·지역 난방에 적합하다.

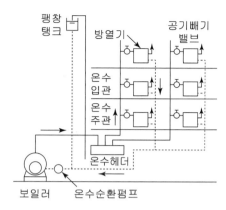

온수난방 배관 예

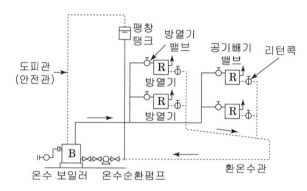

강제순환식 온수난방 방식

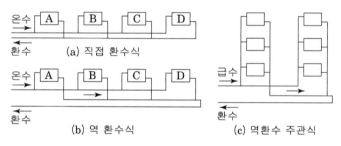

직접환수식과 역환수식

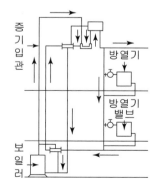

고온수난방 배관

(4) 온수난방 배관·부속기기

① Supply Header

② 팽창탱크

체적팽창에 대한 여유를 갖기 위해 설치

㉠ 개방식(보통 온수난방)
- 온수 팽창량의 2~2.5배
- 방열기보다 높은 위치에 설치한다.
- 배관 최고부에서 팽창탱크까지의 높이는 1m 이상으로 한다.

㉡ 밀폐식(고온수 난방)

안전밸브를 달아 보일러 내부가 제한 압력 이상으로 상승하면 자동적으로 밸브를 열어서 과잉수를 배출한다.

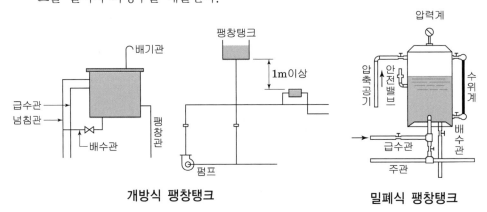

개방식 팽창탱크 **밀폐식 팽창탱크**

③ 순환펌프

환수주관의 보일러측 말단에 부착

④ 리턴콕(return cock)

온수의 유량을 조절하는 밸브로 주로 온수 방열기의 환수 밸브로 사용

 실기 예상문제

■ 리버스리턴(Reverse Return)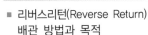
　배관 방법과 목적

⑤ 리버스리턴(Reverse Return)배관(역환수방식)

㉠ 설치

급탕설비 – 하향식, 난방설비 – 온수난방

㉡ 방법
- 각 방열기마다의 배관회로 길이를 같게 한 배관방식
- 보일러에서 방열기까지(온수관)의 길이
  = 방열기에서 보일러까지(환수관)의 길이

㉢ 목적

온수의 유량분배 균일화(온수의 순환을 평균화)하기 위해

㉣ 단점

배관수가 많아져서 설비비가 높다.

예제문제 | 06

온수난방의 팽창탱크에 관한 설명 중 옳지 않은 것은?

① 물의 체적변화에 대처하기 위한 것이다.

② 안전밸브의 역할을 한다.

③ 저온수난방에는 반드시 밀폐형 팽창탱크를 사용한다.

④ 팽창탱크의 용량은 장치내의 전수량(全水量)에 따라 결정된다.

해설
저온수난방에는 주로 개방형 팽창탱크를 사용한다.

답 : ③

예제문제 | 07

강제순환식 온수난방장치의 순환펌프양정을 결정하는 조건으로 적합하지 않은 것은?

① 관경 50[mm] 이하에서는 유속을 1.2[m/s] 이하로 한다.

② 단위저항은 10~14[mmAq/m] 정도의 값이 쓰인다.

③ 사무소건축 등의 대건축물에서는 직관부 저항의 1.5~2.0배를 총 저항으로 가정할 수 있다.

④ 일반적으로 사용되는 순환펌프의 양정은 30~40[m] 정도이다.

해설
일반적으로 사용되는 순환펌프의 양정은 10[m] 정도이다.

답 : ④

예제문제 | 08

온수난방 배관에서 리버스 리턴(Reverse return)방식을 사용하는 이유는?

① 배관의 신축을 흡수하기 위하여

② 배관의 길이를 짧게 하기 위하여

③ 배관 내의 공기배출을 용이하게 하기 위하여

④ 온수의 유량분배를 균일하게 하기 위하여

해설 리버스리턴(Reverse Return)배관(역환수방식)
㉠ 설치 : 급탕설비의 하향식 배관, 난방설비의 온수난방
㉡ 방법
 · 각 방열기마다의 배관회로 길이를 같게 한 배관방식
 · 보일러에서 방열기까지(온수관)의 길이
  = 방열기에서 보일러까지(환수관)의 길이
㉢ 목적 : 온수의 유량분배 균일화(온수의 순환을 평균화)하기 위해
㉣ 단점 : 배관수가 많아져서 설비비가 높다.

답 : ④

예제문제 09

1개의 실에 설치된 온수용 주철제 방열기의 상당방열면적(EDR)이 20[m^2]일 때 5개실 전체에 동일한 방열기 용량을 설치한다면, 이 때에 필요한 전온수 순환량[ℓ/min]은?(단, 방열기의 표준방열량 0.523[kW/m^2], 방열기 입구온도 80[℃], 출구온도 70[℃], 온수비열 4.19[$kJ/kg \cdot K$], 온수밀도 1[kg/ℓ]이다.)

① 15[ℓ/min]　　　　　　　　② 21.7[ℓ/min]
③ 75[ℓ/min]　　　　　　　　④ 108.3[ℓ/min]

해설

순환수량(Q_w)[ℓ/min]

$$Q_w = \frac{H}{60 C \Delta t} [\ell/min]$$

　H : 방열량[kJ/h]
　C : 비열(4.19[kJ/kg·K])
　Δt : 방열기의 출입구 온도차[℃]
먼저, 1[kW] = 1[kJ/S] = 3600[kJ/h]이므로
　　0.523[kW] = 0.523×3600[kJ/h] = 1882.8[kJ/h]

$$Q_w = \frac{1882.8 \times 20 \times 5}{60 \times 4.19 \times (80-70)} = 75[\ell/min]$$

답 : ④

---

4 공기조화 배관

(1) 수배관

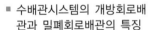
실기 예상문제

■ 수배관시스템의 개방회로배관과 밀폐회로배관의 특징

① 개방회로배관과 밀폐회로배관

분 류	특 징
개방회로 배관	물의 순환경로가 대기 중의 수조에 개방되어 있는 회로 ·순환펌프 양정계산시 물탱크에서 배관 최상단 부분까지 정수두를 계산하여야 한다. ·환수관에서 사이폰현상, 진동, 소음 등이 발생할 우려가 있다. ·관경이 밀폐형보다 커서 설비비가 증가한다. ·밀폐형보다 배관부식의 우려가 크다.
밀폐회로 배관	물의 순환경로가 대기 중의 수조에 개방되어 있지 않는 회로 ·팽창탱크(E.T)를 반드시 설치하여 이상압력을 흡수하여야 한다. ·안정된 수류를 얻을 수 있다. ·관경이 작아져서 설비비가 감소한다. ·배관의 부식이 적다.

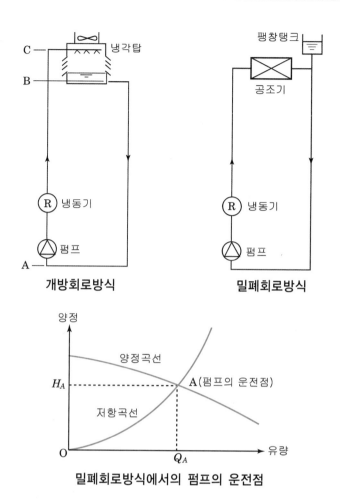

밀폐회로방식에서의 펌프의 운전점

② 직접환수방식과 역환수방식

• 직접환수방식

열원기기에서 가까운 위치에 있는 방열기, 팬코일유닛 등에는 냉온수의 순환이 원활하게 이루어지거나 열원기기로부터 멀리 떨어져 있을수록 순환길이가 길어지고 그에 따른 압력손실이 커지므로 냉온수의 순환이 어려워진다.

• 역환수방식

보일러에서 방열기까지(온수관)의 길이와 방열기에서 보일러까지(환수관)의 길이를 같게 한 방식으로 온수의 유량분배 균일화(온수의 순환을 평균화)하기 위해 사용한다. 배관 길이가 길어져 설비비가 높아지고 배관을 위한 공간도 더 필요하게 되는 단점이 있다.

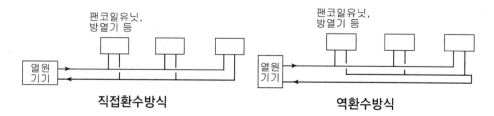

③ 배관의 개수에 따른 분류

분 류	특 징
1관식	·1개의 배관으로 공급관, 환수관을 겸용으로 사용하는 방식 ·실온의 개별제어가 곤란하다. ·설비비가 적게 들고 공사가 간단하다. ·용도 : 급탕용, 소규모 온수난방용
2관식	·각각의 공급관, 환수관을 갖는 방식 ·가장 일반적으로 사용되는 방식이다.
3관식	·공급관이 2개(온수관, 냉수관)이고 환수관이 1개로 구성된 방식 ·개별제어가 가능하고, 부하변동에 대한 응답이 빠르다. ·환수관이 1개이므로 냉수와 온수의 혼합열손실이 발생한다. ·배관공사가 복잡하다.
4관식	·공급관(냉수관, 온수관) 2개, 환수관(냉수관, 온수관) 2개로 구성된 방식 ·혼합열손실이 발생하지 않아 확실한 개별제어가 가능하고 응답이 빠르다. ·배관공사가 가장 복잡하다.

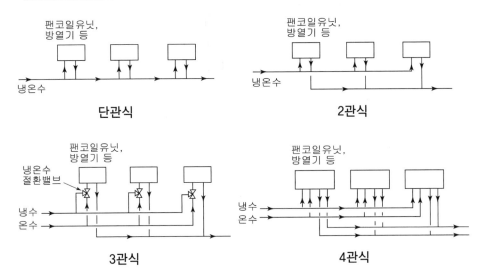

단관식

2관식

3관식

4관식

④ 정유량 방식과 변유량 방식

㉠ 정유량 방식

·배관계는 냉온수 등 열원을 제조하는 부분인 1차측과 공조기와 같이 열원을 소비하는 부분인 2차측으로 나누어지는데, 1차측에서 제조된 냉온수 전체가 펌프에 의해 2차측까지 순환되는 방식이다.

·3방 밸브(3-way 밸브)를 통해 냉온수가 공조기로 들어가지 않고 바이패스하므로 2차측에 들어가지 않아도 될 냉온수까지 펌프로 보내게 되므로 펌프동력을 낭비하게 된다.

■ 정유량 방식
3방밸브를 사용하는 방식, 부하변동에 대하여 순환수의 온도차를 이용하는 방식

■ 변유량 방식
2방밸브를 사용하는 방식, 부하변동에 대하여 순환수량을 변경시켜 대응하는 방식

ⓛ 변유량 방식

부하변동에 따라 필요한 만큼만 공조기 등 2차측에 보내고 나머지는 1차측에서만 순환시키는 방식으로 불필요한 펌프동력을 절감을 할 수 있어 에너지절약 수법 중의 하나로 채용되고 있다.

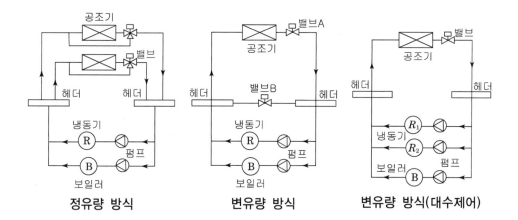

| 정유량 방식 | 변유량 방식 | 변유량 방식(대수제어) |

공기조화배관의 배관회로방식에 대한 설명 중 옳지 않은 것은?

① 개방회로방식은 보통 축열방식이나 개방식 냉각탑의 냉각수 배관 등에 응용된다.

② 밀폐회로방식은 순환수가 공기와 접촉하지 않으므로 물처리비가 적게 든다.

③ 개방회로방식의 경우 펌프의 양정에는 실양정이 포함되므로 동력비가 많이 든다.

④ 밀폐회로방식에는 물의 팽창을 흡수하기 위해 팽창관이 사용되며 팽창탱크는 사용하지 않는다.

해설
밀폐회로방식은 물의 순환경로가 대기 중의 수조에 개방되어 있지 않는 회로방식으로 팽창탱크(E.T)를 반드시 설치하여 이상압력을 흡수하여야 한다. 이 방식은 안정된 수류를 얻을 수 있고, 관경이 작아져서 설비비가 감소한다. 또한 배관의 부식이 적다.

답 : ④

난방설비에서 방열기의 공급관과 환수관을 각각 1개씩 설치한 방식은?

① 1관식   ② 2관식

③ 3관식   ④ 4관식

해설
2관식은 각각의 공급관, 환수관을 갖는 방식으로 가장 일반적으로 사용되는 방식이다.

답 : ②

예제문제 03

다음 중 온수난방에서 복관식 배관에 역환수 방식(Reverse Return)을 채택하는 가장 주된 이유는?

① 공사비를 절약할 목적으로   ② 순환펌프를 설치하기 위하여
③ 온수의 순환을 평균화시킬 목적으로   ④ 중력식으로 온수를 순환하기 위하여

해설
역환수방식은 보일러에서 방열기까지(온수관)의 길이와 방열기에서 보일러까지(환수관)의 길이를 같게 한 방식으로 온수의 유량분배 균일화(온수의 순환을 평균화)하기 위해 사용한다.

답 : ③

예제문제 04

다음과 같은 열원의 출구온도는 일정하게 하고 부하변동에 따라 3방밸브로 바이패스에 의한 혼합비를 제어하고 2차 펌프에 의해 부하측인 각 유닛으로 급수하는 부하기기의 출력제어방법은?

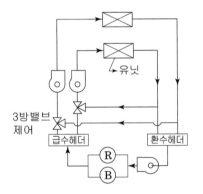

① 변유량 방식   ② 정유량 방식
③ 존펌프 방식   ④ 주펌프 방식

해설
정유량 방식의 배관계는 냉온수 등 열원을 제조하는 부분인 1차측과 공조기와 같이 열원을 소비하는 부분인 2차측으로 나누어지는데, 1차측에서 제조된 냉온수 전체가 펌프에 의해 2차측까지 순환되는 방식이다. 3방 밸브(3-way 밸브)를 통해 냉온수가 공조기로 들어가지 않고 바이패스 하므로 2차측에 들어가지 않아도 될 냉온수까지 펌프로 보내게 되므로 펌프동력을 낭비하게 된다.

답 : ②

(2) 냉온수 배관

배관의 구배는 자유롭게 하되 공기가 정체하지 않도록 주의한다. 배관의 벽, 천
정 등을 관통시에 슬리브(sleeve)를 사용한다.

(3) 냉매 배관

① 토출관의 배관(압축기와 응축기 사이의 배관)

• 응축기는 압축기와 같은 높이이거나 낮은 위치에 설치하는 것이 좋다. 그러
나 응축기가 압축기보다 높은 곳에 있을 때에는 그 높이가 2.5[m] 이하이면
그림 (b)와 같이 하고, 그보다 높으면 (c)와 같이 트랩 장치를 해준다.

• 수평관은 (b), (c) 모두 선하향구배로 배관한다.

• 수직관이 너무 높으면 10[m]마다 트랩을 1개씩 설치한다.

② 액관의 배관(응축기와 증발기 사이의 배관)

증발기가 응축기보다 아래에 있을 때에는 2[m] 이상의 역루프 배관으로 시공
한다.

③ 흡입관의 배관(증발기와 압축기 사이의 배관)

• 수평관의 구배는 선하향구배로 하며 오일트랩을 설치한다.

• 증발기가 압축기와 같을 경우에는 흡입관을 수직 입상시키고 1/200의 선하
향구배로 하며, 증발기가 압축기보다 위에 있을 때에는 흡입관을 증발기 윗
면까지 끌어올린다.

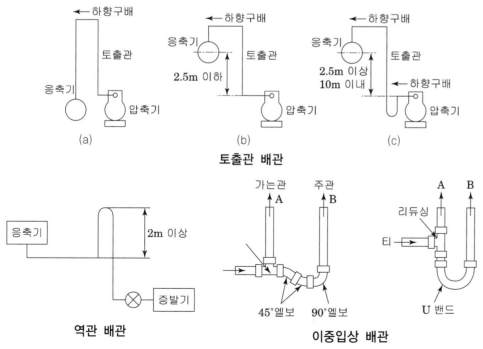

토출관 배관

역관 배관

냉매배관

이중입상 배관

예제문제 05

다음은 증기 압축식 냉동기에서 압축기 출구의 토출배관에 있어서의 주의사항을 나타낸 것이다. 이 중에서 틀린 것은?

① 관내에서 응축된 냉매가 압축기 헤드로 역류하지 않도록 고려되어야 한다.
② 여러 대의 압축기를 병렬 운전하는 경우에 토출가스가 충돌해서 진동이 생기지 않도록 한다.
③ 토출배관은 부하가 가벼워졌을 때 배관 중에 윤활유가 고이지 않도록 한다.
④ 토출배관은 보통 4[℃] 정도의 압력강하로서 관지름을 결정한다.

해설
토출관의 온도변화는 1[℃] 이하이다.

답 : ④

실기 예상문제

■ 배관부식의 원인과 대책

5 배관의 부식

(1) 배관 부식의 원인

① 물과 접촉에 의한 부식
관이 물과 접촉하고 있을 때 금속은 ⊕이온화되어 용해하려는 성질이 있다.
② 접촉된 다른 금속간에 일어나는 부식
두 금속이 이온화 경향의 차이가 크고 관이 접촉할 때 접촉점 부근에서 많이 일어난다.
③ 전식(電蝕)
지하 매설관 등에서 외부로부터의 전류가 관으로 유입되어 일어나는 현상을 전식이라 한다.
④ 수질에 의한 부식
⑤ 관내면의 전위차가 균일하지 않은 경우
⑥ 수온의 상승에 따른 부식 속도의 증가

(2) 배관 부식 방지법

① 금속관에 물기가 없도록 하거나 난방 코일 등에는 물을 완전히 채워 공기의 접촉이 없게 한다.
② 이온화 경향의 차이가 적은 관끼리 연결한다.
③ 전식에 의한 방지는 관을 황마, 아스팔트 등으로 감아서 절연층을 만든다.

6 배관의 식별

색채에 의한 배관 식별법

종 류	식별색	종 류	식별색
물	청색	산·알칼리	회자색
증기	진한 적색	기름	진한 황적색
공기	백색	전기	엷은 황적색
가스	황색	–	–

7 배관 보온재

(1) 보온재의 구비조건

① 내식성·내열성이 있을 것
② 열전도율이 작을 것
③ 온도변화에 따른 균열 신축이 적을 것
④ 비중이 적고 흡수성이 적을 것
⑤ 기계적 강도가 크고 시공성이 좋을 것

(2) 보온재의 종류

① 유리섬유(glass wool)
- 흡음률이 높으나 흡습성이 좋아 방수를 해야 한다. 보온 보냉재로 냉장고, 일반건축물의 벽면, 덕트 등에 사용한다.
- 안전사용온도 : 300[℃]

② 폼류
- 배관보냉재, 냉동창고 등에 사용한다.
- 안전사용온도 : 80[℃]

③ 암면
- 알칼리에는 강하나 산에는 약하다. 흡수성이 적다. 관, 덕트, 탱크 등에 사용한다.
- 안전사용온도 : 400[℃]

④ 규조토
- 단열효과가 낮으므로 두껍게 시공해야 하며, 접착성이 우수하나 시공시 건조시간이 길다. 보강재를 사용해야 하며 열전도율이 크다. 파이프, 탱크, 노벽 등의 시공이 어려운 곳에 사용한다.
- 안전사용온도 : 500[℃]

- 보온재가 보온에 영향을 미치는 요소
  ① 밀도(비중)
  ② 열전도율
  ③ 공기층
  ④ 기공의 크기와 균일도
  ⑤ 흡습성

- 배관 보온재는 배관의 열손실을 최소화하기 위한 재료로 그 두께는 보온재의 전열 특성, 배관내부의 유체온도, 배관 외부온도 등을 고려하여 결정한다.

⑤ 펠트

- 방로피복과 곡면부분 등에 시공이 용이하다. 습기에 약해 부식 등이 발생하여 방습처리가 필요하다.
- 안전사용온도 : 100[℃]

예제문제 01

다음 중 배관 보온재의 두께 결정과 가장 관계가 먼 것은?

① 배관내부의 유체온도   ② 배관 외부온도

③ 보온재의 전열 특성   ④ 배관의 관경

해설

배관 보온재는 배관의 열손실을 최소화하기 위한 재료로 그 두께는 보온재의 전열 특성, 배관내부의 유체온도, 배관 외부온도 등을 고려하여 결정한다.

답 : ④

예제문제 02

단열재, 보온재, 보냉재는 무엇을 기준으로 구분되는가?

① 열전도율   ② 내화도

③ 내압강도   ④ 최고 안전사용 온도

답 : ④

예제문제 03

석면 15[%]를 배합해서 만든 것으로 물에 개서 사용하는 보온재인데 열전도율이 낮고, 300~320[℃]에서 열분해를 한다. 방습가공한 것은 습기가 많은 옥외배관에 적합하며 250[℃] 이하의 파이프, 탱크의 보온용으로 사용된다. 이 보온재는 다음 중 어느 것인가?

① 규산 칼슘 보온재   ② 규조토 보온재

③ 탄산마그네슘 보온재   ④ 경질 폴리우레탄포옴 보온재

답 : ③

---

04 송풍기(Blower)

1 송풍기의 종류

공조 및 냉동기에 사용되는 송풍기

종 류		풍량[m³/min]	압력(수주[mm])	용 도
원심 송풍기	다익송풍기	10~2900	10~125	국소통풍·저속덕트·에어커튼용
	리밋로드 송풍기	20~3200	10~150	공업용·배풍용
	사일런트 송풍기	60~900	125~250	고속덕트용
	익형 송풍기	60~3000	125~250	고속덕트용·냉각탑용냉각팬
축류형 송풍기		15~10,000	0~55	급속 동결실용

송풍기 날개의 형상

종 류	원심 송풍기					축류형 송풍기 (프로펠러팬)
	터보팬		익형 송풍기 (에어필팬)	리밋로드팬	다익 송풍기 (시로코팬)	
	보 통	사일런트팬				
날개의 형상	+	+	+	+	+	+
정압 [mmAq]	30~1000	100~250	100~250	10~150	10~150	0~50
효율 [%]	60~70	70~85	70~85	55~65	45~60	50~85

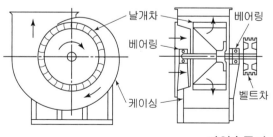

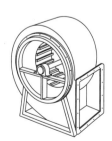

다익송풍기

예제문제 01

일반 건물의 공기조화용 송풍기 중 저속덕트용으로 가장 많이 사용되는 것은?

① 다익 송풍기　　　　　　　　② 축류 송풍기
③ 익형 송풍기　　　　　　　　④ 사일런트 송풍기

해설
다익 송풍기는 저속덕트용으로 가장 많이 사용되는 송풍기로 국소통풍, 저속덕트, 에어커튼용에 적당하다.

답 : ①

예제문제 02

다음 중 원심형 송풍기가 아닌 것은?

① 다익형　　　　　　　　　　② 방사형
③ 후곡형　　　　　　　　　　④ 프로펠러형

해설 송풍기의 종류
· 원심형 : 다익형, 터보형, 익형, 리미트로드형
· 축류형 : 프로펠러형, 튜브형, 베인형
· 횡류형(관류형)

답 : ④

예제문제 03

다음의 송풍기 종류 중에서 저속덕트의 환기 및 공조용으로 일반적으로 가장 많이 사용되는 것은?

① 시로코팬　　　　　　　　　② 터보팬
③ 리미트 로드팬　　　　　　　④ 에어 포일팬

해설
시로코팬은 저속덕트의 환기 및 공조용으로 일반적으로 가장 많이 사용된다.

답 : ①

송풍기가 체절 상태(풍량=0)에서 운전되고 있을 때 전동기의 운전전류가 최고점에 있고, 풍량이 증가함에 따라 운전전류가 감소하는 송풍기는 어느 것인가?

【15년 출제문제】

① 에어포일형 송풍기   ② 프로펠러형 송풍기
③ 후곡형 송풍기   ④ 다익형 송풍기

해설

프로펠러형 송풍기의 특성곡선은 압력상승은 적고 우하향이며, 압력·동력은 풍량 0으로 최대이고, 저항에 대해 풍량·동력 변화는 최소이다.

답 : ②

2 송풍기 계산식

(1) 크기(No)

① 원심 송풍기의 경우

$$No = \frac{회전\ 날개의\ 지름\,[mm]}{150\,[mm]}\,[\#]$$

② 축류 송풍기의 경우

$$No = \frac{회전\ 날개의\ 지름\,[mm]}{100\,[mm]}\,[\#]$$

송풍기의 크기를 나타내는 송풍기 번호의 결정방법으로 옳은 것은?(단, 원심 송풍기의 경우)

① $No = \dfrac{회전날개의\ 지름\,[mm]}{100\,[mm]}$ ② $No = \dfrac{회전날개의\ 지름\,[mm]}{120\,[mm]}$

③ $No = \dfrac{회전날개의\ 지름\,[mm]}{150\,[mm]}$ ④ $No = \dfrac{회전날개의\ 지름\,[mm]}{180\,[mm]}$

답 : ③

3 송풍기의 법칙

(1) 공기 비중이 일정하고 같은 덕트 장치에 사용할 때

① 회전 속도 $N_1 \rightarrow N_2$(비중 = 일정)

$$Q_2 = \frac{N_2}{N_1} Q_1$$

$$P_2 = \left(\frac{N_2}{N_1}\right)^2 P_1$$

$$L_2 = \left(\frac{N_2}{N_1}\right)^3 L_1$$

② 송풍기의 크기 $D_1 \rightarrow D_2$(N = 일정)

$$Q_2 = \left(\frac{D_2}{D_1}\right)^3 Q_1$$

$$P_2 = \left(\frac{D_2}{D_1}\right)^2 P_1$$

$$L_2 = \left(\frac{D_2}{D_1}\right)^5 L_1$$

Q : 송풍량[m³/min]

N : 임펠러의 회전수[rpm]

P : 송풍기에 의해 생긴 정압 또는 전압[mmAq]

L : 송풍기의 소요 동력([kW], [PS])

D : 송풍기 날개의 직경[mm]

실기 예상문제

- 송풍기의 특성곡선과 상사의 법칙
- 송풍기의 풍량, 정압, 동력 계산
- 송풍기의 동력절감률

4 송풍기의 특성 곡선

송풍기의 특성 곡선은 풍량(Q)의 변동에 대하여 전압(P_t), 정압(P_s), 효율[%], 축동력(L)을 나타낸다.

(1) 서징(surging) 영역

정압 곡선에서 좌하향 곡선 부분의 송풍기 동작이 불안전한 현상

(2) 오버 로드

풍향이 어느 한계 이상이 되면 축동력은 급증하고, 압력과 효율은 낮아지는 현상

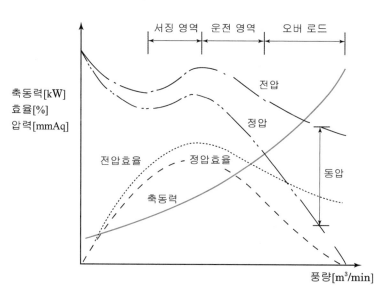

송풍기의 특성 곡선(다익형의 경우)

| 학습포인트 |

- **송풍기의 법칙(상사의 법칙)**
① 송풍기의 회전수($N_1 \rightarrow N_2$)
  ㉠ 풍량(Q) : 회전수비에 비례하여 변화한다.
  ㉡ 정압(P) : 회전수비의 2제곱에 비례하여 변화한다.
  ㉢ 동력(L) : 회전수비에 3제곱에 비례하여 변화한다.

② 송풍기의 크기($D_1 \rightarrow D_2$)
  ㉠ 풍량(Q) : 송풍기 크기비의 3제곱에 비례하여 변화한다.
  ㉡ 정압(P) : 송풍기 크기비의 2제곱에 비례하여 변화한다.
  ㉢ 동력(L) : 송풍기 크기비의 5제곱에 비례하여 변화한다.

- **동력절감률(에너지절약)이 높은 것에서 낮은 순서**
  회전수 제어(가변속제어) > 가변피치제어 > 흡입베인제어 > 흡입댐퍼제어 > 토출댐퍼제어
  ※ 회전수 제어 : 송풍기 풍량제어의 대표적인 방법으로 에너지절감 비율이 가장 높다.
  ※ 제어방식의 결정은 풍량조정범위, 동력절감률, 설비비 등을 고려하여 정한다.

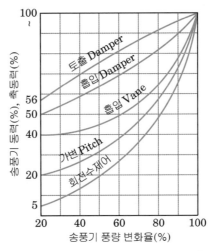

송풍기 풍량변화율에 따른 송풍기 동력비율의 변화

예제문제 01

송풍기의 법칙에 관한 설명 중 틀린 것은?

① 풍량은 회전수에 정비례한다.

② 정압은 회전수의 제곱에 비례한다.

③ 소요동력은 회전수의 제곱에 비례한다.

④ 회전수가 일정할 때 풍량은 지름의 3제곱에 비례한다.

해설 **송풍기의 법칙**

공기 비중이 일정하고 같은 덕트 장치에 사용할 때

[회전 속도 $N_1 \rightarrow N_2$(비중＝일정)]

$$\bigcirc \ Q_2 = \frac{N_2}{N_1}Q_1 \qquad \bigcirc \ P_2 = \left(\frac{N_2}{N_1}\right)^2 P_1 \qquad \bigcirc \ L_2 = \left(\frac{N_2}{N}\right)^3 L_1$$

Q : 송풍량[m³/min]

N : 임펠러의 회전수[rpm]

P : 송풍기에 의해 생긴 정압 또는 전압[mmAq]

L : 송풍기의 소요 동력([kW], [PS])

D : 송풍기 날개의 직경[mm]

※ 송풍기의 회전수($N_1 \rightarrow N_2$)

　㉠ 풍량(Q) : 회전수비에 비례하여 변화한다.

　㉡ 정압(P) : 회전수비의 2제곱에 비례하여 변화한다.

　㉢ 동력(L) : 회전수비에 3제곱에 비례하여 변화한다.

답 : ③

예제문제 02

원심송풍기의 운전점이 그림과 같이 ⓐ점에서 작동 하고 있다. 회전속도가 ⓐ점 600rpm에서 ⓑ점 1,200rpm으로 증가했을 때 전압력은 약 몇 Pa로 되는가? 【15년 출제문제】

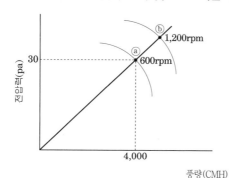

① 15Pa
② 60Pa
③ 120Pa
④ 240Pa

해설

송풍기 전압(P2) : 회전수비의 2제곱에 비례하여 변화 한다.

$$P_2 = \left(\frac{N_2}{N_1}\right)^2 P_1 = \left(\frac{1200}{600}\right)^2 \times 30 = 120 \text{Pa}$$

답 : ③

예제문제 03

회전수가 366[rpm], 소요동력 2.0[ps], 송풍기 전압 25[mmAq]인 송풍기를 655[rpm]으로 운전했을 때 소요동력(L_2)과 송풍기 전압(P_2)는 얼마인가?

① L_2=3.6[PS], P_2=80[mmAq]
② L_2=6.4[PS], P_2=44.7[mmAq]
③ L_2=11.5[PS], P_2=80[mmAq]
④ L_2=11.5[PS], P_2=143[mmAq]

해설

㉠ 소요동력(L_2) : 회전수비에 3제곱에 비례하여 변화한다.

$$L_2 = \left(\frac{N_2}{N_1}\right)^3 L_1 = \left(\frac{655}{366}\right)^3 \times 2 = 11.5 \text{[PS]}$$

㉡ 송풍기 전압(P_2) : 회전수비의 2제곱에 비례하여 변화한다.

$$P_2 = \left(\frac{N_2}{N_1}\right)^2 P_1 = \left(\frac{655}{366}\right)^2 \times 25 = 80 \text{[mmAq]}$$

※ 송풍기 회전수($N_1 \to N_2$) [송풍기의 법칙]

· 풍량 : 회전수비에 비례하여 변화한다. → $Q_2 = \dfrac{N_2}{N_1} Q_1$

· 압력 : 회전수비의 2제곱에 비례하여 변화한다. → $P_2 = \left(\dfrac{N_2}{N_1}\right)^2 P_1$

· 동력 : 회전수비에 3제곱에 비례하여 변화한다. → $L_2 = \left(\dfrac{N_2}{N_1}\right)^3 L_1$

답 : ②

예제문제 04

급기 덕트 계통에 설계값인 풍량 6000[m³/h], 정압 40[mmAq], 축동력이 2 [kW]인 송풍기를 설치한 후 덕트말단에서 풍량을 측정한 결과 5000[m³/h]이었다. 이 덕트계에 설계 풍량을 급기하기 위해 송풍기의 모터를 교체할 경우 요구되는 축동력은?(단, 덕트계에 공기누설이 없고, 송풍기의 효율은 일정한 것으로 가정한다.)

① 2.0[kW]　　　　　　　　　　② 2.4[kW]
③ 2.88[kW]　　　　　　　　　　④ 3.456[kW]

해설
- 송풍기의 법칙에서 송풍량은 임펠러의 회전수에 비례하고, 압력은 회전수의 제곱에 비례하며, 축동력은 회전수의 세제곱에 비례한다.
- 풍량 측정 결과 5000[m³/h]를 설계치 풍량 6000[m³/h]로 20[%] 증가시켜야 하므로 송풍기의 법칙(상사의 법칙)의해 임펠러의 회전수를 20[%] 증가시켜야 하므로 축동력은 1.2^3배가 된다.
- $\therefore$ 축동력 $= 2[kW] \times 1.2^3 = 3.456[kW]$

답 : ④

예제문제 05

송풍기 회전수가 350[rpm]일 때 풍량 400[m³/min], 정압 30[mmAq]이었다. 회전수를 450[rpm]으로 변화시킬 때 소요동력은?(단, 정압효율 50[%])

① 6.48[kW]　　　　　　　　　　② 8.33[kW]
③ 9.25[kW]　　　　　　　　　　④ 10.71[kW]

해설

㉠ 축동력 $L_1 = \dfrac{QP}{102 \times 60 \times E} = \dfrac{QP}{6120E}$[kW]

　Q : 풍량[m³/min] → 400[m³/min]

　P : 정압[mmAq] → 30[mmAq]

　E : 효율[%] → 50[%]

　K : 정수[kW] → 6120

　$\therefore$ 축동력 $L_1 = \dfrac{30 \times 400}{6120 \times 0.5} = 3.92$[kW]

㉡ 송풍기의 송풍량은 임펠러의 회전수에 비례하고, 양정은 회전수의 제곱에 비례하며, 축동력은 회전수의 세제곱에 비례한다.

　소요동력(L_2) : 회전수비에 3제곱에 비례하여 변화한다.

　$\therefore L_2 = \left(\dfrac{N_2}{N_1}\right)^3 L_1 = \left(\dfrac{450}{350}\right)^3 \times 3.92 = 8.33$[kW]

답 : ②

예제문제 06

다음 조건에서 송풍기 상사법칙을 이용하여 풍량 변경 후 임펠러 직경(D_2)을 구하시오.

【19년 출제문제】

[조 건]
- 변경 전 풍량 $Q_1 = 5,000\text{m}^3/\text{h}$
- 변경 전 임펠러 직경 $D_1 = 30\text{cm}$
- 변경 후 풍량 $Q_2 = 1,500\text{m}^3/\text{h}$

① 9cm   ② 15cm

③ 20cm   ④ 25cm

─────────────────────────────

해설

상사의 법칙에서 $Q_2 = Q_1 \left(\dfrac{D_2}{D_1}\right)^3$

$1500 = 5000 \times \left(\dfrac{D_2}{30}\right)^3$

$\therefore D_2 = 20\text{cm}$

답 : ③

예제문제 07

정풍량 방식의 덕트시스템에서 덕트계통의 풍량조절댐퍼가 닫히는 경우 송풍기 성능곡선과 덕트시스템 저항곡선 상의 시스템 운전점은 어떻게 변화하는가? 【16년 출제문제】

① 풍량이 증가하고 정압은 낮아지는 쪽으로 이동한다.

② 풍량이 감소하고 정압은 낮아지는 쪽으로 이동한다.

③ 풍량이 증가하고 정압은 높아지는 쪽으로 이동한다.

④ 풍량이 감소하고 정압은 높아지는 쪽으로 이동한다.

─────────────────────────────

해설

조절댐퍼가 닫히는 경우 풍량은 감소하고 송풍기의 전압 또는 정압은 상승한다.

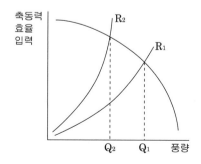

송풍기 성능곡선

답 : ④

예제문제 08

현열부하를 제거하기 위하여 15℃, 3,000m³/h 공기가 75kW 동력의 팬으로 공급되고 있다. 공급온도를 12℃로 낮추었을 때, 팬 구동을 위한 동력(kW)은 약 얼마인가? (단, 실내조건은 건구온도 25℃, 상대습도 50% 이다.) 【16년 출제문제】

① 75 ② 57
③ 44 ④ 34

해설

㉠ 송풍량은 취출온도차에 비례한다.
실내부하의 조건이 동일한 경우
$$\rho Q_1 c \Delta t = \rho Q_2 c \Delta t'$$
ρc은 동일하므로
$Q_1 \Delta t = Q_2 \Delta t'$ 이다.
$$Q_2 = Q_1 \times \frac{\Delta t}{\Delta t'} = 3,000 \times \frac{25-15}{25-12} = 2307.69 [\text{m}^3/\text{h}]$$

㉡ 송풍기 상사의 법칙에서

동력 $L_2 = L_1 \left(\frac{N_2}{N_1} \right)^3$

$$\therefore L_2 = L_1 \left(\frac{N_2}{N_1} \right)^3 = L_1 \left(\frac{Q_2}{Q_1} \right)^3 = 75 \times \left(\frac{2307.69}{3,000} \right)^3 = 34.1 \fallingdotseq 34 [\text{kW}]$$

답 : ④

예제문제 09

아래 보기 중 가장 에너지 효율적인 송풍기 풍량 제어방법은?

① 흡입댐퍼 제어 ② 토출댐퍼 제어
③ 가변피치 제어 ④ 회전수 제어

해설 동력절감률(에너지절약)이 높은 것에서 낮은 순서
회전수 제어(가변속제어) 〉 가변피치제어 〉 흡입베인제어 〉 흡입댐퍼제어 〉 토출댐퍼제어
※ 회전수 제어 : 송풍기 풍량제어의 대표적인 방법으로 에너지절감 비율이 가장 높다.
※ 제어방식의 결정은 풍량조정범위, 동력절감률, 설비비 등을 고려하여 정한다.

답 : ④

예제문제 10

다음과 같은 송풍기 풍량제어 방식에서 소비동력이 큰 것부터 작은 것의 순서가 바른 것은? 【13년 1급 출제유형】

> ㄱ. 토출측 댐퍼제어
> ㄴ. 송풍기 베인제어
> ㄷ. 전동기 회전수 제어

① ㄱ-ㄴ-ㄷ ② ㄴ-ㄱ-ㄷ
③ ㄴ-ㄱ-ㄷ ④ ㄷ-ㄴ-ㄱ

해설 동력절감률(에너지절약)이 높은 것에서 낮은 순서 :
회전수 제어(가변속제어) 〉 가변피치제어 〉 흡입베인제어 〉 흡입댐퍼제어 〉 토출댐퍼제어
답 : ①

예제문제 11

먼지가 포집되면서 공기조화기 시스템에서 필터양단의 압력차가 120Pa에서 180Pa로 증가하였다. 압력손실 증가에 따른 송풍기의 증가동력은?
(단, 송풍기 효율은 50%, 풍량은 2,400m³/h로 일정하다고 가정) 【20년 출제문제】

① 20W ② 40W
③ 80W ④ 160W

해설

축동력 $Ls = \dfrac{QP}{102 \times 60 \times E} = \dfrac{QP}{6120E}$ [kW]

Q : 풍량(m³/min) P : 정압(Pa) K : 정수(6,120) E : 효율(%)

$Ls_1 = \dfrac{QP}{102 \times 60 \times E} = \dfrac{120 \times 2400/3600}{6120 \times 0.5} = 160$

$Ls_2 = \dfrac{QP}{102 \times 60 \times E} = \dfrac{180 \times 2400/3600}{6120 \times 0.5} = 240$

$\therefore Ls_2 - Ls_1 = 240 - 160 = 80kW$
답 : ①

05 덕 트

1 덕트

(1) 덕트의 형상과 구조

① 장방형덕트
- 스페이스에 따른 형상 제한을 적당하게 조절, 종횡 치수를 선정할 수 있다.
- 강도면에서 약하여 일반적인 저압 덕트에 사용

② 원형덕트
- 강도면에서는 우수하나 공간적인 면에서 대형의 것은 제한을 받는다.
- 일반적인 고속 덕트에 사용

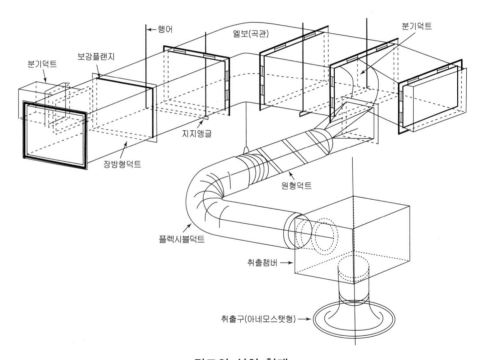

덕트의 설치 형태

(2) 배치 방식에 따른 분류

① 간선 덕트 방식
- 가장 간단한 방법
- 설비비가 싸고 덕트 스페이스가 작다.

② 개별 덕트 방식
- 취출구마다 덕트를 단독으로 설치하는 방식
- 풍량 조절이 용이

③ 환상 덕트 방식
- 덕트를 연결하여 루프를 만드는 형식
- 말단 취출구의 압력 조절이 용이

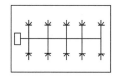 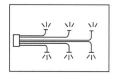 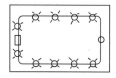

(a) 간선덕트 방식 (b) 개별덕트 방식 (c) 환상덕트 방식

덕트 배치 방식

(3) 속도에 따른 분류

① 저속덕트 : 15[m/s] 이하
- 속도가 느리다.
- 소음이 적다.
- 굴곡부 내면에 흡음재 사용(소음장치 불필요)

② 고속덕트 : 16[m/s] 이상(16~25[m/s])
- 속도가 빠르다.
- 소음 장치가 필요하다.(소음 및 진동이 발생)
- 가능한 한 원형 단면(강도면에서 우수)
- 덕트 스페이스가 적어도 된다.(저속덕트의 1/7~1/8 정도로 재료가 절약)

(4) 덕트의 이음

① 피츠버그 심(pittsburgh seam) : 종래 공법
② 버튼 펀치 스냅 심(button punch snap seam) : 신공법
③ 버튼 펀치 심(button punch seam) : 조립이 용이하며 가장 많이 사용한다.
글러브 심(glove seam) 철판을 이을 때 사용한다.

(5) 덕트의 부속품

① 풍량 조절 댐퍼(volume damper)
- 단익 댐퍼(버터플라이 댐퍼) : 소형 덕트용
- 다익 댐퍼(루버 댐퍼) : 2개 이상의 날개로서 대형 덕트용
- 스플릿 댐퍼(split damper) : 덕트 분기점에서의 풍량 조절용
- 슬라이드 댐퍼(slide damper) : 전체의 개폐를 목적으로 사용
- 클로스 댐퍼(cloths damper) : 기류의 발생음을 줄이고 기류의 방향을 조절하는 데 사용

② 방화 댐퍼(fire damper)
덕트 내의 공기의 온도가 72℃ 이상이면 댐퍼 날개를 지지하고 있던 가용편이 녹아서 자동적으로 댐퍼가 닫혀 다른 실로의 연소를 방지하기 위한 댐퍼

③ 가이드 베인(guide vane)
덕트 내의 굴곡된 부분의 기류를 안정시켜 저항을 줄이기 위한 설비로, 곡부의 내측에 조밀하게 붙이는 것이 효과적이다.

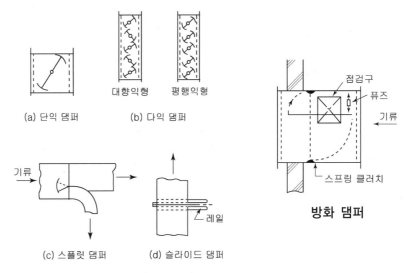

(a) 단익 댐퍼　　(b) 다익 댐퍼
대향익형　평행익형

(c) 스플릿 댐퍼　　(d) 슬라이드 댐퍼
기류　레일

풍량 조절 댐퍼

점검구
퓨즈
기류
스프링 클러치
방화 댐퍼

(6) 덕트의 소음 방지

① 덕트의 도중에 흡음재를 부착한다.
② 송풍기 출구 부근에 플리넘 체임버를 장치한다.
③ 덕트의 적당한 장소에 소음을 위한 흡음장치(셸형·플레이트형)를 설치한다.
④ 댐퍼 취출구에 흡음재를 부착한다.

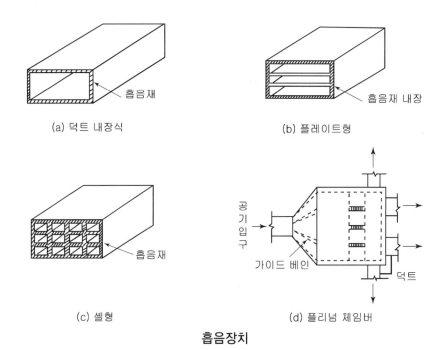

(a) 덕트 내장식   (b) 플레이트형

(c) 셀형   (d) 플리넘 체임버

흡음장치

예제문제 `01`

다음의 덕트의 부속기기에 대한 설명 중 옳지 않은 것은?

① 스플릿 댐퍼는 대형 덕트의 개폐용으로 사용되며 풍량조절 기능은 없다.

② 버터플라이 댐퍼는 주로 소형 덕트에서 개폐용으로 사용되며, 풍량조절용으로도 사용된다.

③ 방화 댐퍼는 화재가 발생했을 때 덕트를 통해 다른 곳으로 화재가 번지는 것을 방지하기 위하여 사용된다.

④ 방염 댐퍼는 연기감지기의 연동으로 되어 있으며 다른 구역으로 연기의 침투를 방지한다.

해설
스플릿 댐퍼(split damper)는 덕트 분기점에서의 풍량 조절용으로 사용되는 기기이다.

답 : ①

예제문제 02

고속덕트에 관한 설명 중 옳지 않은 것은?

① 소음이 크므로 취출구에 소음상자를 설치한다.

② 관마찰 저항을 줄이기 위하여 일반적으로 단면을 원형으로 한다.

③ 공장이나 창고 등과 같이 소음이 별로 문제가 되지 않는 곳에 사용된다.

④ 설치 스페이스를 많이 차지하므로 고층빌딩 등과 같이 설치 스페이스를 크게 취할 수 없는 곳에서는 사용할 수 없다.

해설
고속덕트는 덕트 스페이스가 저속덕트의 1/7~1/8 정도이므로 설치공간이 적어서 고층빌딩에 유리하다.

답 : ④

2 덕트의 설계

(1) 덕트 설계 방법

방 법	특 징
등속법	• 덕트 내의 공기 속도를 가정하고 공기량을 이용하여 마찰저항과 덕트 크기를 결정하는 방법($Q = AV$를 이용) • 주로 분진이나 산업용 분말 등을 배출시키기 위한 배기 덕트의 설계법으로 적당
정압법 (등압법, 등마찰손실법)	• 덕트의 단위길이당의 마찰저항의 값을 일정하게 하여 덕트의 단면을 결정하는 방법 • 가장 많이 사용되는 설계법 • 각 취출구의 압력이 달라 정확한 풍량 취득이 어렵다.
정압재취득법	• 덕트 각 부의 국부저항은 전압 기준에 의해 손실계수를 이용하여 구하고, 각 취출구까지의 전압력 손실이 같아지도록 덕트 단면을 결정하는 방법 • 정압법보다 송풍기 동력절약이 가능하며, 풍량의 밸런싱(balancing)이 양호 • 저속덕트 경우 압력이 적으므로 덕트 치수가 커진다.
전압법(全壓法)	• 각 취출구에서의 전압이 같아지도록 덕트를 설계하는 것 • 가장 합리적인 덕트설계법이지만, 정압법에 비해 복잡한 과정을 거치게 되므로 일반적으로 정압법으로 설계한 덕트계를 검토하는데 이용한다.

덕트 설계법 중 정압재취득법에 대한 설명으로 옳지 않은 것은?

① 등손실법에 의한 경우보다 송풍기 동력의 절약이 가능하다.

② 각 취출구에서 댐퍼에 의한 소설을 하시 않을 경우 예정된 취출풍량을 얻을 수 없다.

③ 각 취출구 또는 분기부 직전의 정압을 균일하게 되도록 덕트 치수를 결정하는 설계법이다.

④ 각 분기부분에 있어서의 풍속의 감소에 의한 정압재취득을 다음 구간의 덕트저항손실에 이용한다.

해설

각 취출구의 댐퍼에 의한 조절 없이 설계 취출풍량을 얻을 수 있다.

답 : ②

---

(2) 덕트의 동압과 마찰손실·압력손실

① 동압

$$동압(P_v) = \frac{v^2}{2g}\gamma[\text{mmAq}] = \frac{v^2}{2}\rho[\text{Pa}]$$

여기서, v : 관내 유속[m/s]

γ : 공기의 비중량(1.2[kgf/m³])

g : 중력가속도(9.8[m/s²])

ρ : 공기의 밀도(1.2[kg/m³])

실기 예상문제

- 덕트의 전압 계산
- 덕트계의 조건을 참조한 송풍기의 정압, 동압 계산

※ 덕트의 전압

① 정압(P_s) : 공기의 흐름이 없고 덕트의 한 쪽 끝이 대기에 개방되어 있을 때의 압력

② 동압(P_v) : 공기의 흐름이 있을 때 흐름 방향의 속도에 의해 생기는 압력

③ 전압(P_t) : 정압(P_s)과 동압(P_v)의 합계

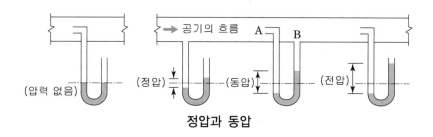

정압과 동압

예제문제 02

직경이 50[cm]인 덕트를 통과, 풍속 8[m/s]일 때 공기의 최적 유량은?

① 1.57[m³/s]
② 2.33[m³/s]
③ 4.11[m³/s]
④ 12.52[m³/s]

해설 유량과 풍속

일정한 지점을 흐르는 송풍량(유량) $Q = Av$이다.

단면적 : $A[\text{m}^2]$, 풍속 : $v[\text{m/s}]$, 유량 : $Q[\text{m}^3/\text{s}]$

또한, 관경을 $d[\text{m}]$라 하면 단면적 $A = \dfrac{\pi d^2}{4}$이다.

$\therefore Q = Av = \dfrac{\pi d^2}{4} \times v = \dfrac{3.14 \times 0.5^2}{4} \times 8 = 1.57[\text{m}^3/\text{s}]$

답 : ①

예제문제 03

다음의 덕트에서 (1)점의 풍속 V_1=14[m/s], 정압 P_{s1}=50[pa], (2)점의 풍속 V_2=6[m/s], 정압 P_{s2}=100[pa]일 때 (1), (2)점 간의 전압손실[pa]은?(단, 공기의 밀도는 1.2[kg/m³])

① 46
② 94
③ 142
④ 190

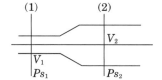

해설

덕트의 전압(P_t)=정압(P_s)+동압(P_v)

동압(P_v)=$\dfrac{v^2}{2g}\gamma[\text{mmAq}]$=$\dfrac{v^2}{2}\rho[\text{Pa}]$

여기서, v : 관내 유속[m/s]

      γ : 공기의 비중량(1.2[kgf/m³])

      g : 중력가속도(9.8[m/s²])

      ρ : 공기의 밀도(1.2[kg/m³])

㉠ 점 전압(P_t)=정압(P_s)+동압(P_v)=정압(P_s)+$\dfrac{v^2}{2}\rho[\text{Pa}]$

          =$50 + \dfrac{14^2}{2} \times 1.2$ =167.6Pa

㉡ 점 전압(P_t)=정압(P_s)+동압(P_v)=정압(P_s)+$\dfrac{v^2}{2}\rho[\text{Pa}]$

          =$100 + \dfrac{6^2}{2} \times 1.2$=121.6[Pa]

$\therefore$ 전압손실=167.6-121.6=46[Pa]

답 : ①

예제문제 04

덕트 내에 흐르는 공기의 풍속이 13[m/s], 정압이 20[mmAq]일 때 전압은?(단 공기의 밀도는 $1.2[kg/m^3]$)

① $20.34[mmAq]$ ② $28.84[mmAq]$

③ $30.35[mmAq]$ ④ $36.25[mmAq]$

[해설]

덕트의 전압(P_t)＝정압(P_s)＋동압(P_v)

동압$(P_v)=\dfrac{v^2}{2g}\gamma[mmAq]=\dfrac{v^2}{2}\rho[Pa]$

여기서, v : 관내 유속[m/s]

        γ : 공기의 비중량$(1.2[kgf/m^3])$

        g : 중력가속도$(9.8[m/s^2])$

        ρ : 공기의 밀도$(1.2[kg/m^3])$

동압$(P_v)=\dfrac{v^2}{2g}\gamma=\dfrac{13^2}{2\times9.8}\times1.2=10.35[mmAq]$

∴ 덕트의 전압(P_t)＝정압(P_s)＋동압(P_v)＝20+10.35=30.35[mmAq]

답 : ③

예제문제 05

덕트 내를 흐르는 공기 유속이 10m/s, 정압이 196Pa일 때 동압(Pv) 및 전압(P$_T$)은 각각 Pa인가? (단, 공기의 밀도는 1.2kg/m³, 모든 압력은 게이지압력이다.)

【13년 1급 출제유형】

① Pv=24Pa, P$_T$=29Pa   ② Pv=24Pa, P$_T$=84Pa

③ Pv=60Pa, P$_T$=65Pa   ④ Pv=60Pa, P$_T$=256Pa

[해설]

덕트의 전압(P$_T$) ＝ 정압(Ps)＋동압(Pv)

먼저, 동압(Pv)$=\dfrac{v^2}{2g}\gamma(mmAq)=\dfrac{v^2}{2}\rho(Pa)$

  여기서, v : 관내 유속(m/s)

        γ : 공기의 비중량$(1.2kgf/m^3)$

        g : 중력가속도$(9.8m/s^2)$

        ρ : 공기의 밀도$(1.2kg/m^3)$

동압(Pv)$=\dfrac{v^2}{2}\rho=\dfrac{10^2}{2}\times1.2=60Pa$

  ∴ 덕트의 전압(P$_T$)

    ＝ 정압(Ps)＋동압(Pv)＝196+60=256Pa

답 : ④

② 마찰손실(직관)

$$\Delta P = \lambda \cdot \frac{\ell}{d} \cdot \frac{v^2}{2g} \, \gamma \, [\text{mmAq}]$$

$$\Delta P = \lambda \cdot \frac{\ell}{d} \cdot \frac{v^2}{2} \rho \, [\text{Pa}]$$

여기서, ΔP : 길이 1m의 직관에 있어서의 마찰손실수두[mmAq, Pa]

λ : 관마찰계수

g : 중력가속도($9.8[\text{m/sec}^2]$)

d : 덕트경[m]

ℓ : 직관의 길이[m]

v : 관내 평균 풍속[m/s]

γ : 공기의 비중량($1.2[\text{kgf/m}^3]$)

ρ : 공기의 밀도($1.2[\text{kg/m}^3]$)

③ 국부저항에 의한 압력손실(ΔPd)

$$\Delta P_d = \xi \frac{v^2}{2g} \, \gamma \, [\text{mmAq}]$$

$$\Delta Pd = \xi \frac{v^2}{2} \rho \, [\text{Pa}]$$

ξ : 국부저항계수

v : 공기의 속도[m/s]

γ : 공기의 비중량($1.2[\text{kgf/m}^3]$)

ρ : 공기의 밀도($1.2[\text{kg/m}^3]$)

예제문제 06

공기조화설비용 덕트 내로 공기가 흐를 때 발생하는 마찰손실수두와 반비례하는 것은? 【17년 출제문제】

① 덕트의 직경 　　② 덕트의 길이

③ 공기의 풍량 　　④ 마찰계수

해설

마찰손실수두(ΔP)

$$\Delta P = \lambda \cdot \frac{\ell}{d} \cdot \frac{v^2}{2} \cdot \rho \, [\text{Pa}]$$

여기서, ΔP : 길이 1m의 직관에 있어서의 마찰손실수두(Pa)

λ : 관마찰계수(강관 0.02) 　g : 중력가속도(9.8m/sec^2) 　d : 관의 내경(m)

ℓ : 직관의 길이(m) 　　v : 관내 평균 유속(m/s) 　ρ : 물의 밀도($1,000\text{kg/m}^3$)

∴ 관마찰계수, 관의 길이, 유속의 제곱에 비례하고, 관의 내경과 중력가속도에 반비례한다.

답 : ①

예제문제 07

덕트 사이즈 250mm×250mm, 덕트 길이 25m, 엘보 2개, 레듀서 1개로 구성되어 있는 공조 덕트에서 풍량이 2,350m³/h일 때, 부속류에 해당되는 정압 손실(Pa)은 약 얼마인가? (단, 엘보의 국부손실계수는 0.12, 레듀서의 국부손실계수는 0.5, 중력 가속도는 9.8m/s², 공기밀도는 1.2kg/m³ 이다.)　　　　　　　　　　【16년 출제문제】

① 15.7

② 17.0

③ 37.7

④ 48.4

해설

㉠ 풍속$(v) = \dfrac{Q}{A} = \dfrac{2350}{0.25 \times 0.25 \times 3,600} = 10.44[\text{m}/\text{s}]$

㉡ 국부저항 손실(정압손실)

　　$\triangle P_d = \xi \dfrac{v^2}{2} \rho [\text{Pa}]$에서

　　엘보$= \left(0.12 \times \dfrac{10.44^2}{2} \times 1.2 \right) \times 2 = 15.67$

　　레듀서$= \left(0.5 \times \dfrac{10.44^2}{2} \times 1.2 \right) \times 1 = 32.69$

　　∴ 정압손실$(\triangle P_d) = 15.67 + 32.69 = 48.4 [Pa]$

답 : ④

예제문제 08

재질이 같고 길이가 동일한 공조용 덕트의 마찰 손실에 대해 적절하지 않은 것은?
　　　　　　　　　　【18년 출제문제】

① 단면적이 일정한 경우 풍량이 증가하면 마찰손실은 증가한다.

② 풍량이 일정한 경우 단면적이 증가하면 마찰손실이 감소한다.

③ 풍량이 일정하고 단면적이 동일한 경우 마찰손실은 원형덕트보다 장방형(사각)덕트가 작다.

④ 풍량이 일정하고 단면적이 동일한 경우 마찰손실은 장방형(사각)덕트에서 장변의 길이가 길수록 커진다.

해설

풍량이 일정하고 단면적이 동일한 경우 마찰손실은 원형덕트보다 장방형(사각)덕트가 크다.

답 : ③

④ 원형덕트와 장방형덕트의 환산

$$de = 1.3 \left\{ \dfrac{(a \times b)^5}{(a+b)^2} \right\}^{\frac{1}{8}}$$

de : 원형덕트의 직경[cm]

a : 장방형덕트의 장변길이[cm]

b : 장방형덕트의 단변길이[cm]

여기서 $\dfrac{a}{b}$를 아스펙(aspect)비라고 한다.

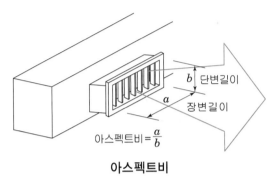

아스펙트비

예제문제 09

동일한 단면적을 가진 덕트 단면의 장단변비(aspect ratio)에 대한 설명으로 가장 적절한 것은? (단, 아래 그림과 같이 천장 단면 내에 설치된 덕트의 장변(폭)을 W, 단변(높이)를 H, 장단변비를 W/H로 정의하고, W/H는 1 이상이다.) 【19년 출제문제】

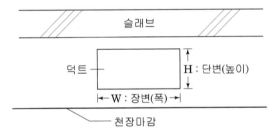

① 동일한 풍량을 송풍할 때 덕트 단면 형상이 정사각형일 경우가 직사각형일 경우보다 풍속이 커진다.

② 덕트의 장단변비가 커질수록 천장과 슬래브 사이의 높이가 증가한다.

③ 동일한 풍량을 송풍할 때 장단변비가 작을수록 마찰저항은 커진다.

④ 장단변비가 클수록 덕트 재료는 많이 소요된다.

해설

① 동일한 풍량을 송풍할 때 덕트 단면 형상이 직사각형일 경우가 정사각형일 경우보다 풍속이 커진다.

② 덕트의 장단변비가 커질수록 천장과 슬래브 사이의 높이가 감소한다.

③ 동일한 풍량을 송풍할 때 장단변비가 클수록 마찰저항은 커진다.

④ 장단비가 클수록 유속이 증가하므로 마찰저항 및 소요동력은 증가하고, 덕트재료가 많이 소요된다.

답 : ④

3 취출구

(1) 취출구의 성능

1) 유인비(induction ratio)

① 취출구에서 나온 공기(1차 공기)는 주위 실내공기(2차 공기)를 자기 흐름속에 유인하여 혼합공기가 되면서 점차 풍량은 증가하고 속도는 감소한다.

② 1차 공기, 2차 공기, 혼합공기의 풍속과 풍량을 각각 v_1, v_2, v_3, Q_1, Q_2, Q_3라 하면

$$\frac{v_1}{v_3} = \frac{Q_3}{Q_1} = \frac{Q_1 + Q_2}{Q_1}$$

$\dfrac{Q_3}{Q_1}$를 유인비라 하고, v_1이 클수록 유인비도 커진다.

2) 취출기류

취출기류는 거리 x가 증가함에 따라 중심속도 v_x가 감소한다.

① 제 1 역 : $v_x = v_0$

② 제 2 역 : $v_x \propto \dfrac{1}{\sqrt{x}}$

③ 제 3 역 : $v_x \propto \dfrac{1}{x}$

④ 제 4 역 : v_x가 0.25m/s 미만이 되는 구간으로, 취출기류가 주위 벽체 등의 영향으로 그 기능을 상실하여 실내기류와의 차이가 없어지게 된다.

※ v_x가 0.25m/s가 되는 부분까지의 거리를 도달거리라 한다.

취출각도를 넓히면 확산각은 증가하고 도달거리는 감소한다. 확산각은 거주역에서 0.1~0.2m/s 기류속도를 유지하는 범위를 말하며, 실내공기 온도와 다른 온도의 공기가 취출될 경우 기류는 대류작용에 의해 냉풍은 하강하고 온풍은 상승하게 된다.

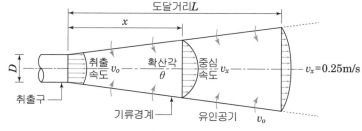

취출구의 취출기류

3) 취출속도

① 유인비와 도달거리라는 점에서는 취출속도가 빠른 것이 바람직하다.

② 취출속도가 빠르면 발생소음이 커지게 되므로 실의 사용목적에 따라 적정 속도가 요구된다.

(2) 도달거리·강하거리·상승거리

① 도달거리

- 취출구로부터 기류의 중심속도가 0.5[m/s]로 되는 곳까지의 수평거리를 최소도달거리라고 한다.
- 취출구로부터 기류의 중심속도가 0.25[m/s]로 되는 곳까지의 수평거리를 최대도달거리라고 한다.

② 강하거리는 기류의 풍속 및 실내공기와의 온도차에 비례한다.

③ 상승거리는 기류의 풍속 및 실내공기와의 온도차에 비례한다.

■ 벽면 취출구에서 공기를 수평으로 취출되는 기류의 상태(속도분포선도)를 보면, 도달거리·강하거리·상승거리는 취출기류의 풍속에 비례한다.

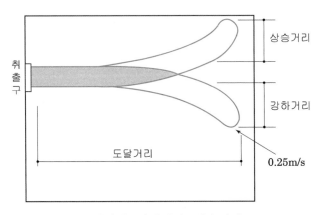

도달거리, 강하거리, 상승거리

예제문제 01

취출구에서 수평취출기류의 도달·강하 및 상승거리에 대한 설명 중 옳지 않은 것은?

① 강하거리는 기류의 풍속 및 실내공기와의 온도차에 비례한다.

② 상승거리는 기류의 풍속 및 실내공기와의 온도차에 반비례한다.

③ 취출구로부터 기류의 중심속도가 0.5[m/s]로 되는 곳까지의 수평거리를 최소 도달거리라고 한다.

④ 취출구로부터 기류의 중심속도가 0.25[m/s]로 되는 곳까지의 수평거리를 최대 도달거리라고 한다.

해설
상승거리는 기류의 풍속 및 실내공기와의 온도차에 비례한다.

답 : ②

(2) 확산(천장 취출구에서 취출을 하는 경우)

① 거주영역에 최대 확산반경이 미치지 않는 영역이 없도록 배치하여야 한다.

② 거주영역에서 평균풍속이 0.1~0.125m/s로 되는 최대 단면적의 반경을 최대 확산반경이라 한다.

③ 거주영역에서 평균풍속이 0.125~0.25m/s로 되는 최대 단면적의 반경을 최소확산반경이라 한다.

④ 인접한 취출구의 최소 확산반경이 겹치면 편류현상이 생긴다.

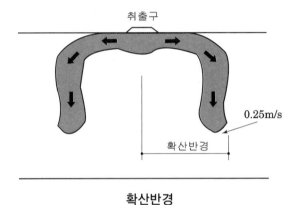

확산반경

예제문제 02

천장 취출구에서 취출을 하는 경우의 확산반경에 대한 설명으로 옳지 않은 것은?

① 거주영역에서 평균풍속이 0.1~0.125[m/s]로 되는 최대 단면적의 반경을 최대 확산반경이라 한다.

② 거주영역에서 평균풍속이 0.125~0.25[m/s]로 되는 최대 단면적의 반경을 최소 확산반경이라 한다.

③ 인접한 취출구의 최소 확산반경이 겹치면 편류현상이 생긴다.

④ 최소 확산반경 내의 보나 벽 등의 장애물이 있으면 드리프트가 발생하지 않는다.

해설
최소확산반경 내의 보나 벽 등의 장애물이 있으면 드리프트가 발생하여 취출 기류의 확산을 방해하게 된다.

답 : ④

취출에 관한 용어 설명 중에서 틀린 것은? 【13년 1급 출제유형】

① 유효면적은 취출구에서 공기가 실제 통과하는 면적을 말한다.

② 아스펙트 비는 장변을 단변으로 나눈 값을 말한다.

③ 취출온도차는 취출공기와 외기온도와의 온도차를 말한다.

④ 최대도달거리는 취출구에서 취출기류 중심선상의 풍속이 0.25m/s가 되는 위치까지의 거리이다.

해설

취출온도차는 취출공기와 실내온도와의 온도차를 말한다. 취출온도차($\triangle t$)를 크게 하면 송풍량이 적어지고, 송풍계의 설비는 소형으로 되어 에너지 절약이 되지만 $\triangle t$를 너무 크게 하는 것은 실내온도 분포상 좋지 않은 결과로 된다.

답 : ③

(3) 공기 취출구와 흡입구

① 그릴(grilles)형

풍량 조절이 불가능하며, 저속의 환기용 취출구나 흡입구에 사용한다.

② 유니버설 그릴형

그릴형에 가동식 날개를 부착한 것으로, 취출구에 사용한다.

③ 레지스터형

그릴형에 셔터나 댐퍼를 부착한 것으로, 풍량 조절이 가능하다.

④ 아네모스탯(anemostat)형

주로 천장에 설치하여 기류를 방사형태로 취출시키는 복류형 취출구로 일반적인 건축물에서 가장 많이 사용하고 있다. 확산반경이 크고 도달거리가 짧기 때문에 천장 취출구로 많이 사용된다.

⑤ 팬형

기본구조는 아네모스탯형과 동일하지만 유인성이 떨어지는 반면에 도달거리가 길다.

⑥ 노즐형

소음이 적기 때문에 취출풍속을 5[m/s] 이상으로 사용하며, 소음규제가 심한 방송국 스튜디오나 음악감상실 등에 사용되는 취출구이다.

⑦ 캄 라인(clam line)형

외부 존이나 내부 존에 모두 적용되며, 출입구 부근의 에어 커튼용으로도 적합하다. 선형이므로 인테리어 디자인의 일환으로도 적당하다.

⑧ 매시 룸(mash room)형

바닥 밑에 배기용 덕트를 유도하여 직접 바닥에서 배기하는 경우에 사용한다.

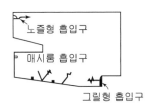

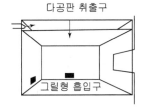

취출구와 흡입구

> ■ 콜드 드래프트(cold draft)
>
> 겨울철에 실내에 저온의 기류가 흘러들거나 또는 유리 등의 차가운 벽면에서 냉각된 냉풍이 하강하는 현상으로 냉방에 의한 온도차에 따라 일어나는 공기의 흐름이다.
>
> ※ 콜드 드래프트(cold draft)의 발생 원인
> ㉠ 인체 주위의 공기 온도가 너무 낮을 때
> ㉡ 인체 주위의 공기 습도가 낮을 때
> ㉢ 인체 주위의 공기 속도가 클 때
> ㉣ 주위 벽면의 온도가 낮을 때
> ㉤ 동절기 창문의 극간풍(틈새바람)이 많을 때
>
> ※ 팬코일 유닛방식에서 유닛을 창문 밑에 설치하면 콜드 드래프트를 줄일 수 있다.

예제문제 04

실내 벽면에 설치하기에 가장 부적당한 취출구는?

① 그릴형 ② 슬롯형
③ 노즐형 ④ 아네모스탯형

해설 아네모스탯(anemostat)형
주로 천장에 설치하여 기류를 방사형태로 취출시키는 복류 취출구로 일반적인 건축물에서 가장 많이 사용하고 있다.

답 : ④

예제문제 05

소음이 적기 때문에 취출풍속을 5[m/s] 이상으로 사용하며, 소음규제가 심한 방송국 스튜디오나 음악감상실 등에 사용되는 취출구는?

① 노즐형 ② 라인형
③ 슬롯형 ④ 펑커루버

답 : ①

예제문제 06

실내 기류 분포 중 콜드 드래프트(cold draft)의 원인이 아닌 것은?

① 인체주위의 공기온도가 너무 낮을 때
② 인체주위의 기류속도가 클 때
③ 주위공기의 습도가 높을 때
④ 주위 벽면의 온도가 낮을 때

해설 **콜드 드래프트(cold draft)**
인체는 신진대사에 의해 계속 열을 생산하고 생산된 열은 인체 주위로 소모된다. 그러나 생산된 열량보다 소모되는 열량이 많으면 추위를 느끼게 된다. 이와 같이 소모되는 열량이 많아져서 추위를 느끼게 되는 현상을 콜드 드래프트(cold draft)라 한다.
※ 콜드 드래프트(cold draft)의 발생 원인
· 인체 주위의 공기 온도가 너무 낮을 때
· 인체 주위의 공기 습도가 낮을 때
· 인체 주위의 공기 속도가 클 때
· 주위 벽면의 온도가 낮을 때
· 동절기 창문의 극간풍(틈새바람)이 많을 때
※ 팬코일 유닛방식에서 유닛을 창문 밑에 설치하면 콜드 드래프트를 줄일 수 있다.

답 : ③

예제문제 07

다음 중 에어커튼(AIR CURTAIN)을 가장 옳게 설명한 것은?

① 건물의 출입구에 실내열의 차단을 목적으로 설치한다.
② 건물의 창 등에 실내열의 차단을 목적으로 설치한다.
③ 내벽 대신 공간의 분리를 목적으로 설치한다.
④ 체육관 등 큰 공간의 효과적 공조를 목적으로 설치한다.

해설 **에어커튼(air curtain)**
· 위에서 아래로 압축공기를 분출시키고 흡입구를 아래쪽에 설치하여 공기유막을 만들어 바깥쪽과 안쪽을 차단하는 설비를 말한다.
· 온습도를 조정한 공기의 분류(噴流)에 의해 다른 공기의 흐름을 차단 분리하는 공기조화의 한 방법이다. 백화점 등의 개방된 출입구에 많이 사용한다.
· 송풍기는 관류송풍기가 적합하다.

답 : ①

4 덕트의 시공

(1) 확대 및 축소

① 단면적이 75[%] 이상 경우 : 직접 확대·축소한다.

② 단면적이 75[%] 이하 경우

  ㉠ 저속 덕트
  • 저속 덕트의 확대부분 각도는 될 수 있으면 15° 이하로 한다.
  • 저속 덕트의 축소부분 각도는 될 수 있으면 30° 이하로 한다.

  ㉡ 고속 덕트
  • 고속 덕트의 확대부분 각도는 될 수 있으면 8° 이하로 한다.
  • 고속 덕트의 축소부분 각도는 될 수 있으면 15° 이하로 한다.

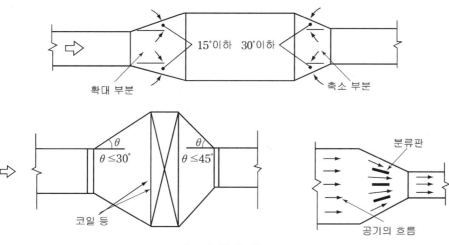

덕트의 확대·축소

(2) 엘보의 분기

① 덕트의 배치에서 엘보와 취출구간의 이음에서 취출구 위치는 엘보에 베인이 없을 때 A ≥ 8W가 되도록 분기하며, 그 이내인 경우에는 곡부에 가이드 베인(guide vane)을 설치한다. 가이드 베인은 곡부의 내측에 조밀하게 붙이는 것이 효과적이다.

② 덕트에서 엘보 다음의 취출구까지의 거리(A)

구 분	취출구 위치
가이드베인이 없는 엘보 사용시	A ≥ 8W
가이드베인이 달린 엘보 사용시	A ≥ 4~8W
가이드베인이 있는 직각 엘보 사용시	A ≥ 4W

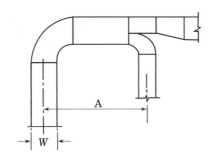

(a) A≦8W이면 엘보 내에 가이드 베인을 둔다.

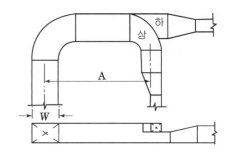

(b) A<8W면 상하분할을 한다.

장방형덕트의 엘보 직후에서 분기

예제문제 01

덕트에 대한 설명으로 옳지 않은 것은?

① 덕트의 보강을 위해서 다이아몬드 브레이크 등을 사용한다.

② 덕트를 분기할 경우 원칙적으로 덕트 굽힘부 가까이에서 분기하는 것이 좋다.

③ 덕트의 굽힘부에서 곡률반경이 작거나 직각으로 구부러질 때 안내날개를 설치한다.

④ 단면을 바꿀 때 확대부에서는 경사도 15° 이하, 축소부에서는 경사도 30° 이하가
되도록 한다.

해설
덕트를 분기할 경우에는 덕트 굽힘부에서 일정한 간격을 두고 분기하는 것이 좋다.

답 : ②

06 자동제어

1 자동제어 기본사항

(1) 시퀀스 제어(sequence control)

① 미리 정해진 순서에 따라 단계별로 제어를 진행하는 방식
② 신호는 한 방향으로만 전달되는 개방회로방식
③ 신호등, 자동판매기, 전기세탁기, 팬의 기동/정지, 엘리베이터의 기동/정지, 공기조화기의 경보시스템

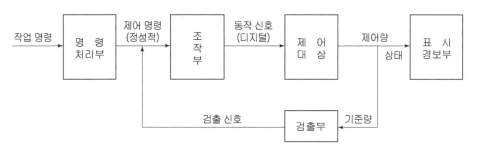

시퀀스 제어계의 기본 구성

■ 공조제어 방식의 비교

■ TAB(Testing Adjusting & Balancing)
① Testing(시험), Adjusting(조정), Balancing(균형)의 약어로 건물 내의 모든 공기조화시스템이 설계 목적에 부합되도록 모든 빌딩의 환경시스템을 검토하고 점검, 조정하는 과정을 말한다.
② 설계 부문, 시공 부문, 제어 부문, 업무상 부문 등 전부분에 걸쳐 적용되며 최종적으로 설비 계통을 평가하는 분야로 설계가 약 80% 이상 정도 완료된 후 시작한다.
③ TAB 기술 적용 효과
• 초기 투자비 절감
• 시공 품질의 향상
• 쾌적한 실내환경 조성
• 효율적인 운전관리(에너지 낭비 억제)
• 운전 경비절감
• 장비의 수명 연장

예제문제 01

다음의 제어방법 중 미리 정해진 순서에 따라 기동, 정지, 개폐 단계를 점차로 진행해나가는 방식은?

① 수동제어
② 온 - 오프(On - Off)제어
③ 프로그램(Program)제어
④ 시퀀스(Sequence)제어

해설 시퀀스 제어(sequence control)
• 미리 정해진 순서에 따라 단계별로 제어를 진행하는 방식
• 신호는 한 방향으로만 전달되는 개방회로방식
• 신호등, 자동판매기, 전기세탁기, 팬의 기동/정지, 엘리베이터의 기동/정지, 공기조화기의 경보시스템

답 : ④

예제문제 02

다음 중 시퀀스 제어가 아닌 것은?

① 전기세탁기　　　　　　　② 자동판매기

③ 신호등　　　　　　　　　④ 비행기 레이더 자동추적

해설

비행기 레이더 자동추적은 제어의 결과와 압력을 비교하기 위해 출력이 입력 피드백 되는 방식의 피드백제어에 해당된다.

답 : ④

(2) 피드백 제어(feedback control, 폐회로 제어)

• 일정한 입력을 유지하기 위해 출력과 입력을 항상 비교하는 방식
• 폐회로로 구성된 폐회로 방식
• 전압, 보일러 내 압력, 실내온도 등과 같이 목표치를 일정하게 정해놓은 제어에 사용
• 비행기 레이더 자동추적, 펌프의 압력제어

① 피드백 제어계의 구성

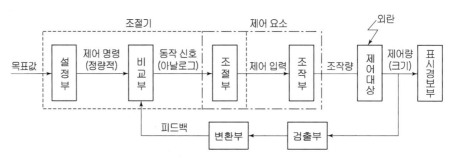

피드백 제어계의 기본 구성

② 제어량의 종류에 따른 분류

• 서보 제어(추종 제어) : 기계적 위치 방향, 자세 등을 제어량으로 하는 추치 제어로서 비행기 및 선박의 방향 제어계, 미사일 발사대의 자동위치 제어계, 추적용 레이더, 자동 평형 기록계 등이 이에 속한다.
• 프로세스 제어(공정 제어) : 온도, 압력, 유량, 액면, 농도, 비중 등을 제어량으로 하는 정치제어로서 일반화학공장의 제어계, 석유공장의 플랜트 제어계, 제지공장의 제어계 등이 이에 속한다.
• 자동조정 제어(정치 제어) : 속도, 회전력, 전압, 주파수, 역률 등을 제어량으로 하는 정치제어로서 자동전압 조정장치, 발전기의 조속기 등이 이에 속한다.

예제문제 03

제어신호의 궤환에 의해 온도, 습도 등과 같은 제어량을 설정치와 비교하고, 제어량과 설정치가 일치하도록 그 제어량에 대한 수정동작을 행하는 제어는?

① 수치 제어
② 서보 제어
③ 피드백 제어
④ 시퀀스 제어

답 : ③

예제문제 04

공기조화설비의 온도, 습도 등의 양을 제어하기 위한 방식이 아닌 것은?

① 시퀀스 제어
② 프로세스 제어
③ 정치제어
④ 피드백 제어

[해설] 피드백 제어(폐회로 제어)
· 일정한 압력을 유지하기 위해 출력과 입력을 항상 비교하는 방식
· 전압, 보일러 내 압력, 실내온도 등과 같이 목표치를 일정하게 정해놓은 제어에 사용

답 : ①

예제문제 05

일반사무실 내의 온도와 습도를 일정하게 유지하기 위한 제어방식으로 가장 적절한 것은?   【19년 출제문제】

① 순차제어
② 위치제어
③ 시퀀스제어
④ 피드백제어

[해설]
피드백 제어는 제어신호의 궤환에 의해 온도, 습도 등과 같은 제어량을 설정치와 비교하고, 제어량과 설정치가 일치하도록 그 제어량에 대한 수정동작을 행하는 제어이다.

답 : ④

예제문제 06

피드백 제어(feedback control)에서 가장 필요한 장치는?

① 응답속도를 빠르게 하는 장치
② 입력과 출력을 비교하는 장치
③ 안정도를 조절하는 장치
④ 구동을 돕는 장치

[해설]
피드백 제어(feedback control, 폐회로 제어)는 일정한 압력을 유지하기 위해 출력과 입력을 항상 비교하는 방식이다.

답 : ②

|학습포인트|

- 자동제어의 종류

구 분	특 징
시퀀스 제어 (sequence control)	• 정해진 순서에 따라 단계별로 제어를 진행하는 방식 • 신호는 한 방향으로만 전달되는 개방회로방식 • 신호등, 자동판매기, 전기세탁기, 기동/정지 프로그램, 공조기 경보시스템
피드백 제어 (feedback control)	• 제어의 결과와 압력을 비교하기 위해 출력이 입력 피드백 되는 방식 • 폐회로로 구성된 폐회로 방식 • 전압, 보일러 내 압력, 실내온도 등과 같이 목표치를 일정하게 정해놓은 제어에 사용 • 비행기 레이더 자동추적, 펌프의 압력제어

- 시퀀스 제어와 피드백 제어의 비교

자동 제어	제어량	제어 신호	회 로	특 성
시퀀스 제어	정성적 제어	디지털 신호	개루프 회로	순서 제어
피드백 제어	정량적 제어	아날로그 신호	폐루프 회로	비교 제어

2 자동제어시스템

(1) 제어계의 분류

① 제어목적에 의한 분류

㉠ 정치 제어

제어량을 어떤 일정한 목표값으로 유지시키는 것을 목적으로 한다.

예 프로세서 제어, 자동 조정

㉡ 추치 제어

목표값이 시간에 따라서 변화하는 제어로 목표값에 정확히 추종하도록 설계한 제어이다. 서보기구가 대표적인 예이다.

• 추종 제어 : 미지의 임의의 시간적 변화를 하는 목표값에 제어량을 추종시키는 것을 목적으로 한다.

예 대공포의 포신 제어, 자동 아날로그 선반

- 프로그램 제어 : 미리 정해진 프로그램에 따라 제어량을 변화시키는 것을 목적으로 한다.

  예 열처리 노의 온도제어, 무인열차운전

- 비율 제어 : 목표값이 다른 것과 일정한 비율관계를 가지고 변화하는 경우의 추치제어이다.

  예 보일러의 자동연소 장치, 암모니아의 합성 프로세서 제어

ⓒ 캐스케이드 제어(cascade control)

2개의 제어계를 조합하여 1차 제어장치의 제어량을 측정하여 제어명령을 발하고 2차 제어장치의 목표치로 설정하는 제어이다.

외란의 영향을 최소화하고 시스템 전체의 지연을 적게 하여 제어효과를 개선하므로 출력측 낭비시간이나 시간지연이 큰 프로세서 제어에 적합하다.

예제문제 01

피드백 제어 방식 중 피드백 제어 목표치에 의한 분류에 속하는 것은?

① 비례동작
② 정치제어
③ 단속도동작
④ 프로세스제어

해설
제어목적에 의한 분류에 따라 정치제어, 추치제어(추종제어, 프로그램제어, 비율제어), 캐스케이드 제어(cascade control)

답 : ②

예제문제 02

1차 제어장치가 제어량을 측정하여 제어명령을 실행하고, 이 명령을 바탕으로 2차 제어장치가 제어하는 방식은?

① 비율 제어(Ratio control)
② 프로그램 제어(Program control)
③ 정치 제어(Constant value control)
④ 캐스케이드 제어(Cascade control)

해설 캐스케이드 제어(cascade control)
2개의 제어계를 조합하여 1차 제어장치의 제어량을 측정하여 제어명령을 발하고 2차 제어장치의 목표치로 설정하는 제어이다.
외란의 영향을 최소화하고 시스템 전체의 지연을 적게 하여 제어효과를 개선하므로 출력측 낭비시간이나 시간지연이 큰 프로세서 제어에 적합하다.

답 : ④

실기 예상문제

■ 제어동작의 특징

② 제어동작에 의한 분류

분류	특징
2위치제어 (ON/OFF 동작)	• 제어량이 설정값에서 어긋나면 조작부를 개폐하여 운전을 정지하거나 기동하는 것 • 제어 결과가 사이클링(cycling)을 일으키며, 또한 잔류편차 (offset)를 일으키는 결점이 있다. • 대부분의 프로세서 제어계에서 이용하나 응답속도가 요구되는 제어계에는 사용할 수 없다.
비례제어 (P 동작)	• 조절부의 전달 특성이 비례적인 특성을 가진 제어시스템으로 목표치와 제어량의 차이에 비례하여 조작량을 변화시키는 방식 • 조작량 0%에서 100%까지의 제어폭을 비례대라 한다. • 이 방식은 공조부하의 특성에 따라서는 목표치가 아닌 지점 에서 기기의 안정상태가 유지되는 결점이 있는데, 이 안정상태의 값과 목표치와의 차이를 잔류편차(offset)라 한다.
적분동작 (I 동작)	• 오차의 크기와 오차가 발생하고 있는 시간에 둘러싸인 면적, 즉 적분값의 크기에 비례하여 조작부를 제어하는 것 잔류 오차가 없도록 제어할 수 있다.
미분동작 (D 동작)	• 제어오차가 검출될 때 오차가 변화하는 속도에 비례하여 조작량을 가감하도록 하는 동작 오차가 커지는 것을 미연에 방지한다.
비례적분제어 (PI 동작)	• 비례동작에 의해 발생되는 잔류 오차를 소멸시키기 위해 적분 동작을 부가시킨 제어동작 • 제어 결과가 진동적으로 되기 쉬우나 잔류 오차가 적다.
비례미분동작 (PD 동작)	• 제어 결과에 빨리 도달하도록 미분동작을 부가한 동작 • 응답의 속응성의 개선에 사용된다.
비례적분미분 제어(PID 동작)	• 비례적분동작에 미분동작을 추가시킨 것 • 정상특성과 응답속도를 동시에 개선시키며 정정시간을 단축 시키는 기능이 있다.

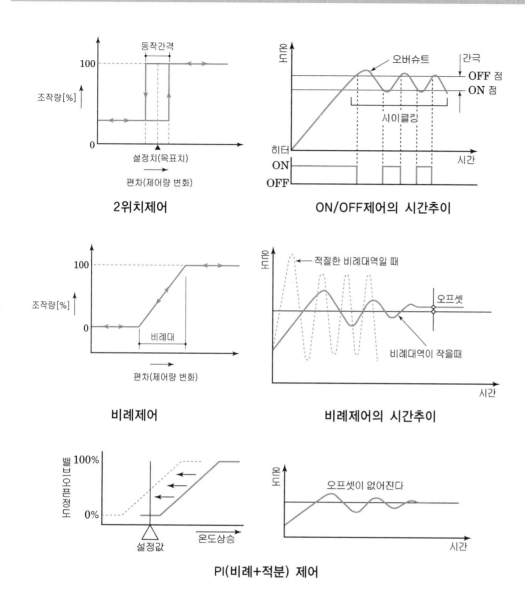

2위치제어

ON/OFF제어의 시간추이

비례제어

비례제어의 시간추이

PI(비례+적분) 제어

스텝입력	밸브오픈전도	편차
P 동작		오프셋
PI 동작		
PID 동작		

각 동작과 비례(P)+적분(I)+미분(D) 제어

예제문제 **03**

다음의 제어동작 중 제어량이 목표치에서 벗어나면 조작부를 닫아 운전을 정지하든 가 반대로 운전을 기동하는 간단한 동작이며 항상 목표치와 제어결과가 일치하지 않 는 소위 잔류편차를 일으키는 결점이 있는 것은?

① 다위치 제어동작   ② 2위치 제어동작

③ 비례 제어동작   ④ PI 제어동작

답 : ②

예제문제 **04**

조절계의 제어작동 중 제어편차에 비례한 제어동작은 잔류편차(offset)가 생기는 결점 이 있는데 이 잔류편차를 없애기 위한 제어동작은?

① 비례동작   ② 미분동작

③ 2위치   ④ 적분동작

해설 적분동작(I 동작)
오차의 크기와 오차가 발생하고 있는 시간에 둘러싸인 면적, 즉 적분값의 크기에 비례하 여 조작부를 제어하는 것으로 잔류 오차가 없도록 제어할 수 있다.

답 : ④

예제문제 **05**

전기식 자동제어시스템이 적용된 건물에서 이루어질 수 없는 제어 동작은?

① 비례제어 동작   ② 단속도제어 동작

③ 다위치제어 동작   ④ 비례적분제어 동작

해설 비례적분제어(PI 동작)
비례동작에 의해 발생되는 잔류 오차를 소멸시키기 위해 적분 동작을 부가시킨 제어동작 으로 제어 결과가 진동적으로 되기 쉬우나 잔류 오차가 적다.

답 : ④

예제문제 **06**

다음 중 진동이 일어나는 장치의 진동을 억제시키는데 가장 효과적인 제어 동작은?

① on – off 동작

② 비례 동작

③ 미분 동작

④ 적분 동작

해설 미분동작(D 동작)

제어오차가 검출될 때 오차가 변화하는 속도에 비례하여 조작량을 가감하도록 하는 동작으로 오차가 커지는 것을 미연에 방지한다.

답 : ③

예제문제 **07**

다음 그림과 같은 특성을 나타내는 동작은 무엇인가?

① 비례(P)동작

② 미분동작(D)동작

③ 비례미분(PD)동작

④ 비례적분미분(PID)동작

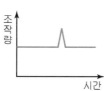

해설 비례미분동작(PD 동작)

제어 결과에 빨리 도달하도록 미분동작을 부가한 동작으로 응답의 속응성의 개선에 사용된다. 앞선 회로의 특성을 띈다.

답 : ③

예제문제 **08**

공조기 자동제어 시스템 중 공조 환기덕트에 설치되어 있는 이온화연감지기에 의해 화재가 감지되었을 때 연동제어 되어야 하는 것은? 【19년 출제문제】

① 급기팬

② 차압검출기

③ 액체흐름검출기

④ 차압밸브

해설

화재가 발생하면 급기덕트를 통해 연기가 급속하게 확산되는 현상이 발생하므로 이온화감지기에 의한 화재 감지시에 급기팬을 정지시키면 급기덕트를 통해 각 실로 연기가 급속하게 확산되는 것을 방지할 수 있다.

답 : ①

(2) 전기식 제어방식

제어회로의 전달신호에 전류나 전압 등의 전기를 사용하며, 또한 조작부의 조작동력에 전기를 사용하는 제어를 전기식 제어라고 하는데, 중소용량 보일러의 대부분은 전기식 제어가 사용되고 있다. 이 전기식 제어에 필요한 장치를 전기식 자동제어 장치라고 한다.

① 검출부와 조절부가 하나의 케이스에 함께 설치된다.(일체형)
② 구조가 간단하고 조작동력원으로 상용전원을 직접 사용한다.
③ 신호처리가 쉽고 원격조작도 용이하다.
④ 전기회로의 조합에 의해 계장에 융통성이 있다.

예제문제 09

전기식 자동제어 방식에 관한 설명으로 옳지 않은 것은?

① 검출부와 조절부가 일체형으로 되어 있다.
② 정밀한 제어 및 비례 적분제어에 적합하다.
③ 조작 동력원으로 상용전원을 직접 사용한다.
④ 신호처리가 쉽고 원격조작도 용이하다.

해설
제어회로의 전달신호에 전류나 전압 등의 전기를 사용하며, 또한 조작부의 조작동력에 전기를 사용하는 제어를 전기식 제어라고 한다. 중소용량 보일러의 대부분은 전기식 제어가 사용되고 있다.

답 : ②

---

(3) 디지털 제어(DDC : Direct Digital Controal) 방식

제어 시스템 내의 신호를 어떤 양자화된 신호로 쓰는 제어를 말한다. 이 경우 공작기계가 대상일 때는 수치제어라 한다.

① 정밀도가 높으며 신뢰성이 높다.
② 기능의 고급화를 도모할 수 있다.
③ 자가진단 기능을 보유하고 있다.
④ 각종 제어로직은 손쉽게 소프트웨어에 의해 조정될 수 있다.

※ DDC 방식

일반적으로 최근 설비분야 제어방식으로 많이 적용되는 방식으로 디지털 직접 회로 제어방식이다.

① 각종 연산 및 자료저장, 검색, 분석 성능이 우수하다.

② 에너지 절약제어가 가능하다.

③ 정밀도 및 신뢰도가 가장 높다.

④ 유지 및 보수가 간단하다.

예제문제 10

자동제어방식 중 디지털방식에 대한 설명으로 옳지 않은 것은?

① 기능의 고급화를 도모할 수 있다.

② 각종 제어로직은 손쉽게 소프트웨어에 의해 조정될 수 있다.

③ 자기진단 기능을 보유하고 있다.

④ 제어의 정밀도가 낮으면 신뢰성이 다소 떨어진다.

해설

디지털 제어방식은 정밀도가 높으며 신뢰성이 높다.

답 : ④

예제문제 11

DDC 제어 방식에 대한 설명으로 옳지 않은 것은?

① 정밀한 제어를 할 수 있다.

② 신뢰성이 우수하다.

③ 응용성이 풍부하다.

④ 유지, 보수에 비용이 많이 든다.

해설

디지털 제어(DDC : Direct Digital Controal) 방식은 유지 및 보수가 간단하다.

답 : ④

■ 자동제어

구 분	내 용
조작량	제어대상을 직접 구동할 수 있는 양으로, 동작신호를 증폭하여 충분한 에너지를 가진 신호를 만든다.
제어량	제어대상의 출력
동작신호	기준입력과 주피드백 신호의 차에 해당하는 값
피드백신호	출력과 기준입력을 비교하기 위한 신호

■ 자동제어동작의 특성

제어 동작		특 징	정상편차	속응도
2위치제어	ON/OFF 동작	사이클링(진동)이 발생함	있음	
비례제어	P 동작	사이클링(진동)을 방지함	있음	늦음
미분동작	D 동작	단독으로 사용하지 않음		빠름
적분동작	I 동작		없음	늦음
비례적분제어	PI 동작	뒤진 회로의 특성을 띤다.	없음	늦음
비례미분동작	PD 동작	앞선 회로의 특성을 띤다.	있음	늦음
비례적분 미분제어	PID 동작	뒤진 회로, 앞선 회로의 특성을 띤다.	최적	늦음

■ 제어 분류
① 연속 데이터 제어 : P 제어, PI 제어, PID 제어
② 불연속 제어 : ON/OFF 제어, 간헐 제어
③ 샘플값 제어 : 제어신호가 단속적으로 측정한 샘플 값일 때의 제어계

③ 자동제어장치

(1) 자동제어장치의 기본 구성

구성 요소	동 작 내 용
검출부	제어량의 변화를 검출하고, 이 변화량을 조절부에서 목표치(설정치)와 비교하기 쉬운 신호로 변환하여 조절부로 보낸다.
조절부	검출부에서 받은 신호를 목표치(설정치)와 비교하여 그 편차에 해당되는 신호를 만들고, 이 편차신호를 조작신호로 바꾸어 조작부로 보낸다.
조작부	조절부로부터 보내 온 신호에 의해 밸브, 댐퍼의 개폐도 등을 조작한다.

■ 자동제이의 동작순서
검출 → 비교 → 판단 → 조작

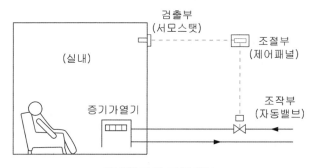

실내온도의 자동제어

예제문제 01

다음 중 자동제어에서 제어장치의 구성요소가 아닌 것은?

① 검출부   ② 조절부
③ 조작부   ④ 검파부

해설
자동제어장치는 검출부, 조절부, 조작부로 구성되어 있다.

답 : ④

예제문제 02

열설비에 사용되는 자동제어계의 동작순서로 알맞은 것은?

① 비교 – 판단 – 조작 – 검출   ② 검출 – 비교 – 판단 – 조작
③ 판단 – 조작 – 검출 – 비교   ④ 조작 – 검출 – 비교 – 판단

해설 자동제어의 동작순서
검출 → 비교 → 판단 → 조작

답 : ②

---

(2) 자동제어기기

분 류	장 점	단 점
전기식	· 신호전달이 빠르다. · 기기의 구조가 간단하다. · 공사비 및 유지관리비면에서 　유리하다.	· 정밀한 제어가 어렵다.
전자식	· 정밀도가 높고 응답이 빠르다.	· 전기식에서 비해 배선이 복잡하여 　가격이 비싸다.
공기식	· 구조가 간단하고 큰 조작력이 　얻어지므로　대규모 장치일수록 　유리하다.	· 압축공기를 제조하는 장치가 필요 · 전기식·전자식에 비해 신호전달이 　느리다.
자력식	· 전력이나 공기가 불필요하므로 　저렴하다.	· 정밀도가 크게 떨어진다.

예제문제 03

건물의 자동제어방식에서 디지털방식에 해당하는 것은?

① 전기식   ② 전자식
③ 공기식   ④ DDC 방식

해설
DDC 방식은 일반적으로 최근 설비분야 제어방식으로 많이 적용되는 방식으로 디지털 직접회로 제어방식이다.

답 : ④

(3) 공조설비의 자동제어계 검출기

① 온도 검출 : 열팽창식, 전기식, 방사식
② 압력 검출
  · 액체압력계 : 액주식, 침종식, 환상식
  · 탄성압력계 : 다이어프램식, 부르동관식, 벨로즈식
  · 전기식 압력계 : 저항선식, 압전식
  · 진공계 : 피라니 게이지, 전리 진공계
③ 유량 검출 : 차압식, 면적식, 용적식, 전자식
④ 액면 검출 : 차압식, 기포식, 부자식, 방사선식

예제문제 04

공조설비의 자동제어에서 압력검출소자로 사용되지 않는 것은?

① 다이어프램　　　　　　　　② 모발

③ 부르동관　　　　　　　　　④ 벨로즈

해설 공조설비의 자동제어
 · 압력검출소자용 : 다이어프램, 부르동관, 벨로즈
 · 습도검출소자용 : 모발, 나일론 리본

답 : ②

예제문제 05

고압측정용이며 보일러에서 증기압력 계기용으로서 가장 많이 사용하는 압력계는 어느 것인가?

① 부르동관식 압력계　　　　　② 벨로즈식 압력계

③ 다이어프램식 압력계　　　　④ U자관식 압력계

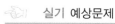

(a) 부르동관

해설

부르동관은 단면이 타원형인 금속관을 C형으로 구부린 것으로 동 또는 황동제이다. 그 단면이 편평한 타원형의 관을 원호상으로 구부려 한쪽 끝을 고정하고 다른 쪽 끝은 폐쇄한 관으로 화살표의 방향으로부터 증기압이 가해지면 그 압력에 비례하여 점선과 같이 퍼져서 직선으로 되고 압력이 저하하면 원래대로 구부러지게 된다. 이 부르동관의 성질을 이용하여 그 변형 정도를 확대하여 눈금판 위에 나타내도록 한 압력계를 말한다. 부르동관식 압력계는 탄성 변형량으로부터 압력 크기를 측정하는 계기로 다른 압력계에 비해 구조가 간단하고, 응답이 빠른 특징이 있다.
※ 탄성식 압력계 : 부르동관식 압력계, 벨로즈식 압력계, 다이어프램식 압력계

답 : ①

(b) 구조

(4) 보일러의 자동제어

보일러는 기본적인 공정제어를 구성하고 있는 피드백 제어계의 전형적인 제어계이다.

 실기 예상문제

■ 보일러의 자동제어

① 연소제어

보일러로부터 발생되는 증기의 압력을 일정하게 유지하기 위하여 연료 유량, 공기 유량을 조정하여 증기의 압력을 제어한다.

② 급수제어

보일러의 안전운전을 위하여 보일러 드럼의 수위를 항상 일정하게 유지하여야 하며 물의 급수량을 제어하는 것

③ 증기온도제어

증기의 온도를 제어하는 방법에는 발생되는 증기의 온도를 감온기의 냉각수량에 따라 냉각하는 방법

예제문제 06

보일러의 자동제어에 해당하지 않는 것은?

① 온도 제어 ② 연소 제어
③ 급수 제어 ④ 위치 제어

해설
보일러의 자동제어에는 연소 제어, 급수 제어, 증기온도 제어가 있다.

답 : ④

---

(5) 자동제어를 통한 에너지절약 방안

① 시스템 운영에 의한 방법
• CO_2 농도 제어에 의한 외기도입
• 공조용 송풍기 제어
• 냉각수 수질 제어
• 장비 대수제어

② DDC 제어에 의한 방법
• 최적 기동/정지 제어
• 전력 수요 제어
• 절전 운전 제어
• 부하 재설정 제어
• 외기도입 제어
• 역률 제어

예제문제 07

설비자동제어 중 에너지절약 관리제어가 아닌 것은?

① 전력 수요 제어 ② 최적 기동/정지 제어
③ 절전 운전 제어 ④ 케스케이드 제어(CASCADE 제어)

해설 CASCADE 제어
프로세스 제어에서 시간지연, 외부영향이 큰 경우에 사용하는 제어

답 : ④

제2편
건축 전기설비 이해 및 응용

전기적 기호·약호 및 기초 수학

1 전기적인 기호와 약어(부록)

전기적인 양

양	기호	기본단위
전류	I 또는 i	암페어[A]
전하	Q 또는 q	쿨롱[C]
전력	P	와트[W]
전압	V 또는 v	볼트[V]
저항	R	옴[Ω]
리액턴스	X	옴[Ω]
임피던스	Z	옴[Ω]
컨덕턴스	G	지멘스[S] / 모호[℧]
어드미턴스	Y	지멘스[S]
서셉턴스	B	지멘스[S]
커패시턴스	C	패러드[F]
인덕턴스	L	헨리[H]
주파수	f	헤르쯔[Hz]
주기	T	초[s]

단위의 배수와 약수

값	접두어		
$1\ 000\ 000\ 000\ 000 = 10^{12}$	tera	T	$THz = 10^{12}Hz$
$1\ 000\ 000\ 000 = 10^{9}$	giga	G	$GHz = 10^{9}Hz$
$1\ 000\ 000 = 10^{6}$	mega	M	$MHz = 10^{6}Hz$
$1\ 000 = 10^{3}$	kilo	k	$kV = 10^{3}V$
$100 = 10^{2}$	hecto	h	$hm = 10^{2}m$
$10 = 10$	deka	da	$dam = 10m$
$0.1 = 10^{-1}$	deci	d	$dm = 10^{-1}m$
$0.01 = 10^{-2}$	centi	c	$cm = 10^{-2}m$
$0.001 = 10^{-3}$	milli	m	$mA = 10^{-3}A$
$0.000\ 001 = 10^{-6}$	micro	μ	$\mu V = 10^{-6}V$
$0.000\ 000\ 001 = 10^{-9}$	nano	n	$ns = 10^{-9}s$
$0.000\ 000\ 000\ 001 = 10^{-12}$	pico	p	$pF = 10^{-12}F$

2 삼각함수

(1) 삼각함수의 정의

직각삼각형에서 한 예각 ($\angle\theta$)이 결정되면 임의의 2변의 비는 삼각형의 크기에 관계없이 일정하다. 이들 비를 그 각의 삼각비라 한다.

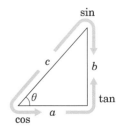

① 사인($\sin\theta$) : 빗변에 대한 높이의 비

$$\sin\theta = \frac{높이}{빗변} = \frac{b}{c}$$

② 코사인($\cos\theta$) : 빗변에 대한 밑변의 비

$$\cos\theta = \frac{밑변}{빗변} = \frac{a}{c}$$

③ 탄젠트($\tan\theta$) : 밑변에 대한 높이의 비

$$\tan\theta = \frac{높이}{밑변} = \frac{b}{a}$$

(2) 특수각 삼각비

삼각비 \ θ	0°	30°	45°	60°	90°
$\sin\theta$	0	$\frac{1}{2}$	$\frac{1}{\sqrt{2}}\left(=\frac{\sqrt{2}}{2}\right)$	$\frac{\sqrt{3}}{2}$	1
$\cos\theta$	1	$\frac{\sqrt{3}}{2}$	$\frac{1}{\sqrt{2}}\left(=\frac{\sqrt{2}}{2}\right)$	$\frac{1}{2}$	0

(3) 삼각비의 상호관계

① 예각의 삼각비

- $\sin(90° - \theta) = \cos\theta$
- $\cos(90° - \theta) = \sin\theta$
- $\tan(90° - \theta) = \dfrac{1}{\tan\theta}$

② 보각의 삼각비

- $\sin(180° - \theta) = \sin\theta$
- $\cos(180° - \theta) = -\cos\theta$
- $\tan(180° - \theta) = -\tan\theta$

③ 같은 각의 삼각비

- $\sin^2\theta + \cos^2\theta = 1$
- $\tan\theta = \dfrac{\sin\theta}{\cos\theta}$
- $\sin\theta = \sqrt{1 - \cos^2\theta}$
- $\cos\theta = \sqrt{1 - \sin^2\theta}$

3 지수법칙과 제곱근

(1) 지수법칙

① $a^m a^n = a^{m+n}$

② $(a^m)^n = a^{mn}$

③ $(ab)^m = a^m b^m$

④ $\dfrac{a^m}{a^n} = a^{m-n}$

⑤ $a^{-n} = \dfrac{1}{a^n}$

⑥ $a^0 = 1$

(2) 제곱근 계산

$a > 0,\ b > 0$일 때

① $(\sqrt{a})^2 = a$

② $\sqrt{a}\,\sqrt{b} = \sqrt{ab}$

③ $a\sqrt{b} = \sqrt{a^2 b}$

④ $\dfrac{\sqrt{b}}{\sqrt{a}} = \sqrt{\dfrac{b}{a}}$

⑤ $\dfrac{\sqrt{b}}{\sqrt{a}} = \dfrac{\sqrt{ab}}{a}$

⑥ $\dfrac{1}{\sqrt{a} + \sqrt{b}} = \dfrac{\sqrt{a} - \sqrt{b}}{a - b}$

⑦ $a > 0$일 때 $\sqrt{a^2} = a$, $a < 0$일 때 $\sqrt{a^2} = -a$

4 복소수

(1) 정의

실수부와 허수부의 합으로 이루어진 수를 말한다.
(복소수 = 실수부 + 허수부, $Z = a + jb$)

(2) 허수(j)의 정의

제곱하여 −1 이 되는 수이고 위상은 실수보다
90° 앞선다.

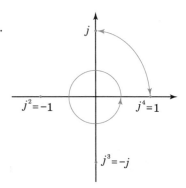

(3) 허수의 표현

① $j = \sqrt{-1} = 1\angle 90°$ 실수보다 90° 앞선다.

② $j^2 = -1$

③ $j^3 = -j = 1\angle -90°$ 실수보다 90° 뒤진다.

④ $j^4 = 1$

(4) 복소 평면

$Z = a + jb$로 주어졌을 때 복소평면에 나타내면 다음 아래와 같다.

① 복소수의 크기

$$|Z| = \sqrt{실수부^2 + 허수부^2}$$
$$= \sqrt{a^2 + b^2}$$

② 각도 (위상)

$$\theta = \tan^{-1}\frac{허수부}{실수부} = \tan^{-1}\frac{b}{a}$$

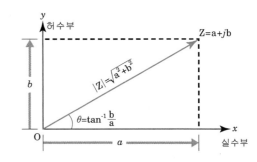

5 복소 함수의 표현법

(1) 직각좌표 형

$Z =$ 실수부 + 허수부 $= a + jb$

(단, $|Z| = \sqrt{a^2 + b^2}$: 실효값, $\theta = \tan^{-1}\frac{b}{a}$)

(2) 극좌표 형

$$Z = 크기 \angle 각도 = |Z| \angle \theta$$

(3) 지수함수 형

$$Z = 크기\, e^{j각도} = |Z|\, e^{j\theta}$$

(4) 삼각함수 형

$$Z = 크기\,(\cos 각도 + j\sin 각도) = |Z|(\cos\theta + j\sin\theta)$$
$$= |Z|\cos\theta + j|Z|\sin\theta = a + jb$$

6 복소수 사칙연산

(1) 복소수의 합과 차

실수부는 실수끼리 허수부는 허수부끼리 더하고 뺀다.
$Z_1 = a \pm jb$, $Z_2 = c \pm jd$ 로 주어진 경우
$$Z_1 \pm Z_2 = (a \pm c) + j(b \pm d)$$

(2) 복소수 곱·나눗셈

① 곱셈 : 크기는 곱하고, 각도는 더한다.
$$Z_1 \times Z_2 = |Z_1| \angle \theta_1 \times |Z_2| \angle \theta_2 = |Z_1\|Z_2| \angle (\theta_1 + \theta_2)$$

② 나눗셈 : 크기는 나누고, 각도는 뺀다.
$$\frac{Z_1}{Z_2} = \frac{|Z_1| \angle \theta_1}{|Z_2| \angle \theta_2} = \frac{|Z_1|}{|Z_2|} \angle (\theta_1 - \theta_2)$$

(3) 켤레 복소수

허수부의 부호를 반대로 바꾸어준 복소수를 말한다.
$$Z = a + jb, \quad \overline{Z} = Z^* = a - jb, \quad Z \cdot Z^* = a^2 + b^2 (허수부 없어짐)$$

memo

전기의 기본사항

CHAPTER 01 전기의 기본사항

1 전기의 기본 법칙

1. 옴의 법칙

도체를 흐르는 전류의 크기는 도체의 양끝에 가해진 전압에 비례하고, 그 도체의 저항에 반비례한다. 이것을 옴의 법칙($V = IR$)이라 한다.

예를 들어 저항 값이 $R[\Omega]$인 전구에 전압이 $V[\text{V}]$인 전지를 전선으로 연결한 경우 다음과 같은 관계식이 성립한다.

$$I = \frac{V}{R}[\text{A}]$$

$$R = \frac{V}{I}[\Omega]$$

$$V = I \cdot R[\text{V}]$$

또한 이러한 관계는 물의 흐름으로 비유할 수 있다. 물탱크에 연결한 파이프를 타고 흐르는 물(전류)은 파이프에 걸리는 수압(전압)이 높을수록 양이 많아질 것이고 파이프가 가늘어서 물의 흐름에 대한 저항이 클수록 물의 양은 적어지게 되는 것과 같다.

2. 키르히호프의 법칙

간단한 회로에서 전압, 전류, 저항을 계산하려면 옴의 법칙으로 가능하지만 기전력이 여러개인 복잡한 회로망에서는 키르히호프의 법칙을 적용한다.

(1) 키르히호프의 제1법칙(전류 평형의 법칙)

회로 내의 임의의 접속점에서 들어가는 전류와 나오는 전류의 합은 0이다.

$$\Sigma I_{in} = \Sigma I_{out} \quad \text{(유입된 전류의 합 = 유출된 전류의 합)}$$

(2) 키르히호프의 제2법칙(전압 평형의 법칙)

임의의 한 폐회로 내에서 전압강하는 전체의 기전력의 합과 같다.

$$\Sigma V = \Sigma IR \quad (\Sigma \text{기전력} = \Sigma \text{전압강하})$$

3. 전류의 발열작용과 자기작용

(1) 발열 작용

전기는 전류가 흐르기 쉬운 동선 속을 흐를 때는 거의 열이 나지 않으나 전기저항이 많은 니크롬선 등의 속을 흐르면 열이 발생한다. 발생하는 열량은 저항의 크기에 비례하고 전류크기의 제곱에 비례하며 시간이 갈수록 열이 많이 발생한다. 이는 줄의 법칙(Joule's law)에 의해 도체에 흐르는 전류는 저항에 의해 소비되며, 소비되는 전류는 열로 변환된다는 것이다. 수식으로 발열량 $H = 0.24I^2Rt$[cal]이다.(I : 전류[A], R : 저항[Ω], t : 시간[sec]) 발열 작용은 도체 내부의 원자핵과 전자, 내부 불순물등이 서로 충돌하면서 전류의 흐름을 방해 하는 과정에서 마찰이나 원자의 열진동 등으로 열을 발생시키는 것을 말하는 것이며 빛을내는 전등, 열을 내는 전기 다리미와 전기 히터 등에 응용된다.

■ 전기설비의 이해
전선에 흐르는 전류와 전선에 저항이 클수록 발열이 커지며 그 만큼 전기에너지가 열에너지로 변환되어 에너지 손실이 커진다.

(2) 자기 작용

전기에 의해 동력을 발생하거나 기기나 지침을 표시하는 계측기등은 전류의 자기 작용을 이용한다. 직선도선에 전류를 흘리면 도선 둘레에는 동심원 모양의 자기장이 생긴다. 이 때 앙페르의 오른손(오른나사)법칙은 엄지손가락이 전류의 방향으로 볼 때 나머지 네 손가락이 감기는 방향으로 자속이 발생하여 자기장이 형성되는 것을 알려주는 법칙이다. 이것은 뒤집어 말하면 자계가 있는 곳에는 반드시 전류가 있다는 뜻이다.

■ 전기설비의 이해
전류와 자속은 매우 밀접한 관계에 있다. 이것을 이용하여 많은 전력기기에 응용되고 있다.

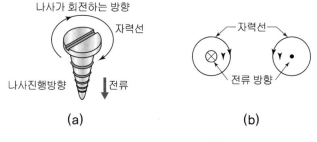

(a) (b)

암페어의 오른나사법칙

4. 열전효과

서로 다른 두 금속이 만나는 지점을 전자들이 지날 때 운동에너지가 달라지면서 열이 나거나 열을 빼앗기는 효과이다. 열전효과는 제어벡효과, 펠티어효과, 톰슨효과 가 있으며 이러한 특성을 이용하여 전기로 열을 얻거나, 열로 전기를 얻는 장치를 만들 수 있다.

(1) 제어벡효과

서로 다른 두 금속(예 구리-콘스탄탄)을 접속하고 접속점에 열을 가하면 기전력이 발생하여 전류가 흐르는 현상이다. 이 때 발생하는 기전력을 열기전력이라 부른다. 열기전력을 측정하여 온도로 환산하는 열전대온도계는 공업용으로 널리 이용되고 있다. 또한 고온에서 극저온까지 온도계측용 열전대가 개발되어 있다.

(2) 펠티어효과

서로 다른 금속이나 반도체(예 비스무트-안티몬)의 양쪽 끝을 접합하여 전류를 흘려주면 전류에 의해 발생하는 줄열 외에도 금속의 각 접점에서 발열 또는 흡열 작용이 일어나는 현상을 말한다. 한 쪽은 열이 발생하고 다른 쪽은 열을 빼앗기는 현상을 이용하여 냉각과 가열을 할 수 있으며 이러한 특성을 이용하여 소형 냉장고나 전자 냉열장치에 이용한다.

(3) 톰슨효과

같은 종류의 도체이면서 부분적으로 온도가 다른 금속에 전류를 흐르게 하면 온도가 바뀌는 부분에서 발열과 흡열이 일어나는 현상이다. 이는 제어벡 효과와 펠티어 효과의 가역성을 열역학적으로 이론화 한 것이다.

5. 페러데이 전자유도법칙

도체 주위에 자석이 움직이거나 자석은 가만히 있고 도체가 움직이게 되면 도체가 자속을 끊게 되어 전압을 발생한다. 즉, 도체 주위에 자석의 힘이 변하면 전압이 발생하는 데 이 전압을 기전력(E)이라고 한다. 이로 인해 발생하는 전류의 크기는 자석을 움직이는 속도가 빠를수록 크고, 전류의 방향은 가까이 할 때와 멀리 할 때 반대가 된다. 이처럼 자계의 변화에 의해 도체에 기전력이 발생하는 현상을 전자유도라고 하며 이 때 발생하는 기전력을 유도기전력, 흐르는 전류를 유도전류라고 한다.

유도기전력의 크기에 관해 패러데이는 유도기전력은 코일을 관통하는 자력선이 변화하는 속도에 비례한다는 사실을 알아냈다.

이는 수식으로

$$e = N\frac{d\phi}{dt}[\text{V}]$$

e : 유기 기전력 ϕ : 자속 N : 코일을 감은 횟수

로 나타낼 수 있다.

이것을 패러데이의 전자유도의 법칙이라고 하며 발전기나 변압기의 원리가 된다.

필기 예상문제

코일의 권수에 의해서 유기기전력의 크기가 변한다. 그러므로 변압기는 코일의 권수를 조정하여 승압 또는 강압을 할 수 있다.

6. 렌츠의 법칙

회로와 전자기장의 상대적인 위치관계가 변화할 경우, 회로에 생기는 전류의 방향은 그 변화를 저지하려는 방향으로 흐른다. 이는 기전력의 방향을 결정하며 렌쯔의 법칙이라 한다.

$$e = -N\frac{d\phi}{dt}[\text{V}]$$

|참고|

- 전자유도 : 자계의 변화에 의해 도체에 기전력이 발생하는 현상
- 유도기전력 : 전자유도를 일으키는 기전력
- 유도전류 : 유도기전력에 의해 도체에 흐르는 전류

7. 플레밍의 오른손법칙

전류와 자기장의 관계를 설명하는데 유용한 법칙이다. 도체 운동에 의한 유도기전력의 방향을 결정하는 법칙이며 자기장 내에서 도선이 움직일 때 유기되는 유도 기전력의 방향(발전기의 전류방향)을 결정할 수 있다. 여기서 유도기전력의 크기는 폐회로를 관통하는 자력선의 변화속도에 비례하며 자기장속에서 도선의 운동 에너지가 전기 에너지로 변환되는 것으로서 발전기의 원리가 된다.

관계식 → 유도기전력 $e = B\ell v \sin\theta[\text{V}]$

e : 기전력 B : 자속밀도
v : 도체 운동속도 ℓ : 자계중의 도체길이
$\sin\theta$: 자계와 도선 간의 각도

오른손 엄지손가락, 둘째손가락, 셋째손가락을 모두 직각으로 세웠을 때, 엄지
손가락이 도체의 운동방향, 둘째손가락이 자계방향이면, 가운데손가락이 유도기
전력의 방향이 된다.

8. 플레밍의 왼손법칙

자속 하에 전류 도체의 회전력 방향(자기력의 방향)을 결정하는 규칙으로서 전
류와 자계 간에 작용하는 힘의 방향을 결정한다. 이는 자계 속에서 전류가 흐
르는 도선이 받는 힘의 방향을 알 수 있으며 전동기의 원리가 된다.

$$관계식 \rightarrow F = BI\ell\sin\theta \, [\text{N}]$$

F : 전자력 B : 자속밀도
I : 전류 ℓ : 자계중의 도체길이
$\sin\theta$: 자계와 도선 간의 각도

왼손 엄지손가락, 둘째손가락, 셋째손가락을 모두 직각으로 세웠을 때, 둘째손
가락이 자계방향이고, 셋째손가락이 전류방향이면, 엄지손가락이 전자력이 가해
지는 방향이 된다.

9. 쿨롱의 법칙

(1) 전기력의 세기

(+) 전기와 (−) 전기, 또는 같은 극성의 전기사이에 작용하는 힘을 법칙에 의해
밝혀낸 것으로서 두개의 전하 사이에 움직이는 힘의 크기는 전하사이의 거리의
제곱에 반비례하고, 두개의 전하의 전기량의 수량에 비례한다는 법칙이다.

$$F = K_e \frac{q_1 q_2}{r^2} \, [\text{N}]$$

K_e : 비례상수 F : 전하량의 힘
q_1, q_2 : 전하의 전기량 r : 전하량사이의 거리

* 진공 중의 비례상수 : $K_e = \dfrac{1}{4\pi\varepsilon_0} = 9 \times 10^9$

(ε_0 : 진공시 유전율, $8.855 \times 10^{-12} \, [\text{F/m}]$)

(2) 자기력의 세기

두 개의 자극 사이에 작용하는 힘에 관해서도 두 개의 자극 사이에 작용하는
힘의 크기는 자극 사이의 거리의 제곱에 반비례하고 두 개의 자극세기의 수량
에 따라 비례한다는 것이다.

$$F = K_m \frac{m_1 m_2}{r^2} \ [\text{N}]$$

K_m : 비례상수 F : 자극의 세기

$m_1 m_2$: 자기량 r : 자극사이의 거리

* 진공 중의 비례상수 : $K_m = \dfrac{1}{4\pi\mu_0} = 6.33 \times 10^4$

   (μ_0 : 진공시 투자율, $4\pi \times 10^{-7}[\text{H/m}]$)

예제문제 01

옴의 법칙을 바르게 설명한 것은?

① 전류의 크기는 도체의 저항에 비례한다.   ② 전류의 크기는 도체의 저항에 반비례한다.

③ 전압은 전류에 반비례한다.   ④ 전압은 전류에 제곱에 비례한다.

해설

옴의 법칙 $I = \dfrac{V}{R}$ 에서 전류의 크기는 도체의 저항에 반비례한다.

답 : ②

예제문제 02

다음 기기는 전류를 측정하는 계측기로써, 클램프미터(Clamp Meter) 또는 후크온
미터(Hook-On Meter)라고 불린다. 이 계측기에 적용된 전자기 법칙은 무엇인가?

① 쿨롱의 법칙

② 가우스의 법칙

③ 암페어의 법칙

④ 렌츠의 법칙

해설 후크온미터(Hook-On Meter)

도선에 흐르는 교류는 도선의 주위에 자장을 형성하는데(암페어의 법칙), 이 자장을 이용
하여 전류를 측정한다. 전류가 흐르는 도선을 후크미터의 측정헤드로 감싼다. 측정헤드는
클램프(clamp)형으로 열고 닫을 수 있다. 전류변환기는 폐자로(閉磁路)를 형성하는 철심
과 코일로 구성되어 있다. 도선의 전자기장(電磁氣場)은 코일에 전류의 세기에 비례하는
전압을 유도한다.

답 : ③

예제문제 03

저항 $R = 10[\Omega]$이고 전압 $V = 9[V]$인 전지를 전선으로 연결한 경우 전기 회로에 흐르는 전류 $I[A]$는 얼마인가?

① 0.5 ② 0.9
③ 1.8 ④ 2.2

해설

회로에 흐르는 전류 I는 옴의 법칙에 의해 전압 V에 비례하고 저항 R에 반비례한다.

$$\therefore \ I = \frac{V}{R} = \frac{9}{10} = 0.9[A]$$

답 : ②

예제문제 04

$100[\Omega]$의 저항 중에 $5[A]$의 전류를 2분간 흐르게 하였을 때 발열량은 몇 [kcal] 인가?

① 72 ② 720
③ 820 ④ 940

해설

발열량 $H = 0.24I^2Rt$이므로 $R = 100[\Omega]$, $I = 5[A]$, $t = 2 \times 60[s]$일 때
$H = 0.24 \times 5^2 \times 100 \times 2 \times 60 = 72000[cal] = 72[kcal]$

답 : ①

예제문제 05

서로 다른 종류의 안티몬과 비스무트의 두 금속을 접속하여 여기에 전류를 통하면, 줄열 외에 그 접점에서 열을 발생 또는 흡수가 일어난다. 이와 같은 현상은?

① 제3금속의 법칙 ② 제벡효과
③ 페르미 효과 ④ 펠티어 효과

해설

• 제벡 효과(제어벡) : 서로 다른 종류의 두 금속 접속점 간에 온도차를 주면 열기전력이 발생하는 현상
• 펠티어 효과 : 서로 다른 두 종류의 금속에 전류를 흘리면 금속의 접합 점에서 열의 흡수 또는 열이 발생하는 현상
• 톰슨 효과 : 동일한 종류의 두 금속에 전류를 흘리면 금속의 접합 점에서 열의 흡수 또는 열이 발생하는 현상

답 : ④

예제문제 06

패러데이의 전자 유도 법칙에서 유도 기전력의 크기는 코일을 지나는 (㉠)의 매초 변화량과 코일의 (㉡)에 비례한다.

① ㉠ 자속 ㉡ 굵기   ② ㉠ 자속 ㉡ 권수

③ ㉠ 전류 ㉡ 권수   ④ ㉠ 전류 ㉡ 굵기

해설

패러데이 법칙에 의해 $e = -N\dfrac{d\phi}{dt}$

e : 유기기전력 ϕ : 자속 N : 코일을 감은 횟수

유도기전력의 크기는 폐회로에 쇄교하는 자속의 시간적 변화율에 비례하며 이는 기전력의 크기를 결정한다.

답 : ②

예제문제 07

코일권수 100회인 코일 면에 수직으로 자속 0.8[Wb]가 관통하고 있다. 이 자속이 0.1[sec] 사이에 변화하면 코일에 유도되는 기전력[V]는?

① 0.4   ② 40

③ 80   ④ 800

해설

유도기전력 $e = \left| -N\dfrac{d\phi}{dt} \right| = 100 \times \dfrac{0.8}{0.1} = 800[\text{V}]$

답 : ④

예제문제 08

진공 중에 10[μC]과 20[μC]를 1[m] 간격으로 놓을 때 발생되는 정전력[N]은?

① 1.8[N]   ② 2×10^{-10}[N]

③ 200[N]   ④ 98×10^9[N]

해설

쿨롱의 법칙 $F = \dfrac{Q_1 Q_2}{4\pi\varepsilon_0 r^2} = 9 \times 10^9 \times \dfrac{10 \times 10^{-6} \times 20 \times 10^{-6}}{1^2} = 1.8[\text{N}]$

*진공 중의 비례상수 $K_e = \dfrac{1}{4\pi\varepsilon_0} = 9 \times 10^9$

  (ε_0 : 진공시 유전율, 8.855×10^{-12}[F/m])

답 : ①

실기 예상문제

직류전원과 교류전원의 장·단점

2 직류회로

1. 전류(Current)와 전압(Voltage)

(1) 전류

금속선을 통하여 전자가 이동하는 현상으로 단위시간[sec]동안 이동하는 전하량을 의미하며 단위는 암페어[A]를 사용한다.

$$I = \frac{Q}{t} = \frac{ne}{t}[\mathrm{C/sec = A}]$$

$$Q = I \cdot t\,[\mathrm{A \cdot sec = C}]$$

Q(전하량) : 한 지점을 지나가는 전하의 총량 1[C]이란 1[A]의 전류가 1초동안 흐를 때 어떤 지점을 지나가는 전하량이 6.25×10^{18}개일 때를 말한다.

$$n = \frac{Q}{e} = \frac{1}{1.602 \times 10^{-19}} = 6.25 \times 10^{18}\,\text{개}$$

직류-DC : Direct Current	직류전원의 예 : 전지

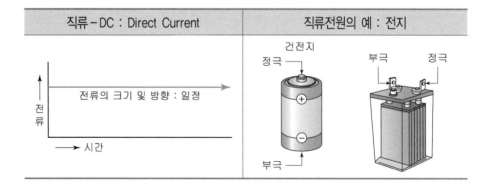

(2) 전압

단위 정전하가 도선 두 점 사이를 이동할 때 하는 일의 양을 의미하며 단위는 볼트[V]를 사용한다.

$$V = \frac{W}{Q}\,[\text{J/C} = \text{V}]$$

$$W = Q \cdot V\,[\text{J}]$$

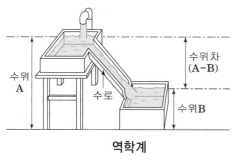

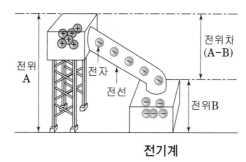

역학계   **전기계**

2. 저항과 컨덕턴스

(1) 저항

전류의 흐름을 방해하는 작용을 전기저항 또는 저항(Resistance)이라 하고 단위는 옴([Ω])을 쓴다. 도선의 저항은 도선의 길이에 비례하고 단면적에 반비례한다.

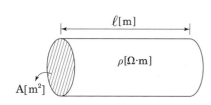

R : 도선에 흐르는 저항 [Ω]

ρ : 고유저항 [Ω · m]

ℓ : 도선의 길이 [m]

A : 단면적 [m²]

k : 도전율 [℧/m]

$$R = \rho\frac{\ell}{A} = \rho\frac{\ell}{\pi r^2} = \frac{4\rho\ell}{\pi d^2} = \frac{\ell}{kA}\,[\Omega]$$

여기서, $r\,[\text{m}]$: 도선의 반지름

$d\,[\text{m}]$: 도선의 지름

$k\,[\text{℧/m}]$: 도전율

(2) 컨덕턴스

저항의 역수를 컨덕턴스라 하고 단위는 모호[℧]를 쓴다.

$$G = \frac{1}{R} \, [\text{℧}]$$

3. 저항의 접속방법에 따른 특성

(1) 직렬 접속

■ 전기설비의 이해
직렬회로(전류일정)와 병렬회로(전압일정) 각각의 특성을 이용하여 많은 전기설비에 이용되고 있다. 예컨대 병렬회로의 경우 전압이 일정하므로 전력사용 기계기구들을 설비시 병렬로 연결하여 사용한다.

전류가 흘러가는 길이 하나만 존재하는 경우를 직렬접속이라 한다.

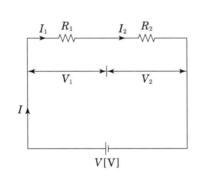
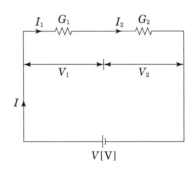

① 전류 일정

$$I = I_1 = I_2 \, [\text{A}]$$

② 전체 전압

$$V = V_1 + V_2 \, [\text{V}]$$

③ 합성저항(전체 저항)

$$R = R_1 + R_2 \, [\Omega]$$

합성 컨덕턴스

$$G = \frac{G_1 \cdot G_2}{G_1 + G_2} \, [\text{℧}]$$

④ 전압 분배 법칙

$$V_1 = \frac{R_1}{R_1 + R_2} \times V$$

$$V_2 = \frac{R_2}{R_1 + R_2} \times V$$

⑤ 같은 저항 $R[\Omega]$을 n개 직렬연결시 합성저항

$$R_o = n R\,[\Omega]$$

같은 컨덕턴스 $G[\mho]$를 n개 직렬연결시 합성컨덕턴스

$$G_o = \frac{G}{n}\,[\mho]$$

(2) 병렬접속

전류가 흘러가는 길이 2개 이상 존재하는 경우를 병렬접속이라 한다.

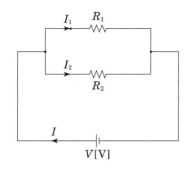 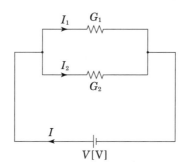

① 전압 일정

$$V = V_1 = V_2\,[\mathrm{V}]$$

② 전체 전류

$$I = I_1 + I_2\,[\mathrm{A}]$$

③ 합성저항(전체 저항)

$$R = \frac{R_1 \cdot R_2}{R_1 + R_2}\,[\Omega]$$

합성 컨덕턴스

$$G = G_1 + G_2\,[\mho]$$

④ 전류 분배 법칙

$$I_1 = \frac{R_2}{R_1 + R_2} \times I \qquad\qquad I_2 = \frac{R_1}{R_1 + R_2} \times I$$

4. 전력과 전력량

■ 전기설비의 이해
전력이란 1초동안 1[J]의 일을 하는 전기에너지로, 전력이 높다는 것은 높은 에너지를 낼 수 있다는 뜻이면서 전기설비의 전력이 높다는 것은 높은 에너지가 필요로 한다는 뜻이기도 하다. 에너지를 절약하기 위해서는 저전력 소비기기를 사용해야한다.

(1) 전력 $P\,[\mathrm{J/sec = W}]$

전기가 단위시간 동안의 행할 수 있는 일의 양

$$P = \frac{W}{t} = \frac{QV}{t} = V \cdot I = I^2 R = \frac{V^2}{R}\ [\mathrm{J/sec = W}]$$

즉, 1[sec]에 1[J]의 일을 하는 전기에너지를 1[W]의 전력이라 한다.

(2) 전력량 $W\,[\mathrm{W \cdot sec = J}]$

어느 전력을 어느 시간동안 소비한 전기에너지의 총량

$$W = P \cdot t = VIt = I^2 Rt = \frac{V^2}{R}t\ [\mathrm{W \cdot sec = J}]$$

예제문제 01

전류를 표현한 것으로 틀린 것은?

① Ampere[A]   ② C/S[Coulomb/Second]
③ C[Coulomb]   ④ V/Ω[Voltage/Ohm]

해설
[A] = Q/t [C/S] = V/R [V/Ω]
C[Coulomb]은 전하량의 단위이다.

<u>답 : ③</u>

예제문제 02

저항에 대한 설명 중 틀린 것은?

① 저항의 병렬접속은 2개 이상의 저항의 양 끝을 각각 한 곳에서 접속하는 방법이다.

② 도체의 전기저항은 재료의 종류, 온도, 길이, 단면적 등에 의해 결정된다.

③ 저항이 크면 전류가 잘 통하지 않고, 전기전도율이 낮다.

④ 도체의 저항은 길이에 반비례하고 단면적에 비례한다.

해설

$R = \rho \dfrac{\ell}{A} [\Omega]$ 이다.

ℓ : 도체의 길이

A : 도체의 단면적

ρ : 고유저항

저항은 도체의 길이에 비례하고, 도체의 단면적에 반비례한다.

답 : ④

예제문제 03

그림과 같은 회로에서 R_2 양단의 전압 $E_2[V]$는?

① $\dfrac{R_1}{R_1 + R_2} \cdot E$

② $\dfrac{R_2}{R_1 + R_2} \cdot E$

③ $\dfrac{R_1 \cdot R_2}{R_1 + R_2} \cdot E$

④ $\dfrac{R_1 + R_2}{R_1 \cdot R_2} \cdot E$

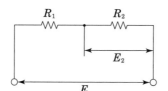

해설

저항 R_1과 R_2가 직렬연결시 전압 분배법칙

$E_1 = \dfrac{R_1}{R_1 + R_2} \cdot E[V], \ E_2 = \dfrac{R_2}{R_1 + R_2} \cdot E[V]$

답 : ②

예제문제 04

선로길이 100[m], 선로단면적 30[mm²]인 선로에 100[A]의 전류를 흘렸을 시 선로 손실전력은? (선로고유저항 : $\frac{1}{55}$ Ω-mm²/m)

① 600W   ② 603W

③ 606W   ④ 609W

해설

$$R = \frac{1}{55} \times \frac{100}{30} = 0.06061[\Omega]$$
$$P_l = I^2 R = 100^2 \times 0.06061 = 606[\mathrm{W}]$$

<u>답 : ③</u>

예제문제 05

정격전압에서 1[kW]의 전력을 소비하는 저항에 정격의 80[%]의 전압을 가할 때의 전력 [W]은?

① 320   ② 580

③ 640   ④ 860

해설

정격전압 V_1에서 전력 $P_1 = 1[\mathrm{kW}]$일 때 정격의 80[%]의 전압 $V_2 = 0.8\,V_1$일 때의 전력 $P_2[\mathrm{W}]$는 $P \propto V^2$이므로

$$P_2 = \left(\frac{V_2}{V_1}\right)^2 P_1 = \left(\frac{0.8\,V_1}{V_1}\right)^2 \times 1 \times 10^3 = 640\,[\mathrm{W}]$$

<u>답 : ③</u>

예제문제 06

24[Ω] 저항에 미지의 저항 R_x를 직렬로 접속한 후 전압을 가했을 때 24[Ω] 양단의 전압이 72[V]이고 저항 R_x 양단의 전압이 45[V]이면 저항 R_x는?

① 20[Ω]   ② 15[Ω]

③ 10[Ω]   ④ 8[Ω]

해설

회로도를 그리면 아래와 같다.

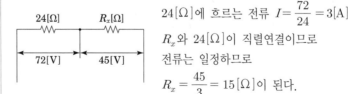

24[Ω]에 흐르는 전류 $I = \frac{72}{24} = 3[\mathrm{A}]$

R_x와 24[Ω]이 직렬연결이므로
전류는 일정하므로

$R_x = \frac{45}{3} = 15[\Omega]$이 된다.

<u>답 : ②</u>

예제문제 07

그림과 같은 회로에서 전압계의 지시가 10[V]였다면 AB사이의 전압은 몇[V]인가?
(단, 전압계에 흐르는 전류는 무시한다)

① 35

② 50

③ 60

④ 85

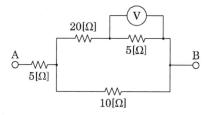

해설

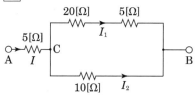

$I_1 = \dfrac{10}{5} = 2\,[\mathrm{A}]$, $V_{CB} = 2 \times (20+5) = 50\,[\mathrm{V}]$ $\quad I_2 = \dfrac{V_{CB}}{10} = \dfrac{50}{10} = 5\,[\mathrm{A}]$

전체전류 $I = I_1 + I_2 = 2 + 5 = 7\,[\mathrm{A}]$ $\quad V_{AB} = V_{AC} + V_{CB} = 35 + 50 = 85\,[\mathrm{V}]$

답 : ④

예제문제 08

그림과 같은 회로에서 저항 R_4에서 소비되는 전력[W]은?

① 2.38

② 4.76

③ 9.52

④ 29.2

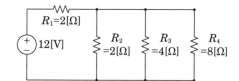

해설

병렬로 된 부분 R_2, R_3, R_4 의 합성 저항

$R_0 = \left(\dfrac{1}{2} + \dfrac{1}{4} + \dfrac{1}{8}\right)^{-1} = \dfrac{8}{7}\,[\Omega]$ 따라서, R_2, R_3, R_4 양단의 전압

$V_0 = \dfrac{R_0}{R_1 + R_0} \times V = \dfrac{\dfrac{8}{7}}{2 + \dfrac{8}{7}} \times 12 = 4.37\,[\mathrm{V}]$

R_4에서 소비되는 전력 $P_4 = \dfrac{V_0^2}{R_4} = \dfrac{4.37^2}{8} = 2.38\,[\mathrm{W}]$ 가 된다 .

답 : ①

예제문제 09

선로의 전압을 2배로 승압할 경우 동일조건에서 공급전력을 동일하게 취하면 선로 손실은 승압전의 (㉠) 배로 되고 선로손실률을 동일하게 취하면 공급전력은 승압전 의 (㉡) 배로 된다. 괄호 안에 들어가 숫자를 순서대로 나열한 것을 고르시오.

① ㉠ $\frac{1}{4}$ ㉡ 4

② ㉠ 4 ㉡ $\frac{1}{4}$

③ ㉠ $\frac{1}{4}$ ㉡ 2

④ ㉠ 4 ㉡ $\frac{1}{2}$

해설

$V_d \propto \dfrac{1}{V}$, $\epsilon \propto \dfrac{1}{V^2}$, $P_\ell = \dfrac{1}{V^2}$, $A \propto \dfrac{1}{V^2}$ 이고 전력손실률(k)이

일정한 경우 $P \propto V^2$이다.

$\therefore P_\ell' = \left(\dfrac{V}{V'}\right)^2 = \left(\dfrac{1}{2}\right)^2 = \dfrac{1}{4}$ 배 $\qquad \therefore P' = \left(\dfrac{V'}{V}\right)^2 = \left(\dfrac{2}{1}\right)^2 = 4$ 배

답 : ①

---

3 교류회로

1. 수동소자

(1) 인덕턴스(Inductance)

▪ **전기설비의 이해**
전기회로의 기본 소자인 R, L, C, G의 정의를 이해한다.

도선에 전류가 흐르면 그림과 같이 그 주위에 동심원을 그리는 자기장이 형성 된다. 이 자기장의 방향은 앙페르의 오른나사법칙에 따라 형성된다. 즉, 전류가 코일모양의 도체를 나사 회전방향으로 흐르게 되면 나사의 진행방향으로 자속 은 흐르게 된다. 이와 같은 다수의 코일을 감아서 만든 2단자 소자를 인덕터 (Inductor)라 한다.

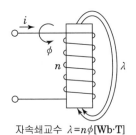

자속쇄교수 $\lambda = n\phi [\text{Wb·T}]$

인덕터의 구조

인덕터에서 코일의 권수 n, 전류 주변에 발생되는 자속을 ϕ라 하면 총 쇄교자 속은 코일의 권수와 자속의 곱으로 표시된다. 여기서 자속 ϕ는 전류 i에 비례 하여 변화하므로 권수가 일정한 경우라면 총쇄교자속수 λ는 전류와 비례한다.

이때 비례상수를 인덕턴스(L)라 한다. 즉, 단위 전류 당 발생하는 쇄교 자속수를 나타낸다. 단위는 헨리([H])를 사용한다. 1[H]란 전류 1[A]에 대한 자속 쇄교수가 1[Wb]가 되는 인덕턴스 값이다.

$$L = \frac{\phi}{I} = \frac{n\phi}{I} [\text{H}]$$

(2) 캐패시턴스(Capacitance)

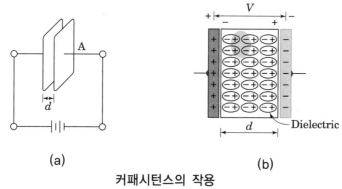

(a)

(b)

커패시턴스의 작용

그림(a) 양 극판에 전압을 인가하며 전위가 높은쪽 극판에는 정($+$)전하, 전위가 낮은쪽 극판에는 부($-$)전하가 축적된다. 이때 축적된 전하량은 양극판에 인가되는 전압이 어느 범위 미만일 때는 비례관계가 성립된다. 이 때 양극판의 전하 축적능력을 정전용량(capacitance)이라 하며, 전하를 저장하는 장치를 캐패시터(capacitor) 또는 콘덴서(condenser)라 한다. 커패시턴스 C의 단위로는 패럿([F])을 사용한다. 한편, 전압 V[V]를 가했을 경우 정전용량이 C[F]인 콘덴서에 축적되는 전하량 Q[C]는 다음과 같다.

$$Q = CV [\text{C}]$$

2. 정현파 교류의 순시치 표시

자기장 중에 코일을 넣고 회전시키면 플레밍의 오른손 법칙에 의하여 전압이 발생한다. 그 값은 $e = B\ell v\sin\theta$[V]이며, 이때 $B\ell v$는 최댓값으로 V_m으로 표시하면 $e = V_m\sin\theta = V_m\sin\omega t$[V]로 표시 할 수 있다.

$$e = B\ell v\sin\theta = V_m\sin\theta$$
$$e(t) = V_m\sin\theta = V_m\sin\omega t$$

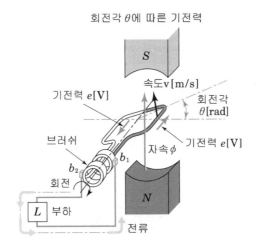

회전각 θ에 따른 기전력

B : 자속밀도[Wb/m^2]
ℓ : 회전자길이[m]
v : 회전자속도[m/s]

(1) 주기 T [sec] : 1사이클에 대한 시간을 주기라 한다.

(2) 주파수 f [Hz] : 1[sec]동안에 반복되는 사이클 횟수

(3) 주기와 주파수 관계 : $f = \dfrac{1}{T}$ [Hz], $T = \dfrac{1}{f}$ [sec]

(4) 각 주파수(각속도) ω [rad/sec] : 단위 시간 동안 변화된 각도

$$\omega = \frac{\theta}{t} = \frac{2\pi}{T} = 2\pi f \text{ [rad/sec]}$$

예 $f = 60$ [Hz] $\Rightarrow \omega = 2\pi \times 60 = 377$ [rad/sec]

$f = 50$ [Hz] $\Rightarrow \omega = 2\pi \times 50 = 314$ [rad/sec]

(5) 위상과 위상차 θ [rad] : 주파수가 동일한 2개 이상의 교류 사이의 시간적인 차이를 나타내는 데는 위상이라는 것을 사용한다.

■ 전기설비의 이해
우리나라의 정격 주파는 60Hz이며 국가별로 50Hz를 사용하기도 한다.

|참고| **호도법**

$\theta = \dfrac{\ell}{r}$ [rad]

반지름 r을 단위길이 1로하면 각도 θ는 원주의 길이 ℓ과 값이 같아진다.

$\theta_{도수법} = 360°$

$\theta_{호도법} = \dfrac{\ell}{r} = \dfrac{2\pi r}{r} = 2\pi$ [rad]

2π [rad] $= 360°$

교류–AC : Alternating Current	교류전원의 예 : 사용전원
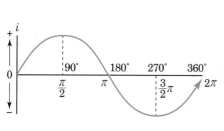	

3. 정현파의 크기 표현

(1) 순시값(교류) : 시간에 대해서 순간순간 변화하는 값

$$v = V_m \sin(\omega t \pm \theta) \qquad (+\theta : 진상, -\theta : 지상)$$

$$v = 100\sqrt{2}\sin\left(377t + \frac{\pi}{6}\right)[\text{V}]$$

(2) 교류의 실효값

동일부하에 교류와 직류를 흘려 소비전력이 같아졌을 때의 직류분에 대한 교류분을 실효값이라 하며 이를 모든 계산식의 대표값으로 사용한다.

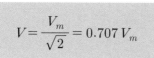

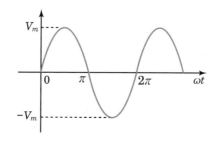

> ■ 전기설비의 이해
> 현재 건축물에서 주로 사용되는 전압은 110[V], 220[V], 380[V]이며 이 값은 모두 실효값이다.

4. 콘덴서의 접속방법에 따른 특성

(1) 직렬접속

필기 예상문제

저항의 접속 방법에 따른 특성과 콘덴서의 접속방법에 따른 특성 비교

직렬접속시 합성 정전용량은 저항의 병렬접속과 동일한 방법으로 계산한다.

합성 정전용량 $C_0 = \dfrac{C_1 \cdot C_2}{C_1 + C_2}$ [F]

전압분배법칙(콘덴서)

$$V_1 = \frac{C_2}{C_1 + C_2} V \,[\mathrm{V}]$$

$$V_2 = \frac{C_1}{C_1 + C_2} V \,[\mathrm{V}]$$

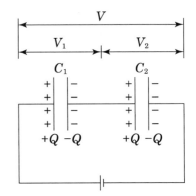

• 콘덴서 직렬연결에서 전하량 $Q[C]$은 일정하다.

(2) 병렬접속

병렬접속시 합성 정전용량은 저항의 직렬접속과 동일한 방법으로 계산한다.

합성정전용량 $C_0 = C_1 + C_2$ [F]

전기량분배법칙(콘덴서)

$$Q_1 = \frac{C_1}{C_1 + C_2} \times Q \,[\mathrm{C}]$$

$$Q_2 = \frac{C_2}{C_1 + C_2} \times Q \,[\mathrm{C}]$$

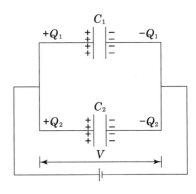

• 콘덴서 병렬연결에서 전체 전하량 $Q = Q_1 + Q_2$
• 콘덴서 병렬연결에서 전압은 일정하다.

예제문제 01

$v = 141 \sin \left(377t - \dfrac{\pi}{6}\right)$ 인 파형의 주파수[Hz]는?

① 377

② 100

③ 60

④ 50

해설

순시전압 $v = 141 \sin \left(377t - \dfrac{\pi}{6}\right) = V_m \sin (\omega t - \theta)$ 이므로

각주파수 $\omega = 2\pi f = 377 \,[\mathrm{rad/sec}]$ 에서

주파수 $f = \dfrac{377}{2\pi} = 60 \,[\mathrm{Hz}]$

답 : ③

예제문제 02

정전용량이 $10[\mu\mathrm{F}]$인 콘덴서와 $15[\mu\mathrm{F}]$인 콘덴서를 직렬연결 했을 때의 합성용량은 얼마인가?

① 1

② 3 $10[\mu\mathrm{F}]$ $15[\mu\mathrm{F}]$

③ 6

④ 8

해설

콘덴서를 직렬연결 할 경우는 저항의 병렬 연결과 계산방법이 같다.

따라서 $\dfrac{10 \times 15}{10 + 15} = 6\,[\mu\mathrm{F}]$ 이 된다.

답 : ③

예제문제 03

그림과 같이 병렬 접속된 회로에서 콘덴서의 합성정전용량은 얼마인가?

① 10

② 15

③ 20

④ 25

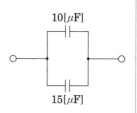

해설

병렬회로의 합성정전용량은 저항의 직렬접속과 계산방법이 같다.

따라서 $10[\mu\mathrm{F}] + 15[\mu\mathrm{F}] = 25[\mu\mathrm{F}]$

답 : ④

4 회로소자의 응답

1. 단독회로

(1) 저항 $R[\Omega]$만의 회로

① 전압과 전류의 파형

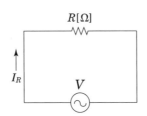
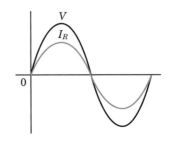

② 전압과 전류는 위상차가 없으며 동상이라 한다. ⇨ 실수 값

(2) 인덕턴스 $L[\text{H}]$만의 회로

① 전압과 전류의 파형

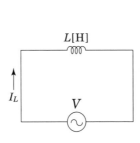
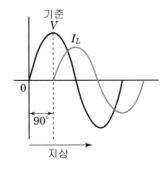

② 전류는 전압보다 위상이 90° 뒤지며 이를 유도성(지상)이라 한다.
③ 유도성 리액턴스$[\Omega]$

$$\cdot X_L : jX_L = j\omega L[\Omega] \quad ⇨ \text{ 허수 값} \qquad \cdot I_L = \frac{V}{X_L} = \frac{V}{\omega L}[\text{A}]$$

④ 코일에 축척되는 에너지

$$W_L = \frac{1}{2}LI^2[\text{J}]$$

■ 전기설비의 이해
회로소자 R, L, C, G의 특성은 전기설비의 이해함에 있어서 중요한 소자이다. 회로소자의 특성은 전기설비의 특성과 밀접한 관련이 있다.

(3) 커패시턴스 $C[\text{F}]$만의 회로

① 전압과 전류의 파형

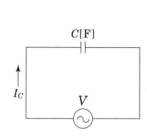

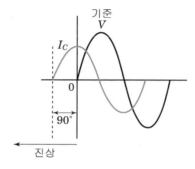

② 전류는 전압보다 위상이 $90°$ 앞서며 이를 용량성(진상)이라 한다.

③ 용량성 리액턴스$[\Omega]$

$$\cdot X_C : -jX_C = \frac{1}{j\omega C}[\Omega] \quad \Rightarrow \quad \text{허수값} \qquad \cdot I_c = \frac{V}{X_c} = \omega CV[\text{A}]$$

④ 콘덴서에 축적되는 에너지

$$W_C = \frac{1}{2}CV^2[\text{J}]$$

2. $R-L-C$ 직렬 회로

(1) 합성(전체) 임피던스

$$\begin{aligned} Z &= Z_1 + Z_2 + Z_3 \\ &= R + jX_L - jX_C \\ &= R + j(X_L - X_C) \\ &= R + jX\,[\Omega] \end{aligned}$$

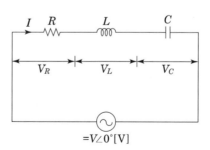

(2) 임피던스 크기

$$|Z| = \sqrt{R^2 + (X_L - X_C)^2}\,[\Omega]$$

(3) 전류 $I[\mathrm{A}]$(실효값)

$$I = \frac{V}{Z} = \frac{V}{\sqrt{R^2 + X^2}} = \frac{V}{\sqrt{R^2 + (X_L - X_C)^2}} \, [\mathrm{A}]$$

(4) 각 소자에 걸리는 전압

① R에 걸리는 전압 : $V_R = IR \, [V]$

② L에 걸리는 전압 : $V_L = jIX_L \, [\mathrm{V}]$

③ C에 걸리는 전압 : $V_C = -jIX_C \, [\mathrm{V}]$

(5) 전체 전압

$$V = V_R + jV_L - jV_C$$
$$= V_R + j(V_L - V_C) = \sqrt{V_R^2 + (V_L - V_C)^2} \, [\mathrm{V}]$$

예제문제 01

$3[\mu\mathrm{F}]$인 커패시턴스는 $50[\Omega]$의 용량 리액턴스로 사용하면 주파수는 몇 $[\mathrm{Hz}]$인가?

① 2.06×10^3 ② 1.06×10^3

③ 3.06×10^3 ④ 4.06×10^3

해설

$X_C = \dfrac{1}{2\pi fC}$ 에서 $f = \dfrac{1}{2\pi CX_C}$ 이므로

$f = \dfrac{1}{2\pi \times 3 \times 10^{-6} \times 50} = 1.06 \times 10^3 [\mathrm{Hz}]$

답 : ②

예제문제 02

인덕턴스 $L = 20[\mathrm{mH}]$인 실효값 코일에 $V = 50[\mathrm{V}]$, 주파수 $f = 60[\mathrm{Hz}]$인 정현파 전압을 인가했을 때 코일에 축적되는 평균자기에너지 $W_L[\mathrm{J}]$은?

① 6.3

② 0.63

③ 4.4

④ 0.44

해설

$L = 20[\mathrm{mH}]$ $V = 50[\mathrm{V}]$, $f = 60[\mathrm{Hz}]$일 때 코일에 축적되는 평균자기에너지는

$W_L = \dfrac{1}{2} L I^2[\mathrm{J}]$이므로 전류를 먼저 구하면

$I = \dfrac{V}{X_L} = \dfrac{V}{\omega L} = \dfrac{50}{2\pi \times 60 \times 20 \times 10^{-3}} = 6.63[\mathrm{A}]$

$W_L = \dfrac{1}{2} \times 20 \times 10^{-3} \times 6.63^2 = 0.44[\mathrm{J}]$

답 : ④

5 교류전력

1. 복소평면에 의한 단상 교류 전력

(1) 유효전력(Active Power)

$$P = VI\cos\theta \ [\mathrm{W}]$$

(2) 무효전력(Reactive Power)

$$P_r = VI\sin\theta \ [\mathrm{Var}]$$

필기·실기예상문제

유효, 무효, 피상전력의 의미와 계산

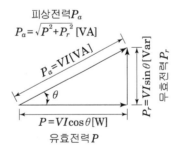

(3) 피상전력(Apparent Power)

$$P_a = P \pm j P_r = \sqrt{P^2 + P_r^2} = VI[\mathrm{VA}]$$

$$(\text{단}, \ +: \text{용량성(진상)}, \ -: \text{유도성(지상)})$$

필기·실기 예상문제

역률과 무효율의 의미와 계산

(4) 역률 및 무효율

① 역률(Power Factor)

$$\cos\theta = \frac{\text{유효전력}}{\text{피상전력}} = \frac{P}{P_a} = \frac{P}{\sqrt{P^2 + P_r^2}} = \frac{R}{Z} = \frac{R}{\sqrt{R^2 + X^2}}$$

② 무효율(Reactive Factor)

$$\sin\theta = \frac{\text{무효전력}}{\text{피상전력}} = \frac{P_r}{P_a} = \frac{P_r}{\sqrt{P^2 + P_r^2}} = \frac{X}{Z} = \frac{X}{\sqrt{R^2 + X^2}}$$

2. 대칭 3상 교류의 결선

(1) 성형결선(Y 결선)

■ 전기설비의 이해
Y결선의 경우 선간전압이 상전압보다 $\sqrt{3}$ 배 크며 2종의 전원을 얻을 수 있다. Δ 결선의 경우 선전류가 상전류보다 $\sqrt{3}$ 배 크다.

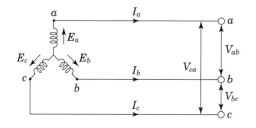

선간전압 $\dot{V}_{ab} = \dot{E}_a - \dot{E}_b$
$\dot{V}_{bc} = \dot{E}_b - \dot{E}_c$
$\dot{V}_{ca} = \dot{E}_c - \dot{E}_a$

선간전압을 V_ℓ, 선전류를 I_ℓ, 상전압을 V_p, 상전류를 I_p라 하면

$$V_\ell = \sqrt{3}\, V_p \angle \frac{\pi}{6}[\mathrm{V}], \quad I_\ell = I_p[\mathrm{A}]$$

(2) 환상결선(Δ결선)

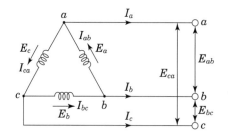

선전류 $\dot{I}_a = \dot{I}_{ab} - \dot{I}_{ca}$
$\dot{I}_b = \dot{I}_{bc} - \dot{I}_{ab}$
$\dot{I}_c = \dot{I}_{ca} - \dot{I}_{bc}$

선간전압을 V_ℓ, 선전류를 I_ℓ, 상전압을 V_p, 상전류를 I_p라 하면

$$I_\ell = \sqrt{3}\, I_p \angle -\frac{\pi}{6}\,[\mathrm{A}], \quad V_\ell = V_p\,[\mathrm{V}]$$

3. 대칭 3상 교류 전력

(1) 유효전력

$$P = 3V_p I_p \cos\theta = \sqrt{3}\, V_\ell I_\ell \cos\theta\,[\mathrm{W}]$$

■ 전기설비의 이해
3상 교류 전력은(선간전압기준)
단상 교류 전력의 $\sqrt{3}$ 배이다.

(2) 무효전력

$$P_r = 3V_p I_p \sin\theta = \sqrt{3}\, V_\ell I_\ell \sin\theta\,[\mathrm{Var}]$$

(3) 피상전력

$$P_a = \sqrt{P^2 + P_r^2} = 3V_p I_p = \sqrt{3}\, V_\ell I_\ell\,[\mathrm{VA}]$$

4. 복소 전력

(1) 개요

회로에 공급되는 유효전력을 실수부로, 무효전력을 허수부로 하는 복소수를 그 회로에 대한 복소전력이라 한다. 교류 전력의 벡터적 표시 방법은 전압 또는 전류 중에서 어느 한쪽의 공액을 취한 양자의 곱으로 표시된다.

(2) 복소전력의 표현

① 가정

$$\dot{E} = E \angle \theta_1, \;\; \dot{I} = I \angle \theta_2, \;\; \theta = \theta_1 - \theta_2$$

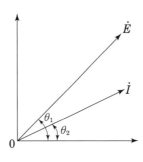

전압, 전류의 벡터도

② 복소전력

- 전압 벡터 $\dot{E}$의 공액 $\dot{E}^*$을 취하면 전력 $\dot{W}$는 다음과 같이 계산된다.

$$\dot{W}=\dot{E}^*\dot{I}=EI\cos(\theta_2-\theta_1)+jEI\sin(\theta_2-\theta_1)$$
$$=EI\cos(-\theta)+jEI\sin(-\theta)$$
$$=EI\cos\theta-jEI\sin\theta=P-jQ$$

- 반대로 전류벡터 $\dot{I}$의 공액 $\dot{I}^*$를 취하면 전력 $\dot{W}$는 다음과 같이 계산된다.

$$\dot{W}=\dot{E}\,\dot{I}^*=EI\cos(\theta_1-\theta_2)+jEI\sin(\theta_1-\theta_2)$$
$$=EI\cos(\theta)+jEI\sin(\theta)$$
$$=EI\cos\theta+jEI\sin\theta=P+jQ$$

③ 결론

$\theta_1<\theta_2$일 경우, 즉 전류가 전압보다 위상이 앞선 경우의 무효전력은 진상 무효전력이 되고 반대로 $\theta_1>\theta_2$일 경우, 즉 전류가 전압보다 위상이 뒤질 경우의 무효전력은 지상 무효전력이 된다. 일반적으로 부하는 유도 전동기 등의 동력 부하로 대표되므로 일반적으로 지상 무효전력을 정(+)으로 하는 표현 방법을 쓸 수도 있다.

5. 3상 V결선

단상변압기 3대를 Δ결선으로 운전 중 변압기 1대가 소손되어 단상변압기 2대로 3상 운전하는 것을 V결선운전이라 한다.

(1) V결선의 출력

$$P_V=\sqrt{3}\,P_1\,[\mathrm{kVA}]$$
$$(단, \ P_1\,[\mathrm{kVA}] : 단상 \ 변압기 \ 한 \ 대의 \ 용량)$$

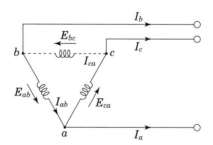

(2) 이용률

$$U = \frac{V결선시\ 출력}{변압기\ 2대의\ 출력} = \frac{\sqrt{3}\,P_1}{2\,P_1} = \frac{\sqrt{3}}{2} = 0.866 = 86.6[\%]$$

(3) 출력비

$$출력비 = \frac{고장후의\ 출력}{고장전의\ 출력} = \frac{P_V}{P_\triangle} = \frac{\sqrt{3}\,EI\cos\theta}{3EI\cos\theta} = \frac{1}{\sqrt{3}} = 0.577 = 57.7[\%]$$

예제문제 01

$Z_1 = 2+j11[\Omega]$, $Z_2 = 4-j3[\Omega]$의 직렬회로에 교류전압 100[V]를 가할 때 회로에 흐르는 전류 [A]는?

① 10   ② 8

③ 6   ④ 4

해설 직렬 연결시 합성임피던스

$Z_0 = Z_1 + Z_2 = (2 + j11) + (4 - j3) = 6 + j8\,[\Omega]$

$\therefore\ I = \dfrac{V}{Z_0} = \dfrac{100}{6 + j8} = \dfrac{100}{\sqrt{6^2 + 8^2}} = 10\,[\text{A}]$

<u>답 : ①</u>

예제문제 02

$100[\mathrm{V}]$, $50[\mathrm{Hz}]$의 교류전압을 저항 $100[\Omega]$, 커패시턴스 $10[\mu\mathrm{F}]$의 직렬회로에 가할 때 역률은?

① 0.25

② 0.27

③ 0.3

④ 0.35

해설

$V=100[\mathrm{V}]$, $f=50[\mathrm{Hz}]$, $R=100[\Omega]$, $C=10[\mu\mathrm{F}]$일 때
$R-C$ 직렬회로에서의 역률은

$$X_c = \frac{1}{2\pi f C} = \frac{1}{2\times3.14\times50\times10\times10^{-6}} = 318[\Omega]$$

$$\therefore \cos\theta = \frac{R}{Z} = \frac{R}{\sqrt{R^2+X_C^2}} = \frac{100}{\sqrt{100^2+318^2}} \fallingdotseq 0.3$$

답 : ③

예제문제 03

어느 회로의 유효전력은 $300[\mathrm{W}]$, 무효전력은 $400[\mathrm{Var}]$이다. 이 회로의 피상전력은?

① $500[\mathrm{VA}]$

② $600[\mathrm{VA}]$

③ $700[\mathrm{VA}]$

④ $350[\mathrm{VA}]$

해설

$P=300[\mathrm{W}]$, $P_r=400[\mathrm{Var}]$일 때 피상전력은

$$P_a = \sqrt{P^2+P_r^2} = \sqrt{300^2+400^2} = 500[\mathrm{VA}]$$

답 : ①

예제문제 04

역률 0.8, 소비 전략 $800[\mathrm{W}]$인 단상 부하에서 30분간의 무효 전력량$[\mathrm{Var\cdot h}]$은?

① 200

② 300

③ 400

④ 800

해설

$P=VI\cos\theta$ 에서 $VI=\dfrac{P}{\cos\theta}=\dfrac{800}{0.8}=1000[\mathrm{VA}]$

$P_r=VI\sin\theta=1000\times0.6=600[\mathrm{Var}]$

$\therefore$ 무효 전력량$=P_r\times t=600\times\dfrac{1}{2}=300[\mathrm{Varh}]$

답 : ②

전압 220V, 전류 30A, 역률 0.8인 회로의 유효전력, 무효전력 및 피상전력은 각각
얼마인가?   【13년 2급 출제유형】

① 유효전력 = 4,480 W   ② 유효전력 = 4,980 W
  무효전력 = 4,620 Var   무효전력 = 2,860 Var
  피상전력 = 6,600 VA   피상전력 = 6,600 VA
③ 유효전력 = 5,280 W   ④ 유효전력 = 5,580 W
  무효전력 = 3,960 Var   무효전력 = 3,760 Var
  피상전력 = 6,600 VA   피상전력 = 6,660 VA

해설

유효전력 $P = VI\cos\theta = 220 \times 30 \times 0.8 = 5280 [\text{W}]$

무효전력 $P_r = VI\sin\theta = 220 \times 30 \times 0.6 = 3960 [\text{Var}]$

피상전력 $P_a = VI = 220 \times 30 = 6600 [\text{VA}]$

답 : ③

어떤 회로의 전압과 전류가 각각 $v = 50\sin(\omega t + \theta)[\text{V}]$,
$i = 4\sin(\omega t + \theta - 30°)[\text{A}]$일 때, 무효전력 [Var]은 얼마인가?

① 100   ② 86.6
③ 70.7   ④ 50

해설

$v = 50\sin(\omega t + \theta)[\text{V}], i = 4\sin(\omega t + \theta - 30°)[\text{A}]$일 때 무효전력은

$P_r = VI\sin\theta = \dfrac{50}{\sqrt{2}} \times \dfrac{4}{\sqrt{2}}\sin30° = 50 [\text{Var}]$

답 : ④

각 상의 임피던스가 $Z = 6 + j8 [\Omega]$인 평형 Y부하에 선간전압 220[V]인 대칭
3상 전압이 가해졌을 때 선전류는 약 몇 [A]인가?

① 11.7   ② 12.7
③ 13.7   ④ 14.7

해설

$Z = 6 + j8[\Omega]$, Y결선, $V_\ell = 220[\text{V}]$일 때

선전류는 $I_\ell = I_p = \dfrac{V_p}{Z} = \dfrac{\frac{V_\ell}{\sqrt{3}}}{Z} = \dfrac{\frac{220}{\sqrt{3}}}{\sqrt{6^2 + 8^2}} ≒ 12.7[\text{A}]$

답 : ②

예제문제 08

3상 평형부하에 선간전압 200[V]의 평형 3상 정현파 전압을 인가했을 때 선전류는 8.6[A]가 흐르고 무효전력이 1788[Var]이었다. 역률은 얼마인가?

① 0.6   ② 0.7
③ 0.8   ④ 0.9

해설

3상, $V_\ell = 200\,[\mathrm{V}]$, $I_\ell = 8.6\,[\mathrm{A}]$, $P_r = 1788\,[\mathrm{Var}]$일 때

무효전력 $P_r = \sqrt{3}\,V_\ell I_\ell \sin\theta\,[\mathrm{Var}]$이므로

무효율 $\sin\theta = \dfrac{P_r}{\sqrt{3}\,V_\ell I_\ell} = \dfrac{1788}{\sqrt{3}\times200\times8.6} = 0.6$이므로

역률 $\cos\theta = \sqrt{1-\sin^2\theta} = \sqrt{1-0.6^2} = 0.8$

답 : ③

예제문제 09

V결선의 변압기 이용률 [%]은?

① 57.7   ② 86.6
③ 80   ④ 100

해설

V결선시 이용률 : $0.866 = 86.6[\%]$
V결선시 출력비 : $0.577 = 57.7[\%]$

답 : ②

예제문제 10

단상 변압기 3대(100[kVA]×3)로 Δ결선하여 운전 중 1대 고장으로 V결선한 경우의 출력 [kVA]은?

① 100[kVA]   ② $100\sqrt{3}$ [kVA]
③ 245[kVA]   ④ 300[kVA]

해설

V결선시 출력 $P_V = \sqrt{3}\,P_1 = \sqrt{3}\times100 = 100\sqrt{3}\,[\mathrm{kVA}]$

답 : ②

예제문제 11

10[kV], 3[A]의 3상 교류 발전기는 Y결선이다. 이것을 △결선으로 변경하면 그 정격 전압 및 전류는 얼마인가?

① $\dfrac{10}{\sqrt{3}}$ [kV], $3\sqrt{3}$ [A]

② $10\sqrt{3}$ [kV], $3\sqrt{3}$ [A]

③ $10\sqrt{3}$ [kV], $\sqrt{3}$ [A]

④ $\dfrac{10}{\sqrt{3}}$ [kV], $\sqrt{3}$ [A]

해설

한 상에서 발생되는 전압과 전류는 변함이 없으므로 그림과 같다.

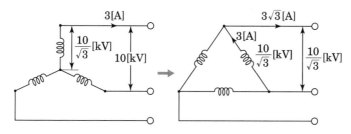

답 : ①

예제문제 12

그림과 같이 완전히 평형이 이루어진 Y 결선 발전기와, Y-결선 부하가 연결되어 있는 경우 중성선에 흐르는 전류값 I_N은 얼마인가?

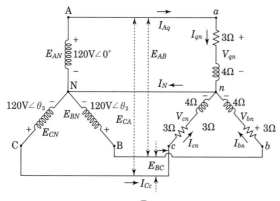

① $1+j0$

② $0+j1$

③ $0+j0$

④ $1+j1$

답 : ③

예제문제 13

전력과 관련된 정의에 대한 설명 중 적절하지 않은 것은? (단, *는 공액, 아래첨자 p는 상(Phase), 아래첨자 L은 선간(Line to Line)을 의미한다.)

① 모든 평형 3상회로는 3개의 단상회로로 대표할 수 있으므로 3상 유효전력은 단산 유효전력의 3배이다.

② 평형 Y부하에 대해 상전압 V_p와 선간전압 V_L의 관계는 $V_L = \sqrt{3}\, V_p$이다.

③ 복소전력(P : 유효전력, Q : 무효전력, W : 복소전력) $W = P - jQ = \dot{V}^* \dot{I}$ ($\dot{V}$: 전압, $\dot{I}$: 전류)로 계산된다.

④ 3상의 유효전력의 계산식 $P = \sqrt{3}\, VI\cos\theta$에서 전압 V와 전류 I는 상전압 및 상전류, $\cos\theta$는 역률을 의미한다.

해설

	단상전력	3상전력
유효전력	$P = VI\cos\theta$	$P = 3V_p I_p\cos\theta = \sqrt{3}\, V_\ell I_\ell\cos\theta$
무효전력	$P_r = VI\sin\theta$	$P_r = 3V_p I_p\sin\theta = \sqrt{3}\, V_\ell I_\ell\sin\theta$
피상전력	$P_a = VI$	$P_a = 3V_p I_p = \sqrt{3}\, V_\ell I_\ell$

3상의 유효전력 $P = \sqrt{3}\, V_\ell I_\ell\cos\theta$에서 선간전압을 V_ℓ, 선전류를 I_ℓ이라 한다.

답 : ④

제 2 장

전 원 설 비

CHAPTER 02 전원설비

1 수전설비의 주요기기

1. 개 요

필기 예상문제

수변전설비 주요기기의 역할 및 심벌

전원설비는 전력회사로부터 전력을 수전하는 수전설비, 특고압 또는 고압을 부하의 사용전압으로 강압하는 변전설비, 정전시에 운전되는 비상용 발전기 설비인 예비전원설비, 비상용 조명 및 무정전 전원장치(UPS) 등의 특수 부하에 대한 전원인 특수전원설비 등으로 되어 있다.

2. 수전설비 주요기기

(1) 단로기(Disconnecting Switch : DS)

보수 또는 점검시 무부하 선로를 개폐한다.

(2) 전력퓨즈 (Power Fuse : PF)

전력퓨즈는 일정치 이상의 과전류를 차단하여 선로나 기기를 보호하는데, 이때 과(過)전류의 종류에는 단락전류, 과도전류가 있다. 전력퓨즈는 단락전류 차단이 주(主)목적이다.

(3) 피뢰기 (Lightning Arrester : LA)

필기 예상문제

·피뢰기 : 외부 이상전압에 대한 기기의 보호
·서지흡수기 : 내부이상 전압에 대한 보호

피뢰기란 전력설비의 기기를 이상전압으로부터 보호하는 중요한 설비이다. 평상시에는 절연상태로 있다가 서지가 침입하면 즉시 뇌전류를 방전시켜 서지전압을 억제하고 서지가 통과한 후에는 원래의 상태로 돌아간다.

(4) 차단기 (Circuit Breaker : CB)

차단기는 단락, 지락 등의 사고가 났을 때에 자동적으로 사고전류를 차단한다. 또한, 부하전류를 개폐할 수도 있다.

(5) 계기용변압기 (Potential Transformer : PT)

계기용변압기는 고압회로의 전압을 간접적으로 측정할 수 있으며, 계전기 등의 전원으로 사용하기 위하여 고전압을 저전압으로 변성하는 계기용변성기의 일종이다.

(6) 계기용 변류기 (Current Transformer : CT)

변류기는 고압회로의 전류를 간접적으로 측정할 수 있으며, 계전기 및 계측기 등의 전류원으로 사용하기 위하여 대전류를 소전류로 변성하는 계기용변성기의 일종이다.

(7) 전력수급용 계기용변성기(계기용 변압변류기) (MOF)

전력량계를 고전압 선로에 직접 연결하는 것은 어렵기 때문에 전력수급용 계기용변성기 2차측에 전력량계를 접속한다. 고전압·대전류를 저전압·소전류로 변성하여 전력량계에 공급해준다.

(8) 적산 전력량계 (WH)

전력량계는 부하에서 소비하는 전기에너지의 양을 측정하는 계량장치이며, 동작원리에 따라 기계식(유도 원판형)과 전자식으로 나뉜다.

(9) 전력용 콘덴서 (SC)

전력용 콘덴서를 변압기 또는 전동기에 병렬로 접속하여 뒤진 무효전력을 보상하여 역률을 개선시킨다.

 필기 예상문제

전력용 콘덴서의 목적 및 효과

(10) APFR(Automatic Power Factor Regulator)

진상 또는 지상 부하의 상황에 맞게 콘덴서를 투입 또는 차단시킴으로써 역률을 제어한다.

3. 수변전설비 심벌 및 약호

명 칭		약 호	심벌
케이블 헤드		CH	
개폐기	단로기	DS	
	선로 개폐기	LS	
	부하개폐기	LBS	
계기용 변성기	전력수급용 계기용 변성기	MOF	MOF
	계기용 변압기	PT	
	변류기	CT	
	영상변류기	ZCT	
피뢰기		LA	
계측기	전압계	V	Ⓥ
	전류계	A	Ⓐ
	적산전력량계	WH	ⓌH
	최대수요전력량계	DM	ⒹM
	무효전력(량)계	VAR	ⓋAR
차단기		CB	
컷아웃스위치		COS	
파워퓨즈		PF	
전력용 콘덴서		SC	
자동절체 개폐기		ATS	

예제문제 01

낙뢰 등으로부터 전기실의 기기를 보호할 목적으로 설치하는 기기는?

① 단로기
② 피뢰기
③ 파워퓨즈
④ 차단기

해설

(1) 단로기(DS) : 보수점거시 무부하 선로를 개폐하는 개폐기의 일종
 ① 무부하전로 개폐
 ② 기기의 점검 및 수리시 또는 회로의 접속을 변경하는 경우 사용
    단로기와 차단기의 가장 큰 차이점은 단로기는 부하전류 차단 능력이 없기 때문에 아크를 소호시키는 기능이 없다.
(2) 피뢰기(LA) : 이상전압 내습시 뇌전류를 방전하고 속류를 차단하는 방호장치
(3) 전력용 퓨즈(PF) : 단락전류를 차단하는 퓨즈의 일종
(4) 차단기(CB) : 부하전류 및 고장전류의 차단

답 : ②

예제문제 02

건축물 수변전설비 도면에서 ☐APFR☐ 은 무엇을 나타내는가? 【13년 2급 출제유형】

① 자동전압조정장치
② 최대수요전력제어장치
③ 역률자동조정장치
④ 자동주파수조정장치

해설 APFR(Automatic Power Factor Regulator) : 역률자동조정장치

진상 또는 지상 부하의 상황에 맞게 콘덴서를 투입 또는 차단시킴으로써 역률을 제어한다.

답 : ③

예제문제 03

다음은 건축물의 전기설비의 기능과 역할을 설명한 것이다. 틀린 것은? 【13년 1급 출제유형】

① 피뢰기 – 외부 이상 전압으로부터 전기실의 전기기기를 보호
② 단로기 – 개폐기의 일종으로 부하기기 측을 점검하기 위하여 사용하는 개폐기
③ 계기용변압변류기 – 부하 기기측에서 사용된 전력량을 계측하기 위한 변성기의 일종
④ 역률개선용콘덴서 – 기기의 내부 또는 회로에 사고가 생긴 경우 누전전류를 검출

해설 **역률개선용 콘덴서(SC)**

부하의 역률을 개선

답 : ④

예제문제 04

배전선로의 고장전류를 차단할 수 있는 것으로 가장 알맞은 것은?

① 단로기   ② 구분 개폐기
③ 전력용 콘덴서(SC)   ④ 차단기

해설
차단기는 부하전류 및 고장전류를 차단할 수 있다.

답 : ④

예제문제 05

다음은 수변전설비의 도면에서 사용되는 법례와 주기사항이다. 맞게 짝지어진 것은?

① OCB   기중차단기   ② ⟐   3구용 콘센트
③ MOF   계기용 변류기   ④ APFR   역률자동조정장치

해설
OCB : 유입 차단기

⟐ : 전력용 콘덴서(3상용 델타결선)

MOF : 전력 수급용 계기용 변성기(계기용 변압변류기)

APFR : 역률자동조정장치

• 참고

종류		소호원리
명칭	약어	
유입 차단기	OCB	소호실에서 아크에 의한 절연유 분해가스의 열전도 및 압력에 의한 blast을 이용해서 차단
기중 차단기	ACB	대기 중에서 아크를 길게 해서 소호실에서 냉각 차단
자기 차단기	MBB	대기 중에서 전자력을 이용하여 아크를 소호실 내로 유도해서 냉각 차단
공기 차단기	ABB	압축된 공기를 아크에 불어 넣어서 차단
진공 차단기	VCB	고진공 중에서 전자의 고속도 확산에 의해 차단
가스 차단기	GCB	고성능 절연 특성을 가진 특수 가스(SF_6)를 이용해서 차단

답 : ④

예제문제 06

다음 중 현재 널리 사용되고 있는 GCB(Gas Circuit Breaker)용 가스는?

① SF_6가스   ② 아르곤 가스

③ 네온 가스   ④ 질소 가스

해설 GCB

고성능 절연 특성을 가진 특수 가스(SF_6)를 이용해서 차단하는 차단기이며, 여기에 사용되는 SF_6가스의 특징은 안정도가 높고, 무색, 무취, 무독, 불활성 가스이다.

답 : ①

예제문제 07

차단기와 소호 매질이 틀리게 연결된 것은?

① 공기차단기– 압축공기   ② 가스차단기– SF_6가스

③ 자기차단기– 진공   ④ 유입차단기– 절연유

해설 자기차단기(MBB)

대기 중에서 전자력을 이용하여 아크를 소호실 내로 유도해서 냉각 차단하는 차단기

답 : ③

예제문제 08

전력용 퓨즈는 주로 어떤 전류의 차단을 목적으로 사용하는가?

① 충전전류   ② 단락전류

③ 부하전류   ④ 지락전류

해설 전력용 퓨즈(PF)

단락전류를 차단하는 퓨즈의 일종

답 : ②

---

2 변압기

1. 원리(패러데이의 전자유도 법칙)

성층 철심에 권선 N_1(1차측)과 N_2(2차측)를 감고 1차에 전류를 흘리면 1차권선에 흐르는 전류에 의해 1차측 철심에 자속이 발생하고 이 자속은 철심을 통해 2차권선을 쇄교한다. 2차권선의 내부에 있는 철심에서는 1차권선에 의한 자속의 변화를 방해하는 방향으로 자속이 발생하고 이 자속에 의해 2차권선에 기전력이 발생하여 전류가 흐르게 된다.

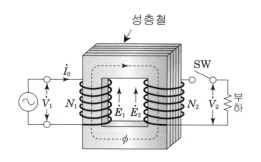

성층철

2. 변압기 유기기전력

유기기전력이란 자속 ϕ의 변화에 의하여 1차 권선에 유기되는 역기전력으로 패러데이의 법칙에 따라 표현하면 $e = -N_1 \dfrac{d\phi}{dt} = -V_{1m}\sin\omega t$ 이다. 즉, 유기기전력 e_1은 공급전압($V_1 = V_{1m}\sin\omega t$)과 크기와 파형이 같고 방향이 반대되는 기전력이 유기되어 V_1과 평형을 이룬다. 따라서 1차 유기기전력 실효값은 $E_1 = \dfrac{1}{\sqrt{2}} \cdot 2\pi f N_1 \phi_m = 4.44 f N_1 \phi_m$ 이다. 이와 마찬가지로 2차측 유기기전력의 실효값은 권수에 비례하므로 $E_2 = 4.44 f \phi_m N_2$ 으로 표현할 수 있다.

$$E_1 = 4.44 f \phi_m N_1 \,[\mathrm{V}]$$
$$E_2 = 4.44 f \phi_m N_2 \,[\mathrm{V}]$$
$$f : 주파수, \ \Phi : 자속, \ N : 권수$$

■ 전기설비의 이해
변압기의 1차측과 2차측의 기전력의 크기를 결정하는 중요 요소는 각각의 권수이다. 왜냐하면 변압기 1차측의 주파수와 자속은 2차측의 그것과 같기 때문이다.

3. 권수비(전압비, 변압비)

변압기 1차측과 2차측의 기전력과 권수는 서로 비례한다. 따라서, $\dfrac{V_1}{V_2} = \dfrac{E_1}{E_2} = a$ (권수비)가 성립한다.

$$a = \frac{N_1}{N_2} = \frac{E_1}{E_2} = \frac{I_2}{I_1} = \sqrt{\frac{Z_1}{Z_2}} = \sqrt{\frac{R_1}{R_2}} = \sqrt{\frac{X_1}{X_2}}$$

4. 변압기의 종류

	유입변압기	몰드 변압기	건식변압기
장점	• 타변압기에 비해 가격이 저렴하다. • 소음이 적다.	• 난연성이다. • 안전성이 우수하다. • 흡수성이 거의 없다. • 소형, 경량이다. • 전력손실이 적다. • 보수점검이 간단하다.	• 비폭발성이다. • 난연성이다.
단점	• 가연성, 폭발성이다. • 전력손실이 크다. • 타 기기보다 무겁고 점검이 복잡하다.	• 가격이 비싸다. • 보호장치가 필요하다. (서지흡수기 : SA)	• 가격이 비싸다 • 소음이 크다.

5. 변압기의 열화 진단

(1) 유중가스 분석법

변압기 내부에 이상이 발생하면 이상개소에 과열이 발생하고, 절연재나 절연유는 이 열에 의해서 가스를 발생시키며 이러한 변압기를 유중가스 분석을 시행하여 열화를 진단한다. 이 방법은 변압기를 정지하지 않고 극히 미소한 고장까지 감지할 수 있다. 현재 가장 널리 보급 되어있다.

(2) 부분방전시험

부분방전 시험은 피측정물에 사용전압에 가까운 상용주파 교류전압을 인가시 절연물 중의 보이드(공극), 균열, 이물혼입 등의 국부적 결함의 원인으로 발생하는 부분방전을 정량적으로 측정하여 절연물의 열화상태를 측정하는 것이다.

(3) 적외선 진단법

① 적외선 카메라로 열을 영상으로 변화하여 열화진단
② 주로 배전용 TR, 애자, 애관, 피뢰기의 과부하 또는 열화정도 파악에 사용

6. 변압기의 정격

(1) 정격 용량

변압기의 정격 용량은 정격 주파수의 정격 2차 전압과 정격 2차 전류의 값을 곱한 값으로서 2차 단자 간에 얻어지는 피상 전력을 말하며, 단위는 [VA], [kVA] 또는 [MVA]로 나타낸다.

필기·실기 예상문제

변압기 열화진단 방법의 종류

$$정격용량[VA] = 정격2차전압\ V_{2n}[V] \times 정격2차전류 I_{2n}[A]$$

(2) 정격 전압

변압기의 정격 2차 전압은 정격 용량의 출력을 내고 있을 때, 2차 권선의 단자 전압을 나타내며, 정격 1차 전압은 정격 2차 전압에 권수비 a를 곱한 값이 된다.

$$정격1차전압\ V_{1n}[V] = 정격2차전압\ V_{2n}[V] \times 권수비 a$$

(3) 정격 전류

변압기의 정격 2차 전류는 정격 용량을 정격 2차 전압으로 나눈 값이 되고, 정격 1차 전류는 정격 2차 전류를 권수비 a로 나눈 값이 된다.

$$정격1차전류 I_{1n}[A] = 정격2차전류 I_{2n}[A] \div 권수비\ a$$

$$정격2차전류 I_{2n}[A] = 정격용량[VA] \div 정격\ 2차\ 전압\ V_{2n}[V]$$

삼 상 변 압 기

STE9371

연속정격		150 kVA	내 철 형	유입자냉식
정격전압	1차	22900 V	정격수파수	60 Hz
	2차	380Y/220V	IMP.(75℃)	5.8%
정격전류	1차	3.7 A	온도상승	유면 50 ℃
	2차	227.9 A		권선 55 ℃
BIL	1차	150 kV	1 차 전 압	
	2차	– kV	탭전압(V)	탭절완기 위치 결선
유 량		205 ℓ		
총 중 량		695 kg	22900R	1 3–4
제조번호			21900	2 2–4
제조년월			20900	3 2–5

위치번호

VECTORS

7. %임피던스(백분율 임피던스)

(1) 의미

필기·실기 예상문제

퍼센트 임피던스의 의미와 계산 방법

변압기는 교류기 이며 R, L, C 부하에 의한 전압강하가 발생하게 된다. 변압기의 %임피던스는 정격전압, 정격전류 및 정격주파수에서 변압기 저항과 리액턴스에 의한 전압 강하분이 회로의 정격전압에 대하여 몇 [%]에 해당하는지를 나타낸 것이다. 이를 통해 임피던스의 대소관계와 전압변동을 대략적으로 알 수 있고, 단락전류도 알 수 있다.

(2) %임피던스의 계산

① $\%R(\text{퍼센트 저항}) = \dfrac{\text{정격전류} \times \text{저항}}{\text{정격전압(상전압)}} \times 100 = \dfrac{I_n \times R}{V_n} \times 100 [\%]$

② $\%X(\text{퍼센트 리액턴스}) = \dfrac{\text{정격전류} \times \text{리액턴스}}{\text{정격전압}} \times 100 = \dfrac{I_n \times X}{V_n} \times 100 [\%]$

③ $\%Z(\text{퍼센트 임피던스}) = \dfrac{\text{정격전류} \times \text{임피던스}}{\text{정격전압}} \times 100 = \dfrac{I_n \times Z}{V_n} \times 100 [\%]$

8. 변압기 손실

변압기의 손실의 종류
- 무부하손(고정손) — 철손(P_i)
  - 히스테리시스손(P_h)
  - 와류손(P_e)
- 부하손(가변손)
  - 동손(P_c) : 저항손
  - 표유부하손 : 누설자속에 의한 손실

(1) 무부하손(고정손)

철손은 변압기 철심에서의 교번자계에 의한 히스테리시스 손실과 와류 손실로 나누어지며 모두 열로 바뀐다.

$$P_i = P_h + P_e$$

① 히스테리시스손(Hysteresis Loss, P_h)

철심을 구성하는 강자성체에 가해지는 자계의 세기가 주기적으로 변할 때 철심내의 자속 밀도 또한 주기적으로 변화하여 히스테리시스 루프를 그린다. 이 때 철심의 단위 체적에서 1사이클당 히스테리시스 면적의 크기에 해당하는 만큼의 자화 에너지손실이 발생하는데 이를 히스테리시스 손실이라 한다. 이러한 히스테리시스손의 영향은 기기의 온도상승, 효율저하 등을 일으킨다. 히스테리시스손을 감소시키기 위해서는 규소강판을 사용한다. 규소강판을 사용했을 경우 잔류자기와 보자력이 감소하여 히스테리시스 손실을 감소시킬 수 있다.

■ **전기설비의 이해**
히스테리시스곡선 내의 면적은 전력손실의 크기를 나타낸다. $[wb/m^2] \times [N/wb] = [N/m^2]$에서, 분자·분모에 $[m]$을 곱한다. $N \cdot m/m^3$임을 알 수 있고 $[N \cdot m] = [J]$이다. 결국 히스테리시스 곡선의 내부면적의 단위는 $[J/m^3]$이 된다. 즉, 철심의 단위체적당 히스테리시스에 의해서 손실되는 에너지를 의미한다.

$$P_h = \sigma_h f B_m^x \ [\text{W}]$$

σ_h : 상수(중량, 체적)
$f[\text{Hz}]$: 전원 주파수
$B_m[wb]$: 최대 자속밀도
일반적으로 $x = 2$로 본다.

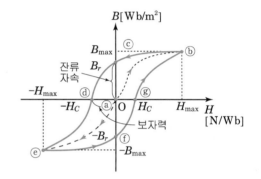

② 와류손(Eddy Current Loss, P_e)

와류손은 철심내의 교번자계에 의해서 철심에 기전력이 유기되고, 그 전압에 의해서 철심에는 동심원적으로 와전류가 흐른다. 이때 철심 자체의 저항에 의한 손실이 발생하는데 이를 와류손이라 한다. 와류손을 감소시키기 위해서는 철심을 성층한다.

$$P_e = \sigma_e (t f B_m)^2 [\text{W}]$$

σ_e : 재료에 따른 상수, t : 철심의 두께

(2) 부하손(가변손)

① 동손(Copper Loss)

도체에 교류전류가 흐르면 저항에 의해 열이 발생하는데(Joul's Law) 이를 부하손 또는 동손이라 한다.

$$P_c = I^2 R[\text{W}]$$

② 표유부하손

부하전류에 의한 누설자속에 관계되는 표유부하손은 권선에 부하전류가 흐
르면 누설자속이 증가하여 권선 철심조임과 벽 및 금속부분은 관통하여 그
곳에 와전류가 발생하여 손실이 생긴다. 이것을 표유부하손이라 한다. 대체
로 부하전류에 2승에 비례하며, 부하변화에 대하여 급격히 변화하는 성질이
있다.

9. 변압기 손실 저감방법

(1) 히스테리시스손

히스테리시스손은 히스테리시스 루프의 면적에 비례하므로 히스테리시스 면적
을 줄이는 것이 좋다. 철심 재료로서 요구되는 조건은 다음과 같다.

실기 예상문제

변압기 손실에 따른 저감대책

① 보자력(Coercive Force)이 작을 것

② 투자율($\mu = \dfrac{B}{H}$)이 클 것

③ 잔류자속밀도가 작을 것

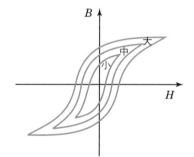

(2) 와류손

철심 두께의 2승에 비례하므로 철심을 얇은 박판으로 하여 성층(Lamination)한다.
기존 규소강은 두께가 0.3~0.5[mm] 정도이지만 최근의 아몰퍼스강은 0.025[mm]
로 얇다.

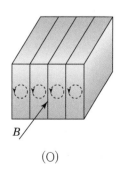

(O)

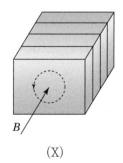

(X)

10. 변압기 효율

(1) 규약효율

직접 측정이 곤란한 경우 입력을 출력과 손실의 합으로 나타내는 효율을 규약효율이라 한다.

$$\eta = \frac{출력}{출력 + 손실} \times 100 = \frac{출력}{출력 + 철손 + 동손} \times 100$$

필기·실기 예상문제

부하율과 효율과의 관계

(2) 부하율이 m일 때의 효율

$$\eta_m = \frac{mP\cos\theta}{mP\cos\theta + P_i + m^2 P_c} \times 100$$

① 전(全)손실

$$P_i + m^2 P_c$$

② 부하율 m에서의 최대효율조건

$$P_i = m^2 P_c$$

③ 최대효율시 부하율

$$m = \sqrt{\frac{P_i}{P_c}} = \left(\frac{P_i}{P_c}\right)^{\frac{1}{2}}$$

(3) 최대효율

$$\eta_{\max} = \frac{mP\cos\theta}{mP\cos\theta + 2P_i} \times 100 \quad (P_i = P_c \text{ 이므로 } P_i + P_c = 2P_i)$$

(4) 전일 효율 (All Day Efficiency)

$$\eta = \frac{TmP\cos\theta}{TmP\cos\theta + 24P_i + Tm^2 P_c} \times 100 \quad (T : 시간[\text{h}])$$

※ 전부하 시간이 짧을수록 무부하손을 동손보다 작게하여 전일효율을 높인다.

(5) 변압기의 적정 부하율 운전

주상변압기는 수용가에 직접 전력을 공급하는 변압기로 수용가의 부하를 24시간 사용하는 일은 드물다. 즉, 시간에 따라 부하를 적게 사용하거나 무부하일 경우에는 동손은 작거나 없을 수도 있다. 그러므로 실제 변압기는 철손을 동손보다 작게 만든다. 일반적으로, 주상변압기는 철손과 동손의 비율을 1 : 2로 만들어 약 70[%]부하를 걸었을 때 최대 효율이 발생하도록 만들어진다.

🛫 필기·실기 예상문제 🌐

변압기 부하율과 최대효율의 관계

11. 변압기 특성

(1) 변압기의 병렬 운전시 부하분담

2대의 변압기 TR_1, TR_2, 변압기 임피던스를 Z_1, Z_2(단, $Z_1 < Z_2$), 부하용량의 합을 P라 하면

$$TR_1의\ 부하분담 = \frac{Z_2}{Z_1 + Z_2} \times P$$

$$TR_2의\ 부하분담 = \frac{Z_1}{Z_1 + Z_2} \times P$$

임피던스 전압이 다른 변압기를 병렬운전하게 되면 용량에 비례한 부하가 분담되지 않고 임피던스 전압이 낮은 변압기가 과부하 된다. 다시 말해 임피던스 전압이 작은 변압기(TR_1)의 부하분담이 커지게 된다. 따라서 임피던스 전압의 차가 큰 변압기는 병렬운전을 피해야 한다.

(2) 임피던스 전압

변압기의 임피던스 전압이란 변압기 2차측(저압측)을 단락하여 1차측에서 정격 주파수의 저전압을 인가하여 정격전류가 흐르도록 했을 때의 1차측 전압을 말한다.

(3) 전압변동률

변압기를 전부하 상태에서 무부하로 하면 2차 단자전압은 상승한다. 이때 전압의 변동치와 정격 2차 전압과의 비를 전압변동률이라 한다. 전압변동은 선로임피던스, 역률 등에 의하여 결정되는데, 역률이 저하되면 전압변동률은 커진다.

$$\varepsilon = \frac{무부하시\,2차\,단자전압 - 2차측\,정격전압}{2차측\,정격전압} \times 100 = \frac{V_{20} - V_{2n}}{V_{2n}} \times 100[\%]$$

예제문제 01

변압기는 다음 중 어떤 원리를 이용하여 교류전압과 전류의 크기를 변성하는 장치인가?

① 키르히호프의 법칙
② 패러데이의 전자유도법칙
③ 쿨롱의 법칙
④ 주울의 법칙

답 : ②

예제문제 02

다음 중 변압기의 1차 및 2차 유기기전력의 비 $\dfrac{E_1}{E_2}$ 는?
(단, 권수비는 a, 단자전압은 V)

① 권수비 a에 반비례
② 권수비 a에 비례
③ 단자전압에 비례
④ (단자전압)^{2}에 비례

해설
$$a = \frac{E_1}{E_2} = \frac{V_1}{V_2} = \frac{n_1}{n_2}$$

답 : ②

예제문제 03

다음 보기 중에서 변압기 열화진단방법 중 아닌 것은?

① 유중가스분석법
② 부분방전측정법
③ 유전정접법(tan δ 법)
④ 메거측정법

해설
메거 : 절연저항을 측정하는 기기

답 : ④

예제문제 **04**

5[kVA], 3300/210[V], 단상변압기의 단락시험에서 임피던스와트가 150[W]라 하면 퍼센트저항은 몇[%]인가?

① 2[%]

② 3[%]

③ 4[%]

④ 5[%]

해설

$$\%R = \frac{I_n^2 R}{V_n \times I_n} \times 100 = \frac{동손(임피던스와트)}{변압기용량[kVA]} \times 100 = \frac{150}{5 \times 10^3} \times 100 = 3[\%]$$

답 : ②

예제문제 **05**

10[kVA], 2000/100[V] 변압기의 1차 환산 등가임피던스가 6+j8[Ω]일 때 %리액턴스는?

① 1[%]

② 2[%]

③ 3[%]

④ 4[%]

해설

1차로 환산된 값이므로 전류와 전압도 1차를 기준으로 풀이

$$I_n = \frac{P}{V} = \frac{10 \times 10^3}{2000} = 5 \,[A]$$

$$\%X = \frac{I_n \times X}{V} \times 100 = \frac{5 \times 8}{2000} \times 100 = 2[\%]$$

• 참고 : 임피던스 전압

변압기의 임피던스 전압이란 변압기 2차측(저압측)을 단락하여 1차측에서 정격주파수의 저전압을 인가하여 정격전류가 흐르도록 했을 때의 1차측 전압을 말한다. 또한 이 때의 1차 입력을 임피던스 와트라 한다.

답 : ②

예제문제 **06**

정격전압 3,300[V], 정격전류 10[A], 내부임피던스 15[Ω]인 단상변압기의 %임피던스 약 얼마인가? 【13년 2급 유형출제】

① 4

② 4.5

③ 5

④ 5.5

해설 퍼센트 임피던스

$$\%Z = \frac{I_n \times Z}{V} \times 100 = \frac{10 \times 15}{3300} \times 100 = 4.55[\%]$$

답 : ③

예제문제 07

변압기 손실의 개념을 잘 설명해 놓은 것은?

① 변압기 철손은 부하의 유무에 관계없이 전압만 인가되고 있으면 발생한다.

② 변압기 동손은 부하전류에 의한 권선의 저항손으로 부하가 변동하면 전류에 제곱에 반비례하여 증감한다.

③ 변압기는 회전부분이 없기 때문에 일반 회전기에 비해서 효율이 나쁜 편이다.

④ 변압기의 효율은 역률이 개선되면 악화된다.

해설
② 변압기의 동손은 전류에 제곱에 비례한다.
③ 변압기는 정지기로서 회전기인 전동기에 비해 효율이 좋은 편이다.
④ 역률개선시 변압기의 효율은 증가한다.

답 : ①

예제문제 08

변압기 손실 저감대책이 아닌 것은?

① 동선의 권선수 저감　　　　　　② 권선의 단면적 증가

③ 적정 콘덴서 취부　　　　　　　④ 용량이 큰 변압기 채택

해설 변압기의 손실 저감대책
1. 동손의 경감 대책
　① 동선의 권선수 저감　　　　② 권선의 단면적 증가
2. 철손의 감소 대책
　① 저손실의 철심재료의 채택　② 잔류자속밀도의 감소
　③ 고배향성 규소강판 사용　　④ 아몰퍼스 변압기의 채용

답 : ⑤

예제문제 09

부하 전류에 의한 권선의 I^2R손과 관련된 손실은?

① 히스테리시스손　　　　　　　② 동손

③ Eddy Current 손(와류손)　　　④ 표유부하손

해설
도체에 교류전류가 흐르면 저항에 의해 열이 발생하며 부하손 또는 동손이라 한다.
또한, 동손은 전류에 제곱에 비례한다. ($P_c = I^2R[\text{W}]$)

답 : ②

예제문제 10

변압기의 전일효율을 좋게 하려면 P_i(철손)과 P_c(전부하 동손)와의 관계는?

① $P_i > P_c$

② $P_i < P_c$

③ $P_i = P_c$

④ $P_i > P_c$ 또는 $P_i < P_c$ 이던지 상관없다.

해설

시간에 따라 부하를 적게 사용하거나 무부하일 경우에는 동손은 작거나 없을 수도 있다. 그러므로 실제 변압기는 철손을 동손보다 작게($P_i < P_c$) 만든다. 일반적으로, 주상변압기는 철손과 동손의 비율을 1 : 2로 만들어 약 70[%]부하를 걸었을 때 최대 효율이 발생하도록 만들어진다.

답 : ②

예제문제 11

발전기의 출력 값은 550 [kW]이고, 손실(고정손과 가변손을 합한 값)은 50 [kW] 일 때 규약효율을 구하시오.

① $\dfrac{11}{12} \times 100 [\%]$

② $\dfrac{10}{11} \times 100 [\%]$

③ $\dfrac{12}{11} \times 100 [\%]$

④ $\dfrac{1}{12} \times 100 [\%]$

해설

$$규약효율 = \frac{출력[\text{kW}]}{출력[\text{kW}] + 손실[\text{kW}]} \times 100 [\%]$$

$$발전기 = \frac{550}{550 + 50} = \frac{11}{12} \times 100 [\%]$$

답 : ①

예제문제 12

다음은 어느 회사의 변압기 측정 데이터이다. B 변압기의 최적 부하율을 계산하여라.

변압기	정격				측정치					
	kVA	kV	P_i [kW]	P_c [kW]	kW	kV	A	역률	현부하율	최적부하
A	2500	22.9	7.5	20.8	500	21.5	16.8			
B	1200	22.9	4.2	8.5	1000	21.5	29.8			
계										

① 40%

② 60.3%

③ 65.3%

④ 70.3%

해설

최적 부하율 : $m = \sqrt{\dfrac{P_i}{P_c}} = \sqrt{\dfrac{4.2}{8.5}} \times 100 = 약 \ 70.3[\%]$

답 : ④

예제문제 13

100[kVA], 2200/110[V], 철손 2[kW], 전부하 동손이 3[kW]인 단상변압기가 있다. 이 변압기의 역률이 0.9일 때 전부하시의 효율[%]은?

① 94.7

② 95.8

③ 96.8

④ 97.7

해설

P=100[kVA], V_1=2200[V], V_2=110[V], P_i=2[kW], P_c=3[kW], $\cos\theta$=0.9에서 전부하시 효율이므로(전부하시이므로 부하율 m은 1이다.)

$$\eta = \frac{P\cos\theta}{P\cos\theta + P_i + m^2 P_c} \times 100 = \frac{100 \times 0.9}{100 \times 0.9 + 2 + 3} \times 100 = 94.7[\%]$$

답 : ①

예제문제 14

다음 중 몰드변압기의 특징이 아닌 것은?

① 자기소화성이 있으며, 열경화성이므로 화재가 확산되지 않는다.

② 코일 및 충전부가 에폭시수지로 쌓여 내습, 내진성이 양호하다.

③ 기준충격절연강도(BIL)가 유입변압기보다 높다.

④ 일체화된 몰드코일로 되어 있어서 구조가 견고하다.

해설

전력용 변압기 특성비교

	유입변압기	몰드 변압기	건식변압기
특징	·타변압기에 비해 가격이 저렴하다. ·소음이 적다. ·가연성, 폭발성이다. ·전력손실이 타변압기보다 크다. ·타변압기에 비해 크고, 무겁다. ·보수점검이 복잡하다	·비폭발성이다. ·난연성이다. ·안전성이 우수하다. ·흡수성이 거의 없다. ·소형, 경량이다. ·전기·기계식 신뢰도가 높다. ·전력손실이 적다. ·보수점검이 간단하다. ·가격이 비싸다. ·기준충격절연강도가 낮아 보호장치가 필요하다.(서지흡수기)	·비폭발성이다. ·난연성이다. ·절연환경이 주위환경의 영향을 받는다. ·소음이 크다. ·유입변압기보다 비싸다.

답 : ③

예제문제 15

변압기의 전압변동률에 대한 설명 중 틀린 것은?

① 일반적으로 부하변동에 대하여 2차 단자전압의 변동이 작을수록 좋다.

② 정격 부하시와 무부하시의 2차 단자전압이 서로 다른 정도를 표시하는 것이다.

③ 전압변동률은 전등의 광도, 수명, 전동기의 출력 등에 영향을 미친다.

④ 전압변동률은 인가전압이 일정한 상태에서 무 부하 2차 단자전압에 반비례한다.

해설

전압변동률 $\varepsilon = \dfrac{V_{20} - V_{2n}}{V_{2n}} \times 100$ 여기서, V_{20} : 무부하시 2차측 단자전압

전압변동률은 무부하시의 2차측 전압과 비례관계에 있다.

답 : ④

예제문제 16

용량 30kVA의 단상 주상변압기가 있다. 어느날 이 변압기의 부하가 30kW로 2시간, 24kW로 8시간, 6kW로 14시간이었을 경우, 이 변압기의 전일효율(%)는 얼마인가? (단, 부하의 역률은 1.0, 변압기의 전부하동손은 500W, 철손은 200W라고 한다.)

【17년 출제문제】

① 79.55

② 89.29

③ 95.29

④ 97.49

해설

사용전력량 $W = 30 \times 2 + 24 \times 8 + 6 \times 14 = 336 [\mathrm{kWh}]$ 철손량 $P_{iT} = 24 \times 0.2 = 4.8 [\mathrm{kWh}]$
동손량

$$P_{cT} = m^2 P_c T = 0.5 \times \left\{ \left(\frac{30}{30}\right)^2 \times 2 + \left(\frac{24}{30}\right)^2 \times 8 + \left(\frac{6}{30}\right)^2 \times 14 \right\}$$
$$= 3.84 [\mathrm{kWh}]$$

전일효율 $= \dfrac{336}{336 + 4.8 + 3.84} \times 100 = 97.49 [\%]$

답 : ④

3 역률개선 관리

1. 정의

$$역률 \cos\theta = 전압과 \ 전류의 \ 위상차 = \frac{유효전력[kW]}{피상전력[kVA]} \times 100[\%] = \frac{P}{\sqrt{3}\,VI}$$

$$3상 \ 피상전력 = \sqrt{3}\,VI = \sqrt{(유효전력)^2 + (무효전력)^2} = \sqrt{P^2 + P_r^2}$$

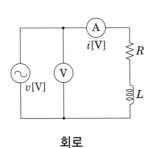

회로   전압, 전류 전력의 파형

2. 역률개선시 필요한 콘덴서 용량

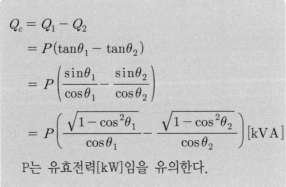

$$
\begin{aligned}
Q_c &= Q_1 - Q_2 \\
&= P(\tan\theta_1 - \tan\theta_2) \\
&= P\left(\frac{\sin\theta_1}{\cos\theta_1} - \frac{\sin\theta_2}{\cos\theta_2}\right) \\
&= P\left(\frac{\sqrt{1-\cos^2\theta_1}}{\cos\theta_1} - \frac{\sqrt{1-\cos^2\theta_2}}{\cos\theta_2}\right)[kVA]
\end{aligned}
$$

P는 유효전력[kW]임을 유의한다.

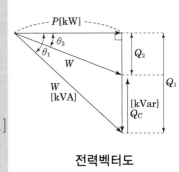

전력벡터도

3. 역률개선시 효과

(1) 전압강하 감소

(2) 전력손실 감소

(3) 설비용량 여유증가

(4) 전기요금 절감

4. 콘덴서 설치방법

역률개선용 콘덴서의 설치위치는 여러 장소를 고려할 수 있으며, 부하설비의 용량, 콘덴서의 설치효과, 유지보수 및 경제성 등을 고려하여 유리한 위치에 설치하면 된다. 아래의 표는 콘덴서의 집중설치와 분산설치의 효과를 분석한 것이다.

콘덴서의 집중설치와 분산설치 효과비교

구 분	집중설치	분산설치
콘덴서 소요용량	적다	많다
전력손실 감소효과	작다	크다
전압강하 감소효과	작다	크다
보수 점검	용이하다	복잡하다
초기투자 금액	적다	많다(특히 저압)

예제문제 01

다음 중 역률개선의 효과로서 옳지 않은 것은?

① 선로 변압기 등의 저항손은 감소한다.
② 변압기, 개폐기 등의 소요용량은 증가한다.
③ 선로의 송전용량이 전류에 의해 제한될 때는 송전용량이 증대한다.
④ 전압강하는 감소하고, 설비용량 여유는 증가한다.

해설
역률개선의 효과
• 배전선 손실 감소　　• 전압강하 감소
• 변압기 손실 감소　　• 전력 손실 감소
• 변압기의 공급능력 증가　• 부하 전류 감소
• 전기요금 절감

답 : ②

예제문제 **02**

역률 0.8(지상)의 3,000[kW] 부하에 전력용 콘덴서를 병렬로 접속하여 합성역률을 0.9로 개선하고자 한다. 이 때 필요한 전력용 콘덴서의 용량은 약 몇 [kVA]인가?

① 425kVA

② 797kVA

③ 1,169kVA

④ 1,541kVA

해설

역률개선용 콘덴서의 용량(Q)

$$Q = P(\tan\theta_1 - \tan\theta_2) = 3000 \times \left(\frac{0.6}{0.8} - \frac{\sqrt{1-0.9^2}}{0.9} \right)$$

$$= 797.033[\text{kVA}]$$

답 : ②

예제문제 **03**

뒤진 역률 80[%], 1000[kW]의 3상 부하가 있다. 이것에 전력용 콘덴서를 설치하여 역률을 95[%]로 개선하는데 필요한 전력용 콘덴서의 용량은 약 몇 [kVA]가 되겠는가?

① 376

② 398

③ 422

④ 464

해설 콘덴서 용량

$$Q_c = P \cdot (\tan\theta_1 - \tan\theta_2) = P \cdot \left(\frac{\sin\theta_1}{\cos\theta_1} - \frac{\sin\theta_2}{\cos\theta_2} \right) = P \cdot \left(\frac{\sqrt{1-\cos^2\theta_1}}{\cos\theta_1} - \frac{\sqrt{1-\cos^2\theta_2}}{\cos\theta_2} \right)$$

$$= 1000 \cdot \left(\frac{\sqrt{1-0.8^2}}{0.8} - \frac{\sqrt{1-0.95^2}}{0.95} \right) \fallingdotseq 422[\text{kVA}]$$

답 : ③

예제문제 04

수전 책임분계점에서 한 상(phase)당 임피던스가 저항 1[Ω], 유도리액턴스 10[Ω]의 구내 22.9[kV] 배전 선로를 거쳐 22.9[kV] 변전실에 2,400[kW]의 전력을 공급하고 있다. 특고압측 역률이 0.8로 일정하다고 가정할 경우, 역률을 1.0으로 향상시키면 구내배전선보의 손실은 연간 약 얼마나 저감되는가?(단, 역률개선에 의한 수전전압 변동의 영향은 무시한다.)

① 18000 [kWh]　　　　　　　② 27000 [kWh]
③ 31180 [kWh]　　　　　　　④ 54000 [kWh]

해설 연간 저감 전력량 $W = P \times t$, 역률 0.8일 때 손실전력

$$P_{\ell 1} = 3I_1^2 R = 3 \times \left(\frac{P}{\sqrt{3}\,V\cos\theta_1}\right)^2 R = 3 \times \left(\frac{2400}{\sqrt{3}\times 22.9 \times 0.8}\right)^2 \times 1$$
$$= 17162[\text{W}] = 17.162[\text{kW}]$$

역률 1일 때 손실전력

$$P_{\ell 2} = 3I_2^2 R = 3 \times \left(\frac{P}{\sqrt{3}\,V\cos\theta_2}\right)^2 R = 3 \times \left(\frac{2400}{\sqrt{3}\times 22.9 \times 1}\right)^2 \times 1$$
$$= 10983.77[\text{W}] = 10.98[\text{kW}]$$

$$W = (P_{\ell 1} - P_{\ell 2})\,W = \Delta P_\ell \times 365 \times 24 = (17.16 - 10.98) \times 365 \times 24$$
$$= 54136 ≒ 54000[\text{kWh}]$$

답 : ④

예제문제 05

다음은 역률, 피상전력, 유효전력, 무효전력과 관련하여 서술한 문장이다. 옳은 문장으로 구성된 것을 모두 고르면?

> 가. 역률의 정의는 피상전력에 대한 유효전력의 백분율이다.
> 나. 무효전력은 정전에너지 또는 자기에너지로 회로에서 저장, 방출을 반복한다.
> 다. 선로에서 진상역률은 심야 경부하시 또는 리액터의 과보상에 의해 생긴다.
> 라. 무효율은 피상전력에 대한 무효전력의 백분율이다.

① 나, 다　　　　　　　　　② 가, 나
③ 가, 나, 다　　　　　　　④ 가, 나, 라

해설
교류회로의 전력은 평균전력 $P = \sqrt{3}\,VI\cos\theta$로 리액턴스 성분이 있을 경우 전압 v와 전류 i 사이에는 위상차 θ가 생겨 저항 R만의 회로의 전력에 $\cos\theta$를 곱한 만큼의 전력이 소비된다. 이 $\cos\theta$를 공급된 전력이 부하에서 유효하게 이용되는 비율이라는 의미에서 역률(Power Factor)이라고 부르며, θ는 역률각이라 한다.

답 : ④

실기 예상문제

역률개선시 효과 및 콘덴서 부속
설비의 이해

예제문제 06

부하 전력이 4000[kW], 역률 80[%]인 부하에 전력용 콘덴서 1800[kVA]를 설치
하였다. 이 때 각 물음에 답하시오.

(1) 역률은 몇 [%]로 개선되었는가?
　　• 계산 :　　　　　　　　　　　　　　• 답 :

(2) 부하설비의 역률이 90[%] 이하일 경우(즉, 낮은 경우) 수용가 측면에서 어떤 손
　　해가 있는지 3가지만 쓰시오.

(3) 전력용 콘덴서와 함께 설치되는 방전코일과 직렬 리액터의 용도를 간단히 설명하시오.

정답

(1) • 계산
　　① 부하의 지상 무효전력 (P_{r1})

$$P_{r1} = P\tan\theta = 4000 \times \frac{0.6}{0.8} = 3000[\text{kVar}]$$

　　② 콘덴서 설치 후 무효전력 : $P_{r2} = P_{r1} - Q_c = 3000 - 1800 = 1200[\text{kVar}]$
　　③ 콘덴서 설치 후 역률$(\cos\theta_2)$

$$\cos\theta_2 = \frac{P}{P_a{}'} = \frac{P}{\sqrt{P^2 + P_{r2}^2}} \frac{4000}{\sqrt{4000^2 + 1200^2}} \times 100 = 95.78[\%]$$

　　• 정답 : 95.78[%]

(2) 전력손실 증가, 전압강하 증가, 전기요금 증가

(3) 방전코일 : 콘덴서의 잔류전하를 방전시켜 감전사고 방지
　　직렬 리액터 : 제5고조파를 제거하여 파형 개선

4 전력 수요관리 및 전력특성 항목

1. 개요

최소의 비용으로 소비자의 전기에너지 서비스 욕구를 충족시키기 위하여 소비
자의 전기사용 패턴을 합리적인 방향으로 유도하기 위해 전력회사의 제반활동
을 수요관리라 한다.

2. 수요관리의 유형

필기 예상문제

최대수요전력의 억제 방법
(최대수요전력 억제, 최대부하이전)

	① 최대수요 억제 (Peak Cut)		② 기저부하 증대 (Valley Filling)		③ 최대부하 이전 (Peak Shift)
	kW / t 그래프		kW / t 그래프		kW / t 그래프
개요	가동설비 축소	개요	off-peak(경부하) 시간대 전력수요 증대	개요	peak 전력 경부하 시간대로 이동
효과	・발전 예비율 확보 ・기본 요금 감면	효과	・설비 이용률 향상 ・전력 공급 원가 저감	효과	・최대 부하 억제 ・심야 부하 창출
적용예	・첨두부하 억제 (냉방기기 등) ・Demand Control	적용예	・심야 전력기기 활용 ・심야 시간대 요금 할인제	적용예	・심야 전력기기 활용 ・계절, 시간대별 차등요금제

	④ 전략적 소비절약 (Strategic-Conservation)		⑤ 전략적 부하증대 (Strategic-Load Growth)		⑥ 가변부하 조성 (Flexible Load Shape)
	kW / t 그래프		kW / t 그래프		kW / t 그래프
개요	전기 서비스 수준 유지하면서 전력 수요만 감소	개요	공급이 수요보다 클 때 설비 이용률 향상 방법	개요	불필요한 부하에 전력공급 중단시켜 전력수요 조정
효과	・수급불안 대처 ・비용절감	효과	・전력생산성 향상 ・화석연료 의존도 경감	효과	・공급신뢰도 향상 ・예비율 확보
적용예	・절전 ・에너지 고효율 기기 사용	적용예	・전화(電化) 주택 보급 ・전기자동차 보급	적용예	・LC(직접부하제어) ・요금 차등제 적용

필기·실기 예상문제

수용률 · 부등률 · 부하율간의 상호
관계를 이해하고 각각의 계산방법
의미를 이해

3. 전력 특성항목

(1) 수용률(Demand Factor)

수용률(Demand Factor)은 총 전기설비용량에 대한 최대 수용전력의 비를 말하며, 전기설비를 설계할 때에 수변전설비의 용량이나 배전선의 굵기 등을 결정하는데 필요한 지표로 이용된다.

$$수용률 = \frac{최대수용전력[kW]}{총설비용량[kW]} \times 100[\%]$$

(2) 부하율(Load Factor)

부하율(Load Factor)은 일정 기간 중의 평균부하와 최대부하와의 비를 말하며, 다음 식과 같이 나타낸다. 부하율은 그 기간에 따라 일 부하율, 월 부하율, 연 부하율로 구분할 수 있다. 부하율이 클수록 전기설비는 유효하게 사용되며, 낮으면 공급자측에서나 사용자측에서 보아도 수변전설비를 비효율적으로 사용함을 의미한다.

$$부하율 = \frac{평균부하전력[kW]}{최대부하전력[kW]} \times 100[\%]$$

$$日평균부하전력[kW] = \frac{하루소비전력량[kWh]}{24[h]}$$

$$月평균부하전력[kW] = \frac{월소비전력량[kWh]}{매월일수 \times 24[h]}$$

$$年평균부하전력[kW] = \frac{연소비전력량[kWh]}{365 \times 24[h]}$$

■ **전기설비의 이해**
변압기 용량의 적정한 결정은 전력손실과 밀접한 관련이 있다. 수용률과, 부등률, 역률은 변압기용량 결정시 중요한 요소가 된다.

(3) 부등률(Diversity Factor)

부등률(Diversity Factor)이란 각 부하설비의 최대전력의 합계와 그 계통에서 발생한 합성최대전력의 비를 말한다. 공장 또는 수용가 설비의 최대전력은 동일시간에 발생하는 것은 아니다. 각 부하설비 개개의 최대전력의 합계는 부하 전체의 합성최대전력보다 항상 크게 된다. 따라서 부등률은 일반적으로 1보다 큰 값이 된다.

$$부등률 = \frac{각\ 설비의\ 최대전력의\ 합계}{합성최대전력} = \frac{설비용량 \times 수용률}{합성최대전력} \geq 1$$

$$합성최대전력 = \frac{각\ 설비의\ 최대전력의\ 합계}{부등률} = \frac{설비용량 \times 수용률}{부등률}[kW]$$

(4) 변압기 용량

$$변압기\ 용량 = \frac{각\ 설비의\ 최대전력의\ 합계}{부등률 \times 역률} = \frac{설비용량 \times 수용률}{부등률 \times 역률}[kVA]$$

- 전기설비의 이해
  변압기용량 산정시 부등률 또는 역률이 제시되지 않을 경우 1로 간주한다.

예제문제 01

전력수요의 저감 또는 평준화를 통하여 전력 공급 설비에 대한 투자를 합리적으로 조정하고, 기존 설비의 이용률을 향상시켜 전력 공급 비용도 절감하는 행위를 무엇이라고 하는가?

① 전력설비관리
② 통합빌딩관리
③ 전력수요(DSM) 관리
④ 전력공급관리

답 : ③

예제문제 02

수용가측 최대수요전력의 효율적 관리방안이 아닌 것은?

① 계약전력 결정방법의 조사, 검토
② 직접부하제어 설치 검토
③ 일부하, 월부하, 년부하 조사, 검토
④ 최대수요전력 제어기의 설치 검토

해설
직접부하제어 설치 검토는 공급자측 관리방안이다.

답 : ②

예제문제 03

전력수요관리 방법 중 아래 그림과 같은 방법을 무엇이라 하는가?

① Peak Clipping
② Peak Load Growth
③ Peak Shifting
④ Load Valley Filling

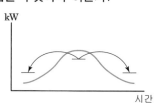

답 : ③

예제문제 04

최대수요전력절감의 긍정적 영향이 아닌 것은?

① 전력설비의 건설을 회피함으로써 전력생산 원가가 절감된다.
② 전력수급 안정을 도모하게 된다.
③ 부하율이 작아져 발전설비가 효율적으로 이용 된다.
④ 전력공급설비 이용 효율이 향상된다.

[해설] 부하율이 커져서 발전설비가 효율적으로 이용된다.

답 : ③

예제문제 05

다음 중 수용률 [%]은?

① $\dfrac{\text{사용전력[kW]}}{\text{총설비용량[kW]}} \times 100$

② $\dfrac{\text{평균부하[kW]}}{\text{최대부하[kW]}} \times 100$

③ $\dfrac{\text{변압기용량[kW]}}{\text{최대부하[kW]}} \times 100$

④ $\dfrac{\text{최대수용전력[kW]}}{\text{총부하설비용량[kW]}} \times 100$

답 : ④

예제문제 06

30일간의 최대수용전력이 200[kW] 소비전력량이 72000[kWh]일 때 월 부하율은 몇 [%]인가?

① 30[%]　　　　　　　　　　② 40[%]
③ 50[%]　　　　　　　　　　④ 60[%]

[해설] 월(月) 부하율

$$\dfrac{\text{월평균전력}}{\text{최대전력}} \times 100 = \dfrac{\dfrac{\text{사용전력량}}{30 \times 24}}{\text{최대전력}} \times 100 = \dfrac{\dfrac{72000}{30 \times 24}}{200} \times 100 = 50[\%]$$

답 : ③

어느 빌딩의 1년간 소비전력량은 50만 kWh이고, 1년 중 최대전력이 70kW라면, 이 수용가의 부하율은 약 몇 %인가?　　　　　　　　　　　【13년 1급 출제유형】

① 71　　　　　　　　　　　　② 79
③ 81　　　　　　　　　　　　④ 91

해설

$$연(年)부하율 = \frac{年평균전력}{최대전력} \times 100$$

$$연(年)부하율 = \frac{\dfrac{사용전력량[kWh]}{365 \times 24[h]}}{최대전력[kW]} \times 100 = \frac{\dfrac{50 \times 10^4[kWh]}{365 \times 24[h]}}{70[kW]} \times 100 = 81.53[\%]$$

답 : ③

어느 공장의 일부하 곡선이 다음과 같을 때, 이 수용가의 일 부하율은?

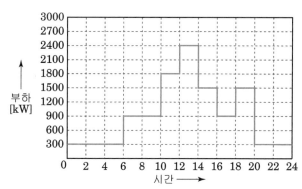

① 39.6[%]　　　　　　　　　② 41.5[%]
③ 42.6[%]　　　　　　　　　④ 45.5[%]

해설 일(日)부하율

$$= \frac{평균전력[kW]}{최대전력[kW]} \times 100 = \frac{\dfrac{사용전력량[kWh]}{24[h]}}{최대전력[kW]}$$

$$= \frac{\dfrac{300 \times 6 + 900 \times 4 + 1800 \times 2 + 2400 \times 2 + 1500 \times 2 + 900 \times 2 + 1500 \times 2 + 300 \times 4}{24}}{2400} \times 100[\%]$$

$$\fallingdotseq 39.6[\%]$$

답 : ①

예제문제 09

각 개의 최대수요전력의 합계는 그 군의 종합 최대수요전력보다도 큰 것이 보통이다. 이 최대전력의 발생 시각 또는 발생 시기의 분산을 나타내는 지표를 무엇이라 하는가?

① 전일효율   ② 부등률

③ 부하율   ④ 수용률

해설

부등률이란 최대전력의 발생 시각 또는 발생 시기의 분산을 나타내는 지표이다.
부등률은 일반적으로 1보다 큰 값을 가진다.   **답 : ②**

예제문제 10

연간 최대수용전력이 70[kW], 75[kW], 85[kW], 100[kW]인 4개의 수용가를 합성한 연간 최대수용전력이 250[kW]이다. 이 수용가의 부등률은 얼마인가?

① 1.11   ② 1.32

③ 1.38   ④ 1.43

해설

$$부등률 = \frac{각\ 부하의\ 최대전력의\ 합}{합성최대전력} = \frac{70 \times 75 \times 85 \times 100}{250} = 1.32$$

답 : ②

예제문제 11

전기설비용량이 200kW, 수용률 60%, 부하율 45%인 건축물에서 1개월간 사용하는 전력량은? (단, 1개월은 30일로 계산)   【15년 기출문제】

① 38,880kWh   ② 52,300kWh

③ 64,800kWh   ④ 86,400kWh

해설

$$수용률 = \frac{최대(수용)전력}{부하설비합계} \times 100, \quad 최대전력 = 부하설비합계 \times 수용률$$

$$월\ 부하율 = \frac{평균전력}{최대전력} = \frac{\dfrac{사용전력량}{시간(30일 \times 24시간)}}{최대전력(수용률 \times 설비용량)} \times 100$$

$$1개월간사용\ 전력량 = 200 \times 0.6 \times 0.45 \times 30 \times 24 = 38,880[kWh]$$

답 : ①

12

변압기의 전압변동률에 대한 설명 중 틀린 것은?

① 일반적으로 부하변동에 대하여 2차 단자전압의 변동이 작을수록 좋다.

② 정격부하시와 무부하시의 2차 단자전압이 서로 다른 정도를 표시하는 것이다.

③ 전압변동률은 전등의 광도, 수명, 전동기의 출력 등에 영향을 미친다.

④ 전압변동률은 인가전압이 일정한 상태에서 무부하 2차 단자전압에 반비례한다.

해설

변압기의 전압변동률

전압변동률 $\varepsilon = \dfrac{V_{20} - V_{2n}}{V_{2n}} \times 100$ 여기서, V_{20} : 무부하시 2차측 단자전압

전압변동률은 무부하시의 2차측 전압과 비례관계에 있다.

답 : ④

13

어느 건축물의 전기설비용량이 1,000kW, 수용률 72%, 부등률 1.2일 때, 수전시설 용량(kVA)은 얼마인가?(단, 부하 역률은 0.8으로 계산한다.) 【17년 출제문제】

① 600 　　　　　　　　② 650

③ 700 　　　　　　　　④ 750

해설 변압기용량

$= \dfrac{\text{설비용량} \times \text{수용률}}{\text{부등률} \times \text{역률}} = \dfrac{1000 \times 0.72}{1.2 \times 0.8} = 750[\text{kVA}]$

답 : ④

14

그림과 같은 수용설비용량과 수용률을 갖는 부하의 부등률이 1.50이다. 평균부하역률을 75[%]라 하면 변압기 용량은 약 몇 [kVA]인가?

① 45

② 30

③ 20

④ 15

변압기				
5[kW]	10[kW]	8[kW]	6[kW]	15[kW]
60[%]	60[%]	50[%]	50[%]	40[%]

해설

변압기 용량 $= \dfrac{\text{개별수용 최대전력의 합}}{\text{부등률} \times \text{역률}}$

$= \dfrac{5 \times 0.6 + 10 \times 0.6 + 8 \times 0.5 + 6 \times 0.5 + 15 \times 0.4}{1.5 \times 0.75} \fallingdotseq 20[\text{kVA}]$

답 : ③

예제문제 15

어떤 고층 건물에서 고압으로 전력을 수전해서 저압으로 옥내 배전하고자 한다. 이 건물 내에 설치된 총 설비 부하 용량은 800kW이고 수용률은 50% 라고 한다면 이 건물에 전력을 공급하기 위한 변압기의 용량(kVA)으로 다음 중 가장 적절한 것은? (단, 이 건물 내 설비 부하의 종합 역률은 0.75 (지상)이다.)

① 350　　　　　　　② 400

③ 450　　　　　　　④ 550

해설

$$변압기\,용량 = \frac{설비용량 \times 수용률}{부등률 \times 역률} = \frac{800 \times 0.5}{0.75} = 533.33[kVA]$$

그러므로, 가장 적합한 변압기 용량은 550[kVA]이다.

답 : ④

 필가·실기 예상문제

수변전설비 에너지 절약 방안

예제문제 16

그림과 같이 부하가 A, B, C에 시설될 경우, 이것에 공급할 변압기 Tr의 용량을 계산하여 표준 용량[kVA]을 선정하시오. (단, 부등률은 1.1. 부하 역률은 80[%]로 한다.)

변압기 표준 용량[kVA]						
50	100	150	200	250	300	350

① 150 [kVA]

② 200 [kVA]

③ 300 [kVA]

④ 350 [kVA]

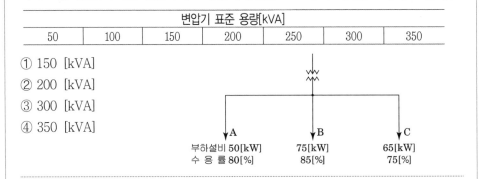

부하설비 50[kW]　　75[kW]　　65[kW]
수 용 률 80[%]　　85[%]　　75[%]
　　　　　　　A　　　B　　　C

해설

$$변압기용량 = \frac{각 부하 최대수요전력의 합}{부등률 \times 역률(효율)} = \frac{설비용량[kW] \times 수용률}{부등률 \times 역률(효율)}[kVA]$$

$$= \frac{50 \times 0.8 + 75 \times 0.85 + 65 \times 0.75}{1.1 \times 0.8} = 173.295[kVA]$$

표에서 계산값보다 큰 값을 기준용량으로 선정한다.

∴ 200[kVA] 선정

답 : ②

5 수변전설비 에너지 절약계획

1. 고효율 변압기 사용

변압기 설치시 손실이 적은 고효율 변압기를 설치하여 에너지절약을 유도(몰드 변압기, 아몰퍼스 변압기)한다.

(1) 아몰퍼스 변압기

① 비정질구조 및 초박판 철심소재에 의한 무부하 손실(80%)이 절감
② 변압기 운전보수비 저감 및 변압기 수명연장이 가능
③ 전력 절감효과로 발전소 증설억제 및 환경오염 방지효과
④ 고주파 대역에서 우수한 자기적 특성에 의한 고효율화 및 컴펙트화가 가능
⑤ 자속밀도가 낮음

(2) 자구미세화강판 변압기

자구미세화강판은 방향성 전기강판 표면에 특수처리를 가해 강판 내의 자구 (Magnetic Domain) 폭을 줄여 철손을 대폭 감소시킨 변압기이다. (방향성 규소강판을 레이저 빔으로 가공, 분자구조인 자구를 미세하게 분할하여 자구의 회전반경을 작게 함으로써 손실을 개선시킴)

(3) 초전도 변압기

기존 변압기의 권선을 구리 대신 초전도선을 사용하여 소형화한 것이 초전도 변압기이다. 초전도란 어떤 온도 이하에서 전기저항이 완전히 "0"이 되는 현상을 말한다. 전기적인 의미로는 저항이 없기 때문에 전류가 흘러도 열이 발생하지 않아 대전류를 흘려 강자장을 발생할 수 있음을 의미한다. 이러한 기술이 실용화되면 손실없이 대전류의 수송이 가능하리라 기대된다.

2. 변압기 대수제어 기능 구성

대용량 변압기 1대를 설치, 가동시키는 것보다 여러 대로 분할하여 부하에 따라 대수를 조절함으로써 전력손실을 줄일 수 있음. 따라서 변압기는 용도(냉방용, 동력용, 전등, 전열용 등)에 따라 구분 설치하는 것이 바람직함. 아울러 용도별, 전력사용량의 계량이 가능하도록 변압기별로 2차측에 적산전력계를 설치하는 것이 바람직하다.

3. 직강압방식 변전시스템

수전되는 특고압을 고압으로, 고압을 저압으로 강압하는 다단방식은 변압기 자

체의 손실이 크므로 특고압을 바로 사용할 수 있는 전압으로 직강압(22,900V/380V, 220V) 하는 방식을 채택함으로써 변압기 손실 감소시킨다.

변압 방식의 비교

구 분	직접 강압방식	2단 강압방식
시설비	시설비가 2단강압방식에 비해 적다.	특고, 고압 변성변압기가 시설되어야 하고, 그에 따른 수변전설비가 시설되어야 하므로 시설비가 많이 든다.
시설면적	적 다 (1.0)	크 다 (1.3)
에너지 절약 효과	특고에서 곧바로 저압으로 강압되므로 변압기 손실면에서 유리하다.	특고에서 고압을 거쳐 저압으로 강압되므로 변압기 손실면에서 불리하다.
유지,관리 보수성	전압이 단일 계통이어서 유지, 보수, 관리가 용이하다	전압이 2중 계통이어서 유지, 관리, 보수가 불리하다.
역률개선 효과	특고측에서 역률 개선 설비가 필요하게 되어 비용이 증가된다.	고압측에서 변압기별 역률 개선 설비를 단계별로 조작하여 최적 역률 관리가 가능하다.
전력공급 신뢰도	변압기 1차가 곧바로 22.9[kV]이어서 특고측 전력 계통 사고시 전력공급에 지장을 초래할 수 있다.	전력 계통 사고시 고압 뱅크로 구분되어 있어 사고시 파급 효과가 크다.
안전성	배전선로 차단용량 증대로 안전성에서 불리하다.	배전선로 차단 용량 감소로 안전성, 경제성에 유리하다.

4. 역률자동제어(APFR)장치

진상 또는 지상부하의 상황에 맞게 콘덴서를 투입 또는 차단시킴으로써 역률을 자동으로 제어하는 설비를 역률자동제어장치라 한다.

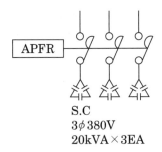

S.C
3φ380V
20kVA×3EA

5. 최대수요전력제어(Demand Control)

전력 사용경향에 의한 최대수요치를 예측하여 그 예측된 최대수요치를 초과할 때 설정된 단계별로 업무에 지장이 없는 부하부터 차단하므로써 하절기 최대수요 전력상승을 효과적으로 관리한다.

6. 수변전설비 중앙감시 제어

송배전시 발생되는 이상 사고, 이상 지락 및 송배전상태를 감시제어할 수 있는 시스템으로 중앙감시제어설비를 채택하면 무인 변전소가 가능하여 인건비 절감 가능하다.

7. 건물자동제어

컴퓨터를 이용하여 빌딩관리를 중앙제어하는 시스템으로 전력수요제어, 역률제어, 적정 냉·난방 부하제어, 동력설비 스케쥴에 의한 제어 및 방범 방재 등으로 건물관리의 효율성 제고로 인한 인력 절감 및 에너지절감 효과가 크다.

6 무정전 전원 공급장치

UPS란 Uninterruptible Power Supply의 약어로써 무정전 전원 공급장치이다. 일반전원 또는 예비전원 등을 사용할 때 전압 변동, 주파수 변동, 순간정전, 과도전압 등으로 인한 전원이상을 방지하고 항상 안정된 전원을 공급하여 주는 장치이다. 상시에는 상용전원을 공급받아서 축전지를 충전하고 이를 변환하여 출력을 공급한다. 상용전원이 정전되거나 낮아지면 축전지를 통해 연속적이고 안정된 전원을 공급한다.

(1) 구성도

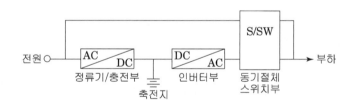

UPS의 기본 구성도

(2) 구성요소

① 정류기, 충전부(Rectifier/Charger)
  입력교류전원을 직류전원으로 변환하여 축전지를 충전하고 인버터의 전원을 공급한다.

② 축전지(Battery)
  입력 정전시 인버터에 전원을 공급하여 정해진 정전보상시간동안 출력을 공급한다. UPS용 축전지는 높은 신뢰성, 고에너지 밀도, 고출력 밀도, 긴 수명, 경제성이 요구된다.

연축전지와 알칼리축전지를 비교하면 다음과 같다.

종별		연(납)축전지		알칼리 축전지	
작용 물질	양 극 음 극 전해액	· 이산화연(PbO_2) · 연(Pb) · 황산(H_2SO_4)		· 수산화 니켈($NiOOH$) · 카드뮴(Cd) · 수산화 칼륨(KOH)	
공칭 전압		2.0[V]		1.2[V]	
공칭 용량		10시간율[Ah]		5시간율[Ah]	
방전 특성		보통	고율 방전에 우수하다.	보통 (고율 방전 특성이 좋은 것도 있다.)	특히 고율 방전 특성이 우수함
수 명		12~15년	7~10년	15~20년	15~20년
자기 방전		보통	보통	약간 적은 편임	약간 적은 편임
특징		· 수명이 길다. · 경제적이다.	· 고율 방전 특성이 좋다. · 경제적이다.	· 수명이 길다. · 기계적으로 견고하다. · 과방전, 과전류에 강하다.	· 고율 방전 특성이 좋다. · 소형이다.

③ 인버터부(Inverter)

직류전원을 교류전원으로 변환시키는 장치이다.

④ 동기절체스위치부(S/SW)

인버터부의 과부하 및 이상 시 예비 상용전원으로 절체한다.

7 무정전 전원 공급장치의 종류

(1) 온라인(On-Line)방식

① 개요 및 구성도

온라인 방식이란, 입력전원을 배터리 충전전압으로 바꾸고(AC → DC) 그 배터리 전압을 내부 인버터로 원하는 출력전압으로 바꾸는 방식이다. 입력과 관계없이 인버터를 구동하여 부하에 무정전 전원을 공급하는 방식으로 부하전류를 지속적으로 인버터에서 공급하기 때문에 특히 신뢰도를 요하는 방식이다. 주로 중용량에 사용된다.

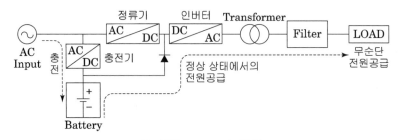

온라인(On-Line) 방식

② 장점 및 단점

장점	단점
· 입력전압의 변동에 관계없이 출력전압을 일정하게 공급한다. · 출력전압을 일정 범위(10[%]) 내에서 조정가능하다. · 입력전원의 정전시 끊어짐이 없는 무순단(無瞬斷)이다.(Off-Line 방식에서는 끊어짐이 발생한다) · 입력의 Surge, Noise 등을 차단하여 출력전원을 공급한다. · 회로구성에 따라 양질의 전원을 공급한다.	· Off-Line 방식의 비하여 가격이 비싸다. · Off-Line 방식의 비하여 전력 소모가 많다.(효율이 낮음) · 외형 및 중량이 커진다. · 회로구성이 복잡하여 기술력이 요구된다.

(2) 오프라인(Off-Line) 방식

① 개요 및 구성도

오프라인 방식이란, 정상시에는 직접 상용전원을 부하에 공급하며 정전시 배터리로(인버터를 동작하여) 전원공급을 하는 방식이다. 주로 소용량에 사용된다.

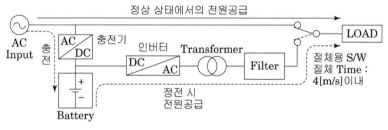

오프라인(Off-Line) 방식

② 장점 및 단점

장점	단점
· On-Line 방식의 비하여 가격이 저렴하다. · On-Line 방식의 비하여 전력 소모가 적다.(효율이 높음) · 소형화가 가능하다. · 회로구성이 간단하여 내구성이 높다.	· 입력의 변화에 출력이 변화한다. · 입력전원의 정전시 끊어짐이 발생한다. · 입력전원과 동기가 되지 않아 정밀급 부하에 적합하지 않다.

예제문제 01

다음 설명하는 변압기는 어떤 변압기인가?

"1978년 미국에서 최초로 시험 제작되었다. 우수한 자기특성에 의해 규소강판을 사용하고 있는 변압기에 비해 철손이 1/3에서 1/4정도로 저감시킬 수 있다."

① 아몰퍼스 변압기 ② 자구미세화 변압기
③ 몰드 변압기 ④ 건식 변압기

해설
아몰퍼스 변압기는 1978년 미국에서 최초로 시험제작 되었고 철심의 자성소재에 아몰퍼스 금속을 적용하여 그 우수한 자기특성에 의해 규소강판을 사용하고 있는 변압기에 비해 철손을 1/3에서 1/4배로 저감시킬 수 있다.

답 : ①

예제문제 02

다음 중 수변전 설비의 에너지 절약계획에 가장 적합한 것은? 【13년 1급 출제유형】

① H종 건식변압기를 사용한다.
② 2단 강압방식에서 1단 강압방식으로 변경한다.
③ 역률개선용 콘덴서를 분산설치에서 집중 설치방식으로 변경한다.
④ 변압기 뱅크는 부하군을 가급적 묶어 운용한다.

해설
· 유입 변압기에 비해서 절연유를 사용하지 않는 변압기를 건식변압기라 하며 화재의 위험성이 있는 장소의 전원 변압기로 사용되고 있다. 사용하는 절연물의 종류에 따라 건식변압기는 몇 가지 종류가 있다. 소용량의 경우에는 B종 대용량에서는 H종 건식 변압기가 주류를 이루고 있다. 수변전설비의 에너지 절약적 측면에서 볼 때 보다 효율이 높은 고효율 변압기(아몰퍼스 변압기, 자구미세화 강판 변압기 등)를 사용하는 것이 바람직하다.
· 2단강압 방식보다는 직강압방식이 전력손실이 더 작다.
· 변압기의 뱅크의 부하군은 용도별, 계절별 등으로 분리하여 설계하는 것이 바람직하다.

답 : ②

예제문제 03

수/배전 설비 계획시 전기에너지 소비를 최소화하기 위한 대책으로 적절하지 않은 것은?

① 수용율, 부등율 등을 적절하게 적용하여 변압기 용량이 최적화되도록 한다.
② 부하율 등을 고려하여 경부하시 일부 변압기가 운전 정지되도록 한다.
③ 부하의 운전방식에 따라 변압기의 운전대수가 제어될 수 있도록 한다.
④ 배전전압은 가능한 한 낮은 전압을 채택한다.

해설
전력손실은 전압에 제곱에 반비례하므로 배전전압은 가능한 한 높은 전압을 채택한다.

답 : ④

예제문제 04

수변전설비에 대하여 에너지 절약을 하기위한 방안을 나열한 것이다. 이중 잘못된 것
은 어느 것인가?

① 2난상압방식의 변압기 채택

② 변압기의 합리적 뱅크 구성 및 대수 제어

③ 역률개선용 콘덴서의 설치

④ 변압기 용량의 적정 설계

[해설] 수변전설비의 에너지 절약
· 저손실형 변압기의 채용   · 변압기 용량의 적정 설계
· 직강압방식의 변압기 채택   · 변압기의 합리적 뱅크 구성 및 대수 제어
· 최대수요전력의 제어   · 역률개선용 콘덴서의 설치
· 수변전설비의 중앙감시제어 채택

답 : ①

예제문제 05

빌딩설비나 공장설비의 각종 제어에서 전력제어와 관계가 가장 적은 것은?

① 전력수요제어(Power Demand Control)

② 역률제어(Power Factor Control)

③ 정전/복전제어, 부하 On/Off 제어

④ 냉난방 밸브제어

[해설]

1. 전력수요제어(Power Demand Control)
현재의 전력요금 체제가 최대 수요 전력계 (DEMAND METER)의 검침 당월을 포함한 직
전 12개월 중(최대 수요전력계 설치기간이 12개월 미만인 경우에는 그 기간 중) 최대 수
요 전력을 요금 적용 전력에 사용하므로 사용전력의 최대치 제어를 하여 전력요금을 감소
시키는데 목적이 있다.

2. 역률제어(Power Factor Control)
역률 측정은 MOF에 있는 무효, 유효 전력량을 검침 후 계산을 하여 전력요금에 적용을
하므로 역률을 일정치(90%~95%) 이상으로 유지하여 전력비용의 요금을 경감시키는데
가장 큰 목적이 있으며, 일반적으로 역률 개선용 콘덴서를 관리하는 것을 목적으로 한다.
부하 역률을 개선하기 위하여 역률을 계측하여 데이터 베이스상에 설정된 역률과 비교하
여 자동으로 콘덴서뱅크를 투입 차단하는 기능을 수행한다.

3. 정전/복전제어
한전 전원 정전시 VCB, ACB를 OPEN시키고 발전기를 자동으로 기동시켜 순차적으로
VCB, ACB를 CLOSE시켜 전력의 OVER LOAD를 방지하고 무인으로 전력제어를 수행하
는데 있으며, 복전시 발전기 정지 및 VCB, ACB를 자동으로 제어하여 전원 공급을 원활
히 하는데 목적이 있다.

4. 부하 On/Off 제어
계산된 조정전력에 따라서 부하를 차단시키거나 복귀 시킨다.

답 : ④

예제문제 06

건물에너지 관리시스템(BEMS)의 정전 및 복전에 관한 다음 설명 중 틀린 것은?

① 조명 제어반(LCP)에도 정전시나 복전 시에도 제어가 가능할 수 있도록 무정전 전원장치의 전원 공급이 필요하다.

② 복전 후에는 수변전 설비의 차단기 상태를 감시하여 정전시에 가동하고 있던 기기를 비롯 사전에 계획하고 있는 그 시간대의 Schedule을 적용, 정전 전의 가동기기를 재투입 한다.

③ 복전 시에는 지연시간을 감안하여 단시간에 전원공급이 한 곳으로 집중되는 것을 방지할 필요가 없다.

④ 정전 및 복전 시에는 설비제어 및 조명제어가 통합 구성되어 동력 상호간에 유기적인 연동에 따라 정전모드와 복전모드가 구성되며 공조부하의 기동전류에 의해 차단기가 Trip되는 현상을 예방한다.

[해설]
복전 시에는 지연시간을 감안하여 단시간에 전원공급이 한 곳으로 집중되는 것을 방지할 필요가 있다.

답 : ③

예제문제 07

다음 최대수요전력 제어방법의 설명 중 틀린 것은?

① 일정 시간대에 집중하는 부하가동을 다른 시간대로 옮기는 것이 곤란한 경우 목표전력을 초과하지 않도록 일시적으로 차단할 수 있는 일부 부하를 강제 차단한다.

② 최대수요전력을 구성하고 있는 부하 중 피크시간대에서 다른 시간대로 운전을 옮길 수 있는 부하를 검토하여 피크부하를 다른 시간대로 이행시킨다.

③ 부하특성을 면밀히 검토하여 목표전력을 초과하는 최대수요전력에 해당하는 부하를 자가용발전설비로 분담하게 한다.

④ 전력수요증가에 대응하고 부하율 향상을 통한 원가절감과 전력수급안정을 도모하기 위하여 발전소를 건설한다.

[해설] 공급자측에서 부하율 향상의 의미는 발전설비용량의 감소가 가능하다는 뜻이다.

답 : ④

예제문제 08

건축물에서 사용하는 전기설비 중 변압기에 관한 설명이다. 다음 보기에서 옳은 것 끼리 것을 묶은 것을 보기에서 고르시오.

───── [보기] ─────

(ㄱ) 변압기 철손은 부하의 증가에 따라 증가하는 손실을 말하며, 전기를 사용하지 않을 때에는 발생하지 않는다.

(ㄴ) 변압기 손실을 저감시키기 위해서는 권선의 단면적을 증가시켜야 한다.

(ㄷ) 변압기 열화진단 방법에는 유중가스분석법, 부분방전시험법, 적외선 진단법 등이 있다.

(ㄹ) VCB 2차측에 유입변압기를 설치할 경우에는 반드시 서지흡수기를 설치해야하며, 몰드 또는 건식변압기의 경우에는 그러하지 아니하다.

(ㅁ) 변압기에서 발생하는 손실을 최소화하기 위해서는 2단 강압방식보다는 One-Step방식을 채택한다.

(ㅂ) 변압기 용량을 산정시 수용률, 부등률, 등을 고려하며, 변압기 용량에 따른 적정한 부하용량을 선정하여야 한다.

① (ㄱ), (ㄷ), (ㅁ), (ㅂ)
② (ㄴ), (ㄷ), (ㅁ), (ㅂ)
③ (ㄱ), (ㄴ), (ㅁ), (ㅂ)
④ (ㄴ), (ㄷ), (ㄹ), (ㅁ)

[해설]

(ㄱ) 변압기 동손은 부하의 증가에 따라 증가하는 손실이다.

(ㄹ) 진공차단기 2차 측에 몰드 및 건식 변압기를 설치할 경우에는 서지흡수기를 설치한다.

답 : ②

예제문제 09

일반전원 또는 예비전원 등을 사용할 때 전압변동, 주파수 변동, 순간정전, 과도전압 등으로 인한 전원이상을 방지하고 항상 안정된 전원을 공급함을 목적으로 한 장치를 무정전 전원설비라 한다. 그림은 무정전 전원설비(UPS)의 기본 구성도이다. 이 그림을 보고 기기의 명칭과 주요기능의 설명이 틀린 것을 보기에서 고르시오.

구분	기기 명칭	주요 기능
①	컨버터	AC를 DC로 변환
②	축전지	컨버터로 변환된 교류 전력을 저장
③	인버터	DC를 AC로 변환
④	절체 스위치	상용전원 또는 UPS 전원으로 절체하는 스위치

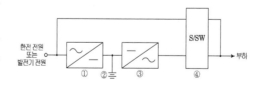

[해설]

컨버터로 변환된 직류 전력을 저장

답 : ②

예제문제 10

발전기에 무정전 전원장치(UPS: Uninterruptible Power Supply)가 연결되어 있다. 발전기의 운전 상태가 정상일 때, 전원공급 순서로 알맞은 것은?　【16년 기출문제】

> A : 전원입력
> B : 콘버터 (정류기) 동작
> C : 인버터 동작
> D : 배터리 충전과 동시에 인버터에 DC공급
> E : 출력공급

① A→B→D→C→E

② A→C→D→B→E

③ A→D→C→B→E

② A→D→B→C→E

해설

기기 명칭	주요 기능
컨버터	AC를 DC로 변환
축전지	직류전력을 저장하는 장치
인버터	DC를 AC로 변환

답 : ①

예제문제 11

수변전설비에서 에너지절약을 도모할 수 있는 방법이 아닌 것은?　【17년 출제문제】

① 고효율 변압기 채택

② 서지흡수기 설치

③ 역률자동조절장치 설치

④ 변압기 대수 제어

해설

서지흡수기는 수변전설비에서 내부이상전압에 대한 보호대책이며, 에너지절약과는 관련이 없다.

답 : ②

동력설비

1. 동력설비의 이해
2. 동력설비의 응용

CHAPTER 03 동력설비

1 동력설비의 이해

1. 동력설비의 분류

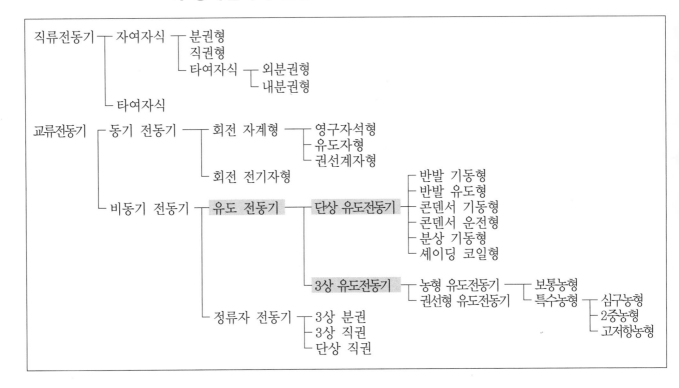

(1) 교류 전동기

필기 예상문제

직류전동기와 교류전동기의 구분 및 특성

① 가격이 저렴하고 구조가 간단하여 일반적으로 이용된다.

② 소형은 단상전동기, 중형 이상은 3상 유도 전동기가 많이 쓰인다.

(2) 직류 전동기

① 상용전원은 교류이므로 직류전동기 사용시 정류장치가 필요하다.

② 속도 조절이 간단하고, 고도의 속도제어가 요구되는 장소에 적당하다.

③ 기동토크가 크다.

2. 3상 유도전동기의 원리 및 종류

(1) 3상 유도전동기의 원리(아라고 원판의 원리)

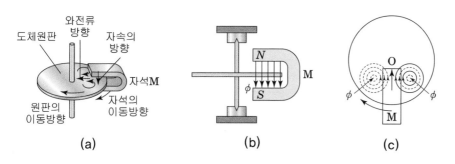

알루미늄(또는 구리) 원판에 자석을 회전시키면, 자석이 원판과 붙어 있지 않음에도 불구하고 원판은 자석의 회전방향으로 회전한다. (원판은 자석의 회전보다 느림)

영구자석을 회전시키면 자석에 의한 자속이 원판을 자르게 되므로, 전자유도법칙에(플레밍의 오른손 법칙) 의해 원판에는 맴돌이 전류가 흐른다. 이 맴돌이 전류와 자속과의 사이에 플레밍의 왼손법칙에 의해 자석의 이동 방향과 같은 방향으로, 전자력이 원판에 작용하여 원판은 자석이 이동하는 방향으로 움직인다. 즉, 유도되는 기전력 때문에 전류가 흘러 힘이 발생하기 때문에 이러한 전동기를 유도전동기라 한다. 이를 바탕으로, 유도전동기의 구조는 회전자계를 만드는 고정자권선, 도체에 유도전류를 흘려서 회전토크가 생기는 회전자로 되어 있다.

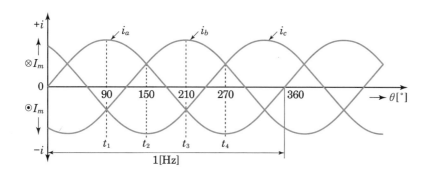

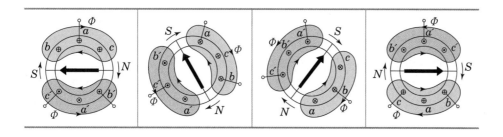

(2) 3상 유도전동기의 분류

3상 유도 전동기의 구조는 고정자(stator) 부분과 회전자(rotor) 부분으로 구성되고, 권선형 회전자와 농형 회전자가 있다. 이처럼 3상 유도전동기는 회전자의 형태에 따라 농형과 권선형으로 분류한다. 농형 유도전동기는 일반적으로 가장 많이 사용되는 유도전동기이지만 토크가 작기 때문에 펌프, 송풍기, 팬 등에 주로 사용된다.

농형 유도전동기	권선형 유도 전동기
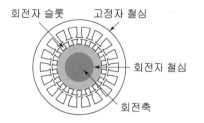	
농형 회전자의 철심은 원통형이다. 원 둘레 부분에 원형 또는 사각형 모양의 반폐 슬롯을 만든다. 그 슬롯 속에 구리 막대를 넣는다. 양 끝을 구리로 만든 단락 고리 도체에 접속시킨다.	농형 회전자의 철심과 같이 규소 강판으로 적층하여 만든 원통형이다. 슬롯의 모양은 그림과 같이 절연 코일을 삽입할 수 있는 반폐 슬롯이 사용된다.
구조가 간단, 튼튼하며 소형에 적합하다. 회전자를 직접제어 할 수 없어 고정자의 동기속도로 제어해야 하므로 제어가 곤란하다.(비례추이 불가능)	구조가 복잡하고 중·대용량에 적합하다. 2차저항을 조절하여 토크나 속도 등을 쉽게 제어 할 수 있어 기동 및 속도제어에 탁월하다.(비례추이 가능)

3. 3상 유도전동기의 특성

(1) 동기속도(회전자계의 속도)

$$n_s = \frac{2f}{P}[\text{rps}]$$

$$N_s = \frac{120f}{P}[\text{rpm}]$$

N_s : 동기속도

f : 주파수

P : 극수

(2) 슬립(slip)

3상유도 전동기는 항상 회전자기장의 동기속도 N_s[rpm]와 회전자의 속도 N[rpm] 사이에 차이가 생기게 된다. 이 때 속도의 차이(상대속도 : $N_s - N$)와 동기속도 N_s[rpm]와의 비를 슬립(slip) s라 한다. 전부하시의 슬립은 소용량기의 경우 5~10[%]정도이며 중·대용량기의 경우에는 2.5~5[%]정도이다.

$$슬립\, s = \frac{N_s - N}{N_s} \times 100 [\%]$$

$$N = (1-s)N_s [\text{rpm}]$$

$$N = \frac{120f}{P}(1-s)[\text{rpm}]$$

> N_s : 회전자계의 속도(동기 속도)[rpm]
>
> N : 회전자 속도(전동기의 실제 회전속도)[rpm]

|참고| 슬립과 유도 전동기의 특성

유도전동기 슬립 : $0 < s < 1$
$s = 1$ 이면 $N = 0$ 이고 전동기는 정지상태
$s = 0$ 이면 $N = N_s$ 가 되어 전동기가 동기속도로 회전

(1) 회전시 2차 주파수 : $f_2' = sf_1 [\text{Hz}]$
(2) 회전시 2차 기전력 : $E_2' = sE_2 [\text{V}]$
(3) 2차 동손 : $P_{c2} = sP_2 [\text{W}]$
(4) 2차 출력 : $P_o = (1-s)P_2 [\text{W}]$
(5) 2차 효율 : $\eta_2 = (1-s) = \dfrac{N}{N_s}$

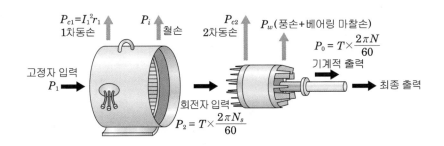

유도전동기 에너지변환에 대한 흐름

(3) 토크

전동기는 토크를 발생시키며 부하를 구동하여 일을 하는 전기기계이다. 토크의 단위는 [N·m] 또는 [kg·m]를 사용하고 이 경우의 kg은 질량 1kg의 물체에 작용하는 중력을 말하며 [kg중]으로 표현할 수 있다. 직선운동에 있어서의 힘에 해당하는 것이 회전운동에 있어서는 토크이다. 아래에는 토크의 특성에 대한 관계식을 나타낸 것이다.

 필기 예상문제

토크와 전압, 전류의 관계

① $T = 0.975 \dfrac{P_2}{N_s}[\mathrm{kg \cdot m}]$, $T = 0.975 \dfrac{P_0}{N}[\mathrm{kg \cdot m}]$

P_2 : 2차 입력 w : 회전자 각속도 N_s : 동기속도[rpm]

P_0 : 기계적 출력 w_s : 동기 각속도 N : 회전자 속도[rpm]

n_s : 동기속도[rps]

② $T \propto K\phi I$ 에서 $\phi \propto V$, $I \propto V$ 이므로 $T \propto V^2$, 혹은 $T \propto I^2$

(4) 전기사용 설비의 토크부하 특성

 필기 예상문제

제곱저감 토크부하의 부하특성 및 부하의 종류

구분 부하특성	내용	부하특성곡선
정토크부하	회전수가 달라져도 거의 일정한 토크를 요하는 부하로서, 부하를 구동시키는데 요하는 동력은 회전수에 비례한다.	기중기, 컴프레셔, 컨베이어
제곱저감 토크부하	회전수가 낮아지면 부하를 구동시키기 위한 토크도 작아지는 부하로서, 부하의 토크특성이 회전수의 제곱에 비례하고 동력은 회전수의 3승에 비례한다. 인버터를 적용하면 에너지 절약효과가 큼	팬, 송풍기, Blower, 펌프
정출력부하	회전수가 달라져도 정출력을 요하는 부하로서 회전수를 높이면 필요한 토크는 저감된다.	권취기, 압연기

4. 유도 전동기의 기동법

(1) 농형 유도전동기의 기동법

농형 유도 전동기의 기동 토크 T_s는 전압의 제곱에 비례한다. 따라서, 단자 전압을 감소시키면 전류는 감소하고 기동 토크도 감소하게 된다. 감전압 기동방식에는 $Y-\Delta$, 리액터, 콘도르퍼, 기동보상기법이 있다.

필기·실기 예상문제

농형 유도전동기의 기동법의 종류

분류		특징
전 전압 기동법		전동기에 별도의 기동창치를 사용하지 않고 직접 정격전압을 인가하여 기동 ① 5[kW] 이하의 소용량 농형 유도 전동기에 적용 ② 기동 전류가 정격 전류의 4~6배 정도이다.
감전압 기동법	$Y-\Delta$ 기동 방법	기동시 고정자권선을 Y로 접속하여 기동함으로써 기동전류를 감소시키고 운전속도에 가까워지면 권선을 Δ로 변경하여 운전 ① 5~15[kW] 정도의 농형 유도전동기 기동에 적용 ② Y로 기동시 전기자 권선에 가하여 지는 전압은 정격전압의 $\frac{1}{\sqrt{3}}$ 이므로 Δ 기동시에 비해 기동전류는 $\frac{1}{3}$, 기동토크도 $\frac{1}{3}$로 감소한다.

기동방식별 기동전류와 기동토크 비교

기동방식	기동전류	기동토크
전전압 기동(직입기동)	전부하 전류×5~7배	전부하전류×1~2배
Y-△기동	△운전의 $\frac{1}{3}$ 배	좌동
리액터 기동($\frac{1}{a}$ 배 감압시)	직입기동 $\times\frac{1}{a}$ 배	직입기동 $\times\frac{1}{a^2}$ 배

Y결선시	△결선시
• $I_Y = $ 상전류 $= \dfrac{\left(\dfrac{V}{\sqrt{3}}\right)}{Z} = \dfrac{V}{\sqrt{3}\,Z}$ • $V_Y = \dfrac{V}{\sqrt{3}}$	• $I_\triangle = \sqrt{3} \times$ 상전류 $= \sqrt{3} \times \dfrac{V}{Z}$ $\therefore \dfrac{I_Y}{I_\triangle} = \dfrac{\left(\dfrac{1}{\sqrt{3}}\right)}{\sqrt{3}} = \dfrac{1}{3}$ $\therefore \dfrac{T_Y}{T_\triangle} = \left(\dfrac{1}{\sqrt{3}}\right)^2 = \dfrac{1}{3}\,(\because T \propto V^2)$

분류		특징
감전압기동법	리액터 기동방법	전동기의 1차측에 직렬로 철심이 든 리액터를 설치하고 그 리액턴스의 값을 조정하여 전동기에 인가되는 전압을 제어함으로써 기동전류 및 토크를 제어하는 방식
	콘도로퍼법	기동보상기법과 리액터기동 방식을 혼합한 방식으로 기동시에는 단권변압기를 이용하여 기동한 후 단권 변압기의 감전압탭으로부터 전원으로 접속을 바꿀 때 큰 과도전류가 생기는 경우가 있는데 이 전류를 억제하기 위하여 기동된 후에 리액터를 통하여 운전한 후 일정한 시간 후 리액터를 단락하여 전원으로 접속을 바꾸는 기동방식으로 원활한 기동이 가능하지만 가격이 비싸다는 단점이 있다

필기·실기 예상문제

권선형 유도 전동기의 기동법의 종류

(2) 권선형 유도 전동기의 기동법

분류	특징
2차 저항법	기동저항기법이라고도 하며 기동 시 2차 저항의 크기를 조절하여 기동전류는 제한하고 기동토크를 크게 하는 방법이다.
2차임피던스	2차 저항에 리액터를 추가로 설치하여 기동전류를 제한하는 기동방식이다.
게르게스법	3상유도전동기의 두 선이 단락 시 속도가 정상속도의 반으로 줄어드는 게르게스현상을 이용한 방법으로 기동 시 두 선을 단락하고 전동기가 안정을 찾으면 단락을 풀어 정상속도까지 가속하는 방법이다.

5. 유도전동기의 속도제어 방법

방식		특징
2차 저항 제어법 (권선형)		· 정토크 특성이다. · 감속 시 효율이 저하하고 속도 변동률이 커진다. · 설비가 싸다
2차 여자법	셀비어스법	· 정토크 특성이다. · 효율이 좋다. · 설비가 고가
	크래머법	· 정출력 특성이다. · 효율이 좋다. · 설비가 고가이다.

방식	특징
1차 전압 제어법	・정토크 특성이다. ・효율이 낮다. ・설비가 싸다 ・대용량기에는 적용 곤란
극수 변환법	・연속적 속도제어는 불가능 하다. ・설비가 저렴하다.
주파수 제어법	・효율, 정밀제어가 양호하다. ・설비가 고가이다.

6. 단상 유도전동기

(1) 단상유도전동기의 회전

단상 유도 전동기의 회전자 구조는 3상 농형 유도 전동기의 회전자와 같이 농형이고, 고정자 권선은 단상 권선으로 되어있다. 아래의 그림과 같은 단상 유도 전동기의 고정자 권선에 단상 교류를 공급하면 권선의 축 방향으로 자속의 크기와 N, S 극성만 바꿔지는 교번 자기장(alternation field)이 발생한다. 교번 자기장에 의하여 회전자 도체에 유도 전류가 흐르게 되면, 회전자의 윗부분 도체에 발생된 전자력과 회전자의 아랫부분 도체에 발생된 전자력은 서로 크기가 같고 방향이 반대가 되어 전자력이 상쇄되므로 회전력이 발생하지 않아 기동할 수 없다.

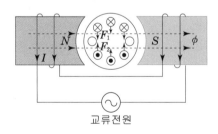

단상유도전동기의 전자력

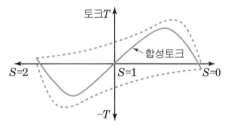

단상 유도전동기의 속도-토크곡선

(2) 단상 유도전동기의 특징

단상 유도전동기는 단상교류전원에서 간단히 사용할 수 있다. 가정용, 공업, 농업용 등에서 주로 1[kW] 이하의 동력용으로 사용되고 있다.

① 기동토크가 0이다.

② 2차 저항이 증가하면 토크는 감소한다.

③ 비례 추이할 수 없다.

④ 슬립이 0일 때에는 토크는 부(−)가 된다.

(3) 기동방식에 따른 단상 유도전동기의 분류

- 전기설비의 이해
  단상 유도전동기는 기동토크가 Zero이므로 기동법이 필요하다. 이 기동법에 따른 단상 유도전동기를 구분한다.

종류	특징	회로도
분상기동형	주권선과 보조 권선에 의해 회전 자기장을 만들어 기동시킨다. 기동 후 속도가 점차 증가하여 동기 속도의 70~80[%]가 되면 원심력 스위치(centrifugal switch) CS가 작동하여 보조 권선 회로가 개방되고 전동기는 주권선에 의해서 동작한다. 이 전동기는 주로 펌프, 소형 공작 기계, 공업용 재봉틀, 세탁기 등 소용량으로서 여러 분야에 가장 광범위하게 사용되는 전동기이다.	
셰이딩 코일형	셰이딩 코일형 유도 전동기(shaded-pole motor)는 고정자의 주 자극 옆에 작은 돌극을 만든다. 여기에 굵은 구리선으로 수 회 감아 단락시킨 구조의 전동기이다. 구조가 간단하고, 기동토크가 작고 효율 및 역률이 떨어지지만 회전방향을 바꿀 수 있는 장점을 지니고 있어 팬 부하에 널리 사용되고 있다.	
콘덴서/ 영구 콘덴서 기동형	콘덴서가 연결된 권선과 주권선 사이의 위상차로 회전 자기장이 만들어져 회전자를 기동시킨다. 콘덴서 기동형 전동기는 전해 콘덴서를 사용하며 정격 속도에 도달하면 회로에서 콘덴서를 개방시켜야 한다.	

	영구 콘덴서 전동기는 기동 토크가 낮으며 오일 콘덴서를 사용한다. 2중 콘덴서 전동기는 기동 토크가 매우 높다. 회전수가 일정 속도가 되면 전해 콘덴서를 회로에서 개방시킨다. 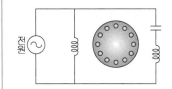
기타	• 반발 기동형 반발 기동 유도전동기는 기동시에는 반발 전동기로서 동작시키고 일정 속도에 달하면 정류자 세그먼트(segment)를 단락하여 유도 전동기로서 동작하는 전동기로서 브러시를 필요로 한다. • 반발 유도형 농형 권선과 반발형 전동기 권선을 운전 중 그대로 사용한다. 반발 기동형과 비교하면 기동 토크는 반발 유도형이 작지만, 최대 토크는 크고 부하에 의한 속도의 변화는 반발 기동형보다 크다.

예제문제 01

다음 중 교류 전동기에 속하는 것은?

① 분권전동기 　　　　　　　② 직권전동기
③ 복권전동기 　　　　　　　④ 유도전동기

해설 유도전동기
구조와 취급이 간단하고 기계적으로 견고하며, 가격이 비교적 싸고 운전이 대체로 쉽다.
건축설비에서 가장 널리 사용되고 있다.

답 : ④

예제문제 02

자기장 속에서 도선에 전류가 흐르면 그 도선이 힘을 받아 운동하는데 그 힘의 방향을 결정하는 방법으로 전동기에 적용되는 것은?

① 암페어의 주회적분 법칙 　　② 플레밍의 왼손 법칙
③ 패러데이의 법칙 　　　　　　④ 플레밍의 오른손 법칙

해설
플레밍의 왼손 법칙은 전동기에 적용되는 법칙으로 전동기의 힘의 방향을 알기 위해 사용된다.

답 : ②

예제문제 **03**

직류전동기에 관한 설명으로 옳지 않은 것은?

① 속도제어가 용이하고 기동토크가 크다.

② 분권전동기, 직권전동기, 복권전동기 등이 있다.

③ 상용전원을 사용하므로 어디에서나 손쉽게 사용할 수 있다.

④ 전기에너지를 기계적 에너지(회전력)로 변환하는 기계이다.

―――

해설

상용전원은 교류이므로 직류전동기 사용시 정류장치가 필요하다.

답 : ③

예제문제 **04**

권선형 유도전동기와 비교하여 농형 유도전동기가 가지고 있는 특징으로 잘못된 것은?

① 구조가 견고하고 취급 방법이 간단하다.

② 가격이 저렴하다.

③ 속도 제어가 곤란하다.

④ 기동 토크가 크다.

―――

해설

농형 유도전동기는 소용량의 기계 동력으로 사용되며 권선형과 비교하였을 때 기동토크
가 작다.

답 : ④

예제문제 **05**

다음 설명에 알맞은 전동기는?

> • 교류용 전동기이다.
> • 구조가 간단하여 취급이 용이하다.
> • 슬립링이 없기 때문에 불꽃의 염려가 없다.

① 분권전동기   ② 타여자전동기

③ 농형유도전동기   ④ 권선형유도전동기

―――

답 : ③

예제문제 06

3상 유도 전동기의 전압이 10[%] 낮아졌을 때 기동 토크는 약 몇[%] 감소하는가?

① 5

② 10

③ 20

④ 30

해설

$T \propto V^2$이므로 토크는 $(1-0.1)^2 = 0.81$로 감소한다.

그러므로, $1-0.81 \fallingdotseq 0.2$, 즉 20[%] 감소한다.

답 : ③

예제문제 07

농형유도전동기에 대한 설명으로 옳지 않은 것은?

① 구조가 간단하여 취급방법이 간단하다.

② VVVF(Variable Voltage Variable Frequency)방식으로 속도제어가 가능하다.

③ 기동전류가 커서 전동기 권선을 과열시키거나 전원 전압의 변동을 일으킬 수 있다.

④ 슬립링에서 불꽃이 나올 염려가 있기 때문에 인화성 또는 폭발성 가스가 있는 곳에서 사용할 수 없다.

해설

슬립링(slip ring)은 권선형 유도전동기에서 적용되는 것이다. 농형 유도전동기는 슬립링이 없으므로 불꽃이 나올 염려가 없다.

답 : ④

예제문제 08

Y-Δ 기동법은 어떤 전동기의 기동법인가?

① 직권 전동기

② 동기 전동기

③ 유도 전동기

④ 타 여자 전동기

답 : ③

예제문제 09

3상 농형 유도전동기를 기동시키는 다음의 방법들 중 기동 전류가 가장 작은 방법은?

① 전전압 기동

② Y-Delta 기동

③ 리엑터 80% Tap 기동

④ Auto transformer 80% Tap 기동

답 : ②

예제문제 10

농형 유도전동기의 기동법이 아닌 것은?

① 2차 저항기동   ② 직입기동

③ Y-Δ 기동   ④ 리액터기동

해설
2차 저항기동은 권선형 유도전동기의 기동법임

답 : ①

예제문제 11

유도전동기의 동기속도 N_s와 극수 P와의 관계 중 맞는 것은?

① $N_s \propto \dfrac{1}{P}$ ② $N_s \propto \sqrt{P}$

③ $N_s \propto P$ ④ $N_s \propto P^2$

해설
동기속도 N_s는 $N_s = \dfrac{120 \times f}{P}$ 에서 f는 주파수이고, P는 극수이므로 N_s는 극수 P와 반비례 관계에 있다.

답 : ①

예제문제 12

유도전동기는 구조와 취급이 간단하고 기계적으로 견고하며 가격도 비교적 저렴하여 여러 방면에 사용된다. 유도전동기의 설명 중 적절하지 못한 것은?

① 외부에서의 전력을 받아 회전자계를 만드는 고정자권선이 있다.

② 고정자철심과 유도전류를 받아 회전하는 회전자권선이 있다.

③ 회전자속도와 동기속도의 차, 즉 상대속도와 동기속도의 비를 슬립이라 한다.

④ 슬립은 무부하에서 0이고 전부하에서 20~30[%]정도이다.

해설
슬립은 무부하에서 0이고, 전부하에서는 3~10[%]정도이다.

답 : ④

예제문제 13

3상 농형유도전동기에서 극수 4, 주파수 60Hz, 슬립 4%일 때 회전수는 얼마인가?

① 1728[rpm]

② 1796[rpm]

③ 1800[rpm]

④ 1872[rpm]

해설 전동기 회전수

$$N = \frac{120f(1-s)}{P}$$

N : 회전수[rpm] f : 주파수 s : 슬립 P : 극수

$$\therefore N = \frac{120f(1-s)}{P} = \frac{120 \times 60 \times (1-0.04)}{4} = 1728[rpm]$$

답 : ①

예제문제 14

다음 중 3상 유도전동기의 회전속도를 증가시킬 수 있는 방법으로 가장 알맞은 것은?

① 극수를 증가시킨다.

② 슬립을 증가시킨다.

③ 주파수를 증가시킨다.

④ 기동법을 변화시킨다.

해설 전동기 회전수

$$N = \frac{120f(1-s)}{P}$$

N : 회전수[rpm] f : 주파수 s : 슬립 P : 극수

전동기 회전수는 주파수에 비례하고, 극수와 슬립수에 반비례한다.

답 : ③

예제문제 15

200[V], 50[Hz], 8극, 15[kW]인 3상 유도전동기의 전부하 회전수가 720[rpm]이면 이 전동기의 2차 동손[W]은?

① 590

② 600

③ 625

④ 720

해설 2차 동손

· 동기속도 : $N_s = \dfrac{120f}{P} = \dfrac{120 \times 50}{8} = 750[rpm]$

· 슬립 : $s = \dfrac{N_s - N}{N_s} = \dfrac{750 - 720}{750} = 0.04$

· 2차 입력 : $P_0 = P_2(1-s) \rightarrow P_2 = \dfrac{P_0}{1-s} = \dfrac{15 \times 10^3}{1-0.04} = 15625[W]$

$\therefore P_{c2} = sP_2 = 0.04 \times 15625 = 625[W]$

답 : ③

예제문제 16

유도전동기의 속도제어방법이 아닌 것은?

① 전압제어   ② 극수제어
③ 주파수제어   ④ 계자제어

해설
유도전동기에서 계자는 존재하지 않는다.

답 : ④

예제문제 17

유도 전동기의 속도 제어법 중 저항 제어와 무관한 것은?

① 농형 유도 전동기   ② 비례 추이
③ 속도 제어가 간단하고 원활함   ④ 속도 조정 범위가 적다.

해설 ·농형 유도 전동기의 속도 제어법(저항과 무관)
  ① 주파수를 바꾸는 방법
  ② 극수를 바꾸는 방법
  ③ 전원 전압을 바꾸는 방법

·권선형 유도 전동기의 속도 제어법
  ① 2차 저항을 제어하는 방법
  ② 2차 여자법 등이 있다.

답 : ①

예제문제 18

전동기 속도제어시 효율을 증대하기 위한 방안이 아닌 것은?

① 더 얇은 강판을 사용하여 와전류 손실을 줄인다.
② 팬 설계를 개선하여 풍손 및 마찰열을 줄인다.
③ 고효율 인버터를 채용한다.
④ 회전자 전류를 증가시킴으로써 회전자손실을 줄인다.

해설
회전자전류를 감소시킴으로써 회전자손실을 줄인다.

답 : ④

예제문제 19

3상 유도전동기에 공급되는 전원의 전압이 감소할 경우 발생되는 현상이 아닌 것은?

① 동기 속도가 감소한다.
② 기동 및 최대 토오크가 감소한다.
③ 전부하 전류가 증가한다.
④ 기동전류가 감소한다.

해설
동기 속도는 주파수가 낮아질 경우에 감소한다.

답 : ①

예제문제 20

전력부하의 토크 속도 특성에 의한 분류 중 적절하지 못한 것은?

① 저감 토크부하의 동력은 속도의 3승에 비례한다.
② 저감 토크부하의 토크는 속도의 2승에 비례한다.
③ 정 출력부하의 동력은 일정하다.
④ 정 출력부하의 토크는 속도에 정비례한다.

해설
정 출력부하의 토크는 속도에 반비례 한다.

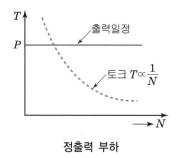

정출력 부하

답 : ④

예제문제 21

전동기의 부하토크 특성 중 저감토크 부하의 특성을 가장 옳게 표현한 것은?

① 토크가 회전수의 2승에 비례하는 부하
② 토크가 회전수에 관계없이 일정하며, 출력은 회전수에 비례
③ 출력은 회전수에 관계없이 일정하며, 토크는 회전수에 반비례
④ 토크가 회전수의 3승에 비례하는 부하

답 : ①

예제문제 22

전동기에 따라 변속되는 부하도 회전수에 따라 부하 고유의 토크를 요구한다. 다음에서 알맞게 짝지어진 것은?

① 정토크 부하 : 권취기
② 정출력 부하 : 펌프
③ 저감토크 부하 : 송풍기
④ 정출력 부하 : 콘베이어

해설

부하의 토크 특성	정의	적용 예
정토크 부하	토크가 회전수에 관계없이 일정하며 출력은 회전수에 비례하는 부하	기중기, 컴프레셔, 컨베이어
저감토크 부하 (2승토크)	토크가 회전수의 2승에 비례하는 부하	팬, 송풍기, Blower, 펌프
정출력 부하	출력이 회전수에 관계없이 일정하며 토크는 회전수에 반비례	권취기, 압연기

답 : ③

예제문제 23

다음 전동기에 대하여 맞는 것은?

① 전동기 기동방식 중 Y-△의 경우 △결선 기동, 정상운전 시 Y결선으로 운전한다.
② 전동기 속도 변환 방식 중 극수변환 방식의 경우 속도조절이 간단하고, 극수를 변경시킴으로써 연속적인 속도조절이 가능하다.
③ 권선형 유도전동기의 경우 회전자에 2차저항을 연결하여 기동 시 저항 값을 최소로 하여 기동전류를 낮추고, 회전속도가 증가함에 따라 저항 값을 서서히 증가시킨다.
④ 열동계전기 온도감지형은 고정자의 온도 증가 보다 회전자의 온도 증가가 더 빠르기 때문에 회전자과열은 보호하지 못하는 단점이 있다.

해설
① 전동기 기동방식 중 Y-△의 경우 Y결선으로 기동, 정상운전 시 △결선으로 운전한다.
② 전동기 속도 변환 방식 중 극수변환 방식의 경우 속도조절이 복잡하고, 극수를 변경시키므로 연속적인 속도조절이 불가능하다.
③ 권선형 유도전동기의 경우 회전자에 2차저항을 연결하여 기동 시 저항 값을 최대로 하여 기동전류를 낮추고, 회전속도가 증가함에 따라 저항 값을 서서히 감소시킨다.

답 : ④

예제문제 24

단상 유도 전동기에 대한 설명이 아닌 것은?

① 일반 가정 및 농어촌에서 소용량의 전동기로 사용한다.
② 교번 자기장이 발생한다.
③ 회전자를 손으로 약간만 돌려주면 그 방향으로 회전을 시작한다.
④ 기동 토크가 매우 크다.

해설
단상 유도전동기는 기동 토크가 0이다.   **답 : ④**

예제문제 25

다음 중 단상 유도 전동기에 속하지 않는 것은?

① 권선형   ② 분상 기동형
③ 콘덴서 기동형   ④ 영구 콘덴서형

해설
권선형은 3상 유도전동기이다.   **답 : ①**

예제문제 26

구조는 콘덴서의 원심력 스위치가 보조 권선에 직렬로 접속 되어 있으며, 주권선과 보조 권선의 위상차가 거의 90°에 가깝게 차이가 나서 기동 토크가 매우 큰 단상 유도 전동기는?

① 분상 기동형   ② 셰이딩 코일형
③ 콘덴서 기동형   ④ 권선형

답 : ③

예제문제 27

전동기의 입, 출력 및 효율에 대한 설명 중 옳지 않은 것은?

① 전동기에서 몇 [kW]라 함은 출력이다.
② 입력 $= \dfrac{출력}{효율}$ 이다.
③ 고효율 전동기의 효율은 용량에 따라 다르지만, 일반형 전동기 효율보다 3~5[%] 높다.
④ 정격보다 전압이 낮아지면 시동 및 최대토크가 감소하여 전부하 효율이 상승한다.

해설
전동기의 단자 전압이 저하하거나 상승하여 정격치를 유지하지 않을 시에는 토크 및 전부하 효율이 감소하므로 원인을 분석한 후 변압기의 탭 조정이나 역률 향상 등을 도모하여 정격전압이 유지되도록 해야 한다. → ④ 전부하 효율이 감소한다.   **답 : ④**

2 동력설비의 응용

1. 펌프의 특성

(1) 소요동력

필기·실기 예상문제

펌프의 소요동력계산

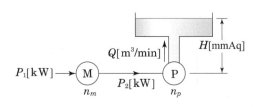

$Q[\mathrm{m^3/min}]$: 유량

$H[\mathrm{mmAq}]$: 양정

$\eta_m[\%]$: 전동기 효율

$\eta_p[\%]$: 펌프효율

K : 전달계수/여유계수

① 양수 동력 $P_1 = \dfrac{9.8\,Q[\mathrm{m^3/s}] \times H[\mathrm{m}]}{\eta_p \times \eta_m}K\,[\mathrm{kW}]$

$= \dfrac{Q[\mathrm{m^3/min}] \times H[\mathrm{mmAq}]}{6120\,\eta_p\,\eta_m}K\,[\mathrm{kW}]$

② 축동력 $P_2 = \dfrac{9.8\,Q[\mathrm{m^3/s}] \times H[\mathrm{m}]}{\eta_p}[\mathrm{kW}]$

$= \dfrac{Q[\mathrm{m^3/min}] \times H[\mathrm{mmAq}]}{6120\,\eta_p}[\mathrm{kW}]$

(2) 펌프의 상사(相似)법칙

필기 예상문제

토출량, 양정, 소요동력과 회전수
와의 관계

상사법칙 : 서로 기하학적으로 상사인 펌프라면 회전차 부근의 유선방향 즉, 속도삼각형도 상사가 되어 2대의 펌프의 성능과 회전수, 회전차직경과의 사이에 다음의 법칙이 성립한다.

① 토출량비

$$\frac{Q_2}{Q_1} = \left(\frac{N_2}{N_1}\right)^1$$

⇒ 토출량은 속도에 비례한다. $Q \propto N$

② 전양정비

$$\frac{H_2}{H_1} = \left(\frac{N_2}{N_1}\right)^2$$

⇒ 정압(유압)은 속도의 2승에 비례한다. $H \propto N^2$

③ 동력비

$$\frac{P_2}{P_1} = \left(\frac{N_2}{N_1}\right)^3$$

⇒ 소요동력은 속도의 3승에 비례한다. $P \propto N^3$

즉, 토출량(Q_1), 전양정(H_1), 동력(P_1)의 대응점 Q_2, H_2, P_2는 속도비의 1승, 2승, 3승에 정비례의 관계에 있다.

(3) 펌프의 성능곡선

① 펌프의 운전점

일정 회전수에서 운전되는 펌프의 H-Q성능은 체절점(Shut off head), $Q = 0$에서 $Q = $ 최대까지 광범위하게 표시되지만 실제적으로는 시스템 커브 $H - Q$성능곡선과의 교점이 운전점이 되고 그 점에서 양정[m], 동력, 효율 등이 결정된다.

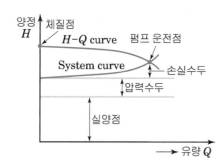

시스템 커브 구성요인

② 펌프의 성능곡선의 변경

펌프를 단독으로 운전할 때 밸브, 회전수, 임펠러, 양정 등의 변화에 따라 펌프의 성능이 변한다.

• 스로틀 밸브 제어

스로틀 밸브는(밸브는 시스템에서 저항을 높임) 운전점이 조정이 가능하도록 펌프와 직렬로 설치한다. 펌프의 유량은 토출 측 밸브의 개폐 정도를 조절하여 시스템 커브를 인위적으로 조정함으로써 가능하다.

필기 예상문제

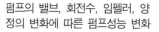
펌프의 밸브, 회전수, 임펠러, 양정의 변화에 따른 펌프성능 변화

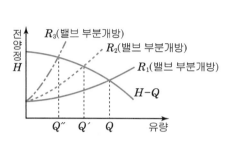

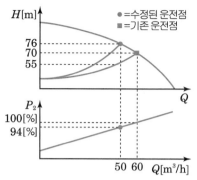

상대적인 소비동력 – 스로틀 콘트롤

• 회전수 제어

펌프의 회전수가 제어 될 때, 펌프의 유량 및 양정은 감소한다. 펌프의 회전수를 조정하면 유량은 양정에 대해서 상사의 법칙에 따라 원점에서부터 2차곡선으로 나타난다.

한편, 소비동력은 정속 운전 시 동력에 비해 65[%] 가까이 감소하게 된다.

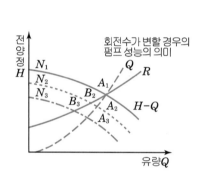

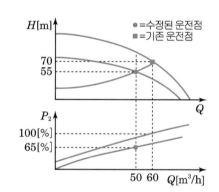

• 임펠러 직경의 변경

임펠러 직경을 기존보다 줄이면 펌프의 유량 및 양정은 감소한다. 만약 유량이 20[%] 감소하면 처음 운전점 보다 소비동력은 67[%] 가까이 감소하게 된다.

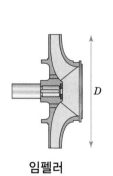

임펠러

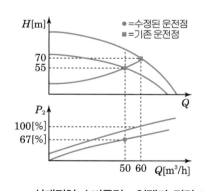

상대적인 소비동력 – 임펠러 직경 조정

• 바이패스 제어

시스템의 유량을 제어하기 위해 바이패
스 운전을 한다. 만약 바이패스 밸브를
열어 펌프양정을 떨어트리면 유량은 증
가한다. 그러나 이때 소비동력은 처음의
운전점보다 10[%] 이상 증가하며 이것이
바이패스 제어의 단점이다.

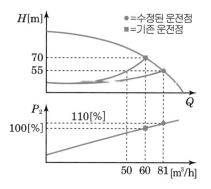

상대적인 소비동력 – 우회 콘트롤

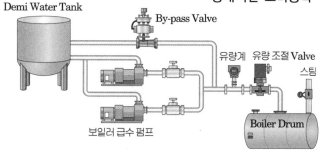

(4) 펌프의 조합운전

① 펌프의 직렬운전

• 특성이 동일한 펌프의 직렬운전

직렬운전의 목적은 토출양정을 높이기 위한 것이다.(모든 펌프가 하나의 토
출배관으로 동시에 토출함) 예를 들어 배관이 길 경우, 배관손실을 보상하기
위하여 부스팅용 펌프를 채용하거나, 배관로에 추가적인 설비로 인한 압력손
실을 보상하기 위해 운전한다. 또 다단 펌프의 경우는 동일한 펌프를 다수
직렬로 배열한 경우라고 할 수 있다. 직렬운전시 동일유량을 유지하면서 압
력만을 보상해야 하므로 각 펌프에서의 동일한 압력배분을 위해서도 펌프의
특성은 동일해야 한다. 아래 그림은 동일한 특성곡선을 직렬로 할 경우의 합
성 특성곡선이다. 그림에서 계통의 저항곡선 R이 A점에서 운전할 경우 각
펌프에 걸린 압력은 H_1으로 동일함을 알 수 있다.

필기 예상문제

펌프의 직렬운전, 병렬운전의
특징

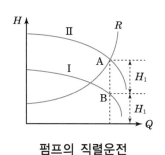

펌프의 직렬운전

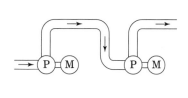

직렬운전

• 특성이 다른 펌프의 직렬운전

특성이 상이한 펌프를 직렬운전할 경우는 아래 그림과 같이 각 펌프에 걸리는 압력이 특성 I 인 경우는 H_1 으로 극히 작고, 특성 II 인 경우는 H_2 가 커져서 각 펌프의 효율이 극히 악화될 경우도 있다는 것을 볼 수 있다. 즉, 직렬운전은 여러 가지 문제가 발생할 수 있으므로 여러 가지 측면에서 접근해야 한다. 이때에는 특성이 동일한 펌프로의 교체를 고려해 볼 수 있다.

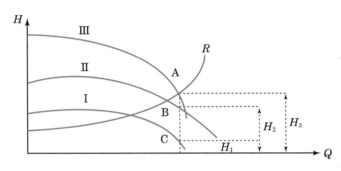

특성이 상이한 펌프의 직렬운전

② 병렬운전

병렬운전의 목적은 유량을 증가시키기 위한 것이다. (병렬연결은 2대 이상의 펌프의 운전과 관련이 있으며 모든 펌프는 공유된 토출배관으로 동시에 토출한다.) 예를 들어 유량 변동의 폭이 큰 경우 펌프의 투입대수를 조절하여 운전하는 것이다. 산업체에서의 병렬운전방법은 동일 양정에서 유량이 많거나, 생산량의 증가에 따라 유량의 증가가 필요할 때 적합하다.

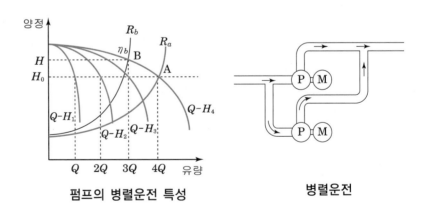

펌프의 병렬운전 특성   **병렬운전**

(5) 펌프의 전력사용 합리화

① 적정양정운전
② 부스터(Booster)이용
③ 주밸브에 의한 교축손실 방지
④ 위치수두 이용
⑤ 적당한 펌프 단수조정

필기·실기 예상문제

펌프의 전력사용 합리화 방안에 대한 이해

2. 송풍설비

(1) 풍량조절 방법과 에너지 절감

필기 예상문제

풍량조절 방법에 따른 에너지절감의 크기

① Damper 제어

Damper를 조작하여 저항곡선을 변화시켜 주는 원리이다. 그러나 이 방법은 간단하고 설치비가 저렴하나 소비동력이 커서 비경제적이다. 또한, 소풍량 영역에서는 서징 현상을 피할 수 없다. 그러므로 소동력이거나, 풍량조절 범위가 작을때에만 채용하는 것이 바람직하다.

③ 회전수 제어

송풍기 법칙에 따라 풍량을 조절하는데 있어 에너지 절감의 효과가 크다.

④ 송풍기 조합운전

• 병렬 운전

동일 Fan을 두 대 병렬로 배치하여 필요 풍량을 늘리거나 Stand-By 용으로도 사용한다.

(그러나 두 대 운전시의 풍량이 한 대 운전 풍량의 두배가 되지는 않음)

• 직렬 운전

압력을 상승시키고 싶을 때 사용하는 방법으로 풍량도 함께 늘어난다. (역시 실제 운전점의 압력은 두배로 되지는 않음)

(2) 송풍설비의 이용합리화

산업체에 설치되어 있는 보일러는 연료를 연소시키기 위해 급기송풍기를 갖추고 있다. 일반적으로 송풍량은 연료에 비례하여 댐퍼의 개도를 자동 제어하므로 여기서의 댐퍼손실은 불가피하게 발생되고 급기장치 계통의 관로손실은 고정손실이 거의 없는 저항곡선이며, 대부분이 열교환기, 집진설비 등의 유량의 제곱에 비례하는 압력손실을 갖는다.

필기·실기 예상문제

송풍설비 회전수 제어시의 효과

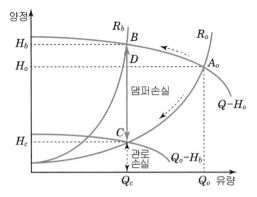

보일러 급기 송풍기에서의 댐퍼손실 저감분석

이러한 경우는 그림에서와 같이 보일러 100[%] 부하에서는 A_0점에서 운전하다가 보일러 부하가 감소하면 급기량이 적어지므로 운전점은 B로 이동하게 되어 댐퍼 교축손실이 선 BC처럼 크게 된다. 이러한 댐퍼손실을 감소하기 위해서는 급기 자동제어시, 댐퍼의 개도를 100[%] 열고 급기송풍기의 회전수를 제어하는 방법(인버터, 유체커플링 등)를 채택할 수 있다. 즉, 성능곡선에서 A_0점에서 2차 곡선 R_0를 따라 C점으로 이동 운전하게 된다. 이때의 절감전력은 그림에서 면적 CBH_bH_c에 해당된다.

3. VVCF 및 인버터(VVVF)

(1) VVCF 방식

① 정의

VVCF(Variable Voltage Constant Freguency), 가변전압 일정주파수 제어는 경부하시 전압을 감소시켜 철손을 줄이고, 동손을 일치시킴으로써 효율을 극대화시키고 전압을 낮춤으로써 입력 전력도 감소하는 효과를 가진다.

VVCF는 싸이리스터로 구성되어 제어회로에서 주어지는 신호에 따라 주기적으로 ON/OFF 하여 전동기에 인가되는 전압을 조절하는 기능을 한다. 즉 전원전압의 일부를 잘라냄으로써 전동기의 인가전압의 실효치를 줄여주게 된다.

② VVCF의 적용 효과가 큰 전동기

■ 전기설비의 이해
VVCF의 효과적인 장소

- 전체 평균 운전부하율이 50[%] 이하인 전동기
- 무부하상태 운전이 많거나 Loading과 Unloading이 빈번한 전동기
- 실제 부하에 비해 전동기 용량이 과설계되어 부하율이 낮은 전동기
- 운전중 속도제어가 불필요하지만, 기동때에는 유연기동(Soft-Start)이 필요한 전동기
- 기동정지 횟수가 많은 전동기

(2) VVVF(인버터)

① 정의

VVVF는 Variable Voltage Variable Frequency의 약자이며 가변전압 가변주파수 제어방식이다. INVERTER 또는 VFD 라고도 하고, 상용전원의 전압과 주파수를 가변시켜 전동기에 공급함으로써 전동기의 회전속도를 자유롭게 제어하는 전동기 가변속 제어장치이다.

 필기 예상문제

인버터 적용시 효과

② VVVF 적용 시 장점

- SOFT START 기동 : 정격전류의 100[%]이내에서 기동한다.
- 정밀한 유량 제어가 가능하다.
- PEAK 전력이 감소한다.
  → 전동기 수명이 연장된다.
  → 기존 ON/OFF 제어방법은 잦은 기동으로 인한 전동기의 베어링마모, 파손 등이 있는 반면, VVVF 제어방법은 연속적이고 부드러운 가변속 운전이 가능하다.
- 에너지 절감 효과가 있다. (40[%] 이상)
- FAN, PUMP 운전소음이 감소한다.
- 배관의 과다 압력 방지, 누수 방지효과가 있다.

(3) 인버터 방식과 유체커플링 방식 비교

① 인버터 제어방식 : 유도 농형전동기, 유도 권선형전동기, 동기전동기 등
② 유체커플링 방식 : 구동체가 전동기나 원동기에 구분하지 않고 적용됨

인버터와 유체커플링의 비교

비교 항목		인버터	유체 커플링
속도 제어 범위		0~100[%]	30~95[%]
효율	90[%] 속도	97.5[%]	88[%]
	80[%] 속도	97[%]	76[%]
	70[%] 속도	96.3[%]	65[%]
	60[%] 속도	95.4[%]	52[%]
기동 전류		정격 전류 이내에서 기동	정격 전류의 200~300[%]
최대 속도		전동기 정격 속도 이상 가능	별도의 장치에 의한 속도 증가
CRAWL		전 운전 영역에서 안정된 운전	저속에서 발생

4. 고효율 전동기

(1) 고효율 전동기의 특징

① 손실저감 ② 수명이 길어짐

③ 정숙운전 ④ 유지 보수비용 감소

⑤ 높은 호환성

(2) 고효율 전동기가 효과적인 장소

① 연(年)간 가동률이 높고 연속운전이 필요한 장소 또는 시설

예 펌프, 콤프레셔 등

② 전원용량/수전용량이 부족한 곳, 계절적인 Peak 부하 같은 전력 다소비로 증설이 제한되는 장소에 효과적이다.

③ 주변 환경이 가혹하거나 장시간 가동되는 장소

예 화학, 펄프, 제지, 시멘트 등

④ 주위 온도가 높은 장소

⑤ 정숙 운전이 필요한 장소

(3) 건축전기 설비 설계시 설비별 에너지 절약 기술

① 고효율 전동기 채용

② 전동기 VVVF(인버터) 제어방식 채택

③ 진상용 콘덴서 설치

④ 배전전압의 승압화

예제문제 01

어떤 펌프가 양정 30[m], 수량 600[m³/h]로 양수하고 있다. 현재의 소비전력은 100 [kW]로 측정되었으며, 전동기의 효율을 92[%]로 가정하면 현재의 펌프 운전효율은 얼마인가?

① 0.453 ② 0.498

③ 0.512 ④ 0.533

해설

P : 소비전력[kW], H : 양정[m], Q : 유량[m³/min],

η_p : 펌프 효율, η_m : 전동기 효율

$H = 30[\text{m}] = 30000[\text{mmAq}]$

$Q = \dfrac{600}{60} = 10[\text{m}^3/\text{min}]$

$P = \dfrac{QHK}{6120\eta_p\eta_m}$

$\eta_p = \dfrac{QHK}{6120\eta_m \times P} = \dfrac{10 \times 30000 \times 1}{6120 \times 0.92 \times 100} ≒ 0.533$

답 : ④

예제문제 02

어떤 펌프가 양정 40[m], 수량 800[m³/h]로 양수하고 있다. 현재의 소비전력은 150[kW]로 측정되었으며, 전동기의 효율은 93[%]로 가정하면 현재의 펌프 운전효율은 얼마인가? 또 이를 동일 양정, 동일 유량, 효율 75[%]의 펌프로 교체한다면 연간 전력 절감량은?(단, 전동기는 그대로 사용, 연간 가동시간은 7200시간일)

① 37[%], 540[MWh]　　　　　　② 39[%], 518[MWh]

③ 54[%], 302[MWh]　　　　　　④ 62[%], 180[MWh]

해설

양정 $H = 40000[\text{mm Aq}]$

수량 $Q = \dfrac{800}{60} = 13.33[\text{m}^3/\text{min}]$

(1) $P = \dfrac{QHK}{6120\eta_p\eta_m}$ 에서

　$\therefore \eta_p = \dfrac{QHK}{6120\eta_m \times P} = \dfrac{13.33 \times 40000 \times 1}{6120 \times 0.93 \times 150} \times 100 = 62[\%]$

(2) $P' = \dfrac{13.33 \times 40000 \times 1}{6120 \times 0.75 \times 0.93} = 125[\text{kW}]$

　$\therefore \triangle W = (150 - 125) \times 7200 = 180000[\text{kWh}] = 180[\text{MWh}]$

답 : ④

예제문제 03

다음 표에서 빈칸에 알맞은 것은?

구분	유량[m³/h]	양정[m]	펌프효율[%]	모터효율[%]	소비전력[kW]
측정결과	400	10	75	92	

① 12.8　　　　　　② 15.8

③ 18.8　　　　　　④ 21.8

해설

P : 소비전력[kW], H : 양정[m], Q : 유량[m³/min]

η_p : 펌프 효율, η_m : 전동기 효율

$Q = \dfrac{400}{60} = 6.67[\text{m}^3/\text{min}]$

$H = 10[\text{m}] = 10000[\text{mm Aq}]$

$P = \dfrac{QHK}{6120\eta_p\eta_m} = \dfrac{6.67 \times 10000 \times 1}{6120 \times 0.75 \times 0.92} = 15.8[\text{kW}]$

답 : ②

예제문제 04

가로 9[m], 세로 5[m], 높이 6[m]의 수조에 물이 가득 차 있다. 이 물을 펌프를 이용하여 150[m] 높이에 1시간 30분 동안 양수하고자 한다. 펌프의 축동력은 몇 [kW]가 필요한가?(단, 펌프 효율은 75[%]이고, 다른 요인은 고려하지 않는다.)

① 98

② 9.8

③ 980

④ 0.98

해설

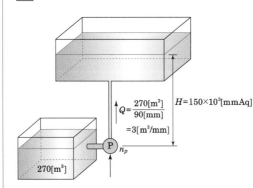

$$P[kW] = \frac{QHK}{6120n_P}$$

$$= \frac{3 \times 150 \times 10^3 \times 1}{6120 \times 0.75} = 98[kW]$$

답 : ①

예제문제 05

전동기의 효율 93%, 소비전력 180kW인 펌프가 양정 50m, 유량 700m³/h로 연간 6,500 시간 운전하여 양수하고 있다. 이를 동일 전동기, 양정, 유량의 펌프효율 78%인 고효율 펌프로 교체하여 동일한 시간 운전한다면 연간 전력절감량(kWh/년)은 얼마인가?

① 195,600

② 246,8700

③ 251,650

④ 316,225

해설

$$펌프\,교체시\,펌프의\,소비전력 = \frac{9.8 \times \frac{700}{3600} \times 50}{0.93 \times 0.78} = 131.35[kW]$$

$$\therefore 절감전력량 = (180 - 131.35) \times 6500 = 316,225[kWh]$$

답 : ④

예제문제 | 06

동일 사양의 펌프 2대를 병렬 운전하는 상태에서 펌프 1대를 정지시킬 경우 계속 운전되는 펌프 1대가 담당하는 운전상태 변화로 맞는 것은?

① 운전양정 감소, 펌프 1대당 운전유량 감소, 펌프 1대당 소비전력 감소
② 운전양정 증대, 펌프 1대당 운전유량 증대, 펌프 1대당 소비전력 증대
③ 운전양정 증대, 펌프 1대당 운전유량 감소, 펌프 1대당 소비전력 감소
④ 운전양정 감소, 펌프 1대당 운전유량 증대, 펌프 1대당 소비전력 증대

解說

병렬운전을 행하고 있는 펌프 중 1대를 정지하여 단독운전을 해도 유량은 절반 이상이 된다. 이 또한 관로 저항의 증가, 시스템 압력의 증가 등에 기인한다.

답 : ④

예제문제 | 07

펌프의 운전 상태를 점검한 결과 다음과 같은 결과를 얻었다. 이중 개선이 필요한 부분을 종합한 것은?

> ㉠ 장차 용량 증대를 고려하여 펌프 용량에 여유가 있다.
> ㉡ 밸브로 유량을 교축하여 사용하고 있다.
> ㉢ 인버터 등을 사용하여 수요에 연동한 변속운전을 하고 있다.
> ㉣ 펌프가 노후되어 운전효율이 낮다.

① ㉠, ㉡
② ㉠, ㉡, ㉢
③ ㉠, ㉢
④ ㉠, ㉡, ㉣

답 : ④

예제문제 | 08

고효율 전동기에 대한 설명 중 적합하지 않은 것은?

① 고효율 전동기는 온도가 높은 곳에 부적합 하다.
② 표준형 전동기에 비해 효율이 4~10[%] 가량 높다.
③ 고절연재 사용으로 수명이 표준형 전동기에 비해 길다.
④ 장려금 지원 및 세제 감면 등으로 인해 경제성이 높다.

解說

온도상승에 F종 절연 사용하여 높은 곳에 사용하여도 무방하다.

답 : ①

예제문제 **09**

VVCF를 설명한 내용 중 적합하지 않는 것은?

① 부하율이 낮을수록 전력절감 효과가 크다.

② 주파수는 일정하게 전압은 부하에 따라 가변시키는 장치이다.

③ 정격운전 시 절감효과가 크다.

④ 무부하 또는 부분부하 운전이 많은 설비에 적용시 절감 효과가 크다.

해설

VVCF는 평균 운전부하율이 50[%] 이하인 전동기 또는 무부하운전이 많거나 Loading과 Unloading이 빈번한 전동기에서 사용할 때 절감효과가 크며, 정격운전 부하에서는 절감효과가 크지 않다.

답 : ③

예제문제 **10**

소각로 급기 Fan의 송풍량을 댐퍼를 교축하여 Q_2에서 Q_1으로 감소시켰다. 운전점 B에서의 덕트마찰손실 및 인버터 도입 시 절감전력은?

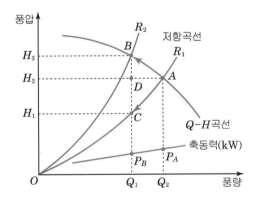

① 덕트 마찰손실 : $H_3 H_1$, 인버터 도입 시 절감전력 : 면적 $H_1 CBH_3$

② 덕트 마찰손실 : OH_1, 인버터 도입 시 절감전력 : 면적 $H_1 CBH_3$

③ 덕트 마찰손실 : $H_3 H_2$, 인버터 도입 시 절감전력 : 면적 $H_2 DBH_3$

④ 덕트 마찰손실 : $H_2 H_1$, 인버터 도입 시 절감전력 : 면적 $H_1 CDH_2$

해설

$A \rightarrow B$: 댐퍼 교축운전 , $A \rightarrow C$: 인버터 제어

답 : ②

예제문제 11

우리나라 총 소비전력의 약 60~70[%] 정도가 전동력 설비를 통하여 소비된다.
이러한 전동력 설비의 효율적인 운전 관리 방안이 아닌 것은?

① 전압은 전력과 직접 관련이 없으므로, 정격전압을 유지하는 것은 기기의 보호, 안
　전면에서만 검토한다.
② 경부하 운전을 지양한다. 유도전동기는 80~100[%]에서 효율이 최대가 되므로 상
　시 전부하 운전인 경우 적정용량으로 교체 검토한다.
③ 공운전을 방지한다.
④ 전압의 불평형을 방지한다.

답 : ①

예제문제 12

다음은 펌프에서의 밸브개도조절과 회전수 제어시의 전력절감 개념을 나타낸 특성도
이다. 현재의 운전은 밸브 교축운전으로 B점이다. 이를 회전수 제어운전으로 개선했
을 때의 설명으로 맞지 않는 것은?

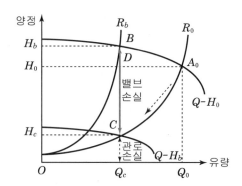

① 회전수 제어 시 운전점은 C이다.
② 밸브에 의한 양정손실은 선BC이다.
③ 밸브를 100[%] 열고 회전수 제어운전 시는 저항 R_0에 따라 이동한다.
④ 회전수 제어 시 전력절감은 면적$(H_0 - D - B - H_b)$에 비례한다.

해설
· 회전수 제어 운전 : B점에서 C점으로 운전
· 회전수 제어 운전으로 개선 시 전력 절감량
　ΔP＝면적$(O - Q_c - B - H_b)$－면적$(O - Q_c - C - H_c)$
　　　＝면적$(H_c - C - B - H_b)$

답 : ④

예제문제 13

유량 및 양정을 적정화 할 수 있는 방안 중 잘못된 적용사례는?

① 초기 설계시 과대한 여유 등으로 유량 및 양정이 크며, 운전점의 변동 폭이 적은 경우 – 인버터 제어
② 전양정이 거의 일정하고 유량만 변동되는 경우 – 병렬 대수제어
③ 유량은 일정하고 전양정이 변동되는 경우 – 직렬 운전
④ 유량이 과대하게 커서 운전 및 정지를 반복하는 경우 – 적정 펌프로 교체

해설
초기 설계시 과대한 여유 등으로 유량 및 양정이 큰 경우에는 적정 펌프로 교체하는 것이 좋다.

답 : ①

예제문제 14

다음의 펌프 유량제어방식을 효율이 높은 순으로 나열한 것은?

㉠ 콘트롤밸브	㉡ 유체커플링
㉢ 주파수제어(인버터)	㉣ 바이패스밸브

① ㉡ - ㉢ - ㉣ - ㉠
② ㉡ - ㉢ - ㉠ - ㉣
③ ㉢ - ㉡ - ㉠ - ㉣
④ ㉢ - ㉣ - ㉡ - ㉠

해설 효율 순서에 따른 펌프 유량제어방식
인버터 제어 〉 유체커플링 〉 콘트롤 밸브 〉 바이패스 밸브

답 : ③

예제문제 15

다음 아래의 보기는 전동기에 관한 설명이다. 옳은 것을 모두 고른 것은?

> ㉠ 교류 전동기가 직류전동기 보다 속도제어가 용이하며, 교류 전동기에는 VVVF(인버터)가 필요 없다.
>
> ㉡ 유도 전동기를 기동하기 위하여 Δ를 Y로 전환했을 때 토크는 $1/\sqrt{3}$이 된다.
>
> ㉢ 6극, 3상 유도전동기(60[Hz])가 있다. 회전자도 3상이며 회전자 정지시의 1상의 전압은 200[V]이다. 전부하시의 속도가 1152[rpm]이면 2차 1상의 전압은 8[V]이다.
>
> ㉣ 저감 토크 부하의 경우 토크는 속도의 2승에 비례하고, 동력은 속도의 3승에 비례한다.
>
> ㉤ VVCF는 평균 운전 부하율이 50[%]이상인 전동기 또는 정격운전 시 에너지 절감 효과가 크다.
>
> ㉥ 전력수요에 연동한 변속운전이 필요한 경우 인버터를 사용하여 변속 운전한다.

① ㉠, ㉡, ㉢, ㉥
② ㉢, ㉣, ㉥
③ ㉡, ㉣, ㉤
④ ㉢, ㉣, ㉤

해설

㉠ 교류 전동기가 직류전동기 보다 속도제어가 어렵고, 농형유도전동기의 경우 인버터로 속도제어가 가능하다.

㉡ 유도 전동기를 기동하기 위하여 Δ를 Y로 전환했을 때 토크는 $\dfrac{1}{3}$이 된다.

㉢ $N_s = \dfrac{120 \times 60}{6} = 1200[\text{rpm}], s = \dfrac{1200 - 1152}{1200} = 0.04$

$\therefore E_2{}' = sE_2 = 0.04 \times 200 = 8[\text{V}]$

㉤ VVCF는 평균 운전 부하율이 50[%]이하인 전동기 또는 무부하 운전이 많은 전동기에 에너지 절감 효과가 크다.

답 : ②

예제문제 16

펌프와 같은 이승저감토크부하에 인버터(VVVF)를 적용할 경우 전동기의 축동력(P)을 나타내는 식 중 옳은 것은? (여기에서, Q는 유량, H는 양정, N은 회전수임)

① $P \propto QH \propto N^2$
② $P \propto QH \propto N^3$
③ $P \propto QH \propto N^4$
④ $P \propto QH \propto N^5$

해설

펌프의 상사(相似)법칙

$$\frac{P_2}{P_1} = \left(\frac{N_2}{N_1}\right)^3 \times \left(\frac{D_2}{D_1}\right)^5 \times \left(\frac{\eta_{p1}}{\eta_{p2}}\right)$$

답 : ②

예제문제 **17**

다음 아래의 보기는 동력설비의 부하용량 산정 및 제어반(MCC)에 관한 설명이다. 옳은 것 끼리 모두 묶은 것을 보기에서 고르시오.

> ○ 전동기(승강기, 냉난방장치, 냉동기 등 특수용도의 전동기는 제외) 부하산정은 개개의 명판에 표시된 정격전류(전 부하전류)를 기준 한다.
> ○ 건축전기설비에서 유도전동기의 보호는 단락, 과부하, 결상, 역상, 지락, 부족전압, 순시과전류 등에 보호로 한다.
> ○ 저압 전동기의 회로는 전동기마다 전용의 분기회로로 할 필요가 없다.
> ○ 정격출력이 수전용 변압기용량의 1/10을 초과하는 3상유도전동기(2대 이상을 동시에 기동하는 것은 그 합계출력)는 기동장치를 사용하여 기동전류를 억제하여야 한다. 다만, 기술적으로 곤란한 경우에 다른 것에 지장을 초래하지 않도록 하는 경우는 기동장치를 설치하지 않는다.

① ○, ○, ○, ○   ② ○, ○, ○
③ ○, ○   ④ ○

해설
○ 저압 전동기의 회로는 전동기마다 전용의 분기회로로 구성한다.

답 : ②

예제문제 **18**

고효율 전동기를 만들기 위해 고려해야 하는 전동기의 손실 감소 및 효율증대 방법과 관련된 설명이 맞지 않는 것은?   【17년 출제문제】

① 철심 길이를 증대시킴으로써 철손과 동손을 감소시킬 수 있다.
② 고정자 결선부의 길이를 감소시킴으로써 동손을 감소시킬 수 있다.
③ 회전자 도체 크기를 증가시킴으로써 동손을 감소시킬 수 있다.
④ 소용량 전동기보다 중용량 전동기의 철손 비율이 더 크다.

해설
철심의 길이가 길어지면, 자성체가 가지고 있는 자기저항도 커진다. 자기저항이 커지게 되면 자속은 작아지게 되고, 자속밀도도 작아진다. 결국 자속밀도의 감소로 철손이 감소된다.

답 : ④

제 4 장

조명·배선·콘센트설비

1. 조명 설비
2. 배선 설비
3. 콘센트 설비

CHAPTER 04 조명·배선·콘센트설비

1 조명 설비

1. 조명설비 용어

■ 전기설비의 이해
조명설비에서 용어에 대한 의미, 단위 등은 조명설비를 이해함에 있어 중요하다.

용어	기호	의미	단위	단위 발음
광속	F	빛의 양(크기)	[lm]	루멘
광도	I	빛의 세기	[cd]	칸델라
휘도	B	눈부심 정도	$[nt]=[cd/m^2]$	니트
			$[sb]=[cd/cm^2]$	스틸브
조도	E	피조면의 밝기	[lx]	럭스
광속 발산도	R	광원의 밝기	[rlx]	레드 럭스

(1) 방사속(Radiant flux) : $\Phi\,[W]$

전자파로 전달되는 에너지를 방사속이라 한다.

(2) 광속 (Luminous flux) : $F[lm]$

복사에너지를 눈으로 보아 느끼는 빛의 양이다.

(3) 광도(Luminous Intensity) : $I[cd]$

$$I= \frac{F}{\omega}[lm/sr] = [cd]$$

(4) 휘도(Brightness) : $B\,[nt]$

휘도란 눈부심의 정도를 나타낸 것이다.

$$B= \frac{I}{S}[cd/m^2] = [nt], \ [cd/cm^2] = [sb]$$

※ $1[nt]=10^{-4}[sb] \rightarrow 1[sb]=10^4[nt]$

(5) 조도(Illumination) : E [lx]

단위면적당의 입사광속의 밀도를 말하며 피조면의 밝기 또는 단위면적당 빛의
양을 나타낸다.

$$E = \frac{F}{S} [\text{lm/m}^2] = [\text{lx}]$$

(6) 조도의 계산

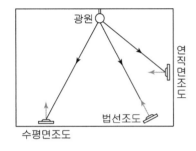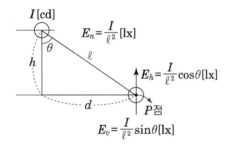

P점의 조도

① 법선조도 : $E_n = \dfrac{I}{\ell^2} [\text{lx}]$

② 수평면조도 : $E_h = \dfrac{I}{\ell^2}\cos\theta = \dfrac{I}{h^2}\cos^3\theta = \dfrac{I}{d^2}\sin^2\theta\cos\theta\,[\text{lx}]$

③ 수직면조도 : $E_v = \dfrac{I}{\ell^2}\sin\theta = \dfrac{I}{h^2}\cos^2\theta\sin\theta = \dfrac{I}{d^2}\sin^3\theta\,[\text{lx}]$

(7) 램프 효율[lm/W]과 조명밀도[W/m²]

$$\text{램프 효율} : \eta = \frac{F}{W}\,[\text{lm/W}]$$

$$\text{조명 밀도} : D = \frac{W}{S} = \frac{\text{와트} \times \text{개수}}{\text{면적}}\,[\text{W/m}^2]$$

필기 예상문제

거리에 따른 조도의 변화 및 수
평면 조도의 계산

필기·실기 예상문제

램프의 효율 및 조명밀도의 계산

■ 전기설비의 이해
램프의 효율은 높을수록 조명
밀도는 낮을수록 좋다.

2. 조명률

(1) 정의

광원의 전광속이 피조면에 도달되는 유효 광속의 비율을 조명률이라 한다.

$$조명률(이용률)\ \ U = \frac{\text{피조면(작업면)에 도달하는 광속[lm]}}{\text{램프의 전광속[lm]}}$$

🌐 필기·실기 예상문제

조명률에 영향을 주는 요소의 이해

(2) 조명률에 영향을 주는 요소

① 조명기구의 배광 : 협조형 기구가 광조형 기구에 비하여 조명률이 높다.

② 조명기구의 간격 : 고정간격(S)와 고정높이(H) 비(S/H)가 높을수록 조명률이 높다.

③ 방지수 (K) : $K = \dfrac{X \times Y}{H(X + Y)}$ 방지수가 높을수록 조명률이 높아진다.

④ 조명기구의 효율

⑤ 반사율

실내표면의 반사율이 높을수록 조명률이 높아진다. 반사율은 조명률에 영향을 주며 천장과 벽 등이 특히 영향이 크다. 천장에 있어서 반사율은 높은 부분일수록 영향이 크다. 이 반사율 값은 계산상의 오차를 고려하면 낮춰진 값으로 해야 한다.

건축재료에 따른 반사율

구분	재료	반사율(%)	구분	재료	반사율(%)
건축재료	플래스터(백색)	60~80	유리	투명	8
	타일(백색)	60~80		무광(거친면으로 입사)	10
	담색크림벽	50~60		무광(부드러운 면으로 입사)	12
	짙은 색의 벽	10~30		간유리(거친면으로 입사)	8~10
	텍스(백색)	50~70		간유리(부드러운 면으로 입사)	9~11
	텍스(회색)	30~50		연한 유백색	10~20
	콘크리트	25~40		짙은 유백색	40~50
	붉은 벽돌	10~30		거울면	80~90
	리놀륨	15~30			
플라스틱	반투명	25~60		알루미늄(전해연마)	80~85
				알루미늄(연마)	65~75
				알루미늄(무광)	55~65
				스테인리스	55~65
도료	알루미늄페인트	60~75		동(연마)	50~60
	페인트(백색)	60~70		강철(연마)	55~65
	페인트(검정)	5~15			

각종재료의 투과율

구분	재료	형태	투과율(%)
유리문	투명유리(수직입사)	투 명	90
	투명유리	투 명	83
	무늬유리(수직입사)	반투명	75~85
	무늬유리	반투명	85~90
	형관유리(수직입사)	반투명	60~70
	형관유리	반투명	75~80
	연마망입유리	투 명	60~70
	열반망입유리	반투명	75~80
	유백 불투명유리	확 산	40~60
	전유백유리	확 산	8~20
	유리블록(줄눈)	확 산	30~40
	사진용 색필터(옅은 색)	투 명	40~70
	사진용 색필터(짙은 색)	투 명	5~30
	트레이싱 페이퍼	반확산	65~75
종이류	얇은 미농지	반확산	50~60
	백색흡수지	확 산	20~30
	신문지	확 산	10~20
	모조지	확 산	2~5
헝겊류 · 기타	투명 나일론천	반투명	66~75
	얇은 천, 흰 무명	반투명	2~5
	엷고 얇은 커튼	확 산	10~30
	짙고 얇은 커튼	확 산	1~5
	두꺼운 거튼	확 산	0.1~1
	차광용 검정 빌로드	확 산	0
	투명 아크릴라이트(무색)	투 명	70~90
	투명 아크릴라이트(짙은 색)	투 명	50~75
	반투명 플라스틱(백색)	반투명	30~50
	반투명 플라스틱(짙은 색)	반투명	1~30
	얇은 대리석판	확 산	5~20

3. 조명의 요건

(1) 개요

조명은 목적에 따라 명시적(보이는 것을 주제)조명과 장식적(분위기를 주제)조명으로 구분되며 조명방법과 좋은 조명 조건은 다음과 같은 사항을 참조하여 설계에 반영한다.

분류 항목	명시적 조명	장식적 조명	비 고
조 도	필요한 밝기로서 적당한 밝기가 좋다.	필요한 밝기	표준조도
휘도분포	얼룩이 없을수록 좋다.	계획적인 배분	추천 값
눈 부 심	눈부심(직시, 반사)이 없어야 좋다.	눈부심이 주의를 끈다.	조명방법
그 림 자	방해되면 나쁘다.	입체감, 원근감 표현시 의도적	조명방법
분광분포	표준주광이 좋다.	심리적으로 광색을 이용한다.	광원선택
기 분	맑은 날 옥외의 감각이 좋다.	목적에 따른 감각을 유도한다.	
배치, 의장	단순하고, 간단한 배열	계획된 미적 배치 및 조합	
경제, 유지보수	광원효율이 높을 것	효과 달성도	

(2) 조도

조도는 시력에 영향을 미치며 조도가 증가하면 시력도 증가한다. 일반적인 작업실(사무실과 같은)에서 적합한 만족도는 약 2,000lx 정도이지만, 경제성에 제약적이며 이에 따른 조도기준에 의한다.

(3) 휘도분포

시야내 눈부심이 있거나 조도가 일정하지 않으면 보이는 형태가 나빠지며, 그 조건하에서 작업하면 불쾌감과 피로가 심해지고, 또한 사람의 시선은 항상 변화하며 눈의 순응상태도 따라서 변한다. 그러므로 휘도분포는 균일한 것이 좋지만 너무 균일한 휘도분포는 단조로우므로 분위기조명에는 오히려 변화가 있어야 한다. 이에 대한 추천 값은 다음 표를 참조한다.

대 상	사무실, 학교	공 장	비 고
작업 대상과 대상 주변	3 : 1	5 : 1	책과 책상
작업 대상과 떨어진 면	10 : 1	20 : 1	책과 바닥, 책과 벽
조명기구(또는 창)와 근처면	20 : 1	50 : 1	조명기구와 시야

(4) 눈부심

① 시야 안에 고휘도 광원이나 강한 휘도대비가 있으면 눈부심을 만든다. 이눈부심을 원인으로 보면 배경이 어둡고, 눈이 암순응 될수록, 광원의 휘도가 클수록, 광원이 시선에 가까울수록, 광원의 크기가 클수록 눈부심이 강하다.

② 눈부심의 원인으로 인하여 생기는 것으로는 시선근처 고휘도 광원에 의한 눈부심으로 대상물이 보이지 않게 되는 감능눈부심과 눈부심에 의해 심리적으로 영향을 주거나 피로감이 커지게 되는 불쾌한 눈부심을 갖지 않도록해야한다.

(5) 그림자

조명 대상물은 빛이 닿는 방법에 따라 그림자가 생긴다. 이것은 입체감 표현 등을 위해 필요한 그림자(모델링)와 작업시 손 그림자처럼 지장이 되는 그림자가 있으며, 지장이 되는 그림자는 없도록 한다.

(6) 분광분포 및 연색성

① 조명 설계에서는 실내의 분위기에 따라 광색을 선택하고 조명레벨과 광색을 맞추어야 한다. 일반적으로 조도가 낮은 등급에서는 색온도가 낮은 따뜻한 빛이 좋고, 조도가 높은 등급에서는 색온도가 높은 시원한 빛으로 한다. 조도와 색온도의 관계는 다음 그래프를 참조한다.

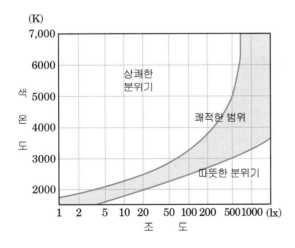

② 연색성에 대한 것은 분광에너지로 판단하여 설계한다. 장소별 바람직한 연색지수는 다음 표를 참조한다.

연색구분	연색지수(Ra)	광색	장소	비고
1	Ra ≧ 85	시원함	공장	직물, 인쇄, 페인트
		중간	상점, 병원	
		따뜻함	주택, 호텔, 고급식당	
2	85 〉 Ra ≧ 70	시원함	사무실, 학교, 점포, 공장	실내 고온장소
		중간	사무실, 학교, 점포, 공장	
		따뜻함	사무실, 학교, 점포, 공장	실내 저온장소
3	70 〈 Ra	–	연색성 문제가 없는 곳	
S	특수한 연색성	–	특수용도	

(7) 순응

밝기의 변화에 따라 눈의 감도레벨이 조절되어 익숙해지는 것을 말하며, 밝은 장소에 익숙해지는 것을 명순응, 어두운 곳에 익숙해지는 것을 암순응이라 한다. 다만, 명순응은 단시간으로 되지만, 암순응은 시간이(30분 정도) 걸리므로 실내조명 설계 시 동선이동에 따른 순응을 고려한다.

(8) 주간 인공조명(프사리 : PSALI)

낮 동안 실내에서 태양에 의한 조명을 보조하기 위해 항상 점등하는 인공조명을 말하며, 창문에서 들어오는 주광과 실내 인공조명을 조화시켜 좋은 조명 환경으로 만드는 것이다. 이것은 채광에 의한 부족 조도를 보충하는 것과, 인공조명으로 실내 휘도를 높여 채광에 의한 글레어를 방지하는 것의 두 가지 의미가 있다.

(9) 배치와 의장성

좋은 조명의 조건에 따른 조명설비라도 조명기구의 디자인, 배치, 설치방법이 건축의 마무리 및 의장과 조화되도록 하여야 한다. 또한 실내의 색과 밝기에 대한 검토로서 광원의 종류, 조명방식을 정해야 한다.

(10) 경제성

조명의 질, 기능성이 가능한 한 좋아야 하지만 설비의 가격도 중요하며, 또한 전력비용, 유지관리 비용을 포함한 종합적인 경제성을 평가하여야 한다.

4. 조명방식

(1) 개요

조명방식은 조명 대상, 장소에 대한 설치광원, 조명기구 설치, 조명기구 배광, 조명기구 배치와 건축화 조명으로 구분하여 설계한다.

(2) 기구배치에 의한 분류

① 전반조명

실내의 조도가 균일하게 되도록 조명기구를 일정하게 분산 배치하는 방식이다.(주로 사무실, 학교, 공장 등에 적용)

② 국부조명

국부적인 장소에 높은 조도가 필요할 때 쓰이는 것으로 조명기구를 국부 장소에 설치한다.(주로 정밀공장의 기계부분, 전시장, 조립공장에 적용)

③ 전반·국부병용조명

조도의 변화를 적게 하여 명시효과를 높이기 위한 것이다.(정밀공장, 실험실, 조립 및 가공공장 등에 주로 적용)이 때 전반조명과 국부조명의 비율은 1:10 이하가 좋다.

| 참고 | TAL 조명방식(Task & Ambient Lighting)

TAL 조명방식은 작업구역(Task)에는 전용의 국부조명방식으로 조명하고, 기타 주변(Ambient) 환경에 대하여는 간접조명과 같은 낮은 조도레벨로 조명하는 방식을 말한다. 여기서 주변조명은 직접 조명방식도 포함되며, 사무실에서 사무자동화가 추진되면서 VDT(Visual Display Terminal) 직업환경에 따라 고안된 것이다.

조 명 방 식		특 징
전반조명		실내전체를 일정하게 조명하는 것 설치가 쉽고 작업대상물이 바뀌어도 균등한 조도를 가지게 하는 방식 사무실, 학교, 공장 등에 적용
국부조명		작업면의 필요한 장소만 고조도를 하기 위한 방식 설치장소에 조명기구를 밀집 설치 또는 스탠드사용
전반국부 병용조명 (국부적 전반조명)		일반적인 장소는 전반조명에 의하여 시각환경을 좋게 하고 세밀한 작업하는 장소는 고조도로 조명하는 방식 병원 수술실, 공부방, 기계공작실 등에 적용

(3) 조명의 목적에 따른 분류

① **명시조명**

밝기 위주의 조명으로 사무실, 교실, 공장작업장 등에 쓰인다. 형광등, 수은등 등이 대표적 명시조명등

② **장식조명**

분위기 위주의 조명으로 상점, 레스토랑, 백화점 등에 쓰인다. 백열등, 할로겐등 등이 많이 쓰인다.

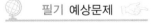
필기 예상문제

배광에 의해 조명방식을 결정

(4) 배광에 의한 분류

① **직접조명**

하향광속이 90% 이상으로 조명효율은 높으나 조도분포가 불균일하고 그림자가 강하다.

② **간접조명**

하향광속이 10% 이하로 조명효율은 낮고 입체감은 약하나 조도분포가 균일하고 차분한 분위기를 얻을 수 있다.

③ **전반확산조명**

상하향 광속이 각각 40~60%로 균등하게 확산되는 방식이다.

조명방식	조명기구	기구배광(상/하향)	특 징
직접조명		상방 0~10% 하방 100~90%	빛의 손실이 적기 때문에 경제적이며, 효율이 높나. 조명률이 크다 공장조명에 적합
반직접조명		10~40% 90~60%	방전체가 밝다 사무실, 학교 등에 적합
전반확산 조명		40~60% 60~40%	
반간접조명		60~90% 40~10%	방전체가 밝다. 사무실, 학교 등에 적합
간접조명		90~10% 10~0%	눈부심과 그림자가 적다. 분위기를 중시하는 조명에 적합 대합실, 회의실, 입원실 등에 적용

5. 광원의 종류 및 특성

발광원리에 따른 조명용 광원의 분류

발광원리	광 원	램프의 종류	특 징
온도 방사	텅스텐 필라멘트전구	백열전구, 특수전구 할로겐램프	
방전 발광	저압 방전램프	형광램프, 네온사인 저압 나트륨램프 무전극 방전램프	
	고압 방전램프	고압 수은램프 메탈헬라이드램프 고압 나트륨램프	고휘도 고효율 장수명

구분		효율	연색성 (수명)	색온도	주요특징	용도
저압 수은램프 (형광램프)		보통 80[lm/W]	70~80	5000~ 6500	· 저휘도 · 열방사 적다.	실내등
H I D 램 프	고압 수은 램프	낮다 45[lm/W]	20~60 10000[h]	4200	· 고휘도, 청백색	골프장, 수목등 야간 분수조명
	메탈 할라 이드	보통 80[lm/W]	80~90 6000[h]	5500	· 효율, 연색성 개선 · 재시동시간 길다	경기장 옥외조명
	고압 나트륨 램프	높다 120[lm/W]	30~60 6000[h]	2200	· 고효율 · 저압보다 연색성 개선	도로, 터널 가로등 조명
저압 나트륨 램프		높다 150[lm/W]	28	2000	· 최고효율, 연색성 최저 · 안개, 매연 투시성 우수	도로 터널 조명
크세논 램프		낮다 20[lm/W]	95	6000	· 태양광에 가까운 연색성 · 순시 재점등 가능 · 효율 최저, 고가	영사용 촬영 조명

(1) 할로겐전구

효율, 수명 모두 백열전구보다 약간 우수하고, 소형화할 수 있으므로 기구도 소형으로 된다. 일반적으로 점포용, 투광용, 영사, 스튜디오용 등에 사용한다.

 필기 예상문제

광원의 종류에 따른 특성
(효율, 연색성의 크기 순서)

(2) 형광램프

형광램프는 점등장치를 필요로 하며, 광질이 좋고 고효율로서 경제적이며 취급도 쉬워 현재 일반 조명광원의 주류를 이루고 있다. 옥내외 전반조명, 국부조명에 적합하다.

(3) 고압수은램프

광속이 큰 것과 수명이 긴 것이 특징이며, 형광 고압 수은램프는 옥외, 옥내전반조명에 적합하다. 다만, 투명형 수은램프는 연색성이 좋지 않아서 공원, 투광조명 등에 사용한다.

(4) 메탈핼라이드램프

고압 수은램프에 금속할로겐화물을 첨가함으로써 용도에 적합한 분광에너지분포로 바꾸어서 일반조명용으로 이용되는 광원이다.

고압 수은램프보다 효율과 연색성이 우수하고, 옥외조명 및 옥내 고천장조명에 적합하다. 최근에는 소형(40~120W)이 제품화되어 저천장의 점포조명에 사용하고 있다. 일반적으로 고연색의 램프는 상점, 체육관, 공장(염색, 도장, 인쇄 등) 등에 사용하고 있다.

(5) 고압나트륨램프

일반형은 근 백색광원으로 효율은 높지만 색온도가 낮아서(2,050K) 연색성이 좋지 않으나 경제적이므로 도로, 광장 등의 옥외조명에 사용하고 있다. 고연색성은 연색성(Ra : 78~85)과 색온도(2,500~2,800K)가 일반형보다 높고, 백열전구에 가까운 광색으로 되어 효율이 대폭 떨어지는 백열전구보다 높으므로 점포, 호텔, 쇼윈도우 등에 사용된다.

(6) 저압나트륨램프

인공광원 중에서 효율이 가장 높지만 등황색의 단색광으로 색채의 식별이 곤란하므로 주로 터널조명에 사용한다.

(7) 무전극형광램프

방전램프중 예열없는 고주파방전의 즉시 점등형으로 시동·재시동 시간이 극히 짧고, 광속의 안정성도 빠르며, 연색성과 효율도 좋고, 수명도 60,000시간 이상으로 램프 중 가장 길다. 그러나, 램프와 인버터 가격이 높다. 일반적으로 형광램프, 일루미네이션, 투광기, 도로조명 및 고천장 등으로 사용한다.

6. LED 램프

(1) 개념

P형과 N형이 접합된 반도체 양 단자에 전계를 가하면 전류가 흘러 P-N 접합 부근 또는 활성층에서 빛을 방출하는 소자 (전계에 의해서 고체가 발광하는 전계 루미네센스의 일종)

(2) 발광원리

- P형과 N형 반도체를 접합시킨 LED 칩에 순방향 전압(P층: +, N층: -)을 인가
- 전도대의 전자가 가전자대의 정공과 재결합을 위하여 활성층으로 이동
- 재결합 시의 에너지는 전자와 정공이 각각 가지고 있던 에너지보다 작아지므로 이 에너지 갭에 해당하는 에너지가 광 에너지로 변환되어 발광

(3) LED 광원의 특징

구 분	기존 조명	LED 조명	비 고
1) 제어방법	On/OFF	다색 및 다단계 밝기	신속한 점·소등제어 가능
2) 응답속도	1~3초(형광등)	10나노초	펄스폭 변조방식
3) 광전환 효율	백열등 : 5[%](15[lm/W]) 형광등 : 40[%]	최고 90[%] 잠재효율 20[lm/W]	고효율광원, CO_2 저감, 낮은 전력소모
4) 수은	사용(기체광원)	무(고체광원)	친환경
5) 발광대역	집중불가	집중화 가능	특수조명 활용가능 높은 시인성과 큰 지향성
6) 수명	3,000~7,000[h]	50,000~100,000[h]	유지·관리 용이 작고 견고한 구조
7) 내열성	우수	접합부위가 열에 취약	별도 방열 설계
8) 경제성	저렴	고가	보급 애로

(4) LED 램프로 조명시스템 설계 시 고려사항

① DC 전원으로 점등되므로 일반 조명기기와 달리 정류장치의 고려가 필요

② 많은 수의 작은 점광원(LED)을 조합해서 하나의 등기구를 구성해야 하므로 LED의 배치와 색상의 조합을 고려

③ 형광등과 같이 규격이 고정되어 있는 것이 아니므로 용도에 따라 길이와 넓이를 고려

④ LED는 HID 램프와 같은 고광도, 고휘도를 기대할 수 없으므로 적용 한계를 고려

7. 조명설계

(1) 조명설계 순서

필기 예상문제

조명설계 순서

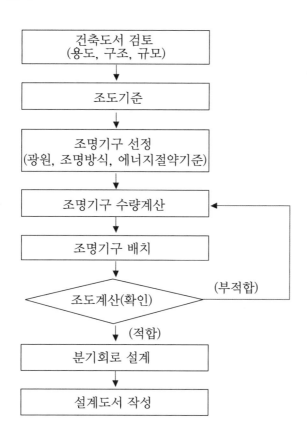

(2) 광원의 간격(S)

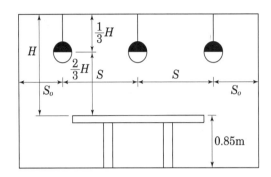

- 광원의 최대간격 : $S \leq 1.5H$
- 광원과 벽 간격 : $S_o \leq 0.5H$
- 벽면반사 이용시 : $S_o \leq \frac{1}{3}H$

(3) 실지수(Room Index)

방의 크기와 형태는 빛의 이용에 많은 영향을 미치고 있다. 넓고 천장이 낮은 방은 좁고 천장이 높은 방에 비하여 빛의 이용률이 좋은 이유는 방바닥 면적에 비례하여 빛을 흡수하는 벽의 면적이 작아지기 때문이다. 실지수(K)는 방의 크기와 모양에 대한 빛의 이용 척도이다.

$$K = \frac{X \cdot Y}{H(X+Y)}$$

여기서, X : 방의 폭
   Y : 방의 길이
   H : 광원의 작업면상의 높이

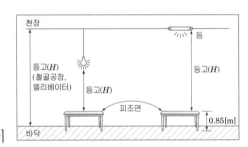

(4) 조명설계 계산

  필기 예상문제 ☞

조명설계 계산식으로부터 각 항목을 구하는 계산

$$F \cdot U \cdot N = D \cdot E \cdot S$$

- F : 한 등의 광속[lm]
- U : 조명률 $\left(= \dfrac{\text{피조면 광속}}{\text{전 광속}} \right)$
- N : 등수(소수 첫째 자리에서 절상한다.)
- $D = \dfrac{1}{M}$: 감광 보상율(D)은 유지율(M)과 역수관계이다. (M : 유지율, 보수율)
- E : 평균조도[lx]
- S : 조명면적[m²]
- 조명률, 등수, 감광 보상율, 보수율이 없을 때는 1로 간주하고 계산한다.

|참고| **보수율과 감광보상률**

1. 감광 보상률(Depreciation factor)
   (1) 정의 : 조도의 감소를 예상하여 소요 전광속에 여유를 주는 것으로 설계조도 결정을 위한 계수
   (2) 광속감소의 주요원인
      ① 필라멘트의 증발로 인한 광속의 감소
      ② 유리구 내면의 흑화현상
      ③ 등기구의 노화 등에 의한 흡수율 증가
      ④ 조명기구 및 천장, 벽, 바닥 등 실내반사면의 오손에 의한 반사율 감소

2. 보수율과 감광보상률 관계

$$M = \frac{1}{D}$$

필기 예상문제

감광보상률의 정의 및 광속감소의 원인

8. 조명제어

(1) 점멸장치

① 가정용 조명기구는 등기구마다 점멸기를 설치한다.

② 사무실, 학교, 병원, 상가, 공장 및 이와 비슷한 장소의 옥내에 시설하는 전반 조명기구는 부분조명이 가능토록 전등군을 구분하여 점멸이 가능해야 한다.

③ 다음의 시설이 된 경우 위와 같이 점멸기를 시설하지 않아도 된다.
   • 조명 자동제어설비를 설치한 경우
   • 동시에 많은 인원을 수용하는 장소(극장, 영화관, 강당, 대합실, 주차장 등)
   • 조명기구가 1열이고 그 열이 창과 평행한 경우 창측 조명기구
   • 광 천장조명이나 간접조명 설치시 조명제어를 격등으로 설치한 경우
   • 건축물의 구조가 창문이 없는 경우
   • 공장의 경우 생산공정이 연속되는 곳에 일렬로 설치되어 조명기구를 동시에 점멸 할 필요가 있을 때

④ 객실수가 30실 이상인 호텔이나 여관의 각 객실의 조명용 전원은 출입문개폐용 기구(키태그) 또는 집중제어방식(객실관리시스템)을 이용한 자동 또는 반자동의 점멸이 가능한 장치를 설치한다.

필기 예상문제

조명제어방법

⑤ 공동주택 각 세대내의 현관 및 숙박시설의 객실 내부 입구 조명기구는 인체 감지점멸형 또는 점등후 일정시간 후 자동 소등되는 조명기구를 설치한다.

⑥ 주택 현관에 설치하는 조명기구는 인체감지점멸형 또는 점등후 일정시간 후 자동 소등되는 조명기구를 설치한다.

⑦ 가로등, 보안등의 조명은 주광센서를 설치하여 주광 조도레벨에 의하거나 타이머를 설치하여 자동점멸 하거나 또는 집중제어 방식을 이용하여 제어한다.

(2) 조광 설비

① 업무용 빌딩의 회의실, 전시실, 극장의 무대, 호텔 등의 연회장, 컨벤션센터 등의 기능상 설치된 조명기구와 분위기조명을 시행하는 장소는 조광장치를 설치하여 조도를 연속제어 하는 것이 바람직하며, 조명연출이 필요한 조명기구는 조광장치를 설치한다.

② 조광장치의 설치가 필요한 장소에서도 각 용도에 맞도록 단계별 조정이 가능토록 한다.

③ 조광장치는 일반적으로 사이리스터 또는 전력용 반도체 소자로 구성한 위상제어조광방식을 사용한다.

(3) 조명 자동제어

① 조명 자동제어 설계시 기본개념은 용도와 주위 조건에 따라 최적의 조도레벨유지와 이에 따른 에너지절약을 목적으로 한다.

② 조명 자동제어는 마이크로프로세서와 센서를 사용하는 방식으로 하고, 수동제어와 자동제어가 되도록 한다.

(4) 자동제어

① 넓은 구역으로 구획된 창가의 주광에 의한 조도레벨 유지가능범위까지의 조명기구는 주광센서에 의한 제어로 한다.

② 업무스케줄에 따라 자동제어 될 수 있도록 한다. 다만, 일반적인 제어 형태는 전체점등, 전체소등, 솎음소등, 중식시간 소등 등이 있으며, 솎음소등은 조명레벨 조정(예 50%, 25% …)이 가능한 패턴제어로 한다.

③ 자동제어 시스템 설치는 중앙집중방식으로서 중앙감시실 등 항상 관리인원이 상주하는 장소로 한다.

(5) 수동제어

① 조명 자동제어가 되는 상태에서도 현장여건에 따라 임의로 제어상태를 바꿀 수 있도록 수동제어장치를 현장부근에 설치한다.

② 수동제어장치는 조작이 쉬워야 하며 제어대상 구역의 확인이 용이한 표시가
되어야 한다.

9. 조명설비 에너지 절약

(1) 일반사항

 필기 예상문제

조명설비 에너지 절약방안에
대한 이해

① 연색성의 필요성을 고려한 다음, 입안한 조명계획과 맞는 고효율 인증 광원
으로 한다.
② 작업상 필요한 조도를 얻도록 조명 설계를 한다. 실내 공간 전반에 걸쳐 균일
하게 높은 조도수준을 설정하지 않고 추천 조도수준을 해당 작업 장소에 한정
하고 통로나 작업이 행해지지 않는 장소에는 보다 낮은 수준의 조도로 한다.
③ 작업이나 환경에 적합한 배광특성을 가지고 고효율이며, 불쾌한 눈부심이
강한 광막반사를 일으키지 않는 고효율 인증 조명기구로 한다.
④ 조명시스템의 효율을 높게 하기 위하여 실내표면의 반사율을 고려하여 설계
한다.
⑤ 조명구획을 만들어 불필요한 경우에는 소등이나 감등할 수 있도록 계획한다.
⑥ 공간적으로 여유가 있고 적절한 경우에는 인공조명과 주광을 결합하고, 시
각환경 내에 눈부심이나 휘도의 심한 차이가 생기지 않도록 한다.

(2) 고효율 조명기구의 선정

① 일반사항
공장, 사무실 조명의 전력절감 방안으로 조명기구에서는 기구효율의 향상을,
방전등의 경우 안정기의 소비전력절감을 들 수 있다. 조명기구에 부착된 램
프로부터 방사되는 빛은 모두 피조면에 유효하게 조사되지 않으므로 조명기
구의 기구효율과 조명률은 높을수록 좋다.
② 간접, 반간접 및 전반확산기구보다는 직접조명기구의 효율이 좋고 반사율이
좋은 재료를 사용하고, 투과율이 좋은 커버를 사용한 등기구를 선정하면 조
도감소를 방지할 수 있다.

(3) 형광등용 조명기구

① 공장조명의 전반조명에서는 천장높이가 5m 이하의 중천장이나 저천장의 경
우 HID 램프보다는 형광등을 사용하는 것이 경제적으로 유리하다.
② 형광등용 조명기구에서 절전형 전자식안정기는 고주파로 점등시키기 때문에
효율이 높으며 중량도 경량으로 된다.

③ HID 램프용 조명기구

④ 천장높이가 5m 이상의 고천장 공장의 경우에는 1 등당의 광출력이 큰 HID 램프를 사용하는 것이 경제적이다.

⑤ HID 램프용 조명기구로는 고천장형(반사갓 부착)이 가장 많이 사용되며, 절 전형으로 기구효율이 높은 기구를 사용한다.

(4) 조명시스템

① 조명기구는 필요에 따라 부분조명이 가능하도록 점멸회로를 구분하여 설치 하여야 하며, 일사광이 들어오는 창측의 전등군은 부분 점멸이 가능하도록 설치한다. 다만, 공동주택은 그러하지 아니하다.

② 효율적인 조명에너지 관리를 위하여 층별, 구역별 또는 세대별로 일괄적 소 등이 가능한 일괄소등스위치를 설치하여야 한다. 다만, 실내 조명설비에 자 동제어설비를 설치한 경우와 전용면적 60m² 이하인 주택의 경우에는 그러 하지 아니하다.

③ 공동주택 각 세대내의 현관 및 숙박시설의 객실 내부입구 조명기구는 인체 감지점멸형 또는 점등후 일정시간후 자동 소등되는 조도자동조절조명기구를 채택하여야 한다.

④ 옥외등은 고휘도방전램프(HID) 또는 LED 램프를 사용하고, 옥외등의 조명 회로는 격등 점등과 자동점멸기에 의한 점멸이 가능하도록 한다.

⑤ 공동주택의 지하주차장에 자연채광용 개구부가 설치되는 경우에는 주위 밝 기를 감지하여 전등군별로 자동 점멸되거나 스케줄제어가 가능하도록 하여 조명전력이 효과적으로 절감될 수 있도록 한다.

⑥ 실내 조명설비는 군별 또는 회로별로 자동제어가 가능하도록 한다.

예제문제 01

조명 단위에 대한 조합 중 틀린 것은?

① 광속 – lumen

② 조도 – lux

③ 휘도 – sb

④ 광도 – cd/m²

해설
광도의 단위는 칸델라[cd]이다.
[cd/m²]는 휘도의 단위이다.

답 : ④

예제문제 | 02

조명용어 설명 중 적절하지 못한 것은?

① 방사속은 에너지 방사의 시간적 비율, 즉 단위시간에 어떤 면을 통과하는 방사에너지의 양이며 단위는 [lm/W]이다.

② 광속은 가시광선 범위의 방사속을 눈의 감도를 기준으로 측정한 것으로 단위시간당 통과하는 광량이며 단위는 [lm]이다.

③ 광량은 전구가 전수명 중에 방사하는 빛의 총량으로 단위는 [lm·h]이다.

④ 광도는 단위 입체각에 포함되는 광속수, 즉 발산광속의 입체각밀도이며 단위는 [cd]이다.

───────────────────────

해설
방사속이란 전자파로 전달되는 에너지를 말하며 단위는 와트[W]를 사용한다.

답 : ①

예제문제 | 03

측광량의 용어와 단위를 알맞게 짝지은 것은?

용 어	단 위
㉠ 광속	ⓐ lm/sr
㉡ 광도	ⓑ lm/m2
㉢ 조도	ⓒ lm
㉣ 휘도	ⓓ cd/m2

① ㉠-ⓑ, ㉡-ⓐ, ㉢-ⓒ, ㉣-ⓓ   ② ㉠-ⓒ, ㉡-ⓑ, ㉢-ⓐ, ㉣-ⓓ

③ ㉠-ⓑ, ㉡-ⓒ, ㉢-ⓓ, ㉣-ⓐ   ④ ㉠-ⓒ, ㉡-ⓐ, ㉢-ⓑ, ㉣-ⓓ

───────────────────────

답 : ④

예제문제 | 04

램프효율이란?(단, F : 전광속, W : 입력, E : 조도, U : 조명률)

① $\dfrac{F}{W}$[lm/W]　　　　　　② $\dfrac{E}{W}$[lx/W]

③ $\dfrac{F}{U}$[lm]　　　　　　　④ $\dfrac{W}{F}$[W/lm]

───────────────────────

답 : ①

예제문제 05

아래 표는 램프의 성능을 정리한 것이다. 램프의 발광효율이 높은 순서대로 나열된 항목은?

구 분	용량(W)	광속	연색지수	색온도(K)
㉠ 고압나트륨등	400	50,000	29	2,100
㉡ 형광등	40	3,100	63	4,200
㉢ 메탈할라이드등	400	36,000	70	4,000
㉣ LED등	9	747	70	5,700

① ㉠-㉢-㉣-㉡   ② ㉡-㉢-㉣-㉠
③ ㉢-㉣-㉡-㉠   ④ ㉣-㉢-㉡-㉠

해설

$$램프의 효율 = \frac{광속}{용량}[\text{lm/W}]$$

$$고압나트륨등 = \frac{50000}{400} = 125[\text{lm/W}]$$

$$형광등 = \frac{3100}{40} = 77.5[\text{lm/W}]$$

$$메탈하라이드등 = \frac{36000}{400} = 90[\text{lm/W}]$$

$$LED등 = \frac{747}{9} = 83[\text{lm/W}]$$

답 : ①

예제문제 06

220V 100W 백열전구의 광속이 1570 lm라면, 백열전구의 효율은 약 [lm/W] 인가?

① 7.14   ② 15.7
③ 22.0   ④ 34.5

해설

$$효율 = \frac{광속}{전력} = \frac{1570}{100} = 15.7[\text{lm/W}]$$

답 : ②

예제문제 07

조도는 광원으로부터의 거리와 어떠한 관계가 있는가?

① 거리에 비례한다.　　　　　　　② 거리에 반비례한다.

③ 거리의 제곱에 반비례한다.　　　④ 거리의 제곱에 비례한다.

해설

$E = \dfrac{I}{\ell^2}$, 즉 조도는 거리의 제곱에 반비례한다.

답 : ③

예제문제 08

지상 6[m] 되는 곳에 점광원이 있다. 그 광도는 각 방향에 균일하게 100[cd]라고 한다. 직하면의 조도로 적당한 것은?

① 2.8 [lx]　　　　　　　　　　　② 4.7 [lx]

③ 6.8 [lx]　　　　　　　　　　　④ 8.7 [lx]

해설 조도에 대한 거리의 거리의 역제곱 법칙

$E = \dfrac{I}{\ell^2}[\mathrm{lx}] = \dfrac{100}{6^2} = 2.8[\mathrm{lx}]$

답 : ①

예제문제 09

조명기구의 설치높이를 5[m]에서 3[m]로 낮추어 개선하였다. 이 때 바닥면 조도를 개선전, 후 동일하게 유지하기 위해서 필요한 램프의 광도 [cd]는 개선전 대비 몇 [%]인가?

① 28 [%]　　　　　　　　　　　② 36 [%]

③ 40 [%]　　　　　　　　　　　④ 54 [%]

해설

$E = \dfrac{I}{\ell^2}$ (여기서 E : 조도[lx], I : 광도[cd], ℓ : 광원으로부터의 거리[m])

개선 전	개선 후	대비
$E = \dfrac{I_1}{5^2}$ $I_1 = 5^2 \times E$	$E = \dfrac{I_2}{3^2}$ $I_2 = 3^2 \times E$	$\dfrac{I_2}{I_1} = \dfrac{3^2 E}{5^2 E} \times 100 = 36[\%]$

답 : ②

예제문제 10

기구배치에 의한 조명 방식 중 작업면상의 필요한 장소, 즉, 어떤 특별한 면을 부분 조명하는 방식은?

① 전반 조명   ② 국부 조명
③ 직접 조명   ④ 간접 조명

답 : ②

예제문제 11

전반조명에 관한 설명으로 옳지 않은 것은?

① 조도가 균일하고 그림자가 부드럽다.
② 일반적으로 사무실이나 학교 조명에 많이 사용된다.
③ 원하는 곳에서 원하는 방향으로 조도를 주는 것이 용이하다.
④ 작업대의 위치가 변하여도 등기구의 배치를 변경시킬 필요가 없다.

해설 전반조명
① 여러 개의 조명기구를 일정한 높이와 간격으로 하향 방사되도록 배치하여 균등하게 조명하는 가장 일반적인 방법이다.
② 실내 전체를 일률적으로 밝히는 방법으로 눈의 피로가 적어지므로 비교적 사고나 재해가 적어지는 조명법이다.
③ 눈의 피로가 적으나 정밀작업을 하는 장소에는 곤란하다.

답 : ③

예제문제 12

광원에서의 발산 광속 중 60~90(%)는 윗 방향으로 향하여 천장이나 윗벽 부분에서 반사되고, 나머지 빛이 아래 방향으로 향하는 방식의 조명기구는?

① 직접조명기구   ② 반직접조명기구
③ 전반확산조명기구   ④ 반간접조명기구

답 : ④

예제문제 13

방전등에 대한 설명 중 맞지 않는 것은?

① 수은등은 공급 전압에 따라 저압 수은등과 고압 수은등으로 구분한다.

② 형광등은 저압 수은등의 일종이다.

③ 메탈할라이드 램프는 수은 증기속에 금속 할로겐 물질을 봉입하고, 외관에 형광물질을 발라서 백색광을 재현 한다.

④ 나트륨램프는 나트륨 증기속에 아크방전을 이용한 것이다.

답 : ①

예제문제 14

다음의 조명램프 중 수명이 가장 긴 것은?

① 나트륨램프   ② 메탈할라이드램프

③ 무전극 형광램프   ④ 크립톤램프

답 : ③

예제문제 15

다음의 광원 중 연색성이 가장 좋은 것은?

① 메탈 할라이드램프   ② 나트륨램프

③ 주광색 형광램프   ④ 고압 수은램프

답 : ③

예제문제 16

할로겐 램프에 관한 설명으로 옳지 않은 것은?

① 백열전구에 비해 수명이 길다.

② 연색성이 좋고 설치가 용이하다.

③ 흑화가 거의 일어나지 않고 광속이나 색온도의 저하가 적다.

④ 휘도가 낮아 시야에 광원이 직접 들어오도록 계획하여도 무방하다.

해설

할로겐램프는 백열전구보다 수명이 2~3배 정도 길고 유리구내벽의 흑화현상(黑化現象)이 거의 일어나지 않는다. 휘도가 높고, 색상은 주광색에 가까우며 연색성이 좋고, 설치가 용이하다. 높은 천정, 단관형은 영사기용, 자동차 헤드라이트용, 상점·백화점의 스포트라이트용 광원으로 사용된다.

답 : ④

예제문제 17

다음 광원 중 한 등당의 광속이 많고 수명이 긴 점과 연색성이 양호한 점으로 인해서 연색성을 중요하게 고려하는 높은 천장, 옥외조명 등에 적합한 것은?

① 메탈할라이드램프   ② 형광등

③ 고압수은등   ④ 나트륨등

답 : ①

예제문제 18

지금 사용하고 있는 조명 광원을 에너지 절약을 위하여 바꾼다면 다음 중 어느 것이 옳은가?

① 나트륨 램프 → 수은 램프

② 형광램프 → 백열전구

③ 백열전구 → 전구형 형광램프

④ 콤팩트 형광램프 → 할로겐 램프

답 : ③

예제문제 **19**

다음 중 조명설계에서 가장 먼저 실시되어야 하는 것은?

① 조명기구 대수의 산출 ② 조명기구의 선정
③ 소요조도의 결정 ④ 조명방식의 선정

답 : ③

예제문제 **20**

건축전기설비설계기준에 의한 조명설계 순서로 맞는 것은? 【13년 2급, 17년】

① 조명기구배치 – 조명기구선정 – 조도기준 – 분기회로설계
② 조명기구선정 – 조명기구배치 – 조도기준 – 분기회로설계
③ 조도기준 – 조명기구선정 – 조명기구배치 – 분기회로설계
④ 조명기구선정 – 조도기준 – 조명기구배치 – 분기회로설계

답 : ③

예제문제 **21**

조명설계에서 광원의 배치 중 맞는 것은?(단, S : 광원상호간의 거리, H : 작업면에서의 광원높이)

① $S \leq 1.5H$
② $S \geq 2.0H$
③ $S \geq 1/2H$ (벽측에서 작업을 하지 않을 때)
④ $S \leq 2/3H$ (벽측에서 작업을 할 때)

해설
광원간의 간격은 작업면에서 광원까지 높이의 1.5배를 넘지 않아야 한다. **답 : ①**

예제문제 **22**

조명기구로부터의 빛의 이용에 많은 영향을 미치고 있는 방의 크기와 형체를 특징짓는 척도로서 사용되는 것은?

① 방계수 ② 조명률
③ 방지수 ④ 감광보상률

해설 방지수(실지수) $K = \dfrac{X \cdot Y}{H(X + Y)}$ **답 : ③**

예제문제 23

다음 중 조명률에 영향을 끼치는 요소로 볼 수 없는 것은?

① 실의 크기
② 마감재의 반사율
③ 조명기구의 배광
④ 글래어(glare)의 크기

[해설] 조명률(U)

① 광원에서 발하여진 빛 가운데 작업면에 도달하는 빛이 몇%인가를 나타내는 비율, 즉 광원에서 방사되는 전 광속과 작업면에 대한 유효 광속과의 비를 말한다.

② 조명률표를 이용하여 실내반사율이 높을수록, 실지수가 높을수록 조명률은 크다.

답 : ④

예제문제 24

광원의 청소·교환에 대한 설명이다. 옳지 않은 것은?

① 광원의 밝기 감소, 조명기구의 오염, 파손 등으로 조도는 계속 감소한다.
② 보수 전에도 필요한 조도를 확보하기 위하여 설계시 보수율을 고려하여야 한다.
③ 광원의 수명동안 시간의 변화에 따라 단위 조도당 연간 조명비를 계산하여 그 값이 최소인 시간에 광원을 교환하면 경제적이다.
④ 등의 개수를 늘이면 항상 청소비가 줄어든다.

답 : ④

예제문제 25

면적 300m²인 사무실에 전광속 2,000lm, 소비전력 40W인 형광등을 사용하여 평균 조도 250lx를 얻고자 한다. 조명률 0.5, 감광보상률 1.2일 경우, 필요한 형광등의 수는?

【13년 2급 출제유형】

① 90
② 95
③ 100
④ 105

[해설]

$FUN = DES$

· F : 한등의 광속[lm]
· U : 조명률
· N : 등수(소수 첫째 자리에서 절상한다.)
· $D = \dfrac{1}{M}$: 감광 보상율(D)은 유지율(M)과 역수관계이다.
· E : 평균조도[lx]
· S : 조명면적[m²]

등수 $N = \dfrac{DES}{FU} = \dfrac{1.25 \times 250 \times 300}{2000 \times 0.5} = 90$

답 : ①

예제문제 26

사무실의 평균조도를 300[lx]로 설계하고자 한다. 다음과 같은 조건에서의 조명률을 0.6에서 0.7로 개선한 경우 광원의 개수는 얼마만큼 줄일 수 있는가?

[조건] 광원의 광속 : 3,000[lm]   개실의 면적 : 600[m²]   보수율(유지율) : 0.5

① 15개   ② 18개
③ 25개   ④ 28개

해설 등 수 $N = \dfrac{E \cdot A}{F \cdot U \cdot M} = \dfrac{300 \times 600}{3000 \times 0.5 \times (0.6 \sim 0.7)} = 200 \sim 171.4$

∴ $200 - 171.4 ≒ 28$개

답 : ④

예제문제 27

소규모 조립 생산 공장의 1일 노동시간이 12시간, 공장안의 규격은 가로 30[m], 세로 20[m], 바닥으로부터 천정까지 높이는 3[m]이다. 조명률 60[%], 평균조도 250[lx], 전광속 4800[lm]의 200[W] 백열등을 사용할 경우 1일 전력사용량은 몇 [kWh]인가?(단, 감광 보상률은 1.25, 1일 12시간만 백열등을 사용함.)

① 158   ② 188
③ 198   ④ 208

해설 등수 $N = \dfrac{DES}{FU} = \dfrac{1.25 \times 250 \times 600}{4800 \times 0.6} = 65.1 \Rightarrow 66$[등]

소비전력량 : $W =$ 소비전력 × 시간 $= 200 \times 66 \times 12 \times 10^{-3} = 158$[kWh]

답 : ①

예제문제 28

어느 사무실에 연간 4,500 시간을 사용하는 40[W] 2등용 형광램프 150 세트가 설치되어 있는데, 이를 18[W] 2등용 LED 직관형램프 150 세트로 교체한 경우 투자비 회수기간은 몇 년 인가? (단, 계산시 적용 전기요금은 112[원/kWh], LED 직관형램프의 교체 설치비용은 102,000[원/세트]이며, 소수점 둘째자리에서 반올림 한다.)

① 4.8   ② 4.6
③ 4.2   ④ 4.0

해설 소비전력 계산 $40[W] \times 2 \times 150$세트 $= 12000[W]$ $18[W] \times 2 \times 150$세트 $= 5400[W]$
그러므로, 절감전력은 $1200 - 5400 = 6600[W] = 6.6[kW]$이다.

・1년간 절감되는 전력량 $= 6.6[kW] \times 4500 = 29700[kWh/$년$]$

・투자비용 $= 150$세트 $\times 102000[$원/kWh$] = 15,300,000$원

・이것을 전력량으로 환산하면, $\dfrac{15,300,000[원]}{112[원/kWh]} = 136,607.142[kWh]$이다.

∴ 투자회수기간 $= \dfrac{136,607[kWh]}{29700[kWh/년]} ≒ 4.6$년

답 : ②

예제문제 29

다음 에너지절감을 위한 고효율 LED 조명설비의 교체 계획 중 연간 에너지절감량이 가장 큰 것은?(단, [ ]안은 연평균 일일 조명사용시간) 【17년 출제문제】

① 화장실[1시간] : (기존) 200W 백열전구
　→ (교체) 10W LED램프

② 복도[2시간] : (기존) 20W 형광램프
　→ (교체) 7W LED램프

③ 로비[10시간] : (기존) 250W 나트륨램프
　→ (교체) 100W LED다운라이트

④ 사무실[8시간] : (기존) 4×32W 형광램프
　→ (교체) 50W LED평판등

【해설】
보기③번의 절감전력 : 250[W]−100[W]=150[W]이며, 하루의 절감전력량은 150[W]*10시간 =1.5[kWh]로서 가장 절감전력량이 크다.

답 : ③

예제문제 30

20[W] 형광등(안정기 손실 5[W])과 60[W] 백열 전구를 사용하는 수용가에 대하여 항목별 조사 내용에 따른 계산 결과는 다음과 같다. 이때 광량을 기준으로 경제성을 비교하면 형광등은 백열 전구에 비해서 약 몇 [%]의 비용이 드는가?(단, 1년간 점등 시간을 2000시간으로 하였다)

항목　　　　　　　등 구별	형광등	백열 전등
1. 설비 상각비 [원]	160	80
2. 연간 전구 대금 [원]	200	320
3. 연간 전력비 [원]	1250	3000
4. 연간 광량 [klm·h]	2160	1494

① 33

② 47

③ 52

④ 70

【해설】

형광등(광량기준 경제성)$=\dfrac{160+200+1250}{2160}=0.745$

백열등(광량기준 경제성)$=\dfrac{80+320+3000}{1494}=2.275$

광량을 기준으로 경제성을 비교하면 형광등은 백열전구에 비해서

비용은 $\dfrac{0.745}{2.275}\times100 ≒ 33[\%]$이다.

답 : ①

예제문제 31

면적이 200m²인 사무실에 소비전력 40W, 전광속 2,500lm의 형광램프를 설치하여 평균 조도 500lx를 만족하고 있다. 이 사무실을 동일한 조도로 유지하면서 소비전력 20W, 발광효율 150lm/W LED램프로 교체할 경우, 절감되는 총 소비전력(W)은?
(단, 형광램프와 LED램프의 조명률 = 0.5, 감광보상률 = 1.2로 동일하게 가정한다.)

【17년 출제문제】

① 1,120   ② 1,600
③ 2,240   ④ 3,200

[해설] 형광등의 필요개수

$N = \dfrac{DES}{FU} = \dfrac{1.2 \times 500 \times 200}{2500 \times 0.5} = 96$개

형광등의 소비전력 $= 96$개 $\times 40[W] = 3840[W]$

LED 램프의 광속 $F = 20[W] \times 150[lm/W] = 3000[lm]$ LED의 개수

$N = \dfrac{1.2 \times 500 \times 200}{3000 \times 0.5} = 80$개

LED의 소비전력 $= 80$개 $\times 20[W] = 1600[W]$

절감되는 총 소비전력 $= 3840 - 1600 = 2240[W]$

답 : ③

예제문제 32

건물의 실내조명설비에 적용되는 효율적인 에너지 관리 방안과 가장 관련이 적은 것은?

① 층별 일괄소등스위치의 설치
② 자연광이 들어오는 창측 조명제어의 채택
③ 조도 자동조절 조명기구의 설치
④ 대기전력차단장치의 설치

[해설]
건물의 실내조명설비의 에너지 절약방식
· 층별 일괄소등 스위치 설치
· 자연채광활용 및 창측 조명제어의 채택
· 조도 자동조절조명기구의 설치

답 : ④

2 배선 설비

1. 배선설비 설계순서

배선설비라 함은 건물에 시설하는 전등, 콘센트, 전동기, 전열 장치 등의 전기 설비를 말한다. 배선설비의 설계순서는 다음과 같다.

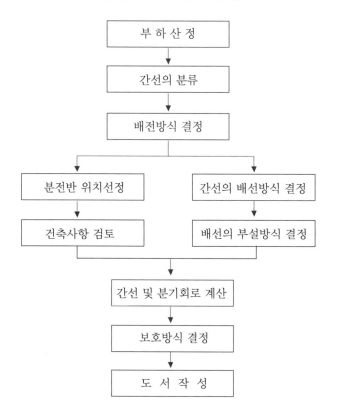

(1) 부하용량의 산정

부하 용량의 산정은 전기방식, 공사방법, 간선설계, 전기실의 크기 및 변압기 용량 결정의 기초가 된다. 전등 및 소형 전기기계 기구의 부하는 건물의 종류에 따라 표준부하밀도를 구하고, 여기에 건물 각부의 면적을 곱해서 부하용량을 산정한다. 전동기 부하는 전동기의 수용률을 참고로 해서 산정한다.

(2) 간선의 분류

① 간선은 일반적으로 부하의 용도에 따라 다음과 같이 분류하며, 또한, 사용부하 구성 특성에 따라 계절부하용, 고조파발생 부하용 등으로 세분화한다.

용도별 간선	전등 간선	상용 조명간선
		비상용 조명간선
	동력 간선	상용 동력간선
		비상용 동력간선
	특수용 간선	컴퓨터용 간선
		기타(OA용, 의료기기용 간선)

② 조명용 간선은 조명기구, 콘센트(소용량 기기)에 전력을 공급한다. 다만, 비상용 조명용 간선에는 관계 법령(소방, 건축)에 의한 부하와 정전 시 비상전원에 의해 업무용으로 공급한다.

③ 동력용 간선은 공조설비, 급배수 및 위생설비, 특수기계설비와 소방설비, 전동셔터 및 자동문 그리고 건물 내 운반(반송)설비 동력에 전력을 공급한다. 다만, 비상용 동력간선에는 관계 법령(소방, 건축)에 의한 동력설비와 정전 시 비상 전원에 의해 업무용으로 공급한다.

④ 특수용 간선으로는 일반적으로 중요도가 높은 것으로 대형 전산기기용 간선, OA기기용 간선, 의료기기용 간선 등을 말하며, 대개 정전 시 비상전원이 공급되도록 구성한다.

⑤ 간선을 분류하여 1개의 전력용량이 작은 경우는 여러 용도를 1개 간선으로 공급한다.

(3) 간선의 배전방식

간선에서 사용하는 배전방식은 전압에 따라 고압배전, 저압배전으로 분류하고 전기성질에 따라 직류배전, 교류배전으로 분류되며 또한 교류 저압배전은 단상 2선식, 단상 3선식, 삼상 3선식, 삼상 4선식으로 구분하며, 배전전압을 고려하여 선택한다.

① 전압의 종별

저압	직류 : 1500[V] 이하
	교류 : 1000[V] 이하
고압	직류 : 1500[V] 초과 ~ 7000[V] 이하
	교류 : 1000[V] 초과 ~ 7000[V] 이하
특고압	7000[V] 초과

② 배전방식(전기방식)

• 단상 2선식(220[V])

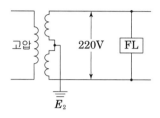

110[V]에 비해 1회로의 용량이 2배로 많고 선로 전압강하 및 전류가 반으로 줄어드는 장점이 있으며 단상 전동기, 전열기, 조명의 부하설비에 공급된다.

• 단상 3선식(110[V]/220[V])

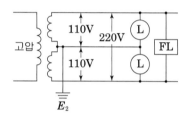

일반 가정의 전등 부하 또는 소규모 공장에서 사용하는 방식으로 한 장소에 두 종류의 전압이 필요한 경우에 채택한다. 중성선이 단선되면 부하가 적게 걸린 단자(저항이 큰 쪽의 단자)의 전압이 많이 걸리게 되어 과전압에 의한 사고 발생 위험이 있다.

– 중성선을 이용한 110[V] 부하는 가능한 부하의 평형을 유지하여야 한다. 부득이한 경우에는 설비 불평형률 40[%] 이하로 하는 것을 원칙으로 한다. 이 경우 설비불평형률[%]이라 함은 각 전압측 전선간에 접속되는 부하 설비 용량의 차와 총 부하 설비용량의 평균치와의 비를 말한다.

$$\text{설비불평형률} = \frac{\text{중성선과 각 전압측 전선간에}}{\text{총 부하설비용량[kVA]의 } \frac{1}{2}} \times 100[\%]$$

• 3상 3선식(220[V])

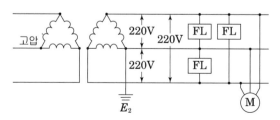

고압 수용가의 구내 배전 설비에 많이 사용하는 방식으로 단상변압기 1대가 고장시 나머지 2대로 V 결선하여 3상 전력 공급이 계속 가능하다. 또한 선 전류가 상전류의 배가 되는 결선법으로 전류가 선로에 많이 흐르게 된다.

• 3상 4선식(220[V], 380[V])

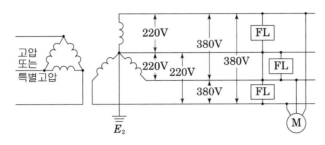

동력(3상 유도전동기)과 전등(단상) 부하를 동시에 사용하는 수용가에서 사용 하는 방식이다. 변압기 용량은 3대 모두 동일 용량을 사용하는 방식과 1대 의 용량은 크게, 나머지 두 대의 용량은 작게 구성하는 방식이 있다. 이 경 우, 1대는 동력전용으로 2대는 전등·동력 공용으로 나누어 사용한다. 중성 선이 단선되면 단상 부하에 과전압이 인가될 수 있다.

– 설비불평형률은 30[%] 이하로 하는 것을 원칙으로 한다.

$$설비불평형률 = \frac{각 \ 선간에 \ 접속되는 \ 단상부하의 \ 최대와 \ 최소의 \ 차}{총 \ 부하설비용량[kVA]의 \ \frac{1}{3}} \times 100[\%]$$

(4) 배선방식

건물로의 인입개폐기(배선용 차단기)로부터 각 층마다 설치된 분전반의 분기개 폐기까지의 배선을 말한다. 간선의 배선방식에 대하여는 개별방식, 나뭇가지 방 식, 병용방식 등이 있다.

필기 예상문제

배선방식의 종류에 따른 특징

① 평행식

각 분전반 마다 배전반으로부터 단독으로 배선되어 있으므로 전압강하가 평 균화되고 사고가 발생하여도 그 범위를 좁힐 수 있는 것이 특징이며, 배선 이 혼잡할 우려가 있기는 하나 대규모 건물에 적합하다.

② 나뭇가지식

한 개의 간선이 각각의 분전반을 거쳐가며 부하가 감소됨에 따라 간선의 굵기도 감소하지만, 굵기가 변하는 접속점에는 보안장치가 요구된다. 이 방식은 소규모 건물의 배전방식으로 적합하다.

③ 병용식

부하의 중심 부근에 분전반을 설치하고 분전반에서 각 부하에 배선하는 방식으로 가장 많이 쓰인다.

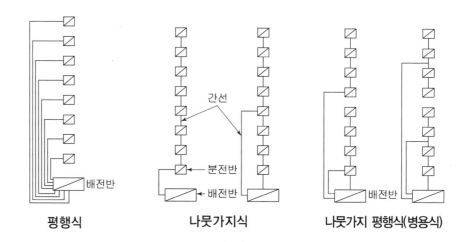

(5) 배선의 부설방식

간선의 배선부설방식은 간선의 재료에 따른 공사방법을 말하며, 금속관, 합성수지관, 가요전선관을 사용하여 절연전선을 배선하는 배관배선 방식과 케이블을 케이블트레이 또는 배선트렌치를 통하여 배선하는 방법, 그리고 동 또는 알루미늄 도체를 사용하는 버스덕트 방식을 사용한다.

(6) 간선용량 계산

① 간선크기를 정하는 중요 요소
 • 전선의 허용전류
 • 전압강하
 • 기계적 강도
 • 연결점의 허용온도
 • 열방산 조건
② 간선 계산시 고려해야 할 요소
 • 장래 예비사용 또는 증설에 대한 여유율
 • 부하의 수용률
③ 간선에 있어서 수용률은 간선비용과 직접관계 되므로, 공장, 공동주택 등에서

는 이를 적용하지만 장래에 용량증가가 예상되는 건축물(⑩ 인텔리전트빌딩, 업무용 건물, 백화점, 병원 등)에서는 이를 고려하거나 적용하지 않을 수 있다.

2. 전압강하

(1) 직류회로 전압강하

$$e = 2 \cdot L \cdot I \cdot R$$

여기서, e : 전압강하(V)

L : 전선 1본 길이(m)

I : 선로의 전류(A)

R : 전선의 저항(Ω/m)

(2) 교류회로의 전압강하

$$e = E_S - E_R = K_D(R\cos\theta + X\sin\theta) \cdot I \cdot L$$

여기서, e : 전압강하(V)

E_S : 전원측 전압(V)

E_R : 부하측 전압(V)

K_D : 배전방식에 따른 계수(■참조)

R : 전선의 저항(Ω/m)

X : 전선 리액턴스(Ω/m)

θ : 역률각

I : 선로의 전류(A)

L : 전선1본의 길이(m)

■ 배전방식에 따른 계수(K_D)

배전방식	K_D	배전방식	K_D
직류 2선식	2	교류 단상 3선식	1
직류 3선식	1	교류 삼상 3선식	$\sqrt{3}$
교류 단상 2선식	2	교류 삼상 4선식	1

(3) 실용(간이) 전압강하 계산

필기·실기 예상문제

간이 전압강하 계산에 따른 분기
선의 선로의 전압강하

$$e(e') = \frac{K \cdot L \cdot I}{1000 \cdot A}$$

여기서, e : 선간 전압강하(V)

e' : 한 개의 상선과 중성선간의 전압강하(V)

K : 전압강하계수(단상 2선식 : 35.6, 삼상 3선식 : 30.8,

단상 3선식 및 삼상 4선식 : 17.8)

L : 전선 1본의 길이(m)

I : 부하전류(A)

A : 전선의 단면적(mm^2)

- **전기설비의 이해**
  전압강하를 감소시키기 위한
  방법은 전류의 크기, 전선의 굵
  기, 전선의 길이와 밀접한 관련
  이 있다.

동일관내의 전선수 [가닥]	전압강하 [e]	전선의 단면적 [mm^2]
단상2선식, 직류2선식	$e = \dfrac{35.6 \times L \times I}{1000 \times A}$	$A = \dfrac{35.6 \times L \times I}{1000 \times e}$
3상 3선식	$e = \dfrac{30.8 \times L \times I}{1000 \times A}$	$A = \dfrac{30.8 \times L \times I}{1000 \times e}$
단상3선식, 3상4선식	$e = \dfrac{17.8 \times L \times I}{1000 \times A}$	$A = \dfrac{17.8 \times L \times I}{1000 \times e}$

3. 분전반

(1) 일반사항

① 분전반은 매입형, 반매입형, 노출벽부형과 전기 전용실에 설치 가능한 자립
형이 있으며 건물의 크기, 용도에 따라 선정한다.

② 분전반은 점검과 유지 보수를 고려한 위치에 설치하여야 하며 매입형일 경
우는 건축물의 구조적인 강도를 검토하고, 건축적으로 블록벽 또는 경량벽
에 설치하는 경우 건축설계자와 협의 조정한다.

③ 분전반은 실내의 사용성을 고려하여 복도 또는 코어부분에 설치하고, 전기
배선용 샤프트(ES)가 설치된 경우 ES내에 수납한다.

(2) 분전반 설치

① 분전반은 각층마다 설치한다.

② 분전반은 분기회로의 길이가 30m 이하가 되도록 설계하며, 사무실용도인 경우 하나의 분전반에 담당하는 면적은 일반적으로 1,000m² 내외로 한다.

③ 1개 분전반 또는 개폐기함 내에 설치할 수 있는 과전류장치는 예비회로(10~20%)를 포함하여 42개 이하(주개폐기 제외)로 하고, 이 회로수를 넘는 경우는 2개 분전반으로 분리 하거나 자립형으로 한다. 다만, 2극, 3극 배선용 차단기는 과전류장치 소자 수량의 합계로 계산한다.

④ 분전반의 설치높이는 긴급 시 도구를 사용하거나 바닥에 앉지 않고 조작할 수 있어야 하며, 일반적으로는 분전반 상단을 기준하여 바닥 위 1.8m 로 하고, 크기가 작은 경우는 분전반의 중간을 기준하여 바닥 위 1.4m 로 하거나 하단을 기준하여 바닥 위 1.0m 정도로 한다.

⑤ 분전반과 분전반은 도어의 열림 반경 이상으로 이격하여 안전성을 확보하고, 2개 이상의 전원이 하나의 분전반에 수용되는 경우에는 각각의 전원 사이에는 해당하는 분전반과 동일한 재질로 격벽을 설치해야 한다.

4. 배전선의 전력손실

배전방식에 따라 전력손실(선로손실)을 고려하여 배전 방식에 따른 효율성을 고려하여야 한다. 일반적으로 전력손실은 전선에 전류가 흘러 저항으로부터 열이 발생하여 $P_l = I^2 R$ 식을 사용하며 각 배전방식에서 전류가 흐르는 전선의 가닥수를 곱하면 전체 전력 손실이 된다. 3상에서의 전력손실은 $I = \dfrac{P}{\sqrt{3}\,V\cos\theta}$ 를 적용하여 다음과 같이 표현할 수 있다.

필기·실기 예상문제

배전선의 전력손실 저감방법

$$P_\ell = 3I^2R = \frac{P^2 R}{V^2 \cos^2\theta}[\text{W}]$$

예제문제 01

옥내배선의 설계순서로 가장 알맞은 것은?

| ㉠ 전선굵기의 결정 | ㉡ 배선방법을 선정 |
| ㉢ 부하결정 | ㉣ 전기방식 선정 |

① ㉠ − ㉡ − ㉢ − ㉣
② ㉢ − ㉣ − ㉡ − ㉠
③ ㉡ − ㉠ − ㉣ − ㉢
③ ㉣ − ㉡ − ㉠ − ㉢

해설 옥내배선의 설계순서

부하용량산정 − 전기방식 결정 − 배선방법 결정 − 전선굵기 결정

답 : ②

예제문제 02

어떤 건물의 평면도와 조건이 다음과 같을 때 아래의 조건들을 이용하여 전체 상정 부하[VA]를 계산하고 및 조명밀도가 가장 높은 장소는 어느 곳인지 선택하시오.

[조건]
− 주거지역에 조명 사용전력 : 2500[W]
− 사무실 조명 사용전력 : 1400[W]
− 현관 및 복도 조명 사용전력 : 1700[W]
− 에어컨은 별도의 가산부하로 가정하며, 용량은 1500[VA]이다.

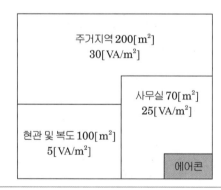

주거지역 200[m²]
30[VA/m²]

사무실 70[m²]
25[VA/m²]

현관 및 복도 100[m²]
5[VA/m²]

에어콘

① 8250 [VA], 현관 및 복도
② 9750 [VA], 사무실
③ 8250 [VA], 현관 및 복도
④ 9750 [VA], 주거지역

해설
전체 부하설비 용량

$$200 \times 30 + 70 \times 25 + 100 \times 5 + 1500 = 9750[\text{VA}]$$

최대 조명 밀도 : 사무실 $= \dfrac{1400}{70} = 20[\text{W/m}^2]$

답 : ②

예제문제 **03**

그림과 같은 단상 3선식에 있어서 중성선의 점 P에서 단선 사고가 생긴 후, V_2 는 V_1 의 몇 배로 되는가?

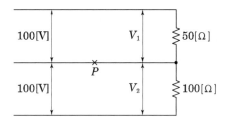

① 0.5배

② 1.5배Ω

③ 2배

④ 3배

해설 단상 3선식에서 전압 불평형

중성선이 단선된 경우 부하 A와 B는 직렬접속이 되어 전체전압이 200[V]가 된다. 따라서 전압분배법칙을 이용하여 A와 B 단자전압을 구하면 다음과 같다.

먼저 A, B 부하의 저항을 각각 R_1, R_2로 하여

$R_1 = 50[\Omega]$, $R_2 = 100[\Omega]$이라 하면

$$V_1 = \frac{R_1}{R_1 + R_2} V = \frac{50}{50 + 100} \times 200 = 66.67[V]$$

$$V_2 = \frac{R_2}{R_1 + R_2} V = \frac{100}{50 + 100} \times 200 = 133.33[V]$$

∴ V_2는 V_1의 2배이다.

답 : ③

예제문제 **04**

소규모 건물의 배전 순서가 옳은 것은?

① 전력계 – 분전반 – 분기회로 – 전등

② 분전반 – 전력계 – 분기회로 – 전등

③ 분전반 – 분기회로 – 전력계 – 전등

④ 전력계 – 분기회로 – 분전반 – 전등

해설

답 : ①

예제문제 05

전압은 저압, 고압, 특별고압 세종류로 구분된다. 전압의 범위에 대한 설명이 옳은 것은?

① 저압 교류전압은 600V 이하
② 고압 교류전압은 600V 이상 7000V 이하
③ 고압 직류전압은 600V 이상 7000V 이하
④ 특별고압은 7000V 이상

해설
특별고압은 7000V를 초과하는 것

답 : ④

예제문제 06

배전 전압을 저압, 고압, 특별 고압으로 분류하는 이유가 아닌 것은?

① 원격 감시 시 발생하는 손실에 대한 위험성
② 감전에 대한 위험성
③ 화재에 대한 위험성
④ 전기 및 자기적 장애에 대한 위험성

해설
SCADA(원격감시제어시스템)는 배전설비 운영을 보장하기 위한 시스템이다.

답 : ①

예제문제 07

건축물의 전기간선의 배선방식에서 일반적으로 쓰여지지 않고 있는 것은?

① 단상 3선식
② 단상 4선식
③ 3상 3선식
④ 3상 4선식

답 : ②

예제문제 08

일반주택의 수전 전기방식은 어떠한 것이 좋은가?

① 1ϕ 2W식 220V
② 1ϕ 3W식 110/220V
③ 3ϕ 3W식 220V
④ 3ϕ 4W식 220/380V

답 : ①

예제문제 09

우리나라에서 승압계획에 따라 대형빌딩이나 공장 등의 간선회로에 주로 사용되는 배전방식은?

① 100V 난상 2선식

② 220V/380V 3상 4선식

③ 100V 3상 3선식

④ 220V 3상 4선식

해설

대형빌딩이나 공장에서는 220V/380V 3상 4선식이 쓰인다.

답 : ②

예제문제 10

전력을 배전하는데 전선량이 가장 적게 드는 전기방식은?

① 단상 2선식

② 단상 3선식

③ 3상 3선식

④ 3상 4선식

해설

전압, 전력, 배선거리가 같을 때 소요되는 전선의 동량(銅量)은 3상4선식 〈 단상 3선식 〈 3상3선식 〈 단상2선식으로 3상4선식이 가장 적게 소요된다.

답 : ④

예제문제 11

옥내배선의 전기방식 중 380V와 220V의 전압을 함께 사용할 수 있는 방식은?

① 단상 2선식

② 단상 3선식

③ 3상 3선식

④ 3상 4선식

해설

3상 4선식은 Y결선 방식으로서 220[V] 및 380[V]의 전압을 얻을 수 있다. 대규모 공장, 빌딩에서 주로 사용하는 전기방식이다.

답 : ④

예제문제 12

다음에서 대규모 건물에 적당한 간선의 배선방식은?

① 나뭇가지식

② 평행식

③ 나뭇가지 평행 병용식

④ 네트워크식

해설

소규모 건물에는 나뭇가지식, 대규모건물에는 평행식이 사용되며 대부분의 건물에서는 이 두 가지를 병용하여 사용한다.

답 : ②

예제문제 13

전선의 굵기를 결정하는 고려사항 조건이 아닌 것은?

① 기계적 강도
② 안전전류
③ 배선방식
④ 전압강하

해설
안전전류(허용전류), 전압강하, 기계적 강도

답 : ③

예제문제 14

3상 3선식 200[V] 회로에서 400[A]의 부하를 전선의 길이 100[m]인 곳에 사용할 경우 전압강하는 몇 [%]인가? (단, 사용 전선의 단면적은 300[mm²]이다.)

① 2.06
② 3.06
③ 4.06
④ 6.06

해설

전압강하 $e = \dfrac{30.8LI}{1000A} = \dfrac{30.8 \times 100 \times 400}{1000 \times 300} = 4.11[\text{V}]$

전압강하율 $\delta = \dfrac{e}{V_{rn}} \times 100 = \dfrac{4.11}{200} \times 100 = 2.06[\%]$

답 : ①

예제문제 15

분전반은 분기회로의 길이가 얼마 이하가 되도록 설치하여야 하는가?

① 40[m] 이하
② 30[m] 이하
③ 20[m] 이하
④ 10[m] 이하

해설
한 층에 분전반을 적어도 한 개씩 설치하고 분기회로의 길이는 30[m] 이하가 되도록 한다.

답 : ②

예제문제 16

1개의 분전반에 넣을 수 있는 분기 개폐기의 수는 예비회로를 포함하여 얼마 정도로 하는가?

① 10회선 정도　　　　　　　　② 20회선 정도

③ 30회선 정도　　　　　　　　④ 40회선 정도

해설

예비회로를 포함하면 40회선, 일반적으로는 20회선 정도로 한다.

답 : ④

예제문제 17

동력부하에서 데이터를 측정하였더니 전압 3.3[kV], 전력 3300kW, cosθ = 0.8인 부하가 있다. 이를 역률 0.95로 개선하였을 때, 선로손실 감소량은? 단 선로길이는 3300m, 1선당의 저항이 0.02Ω/km라고 한다.

① 10　　　　　　　　② 20

③ 30　　　　　　　　④ 40

해설

선로손실 감소량은 $\Delta P_\ell = 3RI_1^2 \times \left(1 - \dfrac{\cos\theta_1{}^2}{\cos\theta_2{}^2}\right)$

여기서 $R = 0.02(\Omega/\text{km}) \times \dfrac{3300(\text{m})}{1000(\text{m})} = 0.066\,[\Omega]$

$I_1 = \dfrac{3300}{\sqrt{3} \times 3.3 \times 0.80} = 721.6[\text{A}]$

$\Delta P_\ell = 3 \times 0.066 \times 721.6^2 \times \left(1 - \dfrac{0.8^2}{0.95^2}\right) \times 10^{-3}$

$= 30[\text{kW}]$

답 : ③

---

3 콘센트 설비

1. 콘센트 설비의 개요

콘센트설비는 각종 기기의 전원설비로 중요한 역할을 담당하고 있다. OA 기기나 각종 전기 기기의 전원으로 사용되고 있으며 용량도 30~40[VA/m²]정도이다. 아래의 표와 같이 여러 가지로 표현된다. 예를 들어 콘센트의 종류는 접지극 부착, 방우형, 방수형 및 걸림형, 병원의 의료기기용 콘센트 등이 있다.

콘센트의 종류(극성, 극배치, 정격)

종목		극수	극배치		정격
명칭	형별		칼받이	칼	
꽂음 플러그, 콘센트, 코드커넥터 보디, 코드붙은 꽂음 플러그	보통형 · 방우형 · 방침형	2			15A 125V
					30A 250V 50A 250V
		2 (접지형)			15A 125V
					20A 125V
					20A 250V
					15A 250V
					15A 250V
					20A 250V
					30A 250V
					50A 250V
		3 (접지형)			15A 250V
					20A 250V
					30A 250V
					50A 250V
		2			3A 250V
					15A 250V

(1) 콘센트 용량

① 일반용 콘센트

20[A] 이하의 누전용 차단기로 보호되는 분기회로에 접속되는 콘센트는 최대 20[A] 콘센트의 시설할 수 있다.

② 대용량 콘센트

30~50[A] 용량 이상 기기에 전력을 공급하는 콘센트는 적합한 용량으로 하고 전용회로로 한다.

(2) 콘센트 시설에서 유의할 사항

① 콘센트의 설치 높이는 보통 0.2~0.3[m] 전후로 한다. 단, 일반사무실은 벽이 바닥과 접하는 부분에는 걸레받이가 있는데, 이 걸레받이의 높이는 10~15[cm]정도 이므로 콘센트 설치 높이를 결정할 때는 걸레받이의 높이를 고려한다.

② 콘센트의 위치는 출입구의 문, 가구, 기계 등의 후면에 오지 않도록 한다.

③ 콘센트는 1구용, 2구용, 3구용, 또는 방수형 접지단자가 있는 것 등이 있고, 용량도 10, 15, 20[A] 이상 등 여러 종류가 있으므로 사용목적에 부합한 것을 골라야 한다.

④ 동일 구내일지라도 전기방식(AC/DC/전압/상수/주파수)이 다른 분기회로에서 각 콘센트는 용도를 달리하는 플러그를 꽂아서 사고가 나지 않도록 콘센트 중 적합한 것을 선정하여야 한다.

⑤ 엘리베이터 홀, 복도 등에는 청소용 콘센트를 20~30[m] 마다 1개씩 배치한다.

⑥ 간이주방 등에는 전기 히터용으로 20[A] 콘센트를 시설한다. 이와 같이 용량이 큰 것은 단독회로로 하여야 한다.

⑦ 화장실에는 전기면도기용으로 거울 밑에 콘센트를 시설한다.

⑧ 전기세탁기용이나 전기 렌지용 콘센트는 접지극이 붙은 것으로 한다.

⑨ 일반사무실에서는 사무용 기기를 사용할 때에 편리하도록 플로어 콘센트는 1칸 2~4개로 하는 것이 적당하다.

⑩ 전기세탁기용이나 전기 렌지용 콘센트는 접지극이 붙은 것으로 한다.

2. 비상용 콘센트 설비 및 비상전원

(1) 비상용 콘센트 설비

비상콘센트 설비는 화재시 조명기구, 피뢰기 등 배연기 등의 소화활동상 필요한 전기설비를 소방관이 필요한 장소까지 이동하여 소화활동을 원활하게 하기 위하여 전원을 확보하는 설비이다.

접지형 2극 플러그 접속기   접지형 3극 플러그 접속기

비상용 콘센트의 심벌

① 설치대상
- 지하층을 제외한 층수가 7 이상의 층
- 지하층의 바닥면적(차고 주차장 보일러 기계실 또는 전기실의 바닥면적을 제외)의 합계가 3000[m²] 이상인 지하층의 전층

② 특징
- 단상 및 3상의 2개의 회로로 구성되어 있을 것
- 7층 이상 연면적 2,000[m²]의 각 층 설치할 것
- 아무리 높은 층이라도 소화활동이 가능할 것
- 소화에 신속을 기할 수 있을 것

(2) 비상전원

지하층을 제외한 층수가 7층 이상으로 연면적이 2,000[m²] 이상이거나 지하층의 바닥면적의 합계가 3,000[m²] 이상인 소방대상물의 비상콘센트 설비에는 자가 발전기설비 또는 비상전원 수전설비를 비상전원으로 설치하여야 한다.(단, 2 이상의 변전소에서 전력을 동시에 공급받을 수 있거나 하나의 변전소로부터 전력의 공급이 중단되는 때에는 자동으로 다른 변전소로부터 전력을 공급받을 수 있도록 상용전원을 설치한 경우에 비상전원을 설치하지 아니 할 수 있다.)

※ 비상콘센트설비의 비상전원용량 : 20분 이상

- 비상콘센트 비상전원으로 자가발전설비 설치시 비상전원의 설치기준

① 점검에 편리하고 화재 및 침수등의 재해로 인한 피해를 받을 우려가 없는 곳에 설치
② 비상콘센트 설비를 유효하게 20분 이상 작동할 것
③ 상용전원으로부터 전력의 공급이 중단된 때에는 자동으로 비상전원으로부터 전력을 공급받을 수 있을 것
④ 비상전원의 설치장소는 다른 장소와 방화구획하여야 하며, 그 장소에는 비상전원의 공급에 필요한 기구나 설치외의 것을 두지 말 것(단, 열병합발전설비에 필요한 기구나 설비 제외)
⑤ 비상전원을 실내에 설치하는 때에는 그 실내에 비상조명등 설치

(3) 구성도

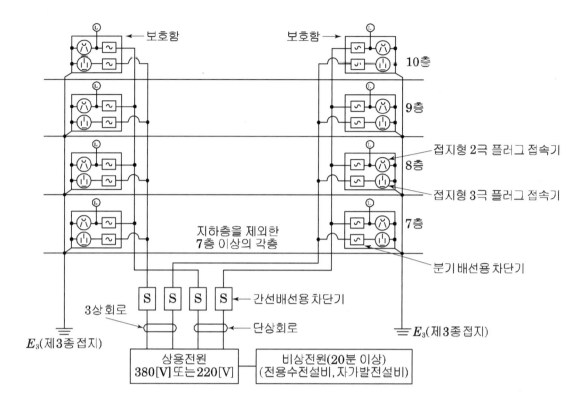

보호함

보호함

10층

9층

8층

접지형 2극 플러그 접속기

7층

접지형 3극 플러그 접속기

분기 배선용 차단기

지하층을 제외한
7층 이상의 각층

3상회로

간선배선용 차단기

단상회로

E_3(제3종 접지)

E_3(제3종 접지)

상용전원
380[V] 또는 220[V]

비상전원(20분 이상)
(전용수전설비, 자가발전설비)

─〈범례〉─

S 간선용 개폐기 및 자동차단기

∿ 분기 개폐기 및 자동차단기

ⓧ 단상 콘센트(접지형)

ⓤ 3상 콘센트(접지형)

Ⓛ 표시등(적색)

memo

제3편
건축 신재생에너지설비 이해 및 응용

태양광 시스템

CHAPTER 01 태양광 시스템

1 신재생 에너지의 개요

우리나라는 "신에너지 및 재생에너지 개발·이용·보급촉진법" 제2조의 규정에 의거 "기존의 화석연료를 변환시켜 이용하거나 햇빛·물·지열·강수·생물유기체 등을 포함하여 재생 가능한 에너지를 변환시켜 이용하는 에너지"로 정의하고 11개 분야로 구분하고 있다.

신재생 에너지원의 종류

분 류	종 류
신에너지	연료전지, 수소에너지, 석탄액화가스화
재생에너지	태양광, 태양열, 풍력, 지열, 소수력, 해양에너지, 바이오에너지, 폐기물에너지

필기·실기 **예상문제**

신·재생에너지 종류와 특징

(1) 신에너지

① **연료전지** : 수소와 산소를 반응시켜 전기를 얻는 장치
② **수소 에너지** : 연료 전지와 관련하여 수소의 제조 및 저장 기술을 중심으로 개발되고 있다.
③ **석탄 액화 가스화** : 고체 연료인 석탄을 기체 상태나 액체 상태로 변환하는 방식

(2) 재생 에너지

① **태양광** : 태양 전지를 중심으로 개발되고 있다.
② **태양열** : 열을 얻어 난방에 사용하거나, 집광 및 집열하여 높은 온도로 물을 끓여 발전하는데 사용한다.
③ **풍력 에너지** : 바람을 이용하여 에너지, 특히 전기 에너지를 얻는다.
④ **지열 에너지** : 지구 내부의 열을 이용하는 것으로 우리나라에서는 대규모 발전이 어렵다. 우리나라에서는 주로 건물이나 가정, 농업에서 지열 히트 펌프(Heat Pump)를 이용하여 냉난방에 사용하는 것을 말한다.
⑤ **소수력 에너지** : 일반적인 수력발전(예 : 댐)은 재생 가능한 에너지이나 환경 훼손이 크기 때문에 신재생에너지에서는 주로 소수력 발전만을 뜻한다.
⑥ **해양에너지** : 조수 간만의 차이를 이용한 조력 발전, 파도의 진동을 이용한 파력발전, 바닷물의 흐름을 이용한 조류발전이 포함된다.

⑦ 바이오 에너지 : 식물, 축산 분료, 쓰레기 매립지, 음식물 쓰레기 등으로부터 얻어낸 바이오 알코올, 바이오 디젤, 바이오 가스 등을 말한다.

⑧ 폐기물 에너지 : 가연성 폐기물을 가용하여 고체, 액체, 기체 형태의 연료를 만들거나 이를 연소시켜 얻는 열에너지를 말한다. 주로 많이 활용되는 것이 쓰레기 소각 열을 이용하여 난방이나 발전에 사용하는 방식이다. 또한 폐기물을 분해할 때 발생되는 가스도 활발하게 이용되고 있다.

(3) 신재생에너지의 중요성

① 최근 유가의 불안정, 기후변화협약 등 신재생에너지의 중요성이 재인식되면서 에너지 공급방식 다양화 필요하다.

② 기존에너지원 대비 가격경쟁력 확보시 신재생에너지 산업은 IT, BT, NT산업과 더불어 미래산업, 차세대산업으로 급성장이 예상된다.

2 태양전지의 원리 및 구성

(1) 원리

태양전지는 실리콘으로 만들어지는 반도체소자이며 서로 다른 전기적 성질을 가진 N형 반도체와 P형 반도체를 접합시킨 구조로 되어있다. 이러한 태양전지에 태양빛이 닿으면 빛이 전지 속으로 흡수되어 +와 −의 입자를 발생시키고, +입자는 P형 반도체 쪽으로, −입자는 N형 반도체 쪽으로 각각 이동하게 되며, 전위차에 의해 전류가 발생하는 원리이다. 이것을 반도체의 광전효과라(광기전력효과)한다.

필기 **예상문제**

태양전지의 원리 및 구조

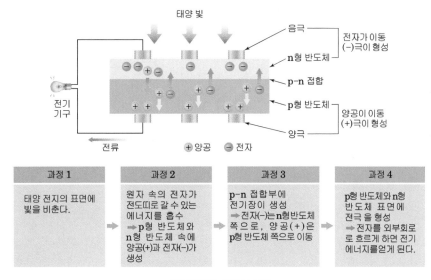

태양전지 메커니즘

(2) 셀의 구성

태양의 빛에너지를 전기 에너지로 직접 전환하는 장치로 보통 p형 반도체와 n형 반도체를 접합한 구조이다. 바닥부터 금속으로 된 양극, p형 반도체, n형 반도체, 음극 역할을 하는 금속 그리드, 반사 방지 필름, 보호 유리 순으로 되어 있다. 1셀당 최대 전력은 약 1.5[W] 정도이다.

(3) 모듈

여러 셀을 연결하고 유리와 프레임으로 보호한 것으로, 필요한 전력을 얻을 수 있는 최소 단위로 모듈을 이용하면 최대 전력을 수백[W] 정도로 만들 수 있다. 태양전지의 모듈의 표면온도가 높아지면 전체출력이 감소하고 또한, 일사량이 감소하면 전체출력이 감소한다.

(4) 어레이

여러개의 모듈을 직렬 및 병렬로 연결하여 조립한 패널로, 태양광 발전기를 구성한다. 태양 전지로 많은 전력을 확보하기 위해서는 큰 어레이와 넓은 설치 면적이 필요하다.

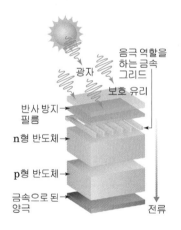

태양 전지 셀의 구조

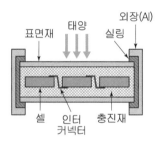

태양전지 모듈 구조도

③ 태양전지의 종류

(1) 태양전지의 물성 분류

현재 전원용으로 이용되고 있는 태양광전지는 주로 실리콘(Si) 태양전지이다.
실리콘 태양전지는 이미 반도체 분야에서 많이 연구 개발 되어 현재 결정질 실
리콘 태양전지가 전체의 95% 수준으로 보급되고 있으며, 경제성을 확보하기 위
해 고 효율화 연구가 활발히 진행되고 있다. 또한 박막형 태양전지(薄膜型 thin
film-type)에 대한 연구도 활발히 진행되고 있어 곧 박막태양전지(薄膜型 thin
film-type)가 전체 태양전지 시장의 25%를 점유할 것으로 예상하고 있으며 태
양광전지는 물성에 따라 아래와 같이 분류 될 수 있다.

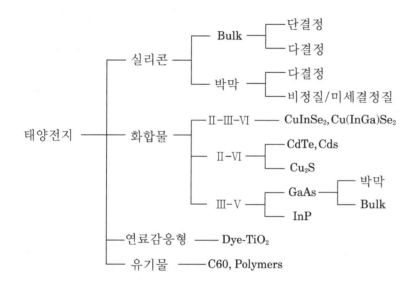

태양전지의 물성분류

(2) 실리콘계 태양전지의 종류

필기·실기 예상문제
태양전지 종류별 특징

종 류	특 성	
단결정	· 재료 : 고급 실리콘 · 장점 : 에너지 전환효율이 높다. · 단점 : 제조공정이 복잡하여 대량 생산이 　　　　 어려우며, 가격이 비싸다.	

종 류	특 성	
다결정	·재료 : 저급 실리콘 ·장점 : 가격이 싸다. ·단점 : 에너지 전환 효율이 낮다.	
비정질 또는 박막형	·유리, 스테인리스, 플라스틱과 같은 싼 가격의 기판 위에 비정질 실리콘이나 구리·인듐 화합물, 유기물질 등을 수십[μm] 두께로 증착한 것이다. ·장점 : 구부리거나 휠 수 있으며, 건물의 유리에 투명하게 붙일 수 있고 유연성이 높은 얇은 판을 만들 수 있다. ·단점 : 에너지 전환 효율이 낮다.	

(3) 화합물 반도체의 특징

화합물 반도체 태양전지에서 Ⅲ－Ⅴ족 화합물계 태양전지의 GaAs, InP는 보통 군사용, 우주용 등으로 사용된다. 고순도의 단결정 재료를 사용하며 특히 GaAs는 태양전지 중 최고의 효율을 갖는다.

2족 원소	3족 원소	4족 원소	5족 원소
	B(붕소)	C(탄소)	N(질소)
	Al(알루미늄)	Si(규소)	P(인)
	Ga(갈륨)	Ge(게르마늄)	As(비소)
Cd(카드뮴)	In(인듐)	Sn(주석)	Sb(안티몬)

4 태양광 발전 시스템

(1) 개요

태양광 발전시스템의 정의는 태양전지를 이용하여 전력을 생산, 이용, 계측, 감시, 보호, 유지관리 등을 수행하기 위해 구성된 시스템이라고 한다.

(2) 구성

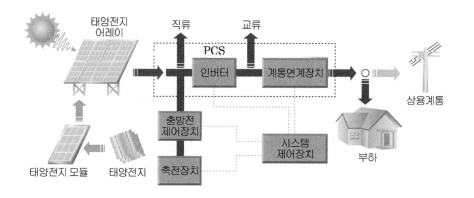

■ 신재생설비의 이해
태양광발전용 PCS는 태양전지 어레이로부터 출력되는 직류전력을 교류전력으로 변환하여 교류 전력계통에 접속된 부하 설비에 전력을 공급하는 것과 동시에 잉여전력을 계통에 역으로 흘려주는 역조류 기능, 전력계통의 이상 유무를 감지하여 전력계통과의 보호협조 기능을 갖는 전력변환장치이다. 그래서 단순히 인버터라고 부르지 않고 PCS(Power Conditioning System)라고 부른다.

① 태양전지 어레이(PV array)

태양광발전시스템은 입사된 태양 빛을 직접 전기에너지로 변환하는 부분인 태양전지나 배선, 그리고 이것들을 지지하는 구조물을 총칭하여 태양전지 어레이라 한다.

② 축전지(battery storage)

발전한 전기를 저장하는 전력저장 축전기능

③ 인버터(inverter)

발전한 직류를 교류로 변환

④ 제어장치

(3) 상용 전력계통과 연계 유·무에 따른 분류

태양광발전시스템은 상용 전력계통과 연계유무에 따라 독립형(stand-alone)과 계통연계형(Grid-connected)으로 분류할 수 있으며, 일부의 경우 풍력발전, 디젤발전 등과 결합된 하이브리드(Hybrid)형을 별도로 구분하기도 한다.

태양광 발전 시스템 ┬ 독립 시스템 ┬ 축전지를 가진 시스템
│   │ 부하직결 시스템
│   └ 하이브리드 시스템
│
└ 계통연계 시스템 ┬ 완전 연계형 시스템
               └ 백업(back up)형 시스템

① 독립형 태양광 발전 시스템

시스템에 따라서는 인버터를 사용하지 않고 태양전지의 출력을 직접 부하에 공급하는 독립 시스템도 있으나, 일반적으로는 전력회사의 전기를 공급받을 수 없는 도서지방, 깊은 산속 또는 등대와 같은 특수한 장소에 적합한 설비로서, 전력공급에 중단이 없도록 축전지, 비상발전기와 함께 설치한다. 부속설비가 많아 설비 가격이 상당히 비싸며, 충방전이 계속되는 운전특성상 납축전지의 경우 2~3년마다 한번씩 축전지 전체를 교체하여야 하므로 유지보수비가 대단히 비싼 편이다.

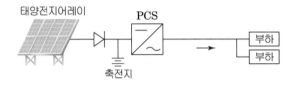

독립형 시스템

② 하이브리드형 시스템

하이브리드형 시스템은 태양광 발전 시스템과 풍력발전, 연료전지, 디젤발전과 조합시켜서 각 시스템의 결점을 서로 보완하게 한 시스템이다. 가령 태양광 발전 시스템만으로는 우천이나 흐린 날 또는 야간에는 이용할 수 없지만 디젤 발전기와 조합시킴으로써 전력을 안정적으로 공급할 수 있다.

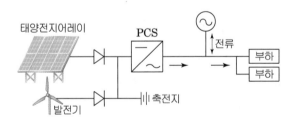

하이브리드형 시스템

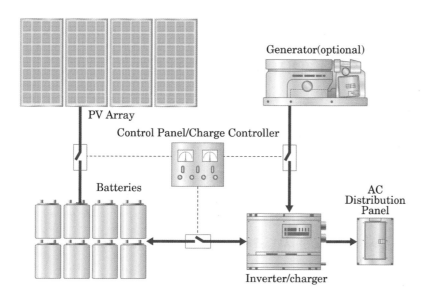

백업용 발전기와 태양광 하이브리드 시스템의 예

③ 계통 연계형 태양광 발전시스템

계통 연계형 태양광 발전시스템 중에서 역송 가능 계통연계 시스템은 태양광 발전용량이 부하설비 용량보다 큰 경우에 적용하며, 역송 불가능 계통연계 시스템은 태양광 발전용량이 부하설비 용량보다 적은 경우에 적용한다.

계통 연계형은 태양광발전이 적합하지 않은 시기(야간, 흐린 날)에도 발전량 저하를 고려할 필요가 없고, 설비가 간단하다. 우리나라의 경우에는 도서지역과 특수지역을 제외하고는 대부분의 태양광 발전설비는 계통 연계형을 채택하고 있다.

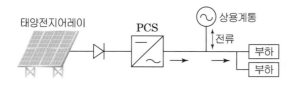

계통연계형 시스템

(4) 태양전지 용량에 따른 분류

① 소형 태양광 이용 시스템 : 작은 용량의 태양 전지를 이용하여 필요한 기기나 설비 등에 부착시켜 전원을 공급하는 형태(라디오, TV, 무전기, 가로등, 유·무선 측정기, 등대 부표 등)

② 소규모 태양광 발전 시스템 : 약 10[kW] 미만

③ 중규모 태양광 발전 시스템 : 100~500[kW] 정도

④ 대규모 태양광 발전 시스템 : 500[kW] 이상

필기·실기 예상문제

태양전지 모듈의 전기적 특성의
이해

5 태양전지의 특성

(1) 태양전지 모듈의 전기적 출력 특성

① 최대출력 전압(V_{mpp}) : 최대출력에서의 동작전압

② 최대출력 전류(I_{mpp}) : 최대출력에서의 동작전류

③ 최대출력(P_{mpp}) : 최대출력 동작전압(V_{mpp})×최대출력 동작전류(I_{mpp})

④ 개방전압(V_{oc}) : (+), (−) 단자를 개방한 상태의 전압

⑤ 단락전류(I_{sc}) : (+), (−) 단자를 단락한 상태의 전류

(2) 태양전지 모듈 표준 시험조건 (Standard Test Condition)

① 모듈 표면온도 : 25[℃]

② AM(Air Mass) : 1.5

③ 일사강도 : 1[kW/m²]

|참고| 대기질량 정수(Air Mass)

직달 태양광선이 지구 대기를 지나오는 경로의 길이로서 임의의 해수면상 관측점을 햇빛이 지나가는 경로의 길이를 관측점 바로 위에 태양이 있을 때 햇빛이 지나오는 거리의 배수로 나타낸 것이다.

$$AM = \frac{1}{\sin(\alpha)}$$

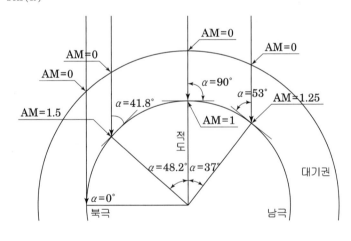

(3) 충진율(Fill Factor)

태양전지의 충진율은 개방전압과 단락전류의 곱에 대한 최대출력의 비로 정의
되며, 태양전지의 효율에 영향을 미치는 중요한 파라미터이다.

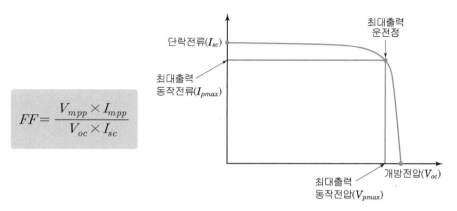

$$FF = \frac{V_{mpp} \times I_{mpp}}{V_{oc} \times I_{sc}}$$

태양전지 모듈의 충진율

(4) 태양전지 어레이 전기적 구성

태양전지 어레이와 접속함의 전기적 회로 구성은 스트링, 역류방지 다이오드,
바이패스 다이오드, 서지보호장치(SPD), 차단기, 접속함 등으로 구성된다.

① 스트링(String)

모듈의 개방전압을 기준하여 파워컨디셔너의 입력전압 범위 내에서 결정되
는 모듈의 직렬회로 집합체를 의미한다.

② 바이패스 다이오드

모듈의 셀 일부분에 음영이 발생한 경우 출력 저하, 열점(Hot Spot)으로 인
한 셀의 소손을 방지하기 위해 바이패스 다이오드를 설치한다.

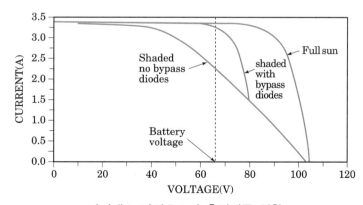

바이패스 다이오드의 충전전류 영향
(무 : 거의 1/3 정도 감소, 유 : 약간 감소)

③ 역류방지 다이오드(Blocking Diode)

모듈 직렬군이 병렬로 결선되었을 때, 그 모듈 중 하나가 제대로 동작하지 않을 때에도 비슷한 문제가 일어난다. 배열된 모듈에 전류를 공급하는 대신에 오작동 하거나 음영이 진 열은 나머지 배열로부터 전류가 유입될 수 있어 각 직렬군 상부에 역전류 방지 다이오드를 사용한다.

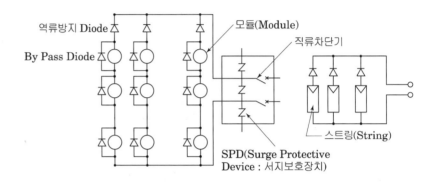

어레이의 전기회로도의 예

(5) 인버터 연결방법의 종류

① 중앙 집중식 인버터

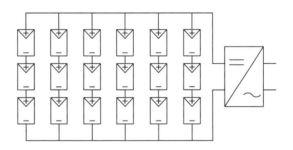

3~5개의 모듈을 직렬로 연결하고 그 직렬을 병렬로 연결하는 것으로 이 방법은 음영의 영향을 적게 받는 장점이 있으나 전류값이 매우 크기 때문에 상대적으로 저항손을 줄이기 위해 케이블의 단면적을 굵게 해야 한다.

② 마스터-슬레이브(Master Slave) 인버터

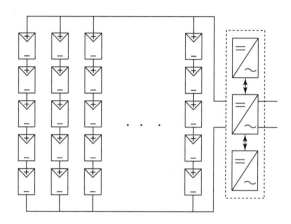

낮은 일사량에서는 마스터 인버터만 운전되고, 일사량이 많아지면 슬레이브 인버터가 연결된다. 중앙 집중형 인버터의 경우에 비해 투자비용은 매우 증가한다.(여러 개의 소용량 중앙 집중형 인버터가 사용된다.)

③ 스트링 인버터

인버터가 태양전지 각 스트링에 직접연결 되어있는 방식

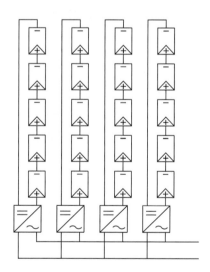

(6) 태양광발전시스템의 발전용량 산정

독립형 태양광발전시스템의 경우 부하용량에 맞도록 산정하여야 한다.

$$P_{AS} = \frac{E_L \times D \times R}{(H_A / G_S) \times K}$$

필기·실기 예상문제

태양광 발전용량 계산

여기서　P_{AS} : 표준상태에서 태양전지 어레이 용량 [kW]

　　(표준상태 : AM 1.5, 일사강도 $1[\text{kW/m}^2]$, 태양전지 셀 온도 25℃

　　　H_A : 어느 기간에 얻을 수 있는 어레이 표면 일사량 $[\text{kWh/m}^2\text{기간}]$

　　　G_S : 표준상태에서의 일사량 $[\text{kW/m}^2]$

　　　E_L : 수요전력량 $[\text{kWh/기간}]$

　　　D : 부하의 태양광발전시스템에 대한 의존률

　　　R : 설계여유계수(추정한 일사량의 정확성 등의 설치환경에 따른 보정)

　　　K : 종합설계계수(태양전지 모듈 출력의 불균일의 보정, 회로손실,

　　　　기기에 의한 손실 등을 포함)

윗 식에서 소비전력량 E_L을 1일당 예상되는 발전전력량 $E_P[\text{kWh/일}]$로 바꾸고, 표준상태에서 일사강도 G_S를 $1[\text{kW/m}^2]$로, 의존율(D)와 설계여유계수(R)을 각각 1로 하면 다음과 같이 표현할 수 있다.

$$E_P = H_A \times K \times P_{AS}[\text{kWh/일}]$$

즉, 위와 같이 설치장소에서의 일사량(H_A), 표준태양전지 어레이 출력(P_{AS}) 및 종합설계계수 K를 알 수 있으면 예상되는 발전전력량을 산출할 수 있다. 다음은 태양전지 어레이의 변환효율을 나타내는 식이다. 표준 상태에서 태양전지 어레이의 변환효율 η는 다음 식으로 나타낸다. 여기에서 A는 태양전자 어레이의 면적이다.

$$\eta = \frac{P_{AS}}{G_S \times A} \times 100 \, [\%]$$

6 태양광 발전의 특징

필기·실기 예상문제

태양광 발전의 특징

(1) 태양에너지의 장점

① 태양에너지는 무한양이다.

부존자원과는 달리 계속 사용하더라도 고갈되지 않는 영구적인 에너지이다.

② 태양에너지는 무공해자원이다.

태양에너지는 청결하며 안전하다.

③ 지역적인 편재성이 없다.

다소 차이는 있으나 어떠한 지역에서도 이용 가능한 에너지이다.

④ 유지보수가 용이, 무인화가 가능하다.

⑤ 수명이 길다.(약 20년 이상)

(2) 태양에너지의 단점

① 에너지의 밀도가 낮다.

태양에너지는 지구 전체에 넓고 얇게 퍼져 있어 한 장소에 비춰주는 에너지 양이 매우 작다.

② 태양에너지는 간헐적이다.

야간이나 흐린 날에는 이용할 수 없으며 경제적이고 신뢰성이 높은 저장 시스템을 개발해야 한다.

③ 전력생산량이 지역별 일사량에 의존한다.

④ 설치장소가 한정적이고, 시스템 비용이 고가이다.

⑤ 초기 투자비와 발전단가가 높다.

(3) 신재생에너지설비 KS인증 대상 품목

① 소형 태양광 발전용 인버터
- 정격출력 10 kW 이하-계통연계형
- 정격출력 10 kW 이하-독립형

② 중대형 태양광 발전용 인버터
- 정격출력 10 kW 초과 250 kW 이하-계통연계형
- 정격출력 10 kW 초과 250 kW 이하-독립형

③ 결정질 실리콘 태양광발전 모듈(성능)

④ 박막 태양광발전 모듈(성능)

(4) 태양광 발전 시스템의 에너지 평가 시 주요확인사항

① 발전효율

② 설비용량

③ 시스템의 종류

④ 태양전지 설치 면적

(5) 지붕에 태양광 발전설비를 설치할 경우 고려해야할 사항

① 하루 평균 전력사용량
② 지붕의 방향(방위각)
③ 지붕의 음영상태
④ 구조하중

필기 예상문제

태양광 설비 설계 순서

(6) 태양광 설비 설계 순서

① 용도 및 부하의 선정
② 시스템의 형식 선정
③ 설치장소 및 설치방식의 선정
④ 태양전지 어레이 설계
⑤ 주변장치의 선정

7 BIPV 건물일체형 태양광발전시스템
(BIPV : Building Integrated Photovoltaics)

(1) 정의

태양광 발전을 건축자재(창호, 외벽, 지붕재 등)로 사용하면서 태양광 발전이 가능하도록 한 것을 BIPV시스템이라 한다.

(2) 기능

BIPV 태양전지 모듈이 전기생산과 건축자재 역할 및 기능을 겸한다.

(3) 범위

창호, 스팬드럴, 커튼월, 파사드, 차양시설, 아트리움, 성글, 지붕재, 캐노피, 단열시스템 등

(4) BIPV(Bilding Integrated Photovoltaics) 특징

① 건물외장재로 사용되어 건축자재 비용절감
② 건물과 조화로 건물의 부가가치 향상
③ 조망 확보에 따른 건축적 응용 측면에서 잠재성 우수
④ 실내 온도상승으로 별도 건물설계방안 필요
⑤ 수직으로 설치되어 발전량 일부 감소
⑥ BIPV 태양전지는 염료감응형 태양전지를 주로 사용

(5) BIPV 설치기준

① 건축물의 에너지절약 설계기준 제10조(국토부 고시)
② 신재생에너지 설비의 지원 등에 관한 기분 [별표 1] (지식경제부 고시)
　　－ 태양광설비 시공기준

(6) 설계 및 시공 시 고려사항

① BIPV 설치부위 열손실 방지대책 설계 반영
② 태양전지 모듈은 센터에서 인증한 제품 사용
③ 방위각은 그림자 영향을 받지 않는 정남향 설치 원칙
④ 경사각은 현장 여건에 따라 조정
⑤ 지지대는 바람, 적설하중 및 구조하중에 견딜 수 있도록 설치
⑥ 지지대, 연결부, 기초(용접부위 등)는 녹방지 처리
⑦ 전기설비기술기준에 따라 접지공사를 한다.

8 태양광설비 시공기준

1. 태양전지판

(1) 모듈

인증받은 설비를 설치하여야 한다. 다만, 건물일체형 태양광시스템은 센터의 장이 별도로 정하는 품질기준(KS C 8561 또는 8562 일부준용)에 따라 '발전성능' 및 '내구성' 등을 만족하는 시험결과가 포함된 시험성적서를 센터로 제출할 경우, 인증받은 설비와 유사한 형태(모듈의 종류 및 구조가 동일한 형태)의 모듈을 사용할 수 있다.

(2) 설치용량

설치용량은 사업계획서 상의 모듈 설계용량과 동일하여야 한다. 다만, 단위모듈당 용량에 따라 설계용량과 동일하게 설치할 수 없을 경우에 한하여 설계용량의 110% 이내까지 가능하다.

(3) 일조시간

① 장애물로 인한 음영에도 불구하고 <u>일조시간은 1일 5시간(춘계(3~5월)·추계(9~11월)기준) 이상이어야 한다.</u> 다만, 전기줄, 피뢰침, 안테나 등 경미한 음영은 장애물로 보지 아니한다.

② 태양광모듈 설치열이 2열 이상일 경우 앞열은 뒷열에 음영이 지지 않도록 설치하여야 한다.

(4) 설치

① 주택 지붕, 조립식패널·목조 구조물, 컨테이너 등에 설치하고자 할 경우에는 태양광설비를 지붕 또는 구조물 하부의 콘크리트·철제구조물에 고정하여야 한다. 다만, 수직·적설·풍하중 등의 구조·안전 적정성에 대하여 건축사, 구조기술사 등의 확인을 받은 경우는 예외로 한다.

② 태양광설비를 건물(주택 포함) 상부에 설치할 경우 태양광설비의 눈·얼음이 보행자에게 낙하하는 것을 방지하기 위하여 태양광설비의 수평투영면적 전체가 건물의 외벽마감선을 벗어나지 않도록 한다.

③ 모듈을 지붕에 직접 설치하는 경우 모듈과 지붕면간 간격은 10cm 이상이어야 한다.

2. 지지대 및 부속자재

(1) 설치상태

바람, 적설하중 및 구조하중에 견딜 수 있도록 설치하여야 한다. 건축물의 방수 등에 문제가 없도록 설치하여야 하며 볼트조립은 헐거움이 없이 단단히 조립하여야 한다. 다만, 모듈지지대의 고정 볼트에는 스프링 워셔 또는 풀림방지너트 등으로 체결한다.

(2) 지지대, 연결부, 기초(용접부위 포함)

모듈 지지대는 다음 각 호의 재질로 제작하여야 한다. 지지대간 연결 및 모듈-지지대 연결은 가능한 볼트로 체결하되, 절단가공 및 용접부위(도금처리제품 한정)는 용융아연도금처리를 하거나 에폭시-아연페인트를 2회 이상 도포하여야 한다.

① 용융아연 또는 용융아연-알루미늄-마그네슘합금 도금된 형강

② 스테인레스 스틸(STS)

③ 알루미늄합금

④ ①호부터 ③호까지 동등이상 성능(인장강도, 항복강도, 압축강도, 내구성 등)을 가지는 재질로서 KS인증 대상제품인 경우, KS인증서 및 시험성적서, KS인증 대상제품이 아닌 경우에는 동성능 이상임을 명시한 국가 공인시험기관의 시험성적서(KOLAS 인정마크 표시)를 센터로 제출·담당자 확인을 거친 것. 단, 해당재질로 모듈 지지대를 설치하는 경우, 건축 또는 토목 구조기술사로부터 연결부위를 포함하여 풍하중, 적설하중 등 구조하중에 견딜

수 있는 구조임을 확인받아 설치확인 신청시 센터에 제출하여야 한다.
⑤ 지지대는 콘크리트 기초위에 앵커볼트로 고정하고, 볼트캡을 부착하여야 한다.

(3) 체결용 볼트, 너트, 와셔(볼트캡 포함)

용융아연도금, STS, 알루미늄합금 재질로 하고, 볼트규격에 맞는 스프링와셔 또는 풀림방지너트로 체결하여야 한다.

3. 전기배선 및 접속함

(1) 전기배선

① 모듈에서 실내에 이르는 배선에 쓰이는 전선은 모듈전용선 또는 TFR-CV 선을 사용하여야 하며, 전선이 지면을 통과하는 경우에는 피복에 손상이 발생되지 않게 별도의 조치를 취해야 한다.
② 모듈간 배선은 바람에 흔들림이 없도록 코팅된 와이어 또는 동등이상(내구성) 재질의 타이(Tie)로 단단히 고정하여야 하며 태양전지판의 출력배선은 군별·극성별로 확인할 수 있도록 표시하여야 한다.

(2) 모듈 직, 병렬상태

모듈 각 직렬군은 동일한 단락전류를 가진 모듈로 구성하여야 하며 1대의 인버터(멀티스트링의 경우 1대의 최대출력점추종제어기(MPPT)에 연결된 태양전지 직렬군이 2병렬 이상일 경우에는 각 직렬군의 출력전압 및 출력전류가 동일하게 형성되도록 배열하여야 한다.

(3) 역전류방지다이오드

① 1대의 인버터에 연결된 태양전지 직렬군이 2병렬 이상일 경우에는 각 직렬군에 역전류방지다이오드를 별도의 접속함에 설치하여야 한다.
② 용량은 모듈단락전류의 2배 이상이어야 하며 현장에서 확인할 수 있도록 표시하여야 한다.

(4) 접속함

① 접속반의 각 회로에서 휴즈 또는 DC차단기를 설치하고, 단락되어 전류차가 발생할 경우 경보등이 켜지거나 경보장치가 작동하여 외부에서 육안확인이 가능하여야 한다. 다만, 실내에서 확인 가능한 경우에는 예외로 한다.
② 직사광선 노출이 적고, 소유자의 접근 및 육안확인이 용이한 장소에 설치하여야 한다.

③ 전면부는 직사광선을 견딜 수 있는 폴리카보네이트(PC) 또는 동등이상(내열성)의 재질로 제작하여야 하고, 내부 발생열을 배출할 수 있는 환기구 및 방열판을 설치하여야 한다. 다만, 접속함·인버터 일체형인 경우에 전면부·환기구 적용은 예외로 한다.

(5) 전압강하

모듈에서 인버터입력단간 및 인버터출력단과 계통연계점간의 전압강하는 각 3%를 초과하여서는 아니 된다. 다만, 전선길이가 60m를 초과할 경우에는 아래표에 따라 시공할 수 있다. 전압강하 계산서(또는 측정치)를 설치확인 신청시에 제출하여야 한다.

전선길이	전압강하
120m 이하	5%
200m 이하	6%
200m 초과	7%

4. 인버터

(1) 제품

인증 받은 설비를 설치하여야 한다. 다만, 해당용량에 인증 받은 설비가 없거나 인증대상설비가 아닌 경우에는 "KS C 8564 또는 8565"에 따라 품질기준(절연성능·보호기능·정상특성 등)을 만족하는 시험결과가 포함된 시험 성적서를 센터로 제출할 경우 사용할 수 있다.

(2) 설치상태

실내·실외용을 구분하여 설치하여야한다. 다만, 실내용을 실외에 설치하는 경우는 5kW이상 용량일 경우에만 가능하며 이 경우 빗물 침투를 방지할 수 있도록 옥내에 준하는 수준으로 외함 등을 설치하여야 한다.

(3) 설치용량

사업계획서 상의 인버터 설계용량 이상이어야 하고, 인버터에 연결된 모듈의 설치용량은 인버터의 설치용량 105%이내이어야 한다. 다만, 각 직렬군의 태양전지 개방전압은 인버터 입력전압 범위 안에 있어야 한다.

(4) 표시사항

입력단(모듈출력) 전압, 전류, 전력과 출력단(인버터출력)의 전압, 전류, 전력, 주파수, 누적발전량, 최대출력량(peak)이 표시되어야 한다.

5. 건물일체형 태양광시스템 :
BIPV(Building Integrated PhotoVoltaic)

BIPV란 태양광 모듈을 건축물에 설치하여 건축 부자재의 역할 및 기능과 전력 생산을 동시에 할 수 있는 시스템으로 창호, 스팬드럴, 커튼월, 이중파사드, 외벽, 지붕재 등 건축물을 완전히 둘러싸는 벽·창·지붕 형태로 한정한다.

예제문제 01

「신에너지 및 재생에너지 개발·이용·보급촉진법」 제2조의 규정에 의한 재생에너지가 아닌 것은?

① 수소에너지 ② 태양광
③ 바이오 ④ 폐기물

해설

· 재생에너지 : 태양광, 태양열, 바이오, 풍력, 수력, 해양, 폐기물, 지열(8개 분야)
· 신에너지 : 연료전지, 석탄액화가스화 및 중질잔사유 가스화, 수소에너지(3개 분야)

답 : ①

예제문제 02

신재생에너지에 용어에 대한 설명이 잘못된 것은 무엇인가?

① 폐기물에너지는 생물유기체를 변환시켜 얻어지는 기체, 액체, 고체의 연료로 규정한다.
② 바이오에너지는 생물유기체를 변환시켜 기체, 액체, 고체의 연료로 규정한다.
③ 석유, 석탄, 원자력 또는 천연가스등의 에너지로서 대통령이 정한 에너지는 재생에너지이다.
④ 석탄을 액화, 가스화한 에너지, 중질잔사유를 가스화한 에너지는 신에너지 범주에 속한다.

해설

석유, 석탄, 원자력 또는 천연가스가 아닌 에너지로서 대통령이 정한 에너지는 재생에너지이다.

답 : ③

예제문제 03

박막형 태양전지의 특징이 아닌 것은?

① 결정질 태양전지보다 1/10~1/100 얇다.
② 효율이 낮다.(모듈의 경우 약 7[%] 정도)
③ 결정질 태양전지에 비해 효율이 높다.
④ 온도특성이 강하다.

─────────────

해설
효율은 결정질에 비하여 낮은 편이나 온도 특성이 좋아 사막 등지에 적용한다.

답 : ③

예제문제 04

독립형 태양광발전시스템에 대한 설명이다. 틀린 것은?

① 독립형은 전력회사의 전기를 공급받을 수 없는 도서지방, 깊은 산속 또는 등대와 같은 특수한 장소에 적합한 설비이다.
② 독립형은 전력공급에 중단이 없도록 축전지, 비상발전기와 함께 설치한다.
③ 독립형은 운전유지 보수비용이 계통 연계형에 비하여 저렴하고, 보수가 간편하다.
④ 섬이나 특수지역 또는 특수한 목적에만 사용될 뿐으로 일반화 되어 있지 않은 편이다.

─────────────

해설
충·방전이 계속되는 운전특성상 납축전지의 경우 2~3년마다 한 번씩 축전지 전체를 교체하여야 하므로 유지보수비가 대단히 비싼 편이다.

답 : ③

예제문제 05

신재생에너지의 특징 중 틀린 것은? 【13년 2급 출제유형】

① 지열은 히트펌프를 이용하여 건물의 냉난방 부하에 효과적으로 대응할 수 있는 에너지원 중 하나이다.
② 태양광은 에너지밀도가 높은 에너지원이다.
③ 연료전지는 CO_2, NO_x 등 유해가스 배출량이 적고, 소음이 적다.
④ 연료 전지는 배열의 이용이 가능하여 복합 발전을 구성할 수 있다.

─────────────

해설 태양광 에너지의 단점
· 에너지의 밀도가 낮다.
· 야간이나 흐린 날에는 이용할 수 없으며 경제적이고 신뢰성이 높은 저장 시스템을 개발해야 한다.
· 설치장소가 한정적이고, 시스템 비용이 고가이다.
· 초기 투자비와 발전단가가 높다.

답 : ②

예제문제 06

태양광발전시스템에서 태양전지판에 항상 태양의 직달 일사량이 최대가 되도록 태양을 추적하는 방식 중 가장 이상적인 추적 방식은?

① 감지식 추적법
② 혼합식 추적법
③ 프로그램 추적법
④ 단독식 추적법

해설

혼합식 추적법은 프로그램 추적식과 감지식 추적법을 혼합하여 추적하는 방식으로 가장 이상적인 추적방식이다.

답 : ②

예제문제 07

태양과 모듈 I-V 곡선의 특성이 가장 잘못된 것은 무엇인가?

① 최대전력점(MPP)은 태양전지가 최대전력으로 작동하는 I-V 곡선 상의 점이다.
② 단락전류 I_{sc}는 I_{mpp}보다 약 10[%] 정도 높다.
③ 개방회로전압(V_{oc})은 결정질 전지에서 약 $0.5 \sim 0.6$[V]이다.
④ 개방회로전압(V_{oc})은 비정질 전지에서 약 $0.2 \sim 0.4$[V]이다.

해설

개방회로전압(V_{oc})은 비정질 전지에서 약 $0.6 \sim 0.9$[V]이다.

답 : ④

예제문제 08

다음 그림과 같이 태양전지의 전압 전류 특성이 나타낸다면 이 태양전지의 충진율(Fill Factor)은 어떻게 되는가?

① 0.80
② 0.69
③ 1.00
④ 1.69

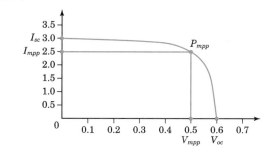

해설

충진율 $FF = \dfrac{V_{mpp} \times I_{mpp}}{V_{oc} \times I_{sc}} = \dfrac{0.5 \times 2.5}{0.6 \times 3} = 0.69$

답 : ②

예제문제 **09**

다음은 태양광발전 시스템의 구성에 관한 것이다. 틀린 것은?

① 태양전지는 광전효과를 통해 빛 에너지를 전지 에너지로 변환시킨다.
② 축전지는 야간 및 악천후를 대비하여 전력을 저장한다.
③ 충전조절기는 태양 전지판에서 발생된 전력을 충전기에 충전시키거나 인버터에 공급 한다.
④ 인버터는 태양 전지판에서 발생된 교류전력을 직류전력으로 변환시킨다.

해설
인버터는 태양 전지판에서 발생된 직류전력을 교류전력으로 변환시킨다.

답 : ④

예제문제 **10**

계통 연계형 태양광발전 시스템의 특징으로 틀린 것은?

① 태양광발전 시스템에서 생산된 전력을 지역 전력망에 공급할 수 있도록 구성한다.
② 주택용이나 상업용 태양광 발전의 가장 일반적인 형태이다.
③ 전력 저장장치가 별도로 필요하므로 시스템 가격이 상대적으로 높다.
④ 초과 생산된 전력을 계통에 보내거나 전력 생산이 불충분할 경우 계통으로부터 전력을 받을 수 있다.

해설
계통 연계형 태양광발전 시스템은 생산된 전력을 지역 전력망에 공급할 수 있도록 구성되며, 주택용이나 상업용 태양광 발전의 가장 일반적인 형태이다. 초과 생산된 전력을 계통에 보내거나 전력 생산이 불충분할 경우 계통으로부터 전력을 받을 수 있으므로 전력 저장장치가 필요하지 않아 시스템 가격이 상대적으로 낮다.

답 : ③

예제문제 **11**

태양전지 모듈의 방사조도 특성에 관한 설명 중 틀린 것은?

① 방사조도(일사강도)란 수조면 $1[m^2]$에 도달하는 태양 에너지의 힘을 나타내면, 단위는 $[W/m^2]$를 사용한다.
② $1,000[W/m^2]$의 값을 방사조도의 기준으로 삼는다.
③ 태양전지 모듈의 출력사양은 일반적으로 AM1.1에서 측정된 출력이다.
④ 방사조도가 클수록 전류 및 전압은 더욱 커지게 되며, 따라서 유효전력을 더욱 많이 사용할 수 있다.

해설
태양전지 모듈의 출력사양은 일반적으로 AM1.5에서 측정된 출력이다.

답 : ③

예제문제 12

태양전지모듈의 특성이 다음과 같을 때 STC조건에서 이 모듈의 광변환 효율은 얼마인가?

$$V_{oc} : 45.10\,[\text{V}], \qquad I_{sc} : 8.57\,[\text{A}]$$
$$V_{mpp} : 35.70\,[\text{V}], \qquad I_{mpp} : 8.27\,[\text{A}]$$
태양광모듈 치수 : $1{,}956\,[\text{mm}]\,(\text{L}) \times 992\,[\text{mm}]\,(\text{W}) \times 40\,[\text{mm}]\,(\text{D})$

① 15.2[%]　　　　　　　　　② 14.9[%]

③ 14.7[%]　　　　　　　　　④ 14.4[%]

해설

$$\text{변환효율} = \frac{V_{mpp} \times I_{mpp}}{\text{태양광 모듈표면적} \times 1000\,[\text{W/m}^2]} = \frac{35.7\,[\text{V}] \times 8.27\,[\text{A}]}{1.956\,[\text{m}] \times 0.992\,[\text{m}] \times 1000\,[\text{W/m}^2]} \times 100$$
$$= 15.2\,[\%]$$

답 : ①

예제문제 13

다음 그림은 PV(Photovoltaic)어레이 구성도를 나타내고 있다. 전류 I와 단자 A, B 사이의 전압은?

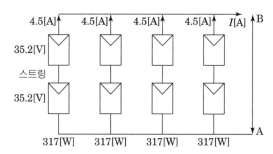

① 4.5[A], 35.2[V]　　　　　② 18[A], 70.4[V]

③ 4.5[A], 70.4[V]　　　　　④ 18[A], 35.2[V]

해설

A–B 전압은 스트링 전압으로 나타낼 수 있으며, 전류는 전체 스트링의 합으로 표현하다.
전류 : $I = 4.5 \times 4 = 18\,[\text{A}]$
A–B 전압 : $V_{AB} = 35.2 + 35.2 = 70.4\,[\text{V}]$

답 : ②

예제문제 14

태양전지 어레이나 스트링의 병렬연결에서 발생할 수 있는 역전류를 저지하기 위해 각 스트링마다 설치하는 것은 무엇인가?

① bypass diode
② blocking diode
③ SPD
④ MCCB

[해설] 역전류방지 다이오드(Blocking Diode)
태양전지 어레이나 스트링사이에서 전압차가 발생하면 역전류가 발생하여 태양광모듈에 손상을 줄 수 있다, 이를 방지하기 위해를 사용한다.

답 : ②

예제문제 15

다음중 음영해결 방안에 관한 방법이 아닌 것은 무엇인가?

① 바이패스 다이오드에 의한 음영손실 제거 방법
② 최적 MPP를 이용한 인버터 구동 방법
③ 추적식 태양광 모듈을 이용하는 방법
④ 태양전지 모듈을 수직으로 배치하는 방법

[해설]
추적식 태양광 모듈을 이용하는 방법은 발전시간과 발전량을 늘리기 위해서 사용된다.

답 : ③

예제문제 16

열점에 대한 설명 중 무관한 것은 무엇인가?

① Bypass Diode
② 국부적 과열
③ 태양전지 셀의 파손
④ SPD

[해설]
SPD(Surge Protect Device) : 서지로부터 기기를 보호하는 장치

답 : ④

예제문제 17

다음 그림의 A, B가 나타내는 것이 올바르게 연결된 것은 무엇인가?

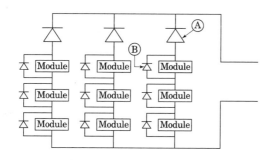

① A : 바이패스 다이오드, B : 역저지 다이오드
② A : 바이패스 다이오드, B : 출력 개폐기
③ A : 역전류방지 다이오드, B : 바이패스 다이오드
④ A : 역전류 다이오드, B : 출력 계폐기

해설
A : 역전류방지 다이오드, B : 바이패스 다이오드

답 : ③

예제문제 18

그림과 같은 인버터 방식을 무엇이라 하는가?

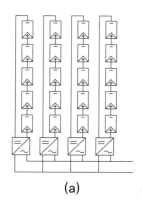

(a)

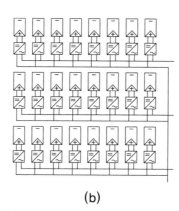

(b)

① (a) 병렬 인버터 방식, (b) 마스터-슬레이브 인버터 방식
② (a) 스트링 인버터 방식, (b) 마스터-슬레이브 인버터 방식
③ (a) 스트링 인버터 방식, (b) 모듈 인버터 방식
④ (a) 중압집중형 인버터 방식, (b) 모듈 인버터 방식

답 : ③

예제문제 19

태양광발전(PV)시스템 설계시 고려사항 중 틀린 것은? 【13년 1급 출제유형】

① 결정질 모듈에 비해, 박막 모듈의 음영 허용오차가 더 크다.

② PV모듈에 발생되는 부분음영의 영향은 전체모듈면적 대비 부분음영 면적의 비율에 정비례하여 출력이 저하되는 것은 아니다.

③ 역류방지 다이오드는 부분음영이나 핫스팟(hot spot)이 모듈에 미치는 영향을 줄여준다.

④ 설치각도가 다양하거나, 부분음영이 많이 발생하는 건물일체형 태양광발전(BIPV) 시스템의 경우는 string인버터나 micro인버터를 설치하는 것이 좋다.

해설
바이패스다이오드(bypass)는 부분음영이나 핫스팟(hot spot)이 모듈에 미치는 영향을 줄여준다.

답 : ③

예제문제 20

건물일체형 태양광발전(BIPV)시스템의 설명으로 틀린 것은?

① 태양광발전 모듈을 건축 자재화 하여 적용가능 하다.

② 건물일체화 적용에 따른 태양광발전 모듈의 온도상승으로 발전효율이 향상된다.

③ 생산된 잉여전력은 전력계통으로 역송이 가능하다.

④ 태양광발전 어레이를 설치할 별도의 부지가 필요 없다.

해설
PV 모듈의 온도상승은 전력생산기능의 저하를 의미한다. BIPV에 자연통풍을 적용하고자 한다면 최소 10[cm] 이격공간을 확보하여 모듈의 온도상승을 억제시킨다. 즉, 태양광 모듈의 온도상승은 발전효율의 저하를 뜻한다.

답 : ②

예제문제 **21**

다음은 태양광 발전시스템에 관한 설명이다. 맞게 설명된 것을 모두 고르시오.

> ㉠ 태양전지모듈은 평상시 직렬저항이 0에 가깝고, 병렬저항이 무한대일수록 발전량이 높다.
>
> ㉡ 태양전지모듈에 음영이 발생하면 셀의 내부 직렬저항이 커져 바이패스 다이오드가 동작한다.
>
> ㉢ 실리콘 단결정은 다결정과 비교하여 출력이 크지만, 고온에서 출력 감소율은 다결정보다 훨씬 크다.
>
> ㉣ 태양전지 표준모듈의 프레임의 구조는 프레임, 태양전지, EVA(Ethylene Vinyl Acetate)필름, Glass, EPDM 이다.
>
> ㉤ 태양광 발전시스템의 직류측 보호를 위해 역전류방지 다이오드, 바이패스 다이오드, VCB 등이 있다.

① ㉠, ㉡, ㉢   ② ㉡, ㉢

③ ㉡, ㉣, ㉤   ④ ㉡, ㉢, ㉤

해설

㉣ 태양전지 표준모듈의 프레임의 구조는 프레임, 태양전지, EVA(Ethylene Vinyl Acetate) 필름, Glass 이다. 그러나, EPDM은 태양전지모듈과 구조물 사이에 놓이는 절연물질이다.

㉤ 태양광 발전시스템의 직류측 보호를 위해 역전류방지 다이오드, 바이패스 다이오드 등이 있다. 한편, 교류측 보호에는 VCB 등이 사용되고 있다.

답 : ①

예제문제 **22**

일반적인 태양광 어레이는 태양광모듈의 직병렬로 연결이 되어있다. 태양광모듈의 최대출력이 125[W], 직렬로 12장이 연결되어 있으며, 시스템 전체출력이 18[kW]이면 병렬연결개수는 얼마인가?

① 10   ② 11

③ 12   ④ 13

해설

$$태양광모듈병렬수 = \frac{시스템\ 전체\ 출력}{태양광모듈\ 최대출력 \times 직렬\ 장수}$$

$$태양광모듈\ 병렬수 = \frac{18 \times 10^3}{12 \times 125} = 12개$$

답 : ③

예제문제 23

태양광발전설비 설계시 모듈 1개의 발전량이 200[Wp]인 120개 설치하고 인버터의 발전효율이 95[%] 이다. 태양전지 어레이의 발전 가능 용량은?

① 21.8[kWp] ② 22.8[kWp]

③ 23.8[kWp] ④ 24.8[kWp]

해설 발전 가능 용량

= 모듈 1개의 발전량 × 모듈의 개수 × 인버터의 효율 = 200[Wp] × 120 × 0.95

= 22.8[kWp]

답 : ②

예제문제 24

태양광모듈 1장의 출력이 80[W], 가로 길이 0.5[m], 세로 길이 0.8[m]일 때 모듈변환 효율은? 단, 일사강도는 1,000[W/m²]

① 10 ② 15

③ 20 ④ 25

해설

$$모듈변화효율 = \frac{모듈출력[W]}{1[m^2]에\ 입사된\ 에너지량[W]} \times 100[\%]$$

1[m²]에 입사된 에너지량[W] = 모듈면적[m²] × 1000[W/m²]

$$모듈변화효율 = \frac{80[W]}{0.5[m] \times 0.8[m] \times 1000[W/m^2]} \times 100[\%] = 20[\%]$$

답 : ③

예제문제 25

다음 중 일반적으로 태양전지 용량과 부하소비전력량의 관계없는 것은 무엇인가?

① 어떤 기간 에 얻을 수 있는 어레이면 일사량

② 특정상태에서의 일사강도

③ 어느 기간에서의 부하소비전력량

④ 설계여유계수

해설

$$P_{AS} = \frac{E_L \times D \times R}{(H_A / G_S) \times K}$$

P_{AS} : 표준상태에서의 태양광출력어레이, H_A : 일정기간 얻을 수 있는 일사량

G_S : 표준상태에서의 일사강도, E_L : 어느 기간에서의 부하 소비전력량

R : 설계여유계수, K : 종합설계기수, D : 부하의 태양광발전시스템에 대한 의존율

답 : ②

예제문제 26

"건축전기설비설계기준"에 의한 태양광 발전 설비 중 태양전지 모듈 선정시 변환 효율(%)에 대한 식으로 맞는 것은?(단, P_{max} : 최대출력(W), G : 방사속도(W/m^2), A_t : 모듈전면적(m^2)) 【17년 출제문제】

① $\dfrac{P_{max} \times G}{A_t} \times 100$

② $\dfrac{A_t \times G}{P_{max}} \times 100$

③ $\dfrac{A_t}{P_{max} \times G} \times 100$

④ $\dfrac{P_{max}}{A_t \times G} \times 100$

답 : ④

예제문제 27

태양광모듈의 출력은 일사강도와 태양전지 표면의 온도에 따라 변동한다. 실시간으로 변화하는 일사강도에 따라 인버터가 최대 출력점에서 동작하도록 하는 기능은?

① 자동운전 정지기능

② 최대전력 추종제어기능

③ 단독운전 방지기능

④ 자동전류 조정기능

해설 **최대전력 추종제어기능**
태양전지의 동작점이 항상 최대출력점(MPP)을 추종하도록 변화시켜 태양전지에 최대 출력점을 추종하도록 변화시켜 태양전지에서 최대출력을 얻을 수 있는 제어

답 : ②

예제문제 28

"신·재생에너지 설비의 지원 등에 관한 규정"에 따른 태양광설비 시공기준의 내용으로 적절하지 **않은** 것은?

① 장애물로 인한 음영에도 불구하고 태양광모듈에 확보되는 일조시간은 춘추계 기준으로 1일 4시간 이상이어야 한다.

② 태양광설비를 건물 상부에 설치할 경우 태양광설비의 수평투영면적 전체가 건물의 외벽마감선을 벗어나지 않도록 한다.

③ 모듈을 지붕에 직접 설치하는 경우 모듈과 지붕면 간 간격은 10cm 이상이어야 한다.

④ BIPV는 창호, 스팬드럴, 커튼월, 이중파사드, 외벽, 지붕재 등 건축물을 완전히 둘러싸는 벽·창·지붕 형태로 한정한다.

───────────────────

해설

장애물로 인한 음영에도 불구하고 일조시간은 1일 5시간[춘계(3~5월), 추계(9~11월)] 이상이어야 한다. 다만, 전기줄, 피뢰침, 안테나 등 경미한 음영은 장애물로 보지 아니한다.

답 : ①

예제문제 29

"신·재생에너지 설비의 지원 등에 관한 규정"에 따른 설비원별 시공기준에서 일조시간 기준이 맞게 연결된 것은?(단, 춘계는 3월~5월, 추계는 9월~11월 기준으로 한다.) 【17년 출제문제】

① 태양광설비, 집광·채광설비 – 춘·추계 기준 4시간 이상

② 태양광설비, 집광·채광설비 – 춘·추계 기준 5시간 이상

③ 태양광설비, 태양열설비 – 춘·추계 기준 4시간 이상

④ 태양광설비, 태양열설비 – 춘·추계 기준 5시간 이상

───────────────────

답 : ②

태양열 시스템

CHAPTER 02 태양열 시스템

1 태양열 시스템의 개요

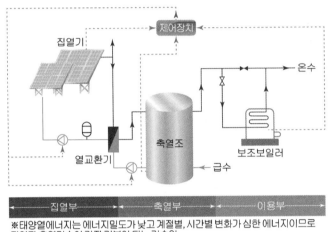

※태양열에너지는 에너지밀도가 낮고 계절별, 시간별 변화가 심한 에너지이므로 집열과 축열기술이 가장 기본이 되는 기술임

🌐 필기·실기 예상문제

태양열 시스템 구성별 특징

(1) 집열부

태양열 집열이 이루어지는 부분으로 집열 온도는 집열기의 열손실율과 집광장치의 유무에 따라 결정되며, 집광비가 큰 것일수록 집열온도가 높은 집열기이다.

(2) 축열부

태양열 축열기술은 태양열이 집열되는 시점과 사용시점이 일치하지 않기 때문에 이를 효과적으로 사용할 수 있도록 집열기에서 집열된 태양열을 필요한 시간에 필요한 양만큼 수요측에 공급하기 위한 것으로, 열에너지를 효율적으로 저장하였다가 공급하는 부분이다.

(3) 이용부

태양열 축열조에 저장된 태양열을 효과적으로 공급하고 부족할 경우 보조열원을 이용해 공급하는 부분이다.

(4) 제어장치

태양열을 효과적으로 집열 및 축열하여 공급한다. 태양열 시스템의 성능 및 신뢰성 등에 중요한 역할을 해주는 장치이다.

2 집열기

(1) 집열기의 설치

평판형 집열기는 결정적으로 효율에 영향을 미치고 열손실을 고려한 열판의 길이와 폭의 비는 1.5 : 1이 적당하며, 경사각은 겨울동안 최대의 태양열을 흡수하기 위해서 10°~15°가 최적 경사도이지만 일반적으로 그 지방의 위도+(10°~15°)가 집열판의 설치 경사각이 된다. 또한 정남형으로 설치하는 것이 유리하다.

(2) 집열기의 종류

① 평판형 집열기

가장 많이 사용되고 있는 집열기로서, 평판 형태로 태양에너지 흡수면적이 태양에너지의 입사면적과 동일한 집열기이며, 투과체, 흡수체, 단열재 등으로 구성되어 있다.
- 투과체는 투과율이 높고, 흡수율이 작으며, 열전도율이 낮은 것을 사용해야 한다.
- 흡수판은 흡수율이 높고, 방사율이 낮아야 한다.
- 전면으로의 열손실(전도 및 대류)을 줄일 수 있도록 설계되어야 한다.
- 단열이 잘 되어야 한다.

필기·실기 예상문제

집열기의 종류별 특징

ㅣ참고ㅣ 집열기의 구성요소

필기 예상문제

집열기 구성요소의 요건

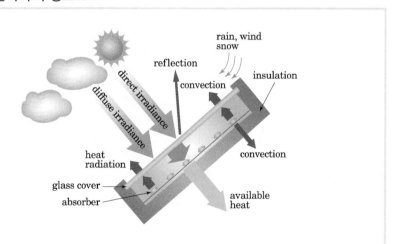

① 투과체(glass cover)

투과체의 기능은 태양열을 투과시키고 대류복사에 의한 태양열의 손실을 방지하는 역할을 한다. 투과체의 유리표면에 반사방지용 코팅을 하면 92~94[%]의 투과율을 얻을 수 있다.

② 흡수체(absober)

집열판이라고 하는 흡수체는 태양광선을 열에너지로 변환시켜 열매체(물,공기 등)에 전달하는 역할을 한다. 이것의 재료는 열전도율이 커야하며 부식에 견디는 내식성이 요구된다. 집열판의 태양열 흡수성능을 높이기 위하여 집열판위에 전기도금을 하여 흑색 피막을 입힌 선택흡수막(Selective Coating)을 코팅하면 적외선을 선택적으로 흡수할 수 있다.

③ 케이싱(Casing)

집열기의 형상을 구성하는 틀로서 재료는 동, 알루미늄, 스텐리스 등이 사용된다.

④ 단열재(Insulation)

집열판이 흡수한 태양열의 에너지가 집열기 뒤쪽으로 손실되는 것을 방지하기 위하여 단열재를 설치한다.

② 진공관형 집열기

투과체 내부를 진공으로 만들어 그 내부에 흡수판을 위치시킨 집열기로서, 진공을 사용함으로 집열면에서의 대류 열손실을 줄일 수 있으며, 설치면적을 줄일 수 있다. 진공관의 형태에 따라 단일진공 유리관과 이중진공 유리관이 있다.

|참고| **평판형 집열기와 진공관형 집열기의 특징**

(1) 평판형 집열기

① 주거용 온수와 난방용으로 설치되는 가장 일반적인 집열기이다.
② 비용이 저렴하고 건물형태와 잘 조화할 수 있는 구조로 되어 있다.
③ 투명 덮개, 흡열판, 집열매체 도관, 단열재 및 집열기 외장박스로 구성된다.
④ 82[℃] 이하 액체(물 또는 기름)나 공기를 가열한다.
⑤ 집열기 표면 햇빛의 직달 일사만 유효하게 집열한다.

(2) 진공관 집열기

① 집열체가 내부를 진공으로 한 유리관 내에 있는 집열기로 정의된다.
② 진공을 사용하여 대류열손실을 획기적으로 줄임으로써 높은 집열효율을 유지한다.
③ 경량이고 설치가 용이하며 효율이 높아 설치면적을 줄일 수 있다.
④ 진공관 유리관이 파손되더라도 파손된 유리관만을 교체해 사용할 수 있다.
⑤ 태양빛의 입사각에 상관없이 모든 방향에서 빛을 흡수할 수 있는 구조이다.
⑥ 진공관 집열기로는 단일진공관과 이중진공관이 있다.
⑦ 단일진공관은 히트파이프가 유리관 내에 삽입 밀봉되어 취득된 열을 튜브 상단 끝의 열 교환기(매니폴드)를 통해 열매체에 전달한다.
⑧ 이중진공관은 내부와 외부 유리관 사이가 진공으로 U자형의 순환 튜브가 있고, 선택 흡수막은 내부유리관 외벽에 코팅되어 있다.

③ PTC(Parabolic Trough Solar Collector)

태양의 고도에 따라서 태양을 추적할 수 있는 포물선 형상의 반사판이 있고, 그 가운데 흡수판의 열할을 하는 집열관(리시버)이 있다. 반사판에 의해서 집광된 일사광선온 집열관에 집광되어 집열판 내부의 열매체를 가열시켜 200~250[℃]정도의 고온의 온도를 얻을 수 있다.

④ CPC(Compound Parabolic Collector)

반사판이 있어서 일사광선을 집광해서 집열하는 집열기로 반사판이 태양 추적 없이 직달 및 산란일사 모두를 집광할 수 있는 집열기이다.

⑤ 접시형(Dish) 집열기

일사광선이 한 점에 집광이 될 수 있는 접시모양의 반사판이 있는 집광형 집열기로서 태양을 추적하는 추적장치가 있다. 주로 수백[℃]의 온도를 집열하는데 사용이 가능하여 태양열 발전용으로도 사용된다.

3 축열조

(1) 축열방법

태양열 축열은 현열축열과 잠열축열에 의한 방법이 있으며, 주로 물을 축열매체로 하는 현열축열방법이 사용된다. 현열축열방법은 축열재가 갖고 있는 열용량을 이용하여 열을 저장하는 방식으로 물, 자갈, 벽돌 등과 같은 것을 이용하며 태양열뿐만 아니라 폐열 또는 심야전력 이용 축열시스템에서도 많이 사용되고 있다.

(2) 축열조에서의 온도계층화

필기 예상문제

축열조의 특성

축열조내 온도계층화는 물의 온도변화에 따른 밀도차이로 인하여 윗부분에는 온도가 높은물, 아랫부분에는 온도가 낮은 물이 위치함으로써, 축열조내의 유체가 안정된 상태를 유지함을 의미한다. 온도계층화 상태에서는 가벼운 유체가 위에 무거운 유체가 밑에 있기 때문에 열의 대류는 일어나지 않으며, 단지 수직방향으로 온도변화가 있는 층인 온도경계층(thermal boundary layer)에서 열전도만이 일어난다. 축열조 내의 온도분포는 최대한 축열매체의 상하부 대류를 억제시켜 성층화를 파괴하지 않는 것이 시스템 효율향상에 유리하다. 이러한 온도계층화에 영향을 미치는 요소로는 축열 및 방열과정에서 발생하는 난류, 부력, 축열조 벽면의 열용량, 축열조내 열원 등이 있다.

(3) 축열시스템의 조건

① 단위 용적당 축열용량이 클 것
② 열확산계수가 커서 열저장 속도가 클 것
③ 집열, 방열 시스템과의 연계조합이 쉬울 것
④ 값이 저렴하며, 수명이 길 것.

(4) 태양열 시스템의 구분

구 분	자연형	설비형		
	저온용	중온용	고온용	
활용온도	60℃	100℃ 이하	300℃ 이하	300℃ 이상
집열부	자연형시스템 공기식집열기	평판형집열기	PTC형 집열기, CPC형 집열기, 진공관형 집열기	Dish형집열기 Power Tower
축열부	Tromb Wall (자갈, 현열)	저온축열 (현열, 잠열)	중온축열 (잠열, 화학)	고온축열 (화학)
이용분야	건물공간난방	냉난방·급탕, 농수산 (건조, 난방)	건물 및 농수산분야 냉·난방, 담수화, 산업공정열, 열발전	산업공정열, 열발전, 우주용, 광촉매폐수처리

4 태양열 시스템 자동제어

(1) ON-OFF 차온 제어

집열기 상단부의 열매체 온도와 축열조 하단부의 온도차를 이용해서 제어하는 방법으로 온도차가 11℃ 이상이면 펌프가 작동되기 시작하고, 이 온도차가 3~5℃ 이하가 되면 펌프가 중단된다. 펌프의 ON이 되는 온도차와 OFF되는 온도차가 다른 것은 펌프의 지나친 ON-OFF작동되는 것을 방지하기 위해서이다.

(2) 비례제어

이 제어방법은 차온제어장치에 의해 펌프의 ON/OFF가 제어되고, 일단 펌프가 ON된 이후에는 적정한 유량이 흐를 수 있도록 펌프의 회전수가 제어된다.
따라서 펌프에는 회전수가 제어될 수 있도록 인버터가 부착되어야 한다.

(3) 동파방지제어

태양열 제어장치는 태양열 시스템작동제어 이외에 집열기 및 집열 배관의 동파방지를 위한 제어 기능도 포함된다. 일반적으로 부동액 시스템에서는 필요 없으나 물을 집열매체로 사용하는 시스템에서는 집열부의 온도가 2~3℃ 이하로 내려갈 경우 열매체가 배수시키거나 축열조 물을 순환시켜 동파를 방지한다.

(4) 과열방지 제어

태양열시스템은 집열 되는 양에 비해 부하가 적을 경우, 축열온도가 지나치게 높아지는 경우 등에 과열이 발생할 수 있다. 이 경우 집열기, 축열조, 시스템 보호를 위한 방안이 제어에 포함되어야 한다. 집열매체의 집열기 입구온도와 출구온도의 차를 감지하여 순환펌프 구동 등을 제어하는 차온제어 방식을 이용하고 있다.

5 태양열 시스템 설계시 고려사항

(1) 태양열 적용 타당성 검토
(2) 집열기 선정 : 집열온도 및 외기온도, 일사량
(3) 시스템 구성 및 보조 열원과의 연계
(4) 집열면적 : 태양열 의존율
(5) 시스템 제어
(6) 각종 구성부품의 용량 및 성능
　① 열교환기
　② 펌프 : 유량
　③ 보조열원과의 연계방법
　④ 축열조 및 온도 성층화
　⑤ 배관
(7) 열성능 향상 및 안전성

6 태양열 시스템 설계 순서

(1) 설비의 적용 타당성 검토
(2) 온수급탕 밀 난방부하 산정
(3) 집열기 및 매수 선정
(4) 시스템 구성방안 선택
(5) 집열열량 산정
(6) 태양열 의존율 산정
(7) 에너지절약 및 환경개선 효과와 경제성 산정

필기 **예상문제**

태양열 시스템 설계 순서

7 태양열 시스템의 특징

필기 예상문제

태양열 시스템의 특징

(1) 장점

① 무공해, 무재해 청정에너지이다.
② 기존의 화석에너지에 비해 지역적 편중이 적다.
③ 다양한 적용과 이용성이 높다.
④ 유지보수비가 저렴하다.

(2) 단점

① 에너지 밀도가 낮고 간헐적이다.
② 유가의 변동에 따른 영향이 크다.
③ 초기 설치비용이 많다.
④ 일사량 변동(계절, 주야)에 영향을 받는다.

8 신재생에너지설비 KS인증 대상 품목

(1) 태양열 집열기

평판형, 진공관형, 고정집광형

(2) 태양열 온수기

자연순환식, 강제순환식, 진공관일체형

예제문제 01

다음은 태양열 집열기에 대한 설명이다. 틀린 것은?

① 진공관식 집열기는 진공을 이용함으로 집열면에서의 대류 열손실을 줄일 수 있다.
② 집열기의 투과체는 투과율이 높고, 흡수율은 작은 것이 좋다.
③ 집열판의 흡수성능을 높이기 위하여 집열판위에 전기도금을 하여 흑색 피막을 입힌 선택흡수막(Selective Coating)을 코팅하면 적외선을 선택적으로 흡수할 수 있다.
④ 접시형(Dish) 집열기는 일사광선이 한 점에 집광이 될 수 있는 접시모양의 반사판이 있는 집광형 집열기로서 태양을 추적하는 추적장치가 없다.

해설

접시형(Dish) 집열기는 일사광선이 한 점에 집광이 될 수 있는 접시모양의 반사판이 있는 집광형 집열기로서 태양을 추적하는 추적장치가 있으며, 적은 면적의 흡수부가 있다. 이 집열기는 집광비에 따라서 집열 온도가 달라지며, 고온용으로서 태양열 발전으로도 사용된다.

<u>답 : ④</u>

예제문제 | 02

"집열량이 항상 부하량에 일치하는 것은 아니기때문에 필요한 일종의 버퍼 역할을 할 수 있는 열저장 탱크"는 다음 태양열 발전 시스템의 구성요소 중 무엇에 관한 설명 인가?

① 집열부 　　　　　　　　　② 축열부
③ 이용부 　　　　　　　　　④ 제어장치

[해설]
① 집열부 : 태양열 집열이 이루어지는 부분
③ 이용부 : 태양열 축열조에 저장된 태양열을 효과적으로 공급하고 부족할 경우 보조열 원을 이용해 공급하는 부분이다.
④ 제어장치 : 태양열을 효과적으로 집열 및 축열하여 공급한다. 태양열 시스템의 성능 및 신뢰성 등에 중요한 역할을 해주는 장치이다.

답 : ②

예제문제 | 03

설비형 태양열 시스템에서 부동액 사용에 대한 설명으로 인한 설명으로 옳은 것은?

① 부동액을 사용하므로 열전달 특성이 물보다 높다.
② 큰 용량의 펌프로 인해 운전비, 비용을 절감할 수 없다.
③ 세심하게 배관의 구배를 검토할 필요가 없다.
④ 부동액을 사용하므로 동파에 안전하다.

[해설]
① 부동액이 열전달 특성이 물보다 낮아 집열성능에 영향을 줄 수 있다.
② 적은 용량의 펌프로 인해 운전비, 비용을 절감할 수 있다.
③ 세심하게 배관의 구배를 검토할 필요가 있다.

답 : ④

예제문제 | 04

액체식 태양열시스템에 대한 설명으로 가장 적합하지 않은 것은?

① 집열된 열은 건물의 급탕, 난방, 냉방 등에 사용할 수 있다.
② 연간 태양열시스템 효율은 적용대상 건물의 부하패턴에 따라 달라진다.
③ 동파방지를 위해 열매체에 부동액을 혼합한다.
④ 평판형 집열기는 고온영역에서 진공관형 집열기 보다 집열 효율이 높다.

[해설]
진공식 집열기는 평판형 집열기 보다 고온에서 효율적이다. 따라서, 평판형 집열기는 고 온영역에서 진공관형 진공관형 집열기보다 집열효율이 낮다.

답 : ④

예제문제 05

다음 그림은 태양열시스템 구성 개념도를 예시한 것이다. 아래 설명 중 옳은 것은?

【13년 1 · 2급 출제유형】

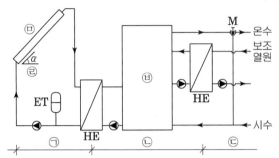

① ㉠, ㉡, ㉢는 태양열 시스템의 3대 구성요소로 각각 축열부, 집열부, 이용부를 나타낸다.

② 난방 및 급탕 겸용시스템의 경우 집열판의 설치각도 α는 동절기 태양복사 수열이 가장 작아지도록 설치하는 것이 바람직하다.

③ ㉤ 내부 흡수판에 적용되는 선택흡수막코팅(selective coating)은 흡수율 및 방사율을 최소로 하여 집열효율을 향상시키는 기술이다.

④ ㉥ 내의 온도분포는 최대한 축열매체의 상하부 대류를 억제시켜 성층화를 파괴하지 않는 것이 시스템 효율향상에 유리하다.

해설

① ㉠, ㉡, ㉢는 태양열 시스템의 3대 구성요소로 각각 집열부, 축열부, 이용부이다.

② 난방 및 급탕 겸용시스템의 경우 집열판의 설치각도 α는 동절기 태양복사 수열이 가장 커지도록 설치하는 것이 바람직하다.

③ 선택흡수막(Selective Coating)코팅은 적외선을 선택적으로 흡수할 수 있어, 흡수율은 최대로, 방사율은 최소로 하여 집열효율 향상시키는 기술이다.

답 : ④

예제문제 06

신·재생에너지 설비 KS인증을 위한 태양열설비에 속하지 않은 것은?

① 진공관 일체형 자연순환식 온수기(저탕용량 600L 이하)

② 평판형 강제순환식 온수기(저탕용량 600L 이하)

③ 추적 집광형 액체식 태양열집열기

④ 평판형 액체식 태양열집열기

해설 KS인증 대상 범위

· 집열기 : 평판형 태양열 집열기, 진공관형 태양열 집열기

· 온수기 : 저탕용량 600L 이하의 가정용 태양열 온수기 중 평판형 태양열 집열기, 진공관형 태양열 집열기(분리 또는 일체)를 사용한 자연순환식 온수기

제품명	제품 형상	주요 특징	비고
열매체 축열식 태양열온수기		▸무동력 자연대류방식 ▸단일탱크, 개방형 열교환방식 ▸사용효율 80%이하 ▸동파방지(열매체 사용) ▸간편한 설치시공 ▸내구성 나쁨(부식, 코일파손 등)	
온수축열식 평판형 태양열온수기		▸이중탱크, 밀폐형 온수축열방식 ▸무동력 자연대류방식 ▸사용효율 90%이상 ▸동파방지(열매체 사용) ▸간편한 설치시공	

<u>답 : ③</u>

예제문제 07

다음은 태양열 발전 시스템의 발전원리를 나타낸 것이다. (A)의 공정은?

> 집광열 → 축열 → 열전달 → (A) → 터빈(동력) → 발전

① 증기발생
② 보일러로 가열
③ 재열사이클
④ 집열

해설

태양열 발전시스템은 집광열 → 축열 → 열전달 → 증기발생 → 터빈(동력) → 발전 공정으로 되어있다.

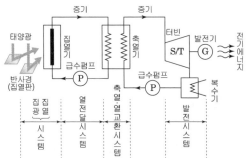

답 : ①

예제문제 08

태양광 발전과 태양열 발전에 대한 설명으로 옳은 것만을 〈보기〉에서 모두 골라 바르게 짝지은 것은?

> ㉠ 태양의 빛에너지를 전기 에너지로 바꾼다.
> ㉡ 건물 유리창에 부착하여 발전할 수 있다.
> ㉢ 터빈이 발전기를 돌려 발전한다.
> ㉣ 각 가정에서 소규모로 발전할 수 있다.

	태양광 발전	태양열발전
①	㉠, ㉡	㉠, ㉢
②	㉠, ㉢	㉠, ㉡
③	㉠, ㉡, ㉢	㉠, ㉢
④	㉠, ㉡, ㉣	㉠, ㉢

해설

태양광 발전은 햇빛을 직접 전기로 전환하고, 태양열 발전은 햇빛을 열로 만들어 전기를 얻는다.
· 태양광 발전
태양의 빛에너지를 직접 전기 에너지로 바꾼다. 건물벽이나 유리창에 부착하여 발전할 수도 있고, 가정에서 지붕에 설치하여 발전할 수도 있다. 태양열 발전태양의 빛에너지를 많은 오목 거울을 사용하여 한 점에 모아서 그 열로 수증기를 만들고, 이 수증기로 터빈을 돌려 전기 에너지를 얻는다. 이것은 가정에 소규모로 설치할 수는 없고 어느 정도 이상의 넓은 면적이 필요하다. 태양광 발전이나 태양열 발전이나 태양의 빛에너지를 전기에너지로 전환하는 발전이다. 단지 과정만 다를 뿐이다.

답 : ④

제 3 장

지열 시스템

1. 개요
2. HEAT PUMP 시스템
3. 지열설비 시공기준

CHAPTER 03 지열 시스템

1 개요

지열시스템의 종류는 대표적으로 지열을 회수하는 파이프(열교환기) 회로구성에 따라 폐회로(Closed Loop)와 개방회로(Open Loop)로 구분된다. 일반적으로 적용되는 폐회로는 파이프가 밀폐형으로 구성되어 있는데, 파이프 내에는 지열을 회수(열교환)하기 위한 열매가 순환되며, 파이프의 재질은 고밀도 폴리에틸렌이 사용된다.

(1) 폐회로시스템(폐쇄형)

루프의 형태에 따라 수직, 수평루프시스템으로 구분되며 수직으로 100~150m, 수평으로는 1.2~1.8[m]정도 깊이로 묻히게 되며 상대적으로 냉난방부하가 적은 곳에 쓰인다.

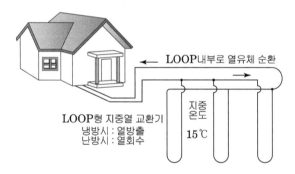

폐쇄형 지열시스템 구성도

(2) 개방회로시스템

수원지, 호수, 강, 우물 등에서 공급받은 물을 운반하는 파이프가 개방되어 있는 것으로 풍부한 수원지가 있는 곳에서 적용 가능하다.

(3) 비교

폐회로가 파이프내의 열매(물 또는 부동액)와 지열이 열교환 되는데 반해 개방회로는 파이프 내에서 직접 지열이 회수되므로 열전달 효과가 높고 설치비용이 저렴한 장점이 있으나 폐회로에 비해 운전 유지보수 주의가 필요하다. 지표면 하의 온도가 평균 10~20℃ 정도인 지하수를 이용하여 Heat Pump로 냉·난방에 사용할 수 있다.

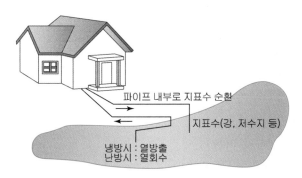

개방형 지열시스템 구성도

2 HEAT PUMP 시스템

필기·실기 **예상문제**

히트 펌프 시스템의 이해

(1) 개요

냉매의 발열 또는 응축열을 이용해 저온의 열원을 고온으로, 고온의 열원을 저온으로 전달하는 냉·난방 장치

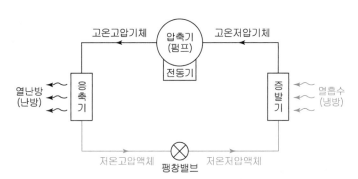

Heat Pump의 냉·난방 사이클

(2) 분류

① 구동방식 : 전기식, 엔진식
② 열원 : 공기 열원식, 수열원식(폐열원식), 지열원식
③ 열 공급 방식 : 온풍식, 냉풍식, 온수식, 냉수식
④ 펌프 이용 범위 : 냉방, 난방, 제습, 냉·난방 겸용

(3) 지열 히트펌프 냉방 사이클

압축기 → 응축기 → 팽창밸브 → 증발기

(4) 지열 시스템 평가 시 주요확인사항

① 지열 시스템의 종류
② 냉난방 COP
③ 순환펌프 동력합계
④ 지열 천공수, 깊이
⑤ 열 교환기 파이프 지름
⑥ 히트펌프 설계유량 및 용량

(5) 신·재생에너지설비 KS인증대상 품목

① 물-물 지열 열펌프 유니트(530kW 이하)
② 물-공기 지열 열펌프 유니트(175kW 이하)
③ 물-공기 지열 멀티형 열펌프 유니트(175kW 이하)

3 지열설비 시공기준

1. 지열열펌프 유닛

(1) 사양

신·재생에너지센터에서 인증한 인증제품을 설치하여야 한다. 기타 인증대상설비가 아닌 경우에는 제37조의 분야별위원회의 심의를 거쳐 센터의 장이 인정하는 경우 사용할 수 있다.

(2) 냉동기검사필 각인 부착

고압가스안전관리법에 따라 냉동기검사필 각인을 지열열펌프 유닛의 케이싱 외부에 부착하여야 한다.

(3) 설치공간

부품 교환 및 이동, 배관 용접 등 지열열펌프 유닛의 유지·보수를 위한 작업 공간을 충분히 확보하여야 한다.

(4) 지열열펌프 유닛 감쇄 장치

지열열펌프는 압축기의 진동을 감쇄시키기 위해 콘크리트 기초위에 방진시설물과 함께 설치하여야 한다. 방진고무를 사용할 경우 최소 10mm 이상 설치하여야 하며 그 외에는 동등 이상의 방진성능을 갖도록 설치하여야 한다. 바닥설치형이 아닌 경우 건축물로 진동이 전파되는 것을 감쇄할 수 있는 장치를 설치하여야 한다.

(5) 지열열펌프 내 압축기 진동감쇄

압축기의 진동전달을 감쇄시키기 위해 압축기와 압축기베이스 사이에 방진패드 등의 진동감쇄장치를 설치하여야한다.

(6) 지열열펌프 유닛 구성요소 단열

열교환기 및 외부 노출 배관은 반드시 단열하여야 한다. 가급적 냉매배관에 응축수가 발생하지 않도록 해야 하며, 응축수 발생 시 지열열펌프 유닛에 손상이 가해지지 않도록 드레인관 설치 등 안전대책이 있어야 한다.

(7) 압축기 오일히터

압축기에는 오일히터나 오일포밍 방지장치를 장착하여야 한다.

(8) 지열열펌프 유닛의 냉매 배관 길이

지열열펌프 유닛의 냉매 배관 길이는 신재생에너지 설비 인증서(인증을 위한 시험성적서)에 기재된 냉매배관 길이 이하로 설치하여야 한다.

(9) 안전장치

① 냉매압력 이상 시
고압가스안전관리법에 따라 이상 고압이나 저압이 발생한 경우 지열열펌프 유닛을 자동을 정지할 수 있는 안전장치를 설치하여야 한다.
② 순환수유량 이상 시
열원측 순환 유량 및 부하측 순환 유량이 지열열펌프 유닛의 제조사에서 제시하는 최소 순환수 유량보다 작을 경우 자동으로 운전을 정지할 수 있는 안전장치를 설치하여야 한다.
③ 냉매액관 냉매온도 이상 시
고압가스안전관리법에 따라 냉매·액관 내 냉매온도의 이상 고온 시 회로내부의 냉매를 자동으로 외부로 방출할 수 있어야 한다. 냉매의 흐름이 양방향일 경우는 난방 운전 시 액관을 기준으로 한다.
④ 압축기 토출 냉매온도 이상 시
압축기 토출 냉매온도가 이상 고온일 경우 압축기를 자동 정지하는 안전장치를 설치하여야 한다.

⑤ 투입전원 역상 및 결상 시

투입전원이 역상 및 결상으로 설치될 경우 자동으로 전원을 차단하여 압축기를 보호 할 수 있는 장치를 설치하여야 한다.

⑥ 과전류 발생 시

과전류 발생 시 자동으로 전원을 차단할 수 있는 장치를 설치하여야 한다.

⑦ 육안확인 및 경고장치

'가)~바)' 항'의 이상 발생시 이를 알리는 경보장치가 설치되어야 한다.

2. 관련부품 및 기기

(1) 설치상태

실외 설치 시 조립식 패널 등으로 빗물이 침투하는 것을 막아야 하며, 지중순환수 배관의 동파방지를 위한 보온설비를 설치하여야 한다.

(2) 팽창탱크

배관 내부의 지중순환수 온도변화에 의한 체적변화에 따른 배관 파손을 방지위한 적정한 용량의 팽창탱크를 순환펌프 흡입 측에 설치하여야 하며, 순환펌프 기동 시 대기압 이상을 유지할 수 있어야 한다.

(3) 순환펌프

① 열원 및 부하측 순환펌프의 용량은 설치하고자 하는 지열열펌프의 인증시험에 적용된 유량 이상이어야 한다.

② 열원 및 부하측 순환펌프의 흡입 및 토출 배관에 'KS B 5305 부르동관압력계' 또는 이와 동등한 성능을 가진 압력계를 설치하여야 한다.

③ 열원측 및 부하측 순환펌프의 흡입측에 스트레이너를 설치하여야 한다.

④ 수직밀폐형·지중수평형·에너지파일형의 경우 지열 순환펌프의 총 소비전력은 설계 시 적용한 지열열펌프 총 설계용량의 4.3% 이하가 되어야 하며, 스탠딩컬럼웰형의 경우 심정펌프와 중간 순환펌프의 소비전력의 합은 설계 시 적용한 지열열펌프 총 설계용량의 5.0% 이하가 되어야 한다.

⑤ 모든 펌프는 고효율 인증제품을 우선 적용하여야 한다. 단 인증제품이 없을 경우 KS 규격에 적합한 제품을 사용하여야 한다.

(4) 밸브류

① 밸브는 배관 구경이 50A 이하일 경우 나사접속형 또는 플랜지 접속형으로,

50A 이상일 경우 플랜지 접속형으로 설치하여야 한다. 동파방지를 위해 전체 배관에서 가장 낮은 위치에 배수밸브(drain valve)를 설치하여야 한다.

② 순환펌프·스트레이너·체크밸브 등의 교체 작업을 위해 가까운 위치에 개폐밸브를 설치하여야 한다.

③ 모든 밸브는 연중 외기온도 및 사용온도에서 정상적인 기능을 해야 하며, 전동밸브는 By-pass 배관을 병행 설치하여야 한다. 단, 전동밸브에 수동개폐장치가 설치되어 있을 경우에는 By-pass 배관을 설치하지 않아도 된다.

④ 배관 속의 공기를 제거할 수 있는 자동 공기빼기밸브(automatic air vent valve)를 전체 배관에서 가장 높은 위치에 설치하는 것을 원칙으로 한다.

⑤ 모든 밸브류는 최고사용압력에서 견딜 수 있는 충분한 강도를 가져야 한다.

(5) 온도계, 압력계

① 부하측 및 열원측 공급 및 환수배관에 'KS B 5320 공업용 바이메탈식 온도계' 또는 이와 동등 이상의 성능을 가진 온도계를 설치해야 한다.

② 부하측 및 열원측 공급 및 환수배관에 'KS B 5305 부르동관압력계' 또는 이와 동등한 성능을 가진 압력계를 설치해야 한다.

3. 배관

(1) 배관의 지지 및 고정물은 설계도면과 같이 제작하여 설치하고, 기울기에 변화가 없도록 시공하여야 한다.

(2) 고정철물, 지지철물, 인서트 등은 워터해머, 신축 응력관의 자중 등에 대해 충분히 견딜 수 있어야 하며, 단단히 고정하여야 한다.

(3) 배관은 보온하여야 하며, 관 및 이음쇠 부분에 누수가 없어야 한다.

(4) 배관에는 냉·온수 공급 및 환수배관, 지중순환수 공급 및 환수배관 등 배관명과 유체의 흐름방향을 표시하여야 한다.

(5) 지중열교환기 배관, 트렌치 배관, 기계실 배관 및 부하측 배관 공사 완료 후, 깨끗한 물을 순환시켜 이물질을 제거하는 플러싱 작업을 수행해야 한다. 또한 지열열펌프 유닛의 입·출구 배관에는 스트레이너를 설치하여야 한다.

(6) 기계실 배관은 동, 스테인리스 등 부식을 최소화할 수 있는 재질을 사용하여야 한다.

(7) 기계실 인입배관은 옥외 트렌치 배관보다 높은 위치에 상향 배관으로 설치하여야 하며, 기계실의 배관 인입 시 배관을 타고 기계실 내부로 물이 유입되지 않도록 조치를 취해야 한다.

(8) 지중열교환기 순환수 주입 시 배관내부의 공기를 완전히 제거하여야 한다.

4. 보온공사

(1) 보온재 및 두께 기준

보온재 및 두께 기준은 건축기계설비공사 표준시방서(국토해양부)에 따른다.

(2) 배관 마감

옥내 배관에는 매직테이프 등으로 이음새 없이 겹쳐 감아야 하며, 옥외 노출 배관은 테이프 마감 후 알루미늄강판·칼라함석 또는 동등 이상의 재질로 케이싱 처리하여야 한다.

예제문제 01

다음 Heat Pump에서의 구성요소에 해당하지 않는 것은?

① 팽창밸브　　　　　　　　② 증발기
③ 집열기　　　　　　　　　④ 압축기

해설
히트펌프의 구성요소로는 압축기, 응축기, 증발기, 팽창밸브 등이 있다.　　　　**답 : ③**

예제문제 02

다음은 지열에너지의 관한 설명이다. 보기에서 가장 옳게 설명한 것은?

① 태양열의 약 47%가 지표면을 통해 지하에 저장되며, 지표면에 가까운 땅속의 온도는 10℃~20℃ 정도 유지해 열펌프를 이용하는 냉난방시스템에 이용된다.
② 지열에너지를 직접 이용하는 시스템에는 지열히트펌프, 건물난방, 지열지역난방, 전력생산 등이 있다.
③ 지열에너지를 이용한 냉난방시스템은 다른 신재생 에너지시스템 보다 초기투자비용이 저렴한 대신에 냉난방 능력이 불안정하여 효율이 떨어진다.
④ Heat Source란 히트펌프로부터 열을 공급받는 대상을 말하며, Heat Sink란 히트펌프에 열을 공급하는 대상을 말한다.

해설
지열에너지의 활용 중 전력생산은 간접적으로 이용하는 것이며, 지열시스템은 냉난방 능력이 안정한 편이다. Heat Source란 히트펌프에 열을 공급하는 대상을 말하며, Heat Sink란 히트펌프로부터 열을 공급받는 대상을 말한다.

답 : ①

예제문제 03

지열에너지를 이용한 지열 히트펌프는 냉방과 난방이 모두 가능하다. 다음 보기에서 냉방 사이클의 순서가 바르게 연결된 것은?

① 압축기 → 증발기 → 팽창밸브 → 응축기
② 압축기 → 팽창밸브 → 증발기 → 응축기
③ 압축기 → 응축기 → 증발기 → 팽창밸브
④ 압축기 → 응축기 → 팽창밸브 → 증발기

__답 : ④__

예제문제 04

지열발전의 특징으로 볼 수 없는 것은?

① 천연증기를 이용하므로 보일러나 급수설비가 없어도 된다.
② 연료가 필요 없으므로 소용량의 설비라도 경제성이 있다.
③ 개발지점에 제한을 받지 않는다.
④ 천연증기는 자급에너지여서 안정적인 공급이 가능하다.

__답 : ③__

예제문제 05

"신·재생에너지 설비의 지원 등에 관한 규정"에 따른 지열에너지 설비 시공기준에서 지열열펌프 유닛에 대한 설명 중 적절하지 않은 것은?

① 지열열펌프 유닛의 냉매 배관 길이는 신재생에너지 설비 인증서에 기재된 냉매배관 길이 이상으로 설치하여야 한다.
② 압축기에는 오일히터나 오일포밍 방지장치를 장착하여야 한다.
③ 열교환기 및 외부 노출 배관은 반드시 단열하여야 한다.
④ 지열열펌프는 압축기의 진동을 감쇄시키기 위해 콘크리트 기초 위에 앵커볼트 고정 및 방진설비를 설치하여야 한다.

해설

지열열펌프 유닛의 냉매 배관 길이
지열열펌프 유닛의 냉매 배관 길이는 신재생에너지 설비 인증서(인증을 위한 시험성적서)에 기재된 냉매 배관길이 이하로 설치하여야 한다.

__답 : ①__

예제문제 06

다음은 "신·재생에너지 설비의 지원 등에 관한 지침"에 따른 지열이용검토서 작성 기준의 용어 정의에 해당하는 항목들이다. 다음 중 용어정의가 틀린 것은?

【17년 출제문제】

> ㉮ 지열담당면적 : 건축물 전체 면적 중 지열 시스템이 담당하는 면적
> ㉯ 건축물 전체 부하량 : 지열시스템이 설치되는 건축물의 전체 부하량
> ㉰ 지열담당부하량 : 지열시스템이 담당하는 부하량
> ㉱ 사업용량 : 지열시스템의 냉·난방 설치용량 중 큰 값
> ㉲ 설치 용량 : 인증서에 표기된 열펌프의 냉·난방 정미능력
> ㉳ 설계용량 : 지열열펌프 성적서에 표기된 정격냉방용량 및 정격난방용량

① ㉮, ㉯   ② ㉲, ㉳

③ ㉱, ㉳   ④ ㉯, ㉱

─────

해설

사업용량 : 지열시스템의 냉난방 설치용량중 큰 값+급탕용량

설계용량 : 시스템 설계를 위해 열원측,부하측에 적용된 EWT 기준으로 시험성적서 또는 성능표에 분석된 열펌프 정미능력

답 : ③

예제문제 07

다음 중 신·재생에너지 설비 KS 인증을 위한 지열 설비에 해당되지 않는 것은?

【17년 출제문제】

① 정격용량 530KW 이하 물-물 지열원 열펌프 유닛
② 정격용량 175KW 이하 물-공기 지열원 열펌프 유닛
③ 정격용량 530KW 이하 공기-물 지열원 열펌프 유닛
④ 정격용량 175KW 이하 물-공기 지열원 멀티형 열펌프 유닛

─────

해설

∘ 물-물 지열 열펌프 유니트(530kW 이하)
∘ 물-공기 지열 열펌프 유니트(175kW 이하)
∘ 물-공기 지열 멀티형 열펌프 유니트(175kW 이하)

답 : ③

제 4 장

풍력 시스템

CHAPTER 04 풍력 시스템

1 개요

풍력발전은 바람의 운동 에너지를 풍차로 기계적인 회전력으로 변환하고 그 회전력으로 발전기를 돌려서 발전하는 것이다.

이 때문에 풍력발전은 종래의 발전의 주력이었던 화력 발전처럼 연료로서의 석탄이나 석유, 천연가스를 사용하지 않으며, 또한 원자력처럼 우라늄 연료를 사용하지 않는다는 것이 큰 특징이다. 이처럼 이산화탄소(CO_2)를 배출하지 않고 고갈이나 위험성의 우려가 전혀 없는 바람을 이용한 풍력발전의 도입이 늘고 있다. 그러나 이 풍력발전의 근원이 되는 평균 풍속은 장소에 따라 서로 다르고 또한 풍향·풍속변동도 크기 때문에 풍력발전은 입지조건이 중요한 전제가 되는 에너지원이다.

풍력터빈은 발전기에 연결된 블레이드에서 기류를 공기역학적(aero dynamic) 운동에너지의 특성을 이용해 회전자를 회전시켜 전기에너지로 변환하는 장치로서 풍력에너지의 이용률을 높이기 위해 높은 위치에 터빈을 설치하고 일정한 풍속을 유지함으로서 전력에너지를 생산할 수 있다. 기류의 에너지를 이용해서 전기에너지로 바꾸는데 블레이드(날개)는 이론상 바람에너지 중 59.3[%]만 전기에너지로 바꿀 수 있지만 블레이드의 형상에 따른 효율, 기계적인 마찰, 발전기의 효율 등을 고려하면 실제적으로는 그 보다 작다.

2 풍력발전시스템의 분류

구조상 분류 (회전축 방향)	수평축 풍력시스템(HAWT) : 프로펠러형 등
	수직축 풍력시스템(VAWT) : 나리우스형, 사보니우스형 등
운전방식	정속운전(fixed roter speed type) : 통상 Geared형
	가변속운전(variable roter speed type) : 통상 Gearless형
출력제어방식	Pitch(날개각) Control
	Stall(실속) Control
전력사용방식	계통연계(유도발전기, 동기발전기)
	독립전원(동기발전기, 직류발전기)

(1) 풍차구조(회전축 방향)에 따른 구별

① 수직축 형(VAWT)

회전자가 타워 정상부와 대지 사이에 위치하여 회전축이 대지에 대하여 수직이며 풍향에 관계없이 회전이 가능하지만 소재가 비싸고, 효율이 낮으며, 대량화가 어렵고 내강도가 약해서 상용화에 실패한 모델이다.

그 종류로는 사보니우스형, 다리우스형, 크로스 플로형, 패들형 등이 있다.

② 수평축 형(HAWT)

회전축과 회전자가 타워 상부에 있는 나셀에 설치되어 있어 회전축이 대지에 대하여 수평이며, 풍향에 따라서 상부 나셀과 회전체가 방향을 바꾼다. 현재 대부분의 풍력발전기가 이 형식을 채택하고 있다.

그 종류로는 블레이드형, 더치형, 세일윙형, 프로펠러형 등이 있다.

(2) 운전방식에 따른 구별

필기 예상문제

풍력 발전의 운전방식에 따른
특징

① 정속도 회전 시스템

통상 기어타입을 사용하며 증속 기어와 정속도 유도발전기를 사용하여 풍속
에 관계없이 일정속도로 회전시켜서 정주파수로 발전할 수 있으므로 인버터
설비가 필요 없다.

회전자 → 증속기어 → 유도발전기(정전압/정주파수) → 변압기 → 전력계통

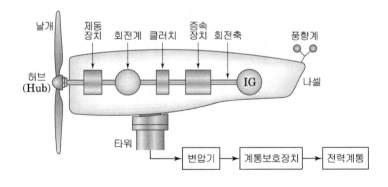

② 가변속도 회전 시스템

통상 기어리스타입을 사용하며 회전자와 가변속 동기발전기가 직결되는 Direct
– drive형이고, 풍속에 따라 주파수가 달라지므로 인버터가 필요하다.

회전자 → 동기발전기(가변전압/가변주파수) → 인버터 → 변압기 → 전력계통

(3) 전력 사용방식에 따른 분류

① 계통연계형 : 유도발전기, 동기발전기 사용

② 독립전원형 : 동기발전기, 직류발전기 사용

3 구성요소

필기 예상문제

풍력발전의 구성요소의 역할 및 특징

(1) 개요

주요구성요소로는 블레이드(blade : 날개)와 허브(Hub)로 구성된 회전자, 증속장치(gear box), 발전기(generator), 제어장치, 브레이크장치, 전력제어장치 및 철탑등으로 구성되며 블레이드 길이 10[%]증가시 효율은 21[%] 정도 향상되고 출력은 swept area에 비례하는 특성이 있다.

(2) 기계 장치부

Blade, Rotor, 증속기(Gear Box), Brake, Pitching System, Yawing System 등으로 구성

(3) 전기 장치부

발전기 및 기타 안정된 전력을 공급하도록 하는 전력안정화 장치로 구성

(4) 제어 장치부

풍력발전기가 무인운전이 가능하도록 설정 · 운전하는 Control System, Yawing · Pitching Controller, Monitoring System 등으로 구성

① Yaw Control : 바람방향을 향하도록 Blade 방향조절

② Pitch Control : 날개의 경사각(Pitch) 조절로 출력을 제어

③ Stall Control : 한계풍속 이상이 되었을 때 양력이 회전날개에 작용하지 못하도록(실속) 날개의 공기역학적 형상에 의한 제어

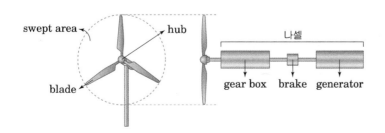

4 주요 기기

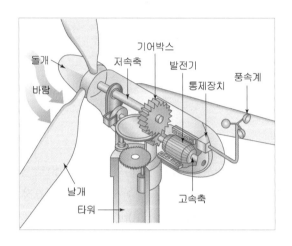

필기·실기 예상문제

풍력발전 시스템의 주요기기의 특징

(1) 블레이드(blade, 날개)

바람의 직선 운동 에너지를 회전 운동에너지로 바꾸어 회전력을 얻는 부분

① 1-blade : 소음 및 외관상 문제가 있고 불규칙한 토크 발생으로 잘 사용 안함

② 2-blade : 주로 해상풍력에 적용되며 티터링 모션이 크고 소음, 외관상 문제가 있다.

③ 3-blade : 주로 대형 풍력발전에 채택하고 현재 가장 안정적이며 주도적 모델로 2-blade에 비해 연간 발전량이 수[%] 정도 유리하며 진동특성도 유리하다.

(2) 로터(Rotor)

날개를 회전축에 붙이기 위한 허브 및 날개 피치각의 가변구조로 구성되어 있으며 로터는 바람으로부터 에너지 흡수 및 시스템 안정성을 확보하기 위한 중요한 요소이다.

(3) 나셀 유니트(Nacelle unit)

풍력에 의해 얻어진 로터의 회전에너지를 전기로 변환하는데 필요한 장치와 변동하는 풍향 및 풍속에 대한 제어 구동장치를 결합한 부분으로 구성요소로는 가변 피치각 구동장치, 요(YAW)구동장치, 브레이크, 발전기 등으로 풍력발전기의 몸통부분에 해당한다.

(4) 가변 피치각 구동장치

가동풍속 이상시 로터의 기동토크를 충분히 얻기 위한 가동운전, 정격풍속 이상에서의 정격출력을 일정하게 하기 위한 정격운전 및 강풍속시 또는 저풍속시의 정지 등에 날개의 피치각을 적절히 변화시켜 로터의 회전수 및 출력을 제어하는 장치이다.

(5) 요(YAW)구동장치

프로펠러형 풍차의 경우와 같이 끊임없이 변동하는 풍향에 대해서 효율성 있게 에너지를 얻기 위해 날개를 풍향에 정면으로 하기 위한 장치이다.
요(YAW)제어 : 기류방향을 향하도록 블레이드 방향을 조절

(6) 브레이크(Brake)

강풍시 및 이상시 또는 보수점검시 로터를 정지시키기 위해 필요한 장치이다.

(7) 발전기

풍속에 의해 회전 에너지를 전기에너지로 변화하는 장치로서 동기발전기와 유도발전기를 많이 사용한다. 발전기는 증속기를 개입시켜 풍차에 직결되며 나셀 내에 설치된다.

(8) 타워

원통관형과 격자식이 있으며, 원통관형은 격자식에 비해서 가격은 고가지만 미관상의 장점이 있어 가장 흔히 사용되고 있다.

5 출력의 표현

(1) 공기 등의 유체의 운동에너지

$$P = \frac{1}{2} m V^2 = \frac{1}{2} (\rho A V) V^2 = \frac{1}{2} \rho A V^3 \, [\mathrm{W}]$$

여기서, P : 에너지[W]

m : 질량[kg/s]

A : 로터의 단면적[m²]

V : 평균속도[m/s]

ρ : 공기밀도(1.225[kg/m³])

(2) 출력계수

풍차로 끄집어 낼 수 있는 에너지와 풍력에 대한 비율

$$C_p = \frac{실제의\ 출력(풍력)}{\frac{1}{2}\rho A\ V^3}$$

① 출력계수 C_p의 이론적 최대값 : 0.593
② 실제 사보니우스형은 $C_p = 0.15$, 프로펠러형은 $C_p = 0.45$ 정도이다.

(3) 주속비

풍차의 날개 끝부분 속도와 풍속의 비율
① 고속풍차 : 주속비가 3.5 이상
② 중속풍차 : 주속비가 1.5~3.5 사이
③ 저속풍차 : 주속비가 1.5 이하인 경우

필기·실기 예상문제

풍력발전의 특징

6 풍력발전의 특징

(1) 장점

자연으로부터 발생하는 재생 가능한 에너지를 활용하기 때문에 에너지 구입비용이 들지 않는다. 신·재생 에너지 중 발전 단가가 가장 싼 에너지 중의 하나이다. 발전 비용이 천연가스보다 싸다. 그리고 에너지 변환 효율이 40[%] 정도나 되며 배출가스가 없어 대기 오염이 없다.
가정용 수십[W]급의 소형 발전부터 수[MW]급 대형 발전에 이르기까지 가능하다. 풍력 발전소 건설에 소요되는 시간이 비교적 짧고 건설비용이 적게 든다.
해안, 사막, 산간 고지뿐만 아니라 해상 등 인간이 활용하기 어려운 지역에도 설치할 수 있다. 발전기 구조가 간단하여 유지보수가 용이하다.

(2) 단점

허브가 회전할 때 저주파 소음을 발생하며 대규모로 설치된 대형 풍력 발전기는 새들의 비행에 방해가 되고 레이더를 교란시킨다. 또한 안정성에도 문제가 있는데 발전 용량을 크게 할수록 대형 날개 제작에 어려움이 있고 큰 힘이 회전축 탑에 집중되는 문제가 있으며, 강풍에 견딜 수 있게 하기 위해서는 탑을 매우 견고하게 만들어야 한다.

(3) 신재생에너지설비 KS인증 대상 품목

① 소형풍력터빈 : 회전자 면적 200㎡ 미만

② 소형풍력터빈용 인버터 :정격출력 30 kW 미만

③ 중대형 풍력터빈(육상용) : 회전자 면적 200㎡ 이상

④ 중대형 풍력터빈(해상용) : 회전자 면적 200㎡ 이상

(4) 풍력발전 시스템의 에너지 평가시 주요확인사항

① 설계 최대풍속

② 시스템의 종류

③ 날개의 지름

④ 발전용량

⑤ 지상고

예제문제 01

풍차의 형식 중 현재 풍력발전시장에서 가장 널리 채택되고 있는 것은?

① 프로펠러　　　　　　　② 다리우스
③ 사보니우스　　　　　　④ 파네몬

해설
풍력발전시장에서 가장 널리 채택되고 있는 풍차형식은 프로펠러이다.

답 : ①

예제문제 02

자연의 바람으로 풍차를 돌리고, 이것을 기어 등을 이용하여 속도를 높여 발전하는 풍력 발전에서 이론상 발전 최대 효율은?

① 20.5[%]　　　　　　② 39.8[%]
③ 59.3[%]　　　　　　④ 65.7[%]

해설
풍력발전의 이론상 최대 출력은 59.3[%]이며, 실제 출력은 20~40[%] 정도이다.

답 : ③

예제문제 **03**

프러펠러 형식의 풍력발전시스템에서 일반적으로 날개의 수를 3개로 설계하고 있다. 그 이유로 가장 적합하지 않는 것은?

① 진동이 적다.
② 비용이 적게 든다.
③ 초고속회전에 적합하다.
④ 하중이 균등 배분된다.

해설
프로펠러 형식의 풍력발전시스템의 날개의 수를 3개로 하는 이유는 진동이 적고, 하중의 균등 배분, 경제성을 고려한 것이다.

답 : ③

예제문제 **04**

다음은 풍력자원 및 풍력발전에 대한 설명이다. 맞지 않는 것은?

① 풍력에너지는 풍속의 3승에 비례한다.
② 풍력발전은 풍차회전자 날개길이의 자승에 비례한다.
③ 풍력자원의 품질은 일반적으로 해상보다 육상이 좋다.
④ 풍력자원은 고도에 비례해서 증가한다.

해설
풍력자원의 품질은 육상보다 해상이 우수하다.

답 : ③

예제문제 **05**

풍력발전기의 장점에 해당하지 않는 것은?

① 발전단가가 저렴하다.
② 배출가스가 없어 대기 오염이 없다.
③ 건설에 소요되는 시간이 비교적 짧고 건설비용이 적게 든다.
④ 설치지역에 제한이 없다.

해설
풍력발전은 풍향과 풍속이 어느 정도 일정한 곳에 설치해야 한다.

답 : ④

예제문제 06

풍력발전시스템에 관한 설명이다. 보기에서 틀린 것을 고르시오.

① 풍력에너지는 회전자의 면적에 비례하며, 풍속에는 3제곱에 비례한다.

② 풍차의 고도가 높을수록 효율이 좋아지며, 높이에 따른 풍속은 지형에 따른 특성을 고려할 필요가 없기 때문에 지형에 따른 마찰계수는 고려되지 않는다.

③ 정속도 회전 시스템은 통상 기어타입을 사용하며 증속 기어와 정속도 유도발전기를 사용하여 풍속에 관계없이 일정속도로 회전시켜서 정주파수로 발전할 수 있으므로 인버터설비가 필요 없다.

④ 블레이드 길이 10[%]증가 시 효율은 21[%] 정도 향상된다.

해설

풍차의고도가 높을수록 효율이 좋아지며, 지표상에서 바람의 변형은 다음의 표현과 일치하여 높이와 함께 풍속의 변화를 초래한다. $V_2 = V_1 \left\{ \dfrac{h_2}{h_1} \right\}^{\alpha}$

• 참고

여러 지형의 마찰 계수

Terrain Type	Friction Coefficient α
Lake, ocean and smooth hard ground	0.1
Foot high grass on level ground	0.15
Tall crops, hedges, and shrubs	0.20
Wooded country with many trees	0.25
Small town with some trees and shrubs	0.30
City area with tall buildings	0.40

답 : ②

memo

연료전지 시스템

CHAPTER
05

연료전지 시스템

1 개요

연료전지(fuel cell)는 천연가스 등의 연료를 개질(改質)해서 얻어진 수소를 주 연료로 해서, 이 수소가 산소와 화학반응 하였을 때의 에너지를 전력으로서 끄 집어내는 새로운 발전시스템으로 화석연료가 가지고 있는 화학에너지를 직접 전기에너지로 변환시키는 직접 발전방식이다. 연료전지는 화학 에너지를 전기 에너지로 변환한다는 점에서는 화학전지이지만, 일반적인 화학전지와는 달리 반응물질이 외부로부터 연속적으로 공급되면 생성물이 연속적으로 외부에 배출 된다는 점이 다르다.

연료전지는 발전효율이 40~60[%]로 높고, 또한 전기를 사용하는 곳에서 발전 할 수 있으므로 바로 그 자리에서 배열까지 이용하게 된다면 종합효율은 80[%] 에 달할 것으로 기대된다.

2 원리

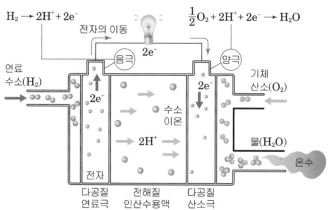

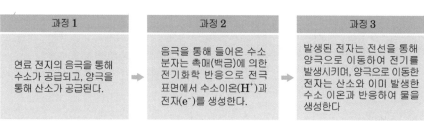

과정 1	과정 2	과정 3
연료 전지의 음극을 통해 수소가 공급되고, 양극을 통해 산소가 공급된다.	음극을 통해 들어온 수소 분자는 촉매(백금)에 의한 전기화학 반응으로 전극 표면에서 수소이온(H^+)과 전자(e^-)를 생성한다.	발생된 전자는 전선을 통해 양극으로 이동하여 전기를 발생시키며, 양극으로 이동한 전자는 산소와 이미 발생된 수소 이온과 반응하여 물을 생성한다

인산을 전해질로 한 인산형 연료전지를 예로 들어 그 발전원리를 설명하면 다음과 같다. 전해질(인산 수용액)을 사이에 끼고 다공질의 연료극과 산소극을 둔다. 연료극 측에는 연료를, 산소극 측에서는 산소 또는 공기 등의 산화제를 넣어 둔다. (이 때문에 이 극을 공기극이라고도 함)전해질인 인산액 중에서는 수소이온 H^+가 움직일 수 있으므로 연료극 측의 수소는 수소가 없는 산소극 측으로 이동하려 한다. 이때 수소는 전해질 내의 이온으로 되려고 연료극 부근에서 전자를 한 개 방출한다. 이온으로 된 수소는 산소극으로 이동해서 산소극 부근에서 전자를 받아서 수소로 돌아가고 이것이 산소와 반응해서 수증기로 된다. 반응은 연속적으로 진행되면서 외부회로에 전자가, 전해질 내에 이온이 흐르게 된다. 이 양전극간의 수소의 농도차가 구동력이 되어 전극반응을 중계해서 화학에너지가 전기 에너지로 직접 변환되는 것이다.

(1) 수소극(연료극)

$$H_2 \rightarrow 2H^+ + 2e^- \; : \; 수소의\ 산화반응$$

수소극에서 전자($2e^-$)와 수소이온($2H^+$)이온으로 되며, 수소이온은 인산수용액
($H_3PO_4 = 3H^+ + PO_4^-$)의 전해질속을 지나 (+)극으로 이동한다.

(2) 산소극(공기극)

$$\frac{1}{2}O_2 + 2H^+ + 2e^- \rightarrow H_2O \; : \; 산소의\ 환원반응$$

즉, 물의 전기분해와 반대의 반응을 이용한 것으로써 화학반응식은 다음과 같다.

$$\therefore H_2 + \frac{1}{2}O_2 \rightarrow H_2O + 직류전력 + 열$$

(3) 공급물질과 생성물질

① 공급물질 : 수소, 산소
② 생성물질 : 물, 열, 전기에너지

필기 예상문제

연료전지의 공급물질과 생성물질

3 연료전지의 구성

필기 예상문제

연료전지의 구성 및 특징

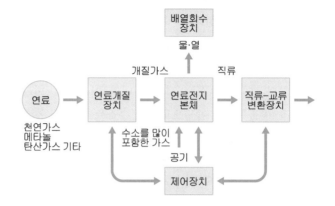

(1) 연료 개질 장치(Reformer)

천연가스(화석연료 : 메탄, 메틸알코올)등의 연료에서 수소를 만들어 내는 장치

(2) 연료 전지 본체(Stack)

수소와 공기 중의 산소를 투입 또는 반응시켜 직접 직류 전력을 생산

(3) 인버터(Inverter)

생산된 직류 전력을 교류전력으로 변환시키는 부분

(4) 제어장치

연료 전지 발전소 전체를 자동 제어하는 장치부

필기 예상문제

연료전지의 장점

4 연료전지의 특징

(1) 에너지 변환효율이 높다.
(2) 부하 추종성이 양호하다.
(3) 모듈 형태의 구성이므로 Plant 구성 및 고장시 수리가 용이하다.
(4) CO_2, NO_X 등 유해가스 배출량이 적고, 소음이 적다.
(5) 배열의 이용이 가능하여 연료전지 복합 발전을 구성할 수 있다.
   (종합효율은 80[%]에 달한다.)
(6) 연료로는 천연가스, 메탄올부터 석탄가스까지 사용가능 하므로 석유 대체
   효과가 기대된다.

5 연료전지의 종류 및 KS인증 설비

(1) 인산형 연료전지

동작온도기 약 200[℃]라는 개발하기 쉬운 저온도 영역에 있으며 재료면에서나 성능면에서도 많은 개선이 이루어져서 상용화에 가장 가까운 위치에 있기 때문에 1세대의 연료전지라 불린다. 40[%] 이상 효율로 전기를 생산하고 생산증기의 85[%]가 열병합에 쓰인다.

필기 예상문제

연료전지의 종류별 특징

(2) 용융 탄산염형 연료전지

제2세대의 연료전지라 한다. 높은 열효율, 높은 환경친화성, 모듈화 특성 및 작은 설치공간 등의 장점이 있는 연료전지로서, HRSG 등을 이용한 양질의 고온 폐열을 회수하여 사용하면 전체 발전시스템 열효율을 약 60[%] 이상으로 할 수 있다.

(3) 고온고체 전해질형 연료전지

제3세대 연료전지라 한다. 동작온도가 매우 높아 내부개질이나 가스터빈에서 폐열을 회수할 수 있어서 전체적인 발전효율을 한층 더 높일 수 있다. 그러나 전지 전체는 세라믹으로 구성(원통형 구조)되기 때문에 전지본체의 재료라든지 제작 구성법, 열응력 등에서 해결해야 할 기술과제가 많이 남아있다.

구분	알카리 (AFC)	인산형 (PAFC)	용융탄산염 (MCFC)	고체산화물 (SOFC)	고분자 전해질 (PEMFC)	직접매탄올 (DMFC)
전해질	알카리	인산염	탄산염	세라믹	이온교환막	이온교환막
동작 온도(℃)	100 이하	220 이하	650 이하	1000 이하	100 이하	90 이하
효율(%)	85	70	80	85	75	40
용도	우주 발사체	중형건물 (200kW)	중·대형건, 발전시스템 (100kW)	소·중·대용량 발전전시스템 (1kW~MW)	가정용, 자동차 (1~10kW)	소형이동 핸드폰, 노트북 (1kW 이하)

(4) 신재생에너지설비 KS인증 대상 품목

고분자연료전지 시스템(10kW 이하)

|참고|

- 알칼리형(AFC : Alkaline Fuel Cell)
  1960년대 군사용(우주선 : 아폴로 11호)으로 개발

- 인산형(PAFC : Phosphoric Acid Fuel Cell)
  1세대 연료전지로 병원, 호텔, 건물 등 분산형 전원으로 이용

- 용융탄산염형(MCFC : Molten Carbonate Fuel Cell)
  2세대 연료전지로 대형발전소, 아파트단지, 대형 건물의 분산형 전원으로 이용

- 고체산화물형(SOFC : Solid Oxide Fuel Cell)
  1980년대에 본격적으로 개발된 3세대로서, MCFC보다 효율이 우수한 연료전지로
  대형발전소, 아파트단지 및 대형건물의 분산형전원으로 이용

- 고분자 전해질형(PEMFC : Polymer Electrolyte Membrane Fuel Cell)
  1990년대에 개발된 4세대 연료전지로 가정용, 자동차용, 이동용 전원으로 이용

- 직접메탄올연료전지(DMFC : Direct Methanol Fuel Cell)
  1990년대 말부터 개발된 연료전지로 이동용(핸드폰, 노트북 등) 전원으로 이용

예제문제 01

다음 화학에너지를 직접 전기에너지로 변환시키는 직접 발전 방식은?

① 풍력발전　　　　　　　　② 지열발전
③ 연료전지　　　　　　　　④ 태양열발전

해설
연료전지는 천연가스 등의 연료를 개질해서 얻어진 수소를 주 연료로 해서, 이 수소가
산소와 화학반응을 하였을 때의 에너지를 전력으로서 끄집어내는 새로운 발전시스템으로
화석연료가 가지고 있는 화학에너지를 직접 전기에너지로 변환시키는 직접 발전방식이다.

답 : ③

예제문제 02

연료전지에 화석연료인 LNG, 메탄올 등을 수소가 많은 가스로 전환시키는 장치는?

① 스택(stack)　　　　　　② 개질기(reformer)
③ 보일러(boiler)　　　　　④ 인버터(inverter)

해설
연료전지는 개질기, 연료전지본체(stack), 인버터(inverter) 등으로 구성되며, 개질기는
LNG, 메탄올 등을 수소가 많은 가스로 변환시키는 장치이다.

답 : ②

예제문제 03

연료전지의 화학반응에서 생성되는 물질은?

① 산소　　　　　　　　　　② 수소
③ 백금　　　　　　　　　　④ 물

해설 연료전지의 화학반응

$$H_2 + \frac{1}{2}O_2 \rightarrow H_2O + 직류전류 + 열$$

　　　　　　　　　　　　　　　　답 : ④

예제문제 04

연료전지의 특징에 대한 설명으로 적합하지 않는 것은?

① 기존 화석연료를 이용하는 발전에 비하여 발전효율이 높다.
② 질소산화물(NO_X)와 유황산화물(SO_X)의 배출량이 석탄 화력발전에 비하여 매우 낮다.
③ 나프타, 등유, LNG, 메탄올 등 연료의 다양화가 가능하다.
④ 발전효율이 설비규모에 따라 큰 영향을 받는다.

해설
발전효율이 설비규모(대규모, 소규모)의 영향을 받지 않는다.
　　　　　　　　　　　　　　　　답 : ④

예제문제 05

연료전지에 대한 설명이다. 틀린 것은?

① 수소와 산소의 전기화학적 반응을 통해 전기를 생산
② 배터리(Battery)와 같은 에너지 저장장치
③ 발전효율이 높음
④ 다양한 분야에서 응용이 가능

해설
연료전지는 수소와 산소의 전기화학적 반응을 통해 전기를 생산하는 발전시스템으로, 배터리와 같은 에너지 저장장치는 아니다.
　　　　　　　　　　　　　　　　답 : ②

예제문제 06

연료 전지의 장점에 대한 설명으로 옳은 것만을 <보기>에서 있는 대로 고른 것은?

<보기>
ㄱ 에너지 효율이 높다.
ㄴ 소음과 공해가 거의 발생하지 않는다.
ㄷ 수소를 대량으로 안전하게 보관하기 쉽다.

① ㄱ   ② ㄴ
③ ㄱ, ㄴ   ④ ㄱ, ㄷ

답 : ③

예제문제 07

연료전지의 기술발전 단계로 옳은 것은?

① AFC → PAFC → MCFC → SOFC → PEMFC → DMFC
② AFC → PAFC → SOFC → MCFC → PEMFC → DMFC
③ AFC → PAFC → MCFC → SOFC → DMFC → PEMFC
④ AFC → PAFC → SOFC → MCFC → DMFC → PEMFC

[해설] 연료전지의 기술발전 단계

알칼리(AFC) → 인산형(PAFC) → 용융탄산염형(MCFC) → 고체산화물형(SOFC) → 고분자전해질형(PEMFC) → 직접메탄올(DMFC)

답 : ①

예제문제 08

다음은 신재생에너지 중 하나인 연료전지에 관한 설명이다. 틀린 것을 고르시오.

① 탄산염형 연료전지는 석유, LNG등의 개질에 의한 수소와 일산화탄소를 연료로 사용하고 탄산나트륨, 탄산리튬, 탄산칼슘 등의 용융 탄산염을 전해질로서 동작시킨다.
② 용융 탄산염형 연료전지는 인산형 연료전지 보다 같은 전압에 대해서 전류밀도가 높고 동작온도도 600[℃]로 높은 것만큼 한층 더 효율이 좋고 석탄가스를 이용할 수도 있다.
③ 수소 원자가 포함된 천연가스, 석유, 알코올 등으로부터 수소를 추출하여 연료전지로 사용할 수 있으며, 수소를 추출하는 REFORMER를 별도로 부착해야 한다.
④ 전해질이 액체인 연료전지에서는 연료와 공기의 압력이 다르더라도 전해액막이 파괴되지 않는다.

[해설]
전해질이 액체인 연료전지에서는 연료와 공기의 압력이 다르면 전해액막이 파괴되어 전지로서의 기능을 할 수 없게 된다.

답 : ④

과년도 출제문제

제3과목 : 건축설비시스템

1. 회전수가 1000rpm일 때, 토출량은 $1.5m^3/min$, 소요동력이 12kW인 펌프가 있다. 회전수를 가변하여 펌프의 토출량을 $1.2m^3/min$으로 감소시키면 동력은 얼마인가?

① 6.14kW   ② 7.68kW

③ 9.61kW   ④ 10.85kW

해설 펌프의 양수량은 회전수에 비례, 양정은 회전수의 제곱에 비례, 축동력은 회전수의 세제곱에 비례한다.

$$\therefore 동력(L) : L_2 = L_1\left(\frac{N_2}{N_1}\right)^3 = 12 \times \left(\frac{1.2}{1.5}\right)^3$$
$$= 6.144kW$$

답 : ①

2. 다음 중에서 공기조화기 냉각코일 부하로 작용하지 않는 것은?

① 기기로부터의 취득열량 ② 실내취득 열량
③ 배관부하   ④ 재열부하

해설 냉방부하의 기기 용량

- 실내취득열량
- 기기로부터의 취득 열량 → 송풍량 결정
- 재열부하
- 외기부하 → 냉각코일의 용량 결정
- 냉수펌프 및 배관 부하 → 냉동기의 용량 결정

답 : ③

3. 다음 열역학 법칙 중 열 이동의 방향을 정하는 법칙은?

① 열역학 제 0법칙   ② 열역학 제 1법칙
③ 열역학 제 2법칙   ④ 열역학 제 3법칙

해설 열역학 0법칙은 온도가 동일하면 열이 이동하지 않는다는 열평형을 정의한 법칙, 열역학 1법칙은 에너지 보존 법칙, 열역학 2법칙은 열의 흐름, 에너지 전환, 엔트로피를 정의한 자연현상에 관한 법칙, 열역학 3법칙은 자연에서는 절대영도에 도달할 수 없으며, 절대영도를 정의하고, 절대영도에서 엔트로피가 0임을 정의한 법칙이다.

답 : ③

4. 다음 열병합발전에 대한 설명 중 틀린 것은?

① 에너지이용 효율이 높아 CO_2 배출량을 감소시킬 수 있다.
② 재난시에는 긴급전원시설로 이용이 가능하다.
③ 복합화력발전에 비하여 에너지 효율이 높다.
④ 열병합발전 효율은 열부하 비율과 관계가 없다.

해설 화력발전소의 경우 효율이 38% 정도에 불과하나, 열병합발전을 통해 70~80%까지 효율향상이 가능하며, 계절에 따라 변하는 전력과 냉난방수요에 대응하여 공급에너지의 비율을 조절하여 에너지 이용 효율을 높일 수 있다.

답 : ④

5. 증기보일러에 30℃의 물을 공급하여 150℃의 포화증기를 220kg/h 비율로 생산한다. 연료의 저위발열량은 5000kJ/N·m³인 도시가스이며 연료 소비율이 128N·m³/h라고 할 때, 이 보일러의 효율은? (단, 물의 비열은 4.2kJ/kg·K, 150℃의 포화증기의 엔탈피는 2,750kJ/kg으로 한다.)

① 88.1% ② 90.2%

③ 92.7% ④ 94.4%

해설 **보일러의 효율(η_B)** [kg/h, Nm³/h]

보일러의 효율은 보일러 출력에 대한 연료소비량의 비율을 말한다.

$$\eta_B = \frac{G(h_2 - h_1)}{G_f \cdot H_f} \times 100\%$$

$$= \frac{증기량(발생증기의 엔탈피 - 급수 엔탈피)}{연료\ 소비량 \times 연료의\ 저위발열량} \times 100\%$$

여기서,

η_B : 보일러의 효율[%]

G : 증기량 또는 온수량[kJ/h]

h_2, h_1 : 발생 증기 또는 온수의 엔탈피, 입구 물의 엔탈피(급수 엔탈피)[kJ/kg]

G_f : 연료소비량[kg/h, Nm³/h]

H_f : 연료의 저위발열량

[액체연료 : kJ/kg, 가스연료 : kJ/Nm³]

$$\therefore \eta_B = \frac{G(h_2 - h_1)}{G_f \cdot H_f} \times 100\%$$

$$= \frac{220(2750 - 30 \times 4.2)}{128 \times 5000} \times 100\% = 90.2$$

답 : ②

6. 용어에 대한 다음 설명 중에서 틀린 것은?

① 어떤 물질 1kg을 1℃ 상승시키는데 필요한 열량은 비열이다.

② 비열비는 정압비열을 정적비열로 나눈 값이다.

③ 엔탈피는 내부에너지와 유동에너지를 합한 것이다.

④ 비중은 단위 체적당 중량을 말한다.

해설 ③ $\Delta H = \Delta U + \Delta(PV)$

= 내부에너지 + 흐름에너지(유동에너지)

④ 비중 : 어떤 물질의 질량과 이것과 같은 부피를 가진 표준물질의 질량과의 비율

※ 비중량(γ) : 어떤 물체의 단위체적당의 중량(무게)

비중량 = $\dfrac{중량}{부피}$ (단위 : kgf/㎥, N/㎥)

※ 밀도(ρ) : 단위체적당의 질량(단위 : kg/㎥)

밀도 = $\dfrac{질량}{부피} = \dfrac{비중량}{중력가속도}$

답 : ④

7. 흡수식 냉동기와 압축식 냉동기의 냉매 순환 경로가 맞는 것은?

① 흡수식 : 흡수기 → 증발기 → 응축기 → 재생기
   압축식 : 압축기 → 증발기 → 팽창밸브 → 응축기

② 흡수식 : 증발기 → 흡수기 → 재생기 → 응축기
   압축식 : 증발기 → 압축기 → 응축기 → 팽창밸브

③ 흡수식 : 재생기 → 증발기 → 흡수기 → 응축기
   압축식 : 증발기 → 압축기 → 응축기 → 팽창밸브

④ 흡수식 : 증발기 → 흡수기 → 재생기 → 응축기
   압축식 : 응축기 → 압축기 → 팽창밸브 → 증발기

해설 **냉동기 냉동사이클**

㉠ 압축식 냉동사이클 : 압축기 → 응축기 → 팽창밸브 → 증발기

㉡ 흡수식 냉동사이클 : 증발기 → 흡수기 → 재생기(발생기) → 응축기

답 : ②

8. 다음 중 변풍량 방식에 대한 설명으로 틀린 것은?

① 부하변동 시 풍량제어를 통하여 실온을 유지하므로 에너지 절약에 기여할 수 있다.

② 실내부하가 감소하면 실내공기 오염도가 낮아지는 장점이 있다.

③ 동시사용률을 고려하여 기기용량을 결정할 수 있으므로 설비용량을 적게 할 수 있다.

④ 전폐형 유닛(whole closed type)을 사용하면 빈방의 급기를 정지 할 수 있어 운전비를 줄일 수 있다.

[해설] 실내부하가 극히 감소되면 실내공기의 오염이 심해져 청정도가 떨어진다.

답 : ②

9. 덕트 내를 흐르는 공기 유속이 10m/s, 정압이 196Pa일 때 동압(Pv) 및 전압(P_T)은 각각 Pa인가? (단, 공기의 밀도는 1.2kg/m³, 모든 압력은 게이지압력이다.)

① Pv=24Pa, P_T=29Pa

② Pv=24Pa, P_T=84Pa

③ Pv=60Pa, P_T=65Pa

④ Pv=60Pa, P_T=256Pa

[해설] 덕트의 전압(P_T) = 정압(Ps)+동압(Pv)

먼저, 동압(Pv)=$\dfrac{v^2}{2g}\gamma$(mmAq) = $\dfrac{v^2}{2}\rho$(Pa)

여기서, v : 관내 유속(m/s)

γ : 공기의 비중량(1.2kgf/m³)

g : 중력가속도(9.8m/s2)

ρ : 공기의 밀도(1.2kg/m³)

동압(Pv)=$\dfrac{v^2}{2}\rho=\dfrac{10^2}{2}\times1.2$=60Pa

∴ 덕트의 전압(PT)

= 정압(Ps)+동압(Pv)=196+60=256Pa

답 : ④

10. 그림과 같은 냉방과정에서 실내 설계조건 ①의 건구온도 t_1 = 25℃, 외기온도 ②의 건구온도 t_2 = 32℃이다. 외기량과 순환공기량을 1 : 3 비율로 단열혼합한 후 장치노점온도 t_5 = 12℃인 냉각코일을 풍량 5000m³/h가 통과한다. 이때 코일의 바이패스 팩터가 0.1이라고 할 때 냉각과정 중의 감습량은? (단, 공기의 밀도는 1.2kg/m³이다.)

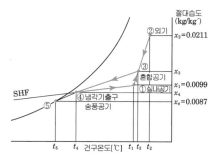

① 16.8kg/h ② 18.6kg/h

③ 21.6kg/h ④ 27.8kg/h

[해설] 냉각과정 중의 감습량을 구해야 하므로 먼저 절대습도 값을 구한다.

① 혼합공기 절대습도(x_3)=0.0127

$$x_3=\frac{G_1x_1+G_2x_2}{G_1+G_2}=\frac{1\times0.0211+3\times0.0099}{1+3}=0.0127$$

② 코일출구 절대습도(x_4)=0.0091

$$BF=\frac{x_4-x_5}{x_3-x_5}$$

$x_4=x_5+BF(x_3-x_5)$

　　$=0.0087+0.1(0.0127-0.0087)$

　　$=0.0091$

∴ 감습량(L)= $G\Delta x$

　　 = $\rho Q\Delta x$...적용(풍량 m³/h로 주어졌으므로)

　　 = $1.2\times5000\times(0.0127-0.0091)$

　　 = 21.6kg/h

답 : ③

11. 다음과 같은 송풍기 풍량제어 방식에서 소비 동력이 큰 것부터 작은 것의 순서가 바른 것은?

> ㄱ. 토출측 댐퍼제어
> ㄴ. 송풍기 베인제어
> ㄷ. 전동기 회전수 제어

① ㄱ-ㄴ-ㄷ   ② ㄴ-ㄱ-ㄷ
③ ㄴ-ㄱ-ㄷ   ④ ㄷ-ㄴ-ㄱ

해설 동력절감률(에너지절약)이 높은 것에서 낮은 순서 : 회전수 제어(가변속제어) 〉 흡입베인제어 〉 흡입댐퍼제어 〉 토출댐퍼제어

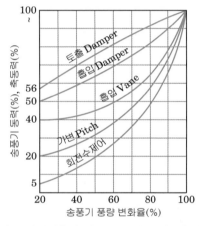

송풍기 풍량변화율에 따른 송풍기 동력비율의 변화

답 : ①

12. 취출에 관한 용어 설명 중에서 틀린 것은?

① 유효면적은 취출구에서 공기가 실제 통과하는 면적을 말한다.
② 아스팩트 비는 장변을 단변으로 나눈 값을 말한다.
③ 취출온도차는 취출공기와 외기온도와의 온도차를 말한다.
④ 최대도달거리는 취출구에서 취출기류 중심선상의 풍속이 0.25m/s가 되는 위치까지의 거리이다.

해설 취출온도차는 취출공기와 실내온도와의 온도차를 말한다. 취출온도차(Δt)를 크게 하면 송풍량이 적어지고, 송풍계의 설비는 소형으로 되어 에너지 절약이 되지만 Δt를 너무 크게 하는 것은 실내온도 분포상 좋지 않은 결과로 된다.

답 : ③

13. 다음은 건축물의 전기설비의 기능과 역할을 설명한 것이다. 틀린 것은?

① 피뢰기 – 내부 이상 전압으로부터 전기실의 전기기기를 보호
② 단로기 – 개폐기의 일종으로 부하기기 측을 점검
③ 전력수급용 계기용변성기 – 부하 기기측에서 사용된 전력량을 계측
④ 역률개선용 콘덴서 – 부하의 역률 개선

해설 피뢰기는 내부 이상전압으로부터 전기실의 전기기기를 보호하는 방호장치이다.

답 : ①

14. 어느 빌딩의 1년간 소비전력량은 50만 kWh이고, 1년 중 최대전력이 70kW라면, 이 수용가의 부하율은 약 몇 %인가?

① 71   ② 79
③ 81   ④ 91

해설 연(年)부하율 $= \dfrac{\text{年평균전력}}{\text{최대전력}} \times 100$

$$\text{연(年)부하율} = \dfrac{\dfrac{\text{사용전력량[kWh]}}{365 \times 24[\text{h}]}}{\text{최대전력[kW]}} \times 100$$

$$= \dfrac{\dfrac{50 \times 10^4[\text{kWh}]}{365 \times 24[\text{h}]}}{70[\text{kW}]} \times 100 = 81.49[\%]$$

답 : ③

15. 다음 중 수변전 설비의 에너지 절약계획에 가장 적합한 것은?

① H종 건식변압기를 사용한다.
② 2단 강압방식에서 1난 상압방식으로 변경한다.
③ 역률개선용 콘덴서를 분산설치에서 집중 설치방식으로 변경한다.
④ 변압기 뱅크는 부하군을 가급적 묶어 운용한다.

해설 ・유입 변압기에 비해서 절연유를 사용하지 않는 변압기를 건식변압기라 하며 화재의 위험성이 있는 장소의 전원 변압기로 사용되고 있다. 사용하는 절연물의 종류에 따라 건식변압기는 몇 가지 종류가 있다. 소용량의 경우에는 B종 대용량에서는 H종 건식 변압기가 주류를 이루고 있다. 수변전설비의 에너지 절약적 측면에서 볼 때 보다 효율이 높은 고효율 변압기(아몰퍼스 변압기, 자구미세화 강판 변압기 등)를 사용하는 것이 바람직하다.
・2단강압 방식보다는 직강압방식이 전력손실이 더 작다.
・변압기의 뱅크의 부하군은 용도별, 계절별 등으로 분리하여 설계하는 것이 바람직하다.

답 : ②

16. 어느 건축물의 하루 전력부하가 아래 표와 같다. 심야전력을 이용하여 20℃, 500kg의 물을 100℃ 포화증기로 만드는데 필요한 전기보일러의 용량[kW]은? (단, 심야시간대 당일 23:00~익일 06:00, 전기보일러의 효율 85%, 100% 포화수의 100℃ 포화증기 변환열량 2256kJ/kg)

시간(h)	00~06	06~17	17~23	23~24
전력부하(W)	5	40	20	5

① 40.00
② 51.41
③ 54.12
④ 60.48

해설 전열기의 용량 산정
・물의 비열 : 4.19[kJ/kgK]
・20℃ 물 500kg을 100℃ 물로 만드는데 필요한 열량(현열)
 : 500[kg]×4.19[kJ/kgK]×(100−20)[K] = 167600[kJ]
・100℃ 포화수에서 100℃ 포화증기로 만드는데 필요한 열량(잠열) : 500[kg]×2256[kJ/kg] = 112800[kJ]

그러므로, 전체열량 : 167600+112800=1295600[kJ]
1[kW] = 1[kJ/sec]이고, 효율을 고려한 보일러의 용량은 다음과 같다.

$$P = \frac{1295600}{3600 \times 7 \times 0.85} = 60.48[kW]$$

답 : ④

17. 건물에너지 관리시스템(BEMS)의 정전 및 복전에 관한 다음 설명 중 틀린 것은?

① 조명 제어반(LCP)에도 정전시나 복전 시에도 제어가 가능할 수 있도록 무정전 전원장치의 전원 공급이 필요하다.
② 복전 후에는 수변전 설비의 차단기 상태를 감시하여 정전시에 가동하고 있던 기기를 비롯 사전에 계획하고 있는 그 시간대의 Schedule을 적용, 정전 전의 가동기기를 재투입 한다.
③ 복전 시에는 지연시간을 감안하여 단시간에 전원공급이 한 곳으로 집중되는 것을 방지할 필요가 없다.
④ 정전 및 복전 시에는 설비제어 및 조명제어가 통합 구성되어 동력 상호간에 유기적인 연동에 따라 정전모드와 복전모드가 구성되며 공조부하의 기동전류에 의해 차단기가 Trip되는 현상을 예방한다.

해설 복전 시에는 지연시간을 감안하여 단시간에 전원공급이 한 곳으로 집중되는 것을 방지할 필요가 있다.

답 : ③

18. 다음은 조명용 전등의 점멸장치 설치에 관한 전기설비기술기준의 내용이다. 틀린 것은?

① 가정용 : 등기구마다 점멸
② 학교　 : 부분조명이 가능토록 구분 점멸
③ 사무실 : 창가측은 별도 점멸
④ 영화관 : 부분조명이 가능토록 구분 점멸

해설 전기설비 기술기준 제177조 (점멸장치와 등의시설) 공장, 사무실, 학교, 병원, 상점, 기타 많은 사람이 함께 사용하는 장소 등의 전반조명은 부분조명이 가능하도록 전등군을 나누어 점멸이 가능하도록 하되, 창과 가까운 전등은 따로 점멸이 가능하도록 할 것 (단, 극장의 관객석, 역사의 대합실 주차장, 강당, 기타 이와 유사한 장소 및 자동조명 제어장치가 설치된 장소를 제외한다).

답 : ④

19. 지열히트펌프 시스템에 대한 설명 중 틀린 것은?

① 지열히트펌프 시스템은 지중에 지열교환장치를 설치하여 열원으로 이용한다.
② 난방운전의 경우 지열루프의 열교환은 증발기에서 일어난다.
③ 지중열교환기 내의 냉각수온도는 냉·난방 사이클을 통해서 열의 흡수, 방출을 함으로서 증기 또는 액체로 상변화를 시켜준다. 따라서 냉각수 온도는 상승하거나 하강하게 된다.
④ 지열히트펌프 시스템은 지중열원을 이용하므로 계절별 외기의 영향을 크게 받는다.

해설 지열히트펌프 시스템은 지중열원을 이용하므로 계절별 외기의 영향을 작게 받는다.

답 : ④

20. 태양광발전시스템 설계시 고려할 사항 중 틀린 것은?

① 결정질 모듈에 비해, 박막 모듈의 음영 허용오차가 더 크다.
② PV모듈에 발생되는 부분음영의 영향은 전체모듈면적 대비 부분음영 면적의 비율에 정비례하여 출력이 저하되는 것은 아니다.
③ 역류방지 다이오드는 부분음영이나 핫스팟(hot spot)이 모듈에 미치는 영향을 줄여준다.
④ 설치각도가 다양하거나, 부분음영이 많이 발생하는 건물일체형 태양광발전(BIPV)시스템의 경우는 string인버터나 micro인버터를 설치하는 것이 좋다.

해설 바이패스다이오드(bypass)는 부분음영이나 핫스팟(hot spot)이 모듈에 미치는 영향을 줄여준다.

답 : ③

제3과목 : 건축설비시스템

1. 다음 중 에너지절약적인 측면에서 가장 불리한 공기조화방식은?

① 이중덕트방식
② 바닥취출 공조방식
③ 변풍량방식
④ 팬코일 유닛방식

해설 이중덕트방식(double duct system)은 냉풍, 온풍의 2개의 덕트를 만들어, 말단에 혼합 유닛(unit)에서 열부하에 알맞은 비율로 혼합하여 송풍함으로써 실온을 조절하는 전공기식의 조절 방식이다. 냉·온풍의 혼합으로 인한 혼합손실이 있어서 에너지 다소비형 방식이다.
※ 에너지 多소비형 공조방식 : 2중덕트방식, 멀티존유닛방식, 터미널 리히팅방식(관말제어방식, 1대의 공조기로 냉난방을 동시에 할 수 있는 공조방식)

답 : ①

2. 다음 중 흡수식 냉동기의 냉매 순환경로가 맞는 것은?

① 흡수기 → 증발기 → 응축기 → 재생기
② 재생기 → 증발기 → 흡수기 → 응축기
③ 증발기 → 흡수기 → 재생기 → 응축기
④ 증발기 → 흡수기 → 응축기 → 재생기

해설 **냉동기 냉동사이클**
㉠ 압축식 냉동사이클 : 압축기 → 응축기 → 팽창밸브 → 증발기
㉡ 흡수식 냉동사이클 : 증발기 → 흡수기 → 재생기(발생기) → 응축기

답 : ③

3. 외기와 실내공기의 상태가 각각 다음 표와 같은 조건에서 어떤 실의 열부하 계산의 결과, 현열부하 = 14kW, 잠열부하 = 4.5kW, 외기량 = 1,000 m³/h를 얻었다. 실내로의 취출온도를 15℃로 할 때, 송풍공기량은 얼마인가?

	건구온도(℃)	절대습도(kg/kg′)
외기	32.0	0.0207
실내공기	26.0	0.0105

(단, 건공기의 정압비열은 1.005 kJ/kg′·K, 밀도는 1.2kg/m³, 덕트에 의한 열취득은 무시한다.)

① 3,799m³/h
② 3,918m³/h
③ 4,582m³/h
④ 5,137m³/h

해설 $q_s = \rho Q C(t_i - t_d)$[kJ/h]

q_s : 실의 현열부하[W]
ρ : 공기의 밀도[1.2kg/m³]
Q : 송풍량[m³/h]
C : 공기의 정압비열[1.01kJ/kg·K]
t_i : 실내 공기온도[℃]
t_d : 취출 공기온도[℃]

$$Q = \frac{q_s}{\rho C(t_i - t_d)}$$

$$= \frac{14 \times 3600}{1.2 \times 1.005 \times (26-15)} = 3799.18 \text{m}^3/\text{h}$$

※ 1kW=3,600kJ/h

답 : ①

4. 다음 중 열역학 제0법칙의 설명이 맞는 것은?

① 열은 고온에서 저온으로 한 방향으로만 전달된다.

② 인위적은 방법으로 어떤 계를 절대온도 0도에 이르게 할 수 없다.

③ 전체 사이클에 걸친 열의 합이 전체 사이클의 일의 합과 같다는 것을 의미한다.

④ 두 물체의 온도가 제3의 물체의 온도와 같으면 두 물체의 온도는 동일하다.

해설 열역학 0법칙은 온도가 동일하면 열이 이동하지 않는다는 열평형을 정의한 법칙, 열역학 1법칙은 에너지보존법칙, 열역학 2법칙은 열의 흐름, 에너지 전환, 엔트로피를 정의한 자연현상에 관한 법칙, 열역학 3법칙은 자연에서는 절대영도에 도달할 수 없으며, 절대영도를 정의하고, 절대영도에서 엔트로피가 0임을 정의한 법칙이다.

① 열역학 1법칙 ② 열역학 3법칙
③ 열역학 2법칙 ④ 열역학 0법칙

답 : ④

5. 펌프로 액면이 지하 4m에 있는 수조의 물을 액면 높이가 지상 6m인 압력탱크까지 유량 2,000L/min으로 양수하려고 한다. 압력탱크의 압력수두는 게이지압으로 20m, 관로의 손실수두가 5m인 경우에 펌프의 축동력값(근사값)은? (단, 펌프효율은 100%로 한다.)

① 10kW ② 11.4kW
③ 13.5kW ④ 15kW

해설 ① 먼저, 펌프의 전양정(H)
= 흡입실양정+토출실양정+마찰손실양수
= 4+6+20+5=35m

② 펌프 축동력(kW)=$\dfrac{WQH}{KE}$에서

Q : 양수량(㎥/min) → 2,000L/min = 2㎥/min
H : 전양정(m) → 35m
W : 액체 1㎥의 중량(kg/㎥) → 물은 1,000kg/㎥
E : 효율(%) → 100%
K : 정수(kW) → 6,120

∴ 펌프의 축동력=$\dfrac{1,000 \times 2 \times 35}{6,120 \times 1}$ = 11.4kW

답 : ②

6. 전압 380V, 전류 20A, 역률 0.8인 회로의 유효전력, 무효전력 및 피상전력은 각각 얼마인가?

① 유효전력 = 4,480W
무효전력 = 4,620Var
피상전력 = 6,600VA

② 유효전력 = 4,980W
무효전력 = 2,860Var
피상전력 = 6,600VA

③ 유효전력 = 4,560W
무효전력 = 6,080Var
피상전력 = 6,600VA

④ 유효전력 = 6,080W
무효전력 = 4,560Var
피상전력 = 7,600VA

해설 유효전력 $P = VI\cos\theta = 380 \times 20 \times 0.8 = 6080$[W]
무효전력 $P_r = VI\sin\theta = 380 \times 20 \times 0.6 = 4560$[Var]
피상전력 $P_a = VI = 3800 \times 20 = 7600$[VA]

답 : ④

7. 정격전압 3,300V, 정격전류 10A, 내부임피던스 15Ω인 단상변압기의 %임피던스 약 얼마인가?

① 4 ② 4.5
③ 5 ④ 5.5

해설 퍼센트 임피던스

$\%Z = \dfrac{I_n \times Z}{V} \times 100 = \dfrac{10 \times 15}{3300} \times 100 = 4.55$[%]

답 : ②

8. 배관 내의 수격현상을 억제하기 위한 방법이 아닌 것은?

① 배관 내 유속을 될 수 있는 대로 느리게 한다.
② 배관 상단에 공기실을 설치하지 않는다.
③ 자동수압 조절밸브를 설치한다.
④ 펌프의 토출측에 스모렌스키 체크밸브를 설치한다.

해설 **수격 현상(water hammering)**
관내 유속이 빠르거나 혹은 밸브, 수전 등의 관내 흐름을 순간적으로 폐쇄하면, 관내에 압력이 상승하면서 생기는 배관 내의 마찰음 현상이다.
① 원 인
　㉠ 유속이 빠를 때
　㉡ 관경이 적을 때
　㉢ 밸브 수전을 급히 잠글 때
　㉣ 굴곡 개소가 많을 때
　㉤ 감압 밸브를 사용하지 않을 때
② 방지책
　㉠ 관내 유속을 될 수 있는 대로 느리게 하고 관경을 크게 한다.
　㉡ 폐수전을 폐쇄하는 시간을 느리게 한다.
　㉢ 기구류 가까이에 air chamber를 설치하여 chamber 내의 공기를 압축시킨다.
　㉣ water hammer 방지기를 water hammer의 발생 원인이 되는 밸브 근처에 부착시킨다.
　㉤ 굴곡 배관을 억제하고 될 수 있는 대로 직선배관으로 한다.
　㉥ 펌프의 토출측에 릴리프밸브나 스모렌스키 체크밸브를 설치한다.(압력상승 방지)
　㉦ 자동수압 조절밸브를 설치한다.

답 : ②

9. 신재생에너지의 특징 중 틀린 것은?

① 지열은 히트펌프를 이용하여 건물의 냉난방 부하에 효과적으로 대응할 수 있는 에너지원 중 하나이다.
② 태양광은 에너지밀도가 높은 에너지원이다.
③ 연료전지는 CO_2, NO_X 등 유해가스 배출량이 적고, 소음이 적다.
④ 연료 전지는 배열의 이용이 가능하여 복합 발전을 구성할 수 있다.

해설 **태양광 에너지의 단점**
· 에너지의 밀도가 낮다.
· 야간이나 흐린 날에는 이용할 수 없으며 경제적이고 신뢰성이 높은 저장 시스템을 개발해야 한다.
· 설치장소가 한정적이고, 시스템 비용이 고가이다.
· 초기 투자비와 발전단가가 높다.

답 : ②

10. 면적 300m²인 사무실에 전광속 2,000lm, 소비전력 40W인 형광등을 사용하여 평균 조도 250lx를 얻고자 한다. 조명률 0.5, 감광보상률 1.2일 경우, 필요한 형광등의 수는?

① 90　　　　　② 95
③ 100　　　　④ 105

해설 $FUN = DES$
· F : 한등의 광속[lm]
· U : 조명률
· N : 등수(소수 첫째 자리에서 절상한다.)
· $D = \dfrac{1}{M}$: 감광 보상율(D)은 유지율(M)과 역수관계이다.
· E : 평균조도[lx]
· S : 조명면적[m²]

등수 $N = \dfrac{DES}{FU} = \dfrac{1.2 \times 250 \times 300}{2000 \times 0.5} = 90$

답 : ①

제3과목 : 건축설비시스템

1. 원심송풍기의 운전점이 그림과 같이 ⓐ점에서 작동 하고 있다. 회전속도가 ⓐ점 600rpm에서 ⓑ점 1,200rpm으로 증가했을 때 전압력은 약 몇 Pa로 되는가?

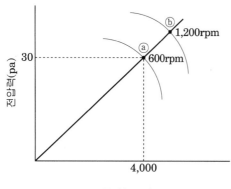

① 15Pa   ② 60Pa
③ 120Pa   ④ 240Pa

해설 송풍기 전압(P_2) : 회전수비의 2제곱에 비례하여 변화한다.

$$P_2 = \left(\frac{N_2}{N_1}\right)^2 P_1 = \left(\frac{1200}{600}\right)^2 \times 30 = 120Pa$$

답 : ③

2. 공기조화 방식에서 전공기 방식이 아닌 것은?

① 단일덕트 변풍량 방식
② 유인유닛 방식
③ 멀티존유닛 방식
④ 이중덕트 방식

해설 열매의 종류에 의한 공기조화 방식의 분류

㉠ 전공기식(공기) : 단일덕트방식(정풍량방식, 변풍량방식), 이중덕트방식, 멀티존유닛방식, 각층유닛방식
㉡ 공기·수식(공기+물) : 유인유닛방식, 팬코일유닛방식(외기덕트병용), 복사냉난방방식(외기덕트병용)
㉢ 전수식(물) : 팬코일유닛방식, 복사냉난방방식

답 : ②

3. 다음 용어에 대한 설명 중 틀린 것은?

① 밀도는 어떤 물질의 단위체적당 질량으로 정의하며 단위는 kg/m^3이다.
② 비중은 어떤 물질의 질량과 이것과 같은 부피를 가진 표준물질 질량과의 비이다.
③ 비중량은 어떤 물질의 단위중량당 체적으로 정의하며 단위는 m^3/N이다.
④ 중력가속도는 중력에 의해 물체에 가해지는 가속도이며 단위는 m/s^2이다.

해설 비중량
• 어떤 물체의 단위체적당의 중량(무게)
• 중량(무게)을 단위 체적(부피)으로 나누어 계산
• 비중량 $= \dfrac{중량}{부피}$
• 단위 : kgf/㎥, N/㎥

답 : ③

4. 소형 열병합발전시스템에 대한 설명으로 틀린 것은?

① 소형 열병합발전시스템은 열을 생산한 후의 에너지를 이용하여 전력을 생산하는 시스템이므로 고효율이다.

② 소형 열병합발전시스템은 전기요금 누진제가 적용되는 아파트단지에서 전력 첨두부하 삭감(Peak-Cut)의 역할을 함으로써 전기요금을 절감시킬 수 있다.

③ 소형 열병합발전시스템을 설치하게 되면 송전망의 건설을 줄일 수 있다.

④ 소형 열병합발전시스템은 수용가 근방에 위치하여 전력계통의 전력손실을 감소시키는 데 기여한다.

해설 소형 열병합발전

하나의 에너지원으로 전력과 열을 동시에 생산하고 이용하는 종합에너지 시스템으로 주로 청정연료인 가스(LNG)를 이용하고 발전용량이 10MW 이하의 가스엔진이나 터빈을 이용한다.

1) 장점
 ㉠ 종합효율이 75~90%인 고효율에너지 시스템이다.
 ㉡ 천연가스를 이용하여 CO_2, NO_X, SO_X의 발생량이 적은 환경친화적 시스템이다.
 ㉢ 분산형 전원으로 송전손실을 감소시킨다.
 ㉣ 수용가 근처에 위치하여 전력계통의 전력손실을 감소시킬 수 있다.
 ㉤ 기존 대형발전소 및 송전망의 건설을 줄일 수 있다.

2) 단점
 ㉠ 초기 투자비가 크다.
 ㉡ 열전비 및 열전수요 부적절시 투자비 회수에 대한 위험이 크다.
 ㉢ 국내 기술부족 및 해외 생산자재 확보의 어려움으로 비용이 크고 장기간 소요된다.
 ㉣ 숙련된 인력이 필요하다.

답 : ①

5. 내경이 20mm인 원형관에 10℃의 물 2.0L/min이 흐르고 있다. 관 길이 1m당 마찰손실수두는 약 얼마인가? (단, 10℃ 물의 동점성계수는 $1.308 \times 10^{-6}\,\mathrm{m^2/s}$, 임계레이놀즈수는 2,320)

① $1.13 \times 10^{-4}\,\mathrm{mAq}$

② $1.13 \times 10^{-3}\,\mathrm{mAq}$

③ $1.13 \times 10^{-2}\,\mathrm{mAq}$

④ $1.13 \times 10^{-1}\,\mathrm{mAq}$

해설 $V = \dfrac{Q}{A} = \dfrac{4Q}{\pi d^2} = \dfrac{4 \times 2.0 \times 10^{-3}/60}{\pi \times 0.02^2} = 0.106\,\mathrm{m/s}$

$Re = \dfrac{VD}{\nu} = \dfrac{0.106 \times 0.02}{1.308 \times 10^{-6}} = 1620.8 < 2320$

∴ 층류이다.

$f = \dfrac{64}{Re} = \dfrac{64}{1620.8}$

$h_L = f \cdot \dfrac{L}{d} \cdot \dfrac{V^2}{2g} = \dfrac{64}{1620.8} \times \dfrac{1}{0.02} \times \dfrac{0.106^2}{2 \times 9.8}$
$\qquad = 1.13 \times 10^{-3}\,\mathrm{mAq}$

답 : ②

6. 송풍기가 체절 상태(풍량=0)에서 운전되고 있을 때 전동기의 운전전류가 최고점에 있고, 풍량이 증가함에 따라 운전전류가 감소하는 송풍기는 어느 것인가?

① 에어포일형 송풍기

② 프로펠러형 송풍기

③ 후곡형 송풍기

④ 다익형 송풍기

해설 프로펠러형 송풍기의 특성곡선은 압력상승은 적고 우하향이며, 압력·동력은 풍량 0으로 최대이고, 저항에 대해 풍량·동력 변화는 최소이다.

답 : ②

7. 증기압축 냉동사이클에 대한 설명으로 틀린 것은?

① 증발압력이 상승하면 COP는 증가한다.
② 응축압력이 상승하면 COP는 감소한다.
③ 응축기의 과냉도가 증가하면 COP는 증가한다.
④ 압축기의 압축비를 높이면 COP는 증가한다.

해설 압축기의 압축일·압축비가 크면 COP는 감소한다.

답 : ④

8. 송풍량이 8,000kg/h인 여름철 실내의 현열부하가 24kW, 잠열부하가 6kW이고, 실온을 26℃, 상대습도를 50%로 할 때 취출온도는 약 몇 ℃인가? (단, 공기의 정압비열을 1.01kJ/kg·K)

① 9.3℃   ② 14.1℃
③ 15.3℃   ④ 17.6℃

해설 송풍량과 실의 현열부하

$q_s = GC(t_i - t_d)$ [kJ/h]

q_s : 실의 현열부하[kJ/h]

G : 송풍량[kg/h]

C : 공기의 정압비열[1.01kJ/kg·K]

t_d : 취출공기온도[℃]

t_i : 실내공기온도[℃]

$$\therefore t_d = t_i - \frac{q_s}{GC} = 26 - \frac{24 \times 3600}{8000 \times 1.01} = 15.3℃$$

[주] ※ G(kg/h)=γ(1.2kg/㎥)·Q(㎥/h)=1.2Q(kg/h)
   ※ 1W=1J/s=3,600J/h=3.6kJ/h

답 : ③

9. 다음 그림은 공기조화기의 냉각코일을 나타낸 것이다. 코일의 열통과율이 0.9kW/m²·K, 전열면적이 5m²인 경우, 냉각열량은 약 몇 kW인가?

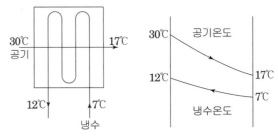

① 53kW   ② 58kW
③ 61kW   ④ 66kW

해설 ㉠ 먼저, 대수평균온도차(대향류일 때)

$$\Delta t_m = \frac{\Delta_1 - \Delta_2}{l_n \dfrac{\Delta_1}{\Delta_2}}$$

$$\therefore \Delta t_m = \frac{(30-12)-(17-7)}{l_n \dfrac{(30-12)}{(17-7)}} = 13.6℃$$

㉡ 냉각열량(Q)

$Q = K \cdot A \cdot \Delta t_m$
$= 0.9 \times 5 \times 13.6 = 61.02 ≒ 61kW$

답 : ③

10. 건구온도가 30℃인 건공기 1kg에 수증기 0.01kg이 포함된 습공기의 엔탈피는 약 몇 kJ/kg인가? (단, 건공기의 정압비열은 1.01kJ/kg·K, 수증기의 정압비열은 1.85kJ/kg·K, 0℃ 포화수의 증발잠열은 2,501kJ/kg)

① 45.87kJ/kg   ② 50.87kJ/kg
③ 55.87kJ/kg   ④ 60.87kJ/kg

해설 $i = C_{pa} \cdot t + (\gamma_0 + C_{pw} \cdot t) \cdot x$
   $= 1.01t + (2501 + 1.85t)x$

i : 엔탈피[kJ/kg(DA)]

t : 온도[℃]

x : 절대습도[kg/kg']

C_{pa} : 건공기의 정압비열(1.01kJ/kg·K)

C_{pw} : 수증기의 정압비열(1.85kJ/kg·K)

γ_o : 0℃ 포화수의 증발잠열(2501kJ/kg)

$i = C_{pa} \cdot t + (\gamma_0 + C_{pw} \cdot t) \cdot x$

　　$= 1.01t + (2501 + 1.85t)x$

　　$= 1.01 \times 30 + (2501 + 1.85 \times 30) \times 0.01 = 55.87 \text{kJ/kg}$

답 : ③

11. 베르누이 방정식을 설명한 것 중 틀린 것은?

① 비압축성 유체의 흐름에 적용되는 식이다.

② 점성유체의 흐름에 적용되는 식이다.

③ 정상상태의 흐름에 적용되는 식이다.

④ 압력수두, 위치수두, 속도수두의 합은 일정하다.

[해설] 베르누이정리를 하기 위한 가정조건

① 비압축성 유체일 것

② 비점성인 유체일 것

③ 정상류일 것

④ 외력으로는 중력만이 작용할 것

⑤ 일정한 유선관에 연해서 생각할 것

　　전수두 = 위치수두 + 압력수두 + 속도수두

답 : ②

12. 변풍량(VAV) 공조방식의 특징이 아닌 것은?

① 토출 공기 온도 제어가 용이

② 부분부하 시 송풍기 동력절감 가능

③ 실별 온도 제어가 용이

④ 실별 토출 공기의 풍량조절이 용이

[해설] 변풍량 공조방식(VAV, variable air volume system)

단일덕트로 공조를 하는 경우에 덕트의 관말에 가깝게 터미널 유닛을 삽입하여 토출 공기온도를 일정하게 하고, 송풍량을 실내 부하의 변동에 따라서 변화시키는 방식으로, 에너지 절약형이다.

1) 장 점

㉠ 부하 변동을 정확히 파악하여 실온을 유지하기 때문에 에너지 손실이 적다.

㉡ 부분부하 시 풍량이 감소되어 송풍기를 제어함으로써 동력을 절약할 수 있다.

㉢ 전폐형 유닛을 사용함으로써 사용하지 않는 실의 송풍을 정지할 수 있다.

㉣ 실별온도 제어가 용이하다.(개별 제어가 가능)

㉤ 동시사용률을 고려하여 기기용량을 결정할 수 있으므로 설비용량을 적게 할 수 있다.

2) 단 점

㉠ 환기량 확보 문제와 송풍량을 변화시키기 위한 기계적인 문제점이 있다.

㉡ 가변 풍량 유닛의 단말장치, 덕트 압력 조정을 위한 설비비가 고가이다.

㉢ 실내부하가 극히 감소되면 실내공기오염이 심해진다.

답 : ①

13. 변압기의 전압변동률에 대한 설명 중 틀린 것은?

① 일반적으로 부하변동에 대하여 2차단자전압의 변동이 작을수록 좋다.

② 정격부하시와 무부하시의 2차단자전압이 서로 다른 정도를 표시하는 것이다.

③ 전압변동률은 전등의 광도, 수명, 전동기의 출력 등에 영향을 미친다.

④ 전압변동률은 인가전압이 일정한 상태에서 무부하 2차단자전압에 반비례한다.

[해설] 변압기의 전압변동률

전압변동률 $\varepsilon = \dfrac{V_{20} - V_{2n}}{V_{2n}} \times 100$

여기서, V_{20} : 무부하시 2차측 단자전압

전압변동률은 무부하시의 2차측 전압과 비례관계에 있다.

답 : ④

14. 건물의 실내조명설비에 적용되는 효율적인 에너지 관리 방안과 가장 관련이 적은 것은?

① 층별 일괄소등스위치의 설치
② 자연광이 들어오는 창측 조명제어의 채택
③ 조도 자동조절 조명기구의 설치
④ 대기전력차단장치의 설치

해설 건물의 실내조명설비의 에너지 절약방식
• 층별 일괄소등 스위치 설치
• 자연채광활용 및 창측조명제어의 채택
• 조도 자동조절조명기구의 설치

답 : ④

15. 역률 0.8(지상)의 3,000kW 부하에 전력용콘덴서를 병렬로 접속하여 합성역률을 0.9로 개선하고자 한다. 이 때 필요한 전력용콘덴서의 용량은 약 몇 kVA인가?

① 425kVA
② 797kVA
③ 1,169kVA
④ 1,541kVA

해설 역률개선용 콘덴서의 용량(Q)
$$Q = P(\tan\theta_1 - \tan\theta_2)$$
$$= 3000 \times \left(\frac{0.6}{0.8} - \frac{\sqrt{1-0.9^2}}{0.9} \right)$$
$$= 797.033 [kVA]$$

답 : ②

16. 옥내배선의 전기방식 중 380V와 220V의 전압을 함께 사용할 수 있는 방식은?

① 단상 2선식
② 단상 3선식
③ 3상 3선식
④ 3상 4선식

해설 전기방식
3상 4선식은 Y결선 방식으로서 220[V] 및 380[V]의 전압을 얻을 수 있다. 대규모 공장, 빌딩에서 주로 사용하는 전기방식이다.

답 : ④

17. 유도전동기의 속도제어 방식 중 VVVF(가변전압 가변주파수) 제어방식을 적용할 때 전동기의 축동력은 회전수의 몇 제곱에 비례하는가?

① 1
② 2
③ 3
④ 4

해설 펌프의 상사법칙
전동기의 축동력은 회전수의 3승에 비례하여 에너지절약 효과가 탁월하다.
[참고]
$$\frac{P_2}{P_1} = \left(\frac{N_2}{N_1} \right)^3$$

답 : ③

18. 전기설비용량이 200kW, 수용률 60%, 부하율 45%인 건축물에서 1개월간 사용하는 전력량은? (단, 1개월은 30일로 계산)

① 38,880kWh
② 52,300kWh
③ 64,800kWh
④ 86,400kWh

해설 전력특성항목
$$수용률 = \frac{최대(수용)전력}{부하설비합계} \times 100$$
$$최대전력 = 부하설비합계 \times 수용률$$
$$월 부하율 = \frac{평균전력}{최대전력}$$
$$= \frac{\frac{사용전력량}{시간(30일 \times 24시간)}}{최대전력(수용률 \times 설비용량)} \times 100$$
1개월간사용 전력량 $= 200 \times 0.6 \times 0.45 \times 30 \times 24$
$$= 38,880 [kWh]$$

답 : ①

19. 건물일체형 태양광발전(BIPV)시스템의 설명으로 틀린 것은?

① 태양광발전 모듈을 건축자재화하여 적용가능하다.
② 건물일체화 적용에 따른 태양광발전 모듈의 온도상승으로 발전효율이 향상된다.
③ 생산된 잉여전력은 전력계통으로 역송이 가능하다.
④ 태양광발전 어레이를 설치할 별도의 부지가 필요 없다.

[해설] 태양전지 모듈
PV 모듈의 온도상승은 전력생산기능의 저하를 의미한다. BIPV에 자연통풍을 적용하고자 한다면 최소 10 [cm] 이격공간을 확보하여 모듈의 온도상승을 억제시킨다. 즉, 태양광 모듈의 온도상승은 발전효율의 저하를 뜻한다.

답 : ②

20. 액체식 태양열시스템에 대한 설명으로 가장 적합하지 않은 것은?

① 집열된 열은 건물의 급탕, 난방, 냉방 등에 사용할 수 있다.
② 연간 태양열시스템 효율은 적용대상 건물의 부하패턴에 따라 달라진다.
③ 동파방지를 위해 열매체에 부동액을 혼합한다.
④ 평판형집열기는 고온영역에서 진공관형집열기보다 집열효율이 높다.

[해설] 집열기
진공식 집열기는 평판형 집열기 보다 고온에서 효율적이다. 따라서, 평판형 집열기는 고온영역에서 진공관형 진공관형 집열기보다 집열효율이 낮다.

답 : ④

제3과목 : 건축설비시스템

1. 다음 중 열역학 제1법칙에 대한 설명으로 가장 적절한 것은?

① 에너지 보존의 원리를 나타낸다.
② 열적 평형관계를 나타낸다.
③ 에너지의 이동의 방향성을 나타낸다.
④ 제2종 영구기관의 성립을 나타낸다.

해설 ②의 경우는 열역학 제0법칙이다.
③의 경우는 열역학 제2법칙이다.
④의 경우는 제2종 영구기관 재작불가능의 법칙은 열역학 제2법칙이다.

답 : ①

2. 보일러에서 발생되는 증기압력은 980kPa 이며 이때의 증기건도는 98% 였다. 이 증기의 비엔탈피(kJ/kg)는 약 얼마인가?
(단, 980kPa의 포화수 엔탈피는 777.4kJ/kg, 잠열은 2001.7kJ/kg 이다.)

① 2,618
② 2,739
③ 2,853
④ 2,924

해설 습공기 엔탈피(hx)
$hx = h' + rx = 777.4 + 2001.7 \times 0.98 = 2739.06[kJ/kg]$

답 : ②

3. 소비전력 3kW의 전기온수기로 온도 20℃의 물 20L를 60℃로 가열하는데 필요한 시간(분)은? (단, 전기온수기의 효율은 95%이며, 물의 비열은 4.19kJ/kg · ℃이다.)

① 약 10
② 약 20
③ 약 37
④ 약 74

해설
㉠ 물의 가열량 $Q = m \cdot c \cdot \triangle t = 20kg \times 4.19kJ/kg$
$K \times (60-20) = 3,352[kJ]$
㉡ 전열기의 열량[kJ] = 3×3600kJ/h = 10,800[kJ/h]
※ 1kW = 1kJ/s = 3,600kJ/h
∴ 가열시간 = $\dfrac{물 가열량}{전열기열량 \times 효율}$
$= \dfrac{3,352kJ}{10,800kJ/h \times 0.95} = 0.3267[시간] = 19.6[분]$
≒ 20[분]

답 : ②

4. 증기압축 냉동사이클이 그림과 같을 때 압축일(kJ/kg)은 얼마인가?

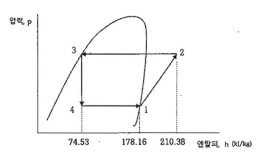

① 3.21
② 32.22
③ 103.63
④ 135.85

해설 압축일(A_L) = $h_2 - h_1$ = 210.38 − 178.16
$= 32.22[kJ/kg]$

답 : ②

5. 31.5℃의 외기와 26℃의 환기를 1 : 2의 비율로 혼합하고 냉각 감습할 때, 냉각코일 출구온도는 약 몇 ℃인가? (단, 바이패스 팩터(By-Pass Factor)는 0.2, 코일의 표면 온도는 12℃이다.)

① 8.8 　　　　② 15.1

③ 16.2 　　　　④ 17.3

해설 ㉠ 혼합공기 온도 $t_m(t_1) = \dfrac{1 \times 31.5 + 2 \times 26}{1 + 2}$
　　　= 27.83[℃]

㉡ $BF = \dfrac{t_2 - t_s}{t_1 - t_s} = \dfrac{t_2 - 12}{27.83 - 12} = 0.2$

∴ 코일출구온도(t_2) = 15.1[℃]

또는, 코일출구온도 = 코일온도+BF(입구온도 - 코일온도)
∴ 코일출구온도 = 12+0.2×(27.83 - 12) = 15.1[℃]

답 : ②

6. 정풍량 방식의 덕트시스템에서 덕트계통의 풍량조절댐퍼가 닫히는 경우 송풍기 성능곡선과 덕트시스템 저항곡선 상의 시스템 운전점은 어떻게 변화하는가?

① 풍량이 증가하고 정압은 낮아지는 쪽으로 이동한다.

② 풍량이 감소하고 정압은 낮아지는 쪽으로 이동한다.

③ 풍량이 증가하고 정압은 높아지는 쪽으로 이동한다.

④ 풍량이 감소하고 정압은 높아지는 쪽으로 이동한다.

해설 조절댐퍼가 닫히는 경우 풍량은 감소하고 송풍기의 전압 또는 정압은 상승한다.

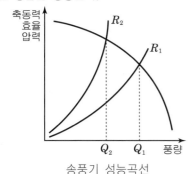

송풍기 성능곡선

답 : ④

7. 공기조화방식을 열전달 매체에 의해 분류한 것이다. 공기-수 방식이 아닌 것은?

① 패키지형방식

② 유인유닛방식

③ 덕트병용 팬코일유닛방식

④ 덕트병용 복사냉난방방식

해설 패키지형 방식, 세퍼레이트형 방식은 전냉매 방식으로 분류된다.

답 : ①

8. 외기와 실내공기를 단순 혼합하여 냉각한 후 취출하는 공조 시스템이 있다. 실내의 전열부하 20,000W, 현열비 0.75, 도입외기량이 송풍량의 30%일 때 냉각코일의 냉각열량(W)은 약 얼마인가?

[조건]

구분	외기	실내공기	취출공기
건구온도[℃]	32	26	15
상대습도[℃]	70	50	85
엔탈피[kJ/kg]	83.7	52.8	37.7

• 공기의 정압비열 : 1.01kJ/kg·℃
• 공기의 밀도 : 1.2kg/m³

① 3,650 　　　　② 5,130

③ 32,940 　　　　④ 75,820

해설 ㉠ 먼저, 송풍량 계산

송풍량 $Q = \dfrac{q_s}{\rho c \Delta t}$ [m³/h]

　　　$= \dfrac{20,000 \times 0.75 \times 3.6}{1.2 \times 1.01 \times (26 - 15)} = 4050.4$ [m³/h]

㉡ 혼합공기 엔탈피(h)
　　$h = 83.7 \times 0.3 + 52.8 \times 0.7 = 62.07$[kJ/kg]

㉢ 냉각코일의 냉각열량(q_c)
　　∴ $q_c = \rho Q \Delta h = 1.2 \times 4050.4 \times (62.07 - 37.7)$
　　　$= 118,450$[kJ/h] $= 32902.8$[W]

답 : ③

9. 가변풍량(VAV) 터미널 유닛 방식에 따른 특징으로 적절하지 않은 것은?

① 유닛 입구의 압력 변동에 비례하여 온도 조절기 신호에 따라 풍량을 조절하는 유닛방식은 압력독립형이다.

② 부하가 변하여도 덕트내 정압의 변동이 없고 발생소음이 적은 유닛방식은 바이패스형이다.

③ 덕트내 정압변동이 크고 정압제어가 필요한 유닛방식은 교축형이다.

④ 1차공기를 고속으로 취출하기 위한 고압의 송풍기를 필요로 하는 유닛방식은 유인형이다.

해설 유닛 입구의 압력 변동에 비례하여 온도 조절기 신호에 따라 풍량을 조절하는 유닛방식은 압력종속형(압력연계형)이다.

답 : ①

10. 현열부하를 제거하기 위하여 15℃, 3,000m³/h 공기가 75kW 동력의 팬으로 공급되고 있다. 공급온도를 12℃로 낮추었을 때, 팬 구동을 위한 동력(kW)은 약 얼마인가? (단, 실내조건은 건구온도 25℃, 상대습도 50%이다.)

① 75
② 57
③ 44
④ 34

해설 ㉠ 송풍량은 취출온도차에 비례한다.
실내부하의 조건이 동일한 경우
$\rho Q_1 c \Delta t = \rho Q_2 c \Delta t'$
ρc은 동일하므로
$Q_1 \Delta t = Q_2 \Delta t'$ 이다.

$Q_2 = Q_1 \times \dfrac{\Delta t}{\Delta t'} = 3,000 \times \dfrac{25-15}{25-12} = 2307.69 [\text{m}^3/\text{h}]$

㉡ 송풍기 상사의 법칙에서

동력 $L_2 = L_1 \left(\dfrac{N_2}{N_1} \right)^3$

$\therefore L_2 = L_1 \left(\dfrac{N_2}{N_1} \right)^3 = L_1 \left(\dfrac{Q_2}{Q_1} \right)^3 = 75 \times \left(\dfrac{2307.69}{3,000} \right)^3$

$= 34.1 \fallingdotseq 34 [\text{kW}]$

답 : ④

11. 덕트 사이즈 250mm×250mm, 덕트 길이 25m, 엘보 2개, 레듀서 1개로 구성되어 있는 공조 덕트에서 풍량이 2,350m³/h일 때, 부속류에 해당 되는 정압 손실(Pa)은 약 얼마인가? (단, 엘보의 국부손실계수는 0.12, 레듀서의 국부손실계수는 0.5, 중력 가속도는 9.8m/s², 공기밀도는 1.2kg/m³ 이다.)

① 15.7
② 17.0
③ 37.7
④ 48.4

해설 ① 풍속$(v) = \dfrac{Q}{A} = \dfrac{2350}{0.25 \times 0.25 \times 3,600} = 10.44 \text{m/s}$

② 국부저항 손실(정압손실) $P_a = \xi \dfrac{\rho v^2}{2}$ 에서

엘보 $= 0.12 \times \dfrac{1.2 \times 10.44^2}{2} \times 2 = 15.67$

레듀서 $= 0.5 \times \dfrac{1.2 \times 10.44^2}{2} \times 1 = 32.69$

$\therefore 15.67 + 32.69 = 48.4$

답 : ④

12. 전력품질(Power Quality)을 나타내는 용어가 아닌 것은?

① 써어지
② 순간전압변동
③ 플리커
④ 안정도

해설 전력품질을 나타내는 용어로는 순시정전, 부족 전압, 과전압, 전압강하, 순시 전압강하, 서지, 순시전압상승, 플리커, 순간전압변동 등이 전기품질을 평가하는 중요한 요소이다. 한편, 안정도란 전력계통에서 주어진 운전조건하에서 얼마나 안정적으로 전력을 공급하는 능력을 말한다.

답 : ④

13. 발전기에 무정전 전원장치(UPS : Uninterruptible Power Supply)가 연결되어 있다. 발전기의 운전 상태가 정상일 때, 전원공급 순서로 알맞은 것은?

| A : 전원입력 |
| B : 콘버터(정류기) 동작 |
| C : 인버터 동작 |
| D : 배터리 충전과 동시에 인버터에 DC공급 |
| E : 출력공급 |

① A → B → D → C → E
② A → C → D → B → E
③ A → D → C → B → E
④ A → D → B → C → E

해설

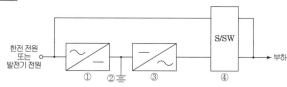

구분	기기 명칭	주요 기능
①	컨버터	AC를 DC로 변환
②	축전지	직류전력을 저장하는 장치
③	인버터	DC를 AC로 변환
④	절체 스위치	상용전원 또는 UPS 전원으로 절체하는 스위치

답 : ①

14. 전동기의 효율 93%, 소비전력 180kW인 펌프가 양정 50m, 유량 700m³/h로 연간 6,500 시간 운전하여 양수하고 있다. 이를 동일 전동기, 양정, 유량의 펌프효율 78%인 고효율 펌프로 교체하여 동일한 시간 운전한다면 연간 전력절감량(kWh/년)은 얼마인가?

① 195,600   ② 246,870
③ 251,650   ④ 253,430

해설 정답 없는 것 같습니다.

$$펌프교체시\ 펌프의\ 소비전력 = \frac{9.8 \times \frac{700}{3600} \times 50}{0.93 \times 0.78}$$
$$= 131.35[kW]$$

$$\therefore 절감전력량 = (180 - 131.35) \times 6500$$
$$= 316,225[kWh]$$

답 : ②

15. 전력과 관련된 정의에 대한 설명 중 적절하지 않은 것은? (단, *는 공액, 아래첨자 p는 상(Phase), 아래첨자 L은 선간(Line to Line)을 의미한다.)

① 모든 평형 3상회로는 3개의 단상회로로 대표할 수 있으므로 3상 유효전력은 단상 유효전력의 3배이다.

② 평형 Y부하에 대해 상전압 V_P와 선간전압 V_L의 관계는 $V_L \sqrt{3} V_p$ 이다.

③ 복소전력(P : 유효전력, Q : 무효전력, W : 복소전력) $W = P - jQ - \dot{V}^* I (\dot{V}$: 전압, $\dot{I}$: 전류)로 계산된다.

④ 3상의 유효전력의 계산식 $P = \sqrt{3} V I \cos\theta$ 에서 전압 V와 전류 I는 상전압 및 상전류, $\cos\theta$는 역률을 의미한다.

해설 1. 교류전력

	단상전력	3상전력
유효 전력 [W]	$P = VI\cos\theta$	$P = 3V_pI_p\cos\theta$ $= \sqrt{3}\,V_lI_l\cos\theta$
무효 전력 [Var]	$P_r = VI\sin\theta$	$P_r = 3V_pI_p\sin\theta$ $= \sqrt{3}\,V_lI_l\sin\theta$
피상 전력 [VA]	$P_a = \sqrt{P^2 + P_r^2}$ $= VI$	$P_a = \sqrt{P^2 + P_r^2}$ $= 3V_pI_p = \sqrt{3}\,V_lI_l$

대칭 3상 교류의 결선
(1) 성형결선(Y 결선)

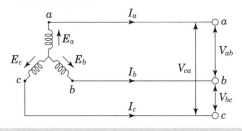

선간전압	$\dot{V}_{ab} = \dot{E}_a - \dot{E}_b$
	$\dot{V}_{bc} = \dot{E}_b - \dot{E}_c$
	$\dot{V}_{ca} = \dot{E}_c - \dot{E}_a$

선간전압을 V_l, 선전류를 I_l, 상전압을 V_p, 상전류를 I_p라 하면

$$V_l = \sqrt{3}\,V_p \angle \frac{\pi}{6}\,[\text{V}], \quad I_l = I_p[\text{A}]$$

(2) 환상결선(Δ결선)

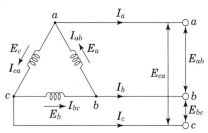

선전류	$\dot{I}_a = \dot{I}_{ab} - \dot{I}_{ca}$
	$\dot{I}_b = \dot{I}_{bc} - \dot{I}_{ab}$
	$\dot{I}_c = \dot{I}_{ca} - \dot{I}_{bc}$

선간전압을 V_l, 선전류를 I_l, 상전압을 V_p, 상전류를 I_p라 하면

$$I_l = \sqrt{3}\,I_p \angle -\frac{\pi}{6}\,[\text{A}], \quad V_l = V_p[\text{V}]$$

2. 복소전력
복소전력의 표현

(1) 가정

$$\dot{E} = E\angle\theta_1\,, \quad \dot{I} = I\angle\theta_2\,, \quad \theta = \theta_1 - \theta_2$$

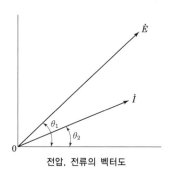

전압, 전류의 벡터도

(2) 복소전력

• 전압 벡터 $\dot{E}$의 공액 $\dot{E}^*$을 취하면 전력 $\dot{W}$는 다음과 같이 계산된다.

$$\dot{W} = \dot{E}^*\dot{I} = EI\cos(\theta_2 - \theta_1) + jEI\sin(\theta_2 - \theta_1)$$
$$= EI\cos(-\theta) + jEI\sin(-\theta)$$
$$= EI\cos\theta - jEI\sin\theta = P - jQ$$

• 반대로 전류벡터 $\dot{I}$의 공액 $\dot{I}^*$를 취하면 전력 $\dot{W}$는 다음과 같이 계산된다.

$$\dot{W} = \dot{E}\dot{I}^* = EI\cos(\theta_1 - \theta_2) + jEI\sin(\theta_1 - \theta_2)$$
$$= EI\cos(\theta) + jEI\sin(\theta)$$
$$= EI\cos\theta + jEI\sin\theta = P + jQ$$

답 : ④

16. 어느 사무실에 연간 4,500 시간을 사용하는 40W 2등용 형광램프 150 세트가 설치되어 있는데, 이를 18W 2등용 LED 직관형램프 150 세트로 교체한 경우 투자비 회수기간은 몇 년인가?
(단, 계산시 적용 전기요금은 112원/kWh, LED 직관형램프의 교체 설치비용은 102,000원/세트이며, 소수점 둘째자리에서 반올림 한다.)

① 4.8   ② 4.6

③ 4.2   ④ 4.0

해설 $40[\text{W}] \times 2 \times 150$세트 $= 12,000[\text{W}]$

$18[\text{W}] \times 2 \times 150$세트 $= 5400[\text{W}]$ 그러므로,

절감전력은 $1200 - 5400 = 6600[\text{W}] = 6.6[\text{kW}]$

1년간 절감되는 전력량 $= 6.6[\text{kW}] \times 4500$

$\qquad\qquad\qquad\qquad = 29700[\text{kWh/년}]$

투자비용 $= 150$세트 $\times 102000[\text{원/kWh}]$

$\qquad\qquad = 15,300,000$원

이것을 전력량으로 환산하면,

$\dfrac{15,300,000[\text{원}]}{112[\text{원/kWh}]} = 136,607.142[\text{kWh}]$이다.

그러므로, 투자회수기간 $= \dfrac{136,607[\text{kWh}]}{29700[\text{kWh/년}]} \fallingdotseq 4.6$년

답 : ②

---

17. 어떤 고층 건물에서 고압으로 전력을 수전해서 저압으로 옥내배전하고자 한다. 이 건물 내에 설치된 총 설비 부하 용량은 800kW이고 수용률은 50%라고 한다면 이 건물에 전력을 공급하기 위한 변압기의 용량(kVA)으로 다음 중 가장 적절한 것은? (단, 이 건물 내 설비 부하의 종합 역률은 0.75(지상) 이다.)

① 350   ② 400

③ 450   ④ 550

해설 변압기 용량 $= \dfrac{\text{설비용량} \times \text{수용률}}{\text{부등률} \times \text{역률}} = \dfrac{800 \times 0.5}{0.75}$

$\qquad\qquad\qquad = 533.33[\text{kVA}]$

그러므로, 가장 적합한 변압기 용량은 550[kVA]이다.

답 : ④

---

18. 신·재생에너지 설비 KS인증을 위한 태양열설비에 속하지 않는 것은?

① 진공관 일체형 자연순환식 온수기(저탕용량 600L 이하)

② 평판형 강제순환식 온수기(저탕용량 600L 이하)

③ 추적 집광형 액체식 태양열집열기

④ 평판형 액체식 태양열집열기

해설 KS인증 대상 범위

- 집열기 : 평판형 태양열 집열기, 진공판형 태양열 집열기

- 온수기 : 저탕용량 600L 이하의 가정용 태양열 온누기 중 평판형 태양열 집열기, 진공판형 태양열 집열기 (분리 또는 일체)를 사용한 자연순환식 온수기

제품명	제품형상	주요특징	비고
열매체 축열식 태양열 온수기		• 무동력 자연대류방식 • 단일탱크, 개방형 열교환 방식 • 사용효율 80% 이하 • 동파방지(열매체 사용) • 간편한 설치시공 • 내구성 나쁨(부식, 코일파손 등)	
온수 축열식 평판형 태양열 온수기		• 이중탱크, 밀폐형 온수축열방식 • 무동력 자연대류방식 • 사용효율 90% 이상 • 동파방지(열매체 사용) • 간편한 설치시공	

출처) 신재생에너지 설비 KS 인증가이드 2015.11
(한국에너지공단 신재생에너지 센터)

답 : ③

---

19. "신·재생에너지 설비의 지원 등에 관한 규정"에 따른 태양광설비 시공기준의 내용으로 적절하지 않은 것은?

① 장애물로 인한 음영에도 불구하고 태양광모듈에 확보되는 일조시간은 춘·추계 기준으로 1일 4시간 이상이어야 한다.

② 태양광설비를 건물 상부에 설치할 경우 태양광설비의 수평투영면적 전체가 건물의 외벽마감선을 벗어나지 않도록 한다.

③ 모듈을 지붕에 직접 설치하는 경우 모듈과 지붕면 간 간격은 10cm 이상이어야 한다.

④ BIPV는 창호, 스팬드럴, 커튼월, 이중파사드, 외벽, 지붕재 등 건축물을 완전히 둘러싸는 벽·창·지붕 형태로 한정한다.

장애물로 인한 음영에도 불구하고 일조시간은 1일 5시간[춘계(3~5월), 추계(9~11월)] 이상이어야 한다. 다만, 전기줄, 피뢰침, 안테나 등 경미한 음영은 장애물로 보지 아니한다.

답 : ①

20. "신·재생에너지 설비의 지원 등에 관한 규정"에 따른 지열에너지 설비 시공기준에서 지열열펌프 유닛에 대한 설명 중 적절하지 않은 것은?

① 지열열펌프 유닛의 냉매 배관 길이는 신재생에너지 설비 인증서에 기재된 냉매배관 길이 이상으로 설치하여야 한다.
② 압축기에는 오일히터나 오일포밍 방지장치를 장착하여야 한다.
③ 열교환기 및 외부 노출 배관은 반드시 단열하여야 한다.
④ 지열열펌프는 압축기의 진동을 감쇄시키기 위해 콘크리트 기초위에 앵커볼트 고정 및 방진설비를 설치하여야 한다.

지열열펌프 유닛의 냉매 배관 길이
지열열펌프 유닛의 냉매 배관 길이는 신재생에너지 설비 인증서(인증을 위한 시험성적서)에 기재된 냉매 배관 길이 이하로 설치하여야 한다.

답 : ①

제3과목 : 건축설비시스템

1. 레이놀즈 수(Reynolds' number, Re수)에 대한 설명으로 적합하지 않은 것은?

① Re수는 관성력과 점성력의 비를 나타낸다.
② Re수가 작을 때는 난류이고, 클 때에는 층류이다.
③ 배관내 유체의 Re수는 유속, 관경, 점도와 관계가 있다.
④ Re수는 대류열전달계수 및 마찰계수와 관계가 있다.

해설 Re수가 작을 때는 층류이고, 클 때에는 난류이다.

답 : ②

2. 공조용 송풍기의 국소 대기압이 500mmHg이고 계기압력이 $0.5kgf/cm^2$일 때, 절대압력(kgf/cm^2)은 얼마인가?

① 1.08   ② 1.18
③ 2.08   ④ 2.18

해설 절대압력 = 게이지압력 + 대기압

$$= 0.5 + \frac{500}{760} \times 1.0332 = 1.18 kgf/cm^2$$

답 : ②

3. 어느 냉동공장에서 50RT의 냉동부하에 대한 냉동기를 설계하려고 한다. 냉매는 등엔트로피 압축을 한다고 가정할 때, 다음 그림에서 냉매의 순환량(kgf/h)은 얼마인가?

(단, 1 RT[냉동톤] = 3,320kcal/h)

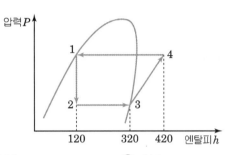

① 800   ② 810
③ 830   ④ 840

해설 냉매순환량 $= \dfrac{냉동능력}{냉동효과} = \dfrac{3320 \times 50}{320 - 120} = 830 kgf/h$

답 : ③

4. 공조바닥면적이 $5,000m^2$인 사무소 건물의 난방을 위한 보일러의 정미출력(Net Capacity, kW)으로 적합한 것은?(단, 면적당 난방부하는 $0.2kW/m^2$이며, 급탕부하 100kW, 배관부하 20kW, 예열부하는 난방부하의 70%이다.)

① 1,020   ② 1,100
③ 1,120   ④ 1,820

해설 정미출력(방열기용량) = 난방부하(HR) + 급탕부하(HW)
= $5000m^2 \times 0.2kW/m^2$ + 100kW
= 1,100kW

답 : ②

5. 공기조화설비용 덕트 내로 공기가 흐를 때 발생하는 마찰손실수두와 반비례하는 것은?

① 덕트의 직경　　② 덕트의 길이
③ 공기의 풍량　　④ 마찰계수

해설 마찰손실수두(H_f)와 마찰손실압력(P_f)

$$H_f = \lambda \cdot \frac{\ell}{d} \cdot \frac{v^2}{2g}\,[\text{mAq}]$$

$$P_f = \lambda \cdot \frac{\ell}{d} \cdot \frac{v^2}{2} \cdot \rho\,[\text{Pa}]$$

여기서,
H_f : 길이 1m의 직관에 있어서의 마찰손실수두(mAq)
P_f : 길이 1m의 직관에 있어서의 마찰손실압력(Pa)
λ : 관마찰계수(강관 0.02)
g : 중력가속도(9.8m/sec²)　　d : 관의 내경(m)
ℓ : 직관의 길이(m)　　v : 관내 평균 유속(m/s)
ρ : 물의 밀도(1,000kg/m³)
∴ 관마찰계수, 관의 길이, 유속의 제곱에 비례하고, 관의 내경과 중력가속도에 반비례한다.

답 : ①

6. 어느 공조공간에서 열손실이 현열 20kW와 잠열 5kW일 때, 현열비(Sensible Heat Factor : SHF)는 얼마인가?

① 0.80　　② 0.40
③ 0.45　　④ 0.25

해설 현열비(SHF) : 전열 변화량에 대한 현열 변화량의 비

$$\therefore \text{현열비(SHF)} = \frac{\text{현열부하}}{\text{현열부하}+\text{잠열부하}} = \frac{20}{20+5} = 0.8$$

답 : ①

7. 다음 중 개별공조방식으로 가장 적합한 것은?

① 정풍량 단일덕트방식
② 이중덕트방식
③ 팬코일유닛방식
④ 룸 에어컨방식

해설 열매의 종류에 의한 공기조화 방식의 분류
(1) 중앙식
  • 전공기식(공기) : 단일덕트방식(정풍량방식, 변풍량방식), 이중덕트방식, 멀티존유닛방식, 각층유닛방식
  • 공기·수식(공기+물) : 유인유닛방식, 팬코일유닛방식(외기덕트병용), 복사냉난방방식(외기덕트병용)
  • 전수식(물) : 팬코일유닛방식, 복사냉난방방식
(2) 개별식
  • 냉매식 : 룸 에어컨방식, 패키지형방식, 세퍼레이트형 방식

답 : ④

8. 수축열방식은 15℃의 물을 5℃의 물로 냉각하여 저장한다. 빙축열방식은 같은 온도(15℃)의 물을 0℃의 얼음으로 만들어 저장하며 IPF(빙충전율)는 25%로 한다. 각 방식에 대하여 1,000MJ의 축열을 위해서 필요한 축열조의 부피(m³)는 약 얼마인가?(단, 축열조의 온도는 균일하고, 물의 비열은 4kJ/kg·K, 얼음의 잠열은 340kJ/kg, 물과 얼음의 밀도는 1,000kg/m³으로 동일한 것으로 가정한다.)

① 수축열 : 24　　② 수축열 : 24
　빙축열 : 7　　　 빙축열 : 14
③ 수축열 : 48　　④ 수축열 : 48
　빙축열 : 7　　　 빙축열 : 14

해설 수축열은 현열저장방식, 빙축열은 현열과 잠열저장방식이다.
ⓐ 수축열
$q = \rho QC\Delta t\,[\text{kJ}]$에서
$$Q = \frac{q}{\rho C\Delta t} = \frac{1,000,000}{1,000 \times 4.2 \times (15-5)} = 23.8 \rightarrow 24\,\text{m}^3$$

ⓑ 빙축열
$$Q = \frac{q}{\rho C\Delta t}$$
$$= \frac{1,000,000}{1,000 \times (340 + 4.2 \times (15-0)) \times 0.25 + 1,000 \times 4.2 \times (15-0) \times (1-0.25)}$$
$$= 6.76 \rightarrow 7\,\text{m}^3$$

※ 물의 밀도는 1,000kg/m³, 얼음의 밀도는 920kg/m³이지만 문제조건에서 동일한 것으로 가정함

답 : ①

9. 엔탈피가 낮은 외기를 도입하여 냉방에너지를 절약 할 수 있다. 다음 중 엔탈피가 가장 낮은 습공기의 상태는?

① 건구온도 20℃, 노점온도 10℃
② 건구온도 20℃, 노점온도 15℃
③ 건구온도 25℃, 노점온도 10℃
④ 건구온도 25℃, 노점온도 15℃

해설 외기냉방을 할 때 보통 외기온도와 실내온도(실내에서 환기되는 온도)를 비교하여, 외기온도가 더 낮을 때 댐퍼를 개방하여 차가운 외기를 도입하여 실내에 공급하고 더운 실내공기를 배출하지만, 외기냉방에서 감안하여야 할 것은 습도이다. 외기습도가 높으면 외기온도가 낮아도 외기냉방의 효과를 얻을 수 없다. 그 이유는 공기의 엔탈피 때문이다.(엔탈피제어)
보기 중에서 온도가 낮으면서 습도가 낮은 ①의 경우가 엔탈피가 가장 낮은 습공기의 상태이다.

답 : ①

10. 수격현상 방지책에 대한 설명 중 틀린 것은?

① 관성력을 크게하기 위하여 관내 유속을 높게 한다.
② 펌프에 플라이휠을 설치하여 펌프가 정지되어도 급격히 중지되지 않도록 한다.
③ 서어징탱크 또는 공기실을 설치하여 압력의 완충작용을 할 수 있도록 한다.
④ 자동 수압조절밸브를 설치하여 압력을 조절한다.

해설 수격 현상(water hammering)
관내 유속이 빠르거나 혹은 밸브, 수전 등의 관내 흐름을 순간적으로 폐쇄하면, 관내에 압력이 상승하면서 생기는 배관 내의 마찰음 현상이다.
① 원인
　㉠ 유속이 빠를 때
　㉡ 관경이 적을 때
　㉢ 밸브 수전을 급히 잠글 때
　㉣ 굴곡 개소가 많을 때
　㉤ 감압 밸브를 사용하지 않을 때

② 방지책
　㉠ 관내 유속을 될 수 있는 대로 느리게 하고 관경을 크게 한다.
　㉡ 폐수전을 폐쇄하는 시간을 느리게 한다.
　㉢ 기구류 가까이에 air chamber를 설치하여 chamber 내의 공기를 압축시킨다.
　㉣ water hammer 방지기를 water hammer의 발생원인이 되는 밸브 근처에 부착시킨다.
　㉤ 굴곡 배관을 억제하고 될 수 있는 대로 직선배관으로 한다.
　㉥ 펌프의 토출측에 릴리프밸브나 스모렌스키 체크밸브를 설치한다.(압력상승 방지)
　㉦ 자동수압 조절밸브를 설치한다.

답 : ①

11. 수변전설비에서 에너지절약을 도모할 수 있는 방법이 아닌 것은?

① 고효율 변압기 채택
② 서지흡수기 설치
③ 역률자동조절장치 설치
④ 변압기 대수 제어

해설 서지흡수기는 수변전설비에서 내부이상전압에 대한 보호대책이며, 에너지절약과는 관련이 없다.

답 : ②

12. 어느 건축물의 전기설비용량이 1,000kW, 수용률 72%, 부등률 1.2일 때, 수전시설 용량(kVA)은 얼마인가?(단, 부하 역률은 0.8으로 계산한다.)

① 600　　　　② 650
③ 700　　　　④ 750

해설 변압기용량
$$= \frac{설비용량 \times 수용률}{부등률 \times 역률} = \frac{1000 \times 0.72}{1.2 \times 0.8} = 750[kVA]$$

답 : ④

13. 고효율 전동기를 만들기 위해 고려해야 하는 전동기의 손실 감소 및 효율증대 방법과 관련된 설명이 맞지 않는 것은?

① 철심 길이를 증대시킴으로써 철손과 동손을 감소시킬 수 있다.
② 고정자 결선부의 길이를 감소시킴으로써 동손을 감소시킬 수 있다.
③ 회전자 도체 크기를 증가시킴으로써 동손을 감소시킬 수 있다.
④ 소용량 전동기보다 중용량 전동기의 철손 비율이 더 크다.

[해설] 철심의 길이가 길어지면, 자성체가 가지고 있는 자기저항도 커진다. 자기저항이 커지게 되면 자속은 작아지게 되고, 자속밀도도 작아진다. 결국 자속밀도의 감소로 철손이 감소된다.

답 : ④

14. 용량 30kVA의 단상 주상변압기가 있다. 어느날 이 변압기의 부하가 30kW로 2시간, 24kW로 8시간, 6kW로 14시간이었을 경우, 이 변압기의 전일효율(%)는 얼마인가?
(단, 부하의 역률은 1.0, 변압기의 전부하동손은 500W, 철손은 200W라고 한다.)

① 79.55 ② 89.29
③ 95.29 ④ 97.49

[해설] 사용전력량 $W = 30 \times 2 + 24 \times 8 + 6 \times 14 = 336 [\text{kWh}]$
철손량 $P_{iT} = 24 \times 0.2 = 4.8 [\text{kWh}]$
동손량
$$P_{cT} = m^2 P_c T = 0.5 \times \left\{ \left(\frac{30}{30}\right)^2 \times 2 + \left(\frac{24}{30}\right)^2 \times 8 + \left(\frac{6}{30}\right)^2 \times 14 \right\}$$
$$= 3.84 [\text{kWh}]$$
전일효율 $= \dfrac{336}{336 + 4.8 + 3.84} \times 100 = 97.49 [\%]$

답 : ④

15. 다음 에너지절감을 위한 고효율 LED 조명설비의 교체 계획 중 연간 에너지절감량이 가장 큰 것은?(단, [ ]안은 연평균 일일 조명사용시간)

① 화장실[1시간] : (기존) 200W 백열전구
   → (교체) 10W LED램프
② 복도[2시간] : (기존) 20W 형광램프
   → (교체) 7W LED램프
③ 로비[10시간] : (기존) 250W 나트륨램프
   → (교체) 100W LED다운라이트
④ 사무실[8시간] : (기존) 4×32W 형광램프
   → (교체) 50W LED평판등

[해설] 보기③번의 절감전력 : 250[W]－100[W]＝150[W]이며, 하루의 절감전력량은 150[W]*10시간＝1.5[kWh]로서 가장 절감전력량이 크다.

답 : ③

16. 면적이 200m² 인 사무실에 소비전력 40W, 전광속 2,500lm의 형광램프를 설치하여 평균 조도 500lx를 만족하고 있다. 이 사무실을 동일한 조도로 유지하면서 소비전력 20W, 발광효율 150lm/W LED램프로 교체할 경우, 절감되는 총 소비전력(W)은?(단, 형광램프와 LED램프의 조명률＝0.5, 감광보상률＝1.2로 동일하게 가정한다.)

① 1,120 ② 1,600
③ 2,240 ④ 3,200

[해설] 형광등의 필요개수
$$N = \frac{DES}{FU} = \frac{1.2 \times 500 \times 200}{2500 \times 0.5} = 96 개$$
형광등의 소비전력＝96개×40[W]＝3840[W]
LED 램프의 광속 $F = 20[\text{W}] \times 150[\text{lm/W}] = 3000[\text{lm}]$
LED의 개수 $N = \dfrac{1.2 \times 500 \times 200}{3000 \times 0.5} = 80 개$
LED의 소비전력＝80개×20[W]＝1600[W]
절감되는 총 소비전력＝3840－1600＝2240[W]

답 : ③

17. "건축전기설비설계기준"에 의한 태양광 발전 설비 중 태양전지 모듈 선정시 변환 효율(%)에 대한 식으로 맞는 것은?(단, $P_{\max}$: 최대출력(W), G : 방사속도(W/m^2), A_t : 모듈전면적(m^2))

① $\dfrac{P_{\max} \times G}{A_t} \times 100$ ② $\dfrac{A_t \times G}{P_{\max}} \times 100$

③ $\dfrac{A_t}{P_{\max} \times G} \times 100$ ④ $\dfrac{P_{\max}}{A_t \times G} \times 100$

답 : ④

18. "신·재생에너지 설비의 지원 등에 관한 규정"에 따른 설비원별 시공기준에서 일조시간 기준이 맞게 연결된 것은?(단, 춘계는 3월~5월, 추계는 9월~11월 기준으로 한다.)

① 태양광설비, 집광·채광설비 - 춘·추계 기준 4시간 이상
② 태양광설비, 집광·채광설비 - 춘·추계 기준 5시간 이상
③ 태양광설비, 태양열설비 - 춘·추계 기준 4시간 이상
④ 태양광설비, 태양열설비 - 춘·추계 기준 5시간 이상

답 : ②

19. 다음 중 신·재생에너지 설비 KS 인증을 위한 지열 설비에 해당되지 않는 것은?

① 정격용량 530KW 이하 물–물 지열원 열펌프 유닛
② 정격용량 175KW 이하 물–공기 지열원 열펌프 유닛
③ 정격용량 530KW 이하 공기–물 지열원 열펌프 유닛
④ 정격용량 175KW 이하 물–공기 지열원 멀티형 열펌프 유닛

답 : ③

해설
• 물–물 지열 열펌프 유니트(530kW 이하)
• 물–공기 지열 열펌프 유니트(175kW 이하)
• 물–공기 지열 멀티형 열펌프 유니트(175kW 이하)

답 : ③

20. 다음은 "신·재생에너지 설비의 지원 등에 관한 지침"에 따른 지열이용검토서 작성기준의 용어 정의에 해당하는 항목들이다. 다음 중 용어정의가 틀린 것은?

㉮ 지열담당면적 : 건축물 전체 면적 중 지열 시스템이 담당하는 면적
㉯ 건축물 전체 부하량 : 지열시스템이 설치되는 건축물의 전체 부하량
㉰ 지열담당부하량 : 지열시스템이 담당하는 부하량
㉱ 사업용량 : 지열시스템의 냉·난방 설치 용량 중 큰 값
㉲ 설치 용량 : 인증서에 표기된 열펌프의 냉·난방 정미능력
㉳ 설계용량 : 지열열펌프 성적서에 표기된 정격냉방용량 및 정격난방용량

① ㉮, ㉯   ② ㉲, ㉳
③ ㉱, ㉳   ④ ㉯, ㉱

해설
• 사업용량 : 지열시스템의 냉난방 설치용량중 큰 값+급탕용량
• 설계용량 : 시스템 설계를 위해 열원측,부하측에 적용된 EWT 기준으로 시험성적서 또는 성능표에 분석된 열펌프 정미능력

답 : ③

제3과목 : 건축설비시스템

1. 열역학적 물성치 중 단위가 동일한 것들을 하나의 그룹으로 분류한다면 다음 4개의 물성치는 몇 개의 그룹으로 나눌 수 있는가?

> 비엔탈피(h), 비엔트로피(s)
> 정압비열(C), 정적비열(C_v)

① 1개 그룹
② 2개 그룹
③ 3개 그룹
④ 4개 그룹

해설 비엔탈피 : kJ/kg ――――― 1그룹
　　 비엔트로피 : kJ/kg·K ┐
　　 정압비열 : kJ/kg·K ┤ 1그룹 ├ 2그룹
　　 정적비열 : kJ/kg·K ┘

답 : ②

2. 작동유체로 사용되는 이상기체인 역카르노 사이클(카르노 냉동사이클)을 압력-비체적선도(P-v diagram)에 바르게 표시한 것은?
(상태변화 : 1 → 2 → 3 → 4 → 1)

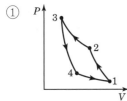
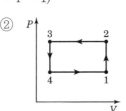
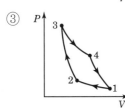
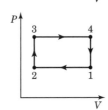

해설 ① 역카르노 사이클 : P-v 선도
② 역카르노 사이클 : T-s 선도
③ 카르노 사이클 : P-v 선도
④ 카르노 사이클 : T-s 선도

답 : ①

3. 지면에 수직으로 설치된 분수 노즐이 있다. 노즐이 연결된 배관 내의 계기압력(Gauge Pressure)은 200kPa이고 배관 내의 유속은 4m/s이다. 노즐에서 분출되는 물이 도달할 수 있는 최대 높이는? (단, 물의 밀도는 1,000 kg/m³, g=9.8 m/s², 대기압은 100kPa 이며, 배관과 노즐에서의 압력손실과 분사된 물에 대한 공기의 저항은 무시한다.)

① 11.0m
② 15.6m
③ 21.2m
④ 24.4m

해설 수직으로 설치된 분수 노즐의 아랫점과 윗점에 대해 베르누이 정리를 하면

$$Z_1 + \frac{P_1}{eg} + \frac{V_1^2}{2g} = Z_2 + \frac{P_2}{eg} + \frac{V_2^2}{2g}$$ 에서

$Z_1 = 0$, $V_2 = 0$ 이므로

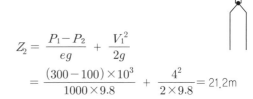

$$Z_2 = \frac{P_1 - P_2}{eg} + \frac{V_1^2}{2g}$$

$$= \frac{(300-100)\times 10^3}{1000 \times 9.8} + \frac{4^2}{2 \times 9.8} = 21.2m$$

답 : ③

4. 증기압축식 히트펌프에 대한 설명 중 적절하지 않은 것은?

① 저온부에서 열을 흡수하고 고온부에서 열을 방출한다.

② 외부로 열손실이 없는 경우 난방성적계수 (COP_H)는 1보다 크다.

③ 물-공기 방식(수열원) 히트펌프에서는 제상장치가 필요없다.

④ 응축온도가 높을수록 난방성적계수(COP_H)가 증가한다.

[해설] 이상적 성적계수(히트펌프)

$$COP_H = \frac{T_H}{T_H - T_L}$$

T_H : 응축 절대온도

T_L : 증발 절대온도

응축온도가 높으면 난방성적계수(COP_H)가 감소한다.

답 : ④

5. 압축식 냉동기에서 냉매 순환 유량이 0.2kg/s, 증발기 입구 냉매의 비엔탈피가 100kJ/kg, 증발기 출구 냉매의 비엔탈피가 300kJ/kg 이다. 외부와 열교환을 무시할 수 있는 압축기의 소요 동력이 15kW일 때 응축기에서 방출되는 열전달률은?

① 25kW

② 35kW

③ 45kW

④ 55kW

[해설] $Q = q + A_L$에서

$q = (300-100) \times 0.2 = 40kW$

$A_L = 15kW$

$\therefore Q = 40 + 15 = 55kW$

답 : ④

6. 다음과 같은 조건에서 환기에 의한 현열부하로 적절한 것은? (단, 폐열회수는 없다.)

〈조 건〉
- 외기온도 : 0℃
- 공기의 밀도 : 1.2 kg/m³
- 천장고 : 2.6m
- 환기횟수 : 2회/h
- 실내온도 : 24℃
- 공기의 비열 : 1.01 kJ/kg·K
- 바닥면적 : 150m²

① 3.15kW ② 6.30kW
③ 12.60kW ④ 5.20kW

[해설] $q_s = \rho Q C(t_i - t_0) = \rho n V C(t_i - t_0)$

$= 1.2 \times (2 \times 150 \times 2.6) \times 1.01 \times (24-0)$

$= 22688.64[kJ/h] = 6.30[kW]$

※ 환기량 $Q = n \cdot V$

답 : ②

7. 주거공간의 바닥난방시 난방부하로 10kW의 외피부하와 현열 환기부하만 고려할 때 아래 ㉠, ㉡ 두 경우의 바닥난방 공급열량으로 가장 적합한 것은? (단, 침기 및 기타 열손실은 없는 것으로 가정한다. 바닥난방 공급열량은 바닥난방 상부방열량과 바닥난방 하부손실열량으로 구성되며, 바닥난방 하부손실열량은 바닥난방 상부방열량의 10%로 가정한다.)

㉠ 현열 환기부하 2kW일 경우 바닥난방 공급열량(kW)

㉡ 80% 효율 현열회수 환기장치를 ㉠ 경우에 적용할 경우 바닥난방 공급열량(kW)

① ㉠ 13.2kW, ㉡ 11.4kW

② ㉠ 12.0kW, ㉡ 10.8kW

③ ㉠ 13.2kW, ㉡ 12.7kW

④ ㉠ 12.0kW, ㉡ 10.2kW

[해설] 바닥난방 공급열량
 ㉠ 외피손실+환기손실=10+2=12에 하부 열손실 10%
   를 가하므로 (10+2) × 1.1=13.2kW
 ㉡ 난방+환기
   ㉠의 조건에 현열회수 환기장치(효율 80%)설치
   한 경우이므로
   난방 (10×1.1)에 환기 2×(1-0.8)이므로
 ∴ 난방+환기=(10×1.1) + (2×0.2)=11.4kW

답 : ①

8. 외피 열획득과 침기·일사 등 외부 부하 요소의 영향이 거의 없고 인체·조명·기기 등의 내부 발열부하가 주된 요소인 내부부하 위주의 건물(internal load dominated building)에서 냉방부하가 외기에 상관없이 일정하다고 가정한다. 그림과 같이 공조기 외기 도입량과 냉동기 가동 여부에 따른 ⓐ, ⓑ, ⓒ, ⓓ의 4가지 운전방식과 습공기선도상에서 공조기 상태변화를 적절하게 연결한 것은? (단, 최대외기도입량은 설계급기풍량과 같으며, OA는 외기상태, RA는 실내상태, SA는 급기상태이다.)

〈그 림〉

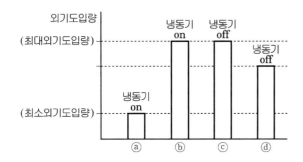

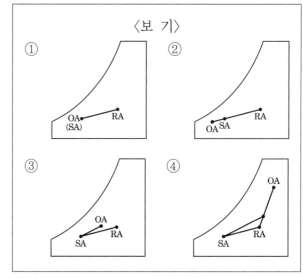

① ⓐ-㉣ ⓑ-㉢ ⓒ-㉠ ⓓ-㉡
② ⓐ-㉡ ⓑ-㉢ ⓒ-㉣ ⓓ-㉠
③ ⓐ-㉣ ⓑ-㉡ ⓒ-㉢ ⓓ-㉠
④ ⓐ-㉡ ⓑ-㉠ ⓒ-㉣ ⓓ-㉢

[해설] 보기 ㉠ : 외기냉방 : 냉동기 off [그림 ⓒ]
   보기 ㉡ : 외기 + 환기 → 급기 : 냉동기 off [그림 ⓓ]
   보기 ㉢ : 외기냉방(외기량 최대) : 외기의 냉방 능력
     이 부족하므로 냉동기 on [그림 ⓑ]
   보기 ㉣ : 외기 + 환기 → 냉각감습 → 급기 : 냉동기
     on [그림 ⓐ]

답 : ①

9. HVAC 시스템에서 냉방 시 냉수 온도를 낮춰 공조기 급기온도를 낮출 경우에 대한 설명으로 적절하지 않은 것은?

① 동일 습도조건에서는 디퓨저와 덕트의 결로 가능성이 커진다.
② 공조기 공급풍량을 줄일 수 있어 팬동력 감소가 가능하며, 덕트 크기를 줄일 수 있다.
③ 냉동기 COP가 향상되어 냉동기 에너지 소비를 감소시킬 수 있다.
④ 냉수배관에서 대온도차를 이용한 설계를 할 경우 냉수 순환 유량을 감소시켜 냉수펌프의 동력절감이 가능하다.

저온공조시스템에서 저온의 냉수를 얻고자 하면 냉동기의 증발온도가 낮아야 하므로 냉동기의 성적계수(COP)는 감소되어 냉동기 에너지 소비를 증가시킬 수 있다.

답 : ③

10. 재질이 같고 길이가 동일한 공조용 덕트의 마찰 손실에 대해 적절하지 않은 것은?

① 단면적이 일정한 경우 풍량이 증가하면 마찰손실은 증가한다.

② 풍량이 일정한 경우 단면적이 증가하면 마찰손실이 감소한다.

③ 풍량이 일정하고 단면적이 동일한 경우 마찰손실은 원형덕트보다 장방형(사각)덕트가 작다.

④ 풍량이 일정하고 단면적이 동일한 경우 마찰손실은 장방형(사각)덕트에서 장변의 길이가 길수록 커진다.

해설 풍량이 일정하고 단면적이 동일한 경우 마찰손실은 원형덕트보다 장방형(사각)덕트가 크다.

답 : ③

11. 전기설비 설계시 수변전설비의 용량이나 배전선의 굵기를 결정할 때에 지표로, 부하설비 용량합계에 대한 최대 수용전력의 비를 말하는 것은?

① 부하율   ② 부등률
③ 보수율   ④ 수용률

해설

$$수용률 = \frac{최대\ 수용\ 전력}{부하\ 설비\ 용량} \times 100$$

답 : ④

12. 건축물 전기설비의 기능과 역할을 설명한 것 중 가장 적절하지 않은 것은?

① 역률개선용콘덴서 - 부하측 무효전력 조정

② 단로기 - 단락전류 및 부하전류 차단

③ 피뢰기 - 외부 이상전압으로부터 전기기기 보호

④ 계기용변압변류기 - 부하측에서 사용되는 전력량 계측

해설 단로기는 무부하시 선로를 개폐하는 개폐기의 일종으로 아크소호능력이 없다. 반면에 차단기는 부하전류, 단락전류등을 차단할 수 있다.

답 : ②

13. 용량이 50kVA 인 단상변압기 3대를 △결선하여 3상 3선식으로 운전하던 중 1대의 고장으로 V결선하여 운전하고 있다. 이 때의 변압기 총출력과 이용률은?

① 50 × $\sqrt{3}$ kVA, 86.6%

② 50 × 2kVA, 57.7%

③ 50 / $\sqrt{3}$ kVA, 86.6%

④ 50 / 2kVA, 86.6%

해설 • V결선시 출력 $P_V = \sqrt{3} P_1$[kVA] 단, P_1은 단상변압기 1대의 용량

$$P_V = \sqrt{3} P_1 = \sqrt{3} \times 50 = 86.6[kVA]$$

• 이용률 $= \dfrac{V결선시의\ 출력}{단상변압기\ 2대용량}$

$$= \frac{86.6}{50 \times 2} \times 100 = 86.6[\%]$$

답 : ①

14. 다음 그림은 건물의 일일 전력부하 그래프이다. 이 건물의 일부하율로 적절한 것은?

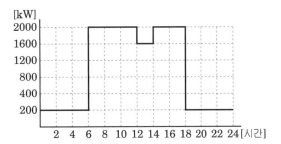

① 44.5%   ② 49.7%

③ 53.3%   ④ 56.9%

해설

$$일\ 부하율 = \frac{평균전력}{최대전력} = \frac{\dfrac{사용전력량[kWh]}{24[h]}}{최대전력[kW]} \times 100$$

∴ 일 부하율

$$= \frac{\dfrac{200 \times 6 + 2000 \times 6 + 1600 \times 2 + 2000 \times 4 + 200 \times 6}{24}}{2000} \times 100$$

$$= 53.3[\%]$$

답 : ③

15. 면적이 300m²인 사무실에서 전광속 4,950lm, 소비전력 64W인 형광램프를 설치하여 평균 조도 400lx를 만족하고 있다. 동일 사무실에서 같은 조도를 유지하면서 소비전력 33W, 발광효율 150lm/W인 LED 램프로 교체할 경우, 절감되는 총 소비전력은? (단, 형광램프와 LED 램프의 조명률 =0.49, 감광보상률 =1.2, 1등용 등기구로 동일하게 가정한다.)

① 1,550W   ② 1,705W

③ 1,860W   ④ 2,015W

해설 형광등의 개수 N

$$= \frac{1.2 \times 400 \times 300}{4950 \times 0.49} = 59.36 ≒ 60개$$

형광등의 총 소비전력 $P_1 = 64 \times 60 = 3840[W]$

LED의 광속 $F = \eta \times P = 33 \times 150 = 4950[lm/W]$

LED의 개수 $N = \dfrac{1.2 \times 400 \times 300}{4950 \times 0.49} = 59.36 ≒ 60개$

LED의 총 소비전력 $P_2 = 33 \times 60 = 1980[W]$

절감되는 총 소비전력

$$\Delta P = P_1 - P_2 = 3840 - 1980 = 1860[W]$$

답 : ③

16. 조명과 관련된 다음의 용어와 이를 나타내는 단위가 바르게 연결되지 않은 것은?

① 조도 - lx

② 복사속 - lm/sr

③ 광고 - cd

④ 휘도 - cd/m²

해설 복사속의 단위는 [W]이다.

답 : ②

17. 태양열 이용 난방방식에서 주요 구성요소로 적절하지 않은 것은?

① 집열기

② 개질기

③ 축열조

④ 순환펌프

해설 개질기는 연료전지의 구성요소이며, 연료에서 수소를 만들어내는 장치이다.

답 : ②

18. 어떤 건물의 연간 총에너지사용량 1,150MWh의 10%를 태양광발전(PV)으로 공급하려고 할 때, 다음 조건에서 필요한 태양광 최소 설치면적은?

- 단위 PV모듈 용량 : 350Wp
- 단위 PV모듈 크기 : 2m × 1m
- 태양광발전 kW당 연간 에너지생산량
  : 1,358kWh/kW
- * 기타 보정계수, 설치방식 등 다른 조건은 고려하지 않는다.

① 85m²   ② 170m²
③ 242m²   ④ 484m²

해설 • 태양광 발전량 = $1150 \times 0.1 = 115$[MWh]
- 모듈 1개의 연간 에너지생산량
  $= 0.35$[kW/개] $\times 1358$[kWh/kW] $= 475.3$[kWh/개]
- 필요한 모듈의 개수
  $= \dfrac{115 \times 10^3 [\text{kWh}]}{475.3[\text{kWh/개}]} = 241.95 \risingdotseq 242$[개]
- 태양광 설치면적
  $= 242$[개] $\times 2$[m²/개] $= 484$[m²]

답 : ④

19. 지열에너지설비의 지중열교환기에 대한 설명으로 적절하지 않은 것은?

① 수직밀폐형은 지중에 수직으로 보어홀을 천공하고 지중열교환기를 설치하는 방식을 말한다.
② 지중수평형은 지중에 수평으로 트렌치를 설치하고 지중열교환기를 설치하는 방식을 말한다.
③ 에너지파일형은 호수, 하천수 등 지표수를 하층부에 금속 파이프 형태의 지중열교환기를 설치하는 방식을 말한다.
④ 스탠딩컬럼웰형은 수직으로 지열우물공을 설치하고 지열우물공으로부터 지하수를 취수하여 열교환하는 방식을 말한다.

해설 에너지파일형은 건축물의 기초말뚝에 지중열교환기를 설치하는 방식을 말한다.

답 : ③

20. 신재생에너지 이용과 관련된 기술에 대한 설명중 적절하지 않은 것은?

① 에너지저장장치(ESS)는 생산된 전기를 배터리등 저장장치에 저장했다가 전력이 필요할 때 공급이 가능한 장치이다.
② 연료전지 본체(스택)는 연료와 산화제를 전기화학적으로 반응시켜 직접 교류전기를 생산하는 에너지변환장치이다.
③ 풍력발전시스템은 회전자(rotor)의 회전축 향에 따라 수평축과 수직축 풍력발전시스템으로 구분된다.
④ 마이크로 그리드(micro grid)는 태양광발전 등 분산전원과 기존 전력시스템이 연계되어 양방향 송배전이 가능한 전력시스템이다.

해설 연료전지 본체(스택)는 수소와 산소를 투입 또는 반응시켜 직접 전력을 생산하는 구성요소이다.

답 : ②

제3과목 : 건축설비시스템

1. 다음 그림과 같이 화살표 방향으로 유체가 흐르는 수평관로 내에 설치된 피토관(pitot tube)에 대한 설명으로 가장 적절하지 않은 것은?

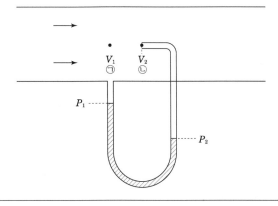

> ㉠ 지점을 통과하는 유속을 V_1
> ㉡ 지점 피토관 내 유속을 V_2, 각각의 액주계 압력을 P_1, P_2라 한다.

① 유속 V_2는 P_1과 P_2의 압력차의 루트값에 비례한다.
② P_2의 압력이 전압이다.
③ 피토관은 배관 내 유속을 측정할 수 있다.
④ P_1과 P_2의 압력차이가 동압이다.

해설 유속 $V_2 = 0$이다.

답 : ①

2. 다음과 같은 증기압축식 냉동(히트펌프) 사이클에 대한 설명으로 가장 적절하지 않은 것은?

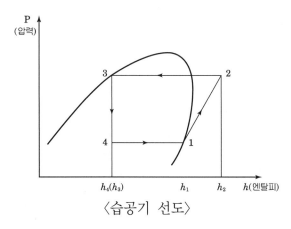

〈습공기 선도〉

① 히트펌프 냉방 COP는 $\dfrac{h_1 - h_4}{h_2 - h_1}$이다.

② 히트펌프 난방 COP는 $\dfrac{h_2 - h_3}{h_2 - h_1}$이다.

③ 히트펌프 냉방 COP는 증발온도가 낮을수록 커진다.

④ 히트펌프 난방 COP는 응축온도가 낮을수록 커진다.

해설 히트펌프 냉방 COP는 증발온도가 낮을수록 작아진다.

답 : ③

3. 보기와 같은 4가지 냉방용 공조기의 냉각코일에서 엔탈피(h) 차이를 아래 습공기선도상에서 바르게 구한 것은? (SA는 급기, RA는 환기, EA는 배기, OA는 외기이다.)

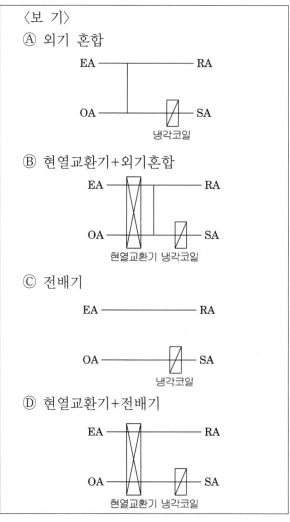

〈보 기〉
Ⓐ 외기 혼합

EA —————— RA

OA —————— SA
냉각코일

Ⓑ 현열교환기+외기혼합

EA —————— RA

OA —————— SA
현열교환기 냉각코일

Ⓒ 전배기

EA —————— RA

OA —————— SA
냉각코일

Ⓓ 현열교환기+전배기

EA —————— RA

OA —————— SA
현열교환기 냉각코일

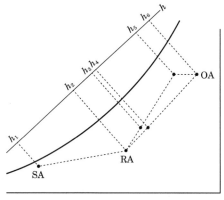

① Ⓐ $h_4 - h_2$ ② Ⓑ $h_4 - h_1$

③ Ⓒ $h_2 - h_1$ ④ Ⓓ $h_5 - h_1$

해설 ① Ⓐ 외기혼합 $h_4 - h_1$
　② Ⓑ 현열교환+외기혼합 후 냉각코일을 통과 $h_3 - h_1$
　③ Ⓒ 전배기 $h_6 - h_1$
　④ Ⓓ 현열교환 후 냉각코일을 통과 $h_5 - h_1$

답 : ④

4. 건구온도 30℃, 절대습도 0.0134kg/kg′인 공기 6,000m³/h를 표면온도 10℃인 냉각코일을 이용해 냉각할 때 제습량으로 적정한 값은? (단, 공기의 밀도=1.2kg/m³, 10℃의 절대습도=0.0076kg/kg′, 냉각코일의 바이패스 팩터=0.1)

① 27.2kg/h   ② 37.6kg/h

③ 41.8kg/h   ④ 53.3kg/h

해설 제습량(L)= $G \cdot \Delta x = \rho \cdot Q \cdot \Delta x$[kg/h]
　여기서, L : 제습량(kg/h)
　　　　　G : 공기량(kg/h)
　　　　　Q : 체적량(m³/h)
　　　　　ρ : 공기의 밀도(1.2kg/m³)
　　　　　Δx : 제습전후습도차
　　※ G(kg/h)= ρ(1.2kg/m³)$\cdot Q$(m³/h)=1.2 Q(kg/h)
　∴ 제습량(L)= $\rho \cdot Q \cdot \Delta x$
　　　　　　　=1.2×6000×(0.0134−0.0076)×0.9
　　　　　　　=37.6kg/h
　(단, BF가 0.1이므로 제습량 90%를 적용한다.)

답 : ②

5. 펌프관로의 공동현상(cavitation)에 대한 설명으로 적절하지 않은 것은?

① 펌프 흡입측의 압력은 항상 흡입구에서의 포화증기압력 이상으로 유지되어야 공동현상 발생 가능성이 줄어든다.

② 펌프관로 내 유체의 온도가 높을수록 공동 현상 발생 가능성이 줄어든다.

③ 펌프 흡입 관로측에서 얻어지는 유효흡입수두(NPSHav)는 펌프 자체에서 필요로 하는 필요흡입수두(NPSHre)보다 커야 공동현상 발생 가능성이 줄어든다.

④ 펌프의 흡입양정을 줄이고 흡입배관의 마찰 손실을 줄일수록 공동현상 발생 가능성은 줄어든다.

해설 펌프관로 내 유체의 온도가 높을수록, 마찰손실수두 가 클수록 공동현상 발생 가능성이 증가된다.

답 : ②

6. 동일한 단면적을 가진 덕트 단면의 장단변비 (aspect ratio)에 대한 설명으로 가장 적절한 것은? (단, 아래 그림과 같이 천장 단면 내에 설치된 덕트의 장변(폭)을 W, 단변(높이)를 H, 장단변비를 W/H로 정의하고, W/H는 1 이상이다.)

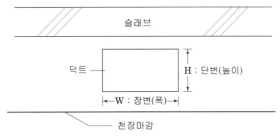

① 동일한 풍량을 송풍할 때 덕트 단면 형상이 정사각형일 경우가 직사각형일 경우보다 풍속이 커진다.

② 덕트의 장단변비가 커질수록 천장과 슬래브 사이의 높이가 증가한다.

③ 동일한 풍량을 송풍할 때 장단변비가 작을수록 마찰저항은 커진다.

④ 장단변비가 클수록 덕트 재료는 많이 소요된다.

해설 ① 동일한 풍량을 송풍할 때 덕트 단면 형상이 직사 각형일 경우가 정사각형일 경우보다 풍속이 커진다.
② 덕트의 장단변비가 커질수록 천장과 슬래브 사이의 높이가 감소한다.

③ 동일한 풍량을 송풍할 때 장단변비가 클수록 마찰저 항은 커진다.

④ 장단변비가 클수록 유속이 증가하므로 마찰저항 및 소 요동력은 증가하고, 덕트재료가 많이 소요된다.

답 : ④

7. 송풍기의 인버터 제어 방식에서 주파수를 60Hz에서 40Hz로 변경하였을 때 모터 회전수는? (단, 모터 극수는 4극, 모터 슬립률은 0)

① 1,150rpm ② 1,200rpm
③ 1,350rpm ④ 1,650rpm

해설 전동기 회전수

$$N = \frac{120f(1-s)}{P}$$

N : 회전수[rpm] f : 주파수 s : 슬립 P : 극수

$$\therefore N = \frac{120f(1-s)}{P} = \frac{120 \times 40 \times (1-0)}{4} = 1,200rpm$$

답 : ②

8. 높이 40m의 고가수조에 분당 1m³의 물을 송수할 때 펌프의 동력은? (단, 마찰손실수두 6m, 흡입양정 1.5m, 펌프효율 50%)

① 10.5kW ② 15.5kW
③ 16.5kW ④ 18.5kW

해설 펌프의 축동력(Ls) = $\frac{WQH}{KE}$[kW]에서

Q : 양수량(m³/min) → 1m³/min
H : 전양정(m) → 1.5+40+6=47.5m
W : 액체 1m³의 중량(kg/m³) → 물은 1,000kg/㎥
E : 효율(%) → 50%
K : 정수(kW) → 6,120

$$\therefore \text{펌프의 축동력}(Ls) = \frac{1,000 \times 1 \times (1.5+40+6)}{6,120 \times 0.5}$$
$$= 15.52kW$$

답 : ②

9. 다음 조건에서 송풍기 상사법칙을 이용하여 풍량 변경 후 임펠러 직경(D_2)을 구하시오.

> 〈조 건〉
> • 변경 전 풍량 $Q_1 = 5,000 \text{m}^3/\text{h}$
> • 변경 전 임펠러 직경 $D_1 = 30 \text{cm}$
> • 변경 후 풍량 $Q_2 = 1,500 \text{m}^3/\text{h}$

① 9cm   ② 15cm
③ 20cm   ④ 25cm

해설 상사의 법칙에서 $Q_2 = Q_1 \left(\dfrac{D_2}{D_1}\right)^3$

$1500 = 5000 \times \left(\dfrac{D_2}{30}\right)^3$

$\therefore D_2 = 2\text{cm}$

답 : ③

10. 냉각탑에서 어프로치(approach)에 관한 설명으로 가장 적절한 것은?

① 냉각탑 출구수온과 입구공기 습구온도의 차
② 냉각탑 출구수온과 냉각탑 입구수온의 차
③ 냉각탑 입구수온과 출구공기 습구온도의 차
④ 냉각탑 입구공기 습구온도와 출구공기 습구온도의 차

해설 어프로치(approach) : 냉각탑의 출구의 수온과 입구 공기의 습구온도의 차이다.

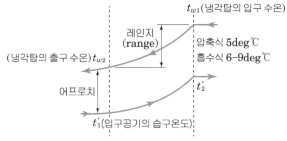

냉각탑 내의 온도 변화(수온과 습공기온도의 변화)

답 : ①

11. 일반사무실 내의 온도와 습도를 일정하게 유지하기 위한 제어방식으로 가장 적절한 것은?

① 순차제어   ② 위치제어
③ 시퀀스제어   ④ 피드백제어

해설 피드백 제어(feedback control, 폐회로 제어)
㉠ 일정한 압력을 유지하기 위해 출력과 입력을 항상
㉠ 일정한 압력을 유지하기 위해 출력과 입력을 항상
㉡ 폐회로로 구성된 폐회로 방식
㉢ 보일러 내 압력, 실내온도 등과 같이 목표치를 일정하게 정해놓은 제어에 사용
㉣ 펌프의 압력제어
※ 피드백 제어는 제어신호의 궤환에 의해 온도, 습도 등과 같은 제어량을 설정치와 비교하고, 제어량과 설정치가 일치하도록 그 제어량에 대한 수정동작을 행하는 제어이다.

답 : ④

12. 공조기 자동제어 시스템 중 공조 환기덕트에 설치되어 있는 이온화연감지기에 의해 화재가 감지되었을 때 연동제어 되어야 하는 것은?

① 급기팬   ② 차압검출기
③ 액체흐름검출기   ④ 차압밸브

해설 화재가 발생하면 급기덕트를 통해 연기가 급속하게 확산되는 현상이 발생하므로 이온화감지기에 의한 화재 감지시에 급기팬을 정지시키면 급기덕트를 통해 각 실로 연기가 급속하게 확산되는 것을 방지할 수 있다.

답 : ①

13. "한 점에 들어오고 나가는 전류의 합은 같다"는 다음 중 무슨 법칙에 해당하는가?

① 키르히호프의 법칙
② 암페어의 오른손의 법칙
③ 플레밍의 왼손의 법칙
④ 렌쯔의 법칙

*키르히호프의 제1법칙(전류 평형의 법칙)

회로 내의 임의의 접속점에서 들어가는 전류와 나오는 전류의 합은 0이다.

$\Sigma I_{\in} = \Sigma I_{out}$ (유입된 전류의 합 = 유출된 전류의 합)

*키르히호프의 제2법칙(전압 평형의 법칙)

임의의 한 폐회로 내에서 전압강하는 전체의 기전력의 합과 같다.

$\Sigma V = \Sigma IR$ (Σ기전력 = Σ전압강하)

답 : ①

14. 건물에 엘리베이터와 에스컬레이터가 많이 배치될수록 감소되는 것은?

① 저항　　　　　　② 전류
③ 전기요금　　　　④ 역률

해설 엘리베이터와 에스컬레이터에 사용되는 회전기는 일반적으로 3상 유도전동기를 사용한다. 유도전동기는 교류전동기로서 저역률의 부하이다. 이러한 부하가 많아지면 많아질수록 역률은 감소될 것이다. 한편, 부하 증대에 따른 역률 감소를 방기하기 위해 전력용 콘덴서 등을 설치한다.

답 : ④

15. 천장에 불투명선반을 만들어 광원을 넣고, 천장을 간접조명하는 건축화조명방식으로 가장 적절한 것은?

① 코퍼조명　　　　② 코브조명
③ 다운라이트조명　④ 코너조명

해설 코브조명 방식은 천장을 간접조명하는 건축화조명방식으로 천장 또는 벽 상부에 빛을 보내기 위해 사용한다.

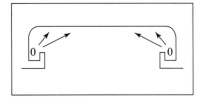

답 : ②

16. 농형과 권선형으로 구분되는 전동기로서, 공조기에 사용되는 전동기는?

① 타여자전동기　　② 3상유도전동기
③ 분권전동기　　　④ 복권전동기

해설 3상 유도 전동기의 구조는 고정자(stator) 부분과 회전자(rotor) 부분으로 구성되고 회전자의 형태에 따라 농형과 권선형으로 분류한다. 농형 유도전동기는 일반적으로 가장 많이 사용되는 유도전동기이지만 토크가 작기 때문에 펌프 그리고 공조기의 송풍기, 팬 등에 주로 사용된다.

답 : ②

17. 연간 예상에너지사용량이 1,000MWh인 신축건물에 30%의 에너지를 태양광설비(PV)로 공급하려고 할 때, 필요한 PV 최소 설치면적은?

- 단위 PV모듈 용량(W) : 400
- PV모듈 1장당 면적(m²) : 2
- PV모듈 kW당 연간 에너지생산량
  (kWh/kW·년) : 1,358
* 기타 보정계수, 설치방식 등 다른 조건은 고려하지 않는다.

① 552m²　　　　　② 1,106m²
③ 2,212m²　　　　④ 2,948m²

해설 • 태양광 발전량 = $1000 \times 0.3 = 300$[MWh]
- 모듈 1개의 연간 에너지생산량
  $= 0.4$[kW/개] $\times 1358$[kWh/kW] $= 543.2$[kWh/개]
- 필요한 모듈의 개수
  $= \dfrac{300 \times 10^3 [\text{kWh}]}{543.2 [\text{kWh/개}]} \fallingdotseq 553$[개]
- 필요한 태양광 설치 최소면적
  $= 553$[개] $\times 2$[m²/개] $= 1106$[m²]

답 : ②

18. 태양광시스템의 성능특성과 관련된 설명으로 가장 적절한 것은?

① 모듈성능의 표준시험조건(STC, Standard Test Condition)은 25℃, 1,000W/m²의 방사조도이다.

② 태양광시스템은 모듈의 표면온도가 높을수록 높은 효율을 얻을 수 있다

③ 태양광시스템은 열전효과를 통해 빛에너지를 전기에너지로 변환시킨다.

④ 동일 조건에서 고정형 어레이가 추적식 어레이보다 발전량이 많다.

해설 ② 태양광시스템은 모듈의 표면온도가 높을수록 높은 효율을 얻을 수 없다.
③ 태양광시스템은 광전효과를 통해 빛에너지를 전기에너지로 변환시킨다.
④ 동일 조건에서 고정형 어레이가 추적식 어레이보다 발전량이 적다.

답 : ①

19. 신재생에너지설비 중 지열시스템에 대한 설명으로 가장 적절하지 않은 것은?

① 지열시스템의 성능에 영향을 주는 인자로 지중열전도도, 지하수흐름, 지중열교환기 길이 등이 있다.

② 지열시스템은 지중열교환 방식에 따라 밀폐형 시스템과 개방형 시스템으로 구분된다.

③ 지열시스템은 지중의 열을 이용하는 것으로 난방에만 이용할 수 있다.

④ 스탠딩컬럼웰형은 수직으로 설치된 지열 우물공으로부터 지하수를 취수하고 열교환 후 다시 동일한 지열우물공에 주입하는 방식이다.

해설 지열시스템은 지중의 열을 이용하는 것으로 난방과 냉방에도 이용할 수 있다.

답 : ③

20. 지열시스템의 설치 방법 충 가장 적절하지 않은 것은?

① 수직밀폐형의 경우, 100~200m 깊이의 지열공을 이용하여 지중과 열교환을 한다.

② 균일 유량 분배를 위해 지중열교환기를 역환수배관(Reverse return) 방식으로 설치하거나 정유량 밸브를 설치한다.

③ 지중열교환파이프로 고밀도 폴리에틸렌(HDPE) 파이프가 사용된다.

④ 지중열교환파이프간 이격거리는 가까울수록 채열성능에 유리하다.

해설 지중열교환파이프간 이격거리는 가까울수록 채열성능에 유리하지 않다.

답 : ③

제3과목 : 건축설비시스템

---

1. 베르누이 법칙에 의하면 바람의 속도가 2배로 증가할 때 건물 표면에 작용하는 풍압은 몇 배가 되는가? (단, 온도, 풍향과 풍압계수 등 다른 조건은 모두 동일하다고 가정)

① 2배

② 4배

③ 6배

④ 8배

해설 풍압(동압) $P_V = \dfrac{\rho V^2}{2}$ 에서

여기서 ρ : 밀도, V : 유속

$P_V \propto V^2$ 이므로 처음의 유속을 1[m/s]로 하면 유속이 2배로 증가 하였으므로
변화후의 유속은 2[m/s]이다.
따라서 풍압(동압) $P_V = 2^2 = 4$배가 된다.

답 : ②

2. 습공기선도에서 온도를 일정하게 유지한 상태에서 절대습도를 증가시킬 때 습공기 상태변화에 대한 설명으로 맞지 <u>않는</u> 것은?

① 비체적이 감소한다.

② 엔탈피가 증가한다.

③ 상대습도가 증가한다.

④ 노점온도가 상승한다.

해설 온도를 일정하게 유지한 상태에서 절대습도를 증가시킬 때 비체적은 증가한다.

답 : ①

3. 먼지가 포집되면서 공기조화기 시스템에서 필터양단의 압력차가 120Pa에서 180Pa로 증가하였다. 압력손실 증가에 따른 송풍기의 증가동력은? (단, 송풍기 효율은 50%, 풍량은 2,400m³/h로 일정하다고 가정)

① 20W

② 40W

③ 80W

④ 160W

해설 축동력 $Ls = \dfrac{QP}{102 \times 60 \times E} = \dfrac{QP}{6120E}$ [kW]

Q : 풍량(m³/min) P : 정압(Pa) K : 정수(6,120)
E : 효율(%)

$Ls_1 = \dfrac{QP}{102 \times 60 \times E} = \dfrac{120 \times 2400/3600}{6120 \times 0.5} = 160$

$Ls_2 = \dfrac{QP}{102 \times 60 \times E} = \dfrac{180 \times 2400/3600}{6120 \times 0.5} = 240$

$\therefore Ls_2 - Ls_1 = 240 - 160 = 80$kW

답 : ③

4. 다음의 열원설비 특징 중 적절하지 못한 것은?

① 냉각탑은 대용량 냉동기의 응축열을 건물 외부로 방열시키는 장치이다.

② 수관식 보일러는 수관을 직관 또는 곡관으로 연결하고 관내 물을 가열하여 증기 및 온수를 발생시키는 기기이다.

③ 흡수식 냉동기는 증발기, 흡수기, 재생기, 응축기 등으로 구성된다.

④ 히트펌프는 증기압축 냉동사이클 원리를 이용하여 건물 내의 열을 외부로 방출하는 냉방 전용 기기이다.

5. 다음과 같은 장비사양을 가진 펌프의 효율로 가장 근접한 값은?

양 정	405kPa
유 량	0.02m³/s
소비전력	11.1kW

① 66%

② 73%

③ 80%

④ 82%

[해설] 펌프 축동력$(Ls)=\dfrac{WQH}{KE}$[kW]에서

Q : 양수량(㎥/min) → 0.02×60

H : 전양정(m) → 405kPa=40.5m

W : 액체 1㎥의 중량(kg/㎥) → 물은 1,000kg/㎥

E : 효율(%) → ?

k : 정수(kW) → 6,120

11.1kW $=\dfrac{1,000\times0.02\times60\times40.5}{6,120\times E}$

∴ $E=73\%$

※ 1.0MPa = 1000kPa = 100m

답 : ②

6. 다음 그림은 냉방 시 사무실의 공조계통도 및 습공기선도 상의 공기상태를 나타낸다. 댐퍼 운전방식에 대한 설명으로 가장 적절하지 **않은** 것은?

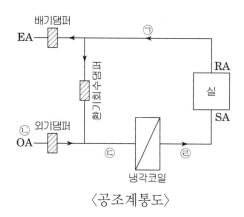

〈공조계통도〉

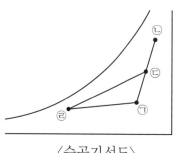

〈습공기선도〉

① 외기댐퍼 개도를 줄이면 혼합공기 엔탈피를 줄일 수 있어 코일냉방부하를 줄일 수 있다.

② 외기댐퍼를 더 열어 외기도입량을 증가시킬 경우 습공기선도 상의 ⓒ점은 ⓛ점에 가까워진다.

③ 실내 CO_2 농도 조절을 위해 외기댐퍼는 일정 개도 이상을 유지해야 한다.

④ 공조기 냉각코일이 담당하는 코일부하는 ㉠에서 ㉣구간이다.

[해설] 공조기 냉각코일이 담당하는 코일부하는 ⓒ에서 ㉣ 구간이다.(냉각코일부하)

답 : ④

7. 다음 조건을 고려할 때 그림과 같은 구간 A-B의 수평 직선배관 내 유체속도로 가장 근접한 값은?

⟨조 건⟩
- 관지름 $d = 12cm$
- 중력가속도 $g = 9.8m/s^2$
- 관마찰계수 $\lambda = 0.02$

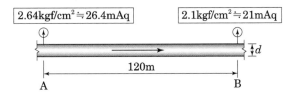

① 1.2m/s
② 2.3m/s
③ 3.2m/s
④ 4.5m/s

해설 마찰손실수두(H_f)

$$H_f = \lambda \cdot \frac{L}{d} \cdot \frac{v^2}{2g} [mAq]$$

여기서,
H_f : 길이 1m의 직관에 있어서의 마찰손실수두(mAq)
λ : 관마찰계수
d : 관의 내경(m)
L : 직관의 길이(m)
g : 중력가속도(9.8m/sec²)
ν : 관내 평균 유속(m/s)

$$26.4 - 21 = 0.02 \times \frac{120}{0.12} \times \frac{v^2}{2 \times 9.8}$$

$v^2 = 5.29$ ∴ $v = 2.3m/s$

답 : ②

8. 다음 그림과 같은 냉각수 펌프의 전양정은? (단, 냉각수 배관 직관 및 곡관 마찰손실수두 10mAq, 응축기 마찰손실수두 15mAq, 냉각탑 노즐 소요 손실수두 0.5mAq이며, 이 외 제시하지 않은 내용은 고려하지 않음)

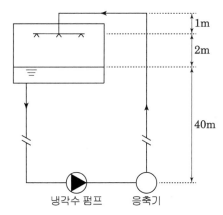

① 28.5mAq
② 21.5mAq
③ 40.0mAq
④ 68.5mAq

해설 개방회로방식
전양정 = 흡입실양정+토출실양정+마찰손실수두
+기기 및 기타저항수두
= (2+1)+10+15+0.5 = 28.5mAq

답 : ①

9. 냉각탑의 냉각수 출구온도를 낮추어 다음 P-h 선도와 같이 사이클이 변화하였을 경우 압축기 동력절감량은? (냉동기 냉매유량 1.32kg/s)

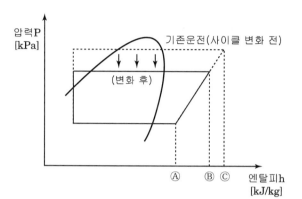

엔탈피	Ⓐ	Ⓑ	Ⓒ
h(kJ/kg)	370	410	425

① 72.6kW ② 55.2kW

③ 16.4kW ④ 19.8kW

해설 $Ls = G(h_2 - h_1)$

$Ls_1 = 1.32(425-370) = 72.6$

$Ls_2 = 1.32(410-370) = 52.8$

∴ $Ls_2 - Ls_1 = 72.6 - 52.8 = 19.8$kW

답 : ④

---

10. A사이클로 운전되던 냉동기에 냉매를 충전하여 B사이클로 운전되도록 개선하였다. 냉매 충전에 따른 COP 및 냉방용량 증가량으로 적절한 것은? (A사이클 냉매유량 = 1.0kg/s, B사이클 냉매유량 = 1.2kg/s)

A사이클		B사이클	
상태점	h(kJ/kg)	상태점	h(kJ/kg)
a1	240	b1	250
a2	420	b2	410
a3	470	b3	450

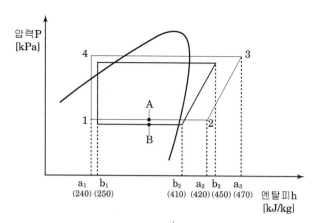

	COP 증가량	냉방용량 증가량
①	0.4	20kW
②	0.33	12kW
③	0.33	20kW
④	0.4	12kW

해설 1) COP 증가량

$$COP_A = \frac{1 \times (420-240)}{1 \times (470-420)} = 3.6$$

$$COP_B = \frac{1.2 \times (410-250)}{1.2 \times (450-410)} = 4$$

∴ 4 - 3.6 = 0.4 증가

2) 냉방용량 증가량

냉방용량 = 냉매유량×냉동효과

$q_{eA} = 1.0 \times (420-240) = 180$

$q_{eB} = 1.2 \times (410-250) = 192$

∴ $Q_{eB} - Q_{eA} = 192 - 180 = 12$kW 증가

답 : ④

---

11. 수변전설비 명칭과 심벌이 바르게 연결되지 않은 것은?

① 최대수요전력량계 - ⓋⒶⓇ

② 케이블 헤드 - ⌁

③ 전압계 - Ⓥ

④ 전력수급용 계기용변성기 - MOF

해설 VAR은 무효전력량계이다.

답 : ①

12. 건축전기설비의 에너지절약 방안으로 가장 적절하지 <u>않은</u> 것은?

① 고효율 변압기 및 조명기기를 사용한다.
② 역률개선용 콘덴서를 설치한다.
③ 현장 조건을 고려하여 전동기를 Y-△ 기동 방식과 인버터 제어방식으로 한다.
④ 여러 대의 승강기가 설치되는 경우에는 개별 관리 운행방식을 채택한다.

해설 승강기의 관리는 시간대 및 요일에 의해 정지층의 제한을 설정하고, 여러 대의 승강기가 설치되는 경우에는 군관리 운행방식을 채택한다.

답 : ④

13. 변압기의 손실 저감 대책이 <u>아닌</u> 것은?

① 권선의 단면적 증가
② 잔류자속밀도의 증가
③ 고배향성 규소강판 사용
④ 동선의 권선수 저감

해설 변압기의 철손을 저감시키기 위해서 잔류 자속밀도를 감소시킨다.

답 : ②

14. 연면적이 30,000m²인 사무용 건축물의 부하밀도가 100VA/m²이고, 수용률 40%, 부등률 1.25일 때, 이 건축물에서 필요한 직강하방식 수전설비의 용량으로 가장 적절한 것은? (단, 부하 역률 0.8로 계산)

① 960kVA
② 1,200kVA
③ 1,500kVA
④ 3,000kVA

해설 변압기용량
$$= \frac{30000 \times 100 \times 0.4}{1.25 \times 0.8} \times 10^{-3} = 1200[\text{kVA}]$$

답 : ②

15. LED 조명의 장점으로 적절하지 <u>않는</u> 것은?

① 형광등보다 효율이 높다.
② 저전압 직류전원(DC)으로 구동되며, 다른 조명보다 디밍(Dimming) 제어가 우수하다.
③ LED는 반도체 소자이며, 내열성이 우수하여 방열 대책이 필요하지 않다.
④ 응답속도가 매우 빠르며, 다양한 광색 및 기구 형태로 제작할 수 있다.

해설 LED는 P형 반도체와 N형 반도체를 결합시킨 것으로 접합부위가 열에 취약하다.

답 : ③

16. 다음 표와 같은 조건으로 사무실에 LED 조명 기구를 적용할 경우, LED 조명기구의 최소 효율은?

조 건 항 목	조 건 값
연면적	200m²
설치 등기구	50개
평균조도	400lx
전체 조명전력	1.25kW
보수율	0.8
조명률	0.5

① 140lm/W
② 150lm/W
③ 160lm/W
④ 170lm/W

해설 등기구 1개의 조명전력 $P = \frac{1250}{50} = 25[\text{W}]$

등기구 1개의 광속
$$F = \frac{ES}{UNM} = \frac{400 \times 200}{0.5 \times 50 \times 0.8} = 4000[\text{lm}]$$

조명기구의 효율 $\eta = \frac{F}{P} = \frac{4000}{25} = 160[\text{lm/W}]$

답 : ③

17. "신에너지 및 재생에너지 개발·이용·보급 촉진법"에 따른 신·재생에너지 설비에 대한 설명으로 적절하지 <u>않은</u> 것은?

① 전력저장 설비는 신에너지 및 재생에너지를 이용하여 전기를 생산하는 설비와 연계된 설비이다.

② 풍력설비는 바람의 에너지를 변환시켜 전기를 생산하는 설비이다.

③ 연료전지 설비는 수소와 산소의 전기화학반응을 통하여 전기 또는 열을 생산하는 설비이다.

④ 수력 설비는 물의 열을 변환시켜 에너지를 생산하는 설비이다.

해설 수력발전 설비는 물의 유동 및 위치에너지를 이용하여 발전하는 설비이다.

답 : ④

18. 태양열 설비에 대한 설명으로 적절하지 <u>않은</u> 것은?

① 액체식 태양열 시스템에 열교환기를 적용하는 경우에도 축열조를 설치한다.

② 겨울철 액체식 태양열 집열기의 동파를 방지하기 위해 열매체에 부동액을 사용한다.

③ 유리와 같은 투명 부재를 부착한 유창형 (glazed) 공기식 태양열 집열기의 에너지 효율은 무창형(unglazed)보다 낮다.

④ 공기식 태양열 시스템은 전열교환기를 이용하지 않아도 실내 난방 부하를 줄일 수 있다.

해설 유리와 같은 투명 부재를 부착한 유창형(glazed) 공기식 태양열 집열기의 에너지 효율은 무창형(unglazed) 보다 높다.

답 : ③

19. "신·재생에너지설비의 지원 등에 관한 지침"에 따른 태양광설비 시공기준의 내용 중 적절하지 <u>않은</u> 것은?

① 건물부착형 BAPV는 배면환기를 위해 모듈의 프레임 밑면부터 가장 가까운 지붕면 및 외벽의 이격거리는 10cm 이상이어야 한다.

② 건물일체형 BIPV는 태양광모듈을 건축물에 설치하여 건축 부자재의 역할 및 기능과 전력 생산을 동시에 할 수 있는 태양광설비이다.

③ 현재 BIPV형 모듈은 별도로 정하는 국내 품질기준이 없어 발전성능이 표기된 시험 성적서를 제출할 경우에는 사용할 수 있다.

④ 건물설치형 태양광설비를 건물 상부에 설치할 경우 모든 모듈 끝선이 건물의 외벽 마감선을 벗어나지 않도록 설치하여야 한다.

해설 BIPV형 모듈은 별도로 정하는 품질기준(KS C 8561 또는 8562 일부 준용)에 따라 '발전성능' 및 '내구성' 등을 만족하는 시험결과가 포함된 시험성적서를 제출할 경우, 인증 받은 설비와 유사한 형태(모듈의 종류 및 구조가 동일한 형태)의 모듈을 사용할 수 있다.

답 : ③

20. 다음 용어 중 신재생에너지 지열 설비시스템과 관련성이 <u>없는</u> 것은?

① 요 시스템
② 그라우팅
③ 지중열교환기
④ 보어홀

해설 요 시스템(yawing system)은 풍력발전시스템에서 바람의 방향이 바뀌게 되면 이를 감지하여 낫셀을 바람 방향으로 회전시키는 시스템이다.

답 : ①

제3과목 : 건축설비시스템

1. 다음과 같은 표준 증기압축식 냉동 사이클에 대한 설명으로 가장 적절하지 않은 것은?

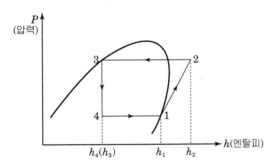

① 냉동효과 는 $h_1 - h_4$ 이다.

② 압축일은 $h_2 - h_1$ 이다.

③ 3 → 4 과정에서 엔트로피는 일정하다.

④ 증발 온도가 낮아지면 압축일은 증가한다.

[해설] 3 → 4 과정에서 엔탈피는 일정하다.

답 : ③

2. 열병합 복합화력발전에 대한 설명 중 가장 적절하지 않은 것은?

① 고온 사이클에 스팀터빈, 저온 사이클에 가스 터빈을 사용한다.

② 스팀터빈에서 증기를 추출하여 난방온수를 가열한다.

③ 전력수요와 열수요가 동시에 있는 곳에 효율적으로 적용할 수 있다.

④ 지역냉방에도 적용할 수 있다.

[해설] 복합화력발전은 천연가스를 원료로 하는 액체 또는 액체연료를 연소하여 Steam과 Gas를 복합 적용하여 전기를 발생하는 발전시스템으로 고온 사이클에서 1차 가스 터빈 2차 스팀터빈, 저온 사이클에 스팀 터빈을 사용한다.

답 : ①

3. 길이 500mm인 원형 단면 수평관의 입구 직경이 100mm이고, 직경이 완만히 감소하여 출구직경은 50mm이다. 관을 통해 흐르는 물의 입구(A) 단면에서 평균속도가 1m/s인 경우 입구(A)와 출구(B)에서의 정압 차이로 가장 적절한 것은? (단, 관내 마찰손실은 무시할 수 있으며 물의 밀도는 1,000kg/m³으로 가정)

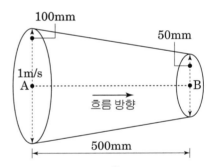

① 5.0kPa ② 7.5kPa

③ 10.0kPa ④ 12.5kPa

[해설] $Q = AV$(연속의 법칙)

$Q = A_1 V_1 = A_2 V_2$에서

$\dfrac{\pi \times 0.1^2}{4} \times 1 = \dfrac{\pi \times 0.05^2}{4} \times V_2 \rightarrow V_2 = 4$

① 입구A $= \dfrac{\rho v^2}{2} = \dfrac{1,000 \times 1^2}{2} = 500\text{Pa} = 0.5\text{kPa}$

② 출구B $= \dfrac{\rho v^2}{2} = \dfrac{1,000 \times 4^2}{2} - 8,000\text{Pa} = 8\text{kPa}$

∴ $\Delta P = 8 - 0.5 = 7.5\text{kPa}$

답 : ②

4. 다음 중 총발열량(고위발열량)과 순발열량(저위 발열량)의 차이가 가장 작은 연료는?

① 수소 ② 원유

③ 천연가스 ④ 무연탄

해설 에너지열량 환산[에너지법 관련]

	고위발열량(kcal)	저위발열량(kcal)	차이(kcal)
원유	10,750	10,080	670
천연가스	13,060	11,800	1,260
무연탄	4,730	4,630	100

답 : ④

5. 냉매 순환 유량이 0.4kg/s, COP가 6인 압축식 냉동기에서 팽창밸브 입구 냉매의 엔탈피가 120kJ/kg, 압축기 출구 냉매의 엔탈피가 420kJ/kg 이다. 외부와 열교환을 무시할 수 있는 단열 압축기의 소요 동력은?

① 10kW ② 12kW

③ 16kW ④ 20kW

해설 $G = 0.4$kg/s

응축부하 $= 0.4 \times (420 - 120)$

$COPh = \dfrac{\text{응축부하}}{\text{동력}} = \dfrac{0.4 \times (420 - 120)}{\text{동력}} = 6$

∴ 소요 동력 $= 20$kW

답 : ④

6. 직화흡수식 냉동기의 각 장치에 대한 설명으로 가장 적절하지 않은 것은?

① 흡수기는 수증기를 증발기로부터 흡수하기 위한 장치이다.

② 재생기는 흡수액을 고농도로 만들기 위해 가열하는 장치이다.

③ 응축기는 수증기를 증발기에서 재사용하기 위해 응축시키는 장치이다.

④ 증발기는 흡수액을 고압 증발시켜 냉각효과 를 얻는 장치이다.

해설 증발기는 냉각수코일 내의 냉매열을 흡수하여 냉각 효과를 얻는 장치이다.

답 : ④

7. 그림과 같이 냉동기로 공급되는 냉수관의 압력이 두 지점에서 측정되었다. 냉동기로 공급되는 유량으로 가장 적절한 것은? (단, 계산결과는 소수 둘째자리에서 반올림)

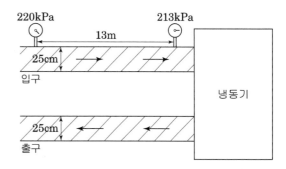

〈조 건〉
- 배관 외경 : 25cm, 관 두께 : 5mm
- 관마찰계수 : 0.03
- 중력가속도 : 9.8m/s²
※ 101.3kPa = 10.34mAq

① 4.2m³/min ② 5.5m³/min

③ 6.5m³/min ④ 8.0m³/min

해설 $\Delta P = \lambda \cdot \dfrac{\ell}{d} \cdot \dfrac{\rho v^2}{2}$

$\Delta H = \lambda \cdot \dfrac{\ell}{d} \cdot \dfrac{v^2}{2g}$

$\lambda = 0.03 \qquad L = 13$m

$d = 250 - 5 - 5 = 240$mm $= 0.24$m

$\Delta P = \dfrac{220 - 213}{101.3} \times 10.34$mAq $= 0.715$mAq

$\Delta H = \lambda \cdot \dfrac{\ell}{d} \cdot \dfrac{v^2}{2g}$

$0.715 = 0.03 \times \dfrac{13}{0.24} \times \dfrac{v^2}{2 \times 9.8} \rightarrow v = 2.94$m/s

∴ $Q = AV = \dfrac{\pi \times 0.24^2}{4} \times 2.94 = 0.133$m³/s $\times 60 = 7.98$

$= 8$m³/min

답 : ④

8. 다음 중 밸브에 대한 설명으로 적절하지 않은 것은?

① 글로브 밸브는 유량조절과 유량차단 용으로 사용되고, 밸브 내에서 유체 흐름방향이 바뀌어 밸브를 통과하는 유체저항이 크다.

② 체크 밸브는 유체를 한 방향으로만 흐르게 하고, 반대 방향의 흐름이 발생할 시 흐름을 차단하는 역할을 한다.

③ 슬루스 밸브는 일명 게이트 밸브라고도 불리며, 주로 비례제어식 유량제어용으로 사용된다.

④ 플러시 밸브는 보통 급수관에 직결하여 밸브 작동 압력이 가해질 경우 일정량의 물을 공급한 후 자동으로 잠긴다.

해설 슬루스 밸브는 일명 게이트 밸브라고도 불리며, 유체 흐름에 직각으로 간막이판을 삽입하여 유량을 가감하거나 차단하는 밸브로 개폐용으로 사용되지만, 유량조절용으로는 부적합하다.

답 : ③

9. 그림과 같이 저수조에서 고수조로 물을 공급하려고 한다. 펌프 선정을 위한 축동력으로 가장 적절한 것은? (단, 계산 결과는 소수 둘째 자리에서 반올림)

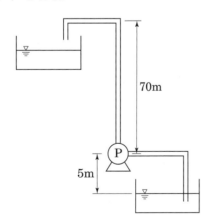

〈조 건〉
- 배관 내경 : 70mm
- 배관 내 유속 : 2.2m/s
- 배관 총길이 : 120m
- 배관 1m당 압력강하 : 60mmAq
- 물의 밀도 : 1000kg/m^3
- 펌프 효율 : 70%
- 중력가속도 : 9.8m/s^2
- ※ 배관의 기타 저항은 무시함

① 8.1kW ② 9.7kW
③ 13.1kW ④ 15.2kW

해설 펌프 축동력$(L_s)=\dfrac{WQH}{KE}$[kW]에서

먼저, $Q(\text{m}^3/\text{s})=AV=\dfrac{\pi \times 0.07^2}{4} \times 2.2 = 0.0085\,\text{m}^3/\text{s}$

$= 0.51\text{m}^3/\text{min}$

$H = 70 + 5 + (120 \times 0.06) = 82.2\text{m}$

Q : 양수량(m^3/min) → 0.51m^3/min

H : 전양정(m) → 82.2m

W : 물의 밀도 1,000kg/m^3

E : 효율(%) → 70%

K : 정수(kW) → 6,120

∴ 펌프의 축동력$(L_s)=\dfrac{1,000 \times 0.51 \times 82.2}{6,120 \times 0.7}$

$= 9.78[\text{kW}]$

답 : ②

10. 다음 그림과 같이 냉각코일의 냉수온도와 급기 온도가 측정되었다. 대향류 대수평균온도차를 이용한 냉각열량과 설계 냉각열량의 차이에 대한 설명으로 가장 적절한 것은? (단, 측정 시의 총괄열전달계수는 설계 값과 동일하며, 계산된 값은 소수 둘째 자리에서 반올림)

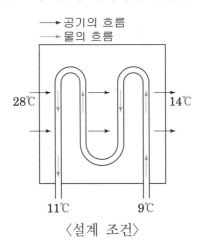

〈설계 조건〉

구 분	설계 값	단 위
총괄 열전달계수	0.8	kW/m² · K
전열면적	12	m²
설계 냉각열량	100	kW

① 설계보다 약 12.2kW 높은 성능을 보인다.
① 설계보다 약 12.2kW 낮은 성능을 보인다.
③ 설계보다 약 5.9kW 높은 성능을 보인다.
④ 설계보다 약 5.9kW 낮은 성능을 보인다.

해설 $\Delta_1 = 28 - 11 = 17℃$

$\Delta_2 = 14 - 9 = 5℃$

$\Delta t_e = \dfrac{\Delta_1 - \Delta_2}{l_n \dfrac{\Delta_1}{\Delta_2}} = \dfrac{17 - 5}{l_n \dfrac{17}{5}} = 9.81℃$

$Q = KA\Delta t_e = 0.8 \times 12 \times 9.81 = 94.18 kW$

∴ $100 - 94.18 = 5.82 ≒ 5.9 kW$

설계보다 약 5.9kW 낮은 성능을 보인다.

답 : ④

11. 다음 중 펌프에서 발생하는 공동현상(cavitation)을 줄이기 위한 방법으로 가장 적절하지 않은 것은?

① 펌프 유입수를 냉각한다.
② 펌프 유입구의 배관 직경을 크게 한다.
③ 펌프 회전속도를 높인다.
④ 펌프 유입측 저수조의 수면을 높인다.

해설 규정 회전수 내에서 운전을 하고, 펌프 회전속도를 낮춘다.

답 : ③

12. 건축물의 전기설비가 3상 4선식 22.9kV, 2,000kVA인 수전변압기를 측정해 보니 전압 22kV, 전류 58A, 소비전력이 1,800kW이었다. 현 상태에서 해당 설비의 역률은?

① 92.3%   ② 89.5%
③ 81.4%   ④ 80.3%

해설 역률 $= \dfrac{유효전력}{피상전력} \times 100 = \dfrac{1800}{\sqrt{3} \times 22 \times 58} \times 100$

$= 81.4[\%]$

답 : ③

13. 어느 공장 구역 내에 설치되어 있는 부하 종별 설비 용량 합계는 전등 200kVA, 동력 600kVA이다. 각 부하 종별 수용률을 각각 전등 부하 60%, 동력 부하 50%이며 이 때 전등 부하와 동력 부하 상호간의 부등률을 1.2라고 한다면 이 공장의 최대 수용 전력은? (단, 역률은 0.8로 함)

① 200kW   ② 250kW
③ 280kW   ④ 320kW

해설 합성최대수용전력 $= \dfrac{(200 \times 0.6 + 600 \times 0.5) \times 0.8}{1.2}$

$= 280[kW]$

답 : ③

14. LED 조명의 장점으로 가장 적절하지 않은 것은?

① 형광등보다 조명 효율이 높다.

② 다른 조명보다 디밍(dimming) 제어가 우수하다.

③ 내열성이 우수하여 방열 대책이 필요하지 않다.

④ 응답속도가 매우 빠르며, 다양한 광색 및 기구형태로 제작할 수 있다.

해설 LED는 내열성이 약하여 주위온도에 영향을 받을 수 있다.

답 : ③

15. 건축물의 실내 조명설비에 적용되는 효율적인 에너지관리 방안으로 가장 적절하지 않은 것은?

① 층별 개별 소등 스위치의 설치

② 자연광이 들어오는 창측 조명제어의 채택

③ 조도 자동조절 조명기구의 설치

④ 대기전력차단장치의 설치

해설 대기전력차단장치는 건축물 내부에서 전력을 절약하는 방식으로, 다른 지문들에 비해 상대적으로 조명설비에만 국한되지 않는 방식이다.

답 : ④

16. 다음 중 변압기 손실에 대한 설명으로 가장 적절하지 않은 것은?

① 동손의 절감을 위해 권선수를 줄이고 권선의 단면적을 증가시킨다.

② 철손의 감소를 위해 잔류자속밀도를 증가시킨다.

③ 부하전류에 의한 권선의 저항손인 동손은 전류의 제곱에 비례한다.

④ 부하유무와 상관없이 인가된 전압으로 철손이 발생한다.

해설 철손은 부하와 관계없이 발생하는 무부하손이며 고정손이다. 철손의 감소대책은 아래와 같다.
- 자속밀도 감소
- 철심재료 변경
- 아몰퍼스 변압기 채용

답 : ②

17. 건물일체형 태양광발전(BIPV)시스템의 설명으로 가장 적절하지 않은 것은?

① 건물일체형 태양광 모듈의 성능평가 요구사항을 규정하는 표준규격(KS)이 있다.

② 태양광발전 모듈을 건축물에 설치하여 건축 부자재의 역할 및 기능과 전력생상을 동시에 할 수 있는 태양광설비이다.

③ 건물일체화 적용에 따른 태양광발전 모듈의 온도 상승 제어를 위해 통풍구조가 유리하다.

④ 중앙 집중식 인버터는 마이크로 인버터보다 PV 어레이의 부분 음영에 영향을 적게 받는다.

해설 중앙 집중식 인버터는 마이크로 인버터보다 PV 어레이의 부분 음영에 영향을 더 많이 받는다.

답 : ④

18. 신축 건축물에 예상되는 연간 에너지사용량이 1,100MWh다. 이 사용량 중 20% 이상의 에너지를 태양광발전 설비(PV)로 공급하려고 할 때 필요한 태양광발전 어레이의 최소 면적은?

〈조 건〉
- 단위 PV모듈 최대출력 : 420Wp
- PV모듈 1장 면적 : 2m²
- PV모듈 1kW당 연간 에너지생산량 : 1,358kWh
- ※ 기타 보정계수, 설치방식 등 다른 조건은 고려하지 않음

① 386m²　　　　② 579m²

③ 772m²　　　　④ 1,158m²

해설 태양광어레이연간발전량 :

$1100 \times 0.2 = 220[MWh]$

어레이 최소면적 $= \dfrac{220 \times 10^3}{1358} \times \dfrac{1}{0.42} \times 2 = 771.44[m^2]$

답 : ③

19. 다음 중 태양열 설비에 대한 설명으로 가장 적절하지 않은 것은?

① 액체식 태양열 시스템에 열교환기를 적용하는 경우 축열조를 설치하지 않는다.

② 겨울철 액체식 태양열 집열기의 동파를 방지하기 위해 열매체에 부동액을 사용한다.

③ 공기식 태양열 집열기에서 가열된 공기는 건물 내 직접 분사하거나 난방시스템과 연동하여 활용된다.

④ 투과체 내부를 진공으로 만든 진공관형 집열기는 집열면에서의 열손실을 줄이는데 유리하다.

해설 액체식 태양열 시스템에 열교환기를 적용하는 경우 축열조를 설치해야 한다.

답 : ①

20. 신재생에너지설비 중 지열원 히트펌프시스템에 대한 설명으로 가장 적절하지 않은 것은?

① 지열원 히트펌프시스템은 히트펌프의 부하측 연결방식에 따라 밀폐형 시스템과 개방형 시스템으로 구분된다.

② 지열원 히트펌프시스템은 지중의 열을 이용하는 것으로 난방, 냉방 및 급탕 등에 이용할 수 있다.

③ 지열원 히트펌프시스템의 성능에 영향을 주는 인자로 지중열전도도, 지하수흐름, 지중열교환기 길이 등이 있다.

④ 에너지파일형은 건축물의 기초말뚝에 지중열교환기를 설치하는 방식을 말한다.

해설 지열히트펌프는 열 교환매체 순환방식에 따라 밀폐형과 개방형으로 구분되고 지열교환기의 매설방식에 따라 수평형과 수직형으로 구분된다.

답 : ①

제3과목 : 건축설비시스템

1. 표준 증기압축식 냉동 사이클의 각 요소에서 일어나는 과정으로 가장 적절하지 않은 것은?

① 압축기 : 등엔트로피 과정
② 응축기 : 등압 과정
③ 팽창밸브 : 등엔트로피 과정
④ 증발기 : 등압 과정

해설 증기압축식 냉동사이클에서 팽창밸브는 단열팽창으로 등엔트로피 과정이 아니고 등엔탈피 과정이다.

답 : ③

2. 가스엔진히트펌프(GHP)에 대한 설명 중 가장 적절하지 않은 것은?

① 냉방 시 외기온도가 낮아지면 응축압력이 낮아진다.
② 난방 시 외기온도가 낮아지면 증발압력이 낮아진다.
③ 냉방 시 외기온도가 낮아지면 냉방 COP가 높아진다.
④ 난방 시 외기온도가 낮아지면 난방 COP가 높아진다.

해설 GHP는 난방시 실외기에서 증발 과정으로 열을 흡수(채열)하며 이때 외기온도가 낮아지면 증발 작용이 감소하여(채열량 감소) 증발압력이 낮아지고 따라서 실내기(응축기)에서 실내 방출열량이 감소하므로 성적계수는 감소한다.

답 : ④

3. 내경 25mm의 보일러 입구 관을 통하여 물이 평균속도 2m/s로 보일러에 공급된다. 공급되는 물의 엔탈피는 h_1(kJ/kg), 출구 증기의 엔탈피는 h_2(kJ/kg)인 경우 보일러의 열전달률은? (단, 보일러 입구의 물의 밀도는 1kg/L)

① 약 $0.98 \times (h_2 - h_1)$kW
② 약 $0.42 \times (h_2 - h_1)$kW
③ 약 $0.98 \times (h_2 - h_1)$MW
④ 약 $0.42 \times (h_2 - h_1)$MW

해설 보일러 열전달률은 단위시간당 전달열량으로 보일러 출력을 의미하며, 증기량(출구 엔탈피−입구 엔탈피)으로 구한다.

$q = m \triangle h$

$m = Av = \dfrac{\pi d^2}{4} v = \dfrac{\pi (0.025)^2}{4} \times 2 \times 1000 = 0.98 L/s$
$= 0.98 \text{kg/s}$

$q = m \triangle h = 0.98(h_2 - h_1)\text{kJ/s} = 0.98(h_2 - h_1)\text{kW}$

답 : ①

4. 증기압축식 냉동기의 냉매에 관한 설명 중 가장 적절하지 않은 것은?

① ODP는 오존층파괴지수로 냉매구성 원소 중 탄소(C)가 오존층 파괴의 주 원인이다.
② R22의 ODP는 R12보다 낮다.
③ GWP는 지구온난화지수를 나타내며, R22의 GWP는 이산화탄소의 100배 이상이다.
④ R32의 GWP는 R22 보다 낮다.

해설 증기압축식 냉동기 CFC계열 냉매에서 오존층파괴의 중 주 원인물질은 염소(Cl)이다.

답 : ①

5. COP가 1.1인 가스직화식 흡수식 냉동기를 사용하는 빌딩에서 냉방용 가스 단가(원/Nm³)가 20% 인상되는 것에 대비하여 기기 교체를 계획하고 있다. 가스 단가 인상 후에도 냉방 가스비용을 인상 전과 동일하거나 더 낮게 유지하기 위해서 신규 흡수식 냉동기의 COP는 얼마 이상이어야 하는가?(단, 냉방 가스비용은 가스 사용량에 비례하는 것으로 가정)

① 1.20   ② 1.26

③ 1.32   ④ 1.38

해설 단가가20% 오르면 구입가스량은 1/1.2=0.833이 되고 가스량 0.83으로 동일한 냉동능력을 얻으려면 성적계수는 처음의 1/0.833=1.2배가 되어야한다
그러므로 처음 성적계수1.1에서 1.1×1.2=1.32가 되어야 한다.

답 : ③

6. 다름 그림은 냉방 시 사무실의 공조계통도이다. 이 공조시스템에 대한 설명으로 가장 적절하지 않은 것은?

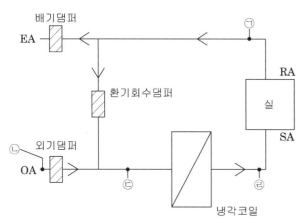

① ㉢점의 엔탈피를 줄이기 위해 폐열회수설비를 설치한다.
② 외기댐퍼를 더 열어 외기도입량을 증가시킬 경우 습공기 선도상의 ㉢점은 ㉡점에 가까워진다.

③ 전외기 운전 시 ㉡점의 엔탈피와 ㉢점의 엔탈피는 동일하다.
④ ㉠점의 엔탈피가 ㉡점의 엔탈피보다 작을 때 외기냉방운전을 할 수 있다.

해설 공조계통도에서 냉방시 외기냉방은 (ㄱ)점-실내의 엔탈피가 (ㄴ)점-외기의 엔탈피 보다 높을 때 적용이 가능하다.

답 : ④

7. 다음 그림과 같은 변풍량시스템의 제어계통도에서 ㉠~㉣ 위치에 설치하여야 할 측정 또는 제어기기 명칭이 바르게 연결되지 않은 것은?

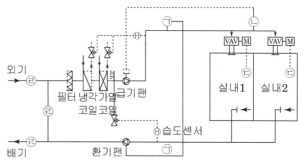

① ㉠ 속도센서(풍량측정장치)
② ㉡ CO₂ 농도 센서
③ ㉢ 서모스탯(온도측정센서)
④ ㉣ 전동풍량조절댐퍼

해설 변풍량방식에서 (ㄴ)위치(주 급기덕트 2/3위치)에는 정압센서를 설치하여 공기 소비량에 따라 정압이 변화하고, 이 정압으로 송풍기를 제어하여 풍량을 제어하며 이때 에너지 절약이 이루어진다.

답 : ②

8. 다음 보기와 같은 열교환 방식을 갖는 폐열회수기의 종류는?

〈보 기〉

배기되는 공기에 포함한 열이 배기쪽의 작동 유체를 가열하여 증발시키면 증발된 작동 유체는 급기 쪽으로 이동하여 급기에 열을 전달하는 방식

① 판형 열교환식
② 로터형 열교환식
③ 히트파이프형 열교환식
④ 모세송풍기형 열교환식

해설 히트파이프식 열교환기는 배기와 급기 사이에 증발기와 응축기를 설치하는 것으로 배기의 열을 회수하여 열매가 증발하며, 이 증기가 급기측으로 이동하여 열매가 응축되면서 급기에 열을 공급한다.

답 : ③

9. 다음과 같은 조건일 때, 코일에서 제거되는 전열량에 대한 현열량의 비는?

〈조 건〉

㉠ 코일 입구공기의 온도 : 35℃
㉡ 코일 입구공기의 엔탈피 : 72kJ/kg
㉢ 코일 출구공기의 온도 : 17℃
㉣ 코일 출구공기의 엔탈피 : 42kJ/kg
㉤ 공기의 비열 : 1.01kJ/kg/·K

① 0.606
② 0.701
③ 0.806
④ 0.901

해설 $SHF = \dfrac{현열량}{전열량}$

$= \dfrac{C\triangle t}{\triangle h} = \dfrac{1.01(35-17)}{72-42} = 0.606$

$= \dfrac{1.01(35-17)}{72-42} = 0.606$

답 : ①

10. 원심송풍기의 운전점이 그림과 같이 ⓐ점에서 작동하고 있다. 회전속도가 ⓐ점 600rpm에서 ⓑ점 1,200rpm으로 증가했을 때 정압은 약 몇 Pa로 되는가?

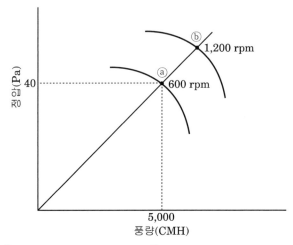

① 40Pa
① 80Pa
③ 160Pa
④ 320Pa

해설 원심 송풍기에서 정압은 회전수의 제곱에 비례하므로

$\dfrac{P_2}{P_1} = \left(\dfrac{N_2}{N_1}\right)^2$

$P_2 = P_1 \left(\dfrac{N_2}{N_1}\right)^2 = 40\left(\dfrac{1200}{600}\right)^2 = 160\text{Pa}$

답 : ③

11. 근래 수용가가 사용하는 각종 기기가 정밀해지면서 전력의 품질에 대한 수용가의 요구가 증대되고 있다. 그러므로 종래 전력품질 평가의 지표인 전압과 주파수 이외에도 다른 종류의 평가 지표가 사용되고 있다. 다음 중 전력품질을 평가하는데 사용되지 않는 것은?

① 캐스케이딩(cascading)
② 고조파(harmonics)
③ 플리커(flicker)
④ 서지(surge)

[해설] 저압뱅킹방식이란 동일 고압 배전선에 2대 이상의 변압기를 경유해서 저압측 간선을 병렬접속하여 공급하는 배전방식의 한 종류이다. 부하가 밀집된 시가지에서 주로 사용된다. 단점으로는 변압기 또는 선로의 사고에 의해서 뱅킹 내의 건전한 변압기의 일부 또는 전부가 연쇄적으로 회로로부터 차단되는 캐스케이딩 현상이 발생될 수 있다.

답 : ①

12. 다음 중 전력수요관리의 유형이 아닌 것은?

① 기저부하감소
② 최대부하이전
③ 가변부하조성
④ 전략적 소비절약

[해설] 기저부하 증대 (Valley Filling)는 경부하 시간대의 수요증대로 설비 이용률을 높이는 방법으로 최대수요 이전과 연계돼야 하며 공급설비가 대형화되어 높은 기저부하 확보가 요구된다.

답 : ①

13. 전압비 20 : 1의 단상변압기 3대로 1차측을 $\triangle$결선하고 2차측을 Y결선하여, 1차측에 선간전압 2,200V를 가했을 때의 무부하 2차측 선간전압은?

① 180V
② 190.5V
③ 200V
④ 210.5V

[해설] 변압기를 Y결선하는 경우 선간전압은 상전압의 $\sqrt{3}$배이다.

$$2200 \times \frac{1}{20} \times \sqrt{3} = 190.53[V]$$

답 : ②

14. 어떤 건물에서 전력을 수전해서 저압으로 옥내 배전하고자 한다. 이 건물 내에 설치된 총 설비부하용량은 1,000W이고 수용률은 60% 라고 한다면 이 건물에 전력 을 공급하기 위한 변압기의 용량으로 다음 중 가장 적절한 것은? (단, 이 건물 내 설비 부하의 종합 역률은 0.85(지상)임)

① 200kVA
② 300kVA
③ 500kVA
④ 750kVA

[해설] 변압기 용량 $= \dfrac{\text{설비용량} \times \text{수용률}}{\text{부등률} \times \text{역률}} = \dfrac{1000 \times 0.6}{0.85}$
$= 705.88[\text{kVA}]$
→ 750[kVA]를 선정

답 : ④

15. 건축물의 실내조명설비에 적용되는 효율적인 에너지 절약 방안으로 가장 적절하지 않은 것은?

① 층별 개별 소등 스위치의 설치
② 자연광이 들어오는 창측 조명제어의 채택
③ 조명기구의 배광방식으로 간접조명방식의 채택
④ 조도 자동조절 조명기구의 설치

[해설] 간접조명방식은 광원에서 나와 사방으로 흩어지는 빛의 일부만이 대상 영역 또는 물체에 비추므로 잃는 빛이 많아 효율적인 에너지 절약 방안과는 거리가 멀다.

답 : ③

16. 어느 사무실에 연간 4,000 시간을 사용하는 40W 형광램프 2등용 조명기구 100세트가 설치되어 있는데, 이를 18W LED 직관형램프 2등용 조명기구 100세트로 교체한 경우에 단순투자회수기간은 몇 년인가? (단, 계산 시 적용 전기요금은 120원/kWh, LED 직관형 램프 2등용 조명기구 세트의 교체 설치비용은 90,000원/세트이며, 소수점 둘째자리에서 반올림 함)

① 4.5년   ② 4.3년

③ 4.1년   ④ 4.0년

[해설] • 형광램프 연간 사용 전력량 :

$40[W] \times 2 \times 100[개] \times 4000[h] \times 10^{-3} = 32000[kWh]$

• LED 연간 사용 전력량 :

$18[W] \times 2 \times 100 \times 4000[h] \times 10^{-3} = 14400[kWh]$

• 연간 전력 사용 절감량 :

$32000 - 14400 = 17600[kWh]$

• 연간 전력 사용 절감액 :

$17600 \times 120 = 2,112,000[원]$

• LED 총 설치 비용 :

$100 \times 90000 = 9,000,000[원]$

• 투자회수기간 $= \dfrac{90000000}{2112000} = 4.3년$

답 : ②

17. 최대 출력(P_{max})이 400W인 태양광 모듈의 표면 온도가 60℃일 때, 다음 조건에서 이 모듈의 출력은?

〈조 건〉

• 모듈에 입사되는 일사량 : 800W/m²

• 모듈의 최대출력 온도계수 :

  -0.38%/℃

• 태양광 모듈의 표준 시험조건(Standard Test Condition)

  – 일사량 : 1,000W/m²

  – 모듈 표면온도 : 25℃

① 247.0W   ② 277.4W

③ 308.8W   ④ 320.0W

[해설] 온도상승에 따른 효율저하

$35[°C] \times 0.38 = -13.3[\%]$

온동상승 및 일사량 감소시 모듈 출력

$P = 400 \times 0.8 \times (1 - 0.133) = 277.44[W]$

답 : ②

18. 태양열 이용 설비에 대한 설명으로 가장 적절하지 않은 것은?

① 집열판에 적용되는 파장 선택 흡수막 (selective coating)은 집열판의 태양에너지 흡수율과 방사율을 높인다.

② 평판형 집열기의 열손실을 낮추기 위해 집열판 후면에 단열재를 적용한다.

③ 진공관형 집열기는 대류열손실이 낮아 평판형 집열기에 비해 단위면적당 태양열 집열효율이 높다.

④ 액체식 태양열 집열기의 동파 방지를 위해 열 매체에 부동액을 혼합하여 사용한다.

[해설] 선택흡수막은 집열판의 태양에너지 흡수율은 높이고, 방사율은 낮춘다.

답 : ①

19. 태양광 발전(PV) 설비와 관련한 설명 중 가장 적절하지 않을 것은?

① 태양광 모듈의 발전특성을 나타내는 I-V 곡선을 통해 모듈의 최대출력을 파악할 수 있다.

② 인버터는 태양광 어레이에서 발생된 직류전력을 교류전력으로 변환시키는 역할을 한다.

③ 건물일체형 태양광발전(BIPV) 시스템에서 통풍구조를 적용하면 발전효율을 증진시키는데 효과적이다.

④ 역전류방지 다이오드(blocking diode)는 부분 음영에 의한 모듈의 핫 스팟(hot spot) 현상을 방지하기 위해 설치한다.

[해설] • 바이패스 다이오드 : 부분 음영에 따른 손실을 최소화 하는데 큰 역할을 한다. (열점에 의한 모듈손상을 방지해 주고, 또한 부분음영에서 오는 전력손실을 막아 준다.)

- Blocking-Diode : 태양광 발전은 일반적으로 주간에 햇빛이 있을 때 발전해서 축전지에 전력을 충전해 두었다가 햇빛이 없는 야간에도 사용할 수 있도록 하지만, 야간에는 Solar Cell에 전압이 유기되지 않으므로, 축전지 전압에 의해서 전류가 역류하여 축전지가 방전되어 버릴 수가 있으므로 이를 방지하기 위해 Blocking Diode를 설치한다. 즉, Blocking Diode는 햇빛이 없어서 Solar Cell 이 발전할 수 없을 때 축전지로부터 Solar Cell 로 전류가 역류하는 것을 방지하는 역할을 한다.

답 : ④

20. 지열히트펌프 시스템에 대한 설명으로 가장 적절 하지 않을 것은?

① 혹한기 운전 시 공기열원히트펌프보다 난방 COP가 높다.
② 지중온도가 상승하면 냉방 COP가 높아진다.
③ 지중열교환 방식에 따라 밀폐형 시스템과 개방형 시스템으로 구분된다.
④ 난방 시 지중열교환기는 증발기측이 된다.

해설 지열히트펌프에서 냉방시 지중 열교환기는 응축기 역할을 하므로 지중온도가 상승하면 응축이 불량하고 따라서 실내 증발기 냉동효과도 감소하여 냉방 COP는 감소한다.

답 : ②

제3과목 : 건축설비시스템

1. 증기 동력 재생사이클(Regenerative Cycle)에 대한 설명 중 가장 적절하지 않은 것은?

① 보일러에서는 등압과정으로 증기가 발생된다.

② 응축기(복수기) 압력이 높아지면 터빈에서 발생하는 일이 증가한다.

③ 터빈과 펌프에서는 단열과정으로 작동유체의 상태가 변화한다.

④ 다수의 급수가열기를 사용하면 하나의 급수가열기를 사용하는 것보다 열효율을 증가시킬 수 있다.

해설 증기동력 재생사이클에서 복수기 압력이 높아지면 터빈일은 감소한다. 복수기에서 냉각이 잘될수록 압력은 낮아지고 터빈일은 증가한다.

답 : ②

2. 고온부가 300K, 저온부가 270K인 이상적인 카르노 냉동사이클의 성적계수(COP)는?

① 5

② 7

③ 9

④ 10

해설 역 카르노사이클의 성적계수는

$$COP = \frac{T_2}{T_1 - T_2} = \frac{270}{300 - 270} = 9$$

답 : ③

3. 보일러에서 발생되는 증기압력은 700kPa이며 이 때의 증기건도는 95%였다. 이 증기의 엔탈피는 약 얼마인가?(단, 700kPa에서 포화액의 엔탈피는 697.2kJ/kg, 포화증기의 엔탈피는 2,763.5kJ/kg)

① 2,618kJ/kg

② 2,660kJ/kg

③ 2,853kJ/kg

④ 3,323kJ/kg

해설 건도 95% 엔탈피는
h=h′+x(h″−h′)=697.2+0.95(2763.5−697.2)=2660.2

답 : ②

4. 수평덕트 내를 흐르는 공기의 전압과 정압을 측정한 결과 각각 200Pa, 160Pa이었다. 이 경우 덕트 내 공기의 유속으로 가장 적절한 것은?(단, 공기의 밀도는 1.2kg/m³)

① 8.2m/s　　　② 12.1m/s

③ 20.4m/s　　　④ 33.3m/s

해설 덕트내 동압=전압−정압=200−160=40Pa

동압$=\frac{v^2}{2}\rho$에서 $v = \sqrt{\frac{2 \times p_v}{\rho}} = \sqrt{\frac{2 \times 40}{1.2}} = 8.2\text{m/s}$

답 : ①

5. 지름 100mm인 배관을 속도 4m/s로 물이 흐를 때 길이 50m에서의 압력손실(kPa)은 얼마인가?(단, 물의 밀도는 1,000kg/m³, 마찰계수는 0.035, 중력가속도는 9.8m/s²)

① 14kPa
② 140kPa
③ 280kPa
④ 1,372kPa

해설 압력손실 $= \dfrac{f \times L \times v^2 \times \rho}{d \times 2} = \dfrac{0.035 \times 50 \times 4^2 \times 1000}{0.1 \times 2}$
$= 140,000\text{Pa} = 140\text{kPa}$

답 : ②

6. 증발압력 $P_{evap} = 200\text{kPa}$, 응축압력 $P_{cond} = 900\text{kPa}$인 이상적인 증기압축식 냉동 사이클의 성적계수(COP)를 다음 표와 조건을 사용하여 구하시오.

[표1] 냉매 포화상태량표

P [kPa]	t [℃]	Enthalpy [kJ/kg]		Entropy [kJ/(kg·K)]	
		h_f	h_g	s_f	s_g
200	-10.1	38.4	244.5	0.1550	0.9379
900	35.5	101.6	269.3	0.3738	0.9171

[표2] 냉매 과열증기표

압력=900kPa		
$t[℃]$	$h[\text{kJ/kg}]$	$s[\text{kJ/(kg·K)}]$
40.0	274.2	0.9328
41.5	275.8	0.9379
50.0	284.8	0.9661

〈조 건〉

- 증발기 출구 상태 : 포화증기
- 응축기 출구 상태 : 포화액
- 등압 증발 및 등압 응축
- 등엔트로피 압축
- 등엔탈피 팽창
- P : 압력, t : 온도, h : 엔탈피, s : 엔트로피
- 하첨자 f : 포화액, g : 포화증기

① 3.67
② 3.97
③ 4.27
④ 4.57

해설 성적계수를 구하기 위해 각점 엔탈피를 구해보면
(1) 증발기입구=응축기출구=101.6kJ/kg
(2) 증발기출구=244.5kJ/kg
(3) 압축기 입구=244.5kJ/kg
(4) 압축기출구는 응축압력(900kPa)에서 증발기출구(S=0.9379)와 엔트로피가 같으므로 900kPa에서 S=0.9379인 점 엔탈피 275.8kJ/kg

$\text{COP} = \dfrac{\text{냉동효과}}{\text{압축일}} = \dfrac{\text{증발기출구-증발기입구}}{\text{압축기출구-압축기입구}}$
$= \dfrac{244.5 - 101.6}{275.8 - 244.5} = 4.565 = 5.57$

답 : ④

7. 증기압축식 냉동기의 냉매에 관한 설명 중 가장 적절하지 않은 것은?

① R32의 가연성은 R22보다 낮다.
② R32의 ODP는 R22보다 낮다.
③ R32는 단일냉매이고, R410A는 혼합냉매이다.
④ R32의 GWP는 R22보다 낮다.

해설 R32는 R22의 대체냉매에 속하는데 가연성은 R32가 더 크다.

답 : ①

8. 흡수식 냉동기의 각 장치에 대한 설명으로 적절하지 않은 것은?

① 증발기는 액냉매를 증발시켜 냉각효과를 얻는 장치이다.

② 재생기는 흡수액을 고농도로 만들기 위해 가열하는 장치이다

③ 응축기는 흡수액을 응축시키는 장치이다.

④ 흡수기는 증발기에서 발생된 수증기를 흡수하기 위한 장치이다.

해설 흡수식 냉동기에서 응축기는 냉매(물)를 응축시킨다.

답 : ③

9. 그림과 같이 저수조에서 고수조로 물을 공급하려고 한다. 펌프 선정을 위한 축동력(kW)으로 가장 적절한 것은?

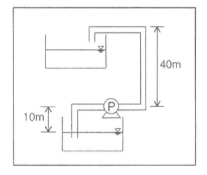

〈조 건〉

• 배관 내경 : 60mm

• 배관 내 유속 : 2m/s

• 배관 총길이 : 100m

• 배관 1m당 압력강하 : 50mmAq

• 물의 밀도 : 1,000kg/m³

• 펌프 효율 : 60%

• 중력가속도 : 9.8m/s²

※ 배관의 기타 저항은 무시함

① 4.1kW

② 5.1kW

③ 6.1kW

④ 7.1kW

해설 펌프유량 $Q = Av = \dfrac{\pi d^2}{4} \times v = \dfrac{\pi \times 0.06^2}{4} \times 2$

$\qquad\qquad = 5.652 \times 10^{-3} \text{ m}^3/s = 5.652\text{L/s} = 5.652\text{kg/s}$

양정=실양정+마찰손실수두=(40+10)+(100×50/1000)=55mAq

축동력$= \dfrac{QH}{102E} = \dfrac{5.652 \times 55}{102 \times 0.6} = 5.08\text{kW} = 5.1\text{kW}$

답 : ②

10. 실내 현열부하 75kW를 처리하기 위한 적절한 급기 송풍량(m³/h)을 구하라.

〈조 건〉

• 실내 온도 : 25℃

• 급기 온도 : 12℃

• 외기 온도 : 32℃

• 공기 밀도 : 1.2kg/m³

• 공기 정압비열 : 1.00kJ/(kg · ℃)

① 11,200m³/h

② 17,300m³/h

③ 24,900m³/h

④ 32,100m³/h

해설 실내 송풍량은 현열부하와 취출온도차로 구한다.

$Q = \dfrac{q_s}{\rho C \triangle t_d} = \dfrac{75 \times 3600}{1.2 \times 1(25 - 12)} = 17307 = 17300\text{m}^3/\text{h}$

답 : ②

11. 다음 전기설비 용어에 대한 개념이 바르게 연결된 것은?

① 부하율 : $\dfrac{평균부하전력}{최대수요전력} \times 100\,(\%)$

② 부등률 : $\dfrac{합성최대전력}{각\ 부하설비\ 최대전력합계}$

③ 역률 : $\dfrac{피상전력}{유효전력}$

④ 수용률 : $\dfrac{부하설비용량합계}{최대수요전력} \times 100\,(\%)$

해설

• 부등률 $= \dfrac{각\ 부하설비\ 최대전력합계}{합성최대전력}$

• 역률 $= \dfrac{유효전력}{피상전력}$

• 수용률 $= \dfrac{최대수요전력}{부하설비용량} \times 100\,[\%]$

답 : ①

12. 건축전기설비의 에너지절약 방안으로 가장 적절하지 않은 것은?

① 고효율 변압기 및 조명기기를 사용한다.
② 역률개선용 커패시터(콘덴서)를 설치한다.
③ 모든 전동기를 직입 기동방식으로 채택한다.
④ 여러 대의 승강기가 설치되는 경우에는 군 관리 운행방식을 채택한다.

해설 3상 유도전동기의 경우 일정 용량 이상이 되면 기동 전류가 매우 크기 때문에 전력손실, 전동기의 수명 등 에 영향을 미친다. 그러므로 와이-델타 기동법, 리액터 기동법 등의 적당한 기동방식을 채택하여 운영하여야 한다.

답 : ③

13. 무정전 전원장치(UPS : Uninterruptible Power Supply)의 전원공급 순서로 알맞은 것은?

A : 전원입력
B : 정류기/충전부 동작
C : 인버터 동작
D : 축전 및 DC공급
E : 출력공급

① A → B → C → E → D
② A → B → D → C → E
③ A → D → C → B → E
④ A → D → B → C → E

해설

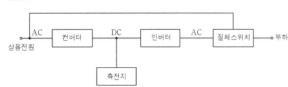

답 : ②

14. 용량이 100kVA인 단상변압기 3대를 Δ결선 하여 3상 3선식으로 운전하던 중 1대의 고장으 로 V결선하여 운전하고 있다. 이 때의 변압기 총 출력과 이용율은?

① 100kVA, 57.7%
② 100kVA, 86.6%
③ 173.2kVA, 57.7%
④ 173.2kVA, 86.6%

해설 변압기 V결선시 출력
$P_V = \sqrt{3}\,P_1\,[\mathrm{kVA}]$ 단, 여기서 P_1은 단상 변압기 1대 용량
$P_V = \sqrt{3} \times 100 = 173.2\,[\mathrm{kVA}]$
변압기 이용률
이용률 $= \dfrac{V결선시\ 출력}{변압기\ 2대용량} \times 100 = \dfrac{173.2}{200} \times 100 = 86.6\,[\%]$

답 : ④

15. 기존 사무실에 18W LED 직관형 2등용 조명기구를 적용하여 리모델링 하고자 한다. 다음 조건을 만족하는 등기구 수는 몇 개인가?

〈조 건〉

- 연면적 : 300m²
- 등기구 효율 : 150lm/W
- 평균조도 : 500lx
- 보수율 : 0.8
- 조명률 : 0.5

① 40개   ② 50개
③ 60개   ④ 70개

해설 등개수 $N = \dfrac{ES}{FUM} = \dfrac{500 \times 200}{18 \times 2 \times 150 \times 0.5 \times 0.8} = 69.44$

∴ 70개

답 : ④

16. 다음 에너지절감을 위한 고효율 LED 조명설비의 교체 계획 중 연간 에너지절감량이 가장 큰 것은?(단, [ ]안은 연평균 일일 조명사용 시간임)

① 화장실[2시간] : (기존) 40W 백열전구→ (교체) 10W LED 램프
② 복도[2시간] : (기존) 20W 형광램프→(교체) 10W LED 램프
③ 대강당[8시간] : (기존) 250W 나트륨램프 →(교체) 100W LED 다운라이트
④ 사무실[8시간] : (기존) 4×32W 형광램프→ (교체) 50W LED 평판등

해설 각 장소의 에너지 절감량 계산
① 화장실 : $40 \times 2 - 10 \times 2 = 60$
② 복도 : $20 \times 2 - 10 \times 2 = 20$
③ 대강당 : $250 \times 8 - 100 \times 8 = 1200$
④ 사무실 : $4 \times 32 \times 8 - 50 \times 8 = 624$

답 : ③

17. 건물일체형 태양광발전(BIPV : Building-Integrated Photovoltaic)시스템의 설명으로 틀린 것은?

① 태양광발전 모듈을 건축자재화하여 이용가능하다.
② 건물일체화 적용에 따른 태양광발전 모듈의 온도상승을 방지하기 위해 통풍구조가 유리하다.
③ 일반적으로 건물일체형 태양광 모듈(BIPV)은 일반태양광모듈(PV)보다 가격이 저렴하다.
④ 태양광발전 어레이를 설치할 별도의 부지가 필요없다.

해설 일반적으로 건물일체형 태양광 모듈(BIPV)은 일반태양광모듈(PV) 보다 가격이 비싸다.

답 : ③

18. 표준시험조건(STC)에서 최대 출력($P_{\max}$)이 550W인 태양광 모듈의 최대출력 온도계수가 $-0.38\%/℃$일 때, 다음 조건에서 이 모듈의 출력은?(단, STC 조건은 일사량 : 1,000W/m², 모듈 표면온도 : 25℃)

〈조 건〉

- 모듈에 입사되는 일사량 : 800W/m²
- 모듈의 표면온도 : 65℃

① 277.4W   ② 373.1W
③ 381.5W   ④ 583.0W

해설
- 온도상승에 따른 계수
  $\Delta t = 65 - 25 = 40℃ \rightarrow 40℃ \times (-0.38) = -15.2[\%]$: 15.2% 감소
- 모듈의 일사량 감소량 : $1000[\text{W/m}^2] \rightarrow 800[\text{W/m}^2]$: 20% 감소
- 모듈의 출력 $P = 550 \times 0.8 \times 0.848 = 373.1[\text{W}]$

답 : ②

19. 지열에너지를 이용한 지열 히트펌프의 사이클의 순서가 바르게 연결된 것은?

① 압축기 → 응축기 → 팽창밸브 → 증발기
② 압축기 → 팽창밸브 → 응축기 → 증발기
③ 압축기 → 증발기 → 팽창밸브 → 응축기
④ 압축기 → 팽창밸브 → 증발기 → 응축기

해설 지열 히트펌프 사이클
압축기 → 응축기 → 팽창밸브 → 증발기

답 : ①

20. 연료전기에 대한 설명으로 적합하지 않은 것은?

① 인산형(PAFC)은 백금을 전극촉매로 사용하며, 병원, 호텔, 건물 등 분산형 전원으로 이용 가능하다.
② 용융탄산염(MCFC)은 시스템효율이 높기 때문에 중대용량 전력용으로 사용가능하다.
③ 고체산화물형(SOFC)은 낮은 운전온도로 동작하며, 대형 발전시스템의 용도로 적용가능하다.
④ 고분자전해질형(PEMFC)은 우수한 내구성을 가지고 있어, 자동차 동력원으로 적합하다.

해설 고체 산화물형(SOFC)은 700~1000℃ 정도의 높은 운전온도로 동작하며, 대행 발전시스템의 용도로 적용 가능하다.

답 : ③

제3과목 : 건축설비시스템

1. 습공기선도에서 건구온도를 일정하게 유지한 상태에서 절대습도를 증가시킬 때의 습공기 상태변화에 대한 설명으로 가장 적절하지 않은 것은?

① 엔탈피가 증가한다.
② 습구온도가 감소한다.
③ 상대습도가 증가한다.
④ 노점온도가 증가한다.

[해설] 건구온도가 일정하고 절대습도가 증가하면 습구온도는 증가한다.

①→②

$t_2' > t_1'$

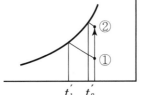

답 : ②

2. 다음과 같은 표준증기압축식 냉동사이클에 대한 설명으로 가장 적절하지 않은 것은?

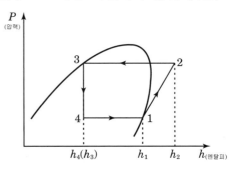

① 압축일은 $h_2 - h_1$ 이다.
② 냉동효과는 $h_1 - h_4$ 이다.
③ 3→4과정에서 냉매의 엔트로피는 증가한다.
④ 응축 온도가 높아지면 냉방 성적계수는(COP)는 증가한다.

[해설]
응축온도가 높아지면 성적계수(COP)는 감소한다.
① 응축온도상승 → ②
압축일 Aw_1 → Aw_2

성적계수 $1 = \dfrac{gr}{Aw_1}$

성적계수 $2 = \dfrac{gr}{Aw_2}$

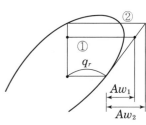

$Aw_2 \rangle Aw_1$ 이므로
성적계수 2 〈 성적계수 1이다.

답 : ④

3. 수평덕트 내를 흐르는 공기의 전압과 정압의 차이가 20Pa이라면 덕트 내 공기의 유속으로 가장 적절한 것은? (단, 공기의 밀도는 $1.2kg/m^3$)

① 2.9m/s ② 4.1m/s
③ 5.8m/s ④ 6.4m/s

해설

동압=전압−정압=20Pa

동압 $= \dfrac{v^2}{2} \times \rho$ 에서 $v^2 = \dfrac{동압 \times 2}{\rho} = \dfrac{20 \times 2}{1.2} = 33.3$

$v = \sqrt{33.3} = 5.8m/s$

답 : ③

4. 다음 조건과 같이 물과 물이 열교환하는 대향류(Counter Flow) 열교환기에서 대수평균온도차(LMTD : Logarithmic Mean Temperature Difference, OC) 는 얼마인가?

〈조 건〉

• 고온수 유량 : 0.1kg/s
• 고온수 입구 온도 : 80℃
• 고온수 출구 온도 : 40℃
• 저온수 유량 : 0.2kg/s
• 저온수 입구 온도 : 30℃

① 12.3℃ ② 15.0℃
③ 17.3℃ ④ 18.2℃

해설

1. 대향류에서 대수평균온도차 MTD는 아래와 같다.

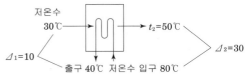

2. 저온수 출구 온도를 열평형식으로 구하면

$WC \Delta t_1 = WC \Delta t_2$

$0.1(80-40) = 0.2(t_2 - 30)$

$t_2 = 50℃$

3. $MTD = \dfrac{\Delta_1 - \Delta_2}{\ln \dfrac{\Delta_1}{\Delta_2}} = \dfrac{10-30}{\ln \dfrac{10}{30}} = 18.2$

답 : ④

5. 물이 들어있는 탱크 수면에 100kPa의 대기압이 작용하는 경우 수심 10m인 지점의 절대압력은? (단, 물의 밀도는 $1,000kg/m^3$, 중력가속도는 $9.8\ m/s^2$)

① 98kPa
② 108kPa
③ 198kPa
④ 208kPa

해설

수심 10m 게이지압

$P = \rho g h = 1000 \times 9.8 \times 10 = 9.8 \times 10^4 Pa = 98kPa$

절대압력=대기압+게이지압
      =100+98=198kPa

답 : ③

6. 다음 조건에서 환기에 의한 현열부하는? (단, 폐열회수는 없다고 가정)

〈조 건〉

• 외기온도 : −5℃
• 공기 비체적 : $0.83m^3/kg$
• 천장고 : 2.7m
• 환기횟수 : 1.5회/h
• 실내온도 : 24℃
• 공기 정압비열 : 1.00kJ/kg · ℃
• 바닥면적 : 200m²

① 3.15kW ② 5.30kW
③ 7.86kW ④ 9.25kW

해설

현열부하 $= mc \Delta t = \dfrac{(200 \times 2.7 \times 1.5)}{0.83} \times 1 \times (24 - (-5))$

$= 28.301kJ/h = 7.86kW$

답 : ③

7. 공조 시스템에서 냉방시 냉수온도를 낮춰 공조기 급기온도를 낮출 경우 나타나는 현상에 대한 설명으로 적절하지 않은 것은?

① 냉동기 성적계수(COP)가 향상되어 냉동기 동력을 감소시킬 수 있다.

② 냉수 순환유량을 감소시켜 냉수펌프의 동력 절감이 가능하다.

③ 급기구와 덕트의 결로 가능성이 높아진다.

④ 공급풍량을 줄일 수 있어 덕트 크기와 팬 동력 감소가 가능하다.

해설 급기온도가 낮은 경우 냉수온도가 낮아지고 증발온도가 낮아지므로 성적계수는 감소하여 냉동기 동력은 증가한다.

답 : ①

8. 전압력 P_1, 회전수 N_1으로 운전되는 원심형 송풍기의 회전수를 N_2로 변화시킬 때, 전압력 P_2는?

① $P_2 = \left(\dfrac{N_2}{N_1}\right)^{0.5} P_1$ ② $P_2 = \left(\dfrac{N_2}{N_1}\right) P_1$

③ $P_2 = \left(\dfrac{N_2}{N_1}\right)^2 P_1$ ④ $P_2 = \left(\dfrac{N_2}{N_1}\right)^3 P_1$

해설 상사법칙에서 전압력은 회전수 제곱에 비례한다.

$\dfrac{P_2}{P_1} = \left(\dfrac{N_2}{N_1}\right)^2$ ∴ $P_2 = P_1\left(\dfrac{N_2}{N_1}\right)^2$

답 : ③

9. 다음 표와 조건에서 공랭식 냉방기의 성적계수 (COP)는 약 얼마인가? (단, 수증기 현열은 고려하지 않음)

〈에너지열량 환산기준〉

	온도 (℃)	절대습도 (kg/kgDA)	풍량 (m³/h)
입구	26.2	0.0106	1,090
출구	12.1	0.0082	–

〈조 건〉

• 전체 소비전력 : 2.4kW
• 공기 정적비열 : 0.718kJ/kg · ℃
• 공기 정압비열 : 1.00kJ/kg · ℃
• 공기 비체적 : 0.83m³/kg_DA
• 수증기 증발잠열 : 2,500kJ/kg

① 3.06
② 3.56
③ 4.06
④ 4.56

해설 성적계수 $COP = \dfrac{Qr}{Aw} = \dfrac{냉동능력}{소비전력}$ 에서

1. 냉동능력 $= m \cdot \triangle h$ 에서
   ① $m = (1090/0.83) = 1313.25$ kg/h
   ② $h_1 = C_p t + r \cdot x = 1.0 \times 26.2 + 2500 \times 0.0106 = 52.7$ kJ/kg
   $h_2 = C_p t + r \cdot x = 1.0 \times 12.1 + 2500 \times 0.0082 = 32.6$ kJ/kg
   냉동능력 $= m \cdot \triangle h = 1313.25(52.7 - 32.6) = 26.396$ kJ/h
   $= 7.33$ kW

2. 성적계수 $COP = \dfrac{냉동능력}{소비전력} = \dfrac{7.33}{2.4} = 3.06$

답 : ①

10. 펌프 및 배관시스템에서 발생하는 공동현상 (Cavitation)을 줄이기 위한 방법으로 가장 적절하지 않은 것은?

① 펌프 회전속도를 증가시킨다
② 펌프 설치 위치를 낮춘다.
③ 펌프 유입수 온도를 낮춘다.
④ 펌프 유입구의 배관 지름을 크게 한다.

해설 공동현상은 마찰손실로 압력이 감소하거나 유입수온도가 증가할 때 발생하므로, 펌프 회전속도를 증가시키면 유속이 증가하고 동압이 증가하면 압력(정압)은 감소하여 공동현상이 발생하기 쉽다.

답 : ①

11. 최대수요전력제어·방법의 설명 중 직접적인 방법으로 가장 적절하지 않은 것은?

① 일정시간대에 집중 부하전력을 다른 시간대로 변경이 어려운 경우, 목표전력을 초과하지 않도록 차단이 가능한 부하를 일시적으로 강제 차단한다.
② 최대수요전력을 구성하는 부하 중 피크시간대에서 다른 시간대로 운전을 옮길 수 있는 부하를 파악하여 다른 시간대로 이행시킨다.
③ 부하특성을 검토하여 목표전력을 초과하는 일부 부하를 자가용발전설비로 분담하게 한다.
④ 변압기 2차측 역률자동제어조절장치를 설치하여 효율적인 전력 운용 관리를 할 수 있는 방안으로 운전한다.

해설 역률을 제어하는 것은 전력손실을 줄이기 위함이 주된 목적이며, 최대전력(peak)을 제어하는 직접적인 방법은 아니다.

답 : ④

12. 다음 중 분산전원 확대에 따른 전력품질을 평가하는데 사용되지 않는 것은?

① 고조파
② 투자율
③ 전압불평형
④ 순간전압변동

해설 투자율은 경제성을 평가할 때 관련된 요소이다. 전기의 품질과는 직접적인 관련이 적다.

답 : ②

13. 건물 공조기에 사용되고 농형과 권선형으로 구분되는 전동기는?

① 타여자전동기
② 3상유도전동기
③ 복권전동기
④ 분권전동기

해설 팬, 송풍기 등에 사용되는 3상 유도전동기는 건축물에 주로 사용되는 전동기는 교류전동기로 농형과 권선형이 있으며, 주로 농형을 많이 사용한다.

답 : ②

14. 변압기의 손실저감대책으로 가장 적절하지 않은 것은?

① 권선의 단면적 감소
② 잔류자속밀도의 감소
③ 고배향성 규소강판 사용
④ 동선의 권선수 저감

해설 권선의 단면적을 감소시키면 권선의 저항이 증가되어 동손이 증가한다.

답 : ①

15. 다음과 같이 어느 변전소 공급구역 에 수용가의 전등 부하와 동력 부하를 설치할 예정이다. 이 변전소로부터 공급하는 최대 전력은 얼마인가? (단, 주상 변압기를 포함한 배전선로 손실분과 여유분은 고려 하지 않음)

구분	전등 부하	동력 부하
설비용량	600kW	800kW
수용률	60%	80%
부등률	1.2	1.6
상호간 부등률	1.4	

① 500kW ② 600kW

③ 800kW ④ 1,400kW

해설

$$합성최대전력 = \frac{설비용량 \times 수용률}{부등률}$$

$$합성최대전력 = \frac{\dfrac{600 \times 0.6}{1.2} \times \dfrac{800 \times 0.8}{1.6}}{1.4} = 500[kW]$$

답 : ①

16. 다음 조건에서 사무실에 LED 조명기구를 적용할 경우, LED 조명기구의 최소 효율은?

〈조 건〉
- 연면적 : 400m²
- 설치 등기구 : 80개
- 평균조도 : 400lx
- 전체 조명전력 : 2kW
- 보수율 : 0.8
- 조명률 : 0.5

① 160lm/W ② 180lm/W

③ 200lm/W ④ 220lm/W

해설

$FUN = DES$ 에서

전체 광속 $FN = \dfrac{DES}{U} = \dfrac{ES}{UM} = \dfrac{400 \times 400}{0.5 \times 0.8} = 400000[lm]$

램프 최소 효율 $\eta = \dfrac{400000}{2 \times 10^3} = 200[lm/W]$

답 : ③

17. 신축 건축물에 예상되는 연간 에너지사용량이 1,100MWh이다. 이 사용량 중 20 % 이상의 에너지를 태양광발전 설비 (PV)로 공급하려고 할 경우, 다음 조건에서 필요한 태양광발전 어레이의 최소 면적은? (단, 기타 보정계수, 설치방식 등 다른 조건은 고려하지 않음)

〈조 건〉
- 단위 PV모듈 최대출력 : 520Wp
- PV모듈 1장 면적 : 2.5m²
- PV모듈 1kW당 연간 에너지 생산량 : 1,400kWh

① 750.0m² ② 752.5m²

③ 755.0m² ④ 757.5m²

해설

- 연간 태양광 발전량 :
  $1100 \times 0.2 = 220[MWh] = 220000[kWh]$
- 필요한 PV 모듈 용량 : $\dfrac{220000[kWh]}{1400[kWh/kW]} = 157.14[kW]$
- 필요한 PV 모듈의 수 : $\dfrac{157.14}{0.52} = 302.19 \Rightarrow 303$개가 필요
- 필요한 PV 모듈의 면적 : $303 \times 2.5 = 757.5[m^2]$

답 : ④

18. 신·재생에너지 이용과 관련된 기술에 대한 설명으로 가장 적절하지 않은 것은?

① 연료전지 개질기(Reformer)는 연료에서 수소를 만들어 내는 장치이다.

② 연료전지 본체(Stack)는 수소와 공기중의 산소를 투입 또는 반응시켜 직접 직류 전력을 생산한다.

③ 풍력발전시스템은 회전자(Rotor)의 회전축 방향에 따라 수평축과 수직축 풍력발전시스템으로 구분된다.

④ 풍력발전시스템의 경사각 제어(Pitch Control)는 바람방향으로 향하도록 블레이드의 방향을 조절한다.

해설
- 피치 컨트롤 : 날개의 피치각을 적절히 변화시켜 로터의 회전수 및 출력을 제어
- 요(yaw) 컨트롤 : 바람의 방향을 향하도록 블레이드 방향을 조절

답 : ④

19. "신에너지 및 재생에너지 개발·이용·보급 촉진법"시행규칙에 따른 신·재생에너지 설비에 대한 설명으로 가장 적절하지 않은 것은?

① 지열에너지설비는 물, 지하수 및 지하의 열 등의 온도차를 변환시켜 에너지를 생산하는 설비이다.

② 태양광설비는 태양의 열에너지를 변환시켜 전기를 생산하거나 채광(採光)에 이용하는 설비이다.

③ 연료전지 설비는 수소와 산소의 전기화학 반응을 통하여 전기 또는 열을 생산하는 설비이다.

④ 풍력 설비는 바람의 에너지를 변환시켜 전기를 생산하는 설비이다.

해설 태양열 설비는 태양의 열에너지를 변환시켜 전기를 생산하거나 난방 등에 이용되는 설비이다.

답 : ②

20. 태양광발전시스템의 인버터 연결방식 중 발전량이 부분 음영의 영향을 가장 적게 받는 방식은?

① 병렬 운전 인버터 방식

② 모듈(마이크로) 인버터 방식

③ 스트링 인버터 방식

④ 중앙 집중형 인버터 방식

해설 모듈(마이크로) 인버터 방식이 부분 음영의 영향을 가장 적게 받는다.

답 : ②

memo

건축물에너지평가사

❸ 건 축 설 비 시 스 템

定價 32,000원

저 자 건축물에너지평가사
      수험연구회

발행인 이 종 권

2013年 7月 29日 초 판 발 행
2014年 5月 1日 1차개정1쇄 발행
2015年 3月 9日 2차개정1쇄 발행
2016年 1月 29日 3차개정1쇄 발행
2017年 1月 23日 4차개정1쇄 발행
2018年 2月 6日 5차개정1쇄 발행
2019年 3月 12日 6차개정1쇄 발행
2020年 3月 11日 7차개정1쇄 발행
2021年 3月 24日 8차개정1쇄 발행
2023年 4月 12日 9차개정1쇄 발행
2024年 9月 26日 10차개정1쇄 발행

發行處 (주)한솔아카데미

(우)06775 서울시 서초구 마방로10길 25 트윈타워 A동 2002호
TEL : (02)575-6144/5   FAX : (02)529-1130
〈1998. 2. 19 登錄 第16-1608號〉

ISBN 979-11-6654-562-7 13540